高等学校自动化类专业系列教材

自动控制理论及应用

刘妹琴　董山玲　郑荣濠◎编著

清華大学出版社
北京

内 容 简 介

本书系统论述自动控制理论的基础概念、基本原理、分析方法与设计技术。全书完整涵盖经典控制理论与现代控制理论的核心内容。全书共8章，依次介绍控制理论的发展历程，连续控制系统的数学模型、时域分析与设计、根轨迹法、频率法、状态空间法，离散控制系统的分析与设计，以及自动控制理论的综合应用设计。本书注重理论与实践结合，精简复杂公式推导，着重突出经典控制理论与现代控制理论的融合。书中引入MATLAB软件工具，辅助控制系统的分析与设计，帮助读者直观理解抽象概念、掌握系统设计方法。每章配有典型例题解析，第1～7章配有习题，助力读者巩固理论知识、培养解决实际问题的能力。

此外，本书配套提供教学课件、教学大纲与习题解答，不仅可作为工科类及交叉学科专业本科生、研究生的教材，还能为自动化领域的科研人员、工程技术人员提供实用参考。

图书在版编目（CIP）数据

自动控制理论及应用/ 刘妹琴，董山玲，郑荣濠编著. -- 北京：清华大学出版社，2025. 6.

（高等学校自动化类专业系列教材）. -- ISBN 978-7-302-69506-6

Ⅰ. TP13

中国国家版本馆 CIP 数据核字第 2025XD8104 号

策划编辑：盛东亮
责任编辑：李　晔
封面设计：李召霞
责任校对：郝美丽
责任印制：杨　艳

出版发行：清华大学出版社

网　　址：https://www.tup.com.cn，https://www.wqxuetang.com
地　　址：北京清华大学学研大厦A座　　**邮　　编**：100084
社 总 机：010-83470000　　**邮　　购**：010-62786544
投稿与读者服务：010-62776969，c-service@tup.tsinghua.edu.cn
质量反馈：010-62772015，zhiliang@tup.tsinghua.edu.cn
课件下载：https://www.tup.com.cn，010-83470236

印 装 者：三河市少明印务有限公司
经　　销：全国新华书店
开　　本：185mm×260mm　**印　　张**：25　**字　　数**：609千字
版　　次：2025年8月第1版　**印　　次**：2025年8月第1次印刷
印　　数：1～1500
定　　价：79.00元

产品编号：102102-01

PREFACE
前　言

自动控制理论是控制科学研究的关键理论基础，集控制技术、信息技术、人工智能技术等于一体，在工业制造、智慧交通、航空航天等领域有着广泛的应用，已经成为工科类和交叉学科类专业本科生和研究生的必修课程。

本书面向工科类和交叉学科类专业的特点，力求在保证控制理论系统性和完整性的前提下，去除复杂多余的公式推导，对关键理论给出适当的证明，突出重点，使内容条理清晰，逻辑严谨。在介绍重要理论知识时，引入了现在使用较为广泛的控制系统分析与设计软件——MATLAB，使学习者可以将抽象理论与直观效果联系起来，提高学习效率。

全书共8章。第1章概述控制理论的发展历程，分析了常见自动控制系统的结构、分类和要求等；第2章较为全面地介绍了连续控制系统的主要数学模型，如微分方程、传递函数、状态空间模型，以及这些数学模型之间的相互关系；第3章在时域下对连续控制系统进行了暂态性能、稳态性能等方面的分析，介绍了如何根据性能指标设计具体的控制方法；第4章介绍了常规根轨迹和广义根轨迹的绘制方法，并讨论了基于根轨迹的性能分析和控制系统校正方法；第5章介绍了频率特性方法，着重介绍了奈奎斯特图、伯德图的绘制方法以及利用它们对系统频率特性分析的手段，并介绍了如何利用频域法进行控制系统的校正和控制器的设计；第6章讨论了连续控制系统的状态空间法，阐述了状态空间模型的重要理论，如能控性、能观性、线性变换与结构分解、状态反馈控制器与状态观测器的设计等；第7章将连续控制系统分析与设计的方法推广到了离散控制系统，介绍了采样过程、Z变换理论、离散系统的数学描述及求解等；第8章讲解了自动控制理论在不同领域的应用示例，详细地阐释了实际应用中4个典型的控制系统的运动建模过程，并用书中介绍的方法实现系统的自动控制及综合分析。

本书立足于自动控制的基础概念与理论，较为全面地介绍了自动控制系统的基本概念、理论基础、控制分析与设计方法等，突出了经典控制理论与现代控制理论的重点内容；同时提供了例题分析和习题练习，帮助学习者加深对理论知识的理解，提高分析问题与解决问题的能力，有利于学习者掌握和发展控制理论与应用技术。因此，本书不仅可以作为工科类和交叉学科类专业本科生、研究生的教材，还可以为从事相关领域工作的科研人员、工程技术人员等提供参考。

在本书完成之际，非常感谢郑南宁院士在百忙之中，认真仔细地审阅了全书，提出了建设性的宝贵意见；同时对参与本书撰写的卢翀、姜辉、施沁汝、石晓博等表示感谢。本书在编写过程中，参阅了国内外许多学者的有关教材和著作，在此一并表示感谢。

对于书中存在的不妥之处，恳请广大读者批评指正。

编　者

2025年6月

CONTENTS

目　录

第 1 章

绪 论

自动控制理论是研究自动化系统的数学理论和方法，是自动化技术的核心和基础，是现代科学技术的重要分支。自动控制理论的研究对象是由感知、决策、执行部分组成的自动化系统，研究核心是设计和分析控制系统，它主要关注如何使系统稳定，并确保其能够在给定的条件下，实现预定的目标。控制系统的设计与分析，通常涉及数学、物理、工程和计算机科学等多个领域。

自动控制理论的研究内容包括建立系统的数学模型、分析系统的动态特性和稳定性、设计系统的控制器以实现系统的预期控制目标等。在现代工业生产和社会生活中，自动化技术的应用越来越广泛，自动控制理论在工业自动化、交通运输、能源管理、环境监测、医疗健康等领域发挥着重要作用。因此，深入研究自动控制理论，推进自动控制技术的发展，对应对未来社会的挑战和需求有着重要意义。

1.1 控制理论发展概况

在实际的科学研究中，理论的萌芽、形成和发展常常是随着社会生产力的不断发展而逐步展开的，自动控制理论的发展可以概括为 3 个阶段：第一个阶段是 20 世纪 40 年代—20 世纪 50 年代，该阶段为经典控制理论；第二个阶段则是现代控制理论，兴起于 20 世纪 60 年代，是基于线性代数理论的研究成果；第三个阶段是智能控制理论，于 20 世纪 70 年代后期逐渐形成，这一理论集成了运筹学、自动控制、信息论等多个学科的基础知识，并在发展过程中不断完善。

1.1.1 经典控制理论的产生和发展

经典控制理论是控制理论的一种重要分支，其产生和发展可以追溯到 19 世纪末期，本节将从经典控制理论的历史背景、产生的原因、主要内容和发展趋势等方面进行介绍。19 世纪末期是机械工程技术得到飞速发展的时期，这种发展极大地促进了机械系统的自动化，也催生了控制理论的发展。在这一时期，机械系统中的控制是以机械装置为主，但随着电力技术的发展，电气控制开始逐渐取代机械控制。

然而，当时的电气控制技术还很不成熟，很难实现对系统的精确控制和稳定控制。这促使学者们开始探索一种更加理论化的控制方法，也就是经典控制理论。经典控制理论的主要研究对象是能够用线性微分方程描述特性的控制系统以及系统的各组成环节、元件的状态。18 世纪，自动控制技术开始逐渐应用于现代工业生产，这种应用促进了第一次工业革命的加速推进。当时最具代表性的成果是蒸汽机离心调速器。随后，稳定性代数判据、劳斯判据和赫尔维茨判据等重要成果相继被提出，而频率响应法和根轨迹法的提出则奠定了经典控制理论的基础。1948 年，控制论的奠基人维纳(N. Wiener)出版了《控制论》，该书的出现推动了反馈概念的发展，并为该学科奠定了理论基础。

经典控制理论的核心是传递函数法，即将系统抽象成一个传递函数，通过分析传递函数的性质，设计出合适的控制器来控制系统。传递函数法是经典控制理论最重要的贡献之一，其具有普适性和可操作性，是控制理论中的一种基础方法。

根轨迹和频率响应法是传递函数法的重要补充，它们可以直观地显示系统的稳定性和动态响应特性，从而帮助设计合适的控制器。综合考虑根轨迹法和频率响应法的结果，能够更全面地了解系统的特性，确定适当的控制器类型和参数，以实现稳定性、快速响应和良好的抑制干扰能力。这些方法的结合为控制系统设计提供了可靠的指导，使得研究者能够更高效地解决实际工程问题，并为各种自动控制应用的实现奠定了坚实的基础。

比例-积分-微分（Proportional-Integral-Derivative，PID）控制器是经典控制理论的另一个重要组成部分。它是一种最简单、最常用的控制器，具有可靠性高和适用性强的特点。PID 控制器由比例控制、积分控制和微分控制 3 部分组成，分别对应系统的当前误差、误差累积和误差变化率，通过合理地调节比例系数、积分系数和微分系数，可以实现对系统的精确控制。

经典控制理论还研究了系统的稳态误差和动态响应性能。稳态误差是指系统在稳定状态下产生的误差，而动态响应性能是指系统的响应速度、稳定性和抗干扰能力等特性。通过研究这些性能指标，可以优化控制器的设计，从而实现对系统的精确控制。经典控制理论虽然在自动控制领域中有着广泛的应用，但随着科技的进步和应用场景的多样化，其局限性也逐渐显现。在现代控制理论的发展中，经典控制理论已经被新型控制方法所替代，例如，现代控制理论、智能控制理论等。

综上所述，经典控制理论是控制理论的一种重要分支，其产生和发展源于 19 世纪末期对精确控制、稳定性和自动化技术的需求。经典控制理论主要研究传递函数法、PID 控制器、根轨迹和频率响应法以及稳态误差和动态响应性能等重要内容，这些内容在工业自动化和控制领域中得到了广泛应用。尽管经典控制理论存在一定的局限性，但它仍然是控制理论的重要基础，对于初学者学习控制理论具有重要的作用。同时，经典控制理论也为后续现代控制理论的发展奠定了基础，为理解和应用现代控制理论提供了必要的知识和技能。

1.1.2 现代控制理论的产生和发展

20 世纪 60 年代至 70 年代，经典控制理论的限制促使现代控制理论的出现。现代控制理论研究单输入单输出、多输入多输出、线性和非线性等领域的问题，并实现了广泛的应用。该理论主要是为了解决复杂的问题，如鲁棒控制、多输入多输出和最优控制。现代控制理论的发展反映了控制理论向信息化、智能化和自动化方向发展的趋势，其逐步成熟的过程也反映了人类社会由机械化时代走向电气化时代。在这一时期，诞生了一些主要的理论和人物，1957 年，美国数学家贝尔曼（R. Bellman）等提出动态规划理论；1959 年，美国学者卡尔曼（R. E. Kalman）提出的状态空间法和卡尔曼滤波理论；1961 年，苏联数学家庞特里亚金（L. S. Pontryagin）提出的极小（极大）值原理。随着计算机技术和控制理论的不断发展，现代控制理论不断完善和拓展，已经成为工程领域中不可或缺的一部分。

在现代控制理论的发展过程中，最具代表性的是鲁棒控制和自适应控制。鲁棒控制是指在控制系统中引入一些扰动和不确定性，使系统能够在一定范围内保持稳定性和性能。自适应控制是指控制系统能够根据外界环境和系统内部的变化自主调整控制策略，以达到更好的控制效果。这些控制方法在实际工程中得到了广泛的应用，并取得了很好的效果。

另外，在现代控制理论的发展过程中，还涌现出了一些新的方法和技术，如模糊控制、神经网络控制、遗传算法控制等。这些新的方法和技术为控制系统的设计和实现提供了更多的选择和灵活性，同时也极大地推动了控制理论的不断发展和进步。

总之，现代控制理论的产生和发展，不仅是控制领域中的一次重要变革，更是推动整个工程领域向信息化、智能化和自动化方向发展的重要推动力量。未来，随着科技的不断进步和需求的不断变化，现代控制理论将不断完善和发展，并在各个领域中发挥越来越重要的作用。

1.1.3　智能控制理论的产生和发展

智能控制是利用智能机械设备自动实现目标的过程，其理论基础是运筹学、人工智能、信息论和控制论等学科的交叉理论知识。20 世纪 70 年代，傅京孙教授最早提出了“智能控制”概念，并在 1965 年将人工智能学科的规则运用到学习系统中，这标志着智能控制理论的萌芽。1977 年，美国学者萨里迪斯(G. N. Saridis)在傅京孙教授二元结构的基础上提出了三元结构，即自动控制、人工智能和运筹学的交叉。中南大学的蔡自兴教授在萨里迪斯的基础上将三元结构进一步扩展为自动控制、人工智能、运筹学、信息论的交叉四元结构，智能控制的理论体系也得以形成和进一步完善。

智能控制是人类通过微机以及其他多种途径来模拟人类在日常生产经营活动中的智能控制和决策行为的过程，是人工智能和自动控制的交集。尽管智能控制理论还未形成较为完整和成熟的理论体系，但现有的智能控制的成果与理论发展表明其正在成为自动控制领域的热门学科之一。人工智能的发展受益于信息技术和计算机技术的快速发展，现如今人工智能已经逐渐成为一门单独的学科，并在实践过程中显示出很强的发展能力和生命力。

随着智能控制技术的应用范围不断扩大，对其可靠性和稳定性的要求也越来越高。因此，近年来智能控制理论的研究不仅着重于新方法和技术的开发，也越来越注重对系统可靠性、鲁棒性和安全性的研究。此外，随着物联网技术的发展，智能控制与数据采集和处理的结合也成为了一个研究热点，智能控制系统可以通过收集和分析大量数据来优化控制策略和参数，从而提高系统性能。

总之，智能控制理论的发展已经从传统控制方法向智能化、自适应、非线性控制等多方面拓展，成为一门研究和应用领域广泛的跨专业学科，为现代工业、交通、医疗等各个领域提供更加灵活和智能的控制方案。

1.2　自动控制系统的结构

在现代科学技术中，自动控制技术在众多领域扮演着越来越重要的角色，涌现出了大量的控制系统。例如，人造卫星或无人驾驶航空器能够按照预定轨道运行；电梯可以可靠地运行并平稳停留在指定楼层；导弹可以自动跟踪和瞄准目标；电动机的转速可以稳定控制等，这些都是自动控制技术的成功应用。自动控制的任务实际上就是克服扰动的影响，确保系统按照预期的规律运行。

因此，在设计和分析控制系统时，了解被控对象和系统结构是至关重要的。通常情况下，控制系统可以按照结构分为两种基本形式：开环控制系统和闭环（反馈）控制系统。这两种控制系统在不同的场景中各有优缺点，应根据实际需求进行选择和设计。

1.2.1 开环控制系统

开环控制系统是一种基本的控制系统结构，也称为前向控制系统。在该类控制系统中，控制器和控制对象之间只有正向的控制作用，而系统的输出量不参与系统控制量的生成，如图 1-1 所示。控制器的输出信号不受执行机构的反馈影响，而只根据输入信号和事先设定的控制策略生成输出信号，以控制被控对象的运行状态。系统的精度仅取决于元器件的精度和执行机构调整的精度。这种控制系统的特点是简单、成本低、易于控制，但是控制精度低，因为开环控制系统容易受到扰动和控制元器件老化等因素的影响，从而使得输出量偏离期望值，所以开环控制系统一般适用于扰动较小或扰动可预测的对控制精度要求不高的场景。例如，电子产品中的简单控制、机械设备中的开关控制等。为了说明开环控制系统的结构特点和工作原理，这里用如图 1-2 所示的电加热温度控制系统来进一步阐释。

图 1-1 开环控制系统

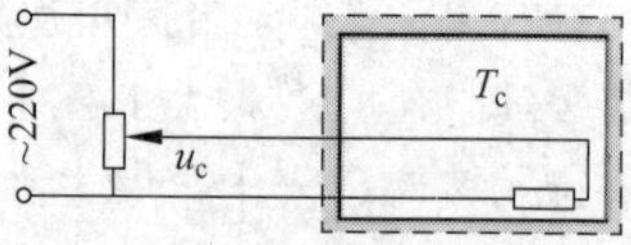

图 1-2 电加热温度控制系统

该系统的控制目标是通过调整自耦变压器滑动端的位置，改变电阻炉的温度并使其保持恒定。其中被控制的设备是电阻炉，被控量是电阻炉的温度，故该系统称为温度控制系统。通过调整自耦变压器滑动端的位置来改变电压值 u_c，每一个 u_c 对应一个电阻炉的温度 T_c，对 u_c 调整的同时，T_c 也随之改变。但是当该系统中存在外部干扰时，例如，开关炉门或者系统存在内部扰动，例如，电源电压的波动，T_c 将会偏离 u_c 原本应该对应的数值。关于该电阻炉温度开环控制系统输入量和输出量之间的相互作用关系可由如图 1-3 所示的结构框图表示。

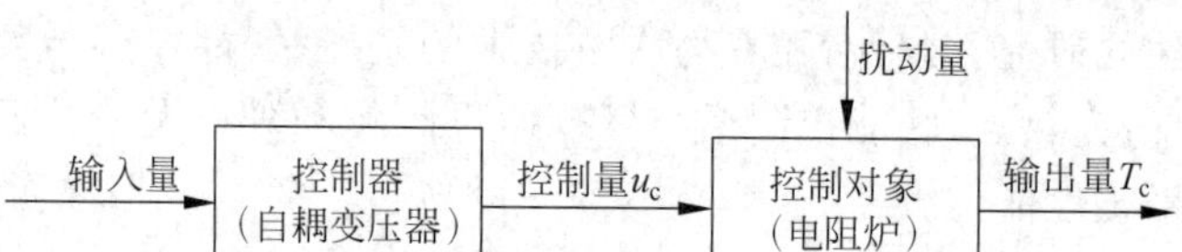

图 1-3 电阻炉温度开环控制系统结构框图

现实生活中常见的数控机床系统中也应用了开环控制的原理，例如，其中的定位系统。如图 1-4 所示为数控机床开环定位控制系统的结构框图。其中，被控量为工作台的位移，其跟随脉冲控制信号的变化而变化，显而易见，该开环定位控制系统没有克服扰动的能力。

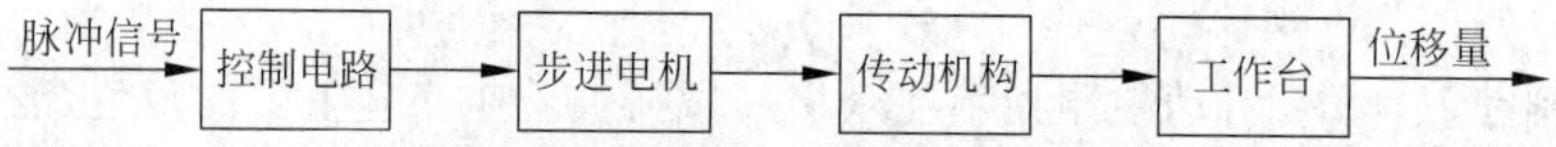

图 1-4 数控机床开环定位控制系统结构框图

如果系统的输入量与被控量之间的关系是固定的，并且其内部参数或外部扰动的变化较小，或这些扰动因素可以事先确定并能够补偿，那么采用开环控制也可以达到较为满意的控制效果。

1.2.2　闭环控制系统

如果控制器和被控对象之间不仅有正向作用,而且存在反向作用,即系统的输出量对控制量有直接影响,那么这种控制方式就被称为闭环控制。在闭环控制中,系统将检测到的输出量送回到系统的输入端,并将其与输入信号进行比较,这个过程被称为反馈。因此,闭环控制也被称为反馈控制。闭环控制系统的结构如图 1-5 所示,其中控制器和被控对象构成了前向通道,而反馈装置构成了系统的反馈通道。在闭环控制系统中,反馈机制可以实现对被控对象的高精度控制,并能够提高系统的稳定性和抗干扰能力。

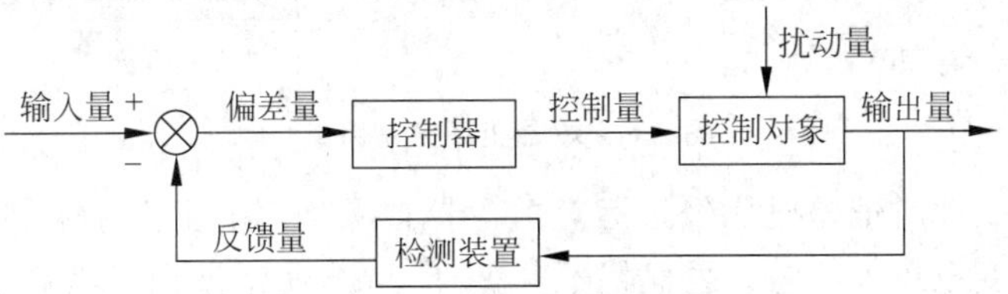

图 1-5　闭环控制系统结构框图

在闭环控制系统中,传感器检测被控对象的状态,并将这些信息传递给控制器。控制器根据传感器提供的反馈信息和预设的控制目标,计算出控制信号并将其发送给执行器。执行器随后将控制信号转换为相应的动作或操作,使被控对象的状态得以调整和控制。

闭环控制系统的优点在于其能够实现对被控对象的高精度控制,因为反馈机制可以及时地检测到被控对象的状态变化并做出相应的调整。此外,闭环控制系统还具有较强的鲁棒性和抗干扰能力,能够应对外部环境变化和噪声的影响。从功能上看,闭环控制系统主要有以下特点:

(1) 实时监测和控制。闭环控制系统能够实时监测被控对象的输出,并根据反馈信号实现精确的控制,从而实现对被控对象的实时控制。

(2) 高精度控制。闭环控制系统能够根据反馈信号对被控对象进行精确的控制,从而实现高精度的控制效果。

(3) 抗干扰能力强。闭环控制系统除了通过反馈机制实现对被控对象的高精度控制,还可以抵抗外部干扰和噪声的影响。

(4) 稳定性好。闭环控制系统不仅能够通过反馈机制实现对被控对象的高精度控制,还可以稳定地保持控制效果,即使被控对象存在非线性特性或参数变化等情况也能够保持良好的稳定性。

然而,闭环控制系统也存在一些缺点,比如其控制算法的设计和调试比较复杂,而且系统的稳定性和性能往往取决于反馈回路的设计和参数调整。因此,在实际应用中,需要对闭环控制系统进行合理的设计和优化,以适应特定的控制要求和应用场景。

加热炉恒温控制系统是实际生活中常见且广泛应用的一种闭环控制系统,在许多工业和家庭应用中扮演着重要的角色,确保加热炉内的温度始终保持在设定的目标温度范围内,其控制系统图如图 1-6 所示。

在加热炉恒温闭环控制系统中,炉温的参考输入由电位器滑动端位置所对应的电压值 U_g 给出,炉内的实际温度由热电偶测量出来并将其转换成与参考输入相同的量值 U_f,再把 U_f 反馈到系统的输入端与参考输入电压 U_g 进行比较。如果系统存在扰动影响,使得炉温

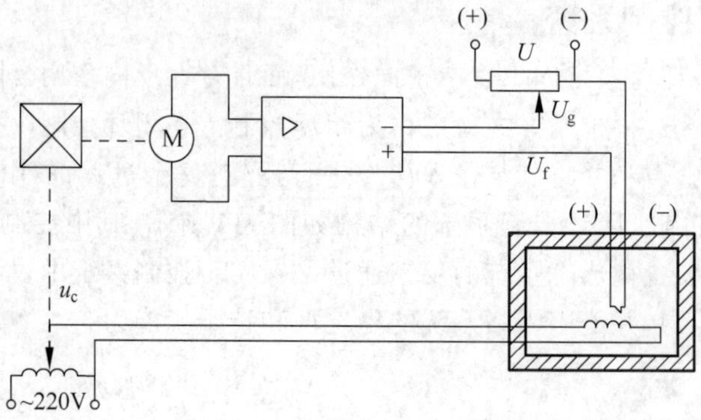

图 1-6　炉温闭环控制系统

偏离了设定值，那么此时偏差电压经过运算放大器放大，控制伺服电机 M 带动自耦变压器的滑动端，从而改变电压 u_c，这个过程将不断循环反馈，使炉温保持为设定值。因此，这个系统是一个闭环控制系统，其中伺服电机和加热器共同构成前向通道，炉内热电偶反馈装置构成反馈通道。这种恒温控制系统能够实时监测炉内温度，并自动调整加热器的输出，以使炉内温度保持在设定温度范围内。

1.2.3　复合控制系统

开环控制系统的优点是结构简单，控制稳定，控制过程中不会产生振荡；但缺点是不能自动补偿扰动对输出量的影响，控制精度低。闭环控制系统的优点是具有反馈结构，能依靠反馈进行自动调节，故控制精度高；但缺点是系统易产生不稳定的情况，稳定性变差，需要重视并加以解决。

因此，为了发挥开环控制和闭环控制的优点，克服其存在的缺点，在系统中同时引入开环控制和闭环控制，这种系统称为复合控制系统。这种系统能够取得更好的控制效果。复合控制系统的控制原理如图 1-7 所示。

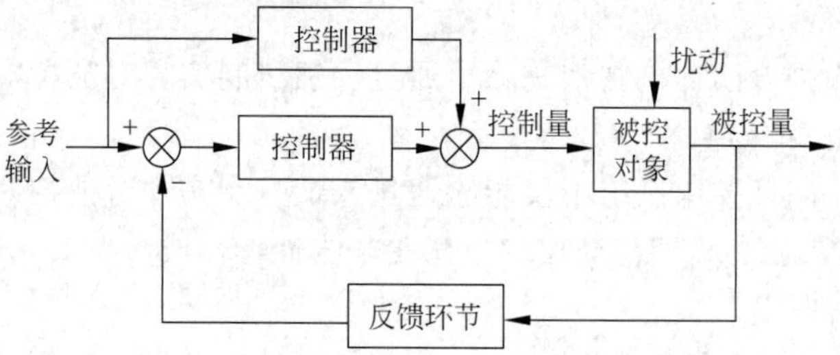

图 1-7　复合控制系统的控制原理

1.2.4　反馈控制系统的组成和术语

通过对上述所列举的实际生活中控制系统的分析，不难发现，对于不同的生产过程及不同的控制对象，可以利用不同的控制元件来组成不同用途、不同功能的控制系统，其中组成这些控制系统的元件可以是电气的、机械的或液压的。

一个典型的控制系统通常由参考输入元件、比较元件、控制元件、执行元件、被控对象及反馈元件 6 个基本单元构成。基本单元可以用方块表示，信号传递的方向用箭头表示，传递方向均为单向且不可逆，其中指向方块的箭头表示输入信号，背离方块的箭头表示输出信号。控制系统的结构各有不同，但是这些控制系统一般都采用具有负反馈功能的基本结构，其经典的方框图如图 1-8 所示。

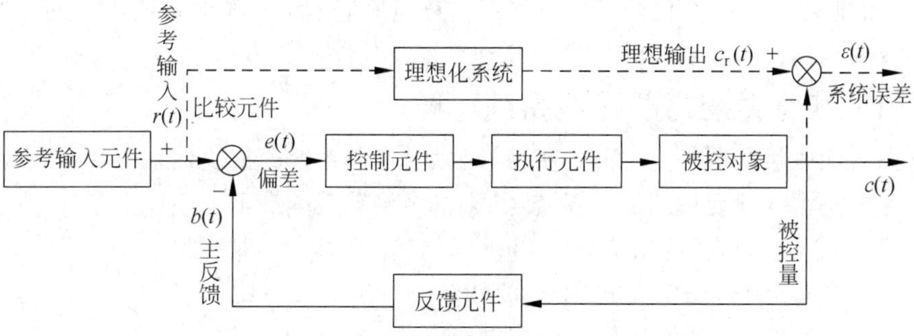

图 1-8　典型的自动控制系统结构

以下介绍自动控制系统分析和设计过程中常用的专业术语。

参考输入 $r(t)$：由系统的参考输入元件所产生的输入信号。

主反馈 $b(t)$：被控量的函数，由被控量通过反馈元件所产生的信号。

比较元件：参考输入信号与主反馈信号进行比较产生的差值，该差值是系统的作用信号，也称为作用误差。所以比较元件又名作用误差检测器，一般用符号“⊗”表示。

偏差 $e(t)$：参考输入信号与主反馈信号的差值，$e(t)=r(t)-b(t)$。

控制元件：也称作校正元件或者控制器、调节器。由于作用误差通常比较微小，一般需要放大幅值和功率，并将其转换成适合执行元件处理的信号；同时为了改善系统的性能，需要对作用误差信号进行运算处理。而在常规的控制系统中，控制器通常采用 PID 控制器。

执行元件：控制元件的输出信号作用到执行元件，执行元件再作用于被控对象，使得被控量随着参考输入而变化。

被控对象：系统中被控制的过程或者设备，它可以完成特定生产任务或者动作。

被控量：反馈系统中被控制的物理量。

反馈元件：将被控量转换为主反馈量的装置。它能够对被控量进行测量并转换成能用于与参考输入直接进行比较的量值，故反馈元件通常也被称为测量元件，有时又称为传感器。

理想化系统：即能从参考输入直接产生理想输出的系统。

理想输出 $c_r(t)$：期望的输出值，是理想化系统所产生的理想输出。

系统误差 $c(t)$：理想输出值与被控量之差。

1.3　自动控制系统分类

自动控制系统广泛应用于生产生活的各个方面和国民经济的各个部门。随着生产规模的日益扩大和生产能力的不断提升，以及自动化技术和控制理论的蓬勃发展，自动控制系统也日益复杂和完善。熟悉控制系统的分类方法，就能在分析和设计系统之前对系统有一个正确的认知。

对控制系统分门别类，从不同的角度出发可以产生不同的分类方法，如 1.2 节中依据系统的结构可以将系统分为开环系统、闭环系统和复合系统；依据系统输入量和输出量之间的关系可以将系统分为线性系统和非线性系统；依据系统传递信号对时间的关系可以将系统分为连续系统和离散系统；依据系统参数对时间的变换情况可以将系统分为定常系统和时变系统；依据输入量的变化情况可以将系统分为恒值系统和随动系统。下面介绍常见的并且能够反映自动控制系统本质特征的几种系统及其性质。

1.3.1 线性系统与非线性系统

基于系统输入量和输出量之间的关系，可以将控制系统分为线性系统和非线性系统。

线性系统是由线性元件组成的系统，如果一个控制系统满足下述 3 个条件，则认为该系统是线性系统，否则为非线性系统。

(1) 系统输入 $x_1(t)$产生输出 $y_1(t)$；

(2) 系统输入 $x_2(t)$产生输出 $y_2(t)$；

(3) 系统输入 $c_1x_1(t)+c_2x_2(t)$产生输出 $c_1y_1(t)+c_2y_2(t)$。

其中，$x_1(t)$、$x_2(t)$是任意的输入信号；c_1、c_2 是任意的常数。

本书中主要讨论线性系统的分析和设计方法，经过对线性系统长期的研究，已经形成了一套较为完整的线性系统分析和设计方法，并且在生产生活实践中获得了较为广泛的应用。非线性系统由于其难以通过数学方法进行分析，故目前尚无针对各种非线性系统的有效通用方法。

应当指出的是，任何物理系统的特性，确切地说都是非线性的，因此，线性系统只是一种理想化的模型，实际上是不存在的。但事实上很多系统的输入、输出在一定范围内基本上是线性的，故在误差允许范围内，可以将非线性部分线性化，用线性系统这一理想化模型来描述。例如，控制系统中常用的放大器，在输入信号较小时，输入和输出基本上是呈现线性关系的，但是当输入信号比较大时，系统进入饱和状态，或者输出被限幅，此时，输入和输出之间的关系是非线性的。因此，在大多数情况下，可以通过限制系统的输入信号，使得系统各个部件工作在线性特性的范围内。

1.3.2 连续系统与离散系统

控制系统中存在着各种形式的信号，按照自动控制系统中信号对时间的关系，可将信号分为连续时间信号和离散时间信号，简称为连续信号和离散信号，分别对应连续系统和离散系统。

若在所关注的时间间隔内，除了若干不连续的点外，对于任意时间值，都可以给出确定的值，则这个信号称为连续时间信号。例如，常见的正弦波、方波信号等。连续信号的幅值可以是连续的，也可以是离散的，即在连续的时间内只取某些特定值。时间和幅值均为连续的信号，称之为模拟信号。连续系统是指系统各部分的信号都是模拟信号。目前大多数闭环系统都是这种形式。

离散时间信号在时间上是离散的，只在某些不连续的时间点给出函数值，而在其他时间段上没有定义。离散时间信号的幅值可以是连续的，也可以是离散的。如果离散信号的幅值是连续的，则称之为采样信号。如果离散信号在幅值和时间上均为离散的，则称之为数字信号。例如，数字计算机的输入、输出信号均为离散数字信号。离散系统则是指系统的一处或几处信号均以离散信号的形式传递。后续所讨论的离散信号可以是采样信号或者数字信号，二者在分析方法上相同。

1.3.3　定常系统与时变系统

按照系统结构和参数相对于时间的变化情况可将系统分为定常系统和时变系统。若控制系统的结构和参数在系统的运行过程中不随时间发生变化，则称之为定常系统，又名时不变系统，否则称为时变系统。

实际中绝大多数系统均为定常系统，例如，前述的炉温控制系统、电动机速度控制系统等，其结构和参数在系统运行过程中可认为是固定不变的。而有些系统是时变系统，例如，导弹飞行控制系统就是一种典型的时变系统。因为导弹在飞行过程中助推燃料不断消耗，导弹的整体质量不断减小。又如热敏电阻，其电阻阻值随温度的变化而相应发生改变，即温度随时间变化，因此可以看作一个时变系统。

需要说明的是，虽然时变线性系统仍然是线性系统，但是对它的分析和研究相对于定常线性系统要复杂得多。

1.3.4　单输入单输出系统与多输入多输出系统

依据输入信号和输出信号的数量，可以将系统分为单输入单输出(Single-Input Single-Output，SISO)系统和多输入多输出(Multiple-Input Multiple-Output，MIMO)系统。其中，单输入单输出系统通常又被称为单变量系统，该类型的系统有且只有一个输入(不包含扰动输入)和一个输出，通常如图 1-9(a)所示；多输入多输出系统通常又被称为多变量系统，该类型的系统存在多个输入和多个输出，通常如图 1-9(b)所示，换个角度看，单变量系统可以看作是多变量系统的一种特例。

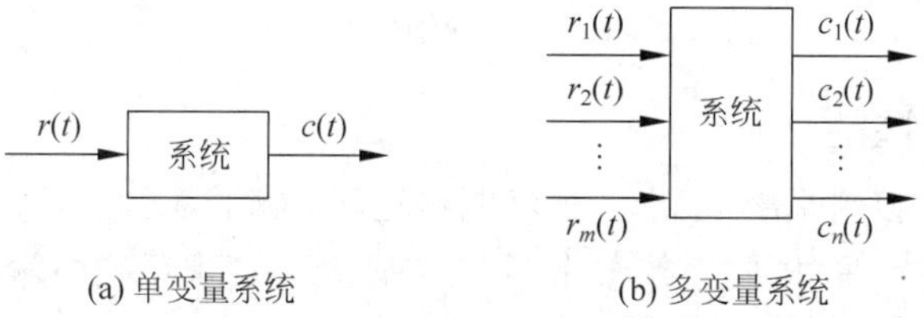

图 1-9　单变量系统和多变量系统

1.3.5　恒值系统和随动系统

恒值系统的参考输入为常量，要求它的被控量在任何扰动的作用下都能尽快地恢复(或接近)到原有的稳态值。由于这类系统能自动消除各种扰动对被控量的影响，故它又名为镇定系统。随动系统的参考输入是一个变化的量，要求系统的被控量能快速、准确地跟踪参考输入信号的变化。

1.4　自动控制系统的基本要求

对于一个闭环控制系统，当系统的给定量或者扰动量发生变化时，被控量偏离了设定值而产生偏差，通过系统的反馈作用，经过短暂的过渡，被控量又逐渐趋于或恢复到原来的稳态值，或者依据新的给定量稳定下来，此时系统从最初的平衡状态过渡到一个新的平衡状态。将被控量处于变化状态的过程定义为动态过程或者暂态过程，把被控量处于相对稳定的状态定义为静态或者稳态。

自动控制系统的暂态品质及稳态性能有其相应的衡量指标。通常来讲，对自动控制系统的性能的基本要求，主要是指系统的稳定性、暂态性能和稳态性能等方面。

1.4.1 稳定性

对于任何自动控制系统，首要条件便是系统能够稳定正常运行，即稳定性是控制系统最基本的性能。所谓稳定性，是指控制系统偏离平衡状态后，能够自动恢复到平衡状态的能力。

如果当给定量发生变化或者产生扰动作用时，系统的输出量将偏离原来的稳定值，这时由于反馈的作用，通过系统内部的自动调节，系统的输出响应在随后的时间内可能会回到初始的平衡状态并稳定下来，则称系统是稳定的，如图 1-10(a)所示；反之，也可能由于系统内部的相互作用，使得系统的输出响应逐渐变大并趋于无穷，或者产生振荡，则称系统是不稳定的，如图 1-10(b)所示。

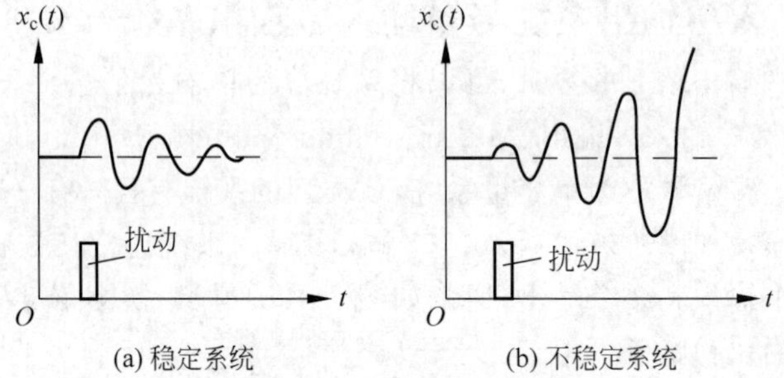

图 1-10 系统稳定性分类

1.4.2 暂态性能

对于一个稳定的控制系统，理论上虽然能够达到平衡状态，但是实际应用中还要求其能够快速达到平衡状态。另外，在系统整个调节过程中，还要求系统的输出响应超过期望稳态值的最大偏差不能太大，且要求调节过程的持续时间相对比较短，这些性能统称为系统的暂态性能。其中，系统的超调量描述了系统的振荡程度，反映的是系统的相对稳定性。超调量大的系统容易趋向不稳定的状态，故相对稳定性较差；反之，超调量小的系统相对稳定性较好。

最大超调量反映的是系统的平稳性，其越小，说明系统过渡过程越平稳。对于不同的控制系统，对超调量的要求也不尽相同。例如，对于一般的调速系统而言，最大超调量限制为10％～35％；而在造纸机和卷纸机的张力控制系统中则不允许存在超调量。

调节时间是指系统的输出量进入并保持在稳态输出值附近所允许的误差范围内所需要的时间。所允许的误差范围通常取稳态输出值的±2％或者±5％。调节时间的长短代表系统过渡过程时间的长短，其反映的是系统的快速性。

1.4.3 稳态性能

当自动控制系统从一个稳态过渡到另一个稳态时，或者系统受到扰动影响又重新达到平衡后，系统的输出响应可能会存在偏差，将系统稳态输出与期望值的误差称为稳态误差。系统稳态误差的大小反映了系统的稳态精度，它表明的是控制系统的准确程度。稳态误差越小，系统的稳态精度就越高。如果稳态误差为零，则系统可以称为无差系统；如果稳态误差不为零，则称为有差系统。由于控制系统一般工作在稳态，稳态精度将会直接影响到产品的质量，例如，造纸过程中纸张厚度的控制、轧钢过程中加热炉温度的控制等，因此，稳态性能是控制系统最重要的性能指标之一。

在一个实际的控制系统中，暂态性能和稳态性能指标之间通常存在矛盾，需要根据系统设计的侧重点兼顾二者的要求，根据具体的情况合理地解决。例如，对于加热恒温系统、速度调节系统等定值调节系统，主要考虑系统的稳态性能；然而对于随动系统，要求其输出响应伴随输入量的变化而快速调节，则主要考虑系统的暂态性能。

另外，自动控制系统除了上述性能要求外，通常还有其他方面的要求。这里引入鲁棒性(robustness)的概念加以介绍。若一个自动控制系统的结构或参数在一定范围内发生变化，但是系统依然能够保持其某个性能，则称系统的这个性能具有鲁棒性，或系统的这个性能是鲁棒的。例如，系统的结构或参数在一定范围内发生变化，整个系统依然能够保持稳定，则称系统具有鲁棒性，或系统是鲁棒稳定的。

上述内容概括性地介绍了对于自动控制系统的基本要求，也是本书后续章节需要重点分析的几个方面；关于更加精确的概念定义和方法分析，将会在后续的章节中详细阐释。

1.5 自动控制系统的分析与设计工具

MATLAB 是一种数值计算和数据分析软件，可以用于各种科学、工程和技术领域的计算、模拟、数据分析和可视化，其全称为 Matrix Laboratory(矩阵实验室)，核心是矩阵计算。与 C、Basic、Fortran、Pascal 等编程语言相比，MATLAB 的编程简洁直观、贴近用户、开放性强，因此在实际工程领域得到了广泛的应用。

MATLAB 还提供了一系列强大的工具和函数，可以进行矩阵和向量操作、线性代数、数值分析、优化、信号处理、图像处理、统计分析、仿真和建模等。它还提供了可交互的图形用户界面，方便用户进行数据可视化和探索。

本书主要介绍 MATLAB 在控制器设计、仿真和分析等方面的功能，即使用 MATLAB 的控制系统工具箱。在自动控制系统设计和分析中，经常使用的 MATLAB 控制类工具箱有如下几种。

1. 系统辨识工具箱(System Identification Toolbox，SIT)

该工具箱是一个用于建立和分析动态系统模型的工具集，适用于各种动态系统模型的建立和分析。它可以用于从实验数据中提取出系统的数学模型，这些数据可以是时间序列、频率响应等。该工具箱还提供了多种系统辨识方法，包括参数估计、非参数估计、子空间方法等。一些常用的功能包括：

(1) 数据导入和处理。可以导入多种数据格式，如 MATLAB 数据文件、Excel 电子表格、ASCII 文件等，并提供了一些数据预处理功能。

(2) 模型结构选择。用户可以选择多种模型结构，如 ARX、ARMAX、OE、BJ 等，并进行模型结构的比较和选择。

(3) 参数估计。可以使用最小二乘法、最大似然法等方法来估计模型参数，并提供了一些参数估计的性能指标。

(4) 模型验证和性能评估。可以进行模型的验证和性能评估，包括模型拟合度、预测误差等指标。

（5）模型预测和控制。可以使用辨识出来的模型进行模型预测和控制。

2. 控制系统工具箱(Control System Toolbox，CST)

该工具箱是一款用于分析和设计控制系统的工具集，适用于各种控制系统的设计和开发。它包含了广泛的函数和工具，使得用户可以设计和模拟各种类型的控制系统，包括连续和离散系统、线性和非线性系统等。一些常用的功能包括：

（1）系统建模。用户可以使用传递函数、状态空间等模型类型来表示系统，还可以进行模型转换、截取等操作。

（2）系统分析。提供了众多系统分析工具，如频率响应分析、极点分析、稳定性分析等。

（3）控制器设计。包括 PID 控制器、线性二次型调节器(Linear Quadratic Regulator，LQR)、H-infinity 等多种控制器设计方法，并提供自动化设计工具。

（4）仿真。可以使用 Simulink 进行系统仿真，并与控制系统工具箱进行集成。

（5）应用开发。可以将设计的控制器应用到实际的硬件系统中，并进行调试和优化。

3. 鲁棒控制工具箱(Robust Control Toolbox，RCT)

该工具箱是一个用于设计和分析鲁棒控制系统的工具集，适用于各种鲁棒控制系统的设计和分析。它提供了多种鲁棒控制设计方法，可以处理模型不确定性、传感器和执行器故障、环境干扰等问题。一些常用的功能包括：

（1）鲁棒控制器设计。提供了多种鲁棒控制器设计方法，如 H-infinity 控制、μ 合成控制、基于线性矩阵不等式(Linear Matrix Inequality，LMI)的控制等。

（2）鲁棒稳定性分析。可以进行鲁棒稳定性分析，包括鲁棒稳定裕度、极点配置等。

（3）鲁棒性能分析。可以进行鲁棒性能分析，如鲁棒性能裕度、灵敏度分析等。

（4）鲁棒控制系统设计。可以设计鲁棒控制系统，包括控制器设计、系统优化、性能评估等。

（5）仿真和实验验证。可以使用 Simulink 进行仿真，并将鲁棒控制器应用到实际系统中进行验证。

4. 模型预测控制工具箱(Model Predictive Control Toolbox，MPCT)

该工具箱是一个用于设计和实现模型预测控制(Model Predictive Control，MPC)系统的工具集，适用于各种 MPC 系统的设计和开发。MPC 是一种基于模型的控制策略，能够优化未来一段时间内的控制性能，并且能够处理约束等多种复杂问题。MPC 的主要思想是利用系统模型预测未来的状态，然后根据优化目标计算最优的控制输入。在实际应用中，MPC 通常被用于控制系统中的非线性、多变量、时变等复杂系统。

MATLAB 的模型预测控制工具箱提供了多种 MPC 设计方法，包括线性和非线性模型预测控制、多目标优化等。一些常用的功能包括：

（1）系统模型辨识。通过多变量线性回归方法计算多输入单输出(Multiple-Input Single-Output，MISO)系统脉冲响应模型，并由该模型生成 MIMO 阶跃响应模型，对测量数据进行尺度化等。

（2）模型预测控制器设计。该工具箱提供了多种 MPC 设计方法，例如，线性和非线性模型预测控制、多目标优化等。此外，工具箱还提供了自动化设计工具，可以自动调整 MPC 控制器的参数，以便达到用户指定的性能指标。

(3) 模型预测仿真。该工具箱与 Simulink 集成,可以进行 MPC 系统仿真。用户可以使用 Simulink 来构建系统模型,并与 MPC 工具箱进行集成。

(4) 实时控制。该工具箱还支持实时控制,用户可以将设计的 MPC 控制器应用到实时控制系统中,并进行调试和优化。

(5) 系统分析。该工具箱有计算模型预测控制系统频率响应、极点和奇异值的功能。

5. 模糊逻辑工具箱(Fuzzy Logic Toolbox,FLT)

该工具箱是一个用于开发和实现模糊逻辑系统的软件包,提供了一个功能强大的框架,能够轻松地设计和实现模糊逻辑系统,可用于建模和模拟复杂的非线性系统,特别是在控制应用中。另外,MATLAB 的模糊逻辑工具箱提供了许多功能,以下是其中的一些主要功能:

(1) 定义模糊变量和规则。该工具箱提供了函数用于定义、添加模糊变量和规则,以及为这些变量定义成员函数。这使得用户能够轻松地定义模糊系统的结构。

(2) 模糊化输入变量。在使用模糊逻辑进行推理或控制时,需要将输入变量模糊化为模糊集合。模糊逻辑工具箱提供了函数用于模糊化输入变量。

(3) 推理和解模糊化。该工具箱提供了多种推理方法,例如,模糊推理、模糊推理-最小和模糊推理-加权平均等。此外,该工具箱还提供了用于解模糊化的函数。

(4) 模糊控制系统的设计和仿真。模糊逻辑工具箱不仅用于建立模糊逻辑系统,还可用于设计和仿真模糊控制系统。可以使用图形用户界面(Graphical User Interface,GUI)进行编辑,还可以使用 Simulink 模块进行仿真。

(5) 优化模糊系统性能。用户可以使用遗传算法、模拟退火和基于梯度的优化方法,例如,调整模糊集成员函数的参数或规则权重,自动优化模糊系统的性能。

(6) 数据聚类、模式识别和预测分析。模糊逻辑工具箱还提供了一些附加功能,例如,数据聚类、模式识别和预测分析等,可用于处理实际问题。

6. 非线性控制设计工具箱(Nonlinear Control Design Toolbox,NCDT)

该工具箱是一个用于设计、优化和仿真非线性控制系统的工具箱。它提供了各种非线性控制设计方法和算法,可用于设计具有非线性特性的控制系统。以下是该工具箱的主要功能:

(1) 反馈线性化。一种用于设计非线性系统控制器的方法。该方法通过使用反馈控制将非线性系统转换为可控制的线性系统,可以根据用户提供的非线性系统模型进行反馈线性化。

(2) 滑模控制。一种鲁棒控制方法,它通过引入滑模面将控制系统的误差限制在一个窄的区域内,可用于设计具有滑模特性的控制器。

(3) 后退阻尼控制。一种非线性控制方法,它将控制系统分解成一系列可控的子系统。每个子系统都可以使用线性控制器进行控制,然后通过后退阻尼方法将子系统整合成一个整体控制器,可用于设计具有后退阻尼特性的控制器。

(4) 非线性模型预测控制(Nonlinear Model Predictive Control,NMPC)。一种用于优化控制问题的方法,它使用非线性系统模型进行预测和优化,可用于设计具有 NMPC 特性的控制器。

(5) 级联控制。一种将多个控制器级联起来形成复杂控制系统的方法,可用于设计具有级联特性的控制器。

除了上述功能,非线性控制设计工具箱还提供了各种非线性系统分析工具,例如,极点分析、李雅普诺夫分析、相图分析等。这些工具可用于分析具有非线性特性的系统的稳定性和性能。

另外,MATLAB 除了控制系统工具箱,还有许多其他扩展工具箱,可以扩展其功能,如神经网络工具箱、映像处理工具箱、统计工具箱等。这些工具箱提供了额外的函数和工具,方便用户进行特定领域的计算和分析。

1.6 本书的内容安排

本书系统介绍了关于自动控制的理论基础和典型方法,共分为 8 章。各章的主要内容概括如下:

第 1 章介绍控制理论的发展历程,自动控制系统的结构、分类和基本要求,还介绍了 MATLAB 中关于自动控制的工具箱。

第 2 章介绍连续控制系统的数学模型,包括控制系统的微分方程、传递函数和状态空间模型,以及各种数学模型之间的关系。

第 3 章介绍连续控制系统的时域分析和设计方法,包括连续系统暂态性能、稳态性能分析,状态方程的求解,稳定性分析以及时域设计方法。

第 4 章介绍连续控制系统的根轨迹法,包括根轨迹的基本概念、绘制方法,基于根轨迹的系统性能分析、校正装置设计。

第 5 章介绍连续控制系统的频率法,包括频率特性、奈奎斯特稳定判据、相对稳定性分析,以及基于频率响应的校正装置设计。

第 6 章介绍连续控制系统的状态空间法,包括能控性与能观性分析、结构分解、状态反馈控制器设计、状态观测器设计。

第 7 章介绍离散控制系统分析与设计,包括采样定理、Z 变换与逆变换、离散系统的频域与复频域分析与设计、状态空间分析与设计以及连续系统与离散系统的区别与联系。

第 8 章介绍自动控制理论在实际工程中的应用示例。

本章小结

本章主要介绍了自动控制理论的发展概况、自动控制系统的结构、分类以及基本要求,并介绍了自动控制系统的分析与设计工具。此外,还给出了本书内容的安排。

控制理论的发展经历了经典控制理论、现代控制理论、智能控制理论的产生和发展过程。经典控制理论是控制理论的起点,而现代控制理论和智能控制理论则是在经典理论的基础上提出的更加先进和智能化的理论。

自动控制系统的结构包括开环控制系统、闭环控制系统和复合控制系统。开环控制系统是最简单的控制系统，闭环控制系统通过反馈作用能够实现更精确的控制，复合控制系统兼具开环控制和闭环控制的优点。

自动控制系统分为线性系统与非线性系统、连续系统与离散系统、定常系统与时变系统、单输入单输出系统与多输入多输出系统、恒值系统和随动系统。这些分类对于理解和分析不同类型的控制系统具有重要意义。

对自动控制系统的基本要求，包括稳定性、暂态性能和稳态性能。这些要求是衡量控制系统性能优劣的重要指标，稳定性是控制系统的基本要求，而暂态性能和稳态性能则是衡量控制系统动态和静态性能的指标。

自动控制系统的分析与设计工具，包括 MATLAB 以及相关的控制类工具箱。这些工具能够帮助读者对控制系统进行分析和设计，从而实现系统的优化和改进。

最后，给出了本书内容的安排，说明了各章节的主要内容和组织结构，为读者提供了整体的阅读框架。

习题 1

1-1　什么是自动控制系统？自动控制系统通常由哪些环节组成？各个环节各起什么作用？

1-2　试分析开环控制系统和闭环控制系统的优缺点。

1-3　日常生活中有许多开环控制系统和闭环控制系统，试举例并对它们的工作原理进行阐释。

1-4　对自动控制系统有哪些基本要求？

1-5　图 1-11 为家用电冰箱控制系统，试分析其工作原理，并画出温度控制系统的原理方框图。

1-6　水箱液位控制系统如图 1-12 所示。运行过程中无论用水流量如何变化(由开关 l_2 操作控制)，希望保持水面液位高度 H 不变。试分析该控制系统的工作原理，指明被控对象、被控量、给定值及干扰输入，并画出系统的原理方框图。

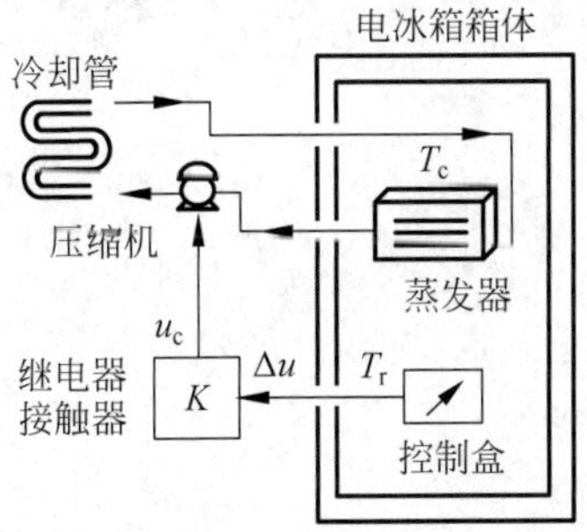

图 1-11　习题 1-5 电冰箱控制系统

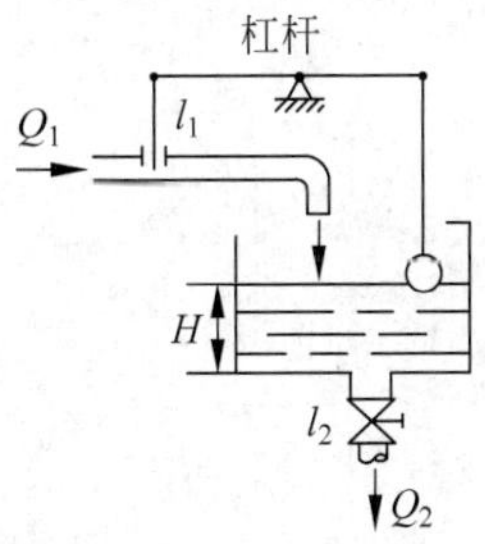

图 1-12　习题 1-6 水箱液位控制系统

1-7　图 1-13 所示为热水电加热器。为了保持所期望的温度，由温控开关轮流接通或断开电加热器的电源。在使用热水时，水槽流出热水并补充冷水。试画出该闭环控制系统方框图，并说明控制量、被控制量、反馈量、扰动量、测量元件、被控对象。

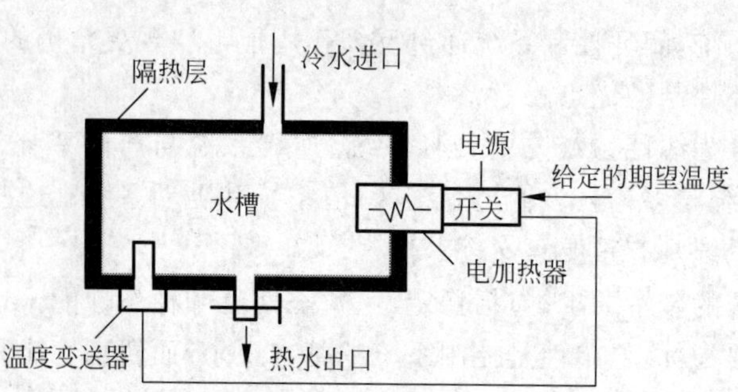

图 1-13　习题 1-7 热水电加热器控制系统

第 2 章

连续控制系统的数学模型

要实现对控制系统的分析、设计，第一步是建立控制系统的数学模型。本章首先介绍控制系统数学模型的基本概念；然后介绍控制系统常用的3种数学模型：微分方程、传递函数以及状态空间模型；最后，通过介绍这些数学模型之间的相互关系，使读者掌握各模型之间的转换。

2.1 控制系统数学模型基本概念

2.1.1 数学模型的定义与主要类型

根据系统运动过程中的物理、化学等规律，对系统的输入、输出以及内部各变量之间的关系进行描述的数学表达式称为数学模型。数学模型是对一个系统的运动规律进行量化的描述，可以有多种数学表达方式。因此数学模型有不同的类型，以下是一些主要的类型。

1. 静态数学模型与动态数学模型

在静态(工作状态不变或慢变过程)条件下的系统模型称为静态数学模型。静态数学模型一般以代数方程、静态关系表等表示，它描述了系统的输入、输出之间的稳态关系。一般来说，系统中的变量与时间无关。

在动态(工作状态随时间改变的过程)或暂态特性条件下的系统模型称为动态数学模型。动态数学模型一般以微分方程、差分方程、传递函数、状态方程等形式表示，其中的变量会随时间动态变化。静态数学模型可以看成是动态数学模型的特殊情况。

2. 连续时间模型与离散时间模型

根据系统的数学模型中是否存在离散信号，将其划分为连续时间模型和离散时间模型，也称为连续模型和离散模型。连续模型一般有微分方程、传递函数、状态方程等形式表示。离散模型一般通过差分方程、z 传递函数、离散状态方程等形式表示。

3. 输入输出模型与状态空间模型

对系统输入、输出之间外部关系进行描述的数学模型叫作输入输出模型，或称为外部描述模型。比如微分方程、传递函数、频率特性等数学模型都是输入输出模型。

对系统输入、输出和系统内部状态之间的关系进行描述的数学模型叫作状态空间模型，或称为内部描述模型。与输入输出模型相比，它更深入地揭示了系统的动态特性。

4. 参数模型与非参数模型

需要用数学表达式表示的数学模型是参数模型，比如传递函数、差分方程、状态方程等。

非参数模型是由直接或间接从物理系统的试验分析中得到的响应曲线表示的数学模型，如脉冲响应、阶跃响应、频率特性曲线等。

总的来说，系统的数学模型虽然有不同的表示形式，但是它们反映的都是实际系统的内在运动规律，所以各种数学模型之间可以互相转换。可以用输入输出模型表示的模型也可以用状态空间模型表示；一个用参数模型表示的系统也用非参数模型表示；另外，用连续时间模型表示的模型也可以通过采样、量化等步骤用离散时间模型表示。

2.1.2 建立数学模型的方法

建立系统的数学模型的方法有机理分析建模方法（解析法）和实验建模方法（系统辨识法）两种方法。

机理分析建模方法是根据系统遵循的物理、化学等定律（如牛顿定律、基尔霍夫定律等），通过分析系统的静态关系和动态机理，推导出系统的数学模型，故相应的数学模型也称为机理模型。这种采用机理分析建模的方法需要对系统的内部结构有了解，故也称为"白箱"建模方法。机理模型展示了系统内在的关系与结构，对系统特性的描述比较准确。但是，机理分析建模方法也存在一定的缺陷。因为机理分析建模方法需要对系统内在机理等清晰了解，所以当系统的结构比较复杂、难以分析其运动机理时，建立机理模型的难度很大。此外，利用机理分析建模的方法往往会做许多简化和假设。所以，机理模型与实际系统之间存在建模误差。

实验建模方法是人为地给系统施加某种输入测试信号（如脉冲信号、正弦信号等），记录系统的输出响应，然后根据实验结果选择合适的数学表达式近似表示系统的数学模型。因为这种建立数学模型的方法只依赖于系统的输入输出关系，不需要了解系统的内部机理也可以建立数学模型，所以也称之为"黑箱"建模方法。由于实验建模方法是基于被控对象的实验数据，所以被控对象必须已经存在，并且能够进行实验。辨识得到的模型只能反映系统输入输出的外部特性，不能反映系统的内在关系。因此，通过该方法无法得到系统的本质。

一般情况下，对于一些结构简单、容易进行机理分析的系统采取机理分析建模方法；而对于结构复杂、难以进行机理分析、非线性程度高的系统采取实验建模方法。更有效的方法是将两种方法结合起来。在实际的建模过程中，我们会获得系统的部分特性，例如，系统的类型、阶次等。这些特性只能不太准确、定量地描述系统的关系，故系统相当于一个"灰箱"。所以，首先可以认识物理系统的规律，然后通过机理分析提出含有未知参数的模型结构，最后根据实验的观测数据估计得出模型的参数。相较于"白箱"建模方法和"黑箱"建模方法，这种结合了机理分析建模和实验建模的方法称为"灰箱"建模方法。

本章主要介绍利用机理分析建模方法对系统进行建模，着重介绍几种常用的数学模型。

2.2 控制系统的微分方程

系统微分方程描述系统输出量及其各阶导数和系统输入量及其各阶导数之间的关系。它是描述系统在时域中动态特性最常见的一种数学模型，可以直观地反映系统的特性。对于线性与非线性系统、定常与时变系统都适用。

为了建立系统的微分方程，必须先了解系统的组成和工作原理，再从物理、化学等定律出发，推导出系统输入和输出之间的关系，最后得到微分方程模型。利用机理分析建模方法建立系统微分方程的一般过程如下：

(1) 根据系统的组成和工作原理，确定系统和各环节的输入、输出变量。

(2) 从系统的输入端开始，按照信号传递顺序，依据各环节的变量所遵循的物理、化学等定律，在不影响系统分析准确性的前提下适当简化，依次列写各环节的变量之间的动态方程，一般为微分方程(组)。

(3) 根据列出的各环节的联合微分方程组，消去中间变量，得到只与系统输入输出变量有关的微分方程。

(4) 将输出变量及其各阶导数移到等式的左边，输入变量及其各阶导数移到等式的右边，两端都按照降阶来排列，最后将各项系数化成反映系统动态特性的参数(如时间参数)。就得到了标准化的系统微分方程。

下面以一些简单的系统为例，着重介绍系统数学模型的概念和基于系统机理分析建模的微分方程模型建立的基本方法。

例 2-1　如图 2-1 所示为 RC 无源网络，其中 R 为电阻，C 为电容。试写出 RC 无源网络的微分方程，其中 $u_r(t)$为输入，$u_c(t)$为输出。

解：设回路电流为 $i(t)$，根据基尔霍夫定律可得以下方程组

$$\begin{cases} u_r(t) = Ri(t) + \dfrac{1}{C}\displaystyle\int i(t)\,\mathrm{d}t \\ u_c(t) = \dfrac{1}{C}\displaystyle\int i(t)\,\mathrm{d}t \end{cases}$$

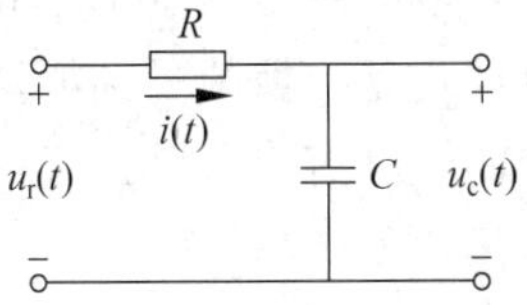

图 2-1　*RC* 无源网络

消去中间变量 $i(t)$，有

$$RC\frac{\mathrm{d}u_c(t)}{\mathrm{d}t} + u_c(t) = u_r(t)$$

令 $T = RC$，则

$$T\frac{\mathrm{d}u_c(t)}{\mathrm{d}t} + u_c(t) = u_r(t)$$

其中，T 为 RC 无源网络的时间常数，单位为秒(s)。

可见，如图 2-1 所示的 RC 无源网络的微分方程是一阶常系数线性微分方程式。

例 2-2　图 2-2 表示弹簧-质量-阻尼器系统。其中 $F(t)$为外作用力，m 为物体 M 的质量，k 为弹簧的弹性系数，f 为阻尼器的阻尼系数，$y(t)$为物体的位移，试建立以外力 $F(t)$为输入(不考虑重力)，物体 M 的位移 $y(t)$为输出的微分方程。

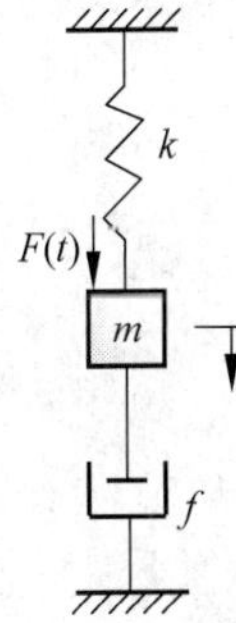

图 2-2　弹簧-质量-阻尼器系统

解：由系统的组成可知，在外力 $F(t)$的作用下，弹簧有弹性阻力 $F_k(t)$，阻尼器有黏性摩擦阻力 $F_f(t)$。由牛顿第二定律可知，

$$F(t) - F_k(t) - F_f(t) = m\frac{\mathrm{d}^2 y(t)}{\mathrm{d}t^2}$$

设弹簧和阻尼器是弹性的，其满足胡克定律，即

$$F_k(t) = ky(t)$$

$$F_f(t) = f\frac{\mathrm{d}y(t)}{\mathrm{d}t}$$

合并整理得

$$m\frac{\mathrm{d}^2 y(t)}{\mathrm{d}t^2} + f\frac{\mathrm{d}y(t)}{\mathrm{d}t} + ky(t) = F(t)$$

可见，如图 2-2 所示的弹簧-质量-阻尼器系统的微分方程也是二阶常系数线性微分方程式。

例 2-3　如图 2-3 所示为机械转动系统，其中，$M_f(t)$为输入转矩，J 为物体的转动惯量，

f 为摩擦系数，$\omega(t)$为角速度，$\theta(t)$为转角。求输入转矩 $M_f(t)$与角速度 $\omega(t)$、输入转矩 $M_f(t)$与转角 $\theta(t)$的微分方程。

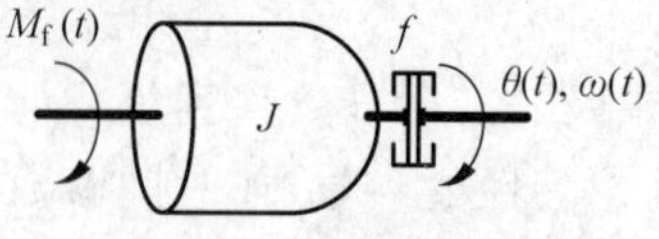

图 2-3　机械转动系统

解：根据牛顿第二定律可得

$$J\frac{d\omega(t)}{dt}+f\omega(t)=M_f(t)$$

$$J\frac{d\theta^2(t)}{dt^2}+f\frac{d\theta(t)}{dt}=M_f(t)$$

可见，对于同一个系统，选取不同的输出变量，则建立的数学模型的表达方式不一样。同样，若系统的输入变量是不同的物理变量，那么建立的数学模型的表达方式也不一样。所以，在建立控制系统的微分方程时，首先要明确输入、输出变量。

上面几个例子都是对于线性系统建立微分方程。严格来说，实际的物理元件或物理系统都是非线性的。例如，电阻、电容、电感等参数值与周围环境(温度、湿度、压力等)及流经它们的电流有关；弹簧的刚度与其形变有关，因此弹簧系数 k 实际上是其位移 x 的函数。当然，在一定条件下，为了简化数学模型，可以将这些物理元件视为线性元件，这就是通常使用的一种线性化方法。

例 2-4　如图 2-4 所示为流体运动过程，其中，流入量为 Q_i，流出量为 Q_o。通过扭动控制阀和节流阀，可以对流量进行控制。试建立该过程中，水箱的液位高度 H 与流入量 Q_i 之间的微分方程。

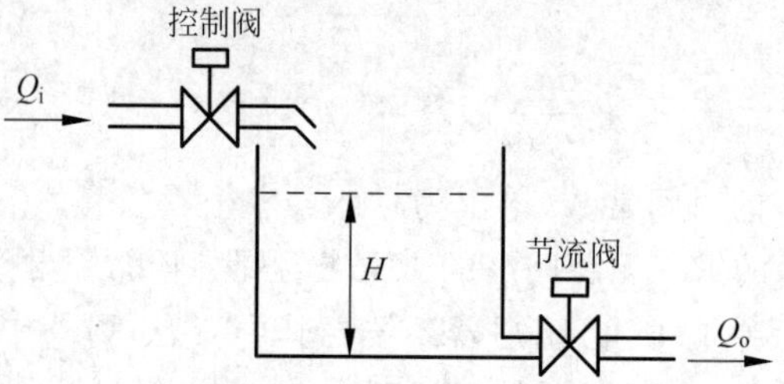

图 2-4　流体运动过程

解：分析水箱的工作状态可知，若流入量 Q_i 和流出量 Q_o 不相等，则会引起水箱的高度 H(水箱的横截面积为 S)发生变化

$$S\frac{dH}{dt}=Q_i-Q_o$$

由流量公式可得

$$Q_o=\alpha\sqrt{H}$$

其中，α 为节流阀的流量系数。当液位高度 H 变化不大时，可近似认为 α 只与节流阀开度有关。设节流阀的开度保持一定，则 α 为一常数。

消去中间变量，可得微分方程

$$\frac{dH}{dt}+\frac{\alpha}{S}\sqrt{H}=\frac{1}{S}Q_i$$

这是一个非线性方程。

以上几个不同物理特性的系统均采用机理分析建模法建立其输入输出之间的数学模型。可见，系统的数学模型由系统的结构、参数及基本运动规律决定。一般情况下，描述控

制系统输入输出关系的 n 阶线性系统的微分方程式为

$$\begin{aligned}&a_n\frac{\mathrm{d}^n}{\mathrm{d}t^n}y(t)+a_{n-1}\frac{\mathrm{d}^{n-1}}{\mathrm{d}t^{n-1}}y(t)+\cdots+a_1\frac{\mathrm{d}y(t)}{\mathrm{d}t}+a_0y(t)\\&=b_m\frac{\mathrm{d}^m}{\mathrm{d}t^m}r(t)+b_{m-1}\frac{\mathrm{d}^{m-1}}{\mathrm{d}t^{m-1}}r(t)+\cdots+b_1\frac{\mathrm{d}r(t)}{\mathrm{d}t}+b_0r(t)\end{aligned}\tag{2-1}$$

其中，$y(t)$是系统的输出量；$r(t)$是系统的输入量；$a_i(i=0,1,2,\cdots,n)$和 $b_i(i=0,1,2,\cdots,m)$是与系统结构有关的系数。如果微分方程式(2-1)中的系数 a_i、b_i 中至少有一个是时间 t 的函数系统，则控制系统是线性时变系统。如果微分方程式中的系数 a_i、b_i 全是定常数，则控制系统为线性定常系统，或者称为线性时不变系统。例如，$\frac{\mathrm{d}^2y(t)}{\mathrm{d}t^2}-2\frac{\mathrm{d}y(t)}{\mathrm{d}t}+3y(t)=r(t)$是线性定常系统；$t\frac{\mathrm{d}y(t)}{\mathrm{d}t}+y(t)=6\frac{\mathrm{d}r(t)}{\mathrm{d}t}-r(t)$为线性时变系统。

2.3　控制系统的传递函数

控制系统的微分方程模型是一种分析控制系统最直观的数学模型。该方法能够在给定的输入和初始状态下，对其进行求解，从而获得系统的时域输出响应。在控制理论发展之初，由于受计算工具和计算手段的限制，在系统的结构或参数发生改变时，需要对微分方程进行重建。而在微分方程模型复杂、阶数较高的情况下，很难用微分方程解来获得系统的时域响应。这些问题严重制约了控制理论的发展。

在运用拉普拉斯变换解高阶微分方程时，发现可以把拉普拉斯变换引入到控制理论中，由此得到了传递函数模型。传递函数不仅简化了系统微分方程的求解，并且由于传递函数可以反映系统结构、参数变化对系统动态性能的影响规律，所以当系统的结构或某个参数发生变化时，无须重新建立数学模型，极大地满足了控制系统分析和设计的要求。所以传递函数模型的产生极大地推动了控制理论的发展，成为控制理论中最重要和最基础的研究工具。

2.3.1　传递函数的定义以及表达式

线性定常系统的传递函数定义为零初始条件下，系统输出量的拉普拉斯变换与输入量的拉普拉斯变换之比，记为 $G(s)$。

设线性定常系统的 n 阶线性常微分方程为

$$\begin{aligned}&a_n\frac{\mathrm{d}^n}{\mathrm{d}t^n}y(t)+a_{n-1}\frac{\mathrm{d}^{n-1}}{\mathrm{d}t^{n-1}}y(t)+\cdots+a_1\frac{\mathrm{d}y(t)}{\mathrm{d}t}+a_0y(t)\\&=b_m\frac{\mathrm{d}^m}{\mathrm{d}t^m}r(t)+b_{m-1}\frac{\mathrm{d}^{m-1}}{\mathrm{d}t^{m-1}}r(t)+\cdots+b_1\frac{\mathrm{d}r(t)}{\mathrm{d}t}+b_0r(t)\end{aligned}\tag{2-2}$$

其中，$y(t)$是系统的输出量；$r(t)$是系统的输入量；$a_i(i=0,1,2,\cdots,n)$和 $b_i(i=0,1,2,\cdots,m)$是与系统结构与参数有关的常系数。在初始时刻($t=0$ 时刻)，$y(t)$、$r(t)$及其各阶导数的初始值都为零的前提条件(即零初始条件)下，对式(2-2)等号两边进行拉普拉斯变换，得到

$$(a_ns^n+a_{n-1}s^{n-1}+\cdots+a_1s+a_0)Y(s)=(b_ms^m+b_{m-1}s^{m-1}+\cdots+b_1s+b_0)R(s)\tag{2-3}$$

于是,由定义得系统传递函数

$$G(s)=\frac{Y(s)}{R(s)}=\frac{b_m s^m+b_{m-1}s^{m-1}+\cdots+b_1 s+b_0}{a_n s^n+a_{n-1}s^{n-1}+\cdots+a_1 s+a_0} \tag{2-4}$$

传递函数是通过对微分方程模型进行拉普拉斯变换得到的。利用机理分析建模方法建立系统传递函数的一般过程如下:

(1) 根据系统的组成和工作原理,确定系统和各环节的输入、输出变量。列写各环节的微分方程组(可以在不影响系统分析准确性的前提下适当简化)。

(2) 在零初始条件下对上述的微分方程进行拉普拉斯变换,得到环节在 s 域的拉普拉斯变换方程组。

(3) 根据列出的拉普拉斯变换方程组,消去中间变量,得到只有关系统的输入输出变量之间关系的 s 域代数方程。

(4) 根据传递函数的定义,由输出量的拉普拉斯变换与输入量的拉普拉斯变换相比,就得到系统的传递函数。

需要明确的是,若已经建立了系统的微分方程,则可以直接在零初始条件下对该微分方程进行拉普拉斯变换,按定义得到其传递函数。

例 2-5 试求解例 2-1 中 RC 无源网络的传递函数。

解:根据例 2-1,RC 无源网络的微分方程表示为

$$T\frac{\mathrm{d}u_c(t)}{\mathrm{d}t}+u_c(t)=u_r(t)$$

其中,T 为 RC 无源网络的时间常数,单位为秒。

在零初始条件下,对上述方程中各项求拉普拉斯变换,可得 s 域的代数方程为

$$(Ts+1)U_c(s)=U_r(s)$$

由传递函数定义,RC 无源网络传递函数为

$$G(s)=\frac{U_c(s)}{U_r(s)}=\frac{1}{Ts+1}$$

传递函数一般是复变函数,可表示为各种形式。下面介绍几种常用表达式。

1. 有理分式形式

有理分式形式是传递函数最常用的形式,如下所示

$$G(s)=\frac{b_m s^m+b_{m-1}s^{m-1}+\cdots+b_1 s+b_0}{a_n s^n+a_{n-1}s^{n-1}+\cdots+a_1 s+a_0}=\frac{N(s)}{D(s)} \tag{2-5}$$

其中,传递函数的分母多项式 $D(s)$称为系统的特征多项式,$D(s)=0$ 称为系统的特征方程,$D(s)=0$ 的根称为系统的特征根或极点。分母多项式 $D(s)$的阶次 n 定义为系统的阶次。对于实际的物理系统,多项式 $D(s)$、$N(s)$的所有系数为实数,且分子多项式 $N(s)$的阶次 m 小于或等于分母多项式 $D(s)$的阶次 n,即 $m\leqslant n$。故传递函数 $G(s)$是复变量 s 的有理真分式函数。

2. 零极点形式

将传递函数的分子、分母多项式变为首一多项式,再在复数范围内进行因式分解,可得

$$G(s)=\frac{k\prod_{i=1}^{m}(s-z_i)}{\prod_{i=1}^{n}(s-p_i)} \tag{2-6}$$

其中，$z_i(i=1,2,\cdots,m)$为系统的零点；$p_i(i=1,2,\cdots,n)$为系统的极点；k 为系统的根轨迹放大系数。系统的零极点的分布决定了系统的特性。因此，可以画出传递函数的零极点图，直接分析系统特性。在零极点图上，用“×”表示极点，用“○”表示零点。例如，传递函数

$$G(s)=\frac{s^2-s-6}{2s^3+10s^2+16s+12}=\frac{0.5(s+2)(s-3)}{(s+3)(s+1+\mathrm{j})(s+1-\mathrm{j})}$$

的零极点图如图 2-5 所示。

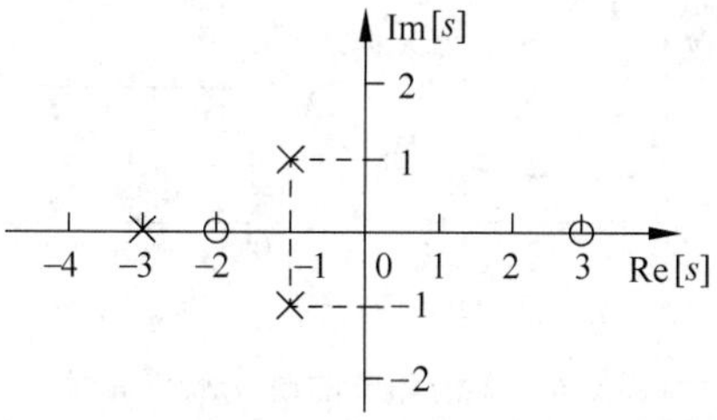

图 2-5　零极点图

3. 时间常数形式

将传递函数的分子、分母多项式变为尾一多项式，再在实数范围内进行因式分解，可得

$$G(s)=\frac{K\prod_{i=0}^{m_1}(\tau_i s\pm 1)\prod_{k=0}^{m_2}(\tau_k^2 s^2\pm 2\zeta_k\tau_k s+1)}{s^v\prod_{j=0}^{n_1}(T_j s\pm 1)\prod_{l=0}^{n_2}(T_l^2 s^2\pm 2\zeta_l T_l s+1)} \tag{2-7}$$

其中，K 为传递系数，也称为系统的放大系数；τ、T 为系统的时间常数；v 为积分环节数；ζ 为阻尼比。

2.3.2　典型环节的传递函数

控制系统都是由各种元件和装置构成的。在建立数学模型的过程中，可以发现很多不同结构、物理过程的元器件和装置具有相同的微分方程、传递函数形式，这是因为它们具有相同形式的动态特性。所以，控制系统中常见的元器件和装置依照动态特性或者数学模型来分类，只要它们的数学模型形式一样，就认为它们是同一种典型环节。从动态特性来看，自动控制系统、被控对象和控制装置都可看成是由下列几种典型环节按不同的连接方式组合而成的。

典型环节是按照数学模型的共性来划分的，它与具体元器件不一定都是一一对应的。研究和掌握典型环节的特性，对于研究整个系统的特性至关重要。

1. 比例环节

比例环节是控制系统中最基本、最常见的一类典型环节，其动态方程为

$$y(t)=Kr(t) \tag{2-8}$$

其中，$y(t)$为比例环节的输出信号；$r(t)$为比例环节的输入信号；K 为放大系数或增益，是

一个常数。那么比例环节的传递函数为

$$G(s)=\frac{Y(s)}{R(s)}=K \tag{2-9}$$

从比例环节的数学模型可以看到，它的输出是以 K 倍幅值对输入信号进行无延迟、无失真的复现。如果输入信号为阶跃信号

$$r(t)=\begin{cases}0, & t<0\\ R\cdot 1(t), & t\geqslant 0\end{cases} \tag{2-10}$$

那么比例环节的输出(也称为阶跃响应)如图 2-6 所示。可以看出，输出信号和输入信号的波形相同，且没有延迟。在理想化条件下，许多实际的元件和设备都具有比例环节特性。例如，电位器、比例放大器以及输入信号为转速的测速发电机等。

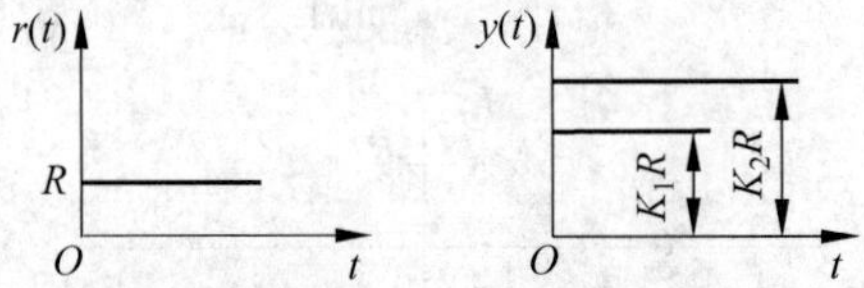

(a) 阶跃信号 (b) 阶跃响应

图 2-6 比例环节的阶跃响应曲线

例 2-6 试求如图 2-7 所示的电位器系统的传递函数。

解：如图 2-7 所示的系统是一个调整电压的电位器系统。由电路原理可知，输入电压的大小 $r(t)$ 和输出电压的大小 $y(t)$ 成正比，即

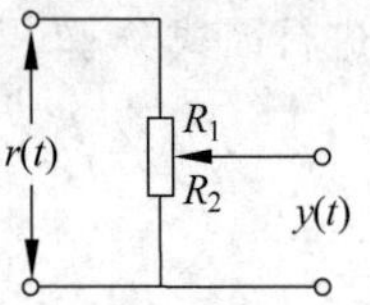

图 2-7 例 2-6 的电位器系统

$$y(t)=Kr(t)=\frac{R_2}{R_1+R_2}r(t)$$

则电位器系统的传递函数为

$$G(s)=\frac{Y(s)}{R(s)}=K$$

其中，$K=\dfrac{R_2}{R_1+R_2}$。

被控对象的动态特性不可能只用比例环节描述，但希望执行机构、检测装置都具有比例环节的动态特性，具有比例环节动态特性的比例控制器是最基本、最简单的控制器。

2. 积分环节

当输出信号与输入信号的积分成正比时，称其为积分环节。积分环节的动态方程为

$$y(t)=\frac{1}{T}\int r(t)\mathrm{d}t=K\int r(t)\mathrm{d}t \tag{2-11}$$

其中，$y(t)$ 为积分环节的输出信号；$r(t)$ 为积分环节的输入信号；T 为积分时间常数；K 为积分系数或积分速度。那么积分环节的传递函数为

$$G(s)=\frac{Y(s)}{R(s)}=\frac{1}{Ts}=\frac{K}{s} \tag{2-12}$$

如果输入信号为阶跃信号，那么积分信号的阶跃响应为

$$y(t)=\frac{1}{T}\int R\cdot 1(t)\mathrm{d}t=\frac{R}{T}t \tag{2-13}$$

如图 2-8 所示，积分环节的阶跃响应随时间线性增长。输出 $y(t)$ 达到输入 $r(t)$ 幅值所需的时间是积分时间常数 T 的值。显然，T 值越大，响应 $y(t)$ 曲线的斜率越小，$y(t)$ 变化越慢。当输入信号在某一时刻 t_i 消失，那么积分停止，积分环节的输出就保持在 $y(t_i)$ 不再改变，故积分环节具有“记忆”特性。积分特性可能存在于被控对象中，积分特性也常起到改善系统性能的辅助控制作用。应当注意的是，积分环节具有饱和的特点，以上线性变化的阶跃响应及其记忆特性都是饱和前的特性。

3. 微分环节

当输出信号与输入信号的微分成正比时，称其为微分环节。理想微分环节的动态方程为

$$y(t)=T_{\mathrm{d}}\frac{\mathrm{d}r(t)}{\mathrm{d}t} \tag{2-14}$$

其中，$y(t)$ 为理想微分环节的输出信号；$r(t)$ 为理想微分环节的输入信号；T_{d} 为微分时间常数。那么理想微分环节的传递函数为

$$G(s)=\frac{Y(s)}{R(s)}=T_{\mathrm{d}}s \tag{2-15}$$

如果理想微分环节的输入信号为阶跃信号，则其输出响应为

$$y(t)=T_{\mathrm{d}}R\delta(t) \tag{2-16}$$

其中，$\delta(t)$ 为单位阶跃信号的导数，称为单位脉冲信号，所以如图 2-9 所示的理想微分环节的阶跃响应是一个面积为 $T_{\mathrm{d}}R$ 的脉冲信号。但是在实际的情况下，物理元器件是不可能在输入为阶跃信号的瞬间，输出一个无穷大且持续时间趋于零的信号。所以，理想微分环节动态特性在实际情况中很难实现。但是有些元器件或系统的数学模型形式又的确是理想微分环节。

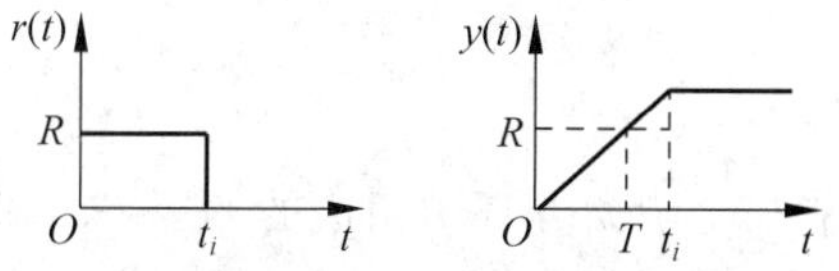

(a) 阶跃信号　　(b) 阶跃响应

图 2-8　积分环节的阶跃响应曲线

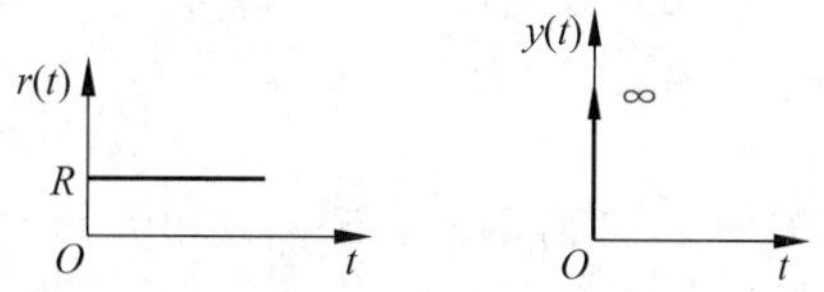

(a) 阶跃信号　　(b) 阶跃响应

图 2-9　理想微分环节的阶跃响应曲线

被控对象不可能具有微分特性，但常利用微分特性来辅助改善系统性能。由于理想微分环节难以实现，所以实际情况中多用具有近似微分特性的实际微分环节来代替理想微分环节。实际微分环节可由如图 2-10(a)所示的 RC 无源网络实现，其阶跃响应曲线如图 2-10(b)所示，由实际微分环节的电路图可得到其传递函数为

$$G(s)=\frac{Y(s)}{R(s)}=\frac{RCs}{RCs+1}=\frac{T_{\mathrm{d}}s}{T_{\mathrm{d}}s+1}$$

其中，$T_{\mathrm{d}}=RC$，当 T_{d} 取值很小，即 $T_{\mathrm{d}}\ll 1$ 时，$G(s)\approx T_{\mathrm{d}}s$。所以这种情况下，可以用这个电路近似代替理想微分环节。

4. 惯性环节

惯性环节又称一阶环节、非周期环节，其动态方程为

$$T\frac{\mathrm{d}y(t)}{\mathrm{d}t}+y(t)=Kr(t) \tag{2-17}$$

其中，$y(t)$为惯性环节的输出信号；$r(t)$为惯性环节的输入信号；T 为惯性环节的时间常数；K 为惯性环节的放大系数。那么惯性环节的传递函数为

$$G(s)=\frac{Y(s)}{R(s)}=\frac{K}{Ts+1} \tag{2-18}$$

如果惯性环节的输入信号为阶跃信号，则其响应输出如图 2-11 所示。可以看到，惯性环节的阶跃响应是一个非线性曲线，其输出不能立即跟随输入量的变化，存在着惯性。且时间常数 T 越大，其惯性越大。随着时间的不断增加，惯性环节的阶跃响应曲线最终会趋于新的平衡。

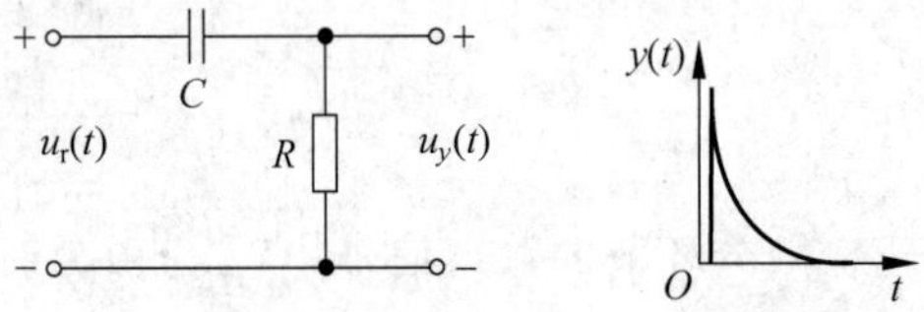

(a) 实际微分环节电路　(b) 阶跃响应

图 2-10　实际微分环节及其阶跃响应曲线

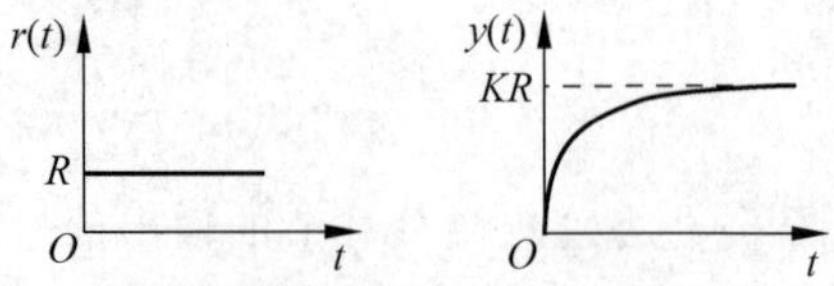

(a) 阶跃信号　(b) 阶跃响应

图 2-11　惯性环节的阶跃响应曲线

惯性环节的例子很多，如例 2-1 的 RC 无源网络等。实际上，工程中的大多数被控对象的动态特性可用一个或多个惯性环节来描述。

5. 一阶微分环节

一阶微分环节的动态方程为

$$y(t)=T_{\mathrm{d}}\frac{\mathrm{d}r(t)}{\mathrm{d}t}+r(t) \tag{2-19}$$

其中，$y(t)$为一阶微分环节的输出信号；$r(t)$为一阶微分环节的输入信号；T_{d} 为一阶微分的微分时间常数。那么一阶微分环节的传递函数

$$G(s)=\frac{Y(s)}{R(s)}=T_{\mathrm{d}}s+1 \tag{2-20}$$

如图 2-12 所示的有源网络电路就是由比例环节和一阶微分环节组成的，其传递函数为

$$G(s)=\frac{Y(s)}{R(s)}=-\frac{R_2}{R_1}(R_1Cs+1)=-K_{\mathrm{p}}(T_{\mathrm{d}}s+1)$$

其中，$K_{\mathrm{p}}=R_2/R_1$，是这个有源网络电路的放大增益；$T_{\mathrm{d}}=R_1C$ 是一阶微分环节的时间常数。

该有源网络的阶跃响应曲线如图 2-13(b)所示。这个有源网络经常用作控制器，称为比例-微分(PD)控制器。

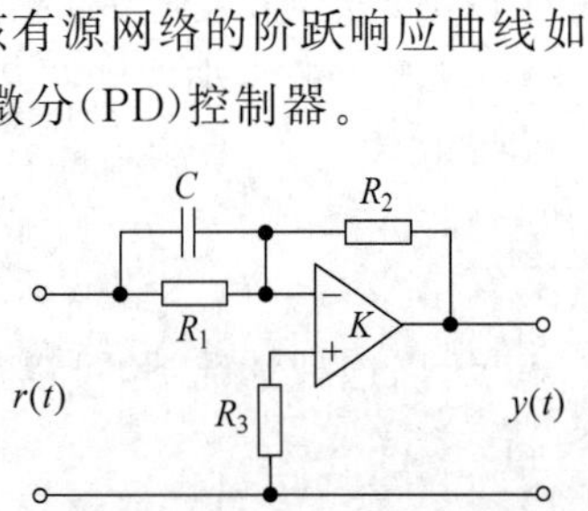

图 2-12　比例-微分环节

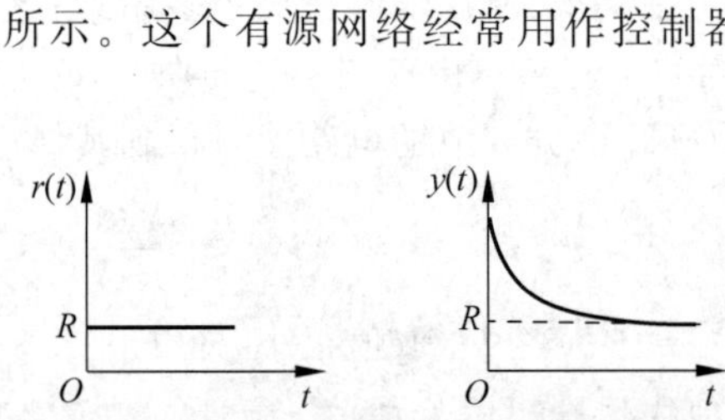

(a) 阶跃信号　(b) 阶跃响应

图 2-13　一阶微分环节的阶跃响应曲线

6. 振荡环节

振荡环节又称为二阶环节，其动态方程为

$$T^2\frac{\mathrm{d}^2y(t)}{\mathrm{d}t^2}+2\zeta T\frac{\mathrm{d}y(t)}{\mathrm{d}t}+y(t)=Kr(t) \tag{2-21}$$

其中，$y(t)$为振荡环节的输出信号；$r(t)$为振荡环节的输入信号；T 为振荡环节的时间常数；ζ 为振荡环节的阻尼比；K 为振荡环节的放大系数或增益。那么振荡环节的传递函数为

$$G(s)=\frac{Y(s)}{R(s)}=\frac{K}{T^2s^2+2\zeta Ts+1} \tag{2-22}$$

如果振荡环节的输入信号为阶跃信号，则其响应输出如图 2-14(b)所示。可以看到，振荡环节的阶跃响应具有衰减振荡特性。例 2-2 中的弹簧-质量-阻尼系统就是典型的振荡环节。

7. 延迟环节

延迟环节的动态方程为

$$y(t)=r(t-\tau) \tag{2-23}$$

其中，$y(t)$为延迟环节的输出信号；$r(t)$为延迟环节的输入信号；τ 为延迟环节的延迟时间。那么延迟环节的传递函数为

$$G(s)=\frac{Y(s)}{R(s)}=\mathrm{e}^{-\tau s} \tag{2-24}$$

如果将式(2-24)进行泰勒级数展开，可得

$$G(s)=\mathrm{e}^{-\tau s}=\frac{1}{\mathrm{e}^{\tau s}}=\frac{1}{1+\tau s+\frac{1}{2!}\tau^2s^2+\cdots} \tag{2-25}$$

当延迟时间 τ 很小时，延迟环节等效于一个惯性环节

$$G(s)=\mathrm{e}^{-\tau s}\approx\frac{1}{\tau s+1} \tag{2-26}$$

如果延迟环节的输入信号为阶跃信号，则其阶跃响应如图 2-15(b)所示。顾名思义，延迟环节的阶跃响应具有延迟特性。虽然控制器本身是不允许存在延迟的，但是在测量过程、生产过程等中常常存在难以避免的延迟，所以控制器的动态特性需要由延迟环节描述。当延迟过大时，往往会导致控制系统性能全面恶化，甚至使得系统失去稳定性。

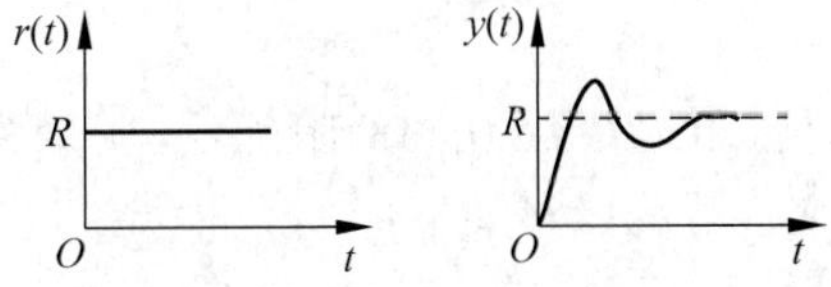

(a) 阶跃信号　　(b) 阶跃响应

图 2-14　振荡环节的阶跃响应曲线

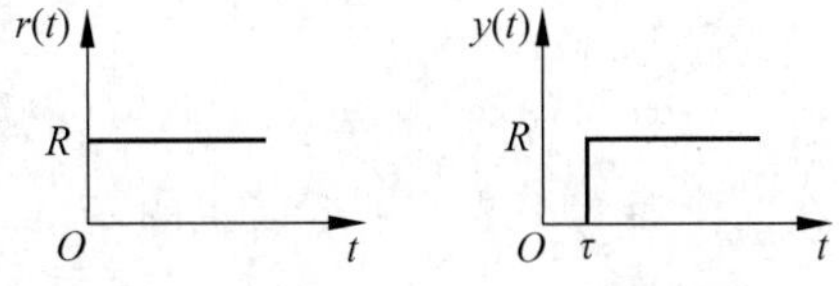

(a) 阶跃信号　　(b) 阶跃响应

图 2-15　延迟环节的阶跃响应曲线

2.3.3　系统方块图

一个控制系统是由若干环节构成的。而微分方程、传递函数等数学模型，都用纯数学表达式来描述系统的输入输出特性。所以，为了定量地反映系统中各环节对整个系统性能的影响，可以采用系统方块图的方法。

1. 方块图的基本单元

控制系统的系统方块图也称为动态结构图。它实际上是组成系统的每个环节(元件)的

功能及信号传递、转换的图解表示，由信号线、引出点、综合点、方块4类基本单元组成。

(1) 信号线：带有箭头的线段，箭头表示信号的传递方向，信号只能沿着箭头的方向传递。如图2-16(a)所示，信号线上标记有信号的时间函数或象函数。

(2) 引出点(测量点)：表示在此位置引出或测量信号。从同一信号线上引出的信号在数值和性质上完全相同。如图2-16(b)所示，这里的信号也可以是被测量的信号，故又称为测量点。

(3) 综合点(比较点)：对两个或者两个以上的信号进行代数运算。如图2-16(c)所示，"+"表示相加，"−"表示相减。综合点可以有多个输入信号，但一般只画一个输出信号。若需要几个输出，通常加引出点。

(4) 方块(环节)：表示输入、输出信号的转换关系。如图2-16(d)所示，方块内部是一个环节的传递函数或频率特性。

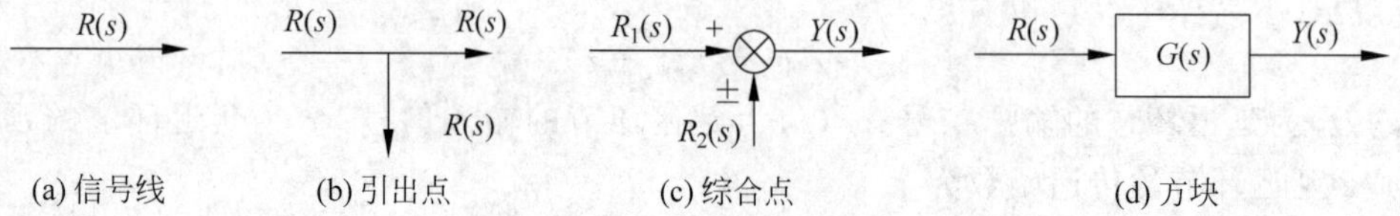

图2-16 方块图的基本单元

2. 方块图的绘制

(1) 根据系统的组成和工作原理，划分各环节，并确定系统和各环节的输入、输出变量。

(2) 根据各环节的变量所遵循的物理、化学等定律，在不影响系统分析准确性的前提下适当简化，依次列写各环节的变量之间的微分方程(组)或s域变换方程(组)，然后绘制各环节或方程组的方块图。

(3) 将系统的输入量置于方块图最左端，按照系统中信号的传递顺序，依次从左至右，从输入端到输出端，将各方块连接起来，就得到了系统的方块图。

需要注意的是，按"环节"划分系统组成，是对组成系统的装置、元器件根据其数学模型的抽象。但是环节与系统中的装置、元器件并不都是一一对应关系。一个环节可以包含一个或者多个装置、元器件，一个环节也可能只对应装置、元器件中的某一部分的实际结构。

例2-7 试建立图2-17所示的小车位移系统的系统方块图，其中输入量为外力$F(t)$，输出量为位移$y(t)$。

解：如图2-17所示，系统由弹性系数为K的弹簧、阻尼系数为f的阻尼器、质量为m的小车3个装置组成。各个装置的变量之间的s域变换方程(组)如下：

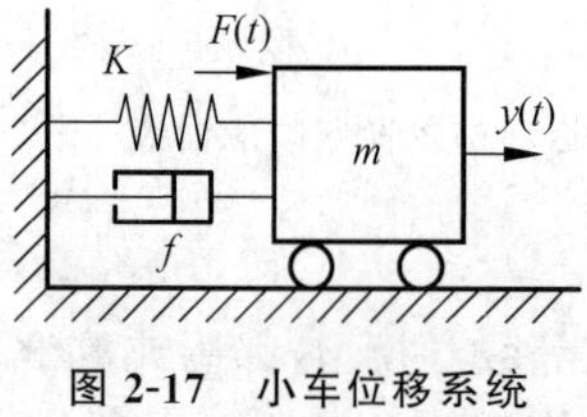

图2-17 小车位移系统

对于弹簧，

$$F_1(s)=KY(s)$$

对于阻尼器，

$$F_2(s)=fsY(s)$$

对于小车，

$$F(s)-F_1(s)-F_2(s)=ms^2Y(s)$$

根据以上表达式绘制出的系统各环节的方块图如图2-18所示。然后，将系统的输入量置于结构图最左端，再根据系统中信号的传递顺序，依次从左至右，从输入端到输出端，将各方块连接起来，就得到系统的方块图，如图2-19所示。

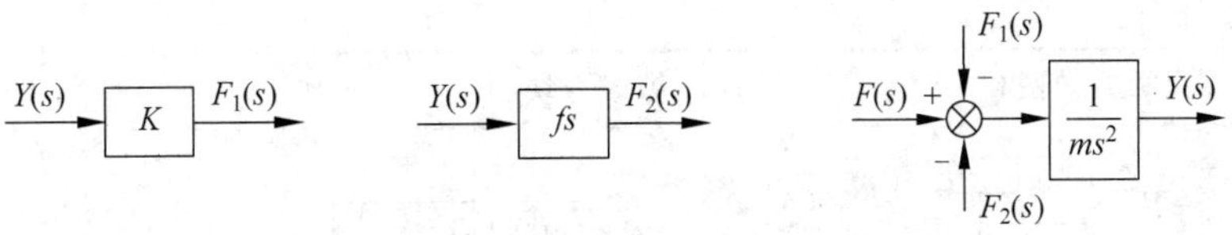

图 2-18　小车位移系统的各环节的方块图

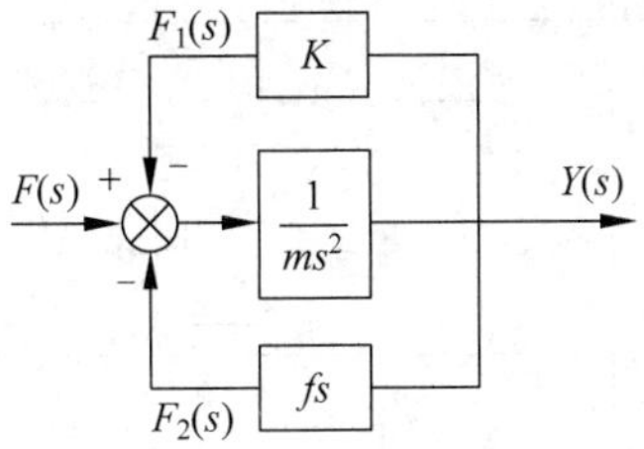

图 2-19　小车位移系统的方块图

3. 方块图的等效变换与简化

系统方块图的等效变换的目的是通过对方块图的变换、简化，来求取闭环系统的传递函数或输出响应。对系统方块图逐步进行等效变换、简化的过程，就相当于由系统组成环节的方程组消去中间变量的过程。

方块图的变换按照等效原则进行。所谓等效，就是对方块图的任一部分进行变换时，变换前后，输入输出的数学关系式保持不变。即在系统方块图等效变换前后，要遵循以下两条原则：一是前向通道中传递函数的乘积不变的原则，二是回路中传递函数的乘积不变的原则。

方块图简化的基本思想就是通过移动引出点和综合点，交换综合点，减少内反馈回路，从而达到简化的目的。

表 2-1 列举了一些常见的方块图等效变换和简化法则。通过这些法则，可以说明同一个系统可以用不同的方法表示。通过重新排列和代换，方块图得以简化，之后的系统分析工作也会更加容易。但是相应地，方块图简化后，新方块中的内容会变得更复杂。

表 2-1　常见的方块图等效变换和简化法则

序号	原始方块图	等效方块图	等 效 法 则
1	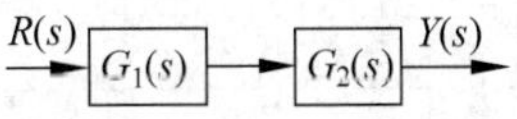	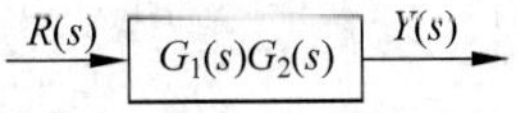	串联 $Y(s)=G_1(s)G_2(s)R(s)$
2	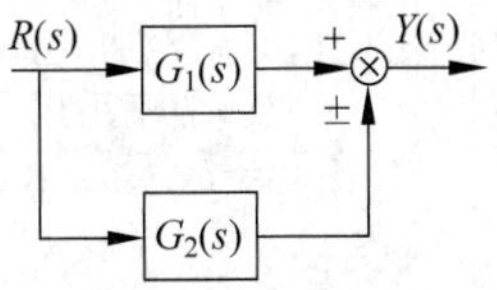	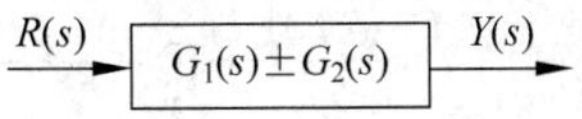	并联 $Y(s)=[G_1(s)\pm G_2(s)]\cdot R(s)$
3	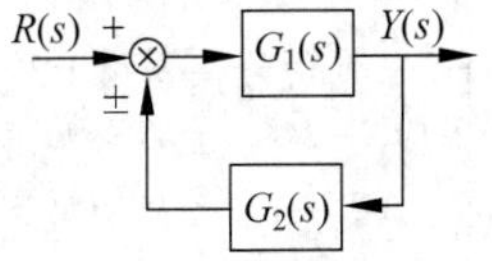	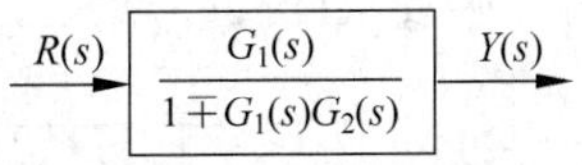	反馈 $Y(s)=\dfrac{G_1(s)R(s)}{1\mp G_1(s)G_2(s)}$

续表

<table>
<tr><th>序号</th><th>原始方块图</th><th>等效方块图</th><th>等效法则</th></tr>
<tr><td>4</td><td>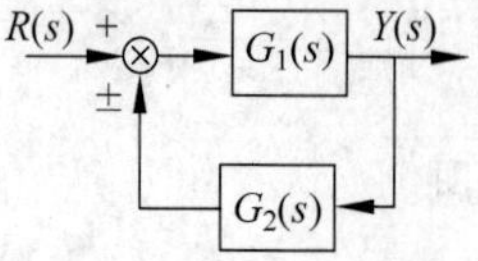
</td><td>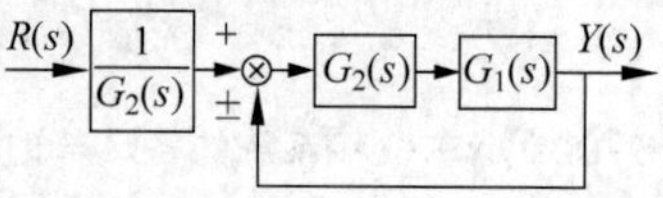
</td><td>等效单位反馈
$\frac{Y(s)}{R(s)}=\frac{1}{G_2(s)}\frac{G_1(s)G_2(s)}{1\mp G_1(s)G_2(s)}$</td></tr>
<tr><td>5</td><td>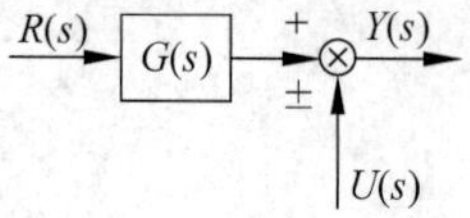
</td><td>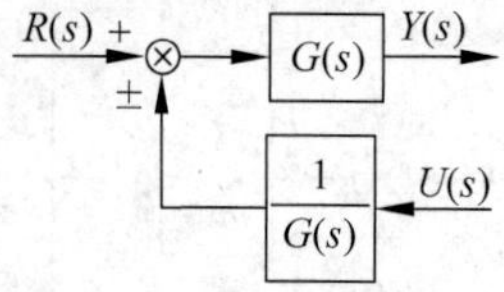
</td><td>综合点前移
$Y(s)=R(s)G(s)\pm U(s)$
$=\left[R(s)\pm\frac{U(s)}{G(s)}\right]\cdot G(s)$</td></tr>
<tr><td>6</td><td>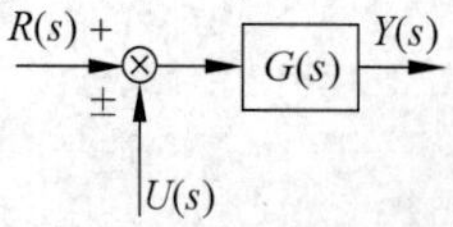
</td><td>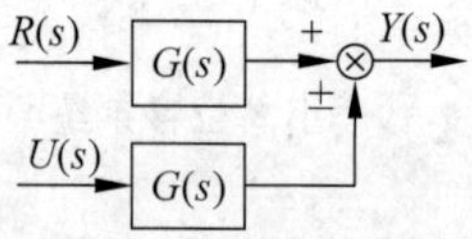
</td><td>综合点后移
$Y(s)=[R(s)\pm U(s)]G(s)$
$=R(s)G(s)\pm U(s)G(s)$</td></tr>
<tr><td>7</td><td>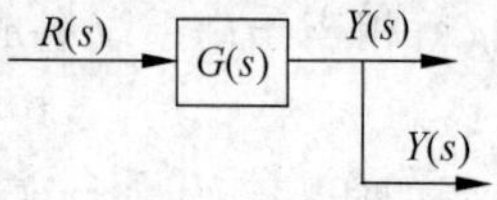
</td><td>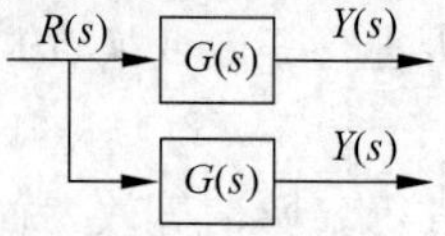
</td><td>引出点前移
$Y(s)=R(s)G(s)$</td></tr>
<tr><td>8</td><td>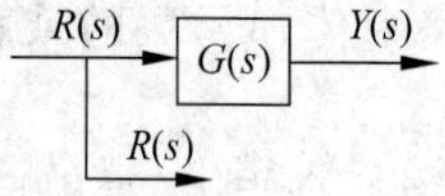
</td><td>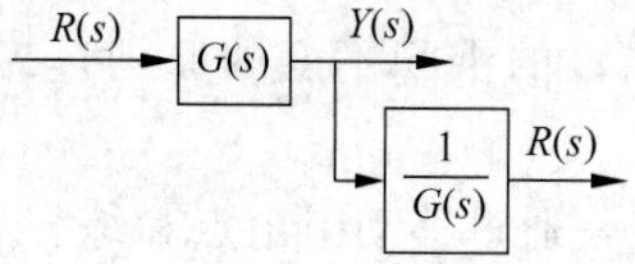
</td><td>引出点后移
$R(s)=R(s)G(s)\frac{1}{G(s)}$
$Y(s)=R(s)G(s)$</td></tr>
<tr><td>9</td><td>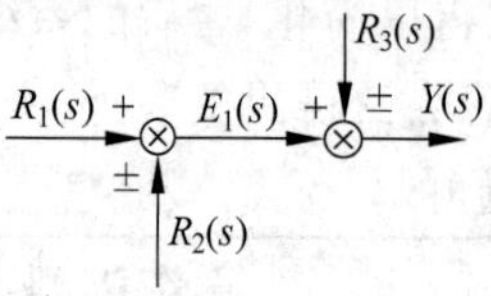
</td><td>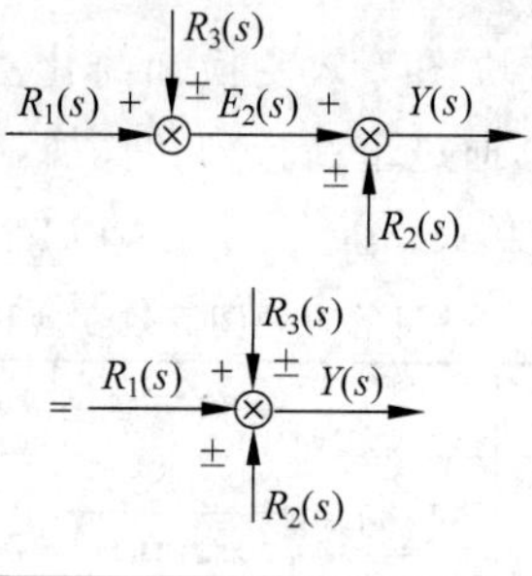
</td><td>交换和合并综合点
$Y(s)=R_1(s)\pm R_2(s)\pm R_3(s)$</td></tr>
<tr><td>10</td><td>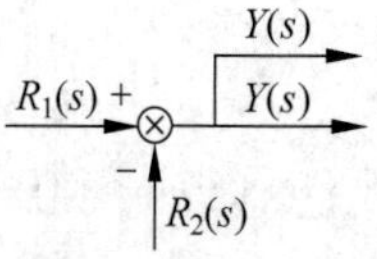
</td><td>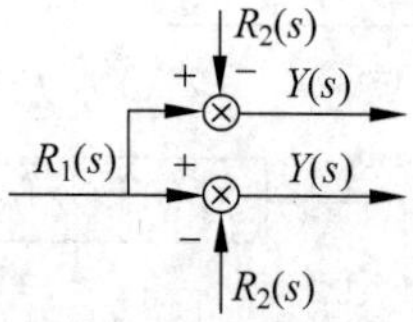
</td><td>交换综合点和引出点
（一般不采用）
$Y(s)=R_1(s)-R_2(s)$</td></tr>
<tr><td>11</td><td>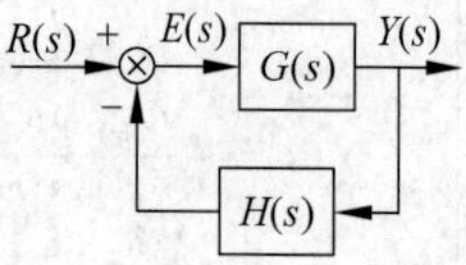
</td><td>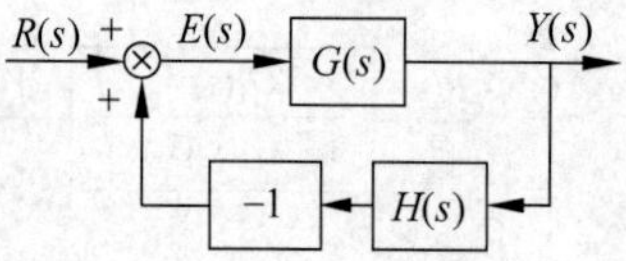
</td><td>负号在支路上移动
$E(s)=R(s)-H(s)Y(s)$
$=R(s)+H(s)(-1)\times Y(s)$</td></tr>
</table>

例 2-8　简化如图 2-20 所示的系统方块图，并求系统的传递函数 $G(s)=Y(s)/R(s)$。

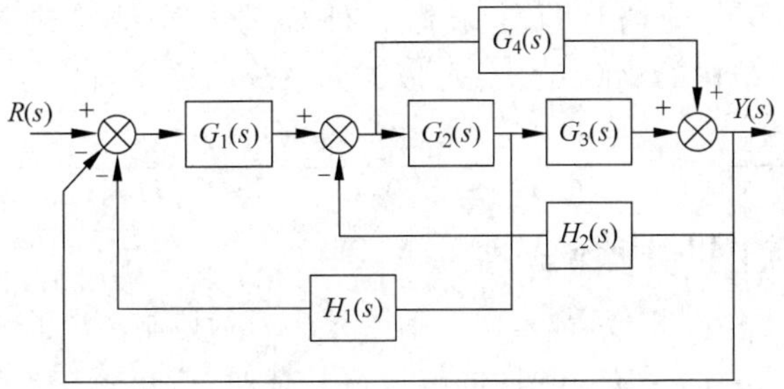

图 2-20　系统方块图

解：对于如图 2-20 所示的系统方块图，可以想办法合并相邻同类点，然后一层一层地化简。首先，将 $G_2(s)$前面的引出点后移，如图 2-21(a)所示。然后如图 2-21(b)所示，可以

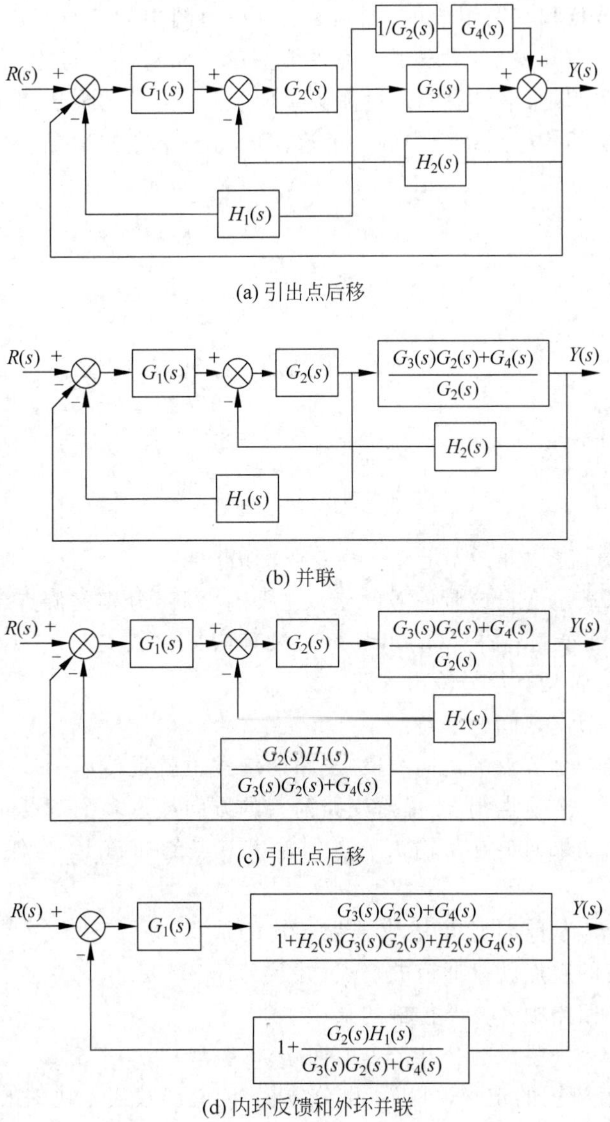

图 2-21　例 2-8 的系统方块图等效变换过程

先化简掉一个并联结构，再将 $G_2(s)$后面的引出点后移，就消除了系统方块图中的交叉信号线。最后对图 2-21(c)中的内环反馈结构和外部的并联结构进行化简，就可以得到图 2-21(d)。应用反馈结构的化简方法就可以得到系统的传递函数

$$G(s)=\frac{Y(s)}{R(s)}=\frac{G_1(G_2G_3+G_4)}{1+(G_2G_3+G_4)H_2+G_1(G_2H_1+G_2G_3+G_4)}$$

2.3.4 信号流图与梅森公式

信号流图和系统方块图相似，都是用图示的方法表示控制系统的结构和信号传递过程，所以也是一种数学模型。当系统方块图的结构很复杂时，应用系统方块图的等效变换求取系统的传递函数就会变得非常烦琐。但是信号流图不需要等效变换，只需利用梅森公式就可以求得控制系统中任意两个变量之间的传递函数。

1. 信号流图

信号流图是由节点和支路组成的，如图 2-22 所示，图中的各节点用定向直线(支路)连接。每一个节点用小圆圈表示，代表了一个系统变量。而每两节点之间的连接支路表示信号乘法器。需要注意的是，信号只能通过箭头单向流通，信号的乘法因子标注在支路线上。所以说信号流图描绘了信号从系统中的一个点流向另一个点的情况，并表明了各信号之间的权值关系。

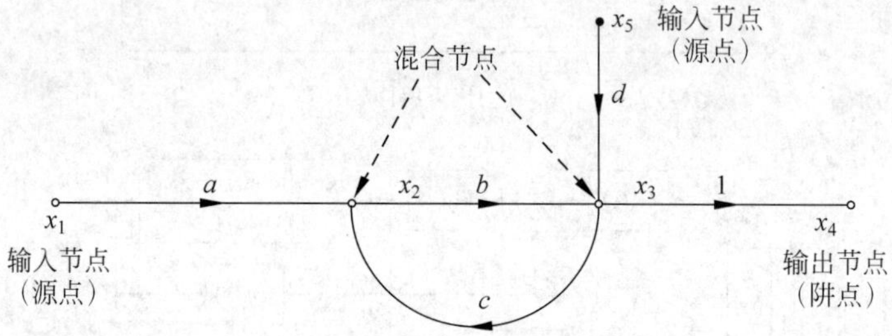

图 2-22 信号流图

在具体讨论信号流图之前，先定义一些专业术语。

(1) 节点：用来表示变量或者信号的点。主要有 3 种，分别是源点(输入节点)，只有信号输出支路，它对应自变量；阱点(输出节点)，只有信号输入支路，它对应因变量；混合节点，既有信号输入支路，又有信号输出支路。

(2) 传输：两个节点之间的增益。

(3) 支路：连接两个节点的定向线段，支路的增益也就是传输。

(4) 通道：指从一个节点出发，沿着支路箭头的方向经过多个节点的路径。

(5) 前向通道：如果通道在从输入节点到输出节点的通道上，与任一节点相交不多于一次的通路。

(6) 前向通道增益：前向通道中，各支路传输的乘积。

(7) 回路：通道的起点就是通道的终点，并且与任一节点相交不多于一次的通路。

(8) 回路增益：回路中各支路传输的乘积。

(9) 不接触回路：一些没有公共节点的回路。

根据前面的信号流图的定义，可以由微分方程、传递函数或方块图来画出线性系统的信号流图。比如说，在系统方块图中，只需要将变量变成节点，方块中的传递函数作为对应通

路的支路增益，就可以得到一张信号流图。一般来说，通常将输入节点(源点)放在左边，输出节点(阱点)放在右边。

同时，信号流图也有一些重要的性质：

(1) 支路表示了一个信号对另一个信号的函数关系。信号只能沿着支路上的箭头方向通过。

(2) 节点可以把所有输入支路的信号进行叠加，并把总和信号传送到所有的支路。

(3) 具有输入和输出支路的混合节点通过增加一个具有单位增益的支路，就可以把它变成输出节点来处理。但是用这种方法不能将混合节点改变为输入节点。

(4) 对于给定的系统，信号流图不是唯一的。由于同一系统的方程可以写成不同的形式，所以对于给定的系统，可以画出不同的信号流图。

2. 梅森公式

利用梅森公式可以直接求出任意源点和阱点之间的增益或传递，表示为

$$P=\frac{1}{\Delta}\sum_{k}P_k\Delta_k \tag{2-27}$$

其中，P_k 表示第 k 条前向通道的通道总增益或总传递；Δ 表示信号流图的特征式，其计算公式为

$$\Delta=1-\sum_{1}L_{\mathrm{a}}+\sum_{2}L_{\mathrm{b}}L_{\mathrm{c}}-\sum_{3}L_{\mathrm{d}}L_{\mathrm{e}}L_{\mathrm{f}}+\cdots \tag{2-28}$$

其中，$\sum_{1}L_{\mathrm{a}}$ 表示所有不同回路的增益之和；$\sum_{2}L_{\mathrm{b}}L_{\mathrm{c}}$ 表示每两个互不接触的回路的增益之和；$\sum_{3}L_{\mathrm{d}}L_{\mathrm{e}}L_{\mathrm{f}}$ 表示每 3 个互不接触的回路的增益之和；以此类推。Δ_k 表示信号流图中第 k 条前向通道 P_k 特征式的余子式，即把与该通道 P_k 相接触的回路增益置为零后特征式 Δ 所余下的部分。

例 2-9　设系统方块图如图 2-23 所示，利用信号流图和梅森公式求系统的传递函数 $G(s)=Y(s)/R(s)$。

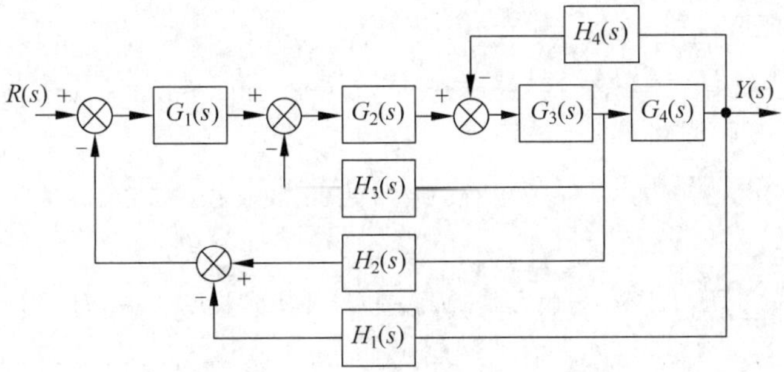

图 2-23　例 2-9 的系统方块图

解：根据图 2-23 可以画出系统的信号流图如图 2-24 所示。

由图 2-24 可知，系统有一条前向通道，即

$$P_1=G_1G_2G_3G_4$$

系统有 4 条单独的回路，即

$$L_1=-G_1G_2G_3H_2,\quad L_2=-G_2G_3H_3,\quad L_3=-G_3G_4H_4,\quad L_4=G_1G_2G_3G_4H_1$$

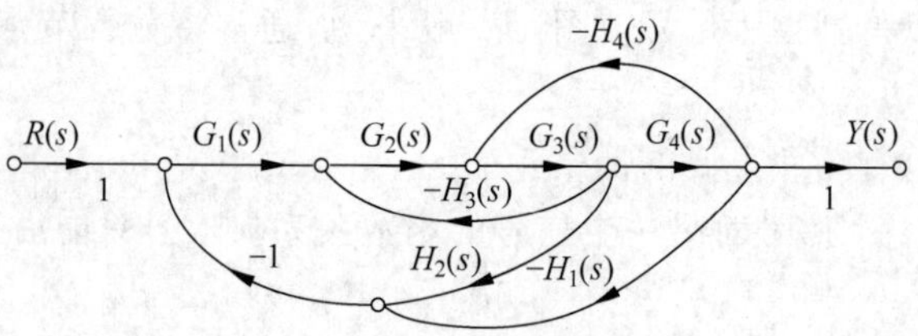

图 2-24　例 2-9 的信号流图

由于 4 条回路都有相互接触，且与唯一的前向通道也有接触，所以

$$\Delta = 1 - \sum_{1} L_a = 1 - (L_1 + L_2 + L_3 + L_4)$$

$$= 1 + G_1 G_2 G_3 H_2 + G_2 G_3 H_3 + G_3 G_4 H_4 - G_1 G_2 G_3 G_4 H_1$$

$$\Delta_1 = 1$$

由梅森公式可得系统的传递函数为

$$G(s) = \frac{Y(s)}{R(s)} = \frac{G_1 G_2 G_3 G_4}{1 + G_1 G_2 G_3 H_2 + G_2 G_3 H_3 + G_3 G_4 H_4 - G_1 G_2 G_3 G_4 H_1}$$

例 2-10　设系统的信号流图如图 2-25 所示，利用梅森公式求系统的传递函数 $Y(s)/R(s)$。

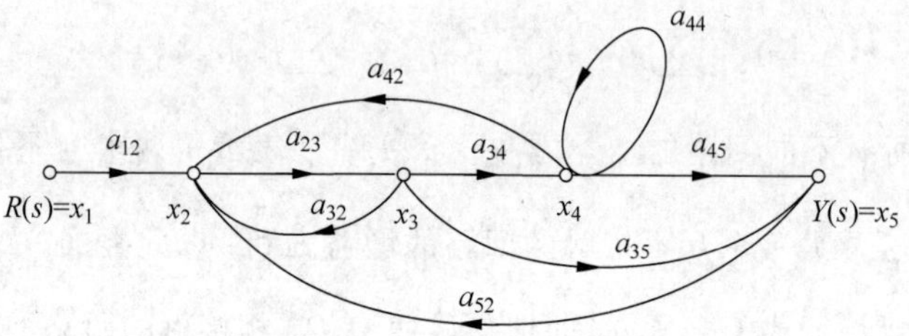

图 2-25　例 2-10 的信号流图

解：由图 2-25 可知，系统有两条前向通道，即

$$P_1 = a_{12} a_{23} a_{34} a_{45}, \quad P_2 = a_{12} a_{23} a_{35}$$

系统有 5 条单独的回路，即

$$L_1 = a_{23} a_{34} a_{42}, \quad L_2 = a_{23} a_{34} a_{45} a_{52}, \quad L_3 = a_{23} a_{32}, \quad L_4 = a_{44}, \quad L_5 = a_{23} a_{35} a_{52}$$

其中有两种两两不接触回路，即

$$L_3 L_4 = a_{23} a_{32} a_{44}, \quad L_4 L_5 = a_{44} a_{23} a_{35} a_{52}$$

所以，特征式为

$$\Delta = 1 - \sum_{1} L_a + \sum_{2} L_b L_c = 1 - (L_1 + L_2 + L_3 + L_4 + L_5) + (L_3 L_4 + L_4 L_5)$$

$$= 1 - (a_{23} a_{34} a_{42} + a_{23} a_{34} a_{45} a_{52} + a_{23} a_{32} + a_{44} + a_{23} a_{35} a_{52}) + (a_{23} a_{32} a_{44} + a_{44} a_{23} a_{35} a_{52})$$

系统信号流图有两条前向通道：第一条前向通道与所有回路均有接触，第二条前向通道与 L_4 回路不接触，故有

$$\Delta_1 = 1, \quad \Delta_2 = 1 - a_{44}$$

所以，由梅森公式可得系统的传递函数为

$$\frac{Y(s)}{R(s)} = \frac{a_{12} a_{23} a_{34} a_{45} + a_{12} a_{23} a_{35} (1 - a_{44})}{1 - (a_{23} a_{34} a_{42} + a_{23} a_{34} a_{45} a_{52} + a_{23} a_{32} + a_{44} + a_{23} a_{35} a_{52}) + (a_{23} a_{32} a_{44} + a_{44} a_{23} a_{35} a_{52})}$$

2.4　控制系统的状态空间模型

状态空间分析法是现代控制理论的基础。通过状态空间分析法，深入系统内部，可表征系统的内部变量、输入变量和输出变量之间的关系，反映系统的内部结构和状态。所以说，状态空间模型是对系统的一种完整数学描述。同时，它也特别适合描述多输入多输出系统，也适用于描述时变系统、非线性系统和随机控制系统。

2.4.1　状态空间的基本概念

本节介绍状态变量、状态向量、状态空间等基本概念。

1. 状态变量

系统的状态变量是指能够完全表征系统运动状态的最小一组变量。所谓"完全表征"，是指状态变量 $x_1(t),x_2(t),\cdots,x_n(t)$的选取要能完全描述系统在当前时刻下的行为。当状态变量的初始值已知时，如果给定 $t\geqslant t_0$ 时刻的输入变量 $u(t)$，则系统在任意 $t\geqslant t_0$ 时刻的行为都是可以完全确定的。

因此，用 n 阶微分方程描述的系统有 n 个状态变量。状态变量不一定是物理上可观察的量，它们可以是纯数学量。另外，不同的状态变量可以描述同一个系统。

2. 状态向量

如果完全描述系统，需要有 n 个相互独立的状态变量 $x_1(t),x_2(t),\cdots,x_n(t)$，则这 n 个状态变量可以构成一个 n 维向量，即

$$\boldsymbol{x}(t)=[x_1(t),x_2(t),\cdots,x_n(t)]^{\mathrm{T}} \tag{2-29}$$

对于同一个系统，状态变量的选取并不是唯一的，重要的是这些变量必须相互独立。并且，同一系统选取的不同的状态变量之间存在联系，可以通过非奇异线性变换矩阵来进行状态变量之间的变换。

3. 状态空间

由 n 个状态变量所组成的 n 维空间称为状态空间。系统在任何时刻中的一个状态都可以用状态空间中的一点来表示，如图 2-26 所示的 $\boldsymbol{x}(t_0)$、$\boldsymbol{x}(t_1)$等。如果已知系统的初始状态 $\boldsymbol{x}(t_0)$，则确定了状态空间中的一个初始点。随着时间的推移，状态向量的端点不断移动，在状态空间得到了一条从初始点出发的轨迹，这条轨迹称为系统状态轨迹。可以发现，这条轨迹表示了系统的运动过程，即包含了系统的所有运动信息。

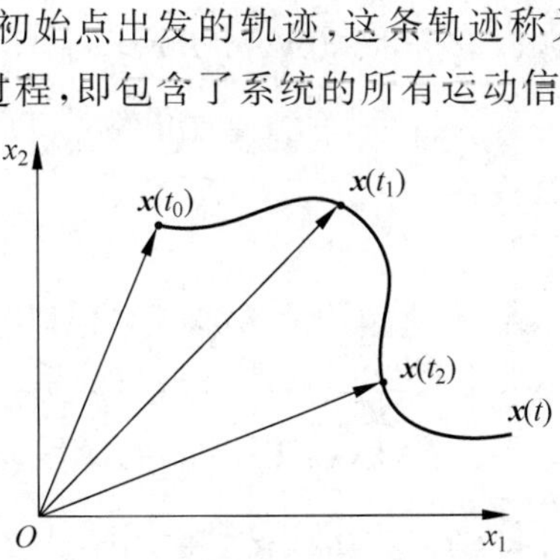

图 2-26　二维状态空间及系统状态轨迹

4. 状态方程

描述系统状态变量与输入变量之间关系的一阶微分方程组称为系统的状态方程。状态方程可以表示系统由输入所引起的内部状态的变化。对于连续系统,其一般形式为

$$\begin{cases}\dot{x}_1 = f_1(x_1,\cdots,x_n;u_1,\cdots,u_r,t)\\ \dot{x}_2 = f_2(x_1,\cdots,x_n;u_1,\cdots,u_r,t)\\ \vdots\\ \dot{x}_n = f_n(x_1,\cdots,x_n;u_1,\cdots,u_r,t)\end{cases} \tag{2-30}$$

5. 输出方程

描述系统输出变量和状态变量、输入变量之间关系的代数方程组称为系统的输出方程。对于连续系统,其一般形式为

$$\begin{cases}y_1 = g_1(x_1,\cdots,x_n;u_1,\cdots,u_r,t)\\ y_2 = g_2(x_1,\cdots,x_n;u_1,\cdots,u_r,t)\\ \vdots\\ y_m = g_m(x_1,\cdots,x_n;u_1,\cdots,u_r,t)\end{cases} \tag{2-31}$$

6. 状态空间表达式

系统的状态方程和输出方程组合起来,称为系统的状态空间表达式或状态空间描述。线性系统的状态空间模型标准形式为

$$\begin{cases}\dot{\boldsymbol{x}} = \boldsymbol{A}(t)\boldsymbol{x} + \boldsymbol{B}(t)\boldsymbol{u}\\ \boldsymbol{y} = \boldsymbol{C}(t)\boldsymbol{x} + \boldsymbol{D}(t)\boldsymbol{u}\end{cases} \tag{2-32}$$

其中,$\boldsymbol{x}$ 为 n 维状态向量;$\boldsymbol{u}$ 为 r 维输入向量;$\boldsymbol{y}$ 为 m 维输出向量;$\boldsymbol{A}(t)$为 $n\times n$ 阶系统矩阵;$\boldsymbol{B}(t)$为 $n\times r$ 阶输入矩阵;$\boldsymbol{C}(t)$为 $m\times n$ 阶输出矩阵;$\boldsymbol{D}(t)$为 $m\times r$ 阶矩阵,反映了系统输入到输出的直接传递关系,又称直接传递矩阵。

$\boldsymbol{A}(t)$、$\boldsymbol{B}(t)$、$\boldsymbol{C}(t)$、$\boldsymbol{D}(t)$为参数矩阵,它们不依赖于状态向量 $\boldsymbol{x}$ 和输入向量 $\boldsymbol{u}$。但是,这 4 个矩阵中的某些元素或全部元素是时间变量 t 的函数,所以式(2-32)表示的是线性时变系统。如果这 4 个参数矩阵的所有元素都为常数,那么这样的系统称为线性定常系统,对应的状态空间模型为

$$\begin{cases}\dot{\boldsymbol{x}} = \boldsymbol{A}\boldsymbol{x} + \boldsymbol{B}\boldsymbol{u}\\ \boldsymbol{y} = \boldsymbol{C}\boldsymbol{x} + \boldsymbol{D}\boldsymbol{u}\end{cases} \tag{2-33}$$

7. 状态变量的非奇异线性变换

针对如式(2-33)所示的系统,令

$$\boldsymbol{x}(t) = \boldsymbol{T}\bar{\boldsymbol{x}}(t) \tag{2-34}$$

其中,$\boldsymbol{T}$ 为 $n\times n$ 维任意非奇异线性变换矩阵,则变换后的系统状态空间模型为

$$\begin{cases}\dot{\bar{\boldsymbol{x}}} = \boldsymbol{T}^{-1}\boldsymbol{A}\boldsymbol{T}\bar{\boldsymbol{x}} + \boldsymbol{T}^{-1}\boldsymbol{B}\boldsymbol{u} = \bar{\boldsymbol{A}}\bar{\boldsymbol{x}} + \bar{\boldsymbol{B}}\boldsymbol{u}\\ \boldsymbol{y} = \boldsymbol{C}\boldsymbol{T}\bar{\boldsymbol{x}} + \boldsymbol{D}\boldsymbol{u} = \bar{\boldsymbol{C}}\bar{\boldsymbol{x}} + \bar{\boldsymbol{D}}\boldsymbol{u}\end{cases} \tag{2-35}$$

可见，非奇异变换后新的状态空间模型的系统矩阵、输入矩阵、输出矩阵以及直接传输矩阵与原状态空间模型相应的矩阵之间存在如下关系

$$\begin{cases}\bar{\boldsymbol{A}}=\boldsymbol{T}^{-1}\boldsymbol{A}\boldsymbol{T}\\ \bar{\boldsymbol{B}}=\boldsymbol{T}^{-1}\boldsymbol{B}\\ \bar{\boldsymbol{C}}=\boldsymbol{C}\boldsymbol{T}\\ \bar{\boldsymbol{D}}=\boldsymbol{D}\end{cases} \tag{2-36}$$

为了分析与设计的方便，一般会根据需要选择适当的变换阵 $\boldsymbol{T}$，将状态空间模型变换到某个标准型（将在 2.5.1 节说明）。待分析计算结束，再通过逆变换关系 $\bar{\boldsymbol{x}}(t)=\boldsymbol{T}^{-1}\boldsymbol{x}(t)$，变换回原状态空间。由线性代数知识可知，每一个非奇异的 $\boldsymbol{T}$ 都对应一种状态变换。

经过非奇异线性变换后，无论是反映系统内在特性的特征值、稳定性，还是反映其外在关系的输入输出传递函数等都不会发生变化。

2.4.2　状态空间模型的建立

建立状态空间模型的方法主要有两种。第一种是通过机理分析建模方法，推导得到系统的微分方程，然后选择对应的输入变量、状态变量、输出变量，最后导出状态空间模型。这种方法中的状态变量通常选择物理上可量测的储能元件的相关变量；第二种是由系统其他已知的数学模型形式经过转化而得到，这种方法选择的状态变量不一定是物理上可量测的，但对于分析与设计控制系统可能带来很大的方便。

以例 2-11 为例介绍两种选择状态变量的方法：第一种，选择物理量为状态变量；第二种，选择相变量为状态变量。

例 2-11　*RLC* 电路如图 2-27 所示。以电压 u_{i} 为系统输入变量，电压 u_{c} 为系统的输出变量。求 *RLC* 电路的状态空间模型。

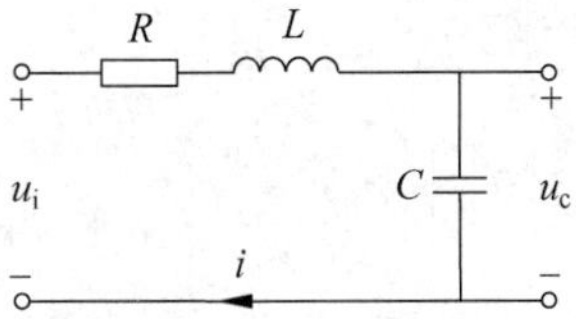

图 2-27　RLC 电路

解：利用第一种方法。

由于电路中有电容 C 和电感 L 两个独立的储能元件，所以选取电容电压 u_{c} 和电感电流 i 作为系统的状态变量。

根据电路原理，可以得到

$$\begin{cases}L\dfrac{\mathrm{d}i}{\mathrm{d}t}+Ri+u_{\mathrm{c}}=u_{\mathrm{i}}\\ C\dfrac{\mathrm{d}u_{\mathrm{c}}}{\mathrm{d}t}=i\end{cases}$$

设 $x_1=u_{\mathrm{c}}$，$x_2=i$，$u=u_{\mathrm{i}}$，则可以得到状态方程

$$\begin{cases}\dot{x}_1=\dfrac{1}{C}x_2\\ \dot{x}_2=-\dfrac{1}{L}x_1-\dfrac{R}{L}x_2+\dfrac{1}{L}u\end{cases}$$

如果将电容电压 u_c 为系统的输出变量，那么输出方程为

$$y=x_1$$

写成状态空间模型的标准形式

$$\begin{cases}\begin{bmatrix}\dot{x}_1\\ \dot{x}_2\end{bmatrix}=\begin{bmatrix}0 & \dfrac{1}{C}\\ -\dfrac{1}{L} & -\dfrac{R}{L}\end{bmatrix}\begin{bmatrix}x_1\\ x_2\end{bmatrix}+\begin{bmatrix}0\\ \dfrac{1}{L}\end{bmatrix}u\\ y=\begin{bmatrix}1 & 0\end{bmatrix}\begin{bmatrix}x_1\\ x_2\end{bmatrix}\end{cases}$$

利用第二种方法。

根据上式，可以得到

$$LC\frac{d^2u_c}{dt^2}+RC\frac{du_c}{dt}+u_c=u_i$$

设 $x_1=u_c$，$x_2=du_c/dt$，$u=u_i$，则可以得到状态方程

$$\begin{cases}\dot{x}_1=x_2\\ \dot{x}_2=-\dfrac{1}{LC}x_1-\dfrac{R}{L}x_2+\dfrac{1}{LC}u\end{cases}$$

写成状态空间模型的标准形式

$$\begin{cases}\begin{bmatrix}\dot{x}_1\\ \dot{x}_2\end{bmatrix}=\begin{bmatrix}0 & 1\\ -\dfrac{1}{LC} & -\dfrac{R}{L}\end{bmatrix}\begin{bmatrix}x_1\\ x_2\end{bmatrix}+\begin{bmatrix}0\\ \dfrac{1}{LC}\end{bmatrix}u\\ y=\begin{bmatrix}1 & 0\end{bmatrix}\begin{bmatrix}x_1\\ x_2\end{bmatrix}\end{cases}$$

通过上述这个例子，可以发现，对于同一个系统，状态变量的选取不同，系统的状态空间模型的表达式也会不同。

2.4.3 状态空间模型的图示形式

1. 状态空间模型的系统框图

线性系统的状态空间模型可以用框图来表示。如图 2-28 所示为式(2-33)所描述的线性定常系统状态空间模型的框图。图中箭头表示了向量信号。而且对于框图中每一方框的输入输出关系规定为：输出信号=方框所示传递关系×输入信号。系统框图明确地表示了系统输入、状态、输出的组合关系。这说明系统的状态空间模型既能表示系统的外部特性，也能反映系统的内部关系。

2. 状态空间模型的状态变量图

系统状态空间模型的状态变量图是对系统状态空间模型的系统框图的详细解释。它反

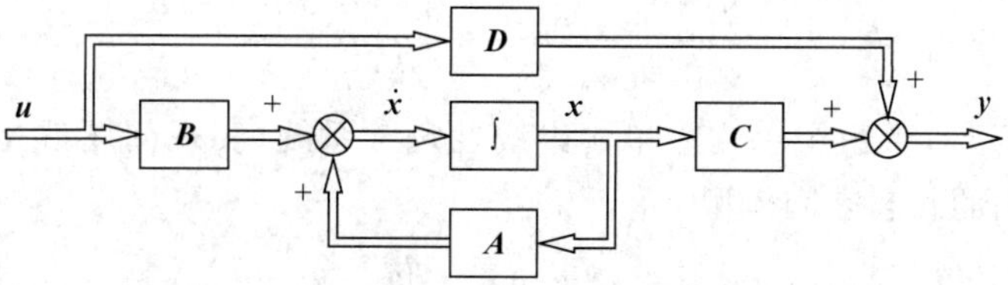

图 2-28　线性定常系统状态空间模型的系统框图

映了系统各个变量之间如何传递信息。状态变量图来源于模拟计算机的模拟结构图,它描述了系统的详细结构,有助于加深对系统理解。

状态变量图由积分器(用内含积分符号的方框表示)、加法器(用符号⊗表示)和比例器(用内含比例系数的方框表示)组成。绘制状态变量图的步骤为:第一步,在适当的位置画上积分器,它的数目等于系统状态变量数,各个积分器的输出表示相应的状态变量;第二步,根据状态方程和输出方程所表达的运算关系,画上对应的加法器和比例器;第三步,用带箭头的直线将这些元件连接起来,其中箭头的方向表示信号的传递方向。图 2-27 所示的 RLC 电路系统的第一种状态空间模型的状态变量图如图 2-29 所示。

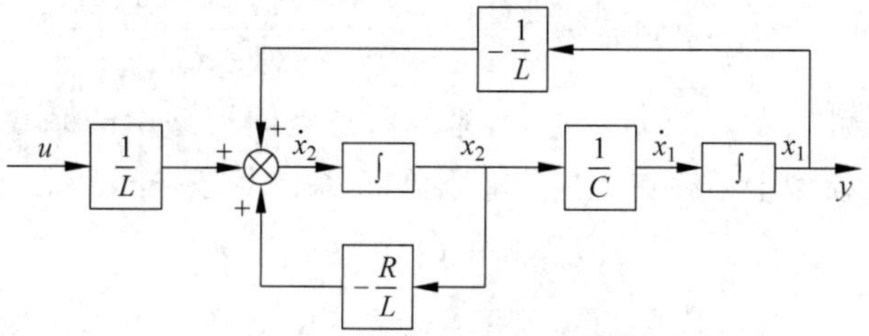

图 2-29　RLC 电路的状态变量图

2.5　各种数学模型之间的关系

2.5.1　由微分方程或传递函数转化为状态空间模型

系统的数学模型通常可以用微分方程或者由它演变来的传递函数来描述。这种模型适合描述单输入单输出线性定常系统,它表达了系统的输入变量和输出变量之间的动态关系。而由描述系统输入、输出动态关系的微分方程或传递函数建立系统状态空间模型的问题称为实现问题。在保持原系统的输入、输出关系不变的前提下,通过建立态空间模型可以揭示出系统的内部结构特性。但是由微分方程或传递函数转化为状态空间模型的难点在于一个系统的输入、输出关系对应了无数个不同的内部结构,而且状态变量的非唯一性导致了系统状态空间表达式的非唯一性。

设单输入单输出线性定常系统的运动方程是一个 n 阶线性常微分方程:

$$\begin{aligned}&\frac{\mathrm{d}^n}{\mathrm{d}t^n}y(t)+a_{n-1}\frac{\mathrm{d}^{n-1}}{\mathrm{d}t^{n-1}}y(t)+\cdots+a_1\frac{\mathrm{d}y(t)}{\mathrm{d}t}+a_0y(t)=\\&b_m\frac{\mathrm{d}^m}{\mathrm{d}t^m}u(t)+b_{m-1}\frac{\mathrm{d}^{m-1}}{\mathrm{d}t^{m-1}}u(t)+\cdots+b_1\frac{\mathrm{d}u(t)}{\mathrm{d}t}+b_0u(t)\end{aligned}\tag{2-37}$$

相应的传递函数为

$$G(s)=\frac{b_m s^m+b_{m-1}s^{m-1}+\cdots+b_1 s+b_0}{s^n+a_{n-1}s^{n-1}+\cdots+a_1 s+a_0} \tag{2-38}$$

根据上述定义,对于一个单输入单输出线性定常系统,实现问题就是根据式(2-37)或式(2-38)来求解它的状态空间模型

$$\begin{cases}\dot{\boldsymbol{x}}=\boldsymbol{A}\boldsymbol{x}+\boldsymbol{b}u\\ \boldsymbol{y}=\boldsymbol{c}\boldsymbol{x}+du\end{cases} \tag{2-39}$$

即由参数 $a_i(i=0,1,2,\cdots,n-1)$ 和 $b_i(i=0,1,2,\cdots,m)$ 得出系统的状态空间模型的系数(矩阵)$\boldsymbol{A}$、$\boldsymbol{b}$、$\boldsymbol{c}$、d。

一般从物理存在性的角度来说,在一个单输入单输出线性定常系统中,$m\leqslant n$。而当 $m=n$ 时,式(2-38)可以表达为

$$G(s)=b_m+\frac{\beta_{n-1}s^{n-1}+\cdots+\beta_1 s+\beta_0}{s^n+a_{n-1}s^{n-1}+\cdots+a_1 s+a_0} \tag{2-40}$$

那么,根据系统传递函数的概念可得

$$Y(s)=b_m U(s)+\frac{\beta_{n-1}s^{n-1}+\cdots+\beta_1 s+\beta_0}{s^n+a_{n-1}s^{n-1}+\cdots+a_1 s+a_0}U(s) \tag{2-41}$$

根据式(2-41),可以发现当 $m=n$ 时,系统状态空间模型中的系数 $d=b_m$。当 $m<n$ 时,系统的状态空间模型中不存在直接传输系数 d,系统状态空间模型为

$$\begin{cases}\dot{\boldsymbol{x}}=\boldsymbol{A}\boldsymbol{x}+\boldsymbol{b}u\\ \boldsymbol{y}=\boldsymbol{c}\boldsymbol{x}\end{cases} \tag{2-42}$$

这也是现实中最常见的情况。为不失一般性,下面讨论的 n 阶线性定常系统的微分方程的描述为

$$\begin{aligned}&\frac{\mathrm{d}^n}{\mathrm{d}t^n}y(t)+a_{n-1}\frac{\mathrm{d}^{n-1}}{\mathrm{d}t^{n-1}}y(t)+\cdots+a_1\frac{\mathrm{d}y(t)}{\mathrm{d}t}+a_0 y(t)\\ &=b_{n-1}\frac{\mathrm{d}^{n-1}}{\mathrm{d}t^{n-1}}u(t)+\cdots+b_1\frac{\mathrm{d}u(t)}{\mathrm{d}t}+b_0 u(t)\end{aligned} \tag{2-43}$$

它对应的传递函数为

$$G(s)=\frac{b_{n-1}s^{n-1}+\cdots+b_1 s+b_0}{s^n+a_{n-1}s^{n-1}+\cdots+a_1 s+a_0} \tag{2-44}$$

其中,参数 $a_i(i=0,1,2,\cdots,n-1)$ 和 $b_i(i=0,1,2,\cdots,n-1)$ 为常数。

根据式(2-43)或式(2-44)所建立的状态空间模型并不是唯一的。但是,只要传递函数中的分子和分母没有公因子,即不出现零极点对消的情况,那么必定可以选取 n 个独立的状态变量。下面讨论 3 种不同的状态变量的选取以及对应的状态空间模型。

1. 能控规范型实现

在式(2-44)中,引入一个中间量 $V(s)$。式(2-44)可以表示为

$$G(s)=\frac{N(s)}{D(s)}=\frac{Y(s)}{U(s)}=\frac{Y(s)/V(s)}{U(s)/V(s)}=\frac{b_{n-1}s^{n-1}+\cdots+b_1 s+b_0}{s^n+a_{n-1}s^{n-1}+\cdots+a_1 s+a_0} \tag{2-45}$$

那么有

$$\begin{cases} \dfrac{Y(s)}{V(s)} = N(s) = b_{n-1}s^{n-1} + \cdots + b_1 s + b_0 \\ \dfrac{U(s)}{V(s)} = D(s) = s^n + a_{n-1}s^{n-1} + \cdots + a_1 s + a_0 \end{cases} \tag{2-46}$$

即

$$\begin{cases} Y(s) = b_{n-1}s^{n-1}V(s) + \cdots + b_1 sV(s) + b_0 V(s) \\ U(s) = s^n V(s) + a_{n-1}s^{n-1}V(s) + \cdots + a_1 sV(s) + a_0 V(s) \end{cases} \tag{2-47}$$

假设 $v(t)$及它的 $n-1$ 阶以下的导数的初始值均为零。对式(2-47)两边做拉普拉斯逆变换可得

$$\begin{cases} y(t) = b_{n-1}v^{(n-1)}(t) + \cdots + b_1 \dot{v}(t) + b_0 v(t) \\ u(t) = v^{(n)}(t) + a_{n-1}v^{(n-1)}(t) + \cdots + a_1 \dot{v}(t) + a_0 v(t) \end{cases} \tag{2-48}$$

选取状态变量为 $x_1 = v, x_2 = \dot{v}, x_3 = \ddot{v}, \cdots, x_{n-1} = v^{(n-2)}, x_n = v^{(n-1)}$。其中，

$$V(s) = \frac{1}{D(s)}U(s) \quad 或 \quad V(s) = \frac{1}{N(s)}Y(s) \tag{2-49}$$

即

$$v(t) = \mathcal{L}^{-1}\left[\frac{1}{D(s)}U(s)\right] \quad 或 \quad v(t) = \mathcal{L}^{-1}\left[\frac{1}{N(s)}Y(s)\right] \tag{2-50}$$

由此可以得到等式组

$$\begin{cases} \dot{x}_1 = \dot{v} = x_2 \\ \dot{x}_2 = \ddot{v} = x_3 \\ \quad\vdots \\ \dot{x}_{n-1} = v^{(n-1)} = x_n \\ \dot{x}_n = v^{(n)} = -a_{n-1}v^{(n-1)} - \cdots - a_1 \dot{v} - a_0 v + u = -a_{n-1}x_n - \cdots - a_1 x_2 - a_0 x_1 + u \\ y = b_{n-1}x_n + \cdots + b_1 x_2 + b_0 x_1 \end{cases} \tag{2-51}$$

将式(2-51)写成向量方程的形式，就可以得到 n 阶系统状态空间模型的表达式

$$\begin{cases} \begin{bmatrix} \dot{x}_1 \\ \dot{x}_2 \\ \vdots \\ \dot{x}_{n-1} \\ \dot{x}_n \end{bmatrix} = \begin{bmatrix} 0 & 1 & 0 & \cdots & 0 \\ 0 & 0 & 1 & \cdots & 0 \\ \vdots & \vdots & \vdots & \ddots & \vdots \\ 0 & 0 & 0 & \cdots & 1 \\ -a_0 & -a_1 & -a_2 & \cdots & -a_{n-1} \end{bmatrix} \begin{bmatrix} x_1 \\ x_2 \\ \vdots \\ x_{n-1} \\ x_n \end{bmatrix} + \begin{bmatrix} 0 \\ 0 \\ \vdots \\ 0 \\ 1 \end{bmatrix} u \\ y = \begin{bmatrix} b_0 & b_1 & \cdots & b_{n-2} & b_{n-1} \end{bmatrix} \begin{bmatrix} x_1 \\ x_2 \\ \vdots \\ x_{n-1} \\ x_n \end{bmatrix} \end{cases} \tag{2-52}$$

由式(2-52)可知,参数矩阵 $\boldsymbol{A}$ 的主对角线上方的元素均为 1,它的最后一行的元素按照系统特征多项式系数反号升幂排列,其余元素都为 0,这样的矩阵也称为“友矩阵”。输入矩阵 $\boldsymbol{b}$ 是一个除了最后一个元素为 1 且其他元素为 0 的列向量。若一个系统的状态空间模型的参数矩阵 $\boldsymbol{A}$ 和输入矩阵 $\boldsymbol{b}$ 具有上述特点,则称这样的状态空间模型为能控规范型状态空间表达式。

例 2-12 求常微分方程 $\dddot{y}+6\ddot{y}+11\dot{y}+20y=3\dddot{u}+4\ddot{u}+5u$ 所表示系统的能控规范型状态空间表达式。

解:设系统的各初始值均为零,通过拉普拉斯变换,可以得到系统的传递函数

$$G(s)=\frac{Y(s)}{U(s)}=\frac{3s^3+4s^2+5}{s^3+6s^2+11s+20}=3+\frac{-14s^2-33s-55}{s^3+6s^2+11s+20}=3+g(s)$$

即

$$Y(s)=g(s)U(s)+3U(s)$$

那么对照式(2-44),可得 $b_2=-14, b_1=-33, b_0=-55, a_2=6, a_1=11, a_0=20$。那么系统的能控规范型状态空间表达式为

$$\begin{cases}\begin{bmatrix}\dot{x}_1\\ \dot{x}_2\\ \dot{x}_3\end{bmatrix}=\begin{bmatrix}0 & 1 & 0\\ 0 & 0 & 1\\ -20 & -11 & -6\end{bmatrix}\begin{bmatrix}x_1\\ x_2\\ x_3\end{bmatrix}+\begin{bmatrix}0\\ 0\\ 1\end{bmatrix}u\\ y=\begin{bmatrix}-55 & -33 & -14\end{bmatrix}\begin{bmatrix}x_1\\ x_2\\ x_3\end{bmatrix}+3u\end{cases}$$

2. 能观规范型实现

式(2-43)可以写成如下形式

$$\begin{aligned}&s^nY(s)+a_{n-1}s^{n-1}Y(s)+\cdots+a_1sY(s)+a_0Y(s)\\&=b_{n-1}s^{n-1}U(s)+b_{n-2}s^{n-2}U(s)+\cdots+b_1sU(s)+b_0U(s)\end{aligned}\tag{2-53}$$

对等式两边同时除以 s^n,有

$$\begin{aligned}&Y(s)+\frac{a_{n-1}}{s}Y(s)+\cdots+\frac{a_1}{s^{n-1}}Y(s)+\frac{a_0}{s^n}Y(s)\\&=\frac{b_{n-1}}{s}U(s)+\frac{b_{n-2}}{s^2}U(s)+\cdots+\frac{b_1}{s^{n-1}}U(s)+\frac{b_0}{s^n}U(s)\end{aligned}\tag{2-54}$$

然后通过变形,可以得到

$$\begin{aligned}Y(s)&=\frac{1}{s}[b_{n-1}U(s)-a_{n-1}Y(s)]+\frac{1}{s^2}[b_{n-2}U(s)-a_{n-2}Y(s)]+\cdots+\\&\quad\frac{1}{s^{n-1}}[b_1U(s)-a_1Y(s)]+\frac{1}{s^n}[b_0U(s)-a_0Y(s)]\\&=\frac{1}{s}\left\{[b_{n-1}U(s)-a_{n-1}Y(s)]+\frac{1}{s}\left[[b_{n-2}U(s)-a_{n-2}Y(s)]+\cdots+\right.\right.\\&\quad\left.\left.\frac{1}{s}\left\langle[b_1U(s)-a_1Y(s)]+\frac{1}{s}[b_0U(s)-a_0Y(s)]\right\rangle\right]\right\}\end{aligned}\tag{2-55}$$

现将式(2-55)等号右边从里向外的括号中的表达式(连同积分运算)作为状态变量,即

$$\begin{cases} x_1(s)=\dfrac{1}{s}[b_0U(s)-a_0Y(s)] \\ x_2(s)=\dfrac{1}{s}\left\{[b_1U(s)-a_1Y(s)]+\dfrac{1}{s}[b_0U(s)-a_0Y(s)]\right\} \\ \qquad\quad =\dfrac{1}{s}[b_1U(s)-a_1Y(s)+x_1(s)] \\ \qquad\qquad\qquad \vdots \\ x_{n-1}(s)=\dfrac{1}{s}\left[[b_{n-2}U(s)-a_{n-2}Y(s)]+\cdots+\dfrac{1}{s}\left\langle[b_1U(s)-a_1Y(s)]+\right.\right. \\ \qquad\qquad \left.\left.\dfrac{1}{s}[b_0U(s)-a_0Y(s)]\right\rangle\right] \\ \qquad\qquad =\dfrac{1}{s}[b_{n-2}U(s)-a_{n-2}Y(s)+x_{n-2}(s)] \\ x_n(s)=\dfrac{1}{s}\left\{[b_{n-1}U(s)-a_{n-1}Y(s)]+\dfrac{1}{s}\left[[b_{n-2}U(s)-a_{n-2}Y(s)]+\cdots+\right.\right. \\ \qquad\qquad \left.\left.\dfrac{1}{s}\left\langle[b_1U(s)-a_1Y(s)]+\dfrac{1}{s}[b_0U(s)-a_0Y(s)]\right\rangle\right]\right\} \\ \qquad\quad =\dfrac{1}{s}[b_{n-1}U(s)-a_{n-1}Y(s)+x_{n-1}(s)]=Y(s) \end{cases} \tag{2-56}$$

再将最后一个等式中的 $x_n(s)=Y(s)$ 代入到式(2-56)中的每一个等式,可得

$$\begin{cases} x_1(s)=\dfrac{1}{s}[b_0U(s)-a_0x_n(s)] \\ x_2(s)=\dfrac{1}{s}[b_1U(s)-a_1x_n(s)+x_1(s)] \\ \qquad\qquad \vdots \\ x_{n-1}(s)=\dfrac{1}{s}[b_{n-2}U(s)-a_{n-2}x_n(s)+x_{n-2}(s)] \\ x_n(s)=\dfrac{1}{s}[b_{n-1}U(s)-a_{n-1}x_n(s)+x_{n-1}(s)] \end{cases} \tag{2-57}$$

对式(2-57)中的各式等号两边乘上 s 后的式子和式 $x_n(s)=Y(s)$ 取拉普拉斯逆变换,可得

$$\begin{cases} \dot{x}_1=-a_0x_n+b_0u \\ \dot{x}_2=-a_1x_n+b_1u+x_1 \\ \qquad\quad \vdots \\ \dot{x}_{n-1}=-a_{n-2}x_n+b_{n-2}u+x_{n-2} \\ \dot{x}_n=-a_{n-1}x_n+b_{n-1}u+x_{n-1} \\ y=x_n \end{cases} \tag{2-58}$$

将式(2-58)写成向量方程的形式,就可以得到 n 阶系统状态空间模型的表达式

$$
\begin{cases}
\begin{bmatrix} \dot{x}_1 \\ \dot{x}_2 \\ \vdots \\ \dot{x}_{n-1} \\ \dot{x}_n \end{bmatrix} = \begin{bmatrix} 0 & 0 & \cdots & 0 & -a_0 \\ 1 & 0 & \cdots & 0 & -a_1 \\ \vdots & \vdots & \ddots & \vdots & \vdots \\ 0 & 0 & \cdots & 0 & -a_{n-2} \\ 0 & 0 & \cdots & 1 & -a_{n-1} \end{bmatrix} \begin{bmatrix} x_1 \\ x_2 \\ \vdots \\ x_{n-1} \\ x_n \end{bmatrix} + \begin{bmatrix} b_0 \\ b_1 \\ \vdots \\ b_{n-2} \\ b_{n-1} \end{bmatrix} u \\
y = \begin{bmatrix} 0 & 0 & \cdots & 0 & 1 \end{bmatrix} \begin{bmatrix} x_1 \\ x_2 \\ \vdots \\ x_{n-1} \\ x_n \end{bmatrix}
\end{cases}
\tag{2-59}
$$

由式(2-59)可知,参数矩阵 $\boldsymbol{A}$ 的主对角线下方的元素均为 1,它的最后一列的元素按照系统特征多项式系数反号升幂排列,其余元素都为 0。输出矩阵 $\boldsymbol{c}$ 是一个除了最后一个元素为 1 且其他元素为 0 的行向量。若一个系统的状态空间模型的参数矩阵 $\boldsymbol{A}$ 和输出矩阵 $\boldsymbol{c}$ 具有上述特点,则称这样的状态空间模型为能观规范型状态空间表达式。

例 2-13 系统传递函数为 $G(s)=\dfrac{5s^2+4s+9}{s^3+12s^2+8s+58}$,求其能观规范型状态空间表达式。

解:对照式(2-44)可得 $b_2=5,b_1=4,b_0=9,a_2=12,a_1=8,a_0=58$。那么系统的能观规范型状态空间表达式为

$$
\begin{cases}
\begin{bmatrix} \dot{x}_1 \\ \dot{x}_2 \\ \dot{x}_3 \end{bmatrix} = \begin{bmatrix} 0 & 0 & -58 \\ 1 & 0 & -8 \\ 0 & 1 & -12 \end{bmatrix} \begin{bmatrix} x_1 \\ x_2 \\ x_3 \end{bmatrix} + \begin{bmatrix} 9 \\ 4 \\ 5 \end{bmatrix} u \\
y = \begin{bmatrix} 0 & 0 & 1 \end{bmatrix} \begin{bmatrix} x_1 \\ x_2 \\ x_3 \end{bmatrix}
\end{cases}
$$

3. 特征值规范型实现

上面两种规范型的实现都是利用传递系数中的参数 $a_i(i=0,1,2,\cdots,n-1)$ 和 $b_i(i=0,1,2,\cdots,n-1)$ 来求解状态空间模型中的参数矩阵 $\boldsymbol{A}$、$\boldsymbol{b}$、$\boldsymbol{c}$。而特征值规范型实现是利用系统极点或传递函数分母多项式的根,也就是系统特征多项式的根(特征值)。下面分单极点和重极点两种情况来考虑。

1) 只含单极点

设只含单极点的 n 阶系统的传递函数为

$$
G(s)=\frac{Y(s)}{U(s)}=\frac{c_1}{(s-p_1)}+\frac{c_2}{(s-p_2)}+\cdots+\frac{c_n}{(s-p_n)}=\sum_{i=1}^{n}\frac{c_i}{(s-p_i)} \tag{2-60}
$$

其中,极点 $p_i(i=0,1,2,\cdots,n)$ 互不相同。c_i 为系统的传递函数 $G(s)$ 的极点 p_i 的留数,有

$$c_i = \lim_{s \to p_i}(s - p_i)G(s) \tag{2-61}$$

那么

$$\begin{aligned} Y(s) &= \frac{c_1}{(s-p_1)}U(s) + \frac{c_2}{(s-p_2)}U(s) + \cdots + \frac{c_n}{(s-p_n)}U(s) \\ &= \sum_{i=1}^{n} \frac{c_i}{(s-p_i)}U(s) \end{aligned} \tag{2-62}$$

定义如下状态变量

$$x_i(s) = \frac{1}{s-p_i}U(s), \quad i = 1,2,\cdots,n \tag{2-63}$$

经整理,并做拉普拉斯逆变换,可得

$$\dot{x}_i(t) = p_i x_i(t) + u(t), \quad i = 1,2,\cdots,n \tag{2-64}$$

再将式(2-63)代入式(2-62),并做拉普拉斯逆变换,可得

$$y(t) = c_1 x_1(t) + c_2 x_2(t) + \cdots + c_n x_n(t) = \sum_{i=1}^{n} c_i x_i(t) \tag{2-65}$$

将式(2-64)和式(2-65)写成向量方程的形式,就可以得到 n 阶系统状态空间模型的表达式

$$\begin{cases} \begin{bmatrix} \dot{x}_1 \\ \dot{x}_2 \\ \vdots \\ \dot{x}_n \end{bmatrix} = \begin{bmatrix} p_1 & 0 & \cdots & 0 \\ 0 & p_2 & \cdots & 0 \\ \vdots & \vdots & \ddots & \vdots \\ 0 & 0 & \cdots & p_n \end{bmatrix} \begin{bmatrix} x_1 \\ x_2 \\ \vdots \\ x_n \end{bmatrix} + \begin{bmatrix} 1 \\ 1 \\ 1 \\ 1 \end{bmatrix} u \\ y = \begin{bmatrix} c_1 & c_2 & \cdots & c_n \end{bmatrix} \begin{bmatrix} x_1 \\ x_2 \\ \vdots \\ x_n \end{bmatrix} \end{cases} \tag{2-66}$$

由式(2-66)可知,参数矩阵 $\boldsymbol{A}$ 是一个对角矩阵,对角线上的元素为系统的 n 个单极点(特征根)。若一个系统的状态空间模型的参数矩阵 $\boldsymbol{A}$ 具有上述特点,则称这样的状态空间模型为对角线规范型状态空间表达式。

对角线规范型具有简单的结构,并且状态空间模型中的一个状态变量的导数只与该状态变量有关,而与其他的 $n-1$ 个状态变量无关。这种性质称为系统的状态解耦,它对于系统的分析与研究会带来一定的帮助。

2）具有重极点

为了简化问题,首先假设 n 阶系统的 n 个极点全部为 p,根据部分分式法可得系统的传递函数为

$$G(s) = \frac{Y(s)}{U(s)} = \frac{c_{11}}{(s-p)^n} + \frac{c_{12}}{(s-p)^{n-1}} + \cdots + \frac{c_{1n}}{s-p} \tag{2-67}$$

根据留数定理,可得

$$c_{1i} = \lim_{s \to p} \frac{1}{(i-1)!} \frac{\mathrm{d}^{i-1}}{\mathrm{d}s^{i-1}}[(s-p)^n G(s)], \quad i = 1,2,\cdots,n \tag{2-68}$$

根据式(2-67),可得

$$Y(s)=\frac{c_{11}}{(s-p)^n}U(s)+\frac{c_{12}}{(s-p)^{n-1}}U(s)+\cdots+\frac{c_{1n}}{s-p}U(s) \tag{2-69}$$

选取状态变量为

$$x_1(s)=\frac{1}{(s-p)^n}U(s),x_2(s)=\frac{1}{(s-p)^{n-1}}U(s),\cdots,x_n(s)=\frac{1}{s-p}U(s) \tag{2-70}$$

那么

$$x_1(s)=\frac{1}{s-p}x_2(s),x_2(s)=\frac{1}{s-p}x_3(s),\cdots,x_n(s)=\frac{1}{s-p}U(s) \tag{2-71}$$

根据拉普拉斯逆变换,可得

$$\dot{x}_1=px_1+x_2,\dot{x}_2=px_2+x_3,\cdots,\dot{x}_{n-1}=px_{n-1}+x_n,\dot{x}_n=px_n+u \tag{2-72}$$

以及

$$y=c_{11}x_1+c_{12}x_2+\cdots+c_{1n}x_n \tag{2-73}$$

将式(2-72)和式(2-73)写成向量方程的形式,就可以得到 n 阶系统状态空间模型的表达式

$$\begin{cases}\begin{bmatrix}\dot{x}_1\\ \dot{x}_2\\ \vdots\\ \dot{x}_{n-1}\\ \dot{x}_n\end{bmatrix}=\begin{bmatrix}p & 1 & 0 & \cdots & 0\\ 0 & p & 1 & \cdots & 0\\ \vdots & \vdots & \vdots & \ddots & \vdots\\ 0 & 0 & 0 & \cdots & 1\\ 0 & 0 & 0 & \cdots & p\end{bmatrix}\begin{bmatrix}x_1\\ x_2\\ \vdots\\ x_{n-1}\\ x_n\end{bmatrix}+\begin{bmatrix}0\\ 0\\ \vdots\\ 0\\ 1\end{bmatrix}u \\ y=\begin{bmatrix}c_{11} & c_{12} & \cdots & c_{1n-1} & c_{1n}\end{bmatrix}\begin{bmatrix}x_1\\ x_2\\ \vdots\\ x_{n-1}\\ x_n\end{bmatrix}\end{cases} \tag{2-74}$$

由式(2-74)可知,参数矩阵 $\boldsymbol{A}$ 是一个约当阵,对角线的元素相同并且是系统的重极点,对角线上方的元素均为 1。输入矩阵 $\boldsymbol{b}$ 是一个除了最后一个元素为 1 其他元素均为 0 的列向量。若一个系统的状态空间模型的参数矩阵 $\boldsymbol{A}$ 和输入矩阵 $\boldsymbol{b}$ 具有上述特点,则称这样的状态空间模型为约当规范型状态空间表达式。

约当规范型的结构也比较简单,虽然其系统的状态不再是完全的解耦,但系统中状态变量直接的解耦关系是单方向的,即 $x_n\to x_{n-1}\to\cdots\to x_2\to x_1$。

当系统同时具有多个单极点和多个重极点时,将上述的单极点和重极点的情况进行推广,就可以写出系统的特征值规范型状态空间表达式。假设一个 n 阶系统有 k 个单极点 $p_1,p_2,\cdots,p_k$,并有 l_1 重极点 p_{k+1},l_2 重极点 p_{k+2},$\cdots$,l_m 重极点 p_{k+m},且 $n=k+l_1+l_2+\cdots+l_m$。那么利用之前关于系统单极点和重极点的状态空间模型表达式,就可得系统的特征值规范型状态空间表达式

$$
\left\{
\begin{aligned}
&\begin{bmatrix} \dot{x}_1 \\ \vdots \\ \dot{x}_k \\ \hline \dot{x}_{k+1} \\ \vdots \\ \dot{x}_{k+l_1} \\ \hline \vdots \\ \hline \dot{x}_{n-l_m+1} \\ \vdots \\ \dot{x}_n \end{bmatrix}
=
\left[\begin{array}{ccc|ccc|c|ccc}
p_1 & & & & & & & & & \\
& \ddots & & & & & & & & \\
& & p_k & & & & & & & \\ \hline
& & & p_{k+1} & 1 & & & & & \\
& & & & \ddots & 1 & & & & \\
& & & & & p_{k+1} & & & & \\ \hline
& & & & & & \ddots & & & \\ \hline
& & & & & & & p_{k+m} & 1 & \\
& & & & & & & & \ddots & 1 \\
& & & & & & & & & p_{k+m}
\end{array}\right]
\begin{bmatrix} x_1 \\ \vdots \\ x_k \\ \hline x_{k+1} \\ \vdots \\ x_{k+l_1} \\ \hline \vdots \\ \hline x_{n-l_m+1} \\ \vdots \\ x_n \end{bmatrix}
+
\begin{bmatrix} 1 \\ \vdots \\ 1 \\ \hline 0 \\ \vdots \\ 1 \\ \hline \vdots \\ \hline 0 \\ \vdots \\ 1 \end{bmatrix} u \\
&y = \left[\begin{array}{ccc|ccc|c|ccc} c_1 & \cdots & c_k & c_{k+1,1} & \cdots & c_{k+1,l_1} & \cdots & c_{k+m,1} & \cdots & c_{k+m,l_m} \end{array}\right]
\begin{bmatrix} x_1 \\ \vdots \\ x_k \\ \hline x_{k+1} \\ \vdots \\ x_{k+l_1} \\ \hline \vdots \\ \hline x_{n-l_m+1} \\ \vdots \\ x_n \end{bmatrix}
\end{aligned}
\right.
\tag{2-75}
$$

例 2-14　系统的传递函数为 $G(s)=\dfrac{s^2+3s+16}{s(s^2+4s+4)}$，求系统的特征值规范型状态空间表达式。

解：由系统的特征方程

$$s(s^2+4s+4)=0$$

可得系统的特征根为 $p_1=0, p_2=p_3=-2$，则系统的传递函数可以写为

$$G(s)=\frac{c_1}{s}+\frac{c_{21}}{(s+2)^2}+\frac{c_{22}}{s+2}$$

那么

$$c_1=\lim_{s\to p_1}(s-p_1)G(s)=\lim_{s\to 0}s\,\frac{s^2+3s+16}{s(s^2+4s+4)}=4$$

$$c_{21}=\lim_{s\to p_2}\frac{1}{(1-1)!}[(s-p_2)^2G(s)]=\lim_{s\to -2}(s+2)^2\,\frac{s^2+3s+16}{s(s^2+4s+4)}=-7$$

$$c_{22}=\lim_{s\to p_2}\frac{1}{(2-1)!}\frac{\mathrm{d}}{\mathrm{d}s}[(s-p_2)^2G(s)]=\lim_{s\to -2}\frac{\mathrm{d}}{\mathrm{d}s}\left[(s+2)^2\frac{s^2+3s+16}{s(s^2+4s+4)}\right]=-3$$

则系统的特征值规范型状态空间表达式为

$$\begin{cases}\begin{bmatrix}\dot{x}_1\\ \dot{x}_2\\ \dot{x}_3\end{bmatrix}=\begin{bmatrix}0 & 0 & 0\\ 0 & -2 & 1\\ 0 & 0 & -2\end{bmatrix}\begin{bmatrix}x_1\\ x_2\\ x_3\end{bmatrix}+\begin{bmatrix}1\\ 0\\ 1\end{bmatrix}u\\ y=[4\quad -7\quad -3]\begin{bmatrix}x_1\\ x_2\\ x_3\end{bmatrix}\end{cases}$$

除了上述介绍的 3 种规范型的实现方式。根据其他的状态变量的选取,会得到非规范形式的状态空间表达式。

根据上述的讨论和例题,可以发现一个系统可以用多个状态空间表达式进行描述。并且各个状态空间表达式的状态变量的设定有所不同。所以,在建立系统的状态空间表达式时,通常要明确设定状态变量。由于上面所述的 3 种规范形式具有明确的状态变量设定,所以在列写规范形式的状态空间表达式时可以不再特别设定。

4. 将系统的一般状态空间描述变换为特征值规范型

特征值规范型具有状态量之间最简单的结构形式(完全解耦或单向解耦),因此经常会要求通过非奇异线性变换将系统状态空间表达式变换为特征值规范型形式。讨论状态空间的变换问题应主要考虑非奇异线性变换阵的构成方法,这里介绍怎样构造一个变换矩阵 $\boldsymbol{T}$,将系统的一般状态空间表达式变换为特征值规范形式。

1) 变换为对角线规范型

对于原非对角线规范型的系统,线性代数中将矩阵对角化的方法在这里都可以运用。常用的大致可分为以下几种情况:

(1) 参数矩阵 $\boldsymbol{A}$ 有互异的实数特征根 $\lambda_1,\lambda_2,\cdots,\lambda_n$,可通过非奇异变换将其化为对角阵 $\bar{\boldsymbol{A}}$,且 $\bar{\boldsymbol{A}}$ 对角线上的元素即为矩阵 $\boldsymbol{A}$ 的特征根,即

$$\bar{\boldsymbol{A}}=\boldsymbol{T}^{-1}\boldsymbol{A}\boldsymbol{T}=\mathrm{diag}[\lambda_1\quad \lambda_2\quad \cdots\quad \lambda_n] \tag{2-76}$$

式中的变换矩阵 $\boldsymbol{T}$ 由特征向量 $\boldsymbol{t}_i$ 组成

$$\boldsymbol{T}=[\boldsymbol{t}_1\quad \boldsymbol{t}_2\quad \cdots\quad \boldsymbol{t}_n] \tag{2-77}$$

特征向量满足

$$\boldsymbol{A}\boldsymbol{t}_i=\lambda_i\boldsymbol{t}_i,\quad i=1,2,\cdots,n \tag{2-78}$$

例 2-15 将下列系统的表达式变换为对角线规范型。

$$\begin{cases}\dot{\boldsymbol{x}}=\begin{bmatrix}2 & -1 & -1\\ 0 & -1 & 0\\ 0 & 2 & 1\end{bmatrix}\boldsymbol{x}+\begin{bmatrix}7\\ 2\\ 3\end{bmatrix}u\\ y=[1\quad 0\quad 0]\boldsymbol{x}\end{cases}$$

解：① 确定系统的特征值。由

$$|\lambda \boldsymbol{I}-\boldsymbol{A}|=\begin{vmatrix}\lambda-2 & 1 & 1\\ 0 & \lambda+1 & 0\\ 0 & -2 & \lambda-1\end{vmatrix}=(\lambda-2)(\lambda+1)(\lambda-1)=0$$

可求得系统的特征值为 $\lambda_1=2,\lambda_2=1,\lambda_3=-1$。

② 确定属于各个特征值的特征向量。对于特征值 $\lambda_1=2$，根据 $\boldsymbol{A}\boldsymbol{t}_1=\lambda_1\boldsymbol{t}_1$，有

$$\begin{bmatrix}2 & -1 & -1\\ 0 & -1 & 0\\ 0 & 2 & 1\end{bmatrix}\begin{bmatrix}t_{11}\\ t_{21}\\ t_{31}\end{bmatrix}=\begin{bmatrix}2t_{11}\\ 2t_{21}\\ 2t_{31}\end{bmatrix}$$

即

$$\begin{cases}2t_{11}-t_{21}-t_{31}=2t_{11}\\ -t_{21}=2t_{21}\\ 2t_{21}+t_{31}=2t_{31}\end{cases}\quad 或 \quad \begin{cases}t_{21}+t_{31}=0\\ 3t_{21}=0\\ 2t_{21}-t_{31}=0\end{cases}$$

得到 $t_{21}=0,t_{31}=0$，系数 t_{11} 任取，为保证 $\boldsymbol{t}_1$ 非零，取 $t_{11}=1$，得 $\boldsymbol{t}_1=\begin{bmatrix}1\\ 0\\ 0\end{bmatrix}$。同理，可求得

$$\boldsymbol{t}_2=\begin{bmatrix}1\\ 0\\ 1\end{bmatrix},\quad \boldsymbol{t}_3=\begin{bmatrix}0\\ 1\\ -1\end{bmatrix}$$

③ 构造变换矩阵并求逆。由特征向量构造变换矩阵 $\boldsymbol{T}$

$$\boldsymbol{T}=\begin{bmatrix}1 & 1 & 0\\ 0 & 0 & 1\\ 0 & 1 & -1\end{bmatrix}$$

求得其逆矩阵

$$\boldsymbol{T}^{-1}=\begin{bmatrix}1 & -1 & -1\\ 0 & 1 & 1\\ 0 & 1 & 0\end{bmatrix}$$

④ 求出新状态空间的相应矩阵。由式(2-36)，可求得

$$\bar{\boldsymbol{A}}=\boldsymbol{T}^{-1}\boldsymbol{A}\boldsymbol{T}=\begin{bmatrix}1 & -1 & -1\\ 0 & 1 & 1\\ 0 & 1 & 0\end{bmatrix}\begin{bmatrix}2 & -1 & -1\\ 0 & -1 & 0\\ 0 & 2 & 1\end{bmatrix}\begin{bmatrix}1 & 1 & 0\\ 0 & 0 & 1\\ 0 & 1 & -1\end{bmatrix}=\begin{bmatrix}2 & 0 & 0\\ 0 & 1 & 0\\ 0 & 0 & -1\end{bmatrix}$$

$$\bar{\boldsymbol{b}}=\boldsymbol{T}^{-1}\boldsymbol{b}=\begin{bmatrix}1 & -1 & -1\\ 0 & 1 & 1\\ 0 & 1 & 0\end{bmatrix}\begin{bmatrix}7\\ 2\\ 3\end{bmatrix}=\begin{bmatrix}2\\ 5\\ 2\end{bmatrix}$$

$$\bar{\boldsymbol{c}}=\boldsymbol{c}\boldsymbol{T}=\begin{bmatrix}1 & 0 & 0\end{bmatrix}\begin{bmatrix}1 & 1 & 0\\ 0 & 0 & 1\\ 0 & 1 & -1\end{bmatrix}=\begin{bmatrix}1 & 1 & 0\end{bmatrix}$$

⑤ 写出对角线规范型的状态空间表达式。

$$\begin{cases}\dot{\bar{x}}=\begin{bmatrix}2&0&0\\0&1&0\\0&0&-1\end{bmatrix}\bar{x}+\begin{bmatrix}2\\5\\2\end{bmatrix}u\\ y=\begin{bmatrix}1&1&0\end{bmatrix}\bar{x}\end{cases}$$

由以上求解过程可以看出，虽然变换矩阵 $\boldsymbol{T}$ 并不唯一，但是变换后的系统矩阵 $\bar{\boldsymbol{A}}$ 是对角线矩阵且是唯一的，而变换后的输入矩阵 $\boldsymbol{T}$ 和输出矩阵 $\bar{\boldsymbol{c}}$ 不是唯一的。

(2) 参数矩阵 $\boldsymbol{A}$ 为 n 阶友矩阵(即能控规范型状态空间模型中的参数矩阵 $\boldsymbol{A}$ 的形式)，具有互异的实数特征根 $\lambda_1,\lambda_2,\cdots,\lambda_n$，采用范德蒙特(Vandermode)矩阵 $\boldsymbol{T}$ 可以将 $\boldsymbol{A}$ 对角化成 $\bar{\boldsymbol{A}}$。即

$$\boldsymbol{A}=\begin{bmatrix}0&1&0&\cdots&0\\0&0&1&\cdots&0\\\vdots&\vdots&\vdots&\ddots&\vdots\\0&0&0&\cdots&1\\-a_0&-a_1&-a_2&\cdots&-a_{n-1}\end{bmatrix},\quad \boldsymbol{T}=\begin{bmatrix}1&1&\cdots&1\\\lambda_1&\lambda_2&\cdots&\lambda_n\\\lambda_1^2&\lambda_2^2&\cdots&\lambda_n^2\\\vdots&\vdots&\ddots&\vdots\\\lambda_1^{n-1}&\lambda_2^{n-1}&\cdots&\lambda_n^{n-1}\end{bmatrix}\tag{2-79}$$

(3) 参数矩阵 $\boldsymbol{A}$ 有 m 重实数特征根 $\lambda_1=\lambda_2=\cdots=\lambda_m$，其余 $n-m$ 个特征根为互异实数，但在求解 $\boldsymbol{A}\boldsymbol{t}_i=\lambda_i\boldsymbol{t}_i\,(i=1,2,\cdots,m)$ 时，仍有 m 个独立的特征向量 $\boldsymbol{t}_1,\boldsymbol{t}_2,\cdots,\boldsymbol{t}_m$，则仍可以将 $\boldsymbol{A}$ 对角化成 $\bar{\boldsymbol{A}}$。

$$\bar{\boldsymbol{A}}=\boldsymbol{T}^{-1}\boldsymbol{A}\boldsymbol{T}=\operatorname{diag}\begin{bmatrix}\lambda_1&\lambda_1&\cdots&\lambda_1&\vdots&\lambda_{m+1}&\cdots&\lambda_n\end{bmatrix}\tag{2-80}$$

$$\boldsymbol{T}=\begin{bmatrix}\boldsymbol{t}_1&\boldsymbol{t}_2&\cdots&\boldsymbol{t}_m&\vdots&\boldsymbol{t}_{m+1}&\cdots&\boldsymbol{t}_n\end{bmatrix}\tag{2-81}$$

其中，$\boldsymbol{t}_{m+1},\cdots,\boldsymbol{t}_n$ 是 $n-m$ 个互异实数特征根对应的特征向量。

例 2-16 将下列系统的表达式变换为对角线规范型。

$$\begin{cases}\dot{x}=\begin{bmatrix}1&0&-1\\0&1&0\\0&0&2\end{bmatrix}x+\begin{bmatrix}0\\0\\1\end{bmatrix}u\\ y=\begin{bmatrix}1&0&0\end{bmatrix}x\end{cases}$$

解：① 由矩阵 $\boldsymbol{A}$ 的特征多项式

$$|\lambda\boldsymbol{I}-\boldsymbol{A}|=\begin{vmatrix}\lambda-1&0&1\\0&\lambda-1&0\\0&0&\lambda-2\end{vmatrix}=(\lambda-1)^2(\lambda-2)$$

可求得其特征值为：$\lambda_1=\lambda_2=1,\lambda_3=2$。

② 对于二重特征值 $\lambda_1=\lambda_2=1$，有

$$\boldsymbol{A}\boldsymbol{t}_i=\lambda_i\boldsymbol{t}_i\,(i=1,2),\quad \begin{bmatrix}1&0&-1\\0&1&0\\0&0&2\end{bmatrix}\begin{bmatrix}t_{1i}\\t_{2i}\\t_{3i}\end{bmatrix}=\begin{bmatrix}t_{1i}\\t_{2i}\\t_{3i}\end{bmatrix}$$

求解得 $\begin{cases}t_{1i}-t_{3i}=t_{1i}\\t_{2i}=t_{2i}\\2t_{3i}=t_{3i}\end{cases}$，$\begin{cases}t_{1i}=t_{1i}\\t_{2i}=t_{2i}\,(i=1,2)\\t_{3i}=0\end{cases}$，$t_{1i}$ 和 t_{2i} 任取，可取 $\boldsymbol{t}_1=\begin{bmatrix}1\\0\\0\end{bmatrix}$，$\boldsymbol{t}_2=\begin{bmatrix}0\\1\\0\end{bmatrix}$。因此存在

两个属于该特征值的线性无关的特征向量。

对于单特征值 $\lambda_3=2$ 有 $\boldsymbol{A}\boldsymbol{t}_3=\lambda_3\boldsymbol{t}_3$，求解得 $\begin{bmatrix}1 & 0 & -1\\0 & 1 & 0\\0 & 0 & 2\end{bmatrix}\begin{bmatrix}t_{13}\\t_{23}\\t_{33}\end{bmatrix}=\begin{bmatrix}2t_{13}\\2t_{23}\\2t_{33}\end{bmatrix}$，得 $\boldsymbol{t}_3=\begin{bmatrix}-1\\0\\1\end{bmatrix}$。

③ 由特征向量构造变换矩阵 $\boldsymbol{T}=\begin{bmatrix}1 & 0 & -1\\0 & 1 & 0\\0 & 0 & 1\end{bmatrix}$，求得其逆矩阵 $\boldsymbol{T}^{-1}=\begin{bmatrix}1 & 0 & 1\\0 & 1 & 0\\0 & 0 & 1\end{bmatrix}$。

④ 求出新状态空间模型的相应矩阵。

$$\bar{\boldsymbol{A}}=\boldsymbol{T}^{-1}\boldsymbol{A}\boldsymbol{T}=\begin{bmatrix}1 & 0 & 1\\0 & 1 & 0\\0 & 0 & 1\end{bmatrix}\begin{bmatrix}1 & 0 & -1\\0 & 1 & 0\\0 & 0 & 2\end{bmatrix}\begin{bmatrix}1 & 0 & -1\\0 & 1 & 0\\0 & 0 & 1\end{bmatrix}=\begin{bmatrix}1 & 0 & 0\\0 & 1 & 0\\0 & 0 & 2\end{bmatrix}$$

$$\bar{\boldsymbol{b}}=\boldsymbol{T}^{-1}\boldsymbol{b}=\begin{bmatrix}1 & 0 & 1\\0 & 1 & 0\\0 & 0 & 1\end{bmatrix}\begin{bmatrix}0\\0\\1\end{bmatrix}=\begin{bmatrix}1\\0\\1\end{bmatrix}$$

$$\bar{\boldsymbol{c}}=\boldsymbol{c}\boldsymbol{T}=\begin{bmatrix}1 & 0 & 0\end{bmatrix}\begin{bmatrix}1 & 0 & -1\\0 & 1 & 0\\0 & 0 & 1\end{bmatrix}=\begin{bmatrix}1 & 0 & -1\end{bmatrix}$$

⑤ 写出对角线规范型的状态空间表达式。

$$\begin{cases}\dot{\bar{\boldsymbol{x}}}=\begin{bmatrix}1 & 0 & 0\\0 & 1 & 0\\0 & 0 & 2\end{bmatrix}\bar{\boldsymbol{x}}+\begin{bmatrix}1\\0\\1\end{bmatrix}u\\ y=\begin{bmatrix}1 & 0 & -1\end{bmatrix}\bar{\boldsymbol{x}}\end{cases}$$

2）变换为约当规范型

约当规范型指的是系统矩阵 **A** 为约当阵的情况。下面仅举较为简单及常见的两种特征值规范型为例。

（1）当系统矩阵 **A** 有 n 重实数特征根 $\lambda_1=\lambda_2=\cdots=\lambda_n=\lambda$，但系统矩阵 **A** 只有一个独立的特征向量 $\boldsymbol{t}_1$ 时，只能将矩阵 **A** 化为约当阵 $\boldsymbol{J}$。

$$\boldsymbol{J}=\boldsymbol{T}^{-1}\boldsymbol{A}\boldsymbol{T}=\begin{bmatrix}\lambda & 1 & & \\ & \lambda & \ddots & \\ & & \ddots & 1\\ & & & \lambda\end{bmatrix}\tag{2-82}$$

$$\boldsymbol{T}=\begin{bmatrix}\boldsymbol{t}_1 & \boldsymbol{t}_2 & \cdots & \boldsymbol{t}_n\end{bmatrix}\tag{2-83}$$

其中，$\boldsymbol{t}_1$ 为系统矩阵 **A** 唯一一个独立特征向量，而 $\boldsymbol{t}_2,\boldsymbol{t}_3,\cdots,\boldsymbol{t}_m$ 为广义的特征向量，可由下式求得

$$\begin{bmatrix}\boldsymbol{t}_1 & \boldsymbol{t}_2 & \cdots & \boldsymbol{t}_n\end{bmatrix}\begin{bmatrix}\lambda & 1 & & \\ & \lambda & \ddots & \\ & & \ddots & 1\\ & & & \lambda\end{bmatrix}=\boldsymbol{A}\begin{bmatrix}\boldsymbol{t}_1 & \boldsymbol{t}_2 & \cdots & \boldsymbol{t}_n\end{bmatrix}\tag{2-84}$$

(2) 当系统矩阵 $\boldsymbol{A}$ 为友矩阵(即能控规范型状态空间模型中的系统矩阵 $\boldsymbol{A}$ 的形式),具有 n 重实数特征根 $\lambda_1=\lambda_2=\cdots=\lambda_n=\lambda$,但系统矩阵 $\boldsymbol{A}$ 只有一个独立的特征向量 $\boldsymbol{t}_1$ 时,将矩阵 $\boldsymbol{A}$ 化为约当阵 $\boldsymbol{J}$ 的范德蒙特矩阵 $\boldsymbol{T}$ 为

$$\boldsymbol{T}=\begin{bmatrix}\begin{bmatrix}1\\ \lambda\\ \lambda^2\\ \vdots\\ \lambda^{n-1}\end{bmatrix} & \dfrac{\mathrm{d}}{\mathrm{d}\lambda}\begin{bmatrix}1\\ \lambda\\ \lambda^2\\ \vdots\\ \lambda^{n-1}\end{bmatrix} & \dfrac{1}{2!}\dfrac{\mathrm{d}^2}{\mathrm{d}\lambda^2}\begin{bmatrix}1\\ \lambda\\ \lambda^2\\ \vdots\\ \lambda^{n-1}\end{bmatrix} & \cdots & \dfrac{1}{(n-1)!}\dfrac{\mathrm{d}^{n-1}}{\mathrm{d}\lambda^{n-1}}\begin{bmatrix}1\\ \lambda\\ \lambda^2\\ \vdots\\ \lambda^{n-1}\end{bmatrix}\end{bmatrix} \tag{2-85}$$

例 2-17 将下列状态方程变换为特征值规范型。

$$\dot{\boldsymbol{x}}=\begin{bmatrix}0 & 1 & 0\\ 0 & 0 & 1\\ 8 & -12 & 6\end{bmatrix}\boldsymbol{x}+\begin{bmatrix}5\\ 1\\ 5\end{bmatrix}u$$

解:① 由矩阵 $\boldsymbol{A}$ 的特征多项式 $|\lambda\boldsymbol{I}-\boldsymbol{A}|=\begin{vmatrix}\lambda & -1 & 0\\ 0 & \lambda & -1\\ -8 & 12 & \lambda-6\end{vmatrix}=\lambda^3-6\lambda^2+12\lambda-8=(\lambda-2)^3$,可求得其特征值为:$\lambda=\lambda_1=\lambda_2=\lambda_3=2$,是一个三重特征值。

② 系统矩阵 $\boldsymbol{A}$ 只具有一个独立特征向量,下面求取特征向量。由 $\boldsymbol{A}\boldsymbol{t}_1=\lambda\boldsymbol{t}_1$,得 $\begin{bmatrix}0 & 1 & 0\\ 0 & 0 & 1\\ 8 & -12 & 6\end{bmatrix}\begin{bmatrix}t_{11}\\ t_{21}\\ t_{31}\end{bmatrix}=\begin{bmatrix}2t_{11}\\ 2t_{21}\\ 2t_{31}\end{bmatrix}$,进一步求解 $\begin{cases}t_{21}=2t_{11}\\ t_{31}=2t_{21}\\ 8t_{11}-12t_{21}+6t_{31}=2t_{31}\end{cases}$,得 $\boldsymbol{t}_1=\begin{bmatrix}1\\ 2\\ 4\end{bmatrix}$;

由 $\boldsymbol{A}\boldsymbol{t}_2=\lambda\boldsymbol{t}_2+\boldsymbol{t}_1$,得 $(\lambda\boldsymbol{I}-\boldsymbol{A})\boldsymbol{t}_2=-\boldsymbol{t}_1$,对 $\begin{bmatrix}2 & -1 & 0\\ 0 & 2 & -1\\ -8 & 12 & -4\end{bmatrix}\begin{bmatrix}t_{12}\\ t_{22}\\ t_{32}\end{bmatrix}=\begin{bmatrix}-1\\ -2\\ -4\end{bmatrix}$ 进一步求解得 $\boldsymbol{t}_2=\begin{bmatrix}0\\ 1\\ 4\end{bmatrix}$;

由 $\boldsymbol{A}\boldsymbol{t}_3=\lambda\boldsymbol{t}_3+\boldsymbol{t}_2$,得 $(\lambda\boldsymbol{I}-\boldsymbol{A})\boldsymbol{t}_3=-\boldsymbol{t}_2$,对 $\begin{bmatrix}2 & -1 & 0\\ 0 & 2 & -1\\ -8 & 12 & -4\end{bmatrix}\begin{bmatrix}t_{13}\\ t_{23}\\ t_{33}\end{bmatrix}=\begin{bmatrix}0\\ -1\\ -4\end{bmatrix}$ 进一步求解得 $\boldsymbol{t}_3=\begin{bmatrix}0\\ 0\\ 1\end{bmatrix}$。

③ 由特征向量构造变换矩阵 $\boldsymbol{T}=\begin{bmatrix}1 & 0 & 0\\ 2 & 1 & 0\\ 4 & 4 & 1\end{bmatrix}$,求得其逆矩阵 $\boldsymbol{T}^{-1}=\begin{bmatrix}1 & 0 & 0\\ -2 & 1 & 0\\ 4 & -4 & 1\end{bmatrix}$。

④ 求出新状态空间模型的相应矩阵

$$\bar{\boldsymbol{A}}=\boldsymbol{T}^{-1}\boldsymbol{A}\boldsymbol{T}=\begin{bmatrix}1 & 0 & 0\\ -2 & 1 & 0\\ 4 & -4 & 1\end{bmatrix}\begin{bmatrix}0 & 1 & 0\\ 0 & 0 & 1\\ 8 & -12 & 6\end{bmatrix}\begin{bmatrix}1 & 0 & 0\\ 2 & 1 & 0\\ 4 & 4 & 1\end{bmatrix}=\begin{bmatrix}2 & 1 & 0\\ 0 & 2 & 1\\ 0 & 0 & 2\end{bmatrix}$$

$$\bar{\boldsymbol{b}}=\boldsymbol{T}^{-1}\boldsymbol{b}=\begin{bmatrix}1&0&0\\-2&1&0\\4&-4&1\end{bmatrix}\begin{bmatrix}5\\1\\5\end{bmatrix}=\begin{bmatrix}5\\-9\\21\end{bmatrix}$$

⑤ 特征值规范型为

$$\dot{\bar{\boldsymbol{x}}}=\begin{bmatrix}2&1&0\\0&2&1\\0&0&2\end{bmatrix}\bar{\boldsymbol{x}}+\begin{bmatrix}5\\-9\\21\end{bmatrix}u$$

是一个约当规范型。

所以，当系统矩阵 $\boldsymbol{A}$ 既有 m 重特征根 $\lambda_1=\lambda_2=\cdots=\lambda_m$ 又有 $n-m$ 个单特征根时，可化为特征值规范型(这时是对角块与约当块的组合)。这时的变换矩阵 $\boldsymbol{T}$ 是情况 1)和 2)的组合，即

$$\boldsymbol{T}=[\boldsymbol{t}_1\quad \boldsymbol{t}_2\quad \cdots\quad \boldsymbol{t}_m \ \vdots\ \boldsymbol{t}_{m+1}\quad \cdots\quad \boldsymbol{t}_n] \tag{2-86}$$

其中，$\boldsymbol{t}_1,\boldsymbol{t}_{m+1},\boldsymbol{t}_{m+2},\cdots,\boldsymbol{t}_n$ 是互异的实数特征根 $\lambda_1,\lambda_{m+1},\lambda_{m+2},\cdots,\lambda_n$ 对应的特征向量，而 $\boldsymbol{t}_2,\boldsymbol{t}_3,\cdots,\boldsymbol{t}_m$ 是广义的特征向量。

例 2-18　将下列状态方程变换成特征值规范型。

$$\dot{\boldsymbol{x}}=\begin{bmatrix}0&1&0\\0&0&1\\2&3&0\end{bmatrix}\boldsymbol{x}+\begin{bmatrix}0\\0\\1\end{bmatrix}u$$

解：① 矩阵 $\boldsymbol{A}$ 为能控规范型形式(友矩阵)，可直接写出它的特征多项式为

$$\varphi(s)=s^3+a_2s^2+a_1s+a_0=s^3-3s-2=(s+1)^2(s-2)$$

② 变换矩阵 $\boldsymbol{T}=\begin{bmatrix}1&\frac{\mathrm{d}}{\mathrm{d}\lambda_1}\begin{bmatrix}1\\\lambda_1\\\lambda_1^2\end{bmatrix}&1\\\lambda_1&&\lambda_3\\\lambda_1^2&&\lambda_3^2\end{bmatrix}=\begin{bmatrix}1&0&1\\-1&1&2\\1&-2&4\end{bmatrix}$，其逆为 $\boldsymbol{T}^{-1}=\frac{1}{9}\begin{bmatrix}8&-2&-1\\6&3&-3\\1&2&1\end{bmatrix}$。

③ 求出新状态空间模型的相应矩阵

$$\bar{\boldsymbol{A}}=\boldsymbol{T}^{-1}\boldsymbol{A}\boldsymbol{T}=\frac{1}{9}\begin{bmatrix}8&-2&-1\\6&3&-3\\1&2&1\end{bmatrix}\begin{bmatrix}0&1&0\\0&0&1\\2&3&0\end{bmatrix}\begin{bmatrix}1&0&1\\-1&1&2\\1&-2&4\end{bmatrix}=\begin{bmatrix}-1&1&0\\0&-1&0\\0&0&2\end{bmatrix}$$

$$\boldsymbol{b}=\boldsymbol{T}^{-1}\boldsymbol{b}=\frac{1}{9}\begin{bmatrix}8&2&-1\\6&3&-3\\1&2&1\end{bmatrix}\begin{bmatrix}0\\0\\1\end{bmatrix}=\begin{bmatrix}-\frac{1}{9}\\\frac{1}{3}\\\frac{1}{9}\end{bmatrix}$$

④ 特征值规范型为

$$\dot{\bar{\boldsymbol{x}}}=\begin{bmatrix}-1&1&0\\0&-1&0\\0&0&2\end{bmatrix}\bar{\boldsymbol{x}}+\begin{bmatrix}-\frac{1}{9}\\-\frac{1}{3}\\\frac{1}{9}\end{bmatrix}u$$

这是一个特征值规范型状态方程，由 2×2 的约当块和 1×1 的对角块组合而成。

2.5.2 由状态空间模型求传递函数(矩阵)

由系统的状态空间模型求解系统的传递函数(矩阵)是实现问题的逆问题。如 2.5.1 节所述，由于状态变量的选取不同导致系统的实现非唯一。但是由系统的状态空间模型求解系统的传递函数(矩阵)是唯一的。

1. 系统模型为单输入单输出情况

假设单输入单输出的线性定常系统对应的状态空间模型为

$$\begin{cases}\dot{\boldsymbol{x}}=\boldsymbol{A}\boldsymbol{x}+\boldsymbol{b}u\\ y=\boldsymbol{c}\boldsymbol{x}+du\end{cases}\tag{2-87}$$

其中，$\boldsymbol{x}$ 为 n 维状态向量；$\boldsymbol{u}$ 为输入向量；$\boldsymbol{y}$ 为输出向量；$\boldsymbol{A}$ 为 $n\times n$ 阶常数系统矩阵；$\boldsymbol{b}$ 为 $n\times 1$ 阶常数输入矩阵；$\boldsymbol{c}$ 为 $1\times n$ 阶常数输出矩阵；d 为直接传递系数。

那么，假定系统的初始条件为零，对式(2-87)进行拉普拉斯变换并整理，可得

$$\begin{cases}\boldsymbol{X}(s)=(s\boldsymbol{I}-\boldsymbol{A})^{-1}\boldsymbol{b}U(s)\\ Y(s)=\boldsymbol{c}\boldsymbol{X}(s)+dU(s)\end{cases}\tag{2-88}$$

其中，$\boldsymbol{I}$ 为 $n\times n$ 阶单位矩阵。矩阵 $(s\boldsymbol{I}-\boldsymbol{A})$ 称为系统的特征矩阵，它作为一个多项式矩阵必定是非奇异的。而它的逆矩阵 $(s\boldsymbol{I}-\boldsymbol{A})^{-1}$ 称为系统的预解矩阵。

由此，可以得到系统状态 $\boldsymbol{x}(s)$ 对系统输入 $U(s)$ 的关系式为

$$G_{ux}(s)=\frac{\boldsymbol{X}(s)}{U(s)}=(s\boldsymbol{I}-\boldsymbol{A})^{-1}\boldsymbol{b}\tag{2-89}$$

这是一个 $n\times 1$ 阶矩阵。

另外，也可以得到系统输出 $Y(s)$ 对系统输入 $U(s)$ 的关系式，即传递函数为

$$G(s)=\frac{Y(s)}{U(s)}=\boldsymbol{c}(s\boldsymbol{I}-\boldsymbol{A})^{-1}\boldsymbol{b}+d\tag{2-90}$$

这是一个标量函数。

当系统没有直接传输到系统输出的输入变量时，也就是说 $d=0$，有

$$G(s)=\boldsymbol{c}(s\boldsymbol{I}-\boldsymbol{A})^{-1}\boldsymbol{b}=\frac{\boldsymbol{c}\cdot \mathrm{adj}(s\boldsymbol{I}-\boldsymbol{A})\cdot \boldsymbol{b}}{\det(s\boldsymbol{I}-\boldsymbol{A})}\tag{2-91}$$

其中，$\det(s\boldsymbol{I}-\boldsymbol{A})$ 为特征矩阵 $(s\boldsymbol{I}-\boldsymbol{A})$ 的行列式；$\mathrm{adj}(s\boldsymbol{I}-\boldsymbol{A})$ 为特征矩阵 $(s\boldsymbol{I}-\boldsymbol{A})$ 的伴随矩阵。

根据线性代数的知识，可以发现 $\det(s\boldsymbol{I}-\boldsymbol{A})$ 是系统矩阵 $\boldsymbol{A}$ 的特征多项式，它的根就是系统矩阵 $\boldsymbol{A}$ 的特征值。这也说明了系统矩阵 $\boldsymbol{A}$ 的特征多项式与系统的传递函数的分母多项式或者说系统的特征多项式等价。并且在系统无零点和极点相消的前提下，系统矩阵 $\boldsymbol{A}$ 的特征值也就是系统的极点。

例 2-19 试求下列两个状态空间表达式的系统的传递函数。

(1)

$$\begin{cases}\begin{bmatrix}\dot{x}_1\\ \dot{x}_2\\ \dot{x}_3\end{bmatrix}=\begin{bmatrix}-1 & 0 & 0\\ 0 & -2 & 0\\ 0 & 0 & -3\end{bmatrix}\begin{bmatrix}x_1\\ x_2\\ x_3\end{bmatrix}+\begin{bmatrix}1\\ 1\\ 1\end{bmatrix}u\\ y=\begin{bmatrix}4 & -5 & 1\end{bmatrix}\begin{bmatrix}x_1\\ x_2\\ x_3\end{bmatrix}\end{cases}$$

(2)

$$\begin{cases}\begin{bmatrix}\dot{x}_1\\ \dot{x}_2\\ \dot{x}_3\end{bmatrix}=\begin{bmatrix}0 & 0 & -6\\ 1 & 0 & -11\\ 0 & 1 & -6\end{bmatrix}\begin{bmatrix}x_1\\ x_2\\ x_3\end{bmatrix}+\begin{bmatrix}11\\ 3\\ 0\end{bmatrix}u\\ y=\begin{bmatrix}0 & 0 & 1\end{bmatrix}\begin{bmatrix}x_1\\ x_2\\ x_3\end{bmatrix}\end{cases}$$

解：(1) 将矩阵 $\boldsymbol{A}$、$\boldsymbol{b}$、$\boldsymbol{c}$ 分别代入式(2-91)，可得

$$G(s)=\boldsymbol{c}(s\boldsymbol{I}-\boldsymbol{A})^{-1}\boldsymbol{b}=\frac{\boldsymbol{c}\cdot\mathrm{adj}(s\boldsymbol{I}-\boldsymbol{A})\cdot\boldsymbol{b}}{\det(s\boldsymbol{I}-\boldsymbol{A})}=\begin{bmatrix}4 & -5 & 1\end{bmatrix}\frac{\mathrm{adj}\begin{bmatrix}s+1 & 0 & 0\\ 0 & s+2 & 0\\ 0 & 0 & s+3\end{bmatrix}}{\det\begin{bmatrix}s+1 & 0 & 0\\ 0 & s+2 & 0\\ 0 & 0 & s+3\end{bmatrix}}\begin{bmatrix}1\\ 1\\ 1\end{bmatrix}$$

$$=\frac{1}{s^3+6s^2+11s+6}\begin{bmatrix}4 & -5 & 1\end{bmatrix}\begin{bmatrix}s^2+5s+6 & 0 & 0\\ 0 & s^2+4s+3 & 0\\ 0 & 0 & s^2+3s+2\end{bmatrix}\begin{bmatrix}1\\ 1\\ 1\end{bmatrix}$$

$$=\frac{3s+11}{s^3+6s^2+11s+6}$$

(2) 将同样的矩阵 $\boldsymbol{A}$、$\boldsymbol{b}$、$\boldsymbol{c}$ 分别代入式(2-91)，可得

$$G(s)=\boldsymbol{c}(s\boldsymbol{I}-\boldsymbol{A})^{-1}\boldsymbol{b}=\frac{\boldsymbol{c}\cdot\mathrm{adj}(s\boldsymbol{I}-\boldsymbol{A})\cdot\boldsymbol{b}}{\det(s\boldsymbol{I}-\boldsymbol{A})}=\begin{bmatrix}0 & 0 & 1\end{bmatrix}\frac{\mathrm{adj}\begin{bmatrix}s & 0 & 6\\ -1 & s & 11\\ 0 & -1 & s+6\end{bmatrix}}{\det\begin{bmatrix}s & 0 & 6\\ -1 & s & 11\\ 0 & -1 & s+6\end{bmatrix}}\begin{bmatrix}11\\ 3\\ 0\end{bmatrix}$$

$$=\frac{1}{s^3+6s^2+11s+6}\begin{bmatrix}0 & 0 & 1\end{bmatrix}\begin{bmatrix}s^2+6s+11 & 6 & -6s\\ s+6 & s^2+6s & -11s-6\\ 1 & s & s^2\end{bmatrix}\begin{bmatrix}11\\ 3\\ 0\end{bmatrix}$$

$$=\frac{3s+11}{s^3+6s^2+11s+6}$$

实际上，例 2-19 的(1)和(2)两个状态空间表达式分别是同一个系统的特征值规范型实现和能观规范型实现。所以，它们的传递函数相同。

2. 系统模型为多输入多输出情况

如图 2-30 所示，假设一个多输入多输出的 n 阶线性定常系统有 r 个输入、m 个输出，那么它的状态空间表达式为

$$\begin{cases}\dot{\boldsymbol{x}}=\boldsymbol{A}\boldsymbol{x}+\boldsymbol{B}\boldsymbol{u}\\ \boldsymbol{y}=\boldsymbol{C}\boldsymbol{x}+\boldsymbol{D}\boldsymbol{u}\end{cases}\tag{2-92}$$

其中，$\boldsymbol{x}$ 为 n 维状态向量；$\boldsymbol{u}$ 为 r 维输入向量；$\boldsymbol{y}$ 为 m 维输出向量；$\boldsymbol{A}$ 为 $n\times n$ 阶系统矩阵；$\boldsymbol{B}$ 为 $n\times r$ 阶输入矩阵；$\boldsymbol{C}$ 为 $m\times n$ 阶输出矩阵；$\boldsymbol{D}$ 为 $m\times r$ 阶直接传递矩阵。

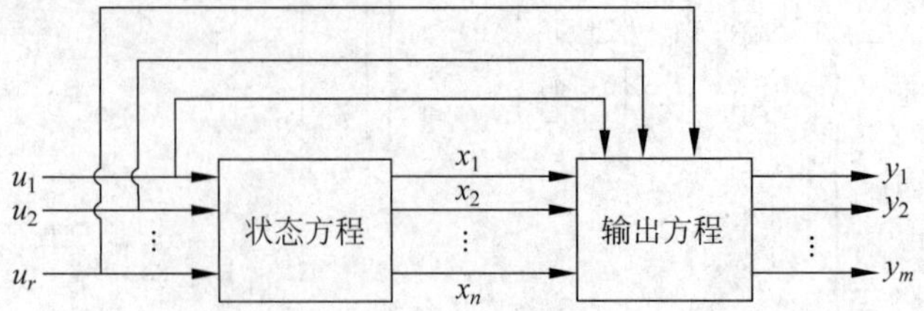

图 2-30　多输入多输出的 n 阶线性定常系统示意图

那么，假定系统的初始条件为零，对式(2-92)进行拉普拉斯变换并整理，可得

$$\boldsymbol{Y}(s)=[\boldsymbol{C}(s\boldsymbol{I}-\boldsymbol{A})^{-1}\boldsymbol{B}+\boldsymbol{D}]\boldsymbol{U}(s) \tag{2-93}$$

其中，$\boldsymbol{Y}(s)$为 m 维输出向量的拉普拉斯变换，$\boldsymbol{Y}(s)=\begin{bmatrix}Y_1(s)\\Y_2(s)\\\vdots\\Y_m(s)\end{bmatrix}$；$\boldsymbol{U}(s)$为 r 维输入向量的拉普拉斯变换 $\boldsymbol{U}(s)=\begin{bmatrix}U_1(s)\\U_2(s)\\\vdots\\U_r(s)\end{bmatrix}$。

那么，系统的输出向量 $\boldsymbol{Y}(s)$对系统的输入向量 $\boldsymbol{U}(s)$的关系，即 $m\times r$ 维传递函数矩阵为

$$\boldsymbol{G}(s)=\boldsymbol{C}(s\boldsymbol{I}-\boldsymbol{A})^{-1}\boldsymbol{B}+\boldsymbol{D}=\begin{bmatrix}G_{11}(s) & G_{12}(s) & \cdots & G_{1r}(s)\\G_{21}(s) & G_{22}(s) & \cdots & G_{2r}(s)\\\vdots & \vdots & \ddots & \vdots\\G_{m1}(s) & G_{m2}(s) & \cdots & G_{mr}(s)\end{bmatrix} \tag{2-94}$$

其中，矩阵的元素 $G_{ij}(s)(i=1,2,\cdots,m;\ j=1,2,\cdots,r)$通常为有理分式，它表示了第 j 个输入变量对第 i 个输出变量的传递关系

$$G_{ij}(s)=\frac{Y_i(s)}{U_j(s)},\quad i=1,2,\cdots,m;j=1,2,\cdots,r \tag{2-95}$$

而对于系统的一个输出变量，有如下关系

$$Y_i(s)=G_{i1}(s)U_1(s)+G_{i2}(s)U_2(s)+\cdots+G_{ir}(s)U_r(s),\quad i=1,2,\cdots,m \tag{2-96}$$

这说明了多输入多输出的系统的任何一个输出变量都会受到所有输入变量的影响。也可以理解为任何一个输入变量会影响所有输出变量。这将给系统的分析和控制带来很大的难度。

例 2-20　试求下列状态空间表达式的系统的传递函数矩阵。

$$\begin{cases}\begin{bmatrix}\dot{x}_1\\\dot{x}_2\end{bmatrix}=\begin{bmatrix}0 & 1\\-3 & -4\end{bmatrix}\begin{bmatrix}x_1\\x_2\end{bmatrix}+\begin{bmatrix}1 & 0\\0 & 1\end{bmatrix}\begin{bmatrix}u_1\\u_2\end{bmatrix}\\ \begin{bmatrix}y_1\\y_2\\y_3\end{bmatrix}=\begin{bmatrix}1 & 0\\1 & 1\\0 & 1\end{bmatrix}\begin{bmatrix}x_1\\x_2\end{bmatrix}+\begin{bmatrix}0 & 0\\0 & 1\\1 & 0\end{bmatrix}\begin{bmatrix}u_1\\u_2\end{bmatrix}\end{cases}$$

解：由题可得系统是一个两输入三输出的线性定常系统，且

$$(s\boldsymbol{I}-\boldsymbol{A})^{-1}=\begin{bmatrix} s & -1 \\ 3 & s+4 \end{bmatrix}^{-1}=\frac{1}{s^2+4s+3}\begin{bmatrix} s+4 & 1 \\ -3 & s \end{bmatrix}=\begin{bmatrix} \dfrac{s+4}{s^2+4s+3} & \dfrac{1}{s^2+4s+3} \\ \dfrac{-3}{s^2+4s+3} & \dfrac{s}{s^2+4s+3} \end{bmatrix}$$

那么系统的传递函数矩阵为

$$\boldsymbol{G}(s)=\boldsymbol{C}(s\boldsymbol{I}-\boldsymbol{A})^{-1}\boldsymbol{B}+\boldsymbol{D}=\begin{bmatrix} 1 & 0 \\ 1 & 1 \\ 0 & 1 \end{bmatrix}\begin{bmatrix} \dfrac{s+4}{s^2+4s+3} & \dfrac{1}{s^2+4s+3} \\ \dfrac{-3}{s^2+4s+3} & \dfrac{s}{s^2+4s+3} \end{bmatrix}\begin{bmatrix} 1 & 0 \\ 0 & 1 \end{bmatrix}+\begin{bmatrix} 0 & 0 \\ 0 & 1 \\ 1 & 0 \end{bmatrix}$$

$$=\begin{bmatrix} \dfrac{s+4}{(s+3)(s+1)} & \dfrac{1}{(s+3)(s+1)} \\ \dfrac{1}{s+3} & \dfrac{1}{s+3} \\ \dfrac{-3}{(s+3)(s+1)} & \dfrac{s}{(s+3)(s+1)} \end{bmatrix}+\begin{bmatrix} 0 & 0 \\ 0 & 1 \\ 1 & 0 \end{bmatrix}=\begin{bmatrix} \dfrac{s+4}{(s+3)(s+1)} & \dfrac{1}{(s+3)(s+1)} \\ \dfrac{1}{s+3} & \dfrac{s+4}{s+3} \\ \dfrac{s(s+4)}{(s+3)(s+1)} & \dfrac{s}{(s+3)(s+1)} \end{bmatrix}$$

3. 系统模型为组合系统情况

组合系统是指由若干子系统按一定的方式（例如并联、串联或反馈）组成的系统。

为了简化问题，本节仅讨论由两个已知状态空间表达式和传递函数矩阵的子系统连接而成的整个系统的状态空间表达式和传递函数矩阵。并且假设相互连接时，两个子系统之间无负荷效应且各个变量之间的维数都满足相应连接的要求。

假设两个子系统 $\Sigma_1(\boldsymbol{A}_1,\boldsymbol{B}_1,\boldsymbol{C}_1,\boldsymbol{D}_1)$ 和 $\Sigma_2(\boldsymbol{A}_2,\boldsymbol{B}_2,\boldsymbol{C}_2,\boldsymbol{D}_2)$ 的状态空间表达式分别为

$$\begin{cases} \dot{\boldsymbol{x}}_1=\boldsymbol{A}_1\boldsymbol{x}_1+\boldsymbol{B}_1\boldsymbol{u}_1 \\ \boldsymbol{y}_1=\boldsymbol{C}_1\boldsymbol{x}_1+\boldsymbol{D}_1\boldsymbol{u}_1 \end{cases} \quad 和 \quad \begin{cases} \dot{\boldsymbol{x}}_2=\boldsymbol{A}_2\boldsymbol{x}_2+\boldsymbol{B}_2\boldsymbol{u}_2 \\ \boldsymbol{y}_2=\boldsymbol{C}_2\boldsymbol{x}_2+\boldsymbol{D}_2\boldsymbol{u}_2 \end{cases}$$

它们对应的传递函数矩阵为

$$\boldsymbol{G}_1(s)=\boldsymbol{C}_1(s\boldsymbol{I}-\boldsymbol{A}_1)^{-1}\boldsymbol{B}_1+\boldsymbol{D}_1 \quad 和 \quad \boldsymbol{G}_2(s)=\boldsymbol{C}_2(s\boldsymbol{I}-\boldsymbol{A}_2)^{-1}\boldsymbol{B}_2+\boldsymbol{D}_2 \tag{2-97}$$

1）并联连接

两个子系统 $\Sigma_1(\boldsymbol{A}_1,\boldsymbol{B}_1,\boldsymbol{C}_1,\boldsymbol{D}_1)$ 和 $\Sigma_2(\boldsymbol{A}_2,\boldsymbol{B}_2,\boldsymbol{C}_2,\boldsymbol{D}_2)$ 如图 2-31 连接，那么可以得到

$$\boldsymbol{u}_1=\boldsymbol{u}_2=\boldsymbol{u},\quad \boldsymbol{y}_1+\boldsymbol{y}_2=\boldsymbol{y} \tag{2-98}$$

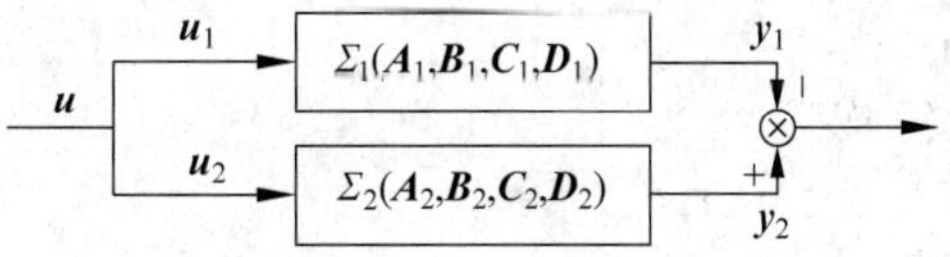

图 2-31　两个子系统并联

这样很容易就可以得到整个系统的状态空间表达式为

$$\begin{cases} \begin{bmatrix} \dot{\boldsymbol{x}}_1 \\ \dot{\boldsymbol{x}}_2 \end{bmatrix}=\begin{bmatrix} \boldsymbol{A}_1 & 0 \\ 0 & \boldsymbol{A}_2 \end{bmatrix}\begin{bmatrix} \boldsymbol{x}_1 \\ \boldsymbol{x}_2 \end{bmatrix}+\begin{bmatrix} \boldsymbol{B}_1 \\ \boldsymbol{B}_2 \end{bmatrix}\boldsymbol{u} \\ \boldsymbol{y}=\begin{bmatrix} \boldsymbol{C}_1 & \boldsymbol{C}_2 \end{bmatrix}\begin{bmatrix} \boldsymbol{x}_1 \\ \boldsymbol{x}_2 \end{bmatrix}+(\boldsymbol{D}_1+\boldsymbol{D}_2)\boldsymbol{u} \end{cases} \tag{2-99}$$

其传递函数矩阵为

$$\begin{aligned}\boldsymbol{G}(s) &= \boldsymbol{C}(s\boldsymbol{I}-\boldsymbol{A})^{-1}\boldsymbol{B}+\boldsymbol{D} \\ &= \begin{bmatrix}\boldsymbol{C}_1 & \boldsymbol{C}_2\end{bmatrix}\begin{bmatrix}s\boldsymbol{I}-\boldsymbol{A}_1 & 0 \\ 0 & s\boldsymbol{I}-\boldsymbol{A}_2\end{bmatrix}^{-1}\begin{bmatrix}\boldsymbol{B}_1 \\ \boldsymbol{B}_2\end{bmatrix}+\begin{bmatrix}\boldsymbol{D}_1+\boldsymbol{D}_2\end{bmatrix} \\ &= \boldsymbol{C}_1(s\boldsymbol{I}-\boldsymbol{A}_1)^{-1}\boldsymbol{B}_1+\boldsymbol{D}_1+\boldsymbol{C}_2(s\boldsymbol{I}-\boldsymbol{A}_2)^{-1}\boldsymbol{B}_2+\boldsymbol{D}_2 \\ &= \boldsymbol{G}_1(s)+\boldsymbol{G}_2(s)\end{aligned} \tag{2-100}$$

可见当两个子系统并联时,整个系统的传递函数矩阵是两个子系统的传递函数矩阵的代数和。

2）串联连接

两个子系统 $\Sigma_1(\boldsymbol{A}_1,\boldsymbol{B}_1,\boldsymbol{C}_1,\boldsymbol{D}_1)$ 和 $\Sigma_2(\boldsymbol{A}_2,\boldsymbol{B}_2,\boldsymbol{C}_2,\boldsymbol{D}_2)$ 如图 2-32 连接,那么可以得到

$$\boldsymbol{u}_1=\boldsymbol{u},\quad \boldsymbol{u}_2=\boldsymbol{y}_1,\quad \boldsymbol{y}=\boldsymbol{y}_2 \tag{2-101}$$

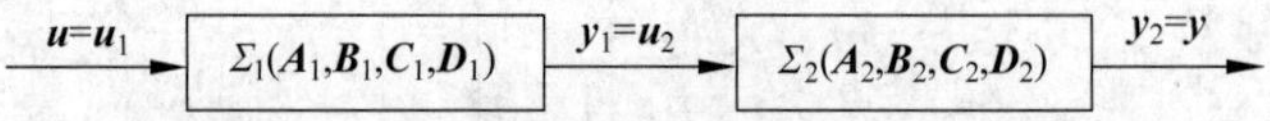

图 2-32　两个子系统串联

显然

$$\begin{cases}\dot{\boldsymbol{x}}_1=\boldsymbol{A}_1\boldsymbol{x}_1+\boldsymbol{B}_1\boldsymbol{u}_1=\boldsymbol{A}_1\boldsymbol{x}_1+\boldsymbol{B}_1\boldsymbol{u} \\ \boldsymbol{y}_1=\boldsymbol{C}_1\boldsymbol{x}_1+\boldsymbol{D}_1\boldsymbol{u}_1=\boldsymbol{C}_1\boldsymbol{x}_1+\boldsymbol{D}_1\boldsymbol{u} \\ \dot{\boldsymbol{x}}_2=\boldsymbol{A}_2\boldsymbol{x}_2+\boldsymbol{B}_2\boldsymbol{u}_2=\boldsymbol{A}_2\boldsymbol{x}_2+\boldsymbol{B}_2(\boldsymbol{C}_1\boldsymbol{x}_1+\boldsymbol{D}_1\boldsymbol{u}) \\ \boldsymbol{y}=\boldsymbol{y}_2=\boldsymbol{C}_2\boldsymbol{x}_2+\boldsymbol{D}_2\boldsymbol{u}_2=\boldsymbol{C}_2\boldsymbol{x}_2+\boldsymbol{D}_2(\boldsymbol{C}_1\boldsymbol{x}_1+\boldsymbol{D}_1\boldsymbol{u})\end{cases} \tag{2-102}$$

那么整个系统的状态空间表达式

$$\begin{cases}\begin{bmatrix}\dot{\boldsymbol{x}}_1 \\ \dot{\boldsymbol{x}}_2\end{bmatrix}=\begin{bmatrix}\boldsymbol{A}_1 & 0 \\ \boldsymbol{B}_2\boldsymbol{C}_1 & \boldsymbol{A}_2\end{bmatrix}\begin{bmatrix}\boldsymbol{x}_1 \\ \boldsymbol{x}_2\end{bmatrix}+\begin{bmatrix}\boldsymbol{B}_1 \\ \boldsymbol{B}_2\boldsymbol{D}_1\end{bmatrix}\boldsymbol{u} \\ \boldsymbol{y}=\begin{bmatrix}\boldsymbol{D}_2\boldsymbol{C}_1 & \boldsymbol{C}_2\end{bmatrix}\begin{bmatrix}\boldsymbol{x}_1 \\ \boldsymbol{x}_2\end{bmatrix}+\boldsymbol{D}_2\boldsymbol{D}_1\boldsymbol{u}\end{cases} \tag{2-103}$$

并且

$$\boldsymbol{Y}(s)=\boldsymbol{Y}_2(s)=\boldsymbol{G}_2(s)\boldsymbol{U}_2(s)=\boldsymbol{G}_2(s)\boldsymbol{Y}_1(s)=\boldsymbol{G}_2(s)\boldsymbol{G}_1(s)\boldsymbol{U}_1(s)=\boldsymbol{G}_2(s)\boldsymbol{G}_1(s)\boldsymbol{U}(s) \tag{2-104}$$

所以整个系统的传递函数矩阵为

$$\boldsymbol{G}(s)=\boldsymbol{G}_2(s)\boldsymbol{G}_1(s) \tag{2-105}$$

可见,当两个子系统串联时,整个系统的传递函数矩阵是两个子系统的传递函数矩阵的乘积。并且,由于是矩阵相乘,所以不能随意颠倒顺序。

3）反馈连接

两个子系统 $\Sigma_1(\boldsymbol{A}_1,\boldsymbol{B}_1,\boldsymbol{C}_1,\boldsymbol{D}_1)$ 和 $\Sigma_2(\boldsymbol{A}_2,\boldsymbol{B}_2,\boldsymbol{C}_2,\boldsymbol{D}_2)$ 如图 2-33 连接。其中子系统 $\Sigma_1(\boldsymbol{A}_1,\boldsymbol{B}_1,\boldsymbol{C}_1,\boldsymbol{D}_1)$ 为前向通道,子系统 $\Sigma_2(\boldsymbol{A}_2,\boldsymbol{B}_2,\boldsymbol{C}_2,\boldsymbol{D}_2)$ 为反馈通道,那么可以得到

$$\boldsymbol{u}_1=\boldsymbol{u}-\boldsymbol{y}_2,\quad \boldsymbol{u}_2=\boldsymbol{y}_1=\boldsymbol{y} \tag{2-106}$$

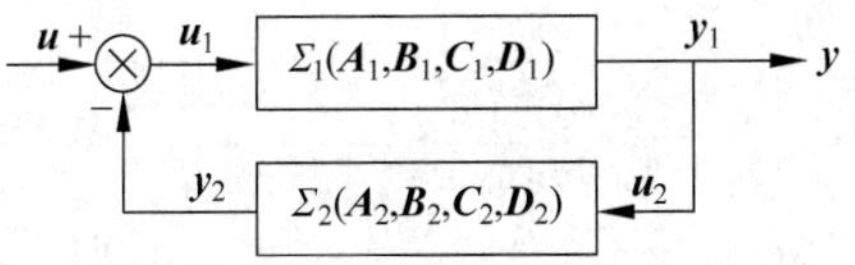

图 2-33　两个子系统负反馈连接

为了简化问题，设 $\boldsymbol{D}_1=\boldsymbol{D}_2=\boldsymbol{0}$，那么

$$\begin{cases}\dot{\boldsymbol{x}}_1=\boldsymbol{A}_1\boldsymbol{x}_1+\boldsymbol{B}_1(\boldsymbol{u}-\boldsymbol{y}_2)=\boldsymbol{A}_1\boldsymbol{x}_1+\boldsymbol{B}_1\boldsymbol{u}-\boldsymbol{B}_1\boldsymbol{C}_2\boldsymbol{x}_2\\ \dot{\boldsymbol{x}}_2=\boldsymbol{A}_2\boldsymbol{x}_2+\boldsymbol{B}_2\boldsymbol{u}_2=\boldsymbol{A}_2\boldsymbol{x}_2+\boldsymbol{B}_2\boldsymbol{y}_1=\boldsymbol{A}_2\boldsymbol{x}_2+\boldsymbol{B}_2\boldsymbol{C}_1\boldsymbol{x}_1\\ \boldsymbol{y}=\boldsymbol{C}_1\boldsymbol{x}_1\end{cases}\tag{2-107}$$

那么整个系统的状态空间表达式

$$\begin{cases}\begin{bmatrix}\dot{\boldsymbol{x}}_1\\ \dot{\boldsymbol{x}}_2\end{bmatrix}=\begin{bmatrix}\boldsymbol{A}_1 & -\boldsymbol{B}_1\boldsymbol{C}_2\\ \boldsymbol{B}_2\boldsymbol{C}_1 & \boldsymbol{A}_2\end{bmatrix}\begin{bmatrix}\boldsymbol{x}_1\\ \boldsymbol{x}_2\end{bmatrix}+\begin{bmatrix}\boldsymbol{B}_1\\ \boldsymbol{0}\end{bmatrix}\boldsymbol{u}\\ \boldsymbol{y}=\begin{bmatrix}\boldsymbol{C}_1 & \boldsymbol{0}\end{bmatrix}\begin{bmatrix}\boldsymbol{x}_1\\ \boldsymbol{x}_2\end{bmatrix}\end{cases}\tag{2-108}$$

并且

$$\begin{aligned}\boldsymbol{Y}(s)&=\boldsymbol{Y}_1(s)=\boldsymbol{G}_1(s)\boldsymbol{U}_1(s)=\boldsymbol{G}_1(s)[\boldsymbol{U}(s)-\boldsymbol{Y}_2(s)]\\&=\boldsymbol{G}_1(s)\boldsymbol{U}(s)-\boldsymbol{G}_1(s)\boldsymbol{G}_2(s)\boldsymbol{U}_2(s)=\boldsymbol{G}_1(s)\boldsymbol{U}(s)-\boldsymbol{G}_1(s)\boldsymbol{G}_2(s)\boldsymbol{Y}(s)\end{aligned}\tag{2-109}$$

即

$$[\boldsymbol{I}+\boldsymbol{G}_1(s)\boldsymbol{G}_2(s)]\boldsymbol{Y}(s)=\boldsymbol{G}_1(s)\boldsymbol{U}(s)\tag{2-110}$$

所以整个系统的传递函数矩阵为

$$\boldsymbol{G}(s)=[\boldsymbol{I}+\boldsymbol{G}_1(s)\boldsymbol{G}_2(s)]^{-1}\boldsymbol{G}_1(s)\tag{2-111}$$

2.5.3　由方块图求状态空间模型

当给出的是系统的方块图时，可以首先通过运算得出系统的传递函数。然后按 2.5.1 节的方法列写系统的状态空间表达式。但是，在许多情况下，可以由系统方块图直接求解状态空间模型。这种方法首先是将方块图的各个环节变换成状态变量图的形式，然后在各个积分器的输出端设定状态变量。最后按整个系统的状态变量图来写出系统的状态空间表达式。

下面先介绍一些典型环节的状态变量图。

1. 积分环节

如图 2-34(a)所示的积分环节可以很容易得到如图 2-34(b)所示的状态变量图。

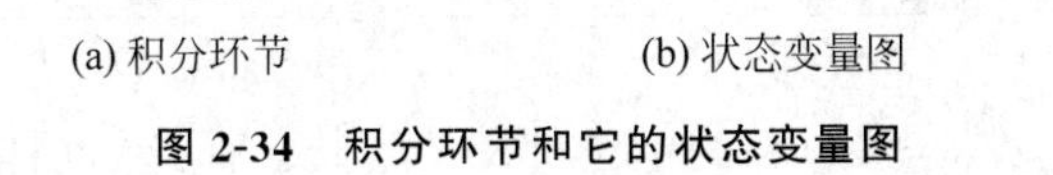

(a) 积分环节　　(b) 状态变量图

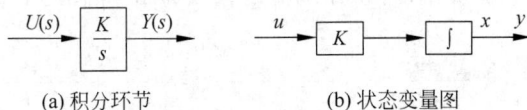

图 2-34　积分环节和它的状态变量图

2. 惯性环节

在如图 2-35(a)所示的惯性环节中，首先要将 K 作为比例器提到前面，比例器的输入为

U，输出为 U_1，因为

$$\frac{Y(s)}{U_1(s)}=\frac{1}{s+a} \tag{2-112}$$

所以

$$\dot{y}+ay=u_1 \Rightarrow \dot{y}=u_1-ay \tag{2-113}$$

这样就得到了如图 2-35(b)所示的状态变量图。

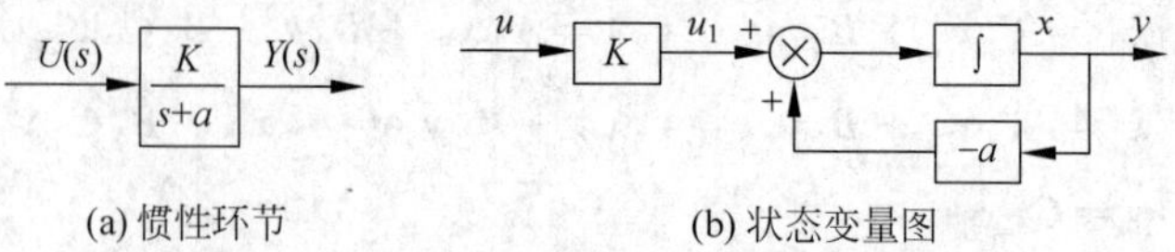

图 2-35　惯性环节和它的状态变量图

3．一阶微分惯性环节

如图 2-36(a)所示的一阶微分惯性环节中，它的传递函数为

$$G(s)=\frac{Y(s)}{U(s)}=\frac{K(s+d)}{s+a} \tag{2-114}$$

首先要将 K 作为比例器提到前面，比例器的输入为 U，输出为 U_1，而

$$\frac{Y(s)}{U_1(s)}=\frac{s+d}{s+a}=1+\frac{d-a}{s+a} \tag{2-115}$$

$\dfrac{Y_1(s)}{U_1(s)}=\dfrac{d-a}{s+a}$就是一个比例为$(d-a)$的惯性环节。这样就得到了如图 2-36(b)所示的状态变量图。

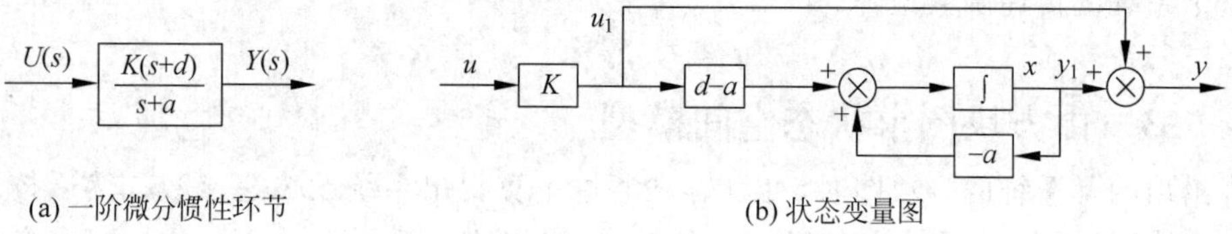

图 2-36　一阶微分惯性环节和它的状态变量图

4．振荡环节

如图 2-37(a)所示的振荡环节中，它的传递函数为

$$G(s)=\frac{Y(s)}{U(s)}=\frac{K}{s^2+a_1s+a_0}=\frac{K}{a_0}\cdot\frac{a_0}{s^2+a_1s+a_0} \tag{2-116}$$

首先要将$\dfrac{K}{a_0}$作为比例器提到前面，比例器的输入为 U，输出为 U_1，而

$$G_1(s)=\frac{Y(s)}{U_1(s)}=\frac{a_0}{s^2+a_1s+a_0}=\frac{a_0/(s^2+a_1s)}{1+a_0/(s^2+a_1s)} \tag{2-117}$$

这是一个前向通道为 $a_0/(s^2+a_1s)$的单位负反馈系统。而这个前向通道可以分解为比例器 a_0、微分器$\dfrac{1}{s}$和惯性环节$\dfrac{1}{s+a_1}$。这样就得到了如图 2-37(b)所示的状态变量图。

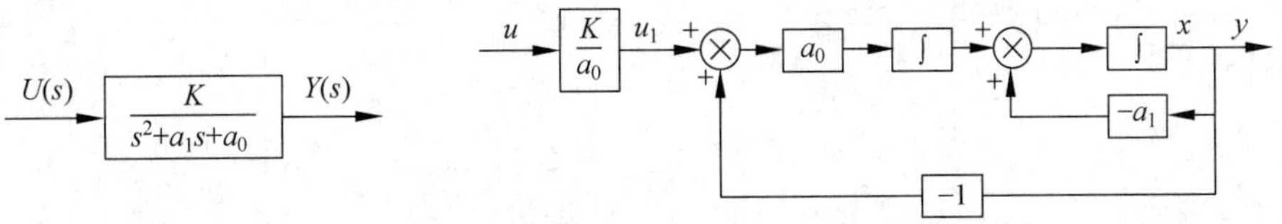

(a) 振荡环节　　(b) 状态变量图

图 2-37　振荡环节和它的状态变量图

其他的典型环节也可以用它对应的状态变量图来表示。另外，各个环节的状态变量图的表示并不唯一。

例 2-21　试求如图 2-38 所示的系统方块图的状态空间模型。

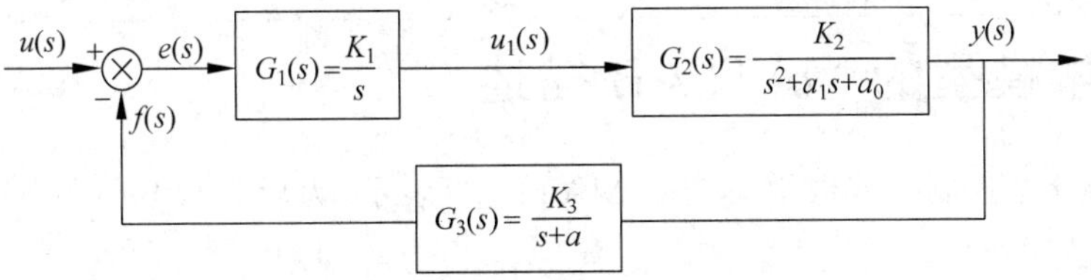

图 2-38　例 2-21 的系统方块图

解：由题可得该系统由 3 个环节：积分环节、振荡环节、惯性环节组成。按上述方法分别画出 3 个环节的状态变量图，并在 4 个积分的输出端设定状态变量 $x_1 \sim x_4$，则可以得到整体系统的状态变量图如图 2-39 所示。

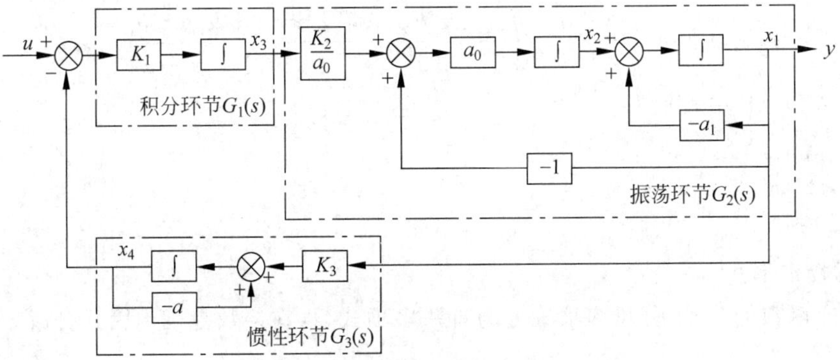

图 2-39　例 2-21 的系统状态变量图

根据图 2-39 可以得到

$$\dot{x}_1 = -a_1 x_1 + x_2$$

$$\dot{x}_2 = a_0\left(-x_1 + \frac{K_2}{a_0}x_3\right) = -a_0 x_1 + K_2 x_3$$

$$\dot{x}_3 = K_1(u - x_4) = K_1 u - K_1 x_4$$

$$\dot{x}_4 = K_3 x_1 - a x_4$$

$$y = x_1$$

由此就可以求出系统的状态空间模型为

$$\begin{cases} \begin{bmatrix} \dot{x}_1 \\ \dot{x}_2 \\ \dot{x}_3 \\ \dot{x}_4 \end{bmatrix} = \begin{bmatrix} -a_1 & 1 & 0 & 0 \\ -a_0 & 0 & K_2 & 0 \\ 0 & 0 & 0 & -K_1 \\ K_3 & 0 & 0 & -a \end{bmatrix} \begin{bmatrix} x_1 \\ x_2 \\ x_3 \\ x_4 \end{bmatrix} + \begin{bmatrix} 0 \\ 0 \\ K_1 \\ 0 \end{bmatrix} u \\ y = [1 \quad 0 \quad 0 \quad 0] \begin{bmatrix} x_1 \\ x_2 \\ \vdots \\ x_n \end{bmatrix} \end{cases}$$

2.6 数学模型的 MATLAB 描述

本节主要介绍控制系统数学模型的 MATLAB 表示，为后面章节中用 MATLAB 分析与设计系统奠定基础。

2.6.1 系统传递函数的 MATLAB 表示及转换

下面简单介绍几种常用的传递函数的 MATLAB 表示。

1. 有理分式形式

有理分式形式是传递函数最常用的形式，如下所示：

$$G(s)=\frac{N(s)}{D(s)}=\frac{b_m s^m + b_{m-1} s^{m-1} + \cdots + b_1 s + b_0}{a_n s^n + a_{n-1} s^{n-1} + \cdots + a_1 s + a_0}$$

在 MATLAB 中表示为

```
num = [bm,bm - 1, … ,b0];
den = [an,an - 1, … ,a0];
G = tf(num, den)
```

2. 零极点形式

将传递函数的分子、分母多项式变为首一多项式，再在复数范围内因式分解，可得

$$G(s)=\frac{k\prod_{i=0}^{m}(s-z_i)}{\prod_{i=0}^{n}(s-p_i)}$$

在 MATLAB 中表示为

```
z = [z1 ,z2 , … ,zm];
p = [p1 ,p2 , … ,pn];
k = [k];
G = zpk(z, p ,k)
```

例 2-22 试给出以下传递函数在 MATLAB 中的表示。

(1) $G_1(s)=\dfrac{s^3+5s+4}{s^5+3s^4+2s^3+11s^2+6}$

(2) $G_2(s)=\dfrac{8(s+10)(s-2)}{(s+3)(s-6)(s+11)}$

解：(1) 在 MATLAB 命令窗口(Command Window)输入以下命令

```
>> num = [1, 0, 5, 4];
>> den = [1, 3, 2, 11, 0, 6];
>> G1 = tf(num, den)
```

或者只用命令

```
>> G1 = tf([1, 0, 5, 4] , [1, 3, 2, 11, 0, 6])
```

可得到如下运行结果

```
G1 =
          s^3 + 5 s + 4
   ----------------------------
    s^5 + 3 s^4 + 2 s^3 + 11 s^2 + 6
Continuous - time transfer function.
```

(2) 在 MATLAB 命令窗口输入以下命令

```
>> z = [ - 10, 2];
>> p = [ - 3, 6, - 11];
>> k = [8];
>> G2 = zpk(z, p ,k)
```

可得到如下运行结果

```
G2 =
    8 (s + 10) (s - 2)
   -------------------
   (s + 3) (s + 11) (s - 6)
Continuous - time zero/pole/gain model.
```

3. 传递函数形式的转换

在 MATLAB 中，输入下面的两条命令就可以将有理分式形式的传递函数转换为零极点形式的传递函数：

```
[z, p, k] = tf2zp(num, den)
G = zpk(z, p, k)
```

在 MATLAB 中，输入下面的两条命令就可以将零极点形式的传递函数转换为有理分式形式的传递函数：

```
[num , den] = zp2tf (z', p', k)
G = tf(num, den)
```

例 2-23　试利用 MATLAB 将下列传递函数转换为零极点形式。

$$G(s)=\frac{3s^3+12s^2+7s+4}{s^5+5s^4+15s^3+9s^2+6}$$

解：在 MATLAB 命令窗口输入以下命令

```
>> num = [3, 12, 7, 4];
>> den = [1, 5, 15, 9, 0, 6];
>> [z, p, k] = tf2zp(num, den)
>> G = zpk(z, p, k)
```

可得到如下运行结果

```
z =
   - 3.4335 + 0.0000i
   - 0.2832 + 0.5551i
   - 0.2832 - 0.5551i
p =
   - 2.1111 + 2.7273i
   - 2.1111 - 2.7273i
   - 1.2462 + 0.0000i
     0.2342 + 0.5915i
     0.2342 - 0.5915i
k =
     3
G =
        3 (s+3.434) (s^2 + 0.5665s + 0.3883)
   -------------------------------------------------
  (s+1.246) (s^2 - 0.4685s + 0.4048) (s^2 + 4.222s + 11.9)
Continuous - time zero/pole/gain model.
```

例 2-24　试利用 MATLAB 将下列传递函数转换为有理分式形式。

$$G(s)=\frac{2(s+1)(s-2)}{(s+3)(s-5)(s-6)(s+11)}$$

解：在 MATLAB 命令窗口输入以下命令

```
>> z = [ - 1, 2];
>> p = [ - 3, 5, 6, - 11];
>> k = [2];
>> [num , den] = zp2tf (z', p', k)
>> G = tf(num, den)
```

可得到如下运行结果

```
num =
     0     0     2    - 2    - 4
den =
     1     3   - 91    57   990
G =
          2 s^2 - 2 s - 4
    ------------------------------
    s^4 + 3 s^3 - 91 s^2 + 57 s + 990
Continuous - time transfer function.
```

2.6.2　应用 MATLAB 简化系统方块图

在 MATLAB 中，可以使用以下函数求取串联、并联和负反馈的传递函数。

```
G = series(G1 , G2 , … ,Gn )
G = parallel(G1 , G2 , … ,Gn )
G = feedback(G1 , G2 , sign )
```

其中，sign 为 1 时，为正反馈；sign 为－1(默认值)时，为负反馈。

例 2-25　试利用 MATLAB 求如图 2-40 所示的反馈系统的传递函数。

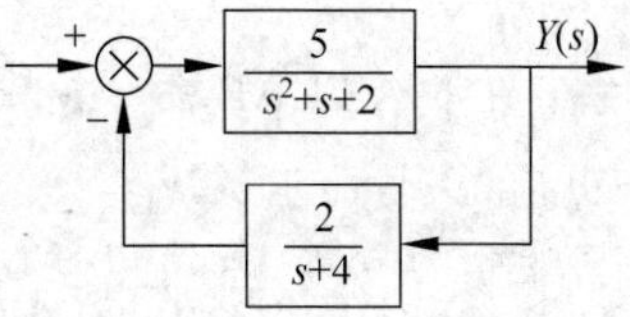

图 2-40　例 2-25 的系统方块图

解：在 MATLAB 命令窗口输入以下命令

```
>> num1 = [4];
>> den1 = [1, 1, 2];
>> G1 = tf(num1, den1)
>> num2 = [2];
>> den2 = [1, 4];
>> H = tf(num2, den2)
>> G = feedback(G1 , H , - 1 )
```

可得到如下运行结果

```
G1 =
     4
  -----------
  s^2 + s + 2
Continuous - time transfer function.
H =
  2
  -----
  s + 4
Continuous - time transfer function.
G =
      4 s + 16
  --------------------
  s^3 + 5 s^2 + 6 s + 16
Continuous - time transfer function.
```

2.6.3 基于 MATLAB 分析状态空间模型

1. 状态空间模型的 MATLAB 表示

在 MATLAB 中，可以利用函数 ss()建立线性系统的状态空间模型，函数 eig()求解系统的特征值和特征向量。

假设系统的状态空间表达式为

$$\begin{cases}\dot{\boldsymbol{x}}=\boldsymbol{A}\boldsymbol{x}+\boldsymbol{B}\boldsymbol{u}\\ \boldsymbol{y}=\boldsymbol{C}\boldsymbol{x}+\boldsymbol{D}\boldsymbol{u}\end{cases}$$

那么利用以下程序可以建立命名为 sys 的状态空间模型

```
sys = ss(A, B, C, D)
```

利用以下程序可以求解系统矩阵 $\boldsymbol{A}$ 的全部特征值为对角线元素的对角线矩阵 $\boldsymbol{Ad}$ 和所有特征向量组成的矩阵 $\mathbf{V}$

```
[V , Ad] = eig(A)
```

当系统矩阵 $\boldsymbol{A}$ 具有重特征值时，有时会求取重特征值对应的广义特征向量，而函数 eig()不具有直接计算广义特征向量的功能，这时可借助 jordan()函数来求取系统矩阵 $\boldsymbol{A}$ 的约当阵 $\boldsymbol{J}$ 和 $\boldsymbol{A}$ 的所有特征向量(包括广义特征向量)组成的矩阵 $\mathbf{V}$。

```
[V , J] = jordan(A)
```

例 2-26　试利用 MATLAB 求以下系统的特征向量。

$$\begin{cases}\begin{bmatrix}\dot{x}_1\\ \dot{x}_2\end{bmatrix}=\begin{bmatrix}0 & 1\\ -2 & -3\end{bmatrix}\begin{bmatrix}x_1\\ x_2\end{bmatrix}+\begin{bmatrix}0\\ 2\end{bmatrix}u\\ y=\begin{bmatrix}1 & 5\end{bmatrix}\begin{bmatrix}x_1\\ x_2\end{bmatrix}\end{cases}$$

解：在 MATLAB 命令窗口输入以下命令

```
>> A = [0, 1; -2, -3];            % 设置系统矩阵
>> B = [0; 2];                    % 设置输入矩阵
>> C = [1, 5];                    % 设置输出矩阵
>> D = [0];                       % 设置直接传递矩阵
>> sys = ss(A, B, C, D)           % 建立系统的状态空间模型
>> [V , Ad] = eig(A)              % 求取 A 的全部特征值 V 的列向量,并构成对角阵 Ad
```

可得到如下运行结果

```
sys =
  A =
        x1   x2
   x1    0    1
   x2   -2   -3
  B =
        u1
   x1   0
   x2   2
  C =
        x1  x2
   y1   1   5
  D =
        u1
   y1   0
Continuous-time state-space model.
V =
     0.7071   -0.4472
    -0.7071    0.8944
Ad =
     -1      0
      0     -2
```

2. 状态空间模型的线性变换

在 MATLAB 中，可以用函数 ss2ss()实现在给定变换矩阵条件下系统的非奇异线性变换

```
GP = ss2ss(G, Q)
```

其中，G、GP 分别为变换前、后的系统状态空间模型，Q 为给定的实现非奇异变换 $\bar{x}=Qx$ 的变换矩阵。这种变换与 2.4.1 节介绍的线性变换 $x=T\bar{x}$ 为互逆关系，即 $T=Q^{-1}$，所以若给定变换矩阵 T，可以利用函数 inv()获得其逆矩阵。

利用上述结果和函数就可以把系统的状态空间模型转换为特征值规范型状态空间模型，程序如下

```
sys = ss2ss(sys, inv(V))
```

例 2-27 试利用 MATLAB 将例 2-26 中系统的状态空间模型转换为特征值规范型状态空间模型。

解：在例 2-26 的基础上，在 MATLAB 命令窗口输入以下命令

```
>> sys = ss2ss(sys, inv(V) )
```

可得到如下运行结果

```
sys =
  A =
        x1   x2
   x1   -1    0
   x2    0   -2
  B =
          u1
   x1  2.828
   x2  4.472
  C =
            x1       x2
   y1   -2.828   4.025
  D =
        u1
   y1   0
Continuous-time state-space model.
```

例 2-28　应用 MATLAB 将下面系统变换成特征值规范型。

$$\begin{cases} \dot{\boldsymbol{x}} = \begin{bmatrix} 0 & 1 & 0 \\ 0 & 0 & 1 \\ 8 & -12 & 6 \end{bmatrix} \boldsymbol{x} + \begin{bmatrix} 5 \\ 1 \\ 5 \end{bmatrix} u \\ y = \begin{bmatrix} 1 & 0 & 1 \end{bmatrix} \boldsymbol{x} \end{cases}$$

解：在 MATLAB 命令窗口输入以下命令求取系统的特征值和约当阵

```
>> A = [0 1 0;0 0 1;8 -12 6];
>> [V , J] = Jordan(A)
V =
     4     -2      1
     8      0      0
    16      8      0
J =
     2      1      0
     0      2      1
     0      0      2
```

可得 $\boldsymbol{A}$ 矩阵的 3 个特征值都是 2，它对应的 3 个特征向量(包括 2 个广义特征向量)分别为

$$\boldsymbol{v}_1 = \begin{bmatrix} 4 \\ 8 \\ 16 \end{bmatrix}, \quad \boldsymbol{v}_2 = \begin{bmatrix} -2 \\ 0 \\ 8 \end{bmatrix}, \quad \boldsymbol{v}_3 = \begin{bmatrix} 1 \\ 0 \\ 0 \end{bmatrix}$$

将它们构成变换矩阵 $\boldsymbol{T}$

$$\boldsymbol{T} = \begin{bmatrix} 4 & -2 & 1 \\ 8 & 0 & 0 \\ 16 & 8 & 0 \end{bmatrix}$$

ss2ss()函数的调用及结果为

```
>> A = [0 1 0;0 0 1;8 -12 6];
>> B = [5;1;5];
>> C = [1 0 1];
>> D = 0;
>> T = [4 -2 1;8 0 0;16 8 0];
```

```
>> [Ap,Bp,Cp,Dp] = ss2ss(A,B,C,D,inv(T))
Ap =
     2     1     0
     0     2     1
     0     0     2
Bp =
    0.1250
    0.3750
    5.2500
Cp =
    20     6     1
Dp =
     0
```

线性变换后得到的状态空间表达式为

$$\begin{cases}\begin{bmatrix}\dot{x}_1\\ \dot{x}_2\\ \dot{x}_3\end{bmatrix}=\begin{bmatrix}2 & 1 & 0\\ 0 & 2 & 1\\ 0 & 0 & 2\end{bmatrix}\begin{bmatrix}x_1\\ x_2\\ x_3\end{bmatrix}+\begin{bmatrix}0.1250\\ 0.3750\\ 5.2500\end{bmatrix}u\\ y=\begin{bmatrix}20 & 6 & 1\end{bmatrix}\begin{bmatrix}x_1\\ x_2\\ x_3\end{bmatrix}\end{cases}$$

为约当规范型。

3. 传递函数和状态空间模型的转换

在 MATLAB 中可以方便地进行传递函数模型和状态空间模型的转换，采用函数 tf()可以由已知状态空间模型得到传递函数，采用函数 ss()可以由已知传递函数模型得到状态空间模型。如下面的 MATLAB 语句实现了传递函数到状态空间描述的转换。

```
G1 = tf(num, den)
sys = ss(G1)
```

同样，也可以实现状态空间模型到传递函数的转换。

```
sys2 = ss(A , B , C, D)
G2 = tf(sys2)
```

例 2-29 (1) 试利用 MATLAB 将例 2-23 中系统的传递函数模型转换为状态空间模型。

(2) 试利用 MATLAB 将例 2-26 中系统的状态空间模型转换为传递函数模型。

解：(1) 在例 2-23 的基础上，在 MATLAB 命令窗口输入以下命令

```
>> num = [3, 12, 7, 4];
>> den = [1, 5, 15, 9, 0, 6];
>> G1 = tf(num, den);
>> sys = ss(G1)
```

可得到如下运行结果

```
sys =
  A =
              x1        x2         x3        x4        x5
    x1       -5     -3.75    -1.125         0      -1.5
```

```
  x2      4      0      0      0     0
  x3      0      2      0      0     0
  x4      0      0    0.5      0     0
  x5      0      0      0      1     0
 B =
      u1
  x1   2
  x2   0
  x3   0
  x4   0
  x5   0
 C =
        x1     x2      x3      x4       x5
  y1     0  0.375    0.75   0.875      0.5
 D =
      u1
  y1   0
Continuous - time state - space model.
```

(2) 在例 2-26 的基础上,在 MATLAB 命令窗口输入以下命令

```
>> A = [0, 1; -2, -3];
>> B = [0; 2];
>> C = [1, 5];
>> D = [0];
>> sys2 = ss(A, B, C, D) ;
>> G2 = tf(sys2)
```

可得到如下运行结果

```
G2 =
   10 s + 2
  -------------
  s^2 + 3 s + 2
Continuous - time transfer function.
```

本章小结

控制系统的定性分析和定量计算都是在实际物理系统的数学模型上进行的。本章讨论了控制系统的主要数学模型,如微分方程、传递函数、系统方块图、信号流图、状态空间模型。

控制系统的微分方程模型是在时域中描述系统动态特性最常见的数学模型。通过对微分方程模型的求解,可以得到系统在时间域中的输出表达式。它适用于描述线性与非线性系统。线性系统用线性微分方程描述,而非线性系统要用非线性微分方程描述。微分方程也可以描述定常与时变系统。如果系统是线性时变系统,则微分方程的系数是时间的函数;如果系统是线性定常系统,则微分方程的系数与时间无关。

控制系统的传递函数模型是利用微分方程模型在初始条件为零的情况下进行拉普拉斯变换得到的。当系统的结构或参数发生变化时,无须重新建立数学模型。所以利用系统的传递函数模型便于系统进行分析和计算。同时,系统的传递函数一般是复变函数,有有理分式形式、零极点形式、时间常数形式 3 种表示形式。另外,线性连续定常系统通常由比例环节、积分环节、微分环节、惯性环节、一阶微分、振荡环节、延迟环节等典型环节组成。

控制系统的方块图和信号流图是系统数学模型的图形表示法。它们可以清楚地展示系统内部变量的因果关系以及环节之间信号传递、变换的过程。通过对系统方块图的简化或利用梅森公式可以求解系统的传递函数。

控制系统的状态空间模型反映了系统的内部结构和状态,是一种对系统的完整数学描述。由于状态变量的选取不同,状态空间模型的表达方式可能会有所不同,它们之间存在非奇异线性变换关系。状态空间模型有两种图示表示:系统框图和状态变量图。另外,状态空间表达式通常有能控规范型、能观规范型、特征值规范型 3 种规范型的实现方式,可通过非奇异线性变换将系统的一般状态空间描述变换为特征值规范型。

除此之外,由于上述的数学模型都是对相同系统的不同描述,所以它们之间可以相互转换。比如微分方程和传递函数可以利用拉普拉斯变换和拉普拉斯逆变换求解,传递函数和状态空间模型之间可以利用 2.5 节中的公式相互转换。

习题 2

2-1 试建立如图 2-41 所示的微分方程。其中 u_i 为输入量,u_o 为输出量。

2-2 设齿轮系统如图 2-42 所示。其中,J_1 和 J_2 为齿轮和轴的转动惯量;f_1 和 f_2 为齿轮轴与轴承的黏性摩擦系数;θ_1 和 θ_2 为各齿轮的角位移;T 为电动机的输出转矩;T_1 和 T_2 分别为轴 1 传送到齿轮上的转矩和传送到轴 2 的转矩,齿轮 1 和齿轮 2 的减速比为 $i=\dfrac{\theta_1}{\theta_2}$。如果不考虑齿轮啮合间隙和变形。试求输入量为转矩 T,输出量为转角 θ_2 的运动方程。

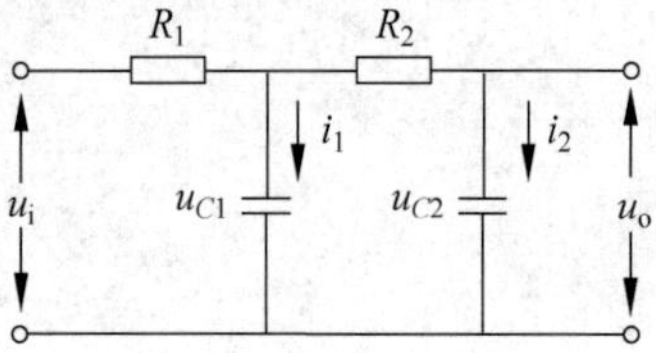

图 2-41 习题 2-1 系统原理图

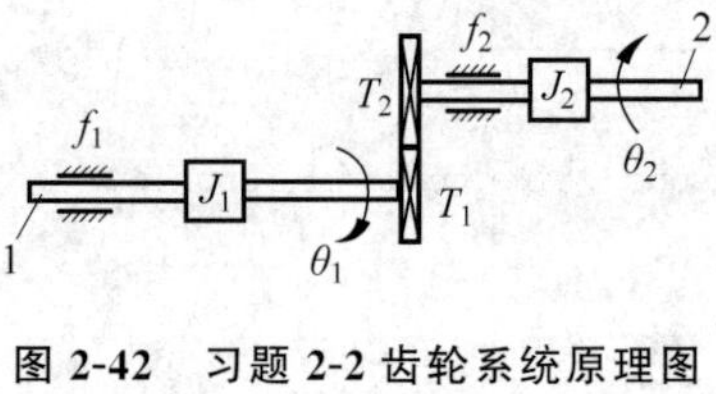

图 2-42 习题 2-2 齿轮系统原理图

2-3 若系统在阶跃输入作用 $r(t)=1$ 时,系统在零初始条件下的输出响应应为 $y(t)=1-2e^{-2t}+e^{-t}$。试求系统的传递函数。

2-4 试证明如图 2-43 所示的 RC 网络和弹簧-阻尼器系统具有相同的传递函数。

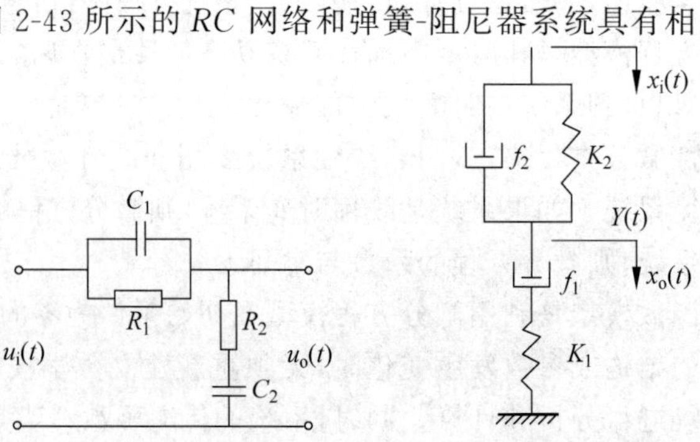

(a) RC网络 (b) 弹簧-阻尼器系统

图 2-43 习题 2-4 系统示意图

2-5　求取如图 2-44 所示有源网络的传递函数 $G(s)=\dfrac{U_o(s)}{U_i(s)}$。

2-6　如图 2-45 所示为系统的方块图，试分别用方块图等效变换和梅森公式求系统的传递函数。

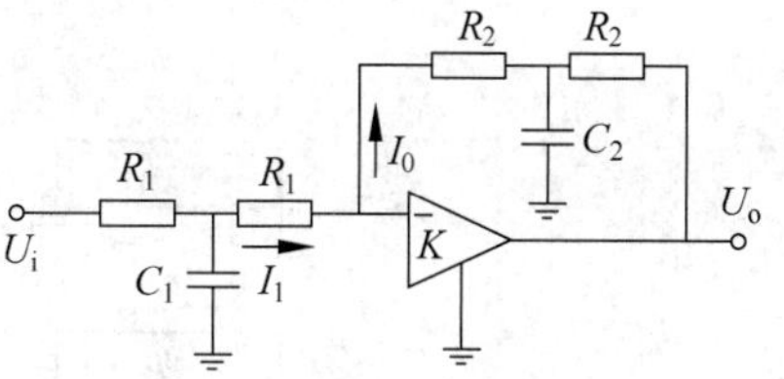

图 2-44　习题 2-5 有源网络

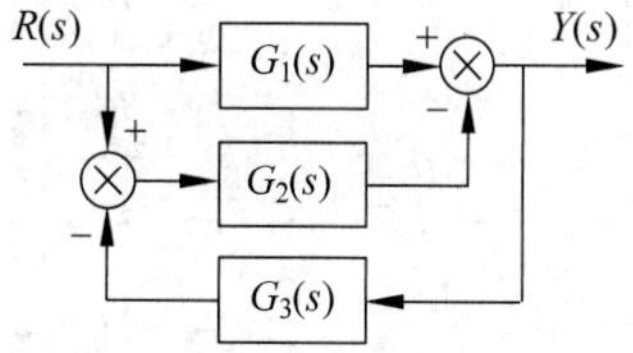

图 2-45　习题 2-5 系统方块图

2-7　设系统的微分方程组如下所示

$$
\begin{cases}
x_1(t)=r(t)-y(t)-n_1(t) \\
x_2(t)=K_1x_1(t) \\
x_3(t)=x_2(t)-x_1(t) \\
T\dfrac{\mathrm{d}x_4(t)}{\mathrm{d}t}=x_3(t) \\
x_5(t)=x_4(t)-K_2n_2(t) \\
\dfrac{\mathrm{d}^2y(t)}{\mathrm{d}t^2}+\dfrac{\mathrm{d}y(t)}{\mathrm{d}t}=K_0x_5(t)
\end{cases}
$$

其中，K_0、K_1、K_2 和 T 为常数。试建立以 $r(t)$、$n_1(t)$、$n_2(t)$为输入量，$y(t)$为输出量的系统方块图。

2-8　系统的信号流图如图 2-46 所示，试求传递函数$\dfrac{y_6}{y_1}$、$\dfrac{y_2}{y_1}$、$\dfrac{y_5}{y_2}$。

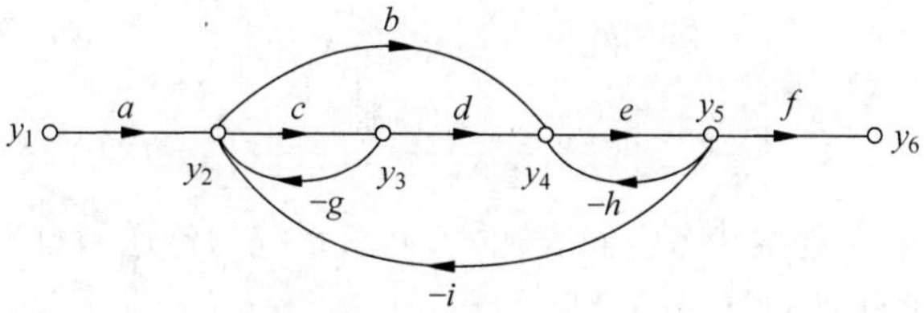

图 2-46　习题 2-8 系统信号流图

2-9　系统的方块图如图 2-47 所示。

(1) 画出其信号流图；

(2) 求出从输入 $X(s)$到输出 $Y(s)$的传递函数。

2-10　试建立如图 2-41 所示的状态空间模型。其中，u_i 为输入量，u_o 为输出量，电容电压为 u_{C1}、u_{C2}。

2-11　如图 2-48 所示为一机械系统，若不考虑重力对系统的作用，试写该系统以拉力 F 为输入，以质量块 M_1 和 M_2 的位移 y_1 和 y_2 为输出的状态空间模型。

2-12　设系统微分方程为 $\dddot{y}+6\ddot{y}+11\dot{y}+6y=6u$。

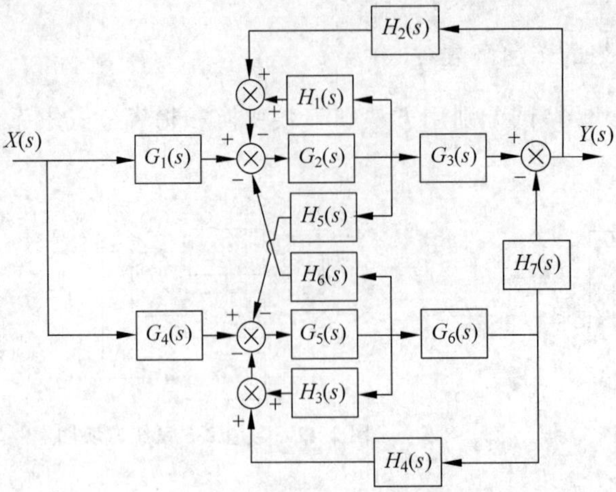

图 2-47 习题 2-9 系统方块图

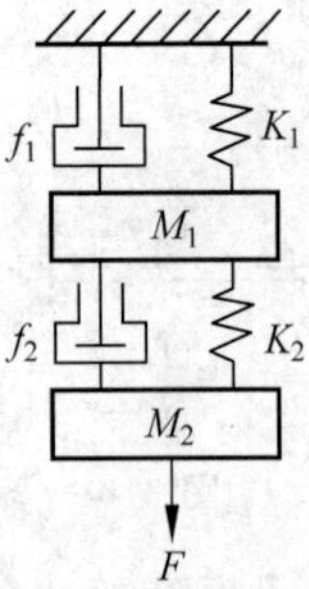

图 2-48 习题 2-11 机械系统

(1) 写出系统的能控规范型状态空间表达式,并画出状态变量图;

(2) 写出系统的能观规范型状态空间表达式,并画出状态变量图。

2-13 已知系统的传递函数为 $G(s)=\dfrac{5}{(s+1)^2(s+2)}$,试建立系统的特征值规范型状态空间表达式。

2-14 试将下列系统方程变换为特征值规范型

(1) $\begin{cases}\dot{\boldsymbol{x}}=\begin{bmatrix}0 & 1 & -1\\ -6 & -11 & 6\\ -6 & -11 & 5\end{bmatrix}\boldsymbol{x}+\begin{bmatrix}0\\0\\1\end{bmatrix}u\\ y=\begin{bmatrix}1 & 0 & 0\end{bmatrix}\boldsymbol{x}\end{cases}$　　(2) $\begin{cases}\dot{\boldsymbol{x}}=\begin{bmatrix}4 & 1 & -2\\ 1 & 0 & 2\\ 1 & -1 & 3\end{bmatrix}\boldsymbol{x}+\begin{bmatrix}3 & 1\\2 & 7\\5 & 3\end{bmatrix}u\\ y=\begin{bmatrix}1 & 2 & 3\end{bmatrix}\boldsymbol{x}\end{cases}$

2-15 线性定常系统的状态方程化为特征值规范型为

$$\begin{cases}\dot{\boldsymbol{x}}=\begin{bmatrix}0 & 1 & 0\\ 0 & 0 & 1\\ -1 & -3 & -3\end{bmatrix}\boldsymbol{x}+\begin{bmatrix}0\\0\\1\end{bmatrix}u\\ y=\begin{bmatrix}3 & 0 & 2\end{bmatrix}\boldsymbol{x}\end{cases}$$

写出系统的特征值规范型状态空间表达式,并求系统的传递函数矩阵 $\boldsymbol{G}(s)$。

2-16 试求下列系统的传递函数矩阵。

$$\begin{cases}\dot{\boldsymbol{x}}=\begin{bmatrix}0 & 0 & 0\\ 0 & 0 & 1\\ -1 & -2 & -3\end{bmatrix}\boldsymbol{x}+\begin{bmatrix}1 & 0\\0 & 0\\0 & 1\end{bmatrix}u\\ y=\begin{bmatrix}1 & 0 & 0\\0 & 0 & 1\end{bmatrix}\boldsymbol{x}\end{cases}$$

2-17 设系统的状态空间模型如下所示,求系统传递函数。

$$\begin{cases}\dot{\boldsymbol{x}}=\begin{bmatrix}0 & 1 & 0\\ -2 & -3 & 0\\ -1 & 1 & -3\end{bmatrix}\boldsymbol{x}+\begin{bmatrix}0\\1\\2\end{bmatrix}u\\ y=\begin{bmatrix}0 & 0 & 1\end{bmatrix}\boldsymbol{x}\end{cases}$$

2-18　如图 2-49 所示为单输入单输出系统的方块图，试画出系统的状态变量图，并建立其状态空间表达式。

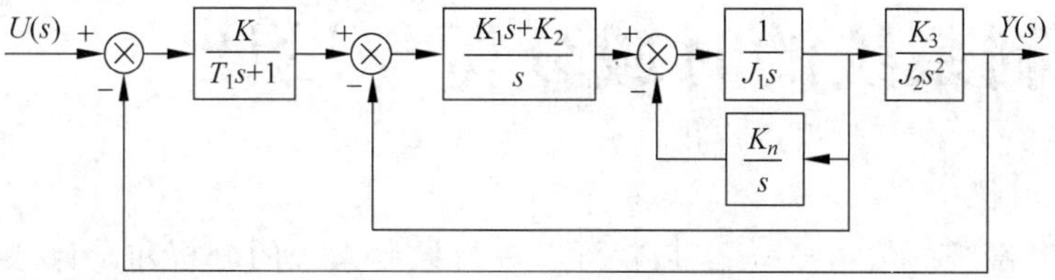

图 2-49　习题 2-18 系统方块图

2-19　如图 2-50 所示为多输入多输出系统的方块图。

（1）试画出系统的状态变量图，并建立其状态空间表达式；

（2）试求系统的传递函数矩阵。

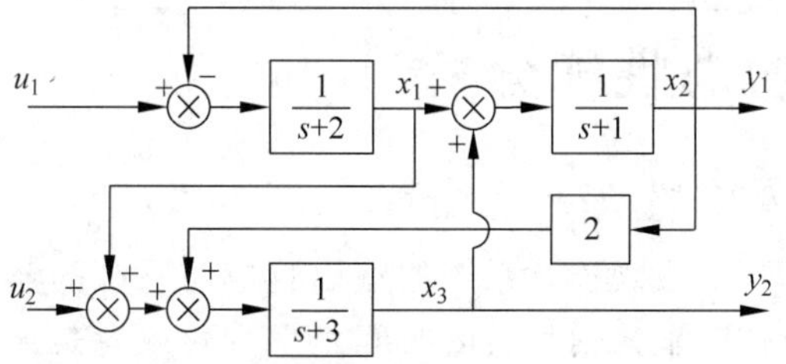

图 2-50　习题 2-19 系统方块图

2-20　已知两个子系统的系数矩阵分别为

$$\Sigma_1: \boldsymbol{A}_1=\begin{bmatrix}0 & 1\\ -2 & -3\end{bmatrix},\quad \boldsymbol{B}_1=\begin{bmatrix}0\\ 1\end{bmatrix},\quad \boldsymbol{C}_1=\begin{bmatrix}1 & 0\end{bmatrix}$$

$$\Sigma_2: \boldsymbol{A}_2=\begin{bmatrix}0 & 1\\ -4 & -4\end{bmatrix},\quad \boldsymbol{B}_2=\begin{bmatrix}0\\ 1\end{bmatrix},\quad \boldsymbol{C}_2=\begin{bmatrix}1 & 2\end{bmatrix}$$

（1）求两系统并联连接的系统矩阵、输入矩阵和输出矩阵；

（2）求 Σ_1 在前，Σ_2 在后的串联系统的系统矩阵、输入矩阵和输出矩阵；

（3）求 Σ_1 为前向通道，Σ_2 为反馈通道的负反馈连接系统的系统矩阵、输入矩阵和输出矩阵。

第3章

连续控制系统的时域分析与设计

在建立控制系统的数学模型之后，就可以进行控制系统的分析和设计。常用的系统分析的方法有时域分析法、根轨迹法和频域法等。相较之下，时域分析法是研究系统响应随时间的变化规律，具有清晰、直观、准确的特点，并且含有系统时间响应的全部信息。本章利用时域分析的方法，根据连续控制系统的数学模型，对系统的暂态性能、稳态性能、稳定性等进行分析，评价系统的性能，并对系统进行时域设计。

3.1 连续系统暂态性能分析

3.1.1 典型输入信号

根据第2章的介绍，可以发现连续系统的输出响应与系统的输入信号有关。而实际中的输入信号是多样的，且许多输入信号会随时间发生变化或者是无法预测的。但是只有在相同的输入信号下，才能分析和评价一个系统的性能。所以，我们需要选择一些典型的输入信号，作为分析与设计系统的基础。

在分析和设计系统时，选取的典型输入信号一般应能够反映系统在实际场景中的性能。同时，它的数学表达式应尽量简单清晰且比较容易模拟或者实验验证，这样才能完成理论和实验的计算和分析。在控制系统中，典型输入信号有以下几种。

1. 脉冲信号

如图3-1(a)所示，脉冲信号的数学表达式为

$$r(t)=R\cdot\delta(t) \tag{3-1}$$

其拉普拉斯变换为

$$\mathcal{L}[R\cdot\delta(t)]=R \tag{3-2}$$

其中，R 为一个常数。当 $R=1$ 时，信号称为单位脉冲信号。函数 $\delta(t)$ 为狄拉克函数。该函数在除零以外的点取值都等于零，而其在整个定义域上的积分等于1。所以，从理论上说，它在零点的取值为无穷大。

单位脉冲信号只有数学上的定义，在现实生活中并不存在。但是脉冲电压信号、瞬间的物理量(如瞬间冲击力)等，可以利用脉冲信号来近似表达。

2. 阶跃信号

如图3-1(b)所示，阶跃信号的数学表达式为

$$r(t)=\begin{cases}0, & t<0\\ R\cdot 1(t), & t\geqslant 0\end{cases} \tag{3-3}$$

其拉普拉斯变换为

$$\mathcal{L}[R\cdot 1(t)]=\frac{R}{s} \tag{3-4}$$

其中，R 为一个常数。当 $R=1$ 时，信号称为单位阶跃信号，记为 $\varepsilon(t)$。

当系统的输入的增加或减少持续不变，或者系统突然出现常值的干扰等情况时，都可以利用阶跃信号来进行表达。

3. 斜坡信号(等速度信号)

如图 3-1(c)所示，斜坡信号的数学表达式为

$$r(t)=\begin{cases}0, & t<0\\ Rt, & t\geqslant 0\end{cases} \tag{3-5}$$

其拉普拉斯变换为

$$\mathcal{L}[Rt]=\frac{R}{s^2} \tag{3-6}$$

其中，R 为一个常数。当 $R=1$ 时，信号称为单位斜坡信号。

斜坡信号是一种随时间的变化率为常数的信号，它等于阶跃信号对时间的积分。一些实际系统的输入信号类似于斜坡信号，比如跟踪系统中跟踪直线飞行目标的输入信号或者数控机床系统中加工斜面的输入信号。

4. 抛物线信号(加速度信号)

如图 3-1(d)所示，抛物线信号的数学表达式为

$$r(t)=\begin{cases}0, & t<0\\ \dfrac{1}{2}Rt^2, & t\geqslant 0\end{cases} \tag{3-7}$$

其拉普拉斯变换为

$$\mathcal{L}\left[\frac{1}{2}Rt^2\right]=\frac{R}{s^3} \tag{3-8}$$

其中，R 为一个常数。当 $R=1$ 时，信号称为单位抛物线信号。

抛物线信号等于斜坡信号对时间的积分。一般来说，在分析和设计航天飞行器时，系统的输入信号选取的是抛物线信号。

5. 正弦信号

如图 3-1(e)所示，正弦信号的数学表达式为

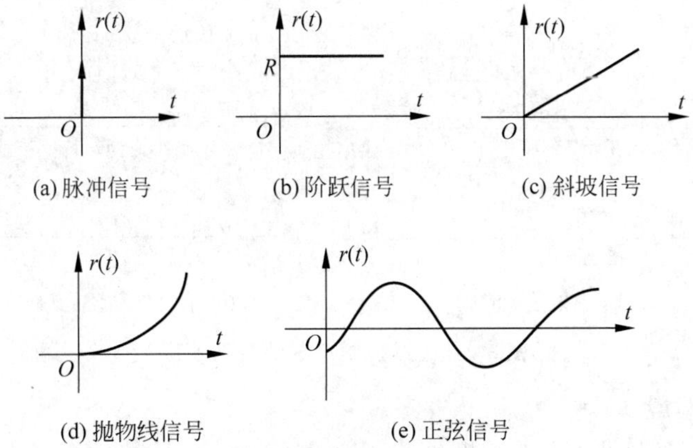

图 3-1　典型输入信号

$$r(t)=\begin{cases}0, & t<0\\ A\sin(\omega t+\varphi), & t\geqslant 0\end{cases} \tag{3-9}$$

其拉普拉斯变换为

$$\mathcal{L}[A\sin(\omega t+\varphi)]=A\frac{\omega\cos\varphi+s\sin\varphi}{s^2+\omega^2} \tag{3-10}$$

其中,A 为振幅,ω 为角频率,φ 为初始相角(弧度)。

如果一个系统的信号是正弦信号,则说明系统承受的输入作用是周期性变化的。例如,电源电压、机械振动的噪声等都可以利用正弦信号来表达。系统将不同频率的正弦函数输入的稳态响应称为频率响应。用它来分析和设计自动控制系统就是频域分析,详见第 5 章内容。

在进行系统分析和设计时,一般选取系统在正常工作条件下最常见的和最不利的输入信号形式。例如,当系统的实际输入信号是一个冲击输入量时,采用脉冲信号作典型输入信号更符合实际;当系统的输入为突然变化的信号时,采用阶跃信号作为典型输入信号更合适;当系统经常受到随时间逐渐缓慢变化的输入作用时,采用斜坡信号作为典型输入信号;当系统的输入呈周期性变化时,正弦信号适合作为典型输入信号。

由于上述的单位脉冲信号、单位阶跃信号、单位斜坡信号和单位抛物线信号彼此之间存在着导数和积分的关系。而对于线性定常系统来说,输入作用之间存在着导数(或积分)关系,输出响应之间也存在着相应的导数(或积分)关系。另外,对于同一个线性控制系统而言,尽管得到不同的输出响应,其动态过程表征的系统性能却是一致的。因此分析系统动态性能时,只要选取其中的一种能代表系统在大多数实际状况、易于实现又便于进行系统分析和设计的典型输入信号 $r(t)$,研究在其作用下的时间响应 $y(t)$ 即可。

3.1.2 暂态性能指标

由于不稳定系统的动态响应随时间的变化而增长,所以只有对稳定的连续控制系统的分析才有意义。连续控制系统的暂态性能指标通常是指在零初始条件下,当系统的给定输入为单位阶跃信号时,稳定的系统的时间响应(阶跃响应)的特点和性能。

连续控制系统的阶跃响应分为衰减振荡和单调上升两种情况,如图 3-2 所示。衡量系统性能的暂态性能指标主要有以下几种。

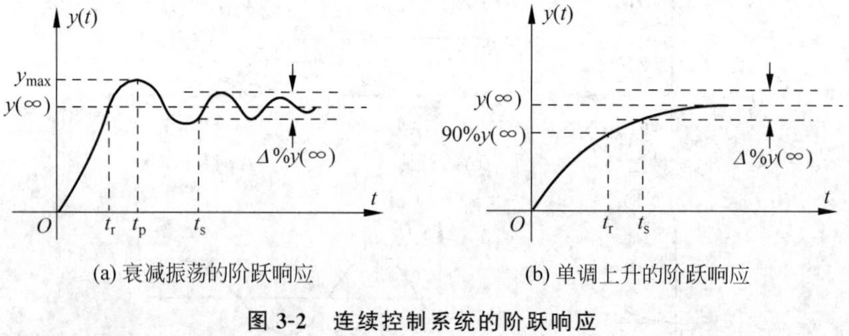

(a) 衰减振荡的阶跃响应　　(b) 单调上升的阶跃响应

图 3-2　连续控制系统的阶跃响应

1. (最大)超调量 $\sigma\%$

系统的(最大)超调量为系统阶跃响应的最大值 $y_{\max}$ 超过终值(稳态值)$y(\infty)$ 的差值与终值 $y(\infty)$ 之比的百分数,即

$$\sigma\%=\frac{y_{\max}-y(\infty)}{y(\infty)}\times 100\% \tag{3-11}$$

（最大）超调量$\sigma\%$反映了在调节过程中系统的输出量$y(t)$与终值$y(\infty)$的最大偏差，直接说明了系统的平稳性。只有在系统的阶跃响应是衰减振荡的情况下，系统才会有超调量$\sigma\%$这个暂态性能指标。当系统的阶跃响应是单调上升时，系统永远无法得到阶跃响应的最大值，所以一般认为系统不存在超调量，或者说超调量为0。

一般来说，系统的调节和设计应该是超调量越小越好。但系统存在少许超调量，可以增加系统的快速性。所以在一些系统中会存在一些超调。比如，在电动机调速系统中，允许电动机的速度有少许的超调可使得电动机速度跟踪特性增强。

2．超调时间 t_p

系统的超调时间为系统阶跃响应到达最大值$y_{\max}$的时间，记为t_p。一般来说，系统的超调时间都为系统阶跃响应的第一个峰值时间，所以超调时间又称为峰值时间。

超调时间反映了系统的响应速度。超调时间越短，说明系统的响应速度越快。与超调量一样，只有在系统的阶跃响应是衰减振荡的情况下，系统才会有超调时间。

3．上升时间 t_r

系统的上升时间为系统阶跃响应从初始值0开始，第一次达到终值$y(\infty)$的时间，记为t_r。而对于一个阶跃响应为单调上升的系统来说，其上升时间为系统阶跃响应从初始值0开始，达到终值$y(\infty)$的90%的时间，即

$$y(t_r)=90\%y(\infty) \tag{3-12}$$

上升时间与超调时间一样都反映了系统的响应速度。上升时间越短，说明系统的响应速度越快。

4．调节时间 t_s

系统的调节时间为系统阶跃响应达到并稳定在终值的$y(\infty)$的$\Delta\%$时间，记为t_s。即

$$|y(t)-y(\infty)|\leqslant\Delta\%y(\infty),\quad t\geqslant t_s \tag{3-13}$$

其中，Δ为给定的误差带（允许误差范围），通常为2或5。当对系统的稳态要求不是很高时，可以取5；反之，取2。调节时间又称为过渡过程时间，它反映的是一个系统动态过程的持续时间，是从总体上反映一个系统的快速性。

由于上述的暂态性能指标之间相互有联系，所以一般常用（最大）超调量$\sigma\%$和调节时间t_s来作为评价系统性能的主要暂态性能指标。除了上述4个指标，系统性能还可以用延迟时间t_d和衰减比n等来评价。延迟时间t_d为系统阶跃响应从初始值0开始，达到终值$y(\infty)$的50%的时间；衰减比n为系统阶跃响应曲线上同方向的两个相邻波峰之比。

3.1.3　一阶系统的暂态性能分析

系统的暂态性能分析是基于对系统的微分方程、传递函数或状态方程求解，来计算和分析系统的暂态性能指标。下面对简单一阶系统进行暂态性能分析。

假设一阶系统的微分方程和闭环传递函数为

$$T\frac{\mathrm{d}y(t)}{\mathrm{d}t}+y(t)=Kr(t) \tag{3-14}$$

$$G(s)=\frac{Y(s)}{R(s)}=\frac{K}{Ts+1} \tag{3-15}$$

其中,T 为一阶系统的时间常数; K 为一阶系统的放大系数。

那么在零初始条件下,一阶系统的单位阶跃响应的拉普拉斯变换为

$$Y(s)=G(s)R(s)=\frac{K}{(Ts+1)s}=K\left(\frac{1}{s}-\frac{1}{s+\frac{1}{T}}\right) \tag{3-16}$$

根据拉普拉斯逆变换,可得一阶系统的单位阶跃响应为

$$y(t)=\mathcal{L}^{-1}[Y(s)]=K(1-e^{-\frac{t}{T}}) \tag{3-17}$$

所以一阶系统的单位阶跃响应曲线如图 3-3 所示,其终值 $y(\infty)=K$,且曲线呈单调上升,故只有上升时间 t_r 和调节时间 t_s 可以作为系统的暂态性能指标。

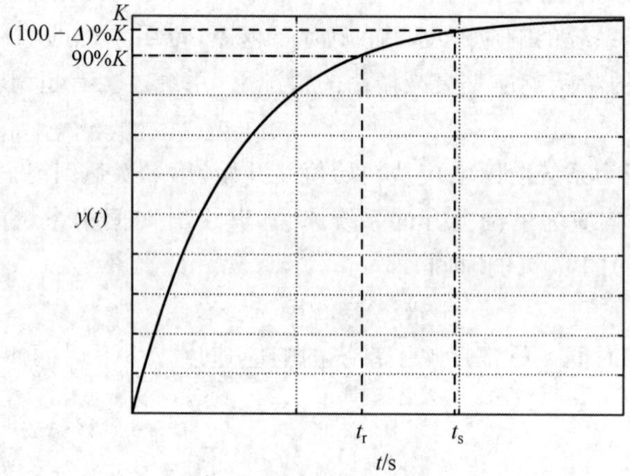

图 3-3　一阶系统的单位阶跃响应曲线

1. 上升时间 t_r

根据式(3-12),可以得到一阶系统的上升时间为

$$K(1-e^{-\frac{t_r}{T}})=90\%K \tag{3-18}$$

即

$$t_r=T\ln 10=2.3T \tag{3-19}$$

2. 调节时间 t_s

根据式(3-13),可以得到一阶系统的调节时间为

$$|K(1-e^{-\frac{t_s}{T}})-K|=\Delta\%K \tag{3-20}$$

即

$$t_s=T\ln\frac{1}{\Delta\%}=\begin{cases}3T, & \Delta=5\\ 4T, & \Delta=2\end{cases} \tag{3-21}$$

通过对上述两个一阶系统的暂态性能指标的计算,可以发现两者的数值大小都与一阶系统的时间常数 T 有关。T 越大,系统的响应速度越慢; T 越小,系统的响应速度越快。所以,为了提高一阶系统整体的快速性以使得系统能快速跟踪系统的输入信号,可以减小一

阶系统的时间常数 T。

例 3-1　一阶系统的开环传递函数为 $G(s)=\dfrac{5}{0.1s+1}$。如图 3-4 所示，现采取负反馈的方式，使得系统的调节时间($\Delta=5$)减小到原来的 1/5，且原放大系数不变。试确定闭环系统中的参数 K_{C}、K_{H} 的取值。

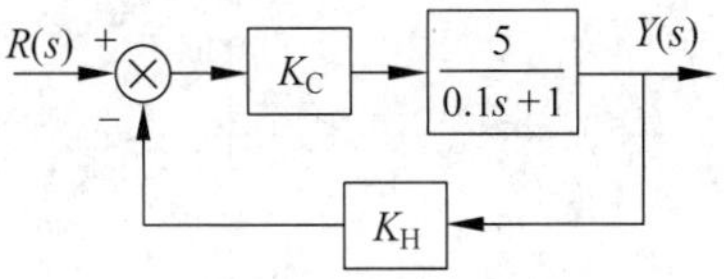

图 3-4　例 3-1 的一阶闭环系统

解：由题得系统的闭环传递函数为

$$G(s)=\frac{Y(s)}{R(s)}=\frac{K_{\mathrm{C}}\dfrac{5}{0.1s+1}}{1+K_{\mathrm{C}}K_{\mathrm{H}}\dfrac{5}{0.1s+1}}=\frac{\dfrac{5K_{\mathrm{C}}}{5K_{\mathrm{C}}K_{\mathrm{H}}+1}}{\dfrac{0.1}{5K_{\mathrm{C}}K_{\mathrm{H}}+1}s+1}$$

根据题意，可以得到原开环系统的时间常数 $T=0.1$，放大系数 $K=5$。所以，原系统的调节时间 $t_{\mathrm{s}}=3T=0.3$。而闭环系统的 t_{s}^{*} 和放大系数 K^{*} 为

$$\begin{cases} t_{\mathrm{s}}^{*}=3\times\dfrac{0.1}{5K_{\mathrm{C}}K_{\mathrm{H}}+1}=0.2t_{\mathrm{s}}=0.06 \\ K^{*}=\dfrac{5K_{\mathrm{C}}}{5K_{\mathrm{C}}K_{\mathrm{H}}+1}=K=5 \end{cases}$$

解得闭环系统中的参数 $K_{\mathrm{C}}=5, K_{\mathrm{H}}=0.16$。

3.1.4　典型二阶系统的暂态性能分析

假设典型二阶系统的微分方程和闭环传递函数为

$$T^{2}\frac{\mathrm{d}^{2}y(t)}{\mathrm{d}t^{2}}+2\zeta T\frac{\mathrm{d}y(t)}{\mathrm{d}t}+y(t)=r(t) \tag{3-22}$$

$$G(s)=\frac{Y(s)}{R(s)}=\frac{1}{T^{2}s^{2}+2\zeta Ts+1}=\frac{\omega_{\mathrm{n}}^{2}}{s^{2}+2\zeta\omega_{\mathrm{n}}s+\omega_{\mathrm{n}}^{2}} \tag{3-23}$$

其中，T 为典型二阶系统的时间常数；ζ 为典型二阶系统的阻尼比；ω_{n} 为典型二阶系统的无阻尼自然振荡频率，且 $\omega_{\mathrm{n}}-1/T$。

根据典型二阶系统的闭环传递函数可以得到典型二阶系统的特征方程为

$$D(s)=s^{2}+2\zeta\omega_{\mathrm{n}}s+\omega_{\mathrm{n}}^{2}=0 \tag{3-24}$$

则典型二阶系统的特征根(闭环极点)为

$$p_{1,2}=-\zeta\omega_{\mathrm{n}}\pm\sqrt{\zeta^{2}-1}\,\omega_{\mathrm{n}} \tag{3-25}$$

那么在零初始条件下，典型二阶系统的单位阶跃响应的拉普拉斯变换为

$$Y(s)=G(s)R(s)=\frac{\omega_{\mathrm{n}}^{2}}{s^{2}+2\zeta\omega_{\mathrm{n}}s+\omega_{\mathrm{n}}^{2}}\cdot\frac{1}{s} \tag{3-26}$$

根据式(3-25)和式(3-26)，可以发现系统的单位阶跃响应主要与系统的特征根有关。而系统的特征根又主要取决于系统的阻尼比 ζ。所以，根据阻尼比 ζ 的取值分情况讨论系

统的单位阶跃响应和系统的暂态性能指标。

1. 过阻尼状态($\zeta > 1$)

当阻尼比 $\zeta > 1$ 时，典型二阶系统有两个小于 0 且不相等的实数根，其 s 平面图如图 3-5 所示。

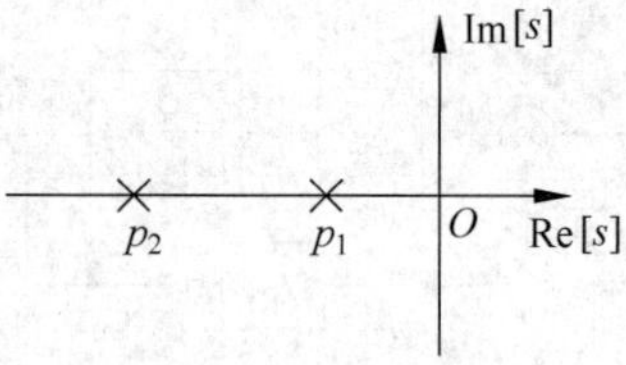

图 3-5 过阻尼状态下典型二阶系统的 s 平面图

假设

$$\begin{cases} p_1 = -\zeta\omega_n + \sqrt{\zeta^2 - 1}\,\omega_n = -\dfrac{1}{T_1} \\ p_2 = -\zeta\omega_n - \sqrt{\zeta^2 - 1}\,\omega_n = -\dfrac{1}{T_2} \end{cases} \tag{3-27}$$

其中，T_1 和 T_2 为过阻尼条件下典型二阶系统的两个时间常数，且 $T_2 < T_1$，$1/T_1T_2 = \omega_n^2$。

那么过阻尼状态下典型二阶系统的单位阶跃响应的拉普拉斯变换为

$$\begin{aligned} Y(s) &= \frac{1}{(T_1 s + 1)(T_2 s + 1)} \cdot \frac{1}{s} \\ &= \frac{1}{s} - \frac{\zeta + \sqrt{\zeta^2 - 1}}{2\sqrt{\zeta^2 - 1}} \cdot \frac{1}{s + \dfrac{1}{T_1}} + \frac{\zeta - \sqrt{\zeta^2 - 1}}{2\sqrt{\zeta^2 - 1}} \cdot \frac{1}{s + \dfrac{1}{T_2}} \end{aligned} \tag{3-28}$$

根据拉普拉斯逆变换，可得过阻尼状态下典型二阶系统的单位阶跃响应为

$$y(t) = \mathcal{L}^{-1}[Y(s)] = 1 - \frac{\zeta + \sqrt{\zeta^2 - 1}}{2\sqrt{\zeta^2 - 1}} e^{-\frac{1}{T_1}t} + \frac{\zeta - \sqrt{\zeta^2 - 1}}{2\sqrt{\zeta^2 - 1}} e^{-\frac{1}{T_2}t}, \quad t \geqslant 0 \tag{3-29}$$

由此可以得出

$$\begin{cases} \dfrac{dy(t)}{dt} = \dfrac{\omega_n}{2\sqrt{\zeta^2 - 1}}\left(e^{-\frac{1}{T_1}t} - e^{-\frac{1}{T_2}t}\right) > 0, \quad t > 0 \\ y(\infty) = 1, \left.\dfrac{dy(t)}{dt}\right|_{t=0} = 0, \left.\dfrac{dy(t)}{dt}\right|_{t\to\infty} = 0 \end{cases} \tag{3-30}$$

所以，过阻尼状态下典型二阶系统的单位阶跃响应曲线如图 3-6 所示，可以看出，曲线在 $t = 0$ 时刻与横轴相切。并且随着时间 t 的增加，曲线单调上升。当 t 趋于无穷大时，曲线的终值为 1。

过阻尼状态下典型二阶系统的暂态性能指标难以利用数值解法求解得到。通常的解法是利用主导极点法将系统简化为一阶系统，然后对简化后的一阶系统，计算其暂态性能指标。这个方法将在 3.1.5 节进行介绍。

2. 临界阻尼状态($\zeta = 1$)

当阻尼比 $\zeta = 1$ 时，典型二阶系统有两个相等的实数根 $p_{1,2} = -\omega_n$，其 s 平面图如图 3-7 所示。

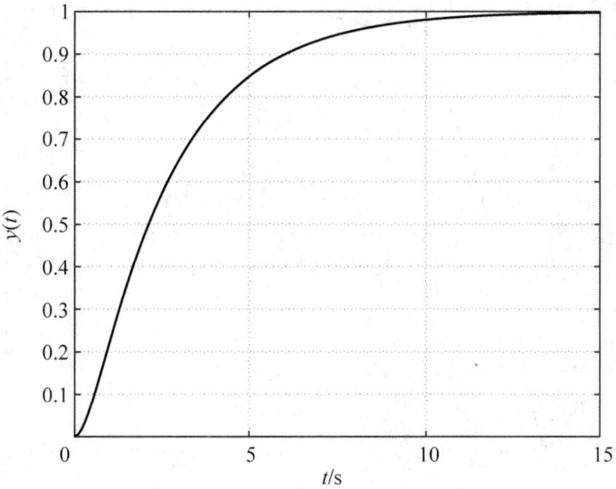

图 3-6　过阻尼状态下典型二阶系统的单位阶跃响应曲线

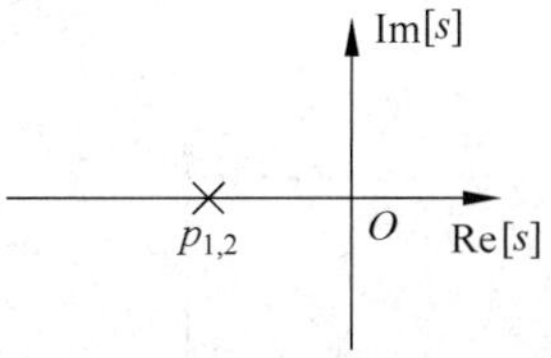

图 3-7　临界阻尼状态下典型二阶系统的 s 平面图

那么临界阻尼状态下典型二阶系统的单位阶跃响应的拉普拉斯变换为

$$Y(s)=\frac{\omega_n^2}{(s+\omega_n)^2}\cdot\frac{1}{s}=\frac{1}{s}-\frac{\omega_n}{(s+\omega_n)^2}-\frac{1}{s+\omega_n} \tag{3-31}$$

根据拉普拉斯逆变换，可得临界阻尼状态下典型二阶系统的单位阶跃响应为

$$y(t)=\mathcal{L}^{-1}[Y(s)]=1-\omega_n t e^{-\omega_n t}+e^{-\omega_n t}=1-(\omega_n t+1)e^{-\omega_n t},\quad t\geqslant 0 \tag{3-32}$$

由此可以得出

$$\begin{aligned}&\frac{dy(t)}{dt}=\omega_n^2 t e^{-\omega_n t}>0,\quad t>0\\&y(\infty)=1,\left.\frac{dy(t)}{dt}\right|_{t=0}=0,\left.\frac{dy(t)}{dt}\right|_{t\to\infty}=0\end{aligned} \tag{3-33}$$

所以，临界阻尼状态下典型二阶系统的单位阶跃响应曲线如图 3-8 所示，可以看出，曲线在 $t=0$ 时刻与横轴相切。并且随着时间 t 的增加，曲线单调上升。当 t 趋于无穷大时，曲线的终值为 1。

与过阻尼状态下典型二阶系统一样，直接计算临界阻尼状态下的典型二阶系统的暂态性能指标比较困难，所以同样也是利用主导极点法计算其暂态性能指标。

3. 欠阻尼状态($0<\zeta<1$)

当阻尼比 $0<\zeta<1$ 时，典型二阶系统有两个具有负实部的共轭复数根

$$\begin{cases}p_1=-\zeta\omega_n+j\sqrt{1-\zeta^2}\,\omega_n\\p_2=-\zeta\omega_n-j\sqrt{1-\zeta^2}\,\omega_n\end{cases} \tag{3-34}$$

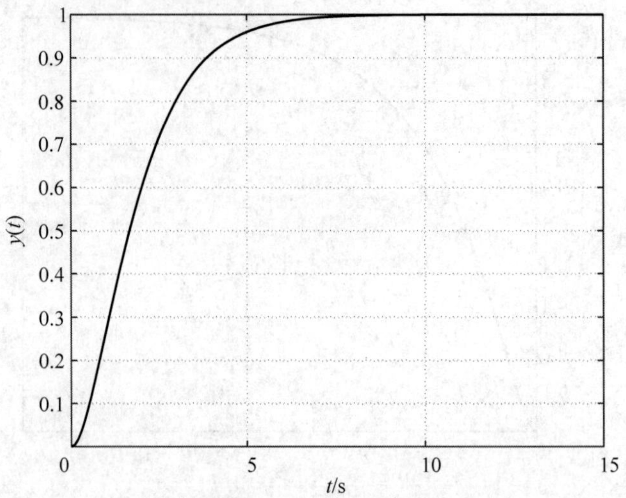

图 3-8　临界阻尼状态下典型二阶系统的单位阶跃响应曲线

其 s 平面图如图 3-9 所示。

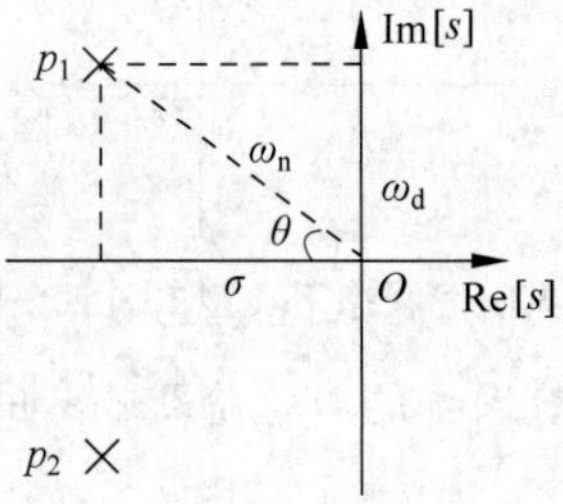

图 3-9　欠阻尼状态下典型二阶系统的 s 平面图

那么欠阻尼状态下典型二阶系统的单位阶跃响应的拉普拉斯变换为

$$
\begin{aligned}
Y(s) &= \frac{\omega_n^2}{(s+\zeta\omega_n)^2+(1-\zeta^2)\omega_n^2}\cdot\frac{1}{s} = \frac{1}{s} - \frac{(s+\zeta\omega_n)+\zeta\omega_n}{(s+\zeta\omega_n)^2+\left(\sqrt{1-\zeta^2}\,\omega_n t\right)^2} \\
&= \frac{1}{s} - \frac{s+\zeta\omega_n}{(s+\zeta\omega_n)^2+\left(\sqrt{1-\zeta^2}\,\omega_n\right)^2} - \frac{\frac{\zeta}{\sqrt{1-\zeta^2}}\sqrt{1-\zeta^2}\,\omega_n}{(s+\zeta\omega_n)^2+\left(\sqrt{1-\zeta^2}\,\omega_n\right)^2}
\end{aligned} \tag{3-35}
$$

根据拉普拉斯逆变换,可得欠阻尼状态下典型二阶系统的单位阶跃响应为

$$
\begin{aligned}
y(t) &= \mathcal{L}^{-1}\left[Y(s)\right] = 1 - \mathrm{e}^{-\zeta\omega_n t}\cos\left(\sqrt{1-\zeta^2}\,\omega_n t\right) - \frac{\zeta}{\sqrt{1-\zeta^2}}\mathrm{e}^{-\zeta\omega_n t}\sin\left(\sqrt{1-\zeta^2}\,\omega_n t\right) \\
&= 1 - \frac{1}{\sqrt{1-\zeta^2}}\mathrm{e}^{-\zeta\omega_n t}\left[\sqrt{1-\zeta^2}\cos\left(\sqrt{1-\zeta^2}\,\omega_n t\right) + \zeta\sin\left(\sqrt{1-\zeta^2}\,\omega_n t\right)\right] \\
&= 1 - \frac{1}{\sqrt{1-\zeta^2}}\mathrm{e}^{-\zeta\omega_n t}\sin\left(\sqrt{1-\zeta^2}\,\omega_n t + \arccos\zeta\right) \\
&= 1 - \frac{1}{\sqrt{1-\zeta^2}}\mathrm{e}^{-\sigma t}\sin(\omega_d t + \theta),\quad t \geqslant 0
\end{aligned} \tag{3-36}
$$

其中，$\sigma=\zeta\omega_n$ 称为系统的阻尼系数，它表明系统暂态分量的衰减速度；$\omega_d=\sqrt{1-\zeta^2}\omega_n$ 称为系统的阻尼振荡频率；角度 $\theta=\arccos\zeta$。参数 ζ、ω_n、σ、ω_d、φ 与系统的特征根之间的关系如图 3-9 所示。

欠阻尼状态下典型二阶系统的单位阶跃响应曲线如图 3-10 所示，可以看出，随着时间 t 的增加，曲线衰减振荡。当 t 趋于无穷大时，曲线的终值为 1。同时，曲线 $1\pm(e^{-\zeta\omega_n t}/\sqrt{1-\zeta^2})$ 是系统单位阶跃响应曲线 $y(t)$ 的包络线。由图 3-10 可知，响应曲线总是包含在一对包络线之内。

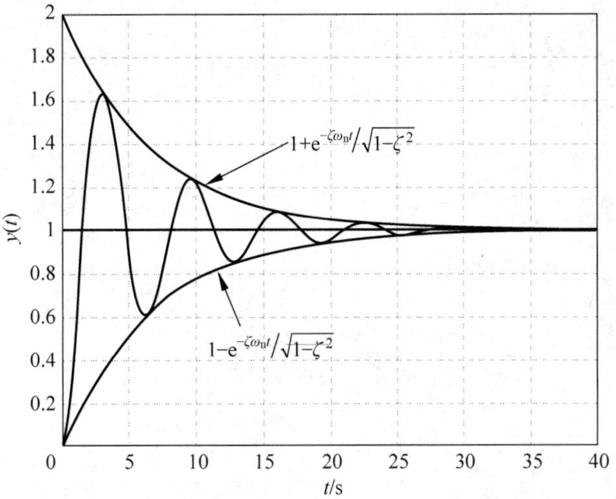

图 3-10　欠阻尼状态下典型二阶系统的单位阶跃响应曲线

由于系统的单位阶跃响应曲线是衰减振荡的，系统的暂态性能指标有超调时间、超调量、上升时间和调节时间 4 个。接下来逐一分析各个指标。

1）超调时间 t_p

由于系统的单位阶跃响应的微分为

$$\frac{dy(t)}{dt}=\frac{\sigma}{\sqrt{1-\zeta^2}}e^{-\sigma t}\sin(\omega_d t+\theta)-\frac{\omega_d}{\sqrt{1-\zeta^2}}e^{-\sigma t}\cos(\omega_d t+\theta) \tag{3-37}$$

如图 3-10 所示，可以发现系统单位阶跃响应取最大值的超调时间 t_p 是曲线第一次达到峰值的时间，即令 $\frac{dy(t)}{dt}=0$ 的大于 0 的时间 t 中最小的时间 t_p，可得

$$\sigma\sin(\omega_d t+\theta)=\omega_d\cos(\omega_d t+\theta)$$

$$\tan(\omega_d t+\theta)=\frac{\omega_d}{\sigma}=\frac{\sqrt{1-\zeta^2}\omega_n}{\zeta\omega_n}=\frac{\sqrt{1-\zeta^2}}{\zeta}=\tan\theta \tag{3-38}$$

$$\omega_d t=0,\pi,2\pi,\cdots\Rightarrow t_p=\frac{\pi}{\omega_d}$$

2）超调量 $\sigma\%$

由式(3-36)可知，系统的单位阶跃响应的终值为 $y(\infty)=1$，而响应的最大值

$$y_{\max}=y(t_p)=1-\frac{1}{\sqrt{1-\zeta^2}}e^{-\sigma t_p}\sin(\omega_d t_p+\theta)=1-\frac{1}{\sqrt{1-\zeta^2}}e^{-\sigma\frac{\pi}{\omega_d}}\sin\left(\omega_d\frac{\pi}{\omega_d}+\theta\right)$$

$$=1+\frac{1}{\sqrt{1-\zeta^2}}e^{-\frac{\zeta\pi}{\sqrt{1-\zeta^2}}}\sin\theta \tag{3-39}$$

又因为 $\sin\theta=\sqrt{1-\cos^2\theta}=\sqrt{1-\zeta^2}$,所以

$$y_{\max}=1+e^{-\frac{\zeta\pi}{\sqrt{1-\zeta^2}}} \tag{3-40}$$

根据式(3-11)的定义可得

$$\sigma\%=\frac{y_{\max}-y(\infty)}{y(\infty)}\times100\%=e^{-\frac{\zeta\pi}{\sqrt{1-\zeta^2}}}\times100\% \tag{3-41}$$

3) 上升时间 t_r

由于在欠阻尼状态下典型二阶系统的单位阶跃响应是衰减振荡的,所以上升时间为系统的单位阶跃响应从初始值 0 开始,第一次达到终值 $y(\infty)$ 的时间,那么

$$y(t)=1-\frac{1}{\sqrt{1-\zeta^2}}e^{-\sigma t}\sin(\omega_d t+\theta)=1$$

$$\frac{1}{\sqrt{1-\zeta^2}}e^{-\sigma t}\sin(\omega_d t+\theta)=0 \tag{3-42}$$

$$\omega_d t+\theta=0,\pi,2\pi,\cdots\Rightarrow t_r=\frac{\pi-\theta}{\omega_d}$$

4) 调节时间 t_s

根据式(3-13),可以得到系统的调节时间为

$$|y(t)-y(\infty)|=\frac{1}{\sqrt{1-\zeta^2}}e^{-\sigma t}|\sin(\omega_d t+\theta)|\leqslant\Delta\%,\quad t\geqslant t_s \tag{3-43}$$

不难发现,式(3-43)是一个超越方程,利用数值解法求解困难。所以,对于调节时间一般采用近似的手段来求解。显然,为了确保系统的实际性能符合要求,实际调节时间应该比根据近似手段得到的调节时间小,那么

$$\begin{aligned}&\frac{1}{\sqrt{1-\zeta^2}}e^{-\sigma t_s}|\sin(\omega_d t_s+\theta)|\leqslant\frac{1}{\sqrt{1-\zeta^2}}e^{-\sigma t_s}=\Delta\%\\&t_s=-\frac{1}{\sigma}\ln\left(\sqrt{1-\zeta^2}\,\Delta\%\right)\end{aligned} \tag{3-44}$$

当 $0<\zeta<0.9$ 时,调节时间可以近似为

$$t_s=\begin{cases}\dfrac{3.5}{\zeta\omega_n}, & \Delta=5\\[2ex]\dfrac{4.5}{\zeta\omega_n}, & \Delta=2\end{cases} \tag{3-45}$$

4. 无阻尼状态($\zeta=0$)

当阻尼比 $\zeta=0$ 时,典型二阶系统有两个纯虚数根 $p_1=j\omega_n$,$p_2=-j\omega_n$,其 s 平面图如图 3-11 所示。

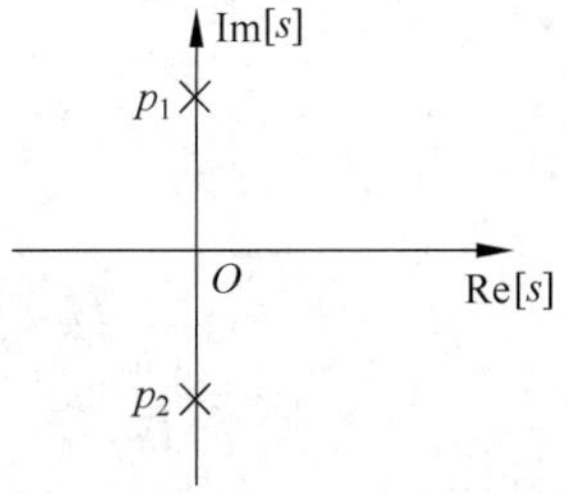

图 3-11　无阻尼状态下典型二阶系统的 s 平面图

那么无阻尼状态下典型二阶系统的单位阶跃响应的拉普拉斯变换为

$$Y(s)=\frac{\omega_n^2}{s^2+\omega_n^2}\cdot\frac{1}{s}=\frac{1}{s}-\frac{s}{s^2+\omega_n^2} \tag{3-46}$$

根据拉普拉斯逆变换，可得无阻尼状态下典型二阶系统的单位阶跃响应为

$$y(t)=\mathcal{L}^{-1}[Y(s)]=1-\cos(\omega_n t),\quad t\geqslant 0 \tag{3-47}$$

所以，无阻尼状态下典型二阶系统的单位阶跃响应曲线如图 3-12 所示，可以看出，随着时间 t 的增加，曲线等幅振荡。这时系统处于临界稳定。所以，不需要讨论系统的暂态性能指标。

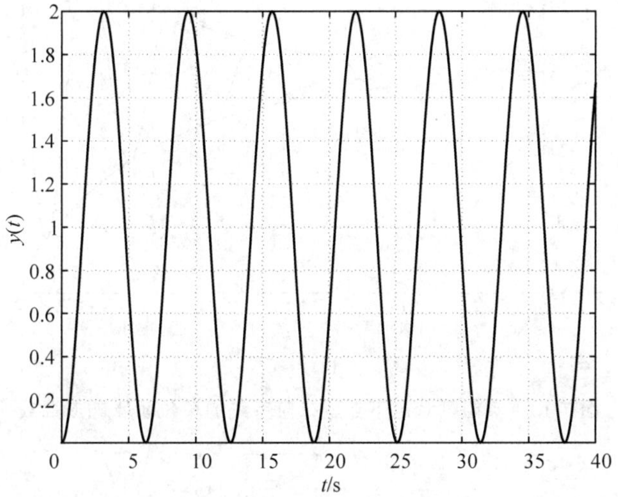

图 3-12　无阻尼状态下典型二阶系统的单位阶跃响应曲线

5. 负阻尼状态($\zeta<0$)

当阻尼比 $\zeta<0$ 时，典型二阶系统的特征根具有正实部，即 $\mathrm{Re}(p_{1,2})>0$。负阻尼状态下典型二阶系统的单位阶跃响应曲线如图 3-13 所示，可以看出曲线是发散的(如图 3-13(a)所示)或振荡发散的(如图 3-13(b)所示)，所以系统不稳定。这样的系统在实际场景中无法使用，故不讨论其响应和系统的暂态性能指标。

例 3-2　连续控制系统的结构如图 3-14 所示。若系统的暂态性能指标 $\sigma\%=10\%$，$t_s=2\mathrm{s}(\Delta=5)$，试确定系统中的参数 K 和 K_H。

解：由题得系统的闭环传递函数为

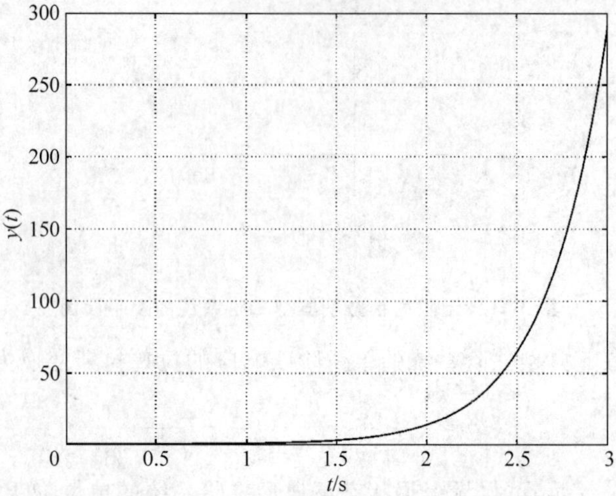

(a) $\zeta<-1$或$\zeta=-1$

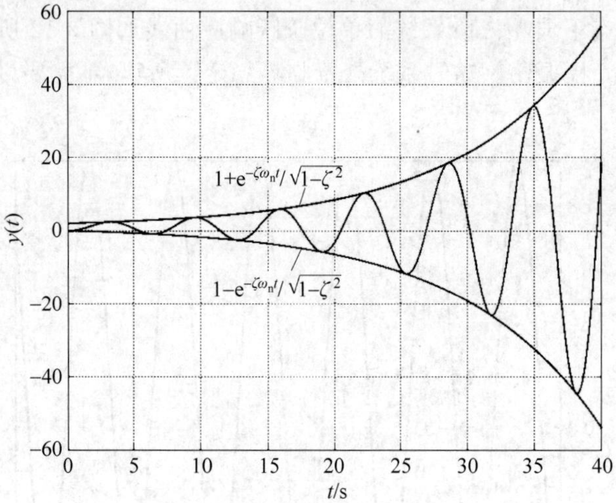

(b) $0<\zeta<-1$

图 3-13　负阻尼状态下典型二阶系统的单位阶跃响应曲线

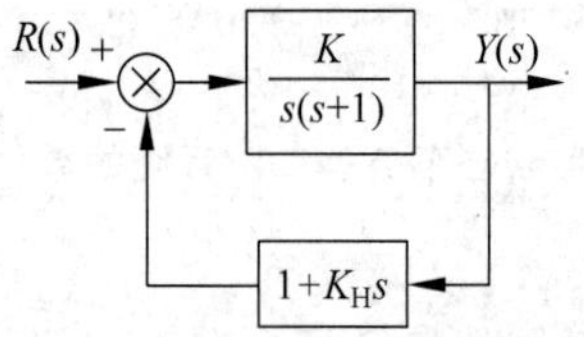

图 3-14　例 3-2 的系统方块图

$$G(s)=\frac{Y(s)}{R(s)}=\frac{\dfrac{K}{s(s+1)}}{1+(1+K_{\mathrm{H}}s)\dfrac{K}{s(s+1)}}=\frac{K}{s^2+(1+KK_{\mathrm{H}})s+K}$$

可以得到系统的无阻尼自然振荡频率 $\omega_{\mathrm{n}}=\sqrt{K}\ \mathrm{rad/s}$；阻尼比 $\zeta=\dfrac{1+KK_{\mathrm{H}}}{2\omega_{\mathrm{n}}}=\dfrac{1+KK_{\mathrm{H}}}{2\sqrt{K}}$。

根据题意，$\sigma\%=10\%$，$t_s=2\text{s}$，那么

$$\begin{cases} e^{-\frac{\zeta\pi}{\sqrt{1-\zeta^2}}}\times 100\%=10\% \\ \dfrac{3.5}{\zeta\omega_n}=2 \end{cases}$$

解得 $\zeta\approx 0.591$；$\omega_n\approx 2.961\text{rad/s}$，故

$$K=\omega_n^2\approx 8.768,\quad K_H=\frac{2\omega_n\zeta-1}{K}\approx 0.285$$

3.1.5　高阶系统暂态性能近似分析

1. 高阶系统的单位阶跃响应

假设高阶系统的闭环传递函数为

$$G(s)=\frac{Y(s)}{R(s)}=\frac{b_m s^m+b_{m-1}s^{m-1}+\cdots+b_1 s+b_0}{a_n s^n+a_{n-1}s^{n-1}+\cdots+a_1 s+a_0} \tag{3-48}$$

其中，$a_i(i=0,1,2,\cdots,n)$和 $b_j(j=0,1,2,\cdots,m)$是与高阶系统结构与参数有关的常系数。

对式(3-48)分子、分母因式分解，则

$$G(s)=\frac{k\prod_{i=1}^{m}(s-z_i)}{\prod_{j=1}^{n}(s-p_j)} \tag{3-49}$$

其中，$z_i(i=1,2,\cdots,m)$为高阶系统的零点；$p_j(j=1,2,\cdots,n)$为高阶系统的闭环极点；k 为高阶系统的根轨迹放大系数。

假设高阶系统的闭环极点均为单极点，那么高阶系统的单位阶跃响应的拉普拉斯变换为

$$Y(s)=G(s)R(s)=\frac{k\prod_{i=0}^{m}(s-z_i)}{\prod_{i=0}^{n}(s-p_i)}\cdot\frac{1}{s}=\frac{A_0}{s}+\sum_{i=0}^{n}\frac{A_i}{s-p_i} \tag{3-50}$$

其中，A_0 为系统阶跃响应 $Y(s)$在极点 $s=0$ 处的留数，即 $A_0=\dfrac{b_0}{a_0}$；A_i 为系统阶跃响应 $Y(s)$在极点 $s=p_i$ 处的留数，即

$$A_i=\lim_{s\to p_i}(s-p_i)Y(s) \tag{3-51}$$

根据拉普拉斯逆变换，可得高阶系统的单位阶跃响应为

$$y(t)=\mathcal{L}^{-1}[Y(s)]=A_0+\sum_{i=0}^{n}A_i e^{p_i t} \tag{3-52}$$

若是高阶系统的闭环极点中有若干实极点$-\lambda_i$ 和若干对共轭复数极点$-\sigma_i\pm j\omega_{di}$，则系统的阶跃响应为

$$y(t)=A_0+\sum_{p_i=-\lambda_i}A_i e^{-\lambda_i t}+\sum_{p_i=-\sigma_i\pm\omega_{di}}A_i e^{-\sigma_i t}\cos(\omega_{di}t+\theta_i) \tag{3-53}$$

显然因为高阶系统的暂态性能指标与系统参数之间没有明确的关系，也没有规律，所以利用数值法求解式(3-53)的系统阶跃响应来获取系统的暂态性能指标是一件非常困难的事情。在实际工程中，常常采用忽略一些次要因素，即对高阶系统降阶，利用“主导极点”对应的典型二阶系统，近似地简化分析和估计性能指标。实践证明，这种简化是有实际价值的。

2. 主导极点

分析高阶系统的单位阶跃响应表达式，可以发现高阶系统的闭环极点 p_i 与零点 z_i 在 s 域上的分布具有多种形式。对于一个闭环稳定的控制系统来说，它的闭环极点均位于 s 域的左半部，但是每一个极点与虚轴的距离会有所不同。闭环极点离虚轴越远，λ_i 与 σ_i 越大，$y(t)$表达式中的暂态分量就会衰减得越快，当 $y(t)$达到最大值和稳态值时几乎已经衰减完毕，因此对超调量 $\sigma\%$ 和上升时间 t_r 影响不大；反之，那些离虚轴很近的闭环极点，λ_i 与 σ_i 越小，这些暂态分量的衰减速度缓慢，所以说超调量 $\sigma\%$ 和上升时间 t_r 主要取决于这些极点所对应的分量。因此，一般可将相对远离虚轴的极点所引起的分量忽略不计，而保留那些离虚轴较近的极点所引起的分量。通常与距离最靠近虚轴的极点实部比值超过 5 倍的闭环极点，就可忽略不计。

从 $y(t)$的表达式还可以看出，各暂态分量的具体值还取决于 A_i 的大小。有些分量虽然衰减慢，但是 A_i 很小，所以影响也较小。而有些分量衰减得比较快，但是 A_i 很大，所以影响仍然很大。一般来说，若某极点远离虚轴与其他零、极点，则该极点不仅衰减速度快，而且极点对应的 A_i 很小。所以可将 A_i 很小的分量忽略不计，而保留那些 A_i 很大的分量。

另外，若某极点邻近有一个零点，则该极点对应的 A_i 就小。因此，若某极点邻近有一个零点，也可忽略该极点引起的暂态分量。

综上所述，对于一个稳定的高阶系统，靠近虚轴又远离闭环零点的极点对应的暂态分量大而且衰减最慢，系统的暂态性能主要就是由这样的极点决定的，这样的极点通常称为系统的主导极点。图 3-15 所示是不同系统的 s 域零极点图，其中虚框中的极点可以作为主导极点。总的来说，高阶系统的闭环主导极点可以取一对，也可以取 3 个。这个要根据系统的实际情况来具体分析。

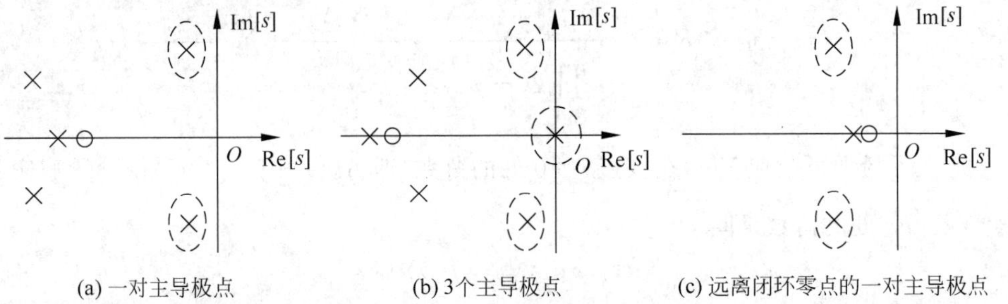

图 3-15　主导极点

另外选取闭环主导极点的个数和种类也与简化的目的有关。如果简化的目的是推导暂态性能指标解析表达式，那么可以保留一个或两个极点作为主导极点。如果系统是单调过程，则可以保留一个或两个实数极点作为主导极点。

3. 高阶系统的近似单位阶跃响应

根据假设的主导极点的数量和类型来逐一分析。若主导极点为 $p=-\lambda$，则系统的近似

阶跃响应为

$$y(t) \approx A_0 + A_1 e^{-\lambda t},\quad A_1 = \lim_{s \to -\lambda}(s+\lambda)Y(s) \tag{3-54}$$

若主导极点为 $p_1=-\lambda_1$，$p_2=-\lambda_2$，则系统的近似阶跃响应为

$$y(t) \approx A_0 + A_1 e^{-\lambda_1 t} + A_2 e^{-\lambda_2 t},\quad A_1 = \lim_{s \to -\lambda_1}(s+\lambda_1)Y(s),\quad A_2 = \lim_{s \to -\lambda_2}(s+\lambda_2)Y(s) \tag{3-55}$$

若主导极点为一对共轭复数 $p_{1,2}=-\sigma \pm j\omega_d$，则系统的近似阶跃响应为

$$y(t) = A_0 + 2A_1 e^{-\sigma t}\cos(\omega_d t + \theta_d),\quad A_1 \text{ 为复数 } \lim_{s \to -\sigma + j\omega_d}(s+\sigma - j\omega_d)Y(s) \text{ 的模} \tag{3-56}$$

其中，角度 θ_d 满足

$$\begin{aligned}\theta_d &= \angle \frac{k\prod_{i=1}^{m}(p_1 - z_i)}{p_1\prod_{i=2}^{n}(p_1 - p_i)} = \sum_{i=1}^{m}\angle(p_1 - z_i) - \angle p_1 - \angle(p_1 - p_2) - \sum_{i=3}^{n}\angle(p_1 - p_i) \\ &= \sum_{i=1}^{m}\angle(p_1 - z_i) - (\pi - \eta) - \frac{\pi}{2} - \sum_{i=3}^{n}\angle(p_1 - p_i) = -\frac{3\pi}{2} + \eta + \theta_f \end{aligned} \tag{3-57}$$

其中，η 为 $\angle p_1 = \arcsin\dfrac{\sigma}{\sqrt{\sigma^2+\omega_d^2}}$ 的阻尼角，即 $\angle p_1 + \eta = \pi$。θ_f 是主导极点 p_1 和所有附加奇点(闭环主导极点以外的非主导极点和闭环零点)所构成向量的幅角之间的运算，称为附加相角。

将式(3-57)代入式(3-56)可得

$$y(t) = A_0 - 2A_1 e^{-\sigma t}\sin(\omega_d t + \eta + \theta_f) \tag{3-58}$$

所以，对于近似为二阶系统的高阶系统来说，其可以看作在典型二阶系统中增加了附加奇点。附加奇点不影响系统的固有特性，即不改变其固有的衰减正弦振荡，不改变衰减速率，不改变振荡频率，但会影响包络线位置和振荡的初相角。

例 3-3　对于三阶闭环系统 $G(s)=\dfrac{96(s+0.25)}{(s+6)(s^2+2s+4)}$，求其单位阶跃响应。

解：系统有1个闭环零点和3个闭环极点：$z_1=-0.25$；$p_1=-6$，$p_{2,3}=-1\pm\sqrt{3}j$。所以系统的主导极点为共轭复数 $p_{2,3}=-1\pm\sqrt{3}j$。

根据式(3-58)，系统的单位阶跃响应为

$$y(t) = A_0 - 2A_1 e^{-\sigma t}\sin(\omega_d t + \eta + \theta_f) = 1 - 9.885e^{-t}\sin\left(\sqrt{3}t + \frac{\pi}{3} + \theta_f\right)$$

$$A_0 = \lim_{s \to 0} s \cdot G(s) \cdot \frac{1}{s} = 1$$

$$\lim_{s \to -1+\sqrt{3}j}(s+1-\sqrt{3}j)G(s) \cdot \frac{1}{s} = \frac{-6\sqrt{3}j - 33}{7} \Rightarrow A_1 = \left|\frac{-6\sqrt{3}j - 33}{7}\right| = 4.9425$$

由图 3-16 可知，

$$\alpha = \arcsin\frac{\sqrt{3}}{2\sqrt{7}} \approx \arcsin 0.3273 \approx \frac{\pi}{9.42}$$

$$\beta = \pi - \arcsin\frac{4\sqrt{3}}{\sqrt{57}} \approx \pi - \arcsin 0.9177 \approx \pi - \frac{\pi}{2.70} = \frac{1.7\pi}{2.70}$$

$$\theta_{\mathrm{f}} = \beta - \alpha = \frac{\pi}{1.91}$$

所以系统的单位阶跃响应为

$$y(t) = 1 - 9.885\mathrm{e}^{-t}\sin\left(\sqrt{3}t + \frac{\pi}{3} + \frac{\pi}{1.91}\right) = 1 - 9.885\mathrm{e}^{-t}\sin\left(\sqrt{3}t + \frac{\pi}{0.86}\right)$$

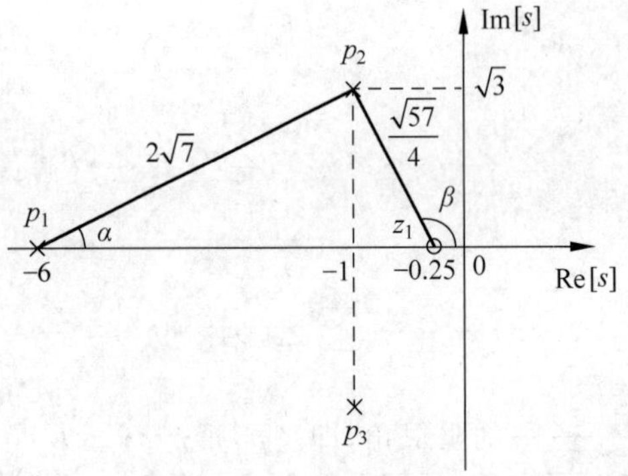

图 3-16　系统 θ_{f} 示意图

如果零点离主导极点较远，则无须考虑附加奇点，可以直接将高阶系统近似为二阶系统。

4. 高阶系统的暂态性能指标分析

针对上面得到的近似单位阶跃响应，就可以对系统进行暂态性能指标分析。对于系统的主导极点是一个实极点的情况，可以发现得到的近似单位阶跃响应和一阶系统类似。所以可以根据一阶系统的计算公式来分析高阶系统的暂态性能指标。

对于系统的主导极点是两个实极点或 3 个以上极点的情况，就不能利用一阶系统的近似计算公式了。在这种情况下，如果只是要求计算高阶系统的暂态性能指标，可以用后面介绍的 MATLAB 软件精确计算。

对于系统的主导极点是一对共轭复数极点的情况，可以发现得到的近似单位阶跃响应和欠阻尼状态下的典型二阶系统类似。所以可以根据欠阻尼状态下典型二阶系统的计算公式来分析高阶系统的暂态性能指标。

除此之外，在分析系统的暂态性能指标时，还需考虑一些零点对于系统的影响。比如说，若是有一对零极点的距离很近，那么这个很靠近极点的零点对于该极点有“抵消”的影响。这样的一对零极点称为偶极子。可以这样说，形成偶极子的闭环极点可以忽略不计。若在虚轴附近有零点，则该零点会使得系统的超调时间 t_{p} 减少，超调量 $\sigma\%$ 增大。并且随着该零点离虚轴的距离越靠近，其作用越显著。

3.2　连续系统稳态性能分析

3.2.1　控制系统误差与稳态误差的定义

假设闭环系统的系统方块图如图 3-17 所示。当系统的输入信号 $R(s)$ 与系统的反馈信号 $B(s)$ 之间存在差异时，系统的比较装置就会输出一个误差信号

$$E(s)=R(s)-H(s)Y(s) \tag{3-59}$$

在这个误差信号 $E(s)$ 的作用下，闭环系统开始工作，产生一个使得输出值趋于期望值的动作或者控制信号。通常这个误差信号 $E(s)$ 简称为闭环系统的误差（偏差）。

除了上述从系统的输入信号出发的定义方式，误差还可以利用系统的输出信号来定义：误差为系统输出的期望值与输出的实际值之间的差值。前者所定义的误差，可以利用一定的手段在实际系统中进行测量，具有实际的物理意义；而后者所定义的误差，在实际系统中又是无法测量的，只有数学意义。但是，可以利用如图 3-18 所示的等效转换，将后者定义的误差表示出来。其中，$R'(s)$ 代表输出量的期望值。因而 $E'(s)$ 是从输出端定义的非单位负反馈系统的误差。同时，$E(s)$ 和 $E'(s)$ 满足关系

$$E'(s)=\frac{E(s)}{H(s)} \tag{3-60}$$

在此说明，本书中描述的误差 $E(s)$ 是由系统的输入信号定义的。对于一个单位负反馈控制系统来说，$R'(s)$ 代表输出量的期望值就是输入量 $R(s)$。在这种情况下，两种定义误差的方法是一致的。

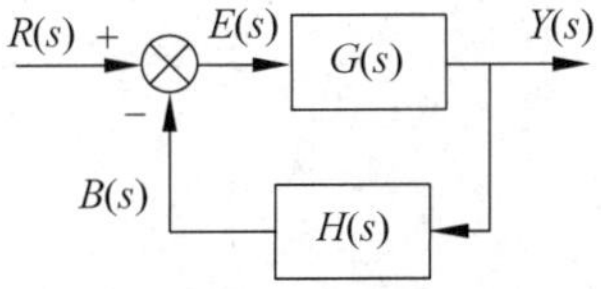

图 3-17　闭环系统的结构方块图

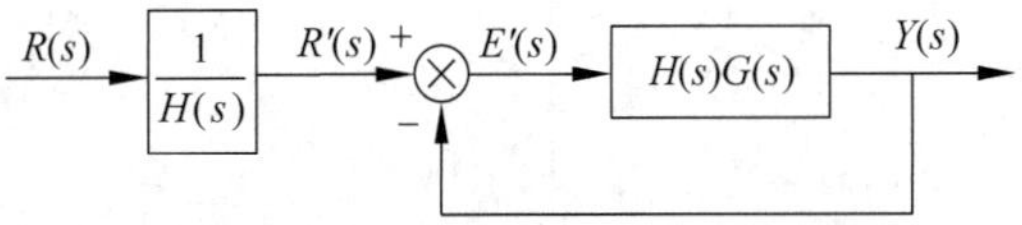

图 3-18　闭环系统的等效单位负反馈系统方块图

假设系统的误差传递函数为

$$G_e(s)=\frac{E(s)}{R(s)}=\frac{1}{1+H(s)G(s)} \tag{3-61}$$

那么误差 $E(s)$ 的时域表达式为

$$e(t)=\mathcal{L}^{-1}[E(s)]=\mathcal{L}^{-1}[G_e(s)R(s)]=e_{ts}(t)+e_{ss}(t) \tag{3-62}$$

一般地，误差信号 $e(t)$ 包含暂态分量 $e_{ts}(t)$ 和稳态分量 $e_{ss}(t)$ 两部分。由于控制系统的设计要求之一为系统必须能够稳定，所以当时间趋于无穷时，暂态分量 $e_{ts}(t)$ 必定会趋于 0。因此，控制系统的稳态误差是指误差信号 $e(t)$ 的稳态分量 $e_{ss}(\infty)$，简写为 e_{ss}。控制系统的稳态误差 e_{ss} 是度量系统控制准确度（控制精度）的一种指标，通常也被称为稳态性能。

对于一个实际的控制系统，由于系统结构、输入信号的类型和形式等不同，所以控制系统的稳态输出量与输入量不一定能够实时保持一致，并且在某些复杂扰动信号的作用下难以恢复到原平衡位置。除此之外，控制系统存在的摩擦、间隙、不灵敏区、零位输出等非线性因素都会造成一定的稳态误差。因此，实际的控制系统是必然会存在稳态误差的。故控制系统设计的要求之一，是在保证系统稳定的前提下尽量减小系统的稳态误差，或者使稳态误

差小于某一容许值。

3.2.2 终值定理法

1. 拉普拉斯变换中的终值定理

设$\mathcal{L}[f(t)]=F(s)$，且 $sF(s)$在 s 右半平面及虚轴上没有极点，则

$$f(\infty)=\lim_{t\to\infty}f(t)=\lim_{s\to0}sF(s) \tag{3-63}$$

通过这个终值定理，就可以把在时间 t 趋于无穷大时的稳态误差 e_{ss} 转换到 s 域中来计算。故所谓的终值定理法就是通过拉普拉斯变换中的终值定理来求解稳定误差 e_{ss}。

2. 终值定理法

设 $sE(s)$除了在原点外的 s 右半平面及虚轴上没有极点，那么系统的稳态误差为

$$e_{ss}=\lim_{t\to\infty}e(t)=\lim_{s\to0}sE(s) \tag{3-64}$$

根据式(3-64)就可以对满足条件的系统计算出其稳态误差。但是这个方法不能反映稳态分量 $e_{ss}(t)$随时间 t 的变化规律，具有一定的局限性。

例 3-4 已知某负反馈系统的开环传递函数为 $H(s)G(s)=\dfrac{6}{s(s+5)}$，其中 $H(s)=2$。当系统的输入信号为斜坡信号 $r(t)=3t$ 时，求从输入端定义的稳态误差 e_{ss} 和从输出端定义的 e'_{ss}。

解：由题得系统的误差传递函数为

$$G_e(s)=\frac{E(s)}{R(s)}=\frac{1}{1+H(s)G(s)}=\frac{s(s+5)}{(s+2)(s+3)}$$

由于输入信号为 $r(t)=3t$，那么

$$R(s)=\frac{3}{s^2}$$

则

$$sE(s)=sG_e(s)R(s)=\frac{3(s+5)}{(s+2)(s+3)}$$

因为 $sE(s)$有两个位于 s 左半平面的极点 $p_1=-2$，$p_2=-3$，所以其满足终值定理法的条件，即

$$e_{ss}=\lim_{s\to0}sE(s)=\lim_{s\to0}\frac{3(s+5)}{(s+2)(s+3)}=2.5$$

根据式(3-60)，可以得到

$$sE'(s)=\frac{sE(s)}{H(s)}=\frac{3(s+5)}{2(s+2)(s+3)}$$

所以

$$e'_{ss}=\lim_{s\to0}sE'(s)=\lim_{s\to0}\frac{3(s+5)}{2(s+2)(s+3)}=1.25$$

3.2.3 系统类型

当系统的结构方块图如图 3-17 所示时，系统的稳态误差 e_{ss} 计算公式为

$$e_{ss}=\lim_{t\to\infty}e(t)=\lim_{s\to0}sE(s)=\lim_{s\to0}s\frac{1}{1+H(s)G(s)}R(s) \tag{3-65}$$

根据式(3-65),可以发现控制系统的稳态误差 e_{ss} 与系统的输入信号 $R(s)$ 和开环传递函数 $G(s)H(s)$ 有关。对于不同形式的给定典型输入信号 $R(s)$,系统是否会产生稳态误差,反映了系统对不同输入信号的跟踪能力,而这种跟踪能力只取决于系统结构、参数。下面将通过开环传递函数 $G(s)H(s)$ 来定义系统类型。

分子阶次为 m、分母阶次为 n 的系统的开环传递函数通常可表示为

$$G(s)H(s)=\frac{K\prod_{j=1}^{m}(T_j s+1)}{s^v\prod_{i=1}^{n-v}(T_i s+1)} \tag{3-66}$$

其中,K 为系统的开环增益；T_i 和 T_j 为系统的时间常数；v 为系统开环传递函数中所含的积分个数,按照积分环节的数量 v 就可以对系统进行分类,以便反映系统对典型输入信号的跟踪能力。比如 $v=0$,称为 0 型系统；$v=1$,称为Ⅰ型系统；$v=2$,称为Ⅱ型系统。随着系统类型 v 增加,系统的控制精度提高,但是稳定性能变差。一般地,当 $v>2$ 时,除复合控制系统外,系统难以稳定。因此除航天控制系统外,Ⅲ型及Ⅲ型以上的系统极少使用。

式(3-66)在 s 趋于 0 时,除 K 和 s^v 项以外,分子分母中的每一项都为 1,系统开环增益 K 直接与稳态误差相关。这种通过系统的开环传递函数中所含积分个数来分类的方法,可以根据已知的输入信号形式,快速判断系统是否存在稳态误差以及稳态误差的大小。将如式(3-66)所示的开环传递函数代入式(3-65),可得

$$e_{ss}=\lim_{s\to 0}s\frac{1}{1+H(s)G(s)}R(s)=\frac{\lim_{s\to 0}[s^{v+1}R(s)]}{\lim_{s\to 0}s^v+K} \tag{3-67}$$

可以发现,影响系统的稳态误差的因素有系统类型 v、系统开环增益 K 和系统的输入信号 $R(s)$ 的类型和幅值。

3.2.4 误差系数法

误差系数法是一种在无扰动作用和输入信号是 3 种典型输入信号(阶跃信号、斜坡信号和抛物线信号)的情况下,对系统进行快速计算稳态误差的方法。

假设系统的 $sE(s)$ 满足终值定理法的条件,且无扰动作用。下面通过描述不同类型的系统在 3 种典型输入信号作用下的稳态误差,来进一步定义误差系数。

1. 阶跃信号输入

由于阶跃信号表达式的拉普拉斯变换如式(3-4)所示,所以系统的稳态误差为

$$\begin{aligned}e_{ss}&=\lim_{s\to 0}sE(s)=\lim_{s\to 0}s\frac{1}{1+H(s)G(s)}R(s)=\lim_{s\to 0}\frac{R}{1+H(s)G(s)}\\&=\frac{R}{1+\lim_{s\to 0}H(s)G(s)}=\frac{R}{1+K_p}\end{aligned} \tag{3-68}$$

其中,

$$K_p=\lim_{s\to 0}H(s)G(s) \tag{3-69}$$

称为系统的稳态位置误差系数。

对于 0 型系统,

$$\begin{cases} K_{\mathrm{p}}=\lim\limits_{s\to 0}H(s)G(s)=\lim\limits_{s\to 0}\dfrac{K\prod\limits_{j=1}^{m}(T_js+1)}{\prod\limits_{i=1}^{n}(T_is+1)}=K, \quad v=0 \\ e_{\mathrm{ss}}=\dfrac{R}{1+K_{\mathrm{p}}}=\dfrac{R}{1+K} \end{cases} \tag{3-70}$$

对于 $v\geqslant 1$ 的Ⅰ型系统或Ⅱ型系统，

$$\begin{cases} K_{\mathrm{p}}=\lim\limits_{s\to 0}H(s)G(s)=\lim\limits_{s\to 0}\dfrac{K\prod\limits_{j=1}^{m}(T_js+1)}{s^v\prod\limits_{i=1}^{n-v}(T_is+1)}=\infty, \quad v\geqslant 1 \\ e_{\mathrm{ss}}=\dfrac{R}{1+K_{\mathrm{p}}}=0 \end{cases} \tag{3-71}$$

2. 斜坡信号输入

由于斜坡信号表达式的拉普拉斯变换如式(3-6)所示，所以系统的稳态误差为

$$\begin{aligned} e_{\mathrm{ss}}&=\lim_{s\to 0}sE(s)=\lim_{s\to 0}s\frac{1}{1+H(s)G(s)}R(s)=\lim_{s\to 0}\frac{R}{s+sH(s)G(s)} \\ &=\frac{R}{\lim\limits_{s\to 0}s+\lim\limits_{s\to 0}sH(s)G(s)}=\frac{R}{K_{\mathrm{v}}} \end{aligned} \tag{3-72}$$

其中，

$$K_{\mathrm{v}}=\lim_{s\to 0}sH(s)G(s) \tag{3-73}$$

称为系统的稳态速度误差系数。

对于0型系统，

$$\begin{cases} K_{\mathrm{v}}=\lim\limits_{s\to 0}sH(s)G(s)=\lim\limits_{s\to 0}\dfrac{Ks\prod\limits_{j=1}^{m}(T_js+1)}{\prod\limits_{i=1}^{n}(T_is+1)}=0, \quad v=0 \\ e_{\mathrm{ss}}=\dfrac{R}{K_{\mathrm{v}}}=\infty \end{cases} \tag{3-74}$$

对于Ⅰ型系统，

$$\begin{cases} K_{\mathrm{v}}=\lim\limits_{s\to 0}sH(s)G(s)=\lim\limits_{s\to 0}\dfrac{K\prod\limits_{j=1}^{m}(T_js+1)}{\prod\limits_{i=1}^{n-1}(T_is+1)}=K, \quad v=1 \\ e_{\mathrm{ss}}=\dfrac{R}{K_{\mathrm{v}}}=\dfrac{R}{K} \end{cases} \tag{3-75}$$

对于 $v\geqslant 2$ 的Ⅱ型系统或高于Ⅱ型的系统

$$\begin{cases} K_{\mathrm{v}} = \lim\limits_{s \to 0} sH(s)G(s) = \lim\limits_{s \to 0} \dfrac{Ks\prod\limits_{j=1}^{m}(T_j s + 1)}{s^{v}\prod\limits_{i=1}^{n-v}(T_i s + 1)} = \infty, \quad v \geqslant 2 \\ e_{\mathrm{ss}} = \dfrac{R}{K_{\mathrm{v}}} = 0 \end{cases} \tag{3-76}$$

3. 抛物线信号输入

由于抛物信号表达式的拉普拉斯变换如式(3-8)所示，所以系统的稳态误差为

$$\begin{aligned} e_{\mathrm{ss}} &= \lim_{s \to 0} sE(s) = \lim_{s \to 0} s\,\frac{1}{1 + H(s)G(s)} R(s) = \lim_{s \to 0} \frac{R}{s^2 + s^2 H(s)G(s)} \\ &= \frac{R}{\lim\limits_{s \to 0} s^2 + \lim\limits_{s \to 0} s^2 H(s)G(s)} = \frac{R}{K_{\mathrm{a}}} \end{aligned} \tag{3-77}$$

其中，

$$K_{\mathrm{a}} = \lim_{s \to 0} s^2 H(s)G(s) \tag{3-78}$$

称为系统的稳态加速度误差系数。

对于 0 型系统和Ⅰ型系统，

$$\begin{cases} K_{\mathrm{a}} = \lim\limits_{s \to 0} s^2 H(s)G(s) = \lim\limits_{s \to 0} \dfrac{Ks^2\prod\limits_{j=1}^{m}(T_j s + 1)}{s^{v}\prod\limits_{i=1}^{n-v}(T_i s + 1)} = 0, \quad v \leqslant 1 \\ e_{\mathrm{ss}} = \dfrac{R}{K_{\mathrm{a}}} \to \infty \end{cases} \tag{3-79}$$

对于Ⅱ型系统，

$$\begin{cases} K_{\mathrm{a}} = \lim\limits_{s \to 0} s^2 H(s)G(s) = \lim\limits_{s \to 0} \dfrac{Ks^2\prod\limits_{j=1}^{m}(T_j s + 1)}{s^{2}\prod\limits_{i=1}^{n-v}(T_i s + 1)} = K, \quad v = 2 \\ e_{\mathrm{ss}} = \dfrac{R}{K_{\mathrm{a}}} = \dfrac{R}{K} \end{cases} \tag{3-80}$$

对于 $v \geqslant 3$ 的高于Ⅱ型的系统

$$\begin{cases} K_{\mathrm{a}} = \lim\limits_{s \to 0} s^2 H(s)G(s) = \lim\limits_{s \to 0} \dfrac{Ks^2\prod\limits_{j=1}^{m}(T_j s + 1)}{s^{v}\prod\limits_{i=1}^{n-v}(T_i s + 1)} = \infty, \quad v > 2 \\ e_{\mathrm{ss}} = \dfrac{R}{K_{\mathrm{a}}} = 0 \end{cases} \tag{3-81}$$

表 3-1 总结了系统类型、稳态误差系数、输入信号和稳态误差之间的关系。在使用该表

时,需要注意:

(1) 系统必须是稳定的;

(2) 该系统的输入信号只能是阶跃信号、斜坡信号和抛物线信号或者其线性组合作用下的系统;

(3) 表 3-1 中的 K 为系统的开环增益;

(4) 表 3-1 中的稳态误差是按照输入端定义;

(5) 系统是在无扰动作用下的。

表 3-1　典型输入信号作用下的系统稳态误差 e_{ss}

系统类型	稳态误差系数			系统稳态误差		
	K_p	K_v	K_a	$r(t)=R(t)$	$r(t)=Rt$	$r(t)=Rt^2/2$
0 型	K	0	0	$\frac{R}{1+K}$	∞	∞
Ⅰ型	∞	K	0	0	$\frac{R}{K}$	∞
Ⅱ型	∞	∞	K	0	0	$\frac{R}{K}$
Ⅲ型	∞	∞	∞	0	0	0

例 3-5　一个稳定的系统的开环传递函数为 $H(s)G(s)=\frac{10(s+2)}{s(s+1)}$,当输入信号为 $r(t)=1+3t+t^2$ 时,试用误差系数法求解系统的稳态误差。

解:由题得系统的开环传递函数化为尾一形式为

$$H(s)G(s)=\frac{20(0.5s+1)}{s(s+1)}$$

故 $v=1$,所以系统是一个Ⅰ型系统,且开环增益 $K=20$。系统的稳态误差系数分别为

$$K_p=\infty,\quad K_v=20,\quad K_a=0$$

所以阶跃信号输入 $r_1(t)=1(t)$时的系统稳态误差为 $e_{ss1}=0$;斜坡信号输入 $r_2(t)=3t$ 时的系统稳态误差为 $e_{ss2}=R/K=0.15$;抛物线信号输入 $r_3(t)=t^2$ 时的系统稳态误差为 $e_{ss2}\to\infty$。

由叠加原理,可得系统总的稳态误差为

$$e_{ss}=e_{ss1}+e_{ss2}+e_{ss3}\to\infty$$

表 3-1 提供了系统给定稳态误差终值时的计算关系,但未提供稳态下误差随时间变化的信息,也就是说,稳态误差随时间的变化规律无法由计算误差终值获得。该问题需要用动态误差系数法解决。有兴趣的读者可查阅其他资料,这里不再讨论。

3.2.5　扰动作用下的稳态误差分析

之前讨论的问题都是系统在给定输入作用下计算误差信号和稳态误差。但是,在实际的控制系统中,系统除了需要承受输入信号的作用外,还会受到各种扰动作用。比如,飞行器系统中的阻力和温控系统中的环境温度等。这些扰动将破坏系统输出和给定输入间的对应关系,使得系统的输出值偏离期望值,造成误差。

一般来说,给定输入作用下产生的误差通常称为系统给定误差,简称误差;而扰动作用

下产生的误差通常称为系统扰动误差。所以控制系统希望尽可能减小系统扰动误差。因此系统扰动误差的大小反映了系统的抗干扰能力。

带有扰动的反馈控制系统的系统方块图如图 3-19 所示，那么可以得到

$$\begin{cases} E(s)=R(s)-Y(s)H(s) \\ Y(s)=[G_1(s)E(s)+N(s)]G_2(s) \end{cases} \tag{3-82}$$

所以，

$$E(s)=R(s)-G_1(s)G_2(s)H(s)E(s)-G_2(s)H(s)N(s) \tag{3-83}$$

故系统在参考输入和扰动输入作用下的误差信号的拉普拉斯变换为

$$E(s)=\frac{1}{1+G_1(s)G_2(s)H(s)}R(s)-\frac{G_2(s)H(s)}{1+G_1(s)G_2(s)H(s)}N(s) \tag{3-84}$$

定义

$$G_e(s)=\frac{1}{1+G_1(s)G_2(s)H(s)} \tag{3-85}$$

为系统的给定误差传递函数。

$$G_{eN}(s)=-\frac{G_2(s)H(s)}{1+G_1(s)G_2(s)H(s)} \tag{3-86}$$

为系统的扰动误差传递函数，那么式(3-84)可以表示为

$$E(s)=G_e(s)R(s)+G_{eN}(s)N(s) \tag{3-87}$$

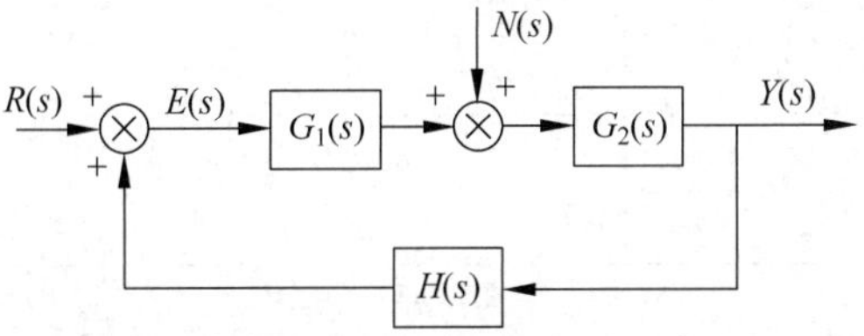

图 3-19　带有扰动的反馈控制系统的系统方块图

由此可以发现，系统的误差信号是由给定误差和扰动误差两部分构成的。可以通过分别计算两个误差来求得系统的总误差。计算系统在给定输入作用下的稳态误差可以利用之前介绍的终值定理法和误差系数法得到。由于不满足误差系数法的条件，计算系统在扰动作用下的稳态误差就只能采用终值定理法。

假设在如图 3-19 所示的系统中，$G_1(s)$、$G_2(s)$、$H(s)$为时间常数形式，即

$$G_1(s)=\frac{K_1B_1(s)}{s^{v_1}A_1(s)},\quad G_2(s)=\frac{K_2B_2(s)}{s^{v_2}A_2(s)},\quad H(s)=\frac{K_3B_3(s)}{s^{v_3}A_3(s)} \tag{3-88}$$

其中，K_1、K_2、K_3 为传递系数；v_1、v_2、v_3 为积分环节数。

假设扰动输入为

$$n(t)=\frac{A}{l!}t^l \tag{3-89}$$

其拉普拉斯变换为

$$N(s)=\mathcal{L}[n(t)]=\frac{A}{s^{l+1}} \tag{3-90}$$

则根据式(3-84)，扰动误差信号 $E_N(s)$ 为

$$
\begin{aligned}
E_{\mathrm{N}}(s) &= -\frac{G_2(s)H(s)}{1+G_1(s)G_2(s)H(s)}N(s) \\
&= -\frac{AK_2K_3s^{v_1}A_1(s)B_2(s)B_3(s)}{s^{l+1}\left[s^{v_1+v_2+v_3}A_1(s)A_2(s)A_3(s)+K_1K_2K_3B_1(s)B_2(s)B_3(s)\right]}
\end{aligned} \tag{3-91}
$$

假设系统中，$sE_{\mathrm{N}}(s)$满足终值定理法的条件，那么

$$
e_{\mathrm{ssn}} = \lim_{s\to 0} sE_{\mathrm{N}}(s) = -\lim_{s\to 0}\frac{AK_2K_3s^{v_1}A_1(s)B_2(s)B_3(s)}{s^{l}\left[s^{v_1+v_2+v_3}A_1(s)A_2(s)A_3(s)+K_1K_2K_3B_1(s)B_2(s)B_3(s)\right]} \tag{3-92}
$$

根据式(3-92)，可以得到如表 3-2 所示的结果。可以看出，系统扰动作用下的稳态误差基本上只与扰动信号的类型、扰动作用点之前的传递函数 $G_1(s)$的积分环节数 v_1、传递系数 K_1 有关。而给定输入下的稳态误差与给定输入信号类型、系统整个开环传递函数 $G_1(s)G_2(s)H(s)$的积分环节数和传递系数有关。所以在进行系统设计时，通常在 $G_1(s)$中增加积分环节数 v_1 或增大传递系数 K_1。这样既能够抑制给定输入引起的稳态误差，又能够抑制扰动输入引起的稳态误差。

表 3-2　扰动作用下的系统稳态误差 e_{ssn}

<table>
<tr><th>扰动输入 N(s)</th><th colspan="3">$G_1(s)$、$G_2(s)$、$H(s)$中所含积分环节数v_1、v_2、v_3</th><th>系统稳态误差 e_{ssn}</th></tr>
<tr><td rowspan="3">$l=0$
阶跃信号
$n(t)=A(t)$</td><td rowspan="2">$v_1=0$</td><td>$v_2=0$</td><td>$v_3=0$</td><td>$-\frac{AK_2K_3}{1+K_1K_2K_3}$</td></tr>
<tr><td colspan="2">$v_2\neq 0$ 或 $v_3\neq 0$</td><td>$-\frac{A}{K_1}$</td></tr>
<tr><td colspan="3">$v_1\geqslant 1$</td><td>0</td></tr>
<tr><td rowspan="3">$l=1$
斜坡信号
$n(t)=At$</td><td colspan="3">$v_1=0$</td><td>∞</td></tr>
<tr><td colspan="3">$v_1=1$</td><td>$-\frac{A}{K_1}$</td></tr>
<tr><td colspan="3">$v_1\geqslant 2$</td><td>0</td></tr>
<tr><td rowspan="3">$l=2$
抛物线信号
$n(t)=At^2/2$</td><td colspan="3">$v_1\leqslant 1$</td><td>∞</td></tr>
<tr><td colspan="3">$v_1=2$</td><td>$-\frac{A}{K_1}$</td></tr>
<tr><td colspan="3">$v_1\geqslant 3$</td><td>0</td></tr>
</table>

例 3-6　系统的方块图如图 3-20 所示。若系统的输入为 $r(t)=rt$，扰动输入为 $n(t)=at^2$。求系统总的稳态误差。

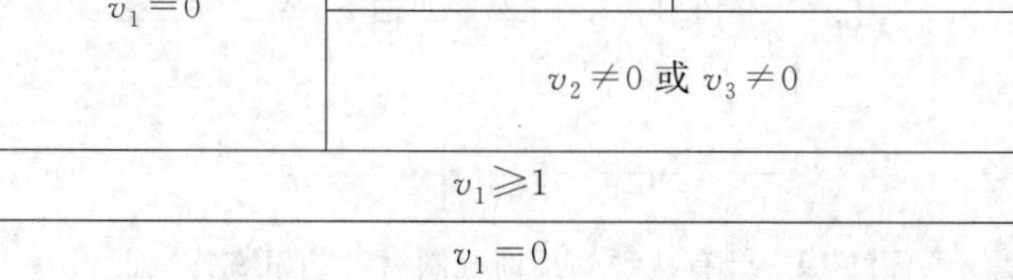

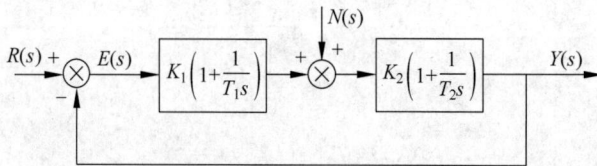

图 3-20　例 3-6 的系统方块图

解：由题得系统的开环传递函数为

$$G_1(s)G_2(s)H(s)=\frac{K_1K_2(1+T_1s)(1+T_2s)}{s^2T_1T_2}$$

对于给定输入来说，系统为一个Ⅱ型系统，故 $K_a=\dfrac{K_1K_2}{T_1T_2}$。当系统的输入为 $r(t)=rt$ 时，

$$e_{ssr}=0$$

对于扰动作用来说，$v_1=1$。那么当系统的扰动输入为 $n(t)=at^2$ 时，

$$e_{ssn}\to\infty$$

那么系统在给定斜坡输入和抛物线干扰的共同作用下，总的稳态误差为

$$e_{ss}=e_{ssr}+e_{ssn}\to\infty$$

3.3　连续系统状态方程的求解与分析

3.3.1　定常齐次状态方程的解

假设 n 维线性定常系统的状态方程为

$$\begin{cases}\dot{\boldsymbol{x}}(t)=\boldsymbol{Ax}(t)+\boldsymbol{Bu}(t), & t\geqslant t_0\\ \boldsymbol{x}(t_0)=\boldsymbol{x}_0\end{cases}\tag{3-93}$$

其中，$\boldsymbol{x}$ 为 n 维状态向量；$\boldsymbol{u}$ 为 r 维输入向量；$\boldsymbol{A}$ 为 $n\times n$ 阶常数系统矩阵；$\boldsymbol{B}$ 为 $n\times r$ 阶常数输入矩阵。

对控制系统的动态响应进行分析，其实就是对系统的状态响应 $\boldsymbol{x}(t)$ 进行研究，讨论系统状态随时间的变化规律。

当输入变量 $\boldsymbol{u}=\boldsymbol{0}$ 时，式(3-93)为定常齐次状态方程

$$\dot{\boldsymbol{x}}(t)=\boldsymbol{Ax}(t)\tag{3-94}$$

此时系统无输入控制作用，处于由初始状态引起的自由运动状态，因此定常齐次状态方程的解也称为自由响应。

如果假设系统的初始状态 $\boldsymbol{x}(t)\big|_{t=t_0}=\boldsymbol{x}(t_0)$，设式(3-94)的解为向量幂级数

$$\boldsymbol{x}(t)=\boldsymbol{b}_0+\boldsymbol{b}_1(t-t_0)+\boldsymbol{b}_2(t-t_0)^2+\cdots+\boldsymbol{b}_k(t-t_0)^k+\cdots\tag{3-95}$$

将这个解代入式(3-94)，可得

$$\begin{aligned}&\boldsymbol{b}_1+2\boldsymbol{b}_2(t-t_0)+3\boldsymbol{b}_3(t-t_0)^2+\cdots+k\boldsymbol{b}_k(t-t_0)^{k-1}+\cdots\\&=\boldsymbol{A}[\boldsymbol{b}_0+\boldsymbol{b}_1(t-t_0)+\boldsymbol{b}_2(t-t_0)^2+\cdots+\boldsymbol{b}_k(t-t_0)^k+\cdots]\end{aligned}\tag{3-96}$$

等式两边同幂次项的系数应相等，即

$$\begin{cases}\boldsymbol{b}_1=\boldsymbol{Ab}_0\\ \boldsymbol{b}_2=\dfrac{1}{2}\boldsymbol{Ab}_1=\dfrac{1}{2!}\boldsymbol{A}^2\boldsymbol{b}_0\\ \boldsymbol{b}_3=\dfrac{1}{3}\boldsymbol{Ab}_2=\dfrac{1}{3!}\boldsymbol{A}^3\boldsymbol{b}_0\\ \quad\vdots\\ \boldsymbol{b}_k=\dfrac{1}{k!}\boldsymbol{A}^k\boldsymbol{b}_0\end{cases}\tag{3-97}$$

将初始条件$\boldsymbol{x}(t)\big|_{t=t_0}=\boldsymbol{x}(t_0)$代入式(3-95)，有 $\boldsymbol{b}_0=\boldsymbol{x}(t_0)$，所以式(3-94)的解为

$$\boldsymbol{x}(t)=\left[\boldsymbol{I}+\boldsymbol{A}(t-t_0)+\frac{1}{2!}\boldsymbol{A}^2(t-t_0)^2+\cdots+\frac{1}{k!}\boldsymbol{A}^k(t-t_0)^k+\cdots\right]\boldsymbol{x}(t_0) \tag{3-98}$$

依照标量指数函数 $\mathrm{e}^{a(t-t_0)}=1+a(t-t_0)+\frac{1}{2!}a^2(t-t_0)^2+\cdots+\frac{1}{k!}a^k(t-t_0)^k+\cdots=\sum_{k=0}^{\infty}\frac{1}{k!}a^k(t-t_0)^k$ 的级数表现形式，将式(3-98) 右端方括号的矩阵级数记为矩阵指数函数，即

$$\begin{aligned}\mathrm{e}^{\boldsymbol{A}(t-t_0)}&=\boldsymbol{I}+\boldsymbol{A}(t-t_0)+\frac{1}{2!}\boldsymbol{A}^2(t-t_0)^2+\cdots+\frac{1}{k!}\boldsymbol{A}^k(t-t_0)^k+\cdots\\&=\sum_{k=0}^{\infty}\frac{1}{k!}\boldsymbol{A}^k(t-t_0)^k\end{aligned} \tag{3-99}$$

与矩阵 $\boldsymbol{A}$ 一样，$\mathrm{e}^{\boldsymbol{A}(t-t_0)}$ 是一个 $n\times n$ 阶矩阵，且规定 $\boldsymbol{A}^0=\boldsymbol{I}$。并且，可以证明，对于任意的矩阵 $\boldsymbol{A}$ 该矩阵级数绝对收敛。而对于 $\boldsymbol{A}=\boldsymbol{0}$，有 $\mathrm{e}^{\boldsymbol{A}t}=\mathrm{e}^0=\boldsymbol{I}$。

所以，定常齐次状态方程的解为

$$\boldsymbol{x}(t)=\mathrm{e}^{\boldsymbol{A}(t-t_0)}\boldsymbol{x}(t_0) \tag{3-100}$$

式(3-100)表明，线性定常系统自由运动的状态 $\boldsymbol{x}(t)$可以看作是由它的初始状态 $\boldsymbol{x}(t_0)$通过矩阵指数 $\mathrm{e}^{\boldsymbol{A}(t-t_0)}$ 的转移作用而得到。

3.3.2 状态转移矩阵

1. 状态转移矩阵的定义

由 3.3.1 节的介绍可知，如果假设初始时刻为 t_0，$\boldsymbol{x}(t_0)=\boldsymbol{x}_0$，那么定常齐次状态方程的解为

$$\boldsymbol{x}(t)=\mathrm{e}^{\boldsymbol{A}(t-t_0)}\boldsymbol{x}_0,\quad t\geqslant t_0 \tag{3-101}$$

当 $t=t_0$ 时，满足

$$\mathrm{e}^{\boldsymbol{A}(t-t_0)}=\mathrm{e}^{\boldsymbol{A}0}=\boldsymbol{I} \tag{3-102}$$

如果把 $\mathrm{e}^{\boldsymbol{A}(t-t_0)}$ 看作一个时变的变换矩阵，那么它起到了状态转移的作用。即通过变换将 t_0 时刻的状态向量 $\boldsymbol{x}(t_0)$转移到 t 时刻的状态向量 $\boldsymbol{x}(t)$。因此，矩阵指数函数 $\mathrm{e}^{\boldsymbol{A}(t-t_0)}$ 也称为状态转移矩阵，通常表示为

$$\boldsymbol{\Phi}(t-t_0)=\mathrm{e}^{\boldsymbol{A}(t-t_0)} \tag{3-103}$$

根据以上定义，在任意初始条件下，系统 $\dot{\boldsymbol{x}}(t)=\boldsymbol{A}\boldsymbol{x}(t)$的响应可以表示为

$$\boldsymbol{x}(t)=\boldsymbol{\Phi}(t-t_0)\boldsymbol{x}(t_0) \tag{3-104}$$

特别是当 $t_0=0$ 时，有

$$\boldsymbol{x}(t)=\boldsymbol{\Phi}(t)\boldsymbol{x}(0)=\mathrm{e}^{\boldsymbol{A}t}\boldsymbol{x}(0) \tag{3-105}$$

而

$$\mathrm{e}^{\boldsymbol{A}t}=\boldsymbol{I}+\boldsymbol{A}t+\frac{1}{2!}(\boldsymbol{A}t)^2+\frac{1}{3!}(\boldsymbol{A}t)^3+\cdots+\frac{1}{k!}(\boldsymbol{A}t)^k+\cdots$$

$$=\sum_{k=0}^{\infty}\frac{1}{k!}\boldsymbol{A}^{k}t^{k} \tag{3-106}$$

所以说，状态转移矩阵包含了系统自由运动的全部信息。若获得了系统的状态转移矩阵，则可以完全掌握系统的自由运动情况。

求解高阶微分方程时，对初始条件的处理是相当困难的。通常都是假定初始条件 $t=0,\boldsymbol{x}(0)=0$，再计算系统的输出响应。从上述分析可以看出，利用状态转移矩阵的组合特性，可以由任意指定的初始时刻的状态 $\boldsymbol{x}(t_0)$ 求得状态响应 $\boldsymbol{x}(t)$。也就是说，状态方程的求解，在时间上可以任意分段求取，这也是状态空间法的一个优点。

2. 状态转移矩阵的性质

为表达简便，后面的讨论中若不作说明，均为初始时刻 $t_0=0$，状态转移矩阵为$\boldsymbol{\Phi}(t)$的情况。从状态转移矩阵的定义式出发，可以得到以下重要性质，它们对于 $e^{\boldsymbol{A}t}$ 的计算和分析系统的运动特性都有重要的作用。

(1) 性质一：

$$\dot{\boldsymbol{\Phi}}(t)=\boldsymbol{A}\cdot\boldsymbol{\Phi}(t)=\boldsymbol{\Phi}(t)\cdot\boldsymbol{A} \tag{3-107}$$

证明：线性定常系统状态转移矩阵的定义为

$$\boldsymbol{\Phi}(t)=\boldsymbol{I}+\boldsymbol{A}t+\frac{1}{2!}(\boldsymbol{A}t)^2+\cdots+\frac{1}{k!}(\boldsymbol{A}t)^k+\cdots$$

对上式求导得

$$\begin{aligned}\dot{\boldsymbol{\Phi}}(t)&=\boldsymbol{A}+\boldsymbol{A}^2t+\cdots+\frac{1}{(k-1)!}\boldsymbol{A}^kt^{k-1}+\cdots\\&=\boldsymbol{A}\left(\boldsymbol{I}+\boldsymbol{A}t+\cdots+\frac{\boldsymbol{A}^{k-1}}{(k-1)!}t^{k-1}+\cdots\right)=\boldsymbol{A}\cdot\boldsymbol{\Phi}(t)\end{aligned}$$

又有

$$\begin{aligned}\dot{\boldsymbol{\Phi}}(t)&=\boldsymbol{A}+\boldsymbol{A}^2t+\cdots+\frac{1}{(k-1)!}\boldsymbol{A}^kt^{k-1}+\cdots\\&=\left(\boldsymbol{I}+\boldsymbol{A}t+\cdots+\frac{\boldsymbol{A}^{k-1}}{(k-1)!}t^{k-1}+\cdots\right)\boldsymbol{A}=\boldsymbol{\Phi}(t)\cdot\boldsymbol{A}\end{aligned}$$

(2) 性质二：

$$\boldsymbol{\Phi}(0)=\boldsymbol{I} \tag{3-108}$$

证明：将 $t=0$ 代入

$$\boldsymbol{\Phi}(t)=\boldsymbol{I}+\boldsymbol{A}t+\frac{1}{2!}(\boldsymbol{A}t)^2+\cdots+\frac{1}{k!}(\boldsymbol{A}t)^k+\cdots$$

即可得证。结合性质一，还可以得出$\dot{\boldsymbol{\Phi}}(0)=\boldsymbol{A}$。

(3) 性质三：

$$\boldsymbol{\Phi}(t_1\pm t_2)=\boldsymbol{\Phi}(t_1)\cdot\boldsymbol{\Phi}(\pm t_2)=\boldsymbol{\Phi}(\pm t_2)\cdot\boldsymbol{\Phi}(t_1) \tag{3-109}$$

证明：按照线性定常系统状态转移矩阵的定义可得

$$\begin{aligned}\boldsymbol{\Phi}(t_1)\cdot\boldsymbol{\Phi}(t_2)=&\left(\boldsymbol{I}+\boldsymbol{A}t_1+\frac{1}{2!}\boldsymbol{A}^2t_1^2+\cdots+\frac{\boldsymbol{A}^k}{k!}t_1^k+\cdots\right)\cdot\\&\left(\boldsymbol{I}+\boldsymbol{A}t_2+\frac{1}{2!}\boldsymbol{A}^2t_2^2+\cdots+\frac{\boldsymbol{A}^k}{k!}t_2^k+\cdots\right)\end{aligned}$$

$$=\boldsymbol{I}+\boldsymbol{A}(t_1+t_2)+\boldsymbol{A}^2\left(\frac{t_1^2}{2!}+t_1t_2+\frac{t_2^2}{2!}\right)+$$

$$\boldsymbol{A}^3\left(\frac{t_1^3}{3!}+\frac{1}{2!}t_1^2t_2+\frac{1}{2!}t_1t_2^2+\frac{t_2^2}{3!}\right)+\cdots$$

$$=\boldsymbol{I}+\boldsymbol{A}(t_1+t_2)+\frac{1}{2!}\boldsymbol{A}^2(t_1+t_2)^2+\frac{1}{3!}\boldsymbol{A}^2(t_1+t_2)^3+\cdots=\boldsymbol{\Phi}(t_1+t_2)$$

同理可证该性质的其他表达式。这一性质表明了状态转移矩阵的分解性,并由此易推出

$$[\boldsymbol{\Phi}(t)]^k=\boldsymbol{\Phi}(kt)$$

(4) 性质四:

$$[\boldsymbol{\Phi}(t)]^{-1}=\boldsymbol{\Phi}(-t) \tag{3-110}$$

证明:由性质三和性质二,有

$$\boldsymbol{\Phi}(t)\cdot\boldsymbol{\Phi}(-t)=\boldsymbol{\Phi}(t-t)=\boldsymbol{\Phi}(0)=\boldsymbol{I}$$

即$\boldsymbol{\Phi}(t)$和$\boldsymbol{\Phi}(-t)$互为逆矩阵。该性质表明了线性定常系统的状态转移矩阵(或矩阵指数函数)的逆矩阵总是存在的,因此它必是非奇异矩阵,即使矩阵 $\boldsymbol{A}$ 是奇异矩阵。

(5) 性质五:

$$\boldsymbol{\Phi}(t_2-t_0)=\boldsymbol{\Phi}(t_2-t_1)\cdot\boldsymbol{\Phi}(t_1-t_0) \tag{3-111}$$

证明:由式(3-104)有

$$\boldsymbol{x}(t_2)=\boldsymbol{\Phi}(t_2-t_1)\boldsymbol{x}(t_1)=\boldsymbol{\Phi}(t_2-t_0)\boldsymbol{x}(t_0)$$

$$\boldsymbol{x}(t_1)=\boldsymbol{\Phi}(t_1-t_0)\boldsymbol{x}(t_0)$$

所以可得等式

$$\boldsymbol{\Phi}(t_2-t_0)\boldsymbol{x}(t_0)=\boldsymbol{\Phi}(t_2-t_1)\boldsymbol{\Phi}(t_1-t_0)\boldsymbol{x}(t_0)$$

性质五得证。该性质表明系统的状态转移具有传递性,即 $t_0\sim t_2$ 的状态转移,可分段为 $t_0\sim t_1$ 的转移和 $t_1\sim t_2$ 的转移两部分。

(6) 性质六:当且仅当 $\boldsymbol{AB}=\boldsymbol{BA}$,即矩阵 $\boldsymbol{A}$ 和 $\boldsymbol{B}$ 可交换时,有

$$\mathrm{e}^{\boldsymbol{A}t}\mathrm{e}^{\boldsymbol{B}t}=\mathrm{e}^{(\boldsymbol{A}+\boldsymbol{B})t} \tag{3-112}$$

证明:当矩阵 $\boldsymbol{A}$ 和 $\boldsymbol{B}$ 的维数相同时,有

$$\mathrm{e}^{\boldsymbol{A}t}\mathrm{e}^{\boldsymbol{B}t}=\left(\boldsymbol{I}+\boldsymbol{A}t+\frac{1}{2!}\boldsymbol{A}^2t^2+\cdots+\frac{\boldsymbol{A}^k}{k!}t^k+\cdots\right)\cdot\left(\boldsymbol{I}+\boldsymbol{B}t+\frac{1}{2!}\boldsymbol{B}^2t^2+\cdots+\frac{\boldsymbol{B}^k}{k!}t^k+\cdots\right)$$

$$=\boldsymbol{I}+(\boldsymbol{A}+\boldsymbol{B})t+\left(\frac{1}{2!}\boldsymbol{A}^2+\boldsymbol{AB}+\frac{1}{2!}\boldsymbol{B}^2\right)t^2+$$

$$\left(\frac{1}{3!}\boldsymbol{A}^3+\frac{1}{2!}\boldsymbol{A}^2\boldsymbol{B}+\frac{1}{2!}\boldsymbol{AB}^2+\frac{1}{3!}\boldsymbol{B}^3\right)t^3+\cdots$$

而

$$\mathrm{e}^{(\boldsymbol{A}+\boldsymbol{B})t}=\boldsymbol{I}+(\boldsymbol{A}+\boldsymbol{B})t+\frac{1}{2!}(\boldsymbol{A}+\boldsymbol{B})^2t^2+\frac{1}{3!}(\boldsymbol{A}+\boldsymbol{B})^3t^3+\cdots$$

$$=\boldsymbol{I}+(\boldsymbol{A}+\boldsymbol{B})t+\frac{1}{2!}(\boldsymbol{A}^2+\boldsymbol{AB}+\boldsymbol{BA}+\boldsymbol{B}^2)t^2+$$

$$\frac{1}{3!}(\boldsymbol{A}^3+\boldsymbol{ABA}+\boldsymbol{BA}^2+\boldsymbol{A}^2\boldsymbol{B}+\boldsymbol{AB}^2+\boldsymbol{B}^2\boldsymbol{A}+\boldsymbol{BAB}+\boldsymbol{B}^3)t^3+\cdots$$

比较两式可以看出，当且仅当 $\boldsymbol{AB}=\boldsymbol{BA}$ 时，性质六得证。

(7) 性质七：

$$\mathcal{L}[\mathrm{e}^{\boldsymbol{A}t}]=(s\boldsymbol{I}-\boldsymbol{A})^{-1} \tag{3-113}$$

证明：对状态转移矩阵取拉普拉斯变换，可得

$$\mathcal{L}[\mathrm{e}^{\boldsymbol{A}t}]=\mathcal{L}\left[\sum_{k=0}^{\infty}\frac{\boldsymbol{A}^k}{k!}t^k\right]=\sum_{k=0}^{\infty}\frac{\boldsymbol{A}^k}{k!}\mathcal{L}[t^k]=\sum_{k=0}^{\infty}\frac{\boldsymbol{A}^k}{k!}\cdot\frac{k!}{s^{k+1}}=\sum_{k=0}^{\infty}\frac{\boldsymbol{A}^k}{s^{k+1}}$$

用在上式两边 $(s\boldsymbol{I}-\boldsymbol{A})$ 左乘，得

$$(s\boldsymbol{I}-\boldsymbol{A})\mathcal{L}[\mathrm{e}^{\boldsymbol{A}t}]=(s\boldsymbol{I}-\boldsymbol{A})\sum_{k=0}^{\infty}\frac{\boldsymbol{A}^k}{s^{k+1}}=\sum_{k=0}^{\infty}\frac{\boldsymbol{A}^k}{s^k}-\sum_{k=0}^{\infty}\frac{\boldsymbol{A}^{k+1}}{s^{k+1}}=\frac{\boldsymbol{A}^0}{s^0}=\boldsymbol{I}$$

显然，性质七得证。该性质也表明，无论系统矩阵 $\boldsymbol{A}$ 是否奇异，多项式矩阵 $(s\boldsymbol{I}-\boldsymbol{A})$ 必非奇异。

(8) 性质八：非奇异变换将系统矩阵 $\boldsymbol{A}$ 变换为 $\bar{\boldsymbol{A}}=\boldsymbol{T}^{-1}\boldsymbol{AT}$，状态转移矩阵 $\boldsymbol{\Phi}(t)$ 有同样的变换，即

$$\bar{\boldsymbol{\Phi}}(t)=\boldsymbol{T}^{-1}\boldsymbol{\Phi}(t)\boldsymbol{T} \tag{3-114}$$

其中，$\bar{\boldsymbol{\Phi}}(t)$ 为在新状态空间的状态转移矩阵，即 $\bar{\boldsymbol{\Phi}}(t)=\mathrm{e}^{\bar{\boldsymbol{A}}t}$。

证明：由 $\bar{\boldsymbol{A}}=\boldsymbol{T}^{-1}\boldsymbol{AT}$ 和 $\bar{\boldsymbol{\Phi}}(t)=\mathrm{e}^{\bar{\boldsymbol{A}}t}$，且 $(\boldsymbol{T}^{-1}\boldsymbol{AT})^k=\boldsymbol{T}^{-1}\boldsymbol{A}^k\boldsymbol{T}$，可得

$$\begin{aligned}\bar{\boldsymbol{\Phi}}(t)&=\mathrm{e}^{\bar{\boldsymbol{A}}t}=\mathrm{e}^{\boldsymbol{T}^{-1}\boldsymbol{AT}t}=\sum_{k=0}^{\infty}\frac{t^k}{k!}(\boldsymbol{T}^{-1}\boldsymbol{AT})^k=\sum_{k=0}^{\infty}\frac{t^k}{k!}(\boldsymbol{T}^{-1}\boldsymbol{A}^k\boldsymbol{T})\\&=\boldsymbol{T}^{-1}\left(\sum_{k=0}^{\infty}\frac{t^k}{k!}\boldsymbol{A}^k\right)\boldsymbol{T}=\boldsymbol{T}^{-1}\boldsymbol{\Phi}(t)\boldsymbol{T}\end{aligned}$$

(9) 性质九：对角矩阵 $\boldsymbol{A}=\mathrm{diag}[\lambda_1,\lambda_2,\cdots,\lambda_n]$ 的状态转移矩阵也是对角矩阵，即

$$\mathrm{e}^{\boldsymbol{A}t}=\mathrm{diag}[\mathrm{e}^{\lambda_1 t},\mathrm{e}^{\lambda_2 t},\cdots,\mathrm{e}^{\lambda_n t}] \tag{3-115}$$

证明：对于对角矩阵 $\boldsymbol{A}=\mathrm{diag}[\lambda_1,\lambda_2,\cdots,\lambda_n]$，显然有

$$\boldsymbol{A}^k=\mathrm{diag}[\lambda_1^k,\lambda_2^k,\cdots,\lambda_n^k]$$

代入到式(3-106)中，即得

$$\begin{aligned}\mathrm{e}^{\boldsymbol{A}t}&=\sum_{k-0}^{\infty}\frac{1}{k!}\mathrm{diag}[\lambda_1^k,\lambda_2^k,\cdots,\lambda_n^k]t^k\\&=\mathrm{diag}\left[\sum_{k=0}^{\infty}\frac{1}{k!}\lambda_1^k t^k,\sum_{k=0}^{\infty}\frac{1}{k!}\lambda_2^k t^k,\cdots,\sum_{k=0}^{\infty}\frac{1}{k!}\lambda_n^k t^k\right]\end{aligned}$$

对于标量无穷级数，有

$$\mathrm{e}^{\lambda_i t}=\sum_{k=0}^{\infty}\frac{1}{k!}\lambda_i^k t^k$$

性质九得证。

(10) 性质十：约当矩阵 $\boldsymbol{A}=\begin{bmatrix}\lambda & 1 & & 0\\ & \lambda & \ddots & \\ & & \ddots & 1\\ 0 & & & \lambda\end{bmatrix}_{n\times n}$ 的状态转移矩阵是右上三角阵，即

$$e^{\boldsymbol{A}t}=e^{\lambda t}\cdot\begin{bmatrix}1 & t & \frac{1}{2!}t^2 & \cdots & \frac{t^{n-1}}{(n-1)!}\\ 0 & 1 & t & \cdots & \frac{t^{n-2}}{(n-2)!}\\ 0 & 0 & 1 & \cdots & \vdots\\ \vdots & \vdots & \vdots & \ddots & t\\ 0 & 0 & 0 & \cdots & 1\end{bmatrix}_{n\times n} \tag{3-116}$$

性质十也可与性质九类似地根据矩阵指数函数 $e^{\boldsymbol{A}t}$ 的定义证明。

需注意,虽然对线性定常系统来说,矩阵指数函数 $e^{\boldsymbol{A}(t-t_0)}$ 与状态转移矩阵 $\boldsymbol{\Phi}(t-t_0)$ 等价,但是两者在概念上有着本质差异。矩阵指数函数 $e^{\boldsymbol{A}(t-t_0)}$ 只代表一个数学函数。而状态转移矩阵 $\boldsymbol{\Phi}(t-t_0)$ 具有一般性,它不仅适用于线性连续定常系统,而且适用于离散系统、时变系统。所以用状态转移矩阵的概念可写出各种系统解的统一形式。

3. 状态转移矩阵的计算方法

对于线性定常系统来说,矩阵指数函数 $e^{\boldsymbol{A}t}$ 与状态转移矩阵 $\boldsymbol{\Phi}(t)$ 等价,所以常见的计算情况有以下几种。

1) 按定义求解

根据式(3-106)直接计算矩阵指数函数 $e^{\boldsymbol{A}t}$,虽然这个方法简单,但是一般难以得到的解析结果。所以它适用于利用计算机进行计算。

例 3-7 设系统矩阵 $\boldsymbol{A}=\begin{bmatrix}0 & 1\\ -2 & -3\end{bmatrix}$,按定义求解系统的矩阵指数函数 $e^{\boldsymbol{A}t}$。

解:将系统矩阵 $\boldsymbol{A}$ 代入式(3-106),得

$$\begin{aligned}
e^{\boldsymbol{A}t}&=\boldsymbol{I}+\boldsymbol{A}t+\frac{1}{2!}(\boldsymbol{A}t)^2+\frac{1}{3!}(\boldsymbol{A}t)^3+\cdots+\frac{1}{k!}(\boldsymbol{A}t)^k+\cdots\\
&=\begin{bmatrix}1 & 0\\ 0 & 1\end{bmatrix}+\begin{bmatrix}0 & 1\\ -2 & -3\end{bmatrix}t+\frac{1}{2!}\begin{bmatrix}0 & 1\\ -2 & -3\end{bmatrix}^2 t^2+\\
&\quad\frac{1}{3!}\begin{bmatrix}0 & 1\\ -2 & -3\end{bmatrix}^3 t^3+\frac{1}{4!}\begin{bmatrix}0 & 1\\ -2 & -3\end{bmatrix}^4 t^4\cdots\\
&=\begin{bmatrix}1 & 0\\ 0 & 1\end{bmatrix}+\begin{bmatrix}0 & 1\\ -2 & -3\end{bmatrix}t+\frac{1}{2}\begin{bmatrix}-2 & -3\\ 6 & 7\end{bmatrix}t^2+\\
&\quad\frac{1}{3!}\begin{bmatrix}6 & 7\\ -14 & -15\end{bmatrix}t^3+\frac{1}{4!}\begin{bmatrix}-14 & -15\\ 30 & 31\end{bmatrix}t^4\cdots\\
&=\begin{bmatrix}1-\frac{1}{2!}2t^2+\frac{1}{3!}6t^3-\frac{1}{4!}14t^4+\cdots & t-\frac{1}{2!}3t^2+\frac{1}{3!}7t^3-\frac{1}{4!}15t^4+\cdots\\ -2t+\frac{1}{2!}6t^2-\frac{1}{3!}14t^3+\frac{1}{4!}30t^4+\cdots & 1-3t+\frac{1}{2!}7t^2-\frac{1}{3!}15t^3+\frac{1}{4!}31t^4+\cdots\end{bmatrix}
\end{aligned}$$

通过级数求和可以得到闭合解

$$e^{\boldsymbol{A}t}=\begin{bmatrix}2e^{-t}-e^{-2t} & e^{-t}-e^{-2t}\\ -2e^{-t}+2e^{-2t} & -e^{-t}+2e^{-2t}\end{bmatrix}$$

但是在一般情况下,很难求得闭合解。所以,这个方法更适合利用计算机进行数值计算。

2）拉普拉斯变换法求解

由式(3-113)可知，系统的矩阵指数函数 $e^{\boldsymbol{A}t}$ 可以通过系统的预解矩阵 $(s\boldsymbol{I}-\boldsymbol{A})^{-1}$ 的拉普拉斯逆变换得到。但是这种方法需要求解系统的预解矩阵 $(s\boldsymbol{I}-\boldsymbol{A})^{-1}$，这是对一个非常数矩阵求逆运算。所以，这个方法不适合计算较高阶次系统的矩阵指数函数。

例 3-8　设系统矩阵 $\boldsymbol{A}=\begin{bmatrix}0 & 1\\ 4 & 3\end{bmatrix}$，利用拉普拉斯变换法求解系统的矩阵指数函数 $e^{\boldsymbol{A}t}$。

解：由题意得

$$s\boldsymbol{I}-\boldsymbol{A}=\begin{bmatrix}s & -1\\ -4 & s-3\end{bmatrix}$$

故系统的预解矩阵为

$$(s\boldsymbol{I}-\boldsymbol{A})^{-1}=\frac{1}{(s-4)(s+1)}\begin{bmatrix}s-3 & 1\\ 4 & s\end{bmatrix}=\begin{bmatrix}\dfrac{0.2}{s-4}+\dfrac{0.8}{s+1} & \dfrac{0.2}{s-4}-\dfrac{0.2}{s+1}\\ \dfrac{0.8}{s-4}-\dfrac{0.8}{s+1} & \dfrac{0.8}{s-4}+\dfrac{0.2}{s+1}\end{bmatrix}$$

求拉普拉斯逆变换，得

$$e^{\boldsymbol{A}t}=\mathcal{L}^{-1}\left[(s\boldsymbol{I}-\boldsymbol{A})^{-1}\right]=\begin{bmatrix}0.2e^{4t}+0.8e^{-t} & 0.2e^{4t}-0.2e^{-t}\\ 0.8e^{4t}-0.8e^{-t} & 0.8e^{4t}+0.2e^{-t}\end{bmatrix}$$

3）利用特征值规范型求解

根据线性定常系统状态转移矩阵的性质九或性质十，特征值规范型的系统矩阵 $\boldsymbol{A}$ 对应了相应的矩阵指数函数 $e^{\boldsymbol{A}t}$。所以，可以通过非奇异变换，先将系统矩阵 $\boldsymbol{A}$ 变换为标准的特征值规范型矩阵的形式。这样就可以在新状态空间中得到具有对角线型或者约当型的矩阵指数函数。然后，再根据线性定常系统转移矩阵的性质八，实施逆变换，就能得到原状态空间的状态转移矩阵。如图 3-21 表示了利用特征值规范型求解矩阵指数函数 $e^{\boldsymbol{A}t}$ 的原理。

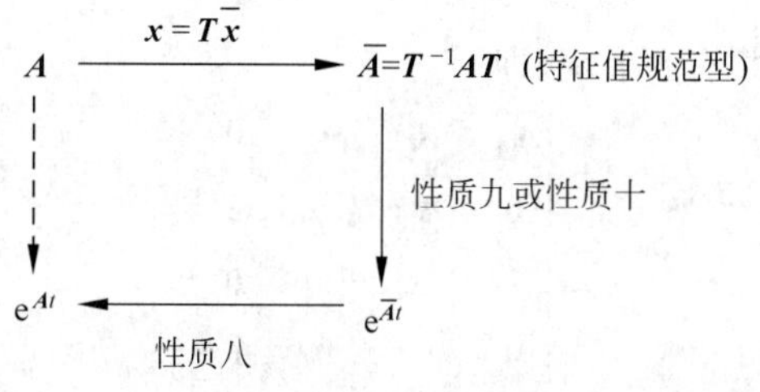

图 3-21　利用特征值规范型求解矩阵指数函数 $e^{\boldsymbol{A}t}$

例 3-9　设系统矩阵 $\boldsymbol{A}=\begin{bmatrix}0 & 1\\ -2 & -3\end{bmatrix}$，利用特征值规范型求系统的矩阵指数函数 $e^{\boldsymbol{A}t}$。

解：由题得系统的特征方程为

$$\det(\lambda\boldsymbol{I}-\boldsymbol{A})=\det\begin{bmatrix}\lambda & 1\\ -2 & \lambda+3\end{bmatrix}=\lambda^2+3\lambda+2=0$$

所以系统的特征值为 $\lambda_1=-1$，$\lambda_2=-2$。

设非奇异矩阵 $\boldsymbol{T}=[\boldsymbol{t}_1\quad \boldsymbol{t}_2]$，其中 $\boldsymbol{t}_1$ 对应于特征值 λ_1 的特征向量，$\boldsymbol{t}_1=\begin{bmatrix}t_{11}\\ t_{21}\end{bmatrix}$；$\boldsymbol{t}_2$ 对应

于特征值 λ_2 的特征向量,$\boldsymbol{t}_2=\begin{bmatrix}t_{12}\\t_{22}\end{bmatrix}$。

由方程

$$\boldsymbol{A}\boldsymbol{t}_1=\lambda_1\boldsymbol{t}_1\Rightarrow\begin{bmatrix}0&1\\-2&-3\end{bmatrix}\begin{bmatrix}t_{11}\\t_{21}\end{bmatrix}=(-1)\begin{bmatrix}t_{11}\\t_{21}\end{bmatrix}$$

$$\boldsymbol{A}\boldsymbol{t}_2=\lambda_2\boldsymbol{t}_2\Rightarrow\begin{bmatrix}0&1\\-2&-3\end{bmatrix}\begin{bmatrix}t_{12}\\t_{22}\end{bmatrix}=(-2)\begin{bmatrix}t_{12}\\t_{22}\end{bmatrix}$$

可得

$$\boldsymbol{t}_1=\begin{bmatrix}t_{11}\\t_{21}\end{bmatrix}=\begin{bmatrix}1\\-1\end{bmatrix},\quad \boldsymbol{t}_2=\begin{bmatrix}t_{12}\\t_{22}\end{bmatrix}=\begin{bmatrix}1\\-2\end{bmatrix}$$

所以

$$\boldsymbol{T}=\begin{bmatrix}t_{11}&t_{12}\\t_{21}&t_{22}\end{bmatrix}=\begin{bmatrix}1&1\\-1&-2\end{bmatrix},\quad \boldsymbol{T}^{-1}=\begin{bmatrix}2&1\\-1&-1\end{bmatrix}$$

变换后的对角阵为

$$\boldsymbol{A}=\boldsymbol{T}^{-1}\boldsymbol{A}\boldsymbol{T}=\begin{bmatrix}2&1\\-1&-1\end{bmatrix}\begin{bmatrix}0&1\\-2&-3\end{bmatrix}\begin{bmatrix}1&1\\-1&-2\end{bmatrix}=\begin{bmatrix}-1&0\\0&-2\end{bmatrix}$$

最终可以得到系统的矩阵指数函数为

$$\mathrm{e}^{\boldsymbol{A}t}=\boldsymbol{T}\mathrm{e}^{\boldsymbol{A}t}\boldsymbol{T}^{-1}=\begin{bmatrix}1&1\\-1&-2\end{bmatrix}\begin{bmatrix}\mathrm{e}^{-t}&0\\0&\mathrm{e}^{-2t}\end{bmatrix}\begin{bmatrix}2&1\\-1&-1\end{bmatrix}=\begin{bmatrix}2\mathrm{e}^{-t}-\mathrm{e}^{-2t}&\mathrm{e}^{-t}-\mathrm{e}^{-2t}\\-2\mathrm{e}^{-t}+2\mathrm{e}^{-2t}&-\mathrm{e}^{-t}+2\mathrm{e}^{-2t}\end{bmatrix}$$

这与例 3-7 的结果一致。

值得说明的是,例 3-9 中的 $\boldsymbol{A}$ 为友矩阵,可以直接将变换矩阵 $\boldsymbol{T}$ 写为范德蒙特矩阵形式,与上述变换矩阵一致。

另外,当系统矩阵 $\boldsymbol{A}$ 共有 l 个块,即

$$\boldsymbol{A}=\begin{bmatrix}\boldsymbol{A}_1&\boldsymbol{0}&\cdots&\boldsymbol{0}\\\boldsymbol{0}&\boldsymbol{A}_2&\ddots&\vdots\\\vdots&\ddots&\ddots&\boldsymbol{0}\\\boldsymbol{0}&\cdots&\boldsymbol{0}&\boldsymbol{A}_l\end{bmatrix}_{n\times n}\tag{3-117}$$

其中,$\boldsymbol{A}_1$, $\boldsymbol{A}_2$,…, $\boldsymbol{A}_l$ 为不同的对角块或约当块。可以得到系统的矩阵指数函数

$$\mathrm{e}^{\boldsymbol{A}t}=\begin{bmatrix}\mathrm{e}^{\boldsymbol{A}_1t}&\boldsymbol{0}&\cdots&\boldsymbol{0}\\\boldsymbol{0}&\mathrm{e}^{\boldsymbol{A}_2t}&\ddots&\vdots\\\vdots&\ddots&\ddots&\boldsymbol{0}\\\boldsymbol{0}&\cdots&\boldsymbol{0}&\mathrm{e}^{\boldsymbol{A}_lt}\end{bmatrix}_{n\times n}\tag{3-118}$$

例 3-10 设系统矩阵 $\boldsymbol{A}=\begin{bmatrix}-2&1&0&0\\0&-2&0&0\\0&0&-3&1\\0&0&0&-3\end{bmatrix}$,求系统的矩阵指数函数 $\mathrm{e}^{\boldsymbol{A}t}$。

解：由题得矩阵 $\boldsymbol{A}$ 可以表示为 $\boldsymbol{A}=\begin{bmatrix}\boldsymbol{A}_1 & \boldsymbol{0}\\ \boldsymbol{0} & \boldsymbol{A}_2\end{bmatrix}$，其中 $\boldsymbol{A}_1=\begin{bmatrix}-2 & 1\\ 0 & -2\end{bmatrix}$，$\boldsymbol{A}_2=\begin{bmatrix}-3 & 1\\ 0 & -3\end{bmatrix}$。那么根据式(3-116)和式(3-118)可以直接得到

$$
\mathrm{e}^{\boldsymbol{A}t}=\begin{bmatrix}\mathrm{e}^{-2t} & t\mathrm{e}^{-2t} & 0 & 0\\ 0 & \mathrm{e}^{-2t} & 0 & 0\\ 0 & 0 & \mathrm{e}^{-3t} & t\mathrm{e}^{-3t}\\ 0 & 0 & 0 & \mathrm{e}^{-3t}\end{bmatrix}
$$

4) 利用凯莱-哈密顿定理求解

根据凯莱-哈密顿(Cayley-Hamilton)定理，矩阵 $\boldsymbol{A}$ 满足其自身的特征方程，即如果矩阵 $\boldsymbol{A}$ 的特征多项式为 $\varphi(s)=s^n+a_{n-1}s^{n-1}+\cdots+a_1s+a_0$，则有

$$
\varphi(\boldsymbol{A})=\boldsymbol{A}^n+a_{n-1}\boldsymbol{A}^{n-1}+\cdots+a_1\boldsymbol{A}+a_0\boldsymbol{I}=\boldsymbol{0}
$$

于是，$\boldsymbol{A}^n$ 可表示为 $\boldsymbol{A}^{n-1},\cdots,\boldsymbol{A},\boldsymbol{I}$ 的线性组合，即

$$
\boldsymbol{A}^n=-a_{n-1}\boldsymbol{A}^{n-1}-a_{n-2}\boldsymbol{A}^{n-2}-\cdots-a_1\boldsymbol{A}-a_0\boldsymbol{I}
$$

同理，对于 $\boldsymbol{A}^{n+1}$ 有

$$
\begin{aligned}
\boldsymbol{A}^{n+1}&=\boldsymbol{A}\cdot\boldsymbol{A}^n=-a_{n-1}\boldsymbol{A}^n-a_{n-2}\boldsymbol{A}^{n-1}-\cdots-a_1\boldsymbol{A}^2-a_0\boldsymbol{A}\\
&=-a_{n-1}(-a_{n-1}\boldsymbol{A}^{n-1}-a_{n-2}\boldsymbol{A}^{n-2}-\cdots-a_1\boldsymbol{A}-a_0\boldsymbol{I})-a_{n-2}\boldsymbol{A}^{n-1}-\cdots-a_1\boldsymbol{A}^2-a_0\boldsymbol{A}\\
&=(a_{n-1}^2-a_{n-2})\boldsymbol{A}^{n-1}+(a_{n-1}a_{n-2}-a_{n-2})\boldsymbol{A}^{n-2}+\cdots+(a_{n-1}a_1-a_0)\boldsymbol{A}+a_{n-1}a_0\boldsymbol{I}
\end{aligned}
$$

即 $\boldsymbol{A}^{n+1}$ 也可表示为 $\boldsymbol{A}^{n-1},\cdots,\boldsymbol{A},\boldsymbol{I}$ 的线性组合。以此类推，$\boldsymbol{A}_k(k\geqslant n)$ 都可表示为 $\boldsymbol{A}^{n-1},\cdots,\boldsymbol{A},\boldsymbol{I}$ 的线性组合。于是有

$$
\begin{aligned}
\mathrm{e}^{\boldsymbol{A}t}&=\boldsymbol{I}+\boldsymbol{A}t+\frac{1}{2!}(\boldsymbol{A}t)^2+\frac{1}{3!}(\boldsymbol{A}t)^3+\cdots+\frac{1}{k!}(\boldsymbol{A}t)^k+\cdots\\
&=\alpha_0(t)\boldsymbol{I}+\alpha_1(t)\boldsymbol{A}+\cdots+\alpha_{n-1}(t)\boldsymbol{A}^{n-1}=\sum_{k=0}^{n-1}\alpha_k(t)\boldsymbol{A}^k
\end{aligned}
\tag{3-119}
$$

其中，$\alpha_k(t),k=0,1,2,\cdots,n-1$ 为待定系数。

(1) 矩阵 $\boldsymbol{A}$ 有互异的 n 个特征根 $\lambda_1,\lambda_2,\cdots,\lambda_n$，$\alpha_k(t)$ 由下式决定：

$$
\begin{bmatrix}\alpha_0(t)\\ \alpha_1(t)\\ \vdots\\ \alpha_{n-1}(t)\end{bmatrix}=\begin{bmatrix}1 & \lambda_1 & \lambda_1^2 & \cdots & \lambda_1^{n-1}\\ 1 & \lambda_2 & \lambda_2^2 & \cdots & \lambda_2^{n-1}\\ \vdots & \vdots & \vdots & \ddots & \vdots\\ 1 & \lambda_n & \lambda_n^2 & \cdots & \lambda_n^{n-1}\end{bmatrix}^{-1}\begin{bmatrix}\mathrm{e}^{\lambda_1t}\\ \mathrm{e}^{\lambda_2t}\\ \vdots\\ \mathrm{e}^{\lambda_nt}\end{bmatrix}
\tag{3-120}
$$

这是由于当矩阵 $\boldsymbol{A}$ 有互异的 n 个特征根 $\lambda_1,\lambda_2,\cdots,\lambda_n$，由式(2-76)，有

$$
\boldsymbol{A}=\boldsymbol{T}\bar{\boldsymbol{A}}\boldsymbol{T}^{-1}=\boldsymbol{T}\mathrm{diag}[\lambda_1\quad\lambda_2\quad\cdots\quad\lambda_n]\boldsymbol{T}^{-1}
$$

注意到 $\boldsymbol{A}^k=(\boldsymbol{T}\bar{\boldsymbol{A}}\boldsymbol{T}^{-1})^k=\boldsymbol{T}\bar{\boldsymbol{A}}^k\boldsymbol{T}^{-1}$ 的事实，由式(3-119)，有

$$
\begin{aligned}
\mathrm{e}^{\boldsymbol{A}t}&=\alpha_0(t)\boldsymbol{I}+\alpha_1(t)\boldsymbol{A}+\cdots+\alpha_{n-1}(t)\boldsymbol{A}^{n-1}\\
&=\alpha_0(t)\boldsymbol{T}\boldsymbol{T}^{-1}+\alpha_1(t)\boldsymbol{T}\bar{\boldsymbol{A}}\boldsymbol{T}^{-1}+\cdots+\alpha_{n-1}(t)\boldsymbol{T}\bar{\boldsymbol{A}}^{n-1}\boldsymbol{T}^{-1}
\end{aligned}
\tag{3-121}
$$

另一方面，由线性定常系统状态转移矩阵性质八和性质九，有

$$
\mathrm{e}^{\boldsymbol{A}t}=\boldsymbol{T}\mathrm{diag}[\mathrm{e}^{\lambda_1t},\mathrm{e}^{\lambda_2t},\cdots,\mathrm{e}^{\lambda_nt}]\boldsymbol{T}^{-1}
\tag{3-122}
$$

对照式(3-121)和式(3-122),可得

$$\begin{aligned}\mathrm{diag}[\mathrm{e}^{\lambda_1 t} \quad \mathrm{e}^{\lambda_2 t} \quad \cdots \quad \mathrm{e}^{\lambda_n t}] = {} & \alpha_0(t)\boldsymbol{I} + \alpha_1(t)\mathrm{diag}[\lambda_1 \quad \lambda_2 \quad \cdots \quad \lambda_n] + \\ & \alpha_2(t)\mathrm{diag}[\lambda_1^2 \quad \lambda_2^2 \quad \cdots \quad \lambda_n^2] + \cdots + \\ & \alpha_{n-1}(t)\mathrm{diag}[\lambda_1^{n-1} \quad \lambda_2^{n-1} \quad \cdots \quad \lambda_n^{n-1}]\end{aligned}$$

即

$$\begin{cases}\mathrm{e}^{\lambda_1 t} = \alpha_0(t) + \alpha_1(t)\lambda_1 + \cdots + \alpha_{n-1}(t)\lambda_1^{n-1} \\ \mathrm{e}^{\lambda_2 t} = \alpha_0(t) + \alpha_1(t)\lambda_2 + \cdots + \alpha_{n-1}(t)\lambda_2^{n-1} \\ \qquad\vdots \\ \mathrm{e}^{\lambda_n t} = \alpha_0(t) + \alpha_1(t)\lambda_n + \cdots + \alpha_{n-1}(t)\lambda_n^{n-1}\end{cases} \tag{3-123}$$

或写成列向量形式

$$\begin{bmatrix}\mathrm{e}^{\lambda_1 t} \\ \mathrm{e}^{\lambda_2 t} \\ \vdots \\ \mathrm{e}^{\lambda_n t}\end{bmatrix} = \begin{bmatrix}1 & \lambda_1 & \lambda_1^2 & \cdots & \lambda_1^{n-1} \\ 1 & \lambda_2 & \lambda_2^2 & \cdots & \lambda_2^{n-1} \\ \vdots & \vdots & \vdots & \ddots & \vdots \\ 1 & \lambda_n & \lambda_n^2 & \cdots & \lambda_n^{n-1}\end{bmatrix} \cdot \begin{bmatrix}\alpha_0(t) \\ \alpha_1(t) \\ \vdots \\ \alpha_{n-1}(t)\end{bmatrix} \tag{3-124}$$

两边左乘方阵的逆阵,即得式(3-120)所示的求取待定系数的计算式。

(2) 当矩阵 $\boldsymbol{A}$ 有 n 重特征根 $\lambda_1 = \lambda_2 = \cdots = \lambda_n = \lambda$,但矩阵 $\boldsymbol{A}$ 只有一个独立的特征向量 $\boldsymbol{t}_1$ 时,$\alpha_k(t)$ 由下式决定:

$$\begin{bmatrix}\alpha_0(t) \\ \alpha_1(t) \\ \vdots \\ \alpha_{n-1}(t)\end{bmatrix} = \begin{bmatrix}0 & 0 & 0 & 0 & 1 \\ 0 & 0 & 0 & 1 & \dfrac{(n-1)(n-2)\cdots 2}{(n-2)!}\lambda \\ \vdots & \vdots & \vdots & \vdots & \vdots \\ 0 & 0 & 1 & \cdots & \dfrac{(n-1)(n-2)}{2!}\lambda^{n-3} \\ 0 & 1 & 2\lambda & \cdots & (n-1)\lambda^{n-2} \\ 1 & \lambda & \lambda^2 & \cdots & \lambda^{n-1}\end{bmatrix}^{-1} \begin{bmatrix}\dfrac{1}{(n-1)!}t^{n-1}\mathrm{e}^{\lambda t} \\ \dfrac{1}{(n-2)!}t^{n-2}\mathrm{e}^{\lambda t} \\ \vdots \\ \dfrac{1}{2!}t^2\mathrm{e}^{\lambda t} \\ t\mathrm{e}^{\lambda t} \\ \mathrm{e}^{\lambda t}\end{bmatrix} \tag{3-125}$$

因为 $\bar{\boldsymbol{A}}$ 为约当阵,所以式(3-125)可以利用状态转移矩阵的性质十(即式(3-116)),类似式(3-120)的推导过程得到,这里不再详细展开。

当矩阵 $\boldsymbol{A}$ 既具有重特征值又具有单特征值时,可由上面两种情况的组合求得 $\mathrm{e}^{\boldsymbol{A}t}$。

例 3-11 应用凯莱-哈密顿定理求解例 3-7 的 $\mathrm{e}^{\boldsymbol{A}t}$。

解:已知 $\boldsymbol{A} = \begin{bmatrix}0 & 1 \\ -2 & -3\end{bmatrix}$,求得 $\boldsymbol{A}$ 的两个特征值为 $\lambda_1 = -2, \lambda_2 = -1$。由式(3-120),有

$$\begin{bmatrix}\alpha_0(t) \\ \alpha_1(t)\end{bmatrix} = \begin{bmatrix}1 & \lambda_1 \\ 1 & \lambda_2\end{bmatrix}^{-1} \cdot \begin{bmatrix}\mathrm{e}^{\lambda_1 t} \\ \mathrm{e}^{\lambda_2 t}\end{bmatrix} = \begin{bmatrix}1 & -2 \\ 1 & -1\end{bmatrix}^{-1} \cdot \begin{bmatrix}\mathrm{e}^{-2t} \\ \mathrm{e}^{-t}\end{bmatrix} = \begin{bmatrix}2\mathrm{e}^{-t} - \mathrm{e}^{-2t} \\ \mathrm{e}^{-t} - \mathrm{e}^{-2t}\end{bmatrix}$$

再根据式(3-119),可求得

$$e^{\boldsymbol{A}t}=\alpha_0(t)\boldsymbol{I}+\alpha_1(t)\boldsymbol{A}=\begin{bmatrix}2e^{-t}-e^{-2t} & 0\\ 0 & 2e^{-t}-e^{-2t}\end{bmatrix}+\begin{bmatrix}0 & e^{-t}-e^{-2t}\\ -2e^{-t}+2e^{-2t} & -3e^{-t}+3e^{-2t}\end{bmatrix}$$

$$=\begin{bmatrix}2e^{-t}-e^{-2t} & e^{-t}-e^{-2t}\\ -2e^{-t}+2e^{-2t} & -e^{-t}+2e^{-2t}\end{bmatrix}$$

这与例 3-7 的结果一致。

3.3.3　定常系统的状态响应及输出响应

前面是对定常系统的齐次方程的探讨，得到了初始状态引起的自由响应。现在讨论更一般化的定常系统的非齐次状态方程的求解问题。

1. 定常系统的非齐次状态方程及输出方程的求解

假设定常系统的非齐次状态方程为

$$\dot{\boldsymbol{x}}(t)=\boldsymbol{A}\boldsymbol{x}(t)+\boldsymbol{B}\boldsymbol{u}(t) \tag{3-126}$$

其中，$\boldsymbol{x}$ 为 n 维状态向量；$\boldsymbol{u}$ 为 r 维输入向量；$\boldsymbol{A}$ 为 $n\times n$ 阶常数系统矩阵；$\boldsymbol{B}$ 为 $n\times r$ 阶常数输入矩阵。

将式(3-126)改写为等式右边只关于外部输入 $\boldsymbol{u}(t)$ 的式子，然后在等式两边同乘 $e^{-\boldsymbol{A}t}$，可得

$$e^{-\boldsymbol{A}t}[\dot{\boldsymbol{x}}(t)-\boldsymbol{A}\boldsymbol{x}(t)]=e^{-\boldsymbol{A}t}\boldsymbol{B}\boldsymbol{u}(t) \tag{3-127}$$

即

$$\frac{d}{dt}[e^{-\boldsymbol{A}t}\boldsymbol{x}(t)]=e^{-\boldsymbol{A}t}\boldsymbol{B}\boldsymbol{u}(t) \tag{3-128}$$

对式(3-128)在区间$[t_0,t]$上求积分，可得

$$\int_{t_0}^{t}\frac{d}{dt}[e^{-\boldsymbol{A}\tau}\boldsymbol{x}(\tau)]\,d\tau=\int_{t_0}^{t}e^{-\boldsymbol{A}\tau}\boldsymbol{B}\boldsymbol{u}(\tau)\,d\tau \tag{3-129}$$

即

$$e^{-\boldsymbol{A}t}\boldsymbol{x}(t)=e^{-\boldsymbol{A}t_0}\boldsymbol{x}(t_0)+\int_{t_0}^{t}e^{-\boldsymbol{A}\tau}\boldsymbol{B}\boldsymbol{u}(\tau)\,d\tau \tag{3-130}$$

对等式两边同乘 $e^{\boldsymbol{A}t}$，可得

$$\boldsymbol{x}(t)=e^{\boldsymbol{A}(t-t_0)}\boldsymbol{x}(t_0)+\int_{t_0}^{t}e^{\boldsymbol{A}(t-\tau)}\boldsymbol{B}\boldsymbol{u}(\tau)\,d\tau \tag{3-131}$$

利用状态转移矩阵的形式表示，则

$$\boldsymbol{x}(t)=\boldsymbol{\Phi}(t-t_0)\boldsymbol{x}(t_0)+\int_{t_0}^{t}\boldsymbol{\Phi}(t-\tau)\boldsymbol{B}\boldsymbol{u}(\tau)\,d\tau \tag{3-132}$$

观察式(3-132)，可以发现等式右边的第一项是由初始状态引起的自由运动，又称零输入响应；第二项是在零初始状态下由外部输入 $\boldsymbol{u}(t)$引起的强迫运动，又称为零状态响应。这说明系统的响应包括零输入响应和零状态响应两部分。正是由于受控项的存在，使得系统的动态特性变得可控。即通过改变外部输入 $\boldsymbol{u}(t)$使系统状态 $\boldsymbol{x}(t)$的运动轨迹满足要求。

设定常系统的输出方程为

$$\boldsymbol{y}(t)=\boldsymbol{C}\boldsymbol{x}(t)+\boldsymbol{D}\boldsymbol{u}(t) \tag{3-133}$$

其中，$\boldsymbol{x}$ 为 n 维状态向量；$\boldsymbol{u}$ 为 r 维输入向量；$\boldsymbol{y}$ 为 m 维输出向量；$\boldsymbol{C}$ 为 $m\times n$ 阶常数输出矩阵；$\boldsymbol{D}$ 为 $m\times r$ 阶常数直接传递矩阵。

将式(3-132)代入到这个系统的输出方程(3-133)中，即可得到系统的输出响应为

$$\boldsymbol{y}(t)=\boldsymbol{C\Phi}(t-t_0)\boldsymbol{x}(t_0)+\int_{t_0}^{t}[\boldsymbol{C\Phi}(t-\tau)\boldsymbol{B}+\boldsymbol{D}\delta(t-\tau)]\boldsymbol{u}(\tau)\mathrm{d}\tau \tag{3-134}$$

例 3-12 若线性定常系统的状态方程为

$$\dot{\boldsymbol{x}}(t)=\begin{bmatrix}0 & 1\\ -2 & -3\end{bmatrix}\boldsymbol{x}(t)+\begin{bmatrix}0\\ 1\end{bmatrix}\boldsymbol{u}(t)$$

求系统在初始条件为 $x(0)=[x_1(0)\quad x_2(0)]^{\mathrm{T}}$ 下的单位阶跃信号作用下的状态响应。

解：由例 3-9 的结果可知，系统的状态转移矩阵为

$$\boldsymbol{\Phi}(t)=\mathrm{e}^{\boldsymbol{A}t}=\begin{bmatrix}2\mathrm{e}^{-t}-\mathrm{e}^{-2t} & \mathrm{e}^{-t}-\mathrm{e}^{-2t}\\ -2\mathrm{e}^{-t}+2\mathrm{e}^{-2t} & -\mathrm{e}^{-t}+2\mathrm{e}^{-2t}\end{bmatrix}$$

由式(3-132)可得

$$\begin{aligned}
\boldsymbol{x}(t)&=\boldsymbol{\Phi}(t)\boldsymbol{x}(0)+\int_0^t\boldsymbol{\Phi}(t-\tau)\boldsymbol{Bu}(\tau)\mathrm{d}\tau\\
&=\begin{bmatrix}2\mathrm{e}^{-t}-\mathrm{e}^{-2t} & \mathrm{e}^{-t}-\mathrm{e}^{-2t}\\ -2\mathrm{e}^{-t}+2\mathrm{e}^{-2t} & -\mathrm{e}^{-t}+2\mathrm{e}^{-2t}\end{bmatrix}\begin{bmatrix}x_1(0)\\ x_2(0)\end{bmatrix}+\\
&\quad\int_0^t\begin{bmatrix}2\mathrm{e}^{-(t-\tau)}-\mathrm{e}^{-2(t-\tau)} & \mathrm{e}^{-(t-\tau)}-\mathrm{e}^{-2(t-\tau)}\\ -2\mathrm{e}^{-(t-\tau)}+2\mathrm{e}^{-2(t-\tau)} & -\mathrm{e}^{-(t-\tau)}+2\mathrm{e}^{-2(t-\tau)}\end{bmatrix}\begin{bmatrix}0\\ 1\end{bmatrix}\mathrm{d}\tau\\
&=\begin{bmatrix}[2x_1(0)+x_2(0)]\mathrm{e}^{-t}-[x_1(0)+x_2(0)]\mathrm{e}^{-2t}\\ -[2x_1(0)+x_2(0)]\mathrm{e}^{-t}+2[x_1(0)+x_2(0)]\mathrm{e}^{-2t}\end{bmatrix}+\begin{bmatrix}\int_0^t\mathrm{e}^{-(t-\tau)}-\mathrm{e}^{-2(t-\tau)}\mathrm{d}\tau\\ \int_0^t-\mathrm{e}^{-(t-\tau)}+2\mathrm{e}^{-2(t-\tau)}\mathrm{d}\tau\end{bmatrix}\\
&=\begin{bmatrix}[2x_1(0)+x_2(0)]\mathrm{e}^{-t}-[x_1(0)+x_2(0)]\mathrm{e}^{-2t}\\ -[2x_1(0)+x_2(0)]\mathrm{e}^{-t}+2[x_1(0)+x_2(0)]\mathrm{e}^{-2t}\end{bmatrix}+\begin{bmatrix}\frac{1}{2}-\mathrm{e}^{-t}+\frac{1}{2}\mathrm{e}^{-2t}\\ \mathrm{e}^{-t}-\mathrm{e}^{-2t}\end{bmatrix}\\
&=\begin{bmatrix}\frac{1}{2}+[2x_1(0)+x_2(0)-1]\mathrm{e}^{-t}-\left[x_1(0)+x_2(0)-\frac{1}{2}\right]\mathrm{e}^{-2t}\\ -[2x_1(0)+x_2(0)-1]\mathrm{e}^{-t}+[2x_1(0)+2x_2(0)-1]\mathrm{e}^{-2t}\end{bmatrix}
\end{aligned}$$

2. 典型输入信号下的系统状态响应

当输入为几种特定信号时，状态响应的表示式可以简单化。下面分别给出输入为脉冲信号、阶跃信号和斜坡信号时的状态响应。

1）脉冲信号 $\boldsymbol{u}(t)=\boldsymbol{R}\delta(t)$（$\boldsymbol{R}$ 为 r 维常数向量）下的状态响应

当初始时刻 $t_0=0$ 时，有

$$\int_0^t\mathrm{e}^{\boldsymbol{A}(t-\tau)}\boldsymbol{Bu}(\tau)\mathrm{d}\tau=\mathrm{e}^{\boldsymbol{A}t}\int_{0^-}^{0^+}\mathrm{e}^{-\boldsymbol{A}\tau}\boldsymbol{BR}\delta(\tau)\mathrm{d}\tau=\mathrm{e}^{\boldsymbol{A}t}\mathrm{e}^{-\boldsymbol{A}0}\left(\int_{0^-}^{0^+}\delta(\tau)\mathrm{d}\tau\right)\boldsymbol{BR}=\mathrm{e}^{\boldsymbol{A}t}\boldsymbol{BR}$$

所以在脉冲信号下，系统的状态响应为

$$\boldsymbol{x}(t)=\mathrm{e}^{\boldsymbol{A}t}[\boldsymbol{x}(0)+\boldsymbol{BR}] \tag{3-135}$$

2）阶跃信号 $\boldsymbol{u}(t)=\boldsymbol{R}u(t)$（$\boldsymbol{R}$ 为 r 维常数向量）下的状态响应

当初始时刻 $t_0=0$，这时有

$$\int_0^t e^{\boldsymbol{A}(t-\tau)}\boldsymbol{Bu}(\tau)d\tau = e^{\boldsymbol{A}t}\int_0^t e^{-\boldsymbol{A}\tau}\boldsymbol{BR}u(\tau)d\tau = e^{\boldsymbol{A}t}\left(\int_0^t e^{-\boldsymbol{A}\tau}u(\tau)d\tau\right)\boldsymbol{BR}$$

$$= e^{\boldsymbol{A}t}\left(\int_0^t e^{-\boldsymbol{A}\tau}d\tau\right)\boldsymbol{BR} = e^{\boldsymbol{A}t}\left[(-\boldsymbol{A})^{-1}e^{-\boldsymbol{A}\tau}\right]_0^t\boldsymbol{BR}$$

$$= e^{\boldsymbol{A}t}(-\boldsymbol{A})^{-1}(e^{-\boldsymbol{A}t}-\boldsymbol{I})\boldsymbol{BR} = \boldsymbol{A}^{-1}(e^{\boldsymbol{A}t}-\boldsymbol{I})\boldsymbol{BR}$$

所以在阶跃信号下，系统的状态响应为

$$\boldsymbol{x}(t) = e^{\boldsymbol{A}t}\boldsymbol{x}(0) + \boldsymbol{A}^{-1}(e^{\boldsymbol{A}t}-\boldsymbol{I})\boldsymbol{BR} \tag{3-136}$$

这时，要求系统矩阵 **A** 的逆矩阵存在。

3）斜坡信号 $\boldsymbol{u}(t)=\boldsymbol{R}r(t)$（$\boldsymbol{R}$ 为 r 维常数向量，$r(t)=t$）下的状态响应

当初始时刻 $t_0=0$，这时有

$$\int_0^t e^{\boldsymbol{A}(t-\tau)}\boldsymbol{Bu}(\tau)d\tau = e^{\boldsymbol{A}t}\int_0^t e^{-\boldsymbol{A}\tau}\boldsymbol{BR}r(\tau)d\tau = e^{\boldsymbol{A}t}\left(\int_0^t \tau e^{-\boldsymbol{A}\tau}d\tau\right)\boldsymbol{BR}$$

$$= e^{\boldsymbol{A}t}\{[(-\boldsymbol{A})^2]^{-1}e^{-\boldsymbol{A}\tau}(-\boldsymbol{A}\tau-\boldsymbol{I})\}\big|_0^t\boldsymbol{BR} = e^{\boldsymbol{A}t}[\boldsymbol{A}^{-2}e^{-\boldsymbol{A}\tau}(-\boldsymbol{A}\tau-\boldsymbol{I})]_0^t\boldsymbol{BR}$$

$$= e^{\boldsymbol{A}t}\boldsymbol{A}^{-2}[e^{-\boldsymbol{A}t}(-\boldsymbol{A}t-\boldsymbol{I})-(-\boldsymbol{I})]\boldsymbol{BR} = [\boldsymbol{A}^{-2}(e^{\boldsymbol{A}t}-\boldsymbol{I})-\boldsymbol{A}^{-1}t]\boldsymbol{BR}$$

所以在斜坡信号下，系统的状态响应为

$$\boldsymbol{x}(t) = e^{\boldsymbol{A}t}\boldsymbol{x}(0) + [\boldsymbol{A}^{-2}(e^{\boldsymbol{A}t}-\boldsymbol{I})-\boldsymbol{A}^{-1}t]\boldsymbol{BR} \tag{3-137}$$

显然，这时也要求系统矩阵 **A** 的逆矩阵存在。

例 3-13 已知系统的状态方程为

$$\begin{cases}\begin{bmatrix}\dot{x}_1(t)\\ \dot{x}_2(t)\\ \dot{x}_3(t)\end{bmatrix} = \begin{bmatrix}-3 & 0 & -1\\ 0 & -3 & 1\\ 1 & -1 & 0\end{bmatrix}\begin{bmatrix}x_1(t)\\ x_2(t)\\ x_3(t)\end{bmatrix} + \begin{bmatrix}1\\ 0\\ 0\end{bmatrix}u(t)\\ y(t) = \begin{bmatrix}0 & 1 & 0\end{bmatrix}\begin{bmatrix}x_1(t)\\ x_2(t)\\ x_3(t)\end{bmatrix}\end{cases}$$

当输入为阶跃信号 $u(t)=2(t\geqslant 0)$，初始状态 $x_1(0)=0,x_2(0)=0,x_3(0)=1$ 时，求输出响应 $y(t)$。

解：由状态方程可得

$$\boldsymbol{A} = \begin{bmatrix}-3 & 0 & -1\\ 0 & -3 & 1\\ 1 & -1 & 0\end{bmatrix},\quad \boldsymbol{B} = \begin{bmatrix}1\\ 0\\ 0\end{bmatrix},\quad \boldsymbol{C} = \begin{bmatrix}0 & 1 & 0\end{bmatrix}$$

故

$$s\boldsymbol{I}-\boldsymbol{A} = \begin{bmatrix}s+3 & 0 & 1\\ 0 & s+3 & -1\\ -1 & 1 & s\end{bmatrix}$$

故系统的预解矩阵为

$$(s\boldsymbol{I}-\boldsymbol{A})^{-1} = \frac{1}{(s+3)(s+2)(s+1)}\begin{bmatrix}s^2+3s+1 & 1 & s+3\\ 1 & s^2+3s+1 & -s-3\\ -s-3 & s+3 & s^2+6s+9\end{bmatrix}$$

进行拉普拉斯逆变换，得

$$e^{At}=\mathcal{L}^{-1}[(s\boldsymbol{I}-\boldsymbol{A})^{-1}]=\frac{1}{2}\begin{bmatrix}-e^{-t}+2e^{-2t}+e^{-3t} & e^{-t}-2e^{-2t}+e^{-3t} & -2e^{-t}+2e^{-2t}\\ e^{-t}-2e^{-2t}+e^{-3t} & -e^{-t}+2e^{-2t}+e^{-3t} & 2e^{-t}-2e^{-2t}\\ 2e^{-t}-2e^{-2t} & -2e^{-t}+2e^{-2t} & 4e^{-t}-2e^{-2t}\end{bmatrix}$$

输入为阶跃信号 $u(t)=2$，初始状态 $\boldsymbol{x}(0)=[0\quad 0\quad 1]^{\mathrm{T}}$，所以直接利用式(3-136)，可得

$$\begin{aligned}\boldsymbol{x}(t)&=e^{\boldsymbol{A}t}\boldsymbol{x}(0)+\boldsymbol{A}^{-1}(e^{\boldsymbol{A}t}-\boldsymbol{I})\boldsymbol{BR}\\
&=\frac{1}{2}\begin{bmatrix}-e^{-t}+2e^{-2t}+e^{-3t} & e^{-t}-2e^{-2t}+e^{-3t} & -2e^{-t}+2e^{-2t}\\ e^{-t}-2e^{-2t}+e^{-3t} & -e^{-t}+2e^{-2t}+e^{-3t} & 2e^{-t}-2e^{-2t}\\ 2e^{-t}-2e^{-2t} & -2e^{-t}+2e^{-2t} & 4e^{-t}-2e^{-2t}\end{bmatrix}\begin{bmatrix}0\\0\\1\end{bmatrix}+\\
&\quad\frac{1}{3}\begin{bmatrix}-1 & -1 & 3\\ -1 & -1 & -3\\ -3 & 3 & -9\end{bmatrix}\cdot\\
&\quad\begin{bmatrix}-e^{-t}+2e^{-2t}+e^{-3t}-1 & e^{-t}-2e^{-2t}+e^{-3t} & -2e^{-t}+2e^{-2t}\\ e^{-t}-2e^{-2t}+e^{-3t} & -e^{-t}+2e^{-2t}+e^{-3t}-1 & 2e^{-t}-2e^{-2t}\\ 2e^{-t}-2e^{-2t} & -2e^{-t}+2e^{-2t} & 4e^{-t}-2e^{-2t}-1\end{bmatrix}\begin{bmatrix}1\\0\\0\end{bmatrix}\\
&=\begin{bmatrix}-e^{-t}+e^{-2t}\\ e^{-t}-e^{-2t}\\ 2e^{-t}-e^{-2t}\end{bmatrix}+\frac{1}{3}\begin{bmatrix}3e^{-t}-3e^{-2t}-e^{-3t}+1\\ -3e^{-t}+3e^{-2t}-e^{-3t}+1\\ -6e^{-t}+3e^{-2t}+3\end{bmatrix}\\
&=\frac{1}{3}\begin{bmatrix}-e^{-3t}+1\\ -e^{-3t}+1\\ 3\end{bmatrix}\end{aligned}$$

根据题目所给的条件和式(3-134)，可得输出响应为

$$y(t)=-\frac{1}{3}e^{-3t}+\frac{1}{3}$$

例 3-14 已知线性连续定常系统的状态空间表达式为

$$\begin{cases}\dot{\boldsymbol{x}}(t)=\begin{bmatrix}0 & 1\\ -3 & 4\end{bmatrix}\boldsymbol{x}(t)+\begin{bmatrix}0\\1\end{bmatrix}u(t)\\ y(t)=[1\quad 1]\boldsymbol{x}(t)\end{cases}$$

其中，$\boldsymbol{x}(t)$为系统的状态，$u(t)$为控制输入，$y(t)$为系统输出。当 $u(t)=\delta(t)$时，系统的输出 $y(t)=3e^{t}+2e^{3t}$，求系统的初始状态 $\boldsymbol{x}(0)$。

解：由状态方程可得

$$\boldsymbol{A}=\begin{bmatrix}0 & 1\\ -3 & 4\end{bmatrix},\quad \boldsymbol{B}=\begin{bmatrix}0\\1\end{bmatrix},\quad \boldsymbol{C}=[1\quad 1]$$

故

$$s\boldsymbol{I}-\boldsymbol{A}=\begin{bmatrix}s & -1\\ 3 & s-4\end{bmatrix}$$

故系统的预解矩阵为

$$(s\boldsymbol{I}-\boldsymbol{A})^{-1}=\frac{1}{(s-1)(s-3)}\begin{bmatrix}s-4 & 1\\ -3 & s\end{bmatrix}=\begin{bmatrix}\dfrac{\frac{3}{2}}{s-1}-\dfrac{\frac{1}{2}}{s-3} & -\dfrac{\frac{1}{2}}{s-1}+\dfrac{\frac{1}{2}}{s-3}\\ \dfrac{\frac{3}{2}}{s-1}-\dfrac{\frac{3}{2}}{s-3} & -\dfrac{\frac{1}{2}}{s-1}+\dfrac{\frac{3}{2}}{s-3}\end{bmatrix}$$

进行拉普拉斯逆变换，得

$$\mathrm{e}^{\boldsymbol{A}t}=\mathcal{L}^{-1}\left[(s\boldsymbol{I}-\boldsymbol{A})^{-1}\right]=\begin{bmatrix}\frac{3}{2}\mathrm{e}^{t}-\frac{1}{2}\mathrm{e}^{3t} & -\frac{1}{2}\mathrm{e}^{t}+\frac{1}{2}\mathrm{e}^{3t}\\ \frac{3}{2}\mathrm{e}^{t}-\frac{3}{2}\mathrm{e}^{3t} & -\frac{1}{2}\mathrm{e}^{t}+\frac{3}{2}\mathrm{e}^{3t}\end{bmatrix}$$

当 $u(t)=\delta(t)$，初始状态为 $\boldsymbol{x}(0)$ 时，由式(3-135)系统的状态响应为

$$\boldsymbol{x}(t)=\mathrm{e}^{\boldsymbol{A}t}\boldsymbol{x}(0)+\mathrm{e}^{\boldsymbol{A}t}\boldsymbol{B}$$

系统的输出响应为

$$y(t)=\boldsymbol{C}\mathrm{e}^{\boldsymbol{A}t}\boldsymbol{x}(0)+\boldsymbol{C}\mathrm{e}^{\boldsymbol{A}t}\boldsymbol{B}$$

其中，$\boldsymbol{C}\mathrm{e}^{\boldsymbol{A}t}\boldsymbol{B}=[1\quad 1]\cdot\begin{bmatrix}\frac{3}{2}\mathrm{e}^{t}-\frac{1}{2}\mathrm{e}^{3t} & -\frac{1}{2}\mathrm{e}^{t}+\frac{1}{2}\mathrm{e}^{3t}\\ \frac{3}{2}\mathrm{e}^{t}-\frac{3}{2}\mathrm{e}^{3t} & -\frac{1}{2}\mathrm{e}^{t}+\frac{3}{2}\mathrm{e}^{3t}\end{bmatrix}\cdot\begin{bmatrix}0\\1\end{bmatrix}=-\mathrm{e}^{t}+2\mathrm{e}^{3t}$

设 $\boldsymbol{x}(0)=\begin{bmatrix}q_1\\q_2\end{bmatrix}$，则

$$\begin{aligned}\boldsymbol{C}\mathrm{e}^{\boldsymbol{A}t}\boldsymbol{x}(0)&=[1\quad 1]\cdot\begin{bmatrix}\frac{3}{2}\mathrm{e}^{t}-\frac{1}{2}\mathrm{e}^{3t} & -\frac{1}{2}\mathrm{e}^{t}+\frac{1}{2}\mathrm{e}^{3t}\\ \frac{3}{2}\mathrm{e}^{t}-\frac{3}{2}\mathrm{e}^{3t} & -\frac{1}{2}\mathrm{e}^{t}+\frac{3}{2}\mathrm{e}^{3t}\end{bmatrix}\cdot\begin{bmatrix}q_1\\q_2\end{bmatrix}\\&=(3q_1-q_2)\mathrm{e}^{t}+(-2q_1+2q_2)\mathrm{e}^{3t}-\mathrm{e}^{t}+2\mathrm{e}^{3t}\end{aligned}$$

所以，由题意得

$$y(t)=(3q_1-q_2)\mathrm{e}^{t}+(-2q_1+2q_2)\mathrm{e}^{3t}-\mathrm{e}^{t}+2\mathrm{e}^{3t}=3\mathrm{e}^{t}+2\mathrm{e}^{3t}$$

等式两边对应系数相等

$$\begin{cases}3q_1-q_2=4\\ -2q_1+2q_2=0\end{cases}$$

得：$\boldsymbol{x}(0)=\begin{bmatrix}q_1\\q_2\end{bmatrix}=\begin{bmatrix}2\\2\end{bmatrix}$。

3.4 连续控制系统的稳定性分析

3.4.1 稳定性基本概念

控制系统的稳定性是指控制系统偏离平衡状态后，能够在一定的时间内自动恢复到平衡状态的能力。稳定性是一个控制系统最基本的结构特性。在一般情况下，稳定是控制系

统正常工作的前提。

直观上,判断系统是否稳定的方法是通过观察系统受到扰动作用后输出响应是否可以达到平衡状态。在扰动作用下,系统状态偏离了平衡状态,而当扰动被撤销后,如果系统的输出响应经过足够长的时间后,最终能够回到原先的平衡状态,则称此系统是稳定的;反之,如果系统的输出响应逐渐增加直至趋于无穷,或者进入振荡状态,则系统是不稳定的。

按照严格的定义,系统稳定性可分类为基于输入输出描述的外部稳定性和基于状态空间描述的内部稳定性。在一定条件下,外部稳定性和内部稳定性才存在等价关系。应用于线性定常系统的稳定性分析方法有很多,比如劳斯判据、赫尔维茨稳定判据、奈奎斯特稳定判据等。然而,对于非线性系统和线性时变系统,这些稳定性分析方法实现起来可能非常困难,甚至是不可能的。所以,主要是利用李雅普诺夫稳定性理论来分析。

1. 外部稳定性

在零初始条件下,如果系统在有界输入 $\boldsymbol{u}(t)$ 的作用下,系统的输出 $\boldsymbol{y}(t)$ 也是有界的,则称此系统是外部稳定的,也就是有界输入-有界输出稳定的,简称为 BIBO(Bounded-Input Bounded-Output)稳定。实质上,它指的是一个系统在一定输入作用下的输出稳定性,可以比较直观地满足对稳定性的工程意义需求。外部稳定性主要由系统的结构属性决定。对于一个线性定常连续系统,外部稳定的充分必要条件是系统的特征根都具有负实部。其分析和证明过程如下。

设线性定常连续系统的微分方程为

$$\begin{aligned} & a_n y^{(n)} + a_{n-1} y^{(n-1)} + \cdots + a_1 \dot{y} + a_0 y \\ & = b_m u^{(m)} + b_{m-1} u^{(m-1)} + \cdots + b_1 \dot{u} + b_0 u \end{aligned} \tag{3-138}$$

则系统的特征方程为

$$D(s) = a_n s^n + a_{n-1} s^{n-1} + \cdots + a_1 s + a_0 = 0 \tag{3-139}$$

设特征方程有 k 个实根 λ_i 和 r 对共轭复根 $\sigma_j \pm \mathrm{j}\omega_{\mathrm{d}j}$,则系统的脉冲响应为

$$y(t) = \sum_{i=1}^{k} C_i \mathrm{e}^{\lambda_i t} + \sum_{j=1}^{r} \mathrm{e}^{\sigma_j t} (A_j \cos\omega_{\mathrm{d}j} t + B_j \sin\omega_{\mathrm{d}j} t) \tag{3-140}$$

其中,A_j、B_j、C_i 为常数。值得说明的是,这里在初始条件为零时,单位脉冲响应相当于在扰动信号作用下系统的输出信号偏离了原平衡工作点,而后扰动消失后的输出响应。

从式(3-140)可以发现:

(1) 若 λ_i 和 σ_j 均为负数,则有 $\lim\limits_{t\to\infty} y(t) = 0$。所以当所有特征根均为负实部时,系统是稳定的。

(2) 若 λ_i 和 σ_j 中有一个或者多个为正数,则有 $\lim\limits_{t\to\infty} y(t) = \infty$。所以当特征根中有一个或者多个为正实部时,系统是不稳定的。

(3) 若 λ_i 和 σ_j 中有一个或者多个为零,而其他的 λ_i 和 σ_j 均为负数,则有 $\lim\limits_{t\to\infty} y(t)$ 为一个常数或等幅正弦振荡。所以当特征根中有一个或者多个为零实部,而其他特征根为负实部时,系统是临界稳定的,这是处于稳定和不稳定的临界状态。在外界扰动的作用下和系统参数的微小波动下,这种临界稳定状态是很难维持的,因此在实际中是观察不到的。

综上分析,可以发现线性定常系统外部稳定的充要条件是:系统的全部特征根或者闭环极点都具有负实部,或者说都位于 s 平面的左半部。

2. 内部稳定性

在输入变量 $\boldsymbol{u}(t)$ 为零的条件下，线性定常系统的状态方程即自治状态方程为

$$\begin{cases}\dot{\boldsymbol{x}}(t)=\boldsymbol{A}\boldsymbol{x}(t)\\ \boldsymbol{x}(t_0)=\boldsymbol{x}_0\end{cases},\quad t\geqslant t_0 \tag{3-141}$$

其中，$\boldsymbol{x}(t)$ 为 n 维状态向量；$\boldsymbol{A}$ 为 $n\times n$ 阶系统矩阵。如果在非零初始状态 $\boldsymbol{x}_0$ 引起的系统自由运动 $\boldsymbol{x}(t)(t_0<t<\infty)$ 有界，即

$$\|\boldsymbol{x}(t)\|\leqslant k<\infty \tag{3-142}$$

并满足渐近属性，即

$$\lim_{t\to\infty}\boldsymbol{x}(t)=0 \tag{3-143}$$

则称该线性定常系统是内部稳定的。内部稳定性表达了在外界的扰动作用被撤销后，系统由初始偏差状态恢复到原平衡状态的能力。

系统的内部稳定性描述的是系统自由运动时的状态稳定性，它能通过输出方程进一步体现系统的输出稳定性，并且它可以揭示出系统稳定性的本质属性。因为系统内部稳定性是建立在系统状态空间模型描述的基础上。所以它是一种对单变量、多变量、线性、非线性、定常、时变、连续、离散等类型的系统分析稳定性都适用的方法。

系统的外部稳定性反映了输出的稳定性，内部稳定性反映了系统内部状态的稳定性。两者的关系为若一个系统为内部稳定，则系统必为外部稳定，即 BIBO 稳定；但是若一个系统为外部稳定，即 BIBO 稳定，则不能保证系统必为内部稳定。

3.4.2 劳斯判据

根据系统外部稳定的充要条件判断系统是否稳定，需要知道系统的全部特征根在 s 平面的分布。但直接求解高阶特征方程得到特征根是很困难的。实际上，判定系统是否稳定并不需要知道每个特征根的具体数值，只需知道所有特征根是否都具有负实部。因此，为了寻求不必求解出特征根而直接判断系统稳定的方法，产生了一系列稳定性判据。1877 年，由 Edward Routh 提出的劳斯(Routh)判据，就是在时域分析中一个比较简单而有效的稳定判据。劳斯判据根据控制系统特征方程的系数，应用代数方法判断系统特征根的分布。它不但能提供线性定常系统稳定与否的信息，还能指出在 s 右半平面和虚轴上的特征根个数。

设线性连续定常系统的特征方程为

$$D(s)=a_n s^n+a_{n-1}s^{n-1}+\cdots+a_1 s+a_0=0 \tag{3-144}$$

式中所有系数均为实数，且 $a_n>0$。

劳斯判据是用劳斯表第一列系数的符号变化来判别系统的外部稳定性。劳斯表如下所示：

$$\begin{array}{cccccc}
s^n & a_n & a_{n-2} & a_{n-4} & a_{n-6} & \cdots\\
s^{n-1} & a_{n-1} & a_{n-3} & a_{n-5} & a_{n-7} & \cdots\\
s^{n-2} & b_1 & b_2 & b_3 & b_4 & \cdots\\
s^{n-3} & c_1 & c_2 & c_3 & c_4 & \cdots\\
s^{n-4} & d_1 & d_2 & d_3 & d_4 & \cdots\\
\vdots & \vdots & \vdots & \vdots & \vdots & \vdots\\
s^0 & r_1 & & & &
\end{array}$$

其中，$a_i(i=0,1,2,\cdots,n)$是特征方程 $D(s)=0$ 中的各项系数。b_i 计算方法为

$$b_1=-\frac{1}{a_{n-1}}\begin{vmatrix}a_n & a_{n-2}\\ a_{n-1} & a_{n-3}\end{vmatrix}=\frac{a_{n-1}a_{n-2}-a_na_{n-3}}{a_{n-1}},$$

$$b_2=-\frac{1}{a_{n-1}}\begin{vmatrix}a_n & a_{n-4}\\ a_{n-1} & a_{n-5}\end{vmatrix}=\frac{a_{n-1}a_{n-4}-a_na_{n-5}}{a_{n-1}},$$

$$b_3=-\frac{1}{a_{n-1}}\begin{vmatrix}a_n & a_{n-6}\\ a_{n-1} & a_{n-7}\end{vmatrix}=\frac{a_{n-1}a_{n-6}-a_na_{n-7}}{a_{n-1}},\quad \cdots$$

直至其余 b_i 全部为 0。c_i 计算方法为

$$c_1=-\frac{1}{b_1}\begin{vmatrix}a_{n-1} & a_{n-3}\\ b_1 & b_2\end{vmatrix}=\frac{b_1a_{n-3}-b_2a_{n-1}}{b_1},$$

$$c_2=-\frac{1}{b_1}\begin{vmatrix}a_{n-1} & a_{n-5}\\ b_1 & b_3\end{vmatrix}=\frac{b_1a_{n-5}-b_3a_{n-1}}{b_1},$$

$$c_3=-\frac{1}{b_1}\begin{vmatrix}a_{n-1} & a_{n-7}\\ b_1 & b_4\end{vmatrix}=\frac{b_1a_{n-7}-b_4a_{n-1}}{b_1},\quad \cdots$$

直至其余 c_i 全部为 0。按照上述的规律接着计算 $d_i,e_i,\cdots$，直至最后一行的系数 $r_1=a_0$。

如上所示，劳斯表共有 $n+1$ 行。从第 s^{n-2} 行(第 3 行)开始，每一行的系数 $b_i,c_i,d_i,\cdots$ 用前两行系数交叉相乘的方法计算，直至最后一行(第 $n+1$ 行)。完整的劳斯表呈每两行递减一个系数的倒三角形。

根据劳斯判据，由特征方程(3-144)所表征的线性连续定常系统稳定的充分必要条件是：劳斯表第一列系数全部为正数。如果劳斯表第一列系数出现小于或等于零的数值，则系统不稳定，而且系统正实部特征根的个数等于劳斯表第一列系数的符号变化次数。

例 3-15 已知系统的特征方程为 $s^4+7s^3+18s^2+21s+10=0$。试用劳斯判据判断系统的稳定性。

解：根据题目列出系统的劳斯表为

$$\begin{array}{llll}
s^4 & 1 & 18 & 10\\
s^3 & 7 & 21 & 0\\
s^2 & 105/7 & 10 & \\
s^1 & 1715/105 & 0 & \\
s^0 & 10 & &
\end{array}$$

可以发现，劳斯表的第一列全为正，故系统是稳定的。

在列劳斯表时，为了简化运算，可以利用一个正数遍乘同一行中的所有元素，而不影响判别结果。例如，在计算 b_i 时，为了降低运算的复杂度，可以只考虑 a_{n-1} 的符号，而不除以数值 a_{n-1}。按照这个思路，重新计算例 3-15 的劳斯表，可得

$$\begin{array}{llll}
s^4 & 1 & 18 & 10\\
s^3 & 7 & 21 & 0\\
s^2 & 7\times18-1\times21=105 & 7\times10-1\times0=70 & \\
s^1 & 105\times21-7\times70=1715 & 0 & \\
s^0 & 10 & &
\end{array}$$

通过这个重新计算的劳斯表也能获得同样的结论。

例 3-16 已知单位负反馈系统的开环传递函数为 $G(s)=\dfrac{K}{s(s+1)(s+2)(s+3)}$,试用劳斯判据确定使闭环系统稳定时开环放大倍数 K 的取值范围。

解:由题得系统的闭环传递函数为

$$G_c(s)=\frac{G(s)}{1+H(s)G(s)}=\frac{\dfrac{K}{s(s+1)(s+2)(s+3)}}{1+1\cdot\dfrac{K}{s(s+1)(s+2)(s+3)}}=\frac{K}{s^4+6s^3+11s^2+6s+K}$$

故系统的特征方程为

$$D(s)=s^4+6s^3+11s^2+6s+K=0$$

写出系统的劳斯表为

$$\begin{array}{llll} s^4 & 1 & 11 & K \\ s^3 & 6 & 6 & 0 \\ s^2 & 10 & K & \\ s^1 & 6-3K/5 & 0 & \\ s^0 & K & & \end{array}$$

根据劳斯判据,若使得闭环系统稳定,则需使得

$$\begin{cases} 6-3K/5>0 \\ K>0 \end{cases} \Rightarrow 0<K<10$$

所以,开环放大倍数 K 的取值范围为 $0<K<10$。

例 3-17 已知系统的特征方程为 $2s^3+4s^2+3s+8=0$。试用劳斯判据判断系统的稳定性。若系统不稳定则指出正实部特征根个数。

解:根据题目列出系统的劳斯表为

$$\begin{array}{lll} s^3 & 2 & 3 \\ s^2 & 4 & 8 \\ s^1 & -1 & \\ s^0 & 8 & \end{array}$$

可以发现,劳斯表的第一列中不全为正,故系统是不稳定的。因为劳斯表第一列系数符号变化两次,即由 4 变为 -1,又由 -1 变为 8,所以系统有两个正实部的特征根。

在应用劳斯判据时,可能会遇到两种特殊情况:一种是劳斯表中某行的第一列系数为 0 而该行其余系数不全为 0;另一种是劳斯表中某行系数全为 0,致使劳斯表的计算无法继续进行。在这两种情况下,系统都是不稳定的。如要了解根的性质,解决的措施如下:

(1) 如果劳斯表中某一行的第一列系数为 0,而该行其余系数不全为 0,可用一个很小的正数(也可以是负数)ε 来代替为 0 的这个系数,据此计算出劳斯表中其余各系数,然后再用劳斯判据分析系统的正实部特征根个数。

例 3-18 已知系统的特征方程为 $s^5+2s^4+2s^3+4s^2+s+1=0$。试用劳斯判据判断系

统的稳定性。若系统不稳定，则指出正实部特征根个数。

解：根据题目列出系统的劳斯表为

$$
\begin{array}{llll}
s^5 & 1 & 2 & 1 \\
s^4 & 2 & 4 & 1 \\
s^3 & \varepsilon & 1/2 & \\
s^2 & (4\varepsilon-1)/\varepsilon & 1 & \\
s^1 & (-2\varepsilon^2+4\varepsilon-1)/(8\varepsilon-2) & & \\
s^0 & 1 & &
\end{array}
$$

假设 ε 是一个很小的正数，所以 $(4\varepsilon-1)/\varepsilon<0$，$(-2\varepsilon^2+4\varepsilon-1)/(8\varepsilon-2)>0$。因此，劳斯表第一列系数符号变化两次。所以系统是不稳定的，且有两个正实部的特征根。

(2) 如果劳斯表中某一行系数全为0，则说明系统的特征方程中存在大小相等、符号相反即对称于 s 平面坐标原点的特征根(例如，大小相等、符号相反的实根；共轭纯虚根；对称于虚轴的两对共轭复根等)。为了计算出全0行下面各行系数，可用全0行的上一行系数构成辅助多项式 $F(s)$。即设劳斯表中全0行为 s^{k-1} 行，s^k 行的系数分别为 $t_1,t_2,t_3,\cdots$。那么辅助多项式为

$$F(s)=t_1s^k+t_2s^{k-2}+t_3s^{k-4}+\cdots \tag{3-145}$$

一般来说，辅助多项式 $F(s)$ 的阶数一般为偶数，与对称于 s 平面坐标原点的特征根个数相对应。对 $F(s)$ 求导

$$\frac{\mathrm{d}}{\mathrm{d}s}F(s)=t_1ks^{k-1}+t_2(k-2)s^{k-3}+t_3(k-4)s^{k-5}+\cdots \tag{3-146}$$

用求导所得多项式的各项系数，即 $t_1k,t_2(k-2),t_3(k-4),\cdots$ 去取代全零行中为0的系数，即可继续把劳斯表计算完毕。

这种方法不仅可根据第一列系数符号的变化次数来确定该不稳定系统右半平面根的个数，还可以根据求解辅助方程 $F(s)=0$，得到那些系统的特征方程中存在大小相等、符号相反即对称于 s 平面坐标原点的特征根。

例 3-19 已知系统的特征方程为 $s^5+2s^4+24s^3+48s^2-25s-50=0$。试用劳斯判据判断系统的稳定性。若系统不稳定，则指出正实部特征根个数。

解：根据题目列出系统的劳斯表为

$$
\begin{array}{llll}
s^5 & 1 & 24 & -25 \\
s^4 & 2 & 48 & -50 \\
s^3 & 0 & 0 &
\end{array}
$$

由此列表可以发现 s^3 行的系数全为0。所以为了列出后续的劳斯表，构造辅助多项式

$$F(s)=2s^4+48s^2-50$$

对辅助多项式进行求导

$$\frac{\mathrm{d}}{\mathrm{d}s}F(s)=8s^3+96s$$

用上式中的系数8和96代替 s^3 行的系数，并列出后续的劳斯表：

s^5	1	24	-25
s^4	2	48	-50
s^3	8	96	
s^2	24	-50	
s^1	338/3		
s^0	-50		

劳斯表第一列中不全为正,且第一列系数符号变化一次。所以系统是不稳定的,且有一个正实部的特征根。求解辅助方程 $F(s)=2s^4+48s^2-50=0$ 可知,原系统中的特征根有 $p_{1,2}=\pm 1, p_{3,4}=\pm 5\mathrm{j}$。

3.4.3　赫尔维茨稳定判据

1895年,Adolf Herwitz 提出了赫尔维茨(Herwitz)判据。这同样是一个分析线性定常系统稳定性的代数判据。赫尔维茨判据通过对系统多项式的系数进行代数运算来判定多项式方程是否有不稳定根(正实部根),从而判断系统的稳定性。

设线性连续定常系统的特征方程为

$$D(s)=a_n s^n+a_{n-1}s^{n-1}+\cdots+a_1 s+a_0=0,\quad a_n>0 \tag{3-147}$$

其中,$a_n>0$ 是一个一般规定。若 $a_n<0$,则可以通过对式(3-147)两边同时乘以-1,使得等式满足规定要求。

构造赫尔维茨行列式

$$\Delta_1=a_{n-1},\quad \Delta_2=\begin{vmatrix} a_{n-1} & a_n \\ a_{n-3} & a_{n-2} \end{vmatrix},\quad \Delta_3=\begin{vmatrix} a_{n-1} & a_n & 0 \\ a_{n-3} & a_{n-2} & a_{n-1} \\ a_{n-5} & a_{n-4} & a_{n-3} \end{vmatrix},\quad \cdots$$

$$\Delta_n=\begin{vmatrix} a_{n-1} & a_n & 0 & 0 & 0 & \cdots & 0 \\ a_{n-3} & a_{n-2} & a_{n-1} & a_n & 0 & \cdots & 0 \\ a_{n-5} & a_{n-4} & a_{n-3} & a_{n-2} & a_{n-1} & \cdots & 0 \\ a_{n-7} & a_{n-6} & a_{n-5} & a_{n-4} & a_{n-3} & \cdots & 0 \\ a_{n-9} & a_{n-8} & a_{n-7} & a_{n-6} & a_{n-5} & \cdots & 0 \\ \vdots & \vdots & \vdots & \vdots & \vdots & \ddots & \vdots \\ 0 & 0 & 0 & 0 & 0 & \cdots & a_0 \end{vmatrix}_{n\times n} \tag{3-148}$$

如上所示,n 阶赫尔维茨行列式 Δ_n 的主对角线上的元素依次为 $a_{n-1}, a_{n-2}, a_{n-3}, \cdots, a_1, a_0$。每列元素是以主对角线元素为基准,往下按注脚每次递减2的顺序排列,往上按注脚每次递增2的逆序排列。注脚大于 n 或小于0的系数均为0。另外,低阶赫尔维茨行列式是 Δ_n 的各阶顺序主子式。

在赫尔维茨判据中,系统稳定的充要条件为系统的各阶赫尔维茨行列式 $\Delta_i\,(i=1,2,\cdots,n)$ 大于0。

在赫尔维茨判据的基础上,林纳德-奇帕特(Lienard-Chipard)判据证明,在特征多项式的系数为正的条件下,若所有奇数阶赫尔维茨行列式均为正,则所有偶数阶赫尔维茨行列式也为正;反之亦然。即系统稳定的充分必要条件是

$$\begin{aligned}&\Delta_i > 0, i=2,4,6,\cdots,n-1 \quad (\text{若 } n \text{ 为奇数})\\ &\text{或 } \Delta_i > 0, i=1,3,5,7,\cdots,n-1 \quad (\text{若 } n \text{ 为偶数})\end{aligned} \tag{3-149}$$

例 3-20 已知系统的特征方程为 $2s^4+s^3+6s^2+11s+5=0$。试用赫尔维茨判据判断系统的稳定性。

解：由题得系统特征多项式的系数都为正，且

$$\Delta_1 = 1 > 0; \quad \Delta_3 = \begin{vmatrix} 1 & 2 & 0 \\ 11 & 6 & 1 \\ 0 & 5 & 11 \end{vmatrix} = -181 < 0$$

不满足林纳德-奇帕特判据的充要条件，所以系统不稳定。

3.4.4 李雅普诺夫第一法

按照系统内部稳定性的思想，系统稳定性问题表述的是系统受到外界干扰，平衡工作状态被破坏后，系统偏差调节过程的收敛性。

李雅普诺夫稳定性理论讨论的是动态系统各平衡态附近的局部稳定性问题。它是一种具有普遍性的稳定性理论，不仅适用于线性定常系统，而且适用于非线性系统、时变系统等。在现代控制系统的分析与设计中得到了广泛的应用与发展。

1. 系统的平衡状态

由于稳定性是无外界输入作用的动态系统在自由运动下的特性，因此这种无外界输入作用的动态系统也可以称为自治系统。假设线性定常自治系统的状态方程为

$$\dot{\boldsymbol{x}}_{\mathrm{e}}(t) = \boldsymbol{A}\boldsymbol{x}_{\mathrm{e}}(t) = 0 \tag{3-150}$$

则称 $\boldsymbol{x}_{\mathrm{e}}$ 为该系统的平衡状态(平衡点)。平衡状态的各分量相对于时间不再发生变化。若对于一个已知系统的状态方程，令 $\dot{\boldsymbol{x}}(t)=0$ 所得到的解 $\boldsymbol{x}$ 便是一种平衡状态。

通常情况下，一个系统的平衡状态 $\boldsymbol{x}_{\mathrm{e}}$ 并不是唯一的。对于线性定常系统，其平衡状态为 $\boldsymbol{A}\boldsymbol{x}_{\mathrm{e}}=0$ 的解的个数与矩阵 $\boldsymbol{A}$ 密切相关。若矩阵 $\boldsymbol{A}$ 非奇异时，系统存在唯一的平衡状态 $\boldsymbol{x}_{\mathrm{e}}=0$，即系统存在一个位于状态空间原点的平衡状态；若矩阵 $\boldsymbol{A}$ 奇异时，则系统的平衡状态不唯一，但是其中一个状态为 $\boldsymbol{x}_{\mathrm{e}}=0$。

如果平衡状态在状态空间中是彼此孤立的，则称它们为孤立平衡状态。任何一个孤立的平衡状态都可以通过坐标变换转换成零平衡状态，而坐标变换又不会改变系统的稳定性。所以为了讨论方便又不失一般性，一般选取零平衡状态 $\boldsymbol{x}_{\mathrm{e}}=0$ 作为平衡状态来研究系统的稳定性。

例 3-21 已知自治系统的状态方程为

$$\begin{cases} \dot{x}_1 = -2x_1 \\ \dot{x}_2 = 3x_1 - 4x_2 \end{cases}$$

求系统的平衡状态 $\boldsymbol{x}_{\mathrm{e}}$。

解：由题意得平衡状态满足方程

$$\begin{cases} \dot{x}_1 = -2x_1 = 0 \\ \dot{x}_2 = 3x_1 - 4x_2 = 0 \end{cases}$$

解该方程,可以得到系统的平衡状态为

$$\boldsymbol{x}_{\mathrm{e}}=\begin{bmatrix}0\\0\end{bmatrix}$$

2. 李雅普诺夫第一法的定义

李雅普诺夫第一法又称间接法,是利用系统状态方程的解的特性来判断系统稳定性的方法。它适用于线性系统及可线性化的非线性系统。

对于线性系统,其平衡状态稳定性只取决于系统的结构和参数,而与系统的初始条件及外界扰动作用无关。且对于一个初始状态为$\boldsymbol{x}(t)\big|_{t=t_0}=\boldsymbol{x}(t_0)$的线性定常系统 $\dot{\boldsymbol{x}}(t)=\boldsymbol{A}\boldsymbol{x}(t)$来说,自由响应为

$$\begin{aligned}\boldsymbol{x}(t)&=\mathrm{e}^{\boldsymbol{A}t}\boldsymbol{x}(t_0)=\mathcal{L}^{-1}\left[(s\boldsymbol{I}-\boldsymbol{A})^{-1}\right]\boldsymbol{x}(t_0)\\&=\mathcal{L}^{-1}\left[\frac{\mathrm{adj}(s\boldsymbol{I}-\boldsymbol{A})}{\det(s\boldsymbol{I}-\boldsymbol{A})}\right]\boldsymbol{x}(t_0)\end{aligned}\tag{3-151}$$

要使得$\lim\limits_{t\to\infty}\boldsymbol{x}(t)=\boldsymbol{x}_{\mathrm{e}}=0$,需满足 $\det(s\boldsymbol{I}-\boldsymbol{A})=0$ 的特征根全都在 s 左半平面。

故平衡状态 $\boldsymbol{x}_{\mathrm{e}}=0$ 为稳定的充要条件是系统矩阵 $\boldsymbol{A}$ 的所有特征值都具有负实部,即所有特征根都位于 s 左半平面。

对于可近似线性化的非线性系统(在平衡点邻域存在偏导数),则可通过线性化处理,取其一次偏导近似得到线性化方程,再根据其特征根来判断系统的局部稳定性。具体的求解方法可以查阅其他资料,这里不再讨论。

例 3-22　系统的状态方程为

$$\begin{cases}\dot{x}_1=-x_1+kx_2\\\dot{x}_2=-x_1\end{cases}$$

试分析系统平衡状态的稳定性。

解:由题意得,系统的平衡状态满足

$$\begin{cases}\dot{x}_1=-x_1+kx_2=0\\\dot{x}_2=-x_1=0\end{cases}$$

解该方程,可以得到系统的平衡状态为

$$\boldsymbol{x}_{\mathrm{e}}=\begin{bmatrix}0\\0\end{bmatrix}$$

由李雅普诺夫第一法可知,系统平衡状态的稳定性是系统矩阵 $\boldsymbol{A}$ 的所有特征值都具有负实部。而

$$\det(s\boldsymbol{I}-\boldsymbol{A})=\begin{vmatrix}s+1&-k\\1&s\end{vmatrix}=s^2+s+k=0$$

的特征根 $s_{1,2}=\dfrac{-1\pm\sqrt{1-4k}}{2}$与 k 的取值范围有关。

(1) 当 $k\leqslant 0$ 时,特征根为一正一负(或一正一零)的实数根,所以系统平衡状态 $\boldsymbol{x}_{\mathrm{e}}$ 不稳定;

(2) 当 $0<k\leqslant 0.25$ 时,特征根为两个负的实数根,所以系统平衡状态 $\boldsymbol{x}_{\mathrm{e}}$ 稳定;

(3) 当 $k>0.25$ 时,特征根为具有负实部的共轭复数根,所以系统平衡状态 $\boldsymbol{x}_{\mathrm{e}}$ 稳定。

3.5 连续控制系统的时域设计

例 3-23 如图 3-22 所示为磁盘驱动读取系统。为了正确读取到磁盘磁道上的正确信息，需要将磁头定位到正确的位置。如图 3-23 所示，建立系统方块图，可以发现该系统存在扰动作用。这是由于系统受到物理振动、磁盘主轴轴承的磨损和摆动以及元器件老化引起的参数变化等因素的影响。试分析在单位阶跃输入的作用下放大器增益 K_a 对于系统的动态响应、稳态误差以及抑制扰动能力的影响。

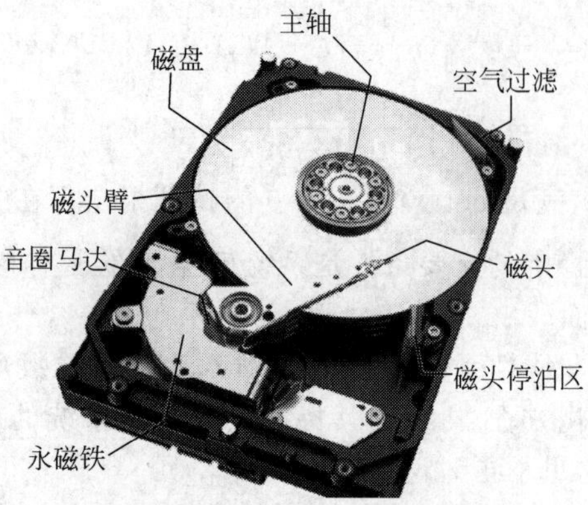

图 3-22　磁盘驱动读取系统示意图

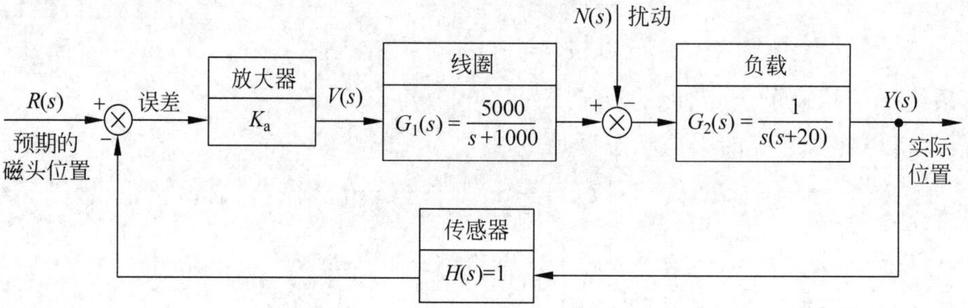

图 3-23　磁盘驱动读取系统方块图

解：由题意得，系统在 $R(s)$ 和 $N(s)$ 同时作用下的输出为

$$Y(s)=\frac{K_aG_1(s)G_2(s)}{1+K_aG_1(s)G_2(s)H(s)}R(s)-\frac{G_2(s)}{1+K_aG_1(s)G_2(s)H(s)}N(s)$$

$$=\frac{5000K_a}{s(s+1000)(s+20)+5000K_a}R(s)-\frac{s+1000}{s(s+1000)(s+20)+5000K_a}N(s)$$

系统的闭环特征方程为

$$s^3+1020s^2+20000s+5000K_a=0$$

构造劳斯表

$$\begin{array}{lll} s^3 & 1 & 20000 \\ s^2 & 1020 & 5000K_a \end{array}$$

$$\begin{array}{ll} s^1 & \dfrac{1.02\times10^6-250K_a}{51} \\ s^0 & 5000K_a \end{array}$$

为了使得闭环系统稳定，则

$$\begin{cases} \dfrac{1.02\times10^6-250K_a}{51}>0 \\ 5000K_a>0 \end{cases} \Rightarrow 0<K_a<4080$$

所以，使闭环系统稳定的 K_a 的范围为 $0<K_a<4080$。

系统误差信号为

$$\begin{aligned} E(s)&=\frac{1}{1+K_aG_1(s)G_2(s)H(s)}R(s)+\frac{G_2(s)}{1+K_aG_1(s)G_2(s)H(s)}N(s) \\ &=\frac{s(s+1000)(s+20)}{s(s+1000)(s+20)+5000K_a}R(s)+\frac{s+1000}{s(s+1000)(s+20)+5000K_a}N(s) \end{aligned}$$

故当系统的输入为 $r(t)=1(t)$ 时，利用终值定理法，系统给定输入引起的稳态误差为

$$e_{ssr}=\lim_{s\to0}sE(s)=\lim_{s\to0}s\frac{s(s+1000)(s+20)}{s(s+1000)(s+20)+5000K_a}\cdot\frac{1}{s}=0$$

对于扰动作用来说，假设当系统的扰动输入为 $n(t)=1(t)$ 时，利用终值定理法，系统扰动输入引起的稳态误差为

$$e_{ssn}=\lim_{s\to0}sE_N(s)=\lim_{s\to0}s\frac{s+1000}{s(s+1000)(s+20)+5000K_a}\cdot\frac{1}{s}=\frac{1}{5K_a}$$

所以系统的总稳态误差为

$$e_{ss}=e_{ssr}+e_{ssn}=\frac{1}{5K_a}$$

为了减少系统的稳定误差，抑制扰动的作用，放大器增益 K_a 应该越大越好。利用 MATLAB 进行系统的动态响应仿真如图 3-24 所示，可以发现，放大器增益 K_a 越大，系统在单位阶跃和单位扰动的共同作用下的动态响应的振荡越明显，同时系统的超调量越大。所以为了进一步优化系统，使系统的动态响应能够既满足快速又不振荡的要求，可以在系统中增加一个速度传感器。新的系统方块图如图 3-25 所示。

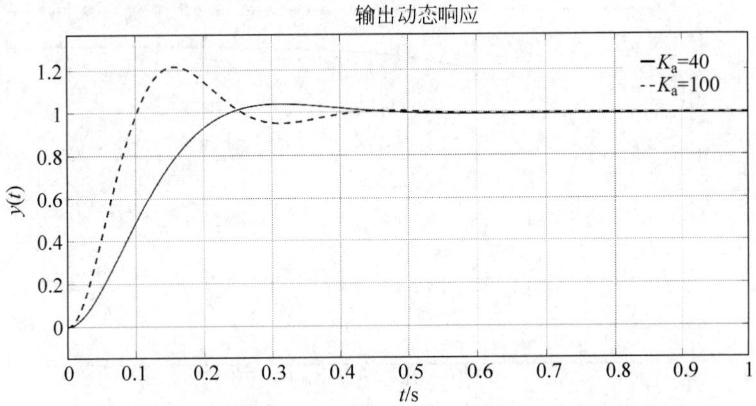

图 3-24　$K_a=40$ 和 $K_a=100$ 时系统的动态响应曲线

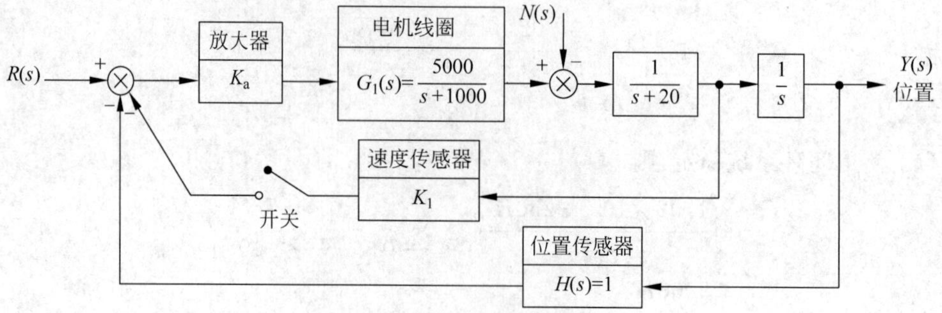

图 3-25 带速度反馈的磁盘驱动读取系统方块图

当系统中的速度传感器前的开关闭合时,系统中增加了速度传感器,其反馈值为 K_1。此时的闭环传递函数为

$$G(s)=\frac{K_aG_1(s)G_2(s)}{1+[K_aG_1(s)G_2(s)](H(s)+K_1s)}$$

所以系统的闭环特征方程为

$$s^3+1020s^2+(20000+5000K_aK_1)s+5000K_a=0$$

构造劳斯表

$$\begin{array}{lll} s^3 & 1 & 20000+5000K_aK_1 \\ s^2 & 1020 & 5000K_a \\ s^1 & \dfrac{51(20000+5000K_aK_1)-250K_a}{51} & \\ s^0 & 5000K_a & \end{array}$$

为了使得闭环系统稳定,则

$$\begin{cases}\dfrac{51(20000+5000K_aK_1)-250K_a}{51}>0 \\ 5000K_a>0\end{cases}\Rightarrow\begin{cases}K_a>0 \\ 4000+1000K_aK_1>K_a\end{cases}$$

所以,在 $K_a>0$ 的条件下,K_a 的值不能过大,K_1 的值不能过小,即满足上述不等式。

当 $K_1=0.1$,$K_a=100$ 时,利用 MATLAB 进行系统的动态响应仿真如图 3-26 所示。

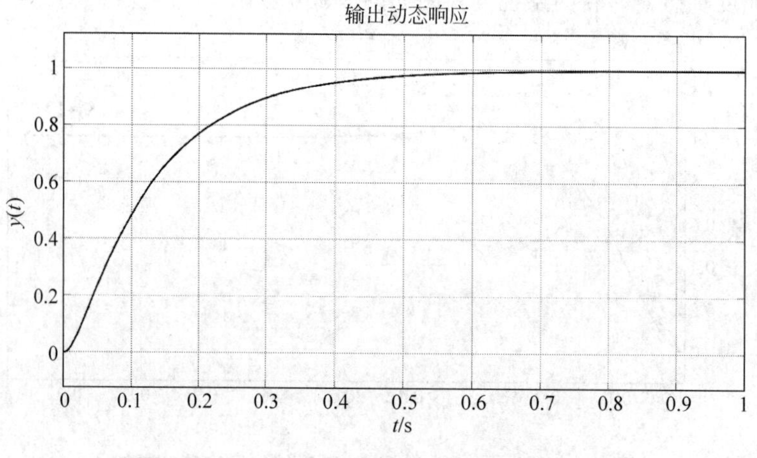

图 3-26 $K_1=0.1$,$K_a=100$ 时系统的动态响应曲线

根据响应曲线，可以发现系统在单位阶跃和单位扰动的共同作用下的动态响应的超调量为0，调节时间为0.393s($\Delta=5$)。

例 3-24　哈勃太空望远镜如图3-27所示。哈勃太空望远镜于1990年4月14日发射至离地球61km的太空轨道，它的发射与应用将空间技术发展推向了一个新的高度。望远镜的2.4m镜头拥有所有镜头中最光滑的表面，其指向系统能在644km以外将视野聚集在一枚硬币上。望远镜的偏差在1993年12月的一次太空任务中得到了大范围的校正。哈勃太空望远镜指向系统简化方块图如图3-28所示。

图 3-27　哈勃太空望远镜示意图

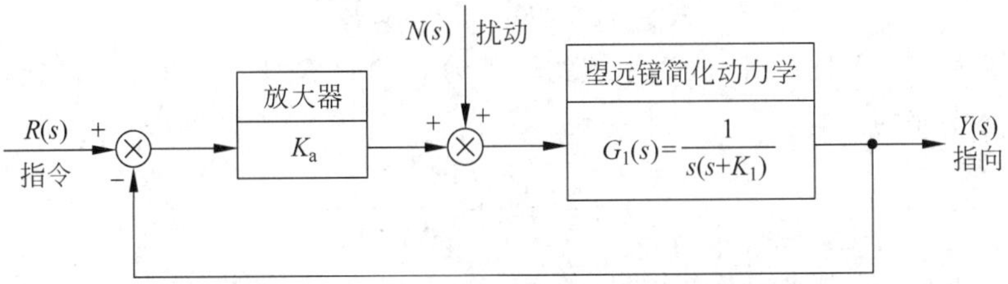

图 3-28　哈勃太空望远镜指向系统简化方块图

指向系统的时域设计目的是选择放大器增益 K_a 和具有增益调节的测速反馈系数 K_1，使得系统能够满足以下性能：

(1) 在阶跃输入的作用下，系统的超调量小于或等于10%；

(2) 在斜坡输入的作用下，系统的稳态误差较小；

(3) 减小单位阶跃扰动的影响。

解：由题得系统的开环传递函数为

$$G(s)=\frac{K_a}{s(s+K_1)}=\frac{K_a/K_1}{s(s/K_1+1)}$$

系统在 $R(s)$ 和 $N(s)$ 同时作用下的输出为

$$\begin{aligned}Y(s)&=\frac{G(s)}{1+G(s)}R(s)+\frac{G_1(s)}{1+G(s)}N(s)\\&=\frac{K_a}{s(s+K_1)+K_a}R(s)+\frac{1}{s(s+K_1)+K_a}N(s)\end{aligned}$$

误差为

$$E(s)=\frac{1}{1+G(s)}R(s)-\frac{G_1(s)}{1+G(s)}N(s)$$

$$=\frac{s(s+K_1)}{s(s+K_1)+K_a}R(s)-\frac{1}{s(s+K_1)+K_a}N(s)$$

(1) 为了满足在阶跃输入作用下系统超调量的要求。令

$$G(s)=\frac{K_a}{s(s+K_1)}=\frac{\omega_n^2}{s(s+2\zeta\omega_n)}$$

可得

$$\omega_n=\sqrt{K_a},\quad \zeta=\frac{K_1}{2\sqrt{K_a}}$$

因为对于一个二阶系统

$$\sigma\%=e^{-\frac{\zeta\pi}{\sqrt{1-\zeta^2}}}\times 100\%$$

解得

$$\zeta=\frac{1}{\sqrt{1+\frac{\pi^2}{(\ln\sigma)^2}}}$$

若 $\sigma\%=10\%$，则求得 $\zeta\approx 0.6$。因而在满足指标要求的情况下，

$$K_1=2\zeta\sqrt{K_a}=1.2\sqrt{K_a}$$

(2) 系统为一个Ⅰ型系统，故当系统的输入为 $r(t)=Rt$ 时，由表 3-1 可知，系统给定输入引起的稳态误差为

$$e_{ssr}=\frac{R}{K_v}=\frac{K_1 R}{K_a}$$

由于 K_a 和 K_1 的选取满足超调量 $\sigma\%$ 小于或等于 10%，所以 $K_1=1.2\sqrt{K_a}$，故系统给定输入引起的稳态误差为

$$e_{ssr}=\frac{1.2R}{\sqrt{K_a}}$$

上式表示为了使系统给定输入引起的稳态误差尽可能减小，那么 K_a 的选取应尽可能大。

(3) 对于扰动作用来说，$v_1=0$，$v_2=1$。那么假设当系统的扰动输入为 $n(t)=1(t)$ 时，由表 3-2 可知，系统扰动输入引起的稳态误差为

$$e_{ssn}=-\frac{1}{K_a}$$

当系统的给定输入为斜坡信号时，系统总的稳态误差为

$$e_{ss}=e_{ssr}+e_{ssn}=\frac{1.2R}{\sqrt{K_a}}-\frac{1}{K_a}=\frac{1.2\sqrt{K_a}R-1}{K_a}$$

而当系统的给定输入为阶跃信号时，其引起的稳定误差为 0。所以系统总的稳态误差为

$$e_{ss}=e_{ssr}+e_{ssn}=0-\frac{1}{K_a}=-\frac{1}{K_a}$$

不管系统的给定输入为阶跃信号还是斜坡信号，增大 K_a 都会使系统总的稳态误差 e_{ss} 减小。

在实际系统中，K_a 的选取必须受到限制，以使系统工作在线性区。当取 $K_a=100$ 时，有 $K_1=12$。所设计的系统的 Simulink 仿真图如图 3-29 所示，系统对单位阶跃输入和单位阶跃扰动的响应如图 3-30 所示。可以看出，扰动的影响很小。此时 $e_{ss}=-0.01$。

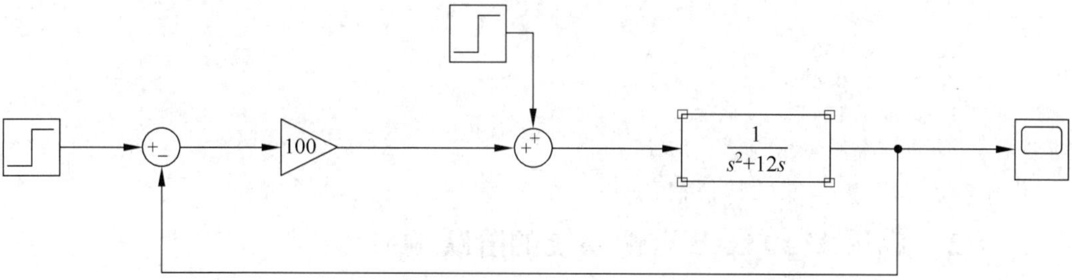

图 3-29　哈勃太空望远镜指向系统 Simulink 仿真图

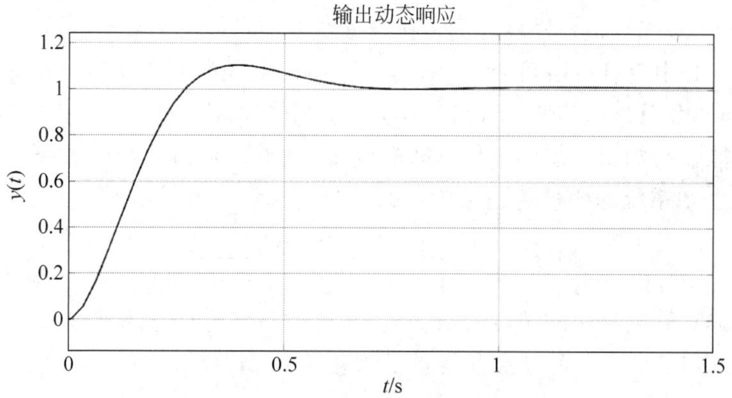

图 3-30　哈勃太空望远镜指向系统响应图

3.6　应用 MATLAB 进行连续控制系统时域分析与设计

3.6.1　应用 MATLAB 分析系统稳定性

系统外部稳定的充要条件是系统的所有特征根都具有负实部。显然，最直接的方法是求出系统全部的特征根。而对于 MATLAB 来说，求解代数方程是非常容易的。

设系统的特征方程为

$$D(s)=a_n s^n+a_{n-1}s^{n-1}+\cdots+a_1 s+a_0=0$$

在 MATLAB 中，输入下面的两条命令就可以求出该系统所有特征根

```
den = [an,an - 1, … ,a0];
r = roots(den);
```

该系统的所有特征根都会通过计算保存在 r 中。若 r 中所有的值都具有负实部，则该系统稳定；若 r 中至少有一个值具有正实部，则该系统不稳定。

例 3-25　试利用 MATLAB 判断系统的稳定性。假设系统的特征方程为

$$D(s)=s^4+6s^3-11s^2+6s-23=0$$

解：在 MATLAB 命令窗口输入以下命令

```
>> den = [1, 6, -11, 6, -23];
>> r = roots(den)
```

可得到如下运行结果

```
r =
  -7.6029 + 0.0000i
   1.8470 + 0.0000i
  -0.1220 + 1.2740i
  -0.1220 - 1.2740i
```

由于存在1个正实部的特征根,所以系统不稳定。

3.6.2 应用 MATLAB 求解系统的阶跃响应

如果已知系统的传递函数的系数,则可以用 step(num ,den)或者 step(num, den, t)得到系统的单位阶跃响应曲线图。step(num, den)中没有指定时间 t,系统会自动生成时间向量,响应曲线图的坐标也是自动标注的。执行该命令能自动画出系统的单位阶跃响应图。

在 MATLAB 中也可以采用命令 [y, x, t]=step(num, den, t)求系统的单位阶跃响应,其中的时间 t 由用户指定。MATLAB 会根据用户给定的时间 t,算出对应的坐标值。执行该命令不能自动画出系统的单位阶跃响应图,而要另加 plot 绘图命令。

例 3-26 已知系统的闭环传递函数为

$$G(s)=\frac{15s+60}{s^4+12s^3+54s^2+82s+60}$$

试利用 MATLAB 绘制系统的单位阶跃响应,并求解系统的暂态性能指标。

解:在 MATLAB 命令窗口或者建立一个脚本输入以下命令

```
>> t = 0: 0.01: 10;
>> num = [15, 60];
>> den = [1, 12, 54, 82, 60];
>> [y, x, t] = step(num, den, t);
>> plot(t, y);
>> grid on
>> xlabel( 't'), ylabel( 'y(t)')
>> title( '单位阶跃响应')
>> maxy = max(y);
>> yss = y( length(t) );
>> pos = 100 * (maxy - yss)/yss        %求超调量σ%
>> for i = 1: 1: 1001
    if y(i) == maxy, n = i; end
end
>> tp = (n - 1) * 0.01                 %求超调时间tp
>> for i = 1001: -1: 1
    if y(i) > 1.05 || y(i) < 0.95 , m = i;
        break;
    end
end
>> ts = (m - 1) * 0.01                 %求调节时间ts
```

可得到如下运行结果

```
pos =
    4.0959
```

```
tp =
    3.3500
ts =
    2.2200
```

从上面计算结果可知：超调量 $\sigma\%=4.0959\%$；超调时间 $t_p=3.35s$；调节时间 $t_s=2.22s(\Delta=5)$。除了编写程序求解系统的暂态性能指标外，还可以用鼠标指向图 3-31 中曲线上的任何一点，可以读取该点对应的时间和幅值，然后计算系统的暂态性能指标。

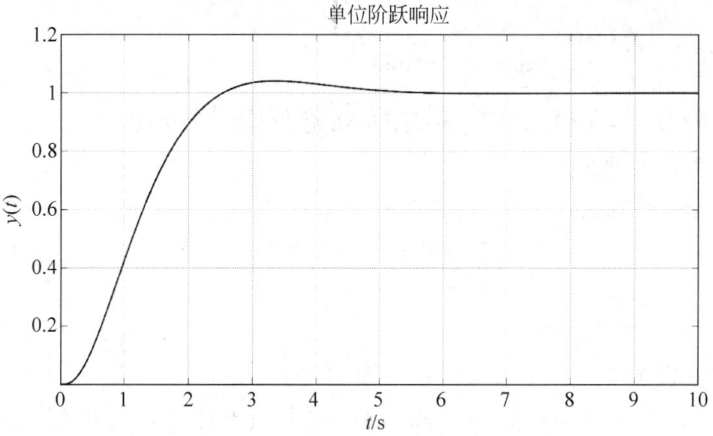

图 3-31　例 3-26 系统的单位阶跃响应

同样的，对于系统的状态空间模型，也可以利用 step(sys)或者 step(sys, t)得到系统的单位阶跃响应曲线图。

除此之外，MATLAB 中提供了求系统各种响应的函数，例如，求脉冲响应的 impulse()命令、求系统零输入响应的 initial()命令等。利用这些函数可以编写系统响应程序。也可以利用 Simulink 来构建系统的方块图模拟仿真，得到系统的响应曲线。

需要指出，由于 MATLAB 只能在系统参数全部给定的情况下进行计算。所以，不能分析系统系数与性能的关系。因此 MATLAB 只能作为分析系统的辅助工具，而不能代替控制理论分析和设计系统。

3.6.3　应用 MATLAB 计算系统矩阵指数函数

设系统的系统矩阵为 $\boldsymbol{A}$，MALTAB 中通过下列函数可以计算矩阵指数函数的数值解和解析解。

```
Y = expm(A * t)
```

若是想要得到数值解，则需要定义时刻 t；若想要得到解析解，则需要将时间 t 作为一个变量进行符号定义。

例 3-27　试利用 MATLAB 计算下面矩阵 $\boldsymbol{A}$ 对应的矩阵指数函数 $e^{\boldsymbol{A}t}$ 和其在 $t=1s$ 的值。

$$\boldsymbol{A}=\begin{bmatrix}1 & 0\\5 & 3\end{bmatrix}$$

解：在 MATLAB 命令窗口输入以下命令

```
>> A = [1, 0; 5, 3];
>> t = 1;
```

```
>> eAt1 = expm(A * t)          % 求解 e^At 数值解
>> syms t;
>> eAt2 = expm(A * t)          % 求解 e^At 解析解
```

可得到如下运行结果

```
eAt1 =
2.7183          0
43.4181   20.0855
eAt2 =
[                   exp(t),        0]
[(5 * exp(3 * t))/2 - (5 * exp(t))/2, exp(3 * t)]
```

3.6.4 应用MATLAB计算系统状态响应与输出响应

1. 系统的零输入响应

在MATLAB中，initial()函数可用于计算系统状态空间模型$\Sigma(\boldsymbol{A},\boldsymbol{B},\boldsymbol{C},\boldsymbol{D})$的零输入响应，即系统在初始状态$x0$作用下的自由运动。其程序如下：

```
sys = ss(A, B, C, D)
[y, t, x] = initial(sys, x0, t)
```

2. 系统的零状态响应

在MATLAB中，step()函数、impulse()函数可用于计算系统状态空间模型$\Sigma(\boldsymbol{A},\boldsymbol{B},\boldsymbol{C},\boldsymbol{D})$的零初始状态下的单位阶跃响应和单位脉冲响应。其程序如下：

```
sys = ss(A, B, C, D)
[y, t, x] = step(sys, t) 或 [y, t, x] = impulse(sys, t)
```

3. 系统的任意状态响应和输出响应的数值解

在MATLAB中，lsim()函数可用于计算系统状态空间模型$\Sigma(\boldsymbol{A},\boldsymbol{B},\boldsymbol{C},\boldsymbol{D})$的状态响应和输出响应的数值解。其程序如下：

```
sys = ss(A, B, C, D)
[y, t, x] = lsim(sys, u, t, x0)
```

其中，输入信号u对应于时间数组各时刻的采样值构成的输入数组。除了可以通过对任意输入函数进行采样获取外，还可以应用gensig()函数产生信号类型为type，以tau秒的信号周期，Tf为信号时间长度，Ts为采样周期的信号。其程序如下：

```
[u, t] = gensig(type, tau, Tf, Ts)
```

例3-28 试利用MATLAB计算下面的系统

$$\begin{cases}\dot{\boldsymbol{x}}(t)=\begin{bmatrix}0 & 1\\-2 & -3\end{bmatrix}\boldsymbol{x}(t)+\begin{bmatrix}0\\1\end{bmatrix}u(t)\\y(t)=\begin{bmatrix}1 & 1\end{bmatrix}\boldsymbol{x}(t)\end{cases}$$

在[0, 5s]的时间区间的状态响应，其中初始状态为$\boldsymbol{x}(0)=[1\quad 2]^{\mathrm{T}}$，输入信号为$u(t)=1+\mathrm{e}^{-t}\cos(5t)$。

解：在MATLAB命令窗口输入以下命令

```
>> A = [0, 1; -2, -3];
>> B = [0; 1]; C = [1, 1];D = [0];
>> x0 = [1; 2];
```

```
>> sys = ss(A, B, C, D);
>> t = [0: 0.02: 5];
>> u = 1 + exp( - t). * cos(5 * t);
>> [y,t,x] = lsim(sys,u,t,x0);
>> figure(1);
>> plot(t,x); grid on
>> xlabel( 't/s' ), ylabel( 'x' );
>> title( '状态响应曲线' );
>> text(2.5,1,'x1');
>> text(2.5,0,'x2');
>> figure(2);
>> plot(t,y) ; grid on
>> xlabel( 't/s' ), ylabel( 'y' );
>> title( '输出响应曲线' );
```

可得到如图 3-32 所示的状态响应曲线和如图 3-33 所示的输出响应曲线。

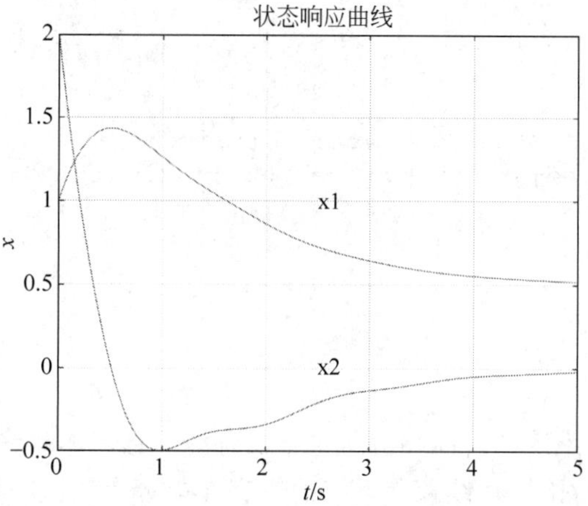

图 3-32　例 3-28 的状态响应曲线

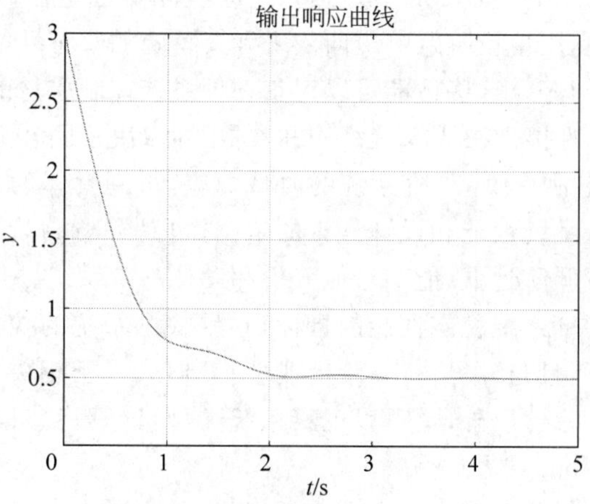

图 3-33　例 3-28 的输出响应曲线

4. 系统的任意状态响应和输出响应的解析解

在 MATLAB 中，int()函数可用于进行计算函数积分的解析解。其程序如下

```
R = int(S, v, a, b)
```

其中,S 为被积函数表达式; v 为积分变量; a 和 b 分别为积分上限和下限。

利用 expm()函数和 int()函数,可以对式(3-132)进行计算,从而获得系统任意状态响应和输出响应的解析解。

例 3-29 试利用 MATLAB 计算例 3-28 系统的状态响应和输出响应。其中初始状态为 $\boldsymbol{x}(0)=[1\quad 2]^{\mathrm{T}}$,输入信号为 $u(t)=2t$。

解: 在 MATLAB 命令窗口输入以下命令

```
>> A = [0, 1; -2, -3];
>> B = [0; 1]; C = [1, 1];D = [0];
>> x0 = [1; 2];
>> syms t tau;
>> ut = 2 * t;
>> xt = expm(A * t) * x0 + int(expm(A * (t - tau)) * B * ut,tau,0,t)
>> yt = C * xt
```

可得到如下运行结果

```
xt =
4 * exp( - t) - 3 * exp( - 2 * t) + t * exp( - 2 * t) * (exp(t) - 1)^2
6 * exp( - 2 * t) - 4 * exp( - t) + 2 * t * exp( - 2 * t) * (exp(t) - 1)
yt =
3 * exp( - 2 * t) + 2 * t * exp( - 2 * t) * (exp(t) - 1) + t * exp( - 2 * t) * (exp(t) - 1)^2
```

本章小结

时域分析法是研究系统的时间响应所包含的各种信息。本章建立了对系统时域分析和设计的基本概念,重点讨论了连续控制系统的暂态性能分析、稳态性能分析、连续系统状态方程的求解和稳定性分析。

连续控制系统的动态响应较为直观地提供了系统相对稳定性和快速性的信息。其中,为了分析方便,一般会利用单位阶跃响应曲线来计算系统的暂态性能指标:超调量、超调时间、调节时间和上升时间等。这些性能可以定量评价系统控制质量的优劣,并且作为系统的设计要求。系统的动态性能取决于系统结构和参数,即取决于闭环系统的零点和极点分布。可以用解析法求线性定常一阶、二阶系统的时域响应,得到具体的暂态性能指标和响应曲线。这可用作分析低阶系统性能和设计计算的依据,也是分析高阶系统的基础。利用主导极点法对高阶系统进行低阶近似,能够近似分析和设计高阶系统。

系统稳态误差是评价系统稳态性能的指标,它反映了系统的控制精度。稳态误差不仅与系统结构参数有关,而且与外界作用(给定或干扰)形式紧密相关。利用终值定理法可以计算系统的稳态误差。除此以外,也可以观察系统类型,计算稳态误差系数,利用误差系数法计算给定输入时的稳态误差。

上述的系统性能分析都是建立在系统的数学模型是微分方程或者传递函数上的。所以,为了进行线性动态系统的运动分析,基于线性系统的状态空间模型,定义了状态转移矩阵的概念、性质及其计算。状态转移矩阵在系统运动分析中起到了重要作用,掌握它的一系列性质及计算有助于对系统的运动分析。另外,状态方程的求解方法是一种定量分析的方法，通过求解出状态解进而求出系统的状态响应和输出响应。

控制系统的稳定性是系统正常工作的首要条件。系统稳定性可以分为外部稳定性和内部稳定性。对于一个线性定常系统，其外部稳定性通常用劳斯判据、赫尔维茨稳定判据进行判断；而内部稳定性通常用李雅普诺夫稳定性理论来分析。

最后，针对具体控制问题所提出的性能指标要求，利用线性定常系统的时域分析结果进行参数设计，并运用MATLAB分析系统的稳定性，绘制系统的动态响应曲线和确定系统的暂态性能指标，以及进行系统状态转移矩阵、状态响应和输出响应的计算。

习题3

3-1　已知二阶系统的单位阶跃响应为 $y(t)=10-12.5\mathrm{e}^{-1.2t}\sin(1.6t+53.1°)$，求系统的超调量 $\sigma\%$，超调时间 t_p 和调节时间 $t_s(\Delta=5)$。

3-2　系统的方块图如图3-34所示。要求系统阻尼比 $\zeta=0.6$，试确定 K_t 值并计算系统的暂态性能指标（超调量 $\sigma\%$，超调时间 t_p 和调节时间 t_s，其中 $\Delta=5$）。

3-3　单位负反馈的二阶系统，其单位阶跃输入下的系统响应如图3-35所示。要求：

（1）确定系统的开环传递函数；

（2）求出系统在单位斜坡输入信号作用下的稳态误差。

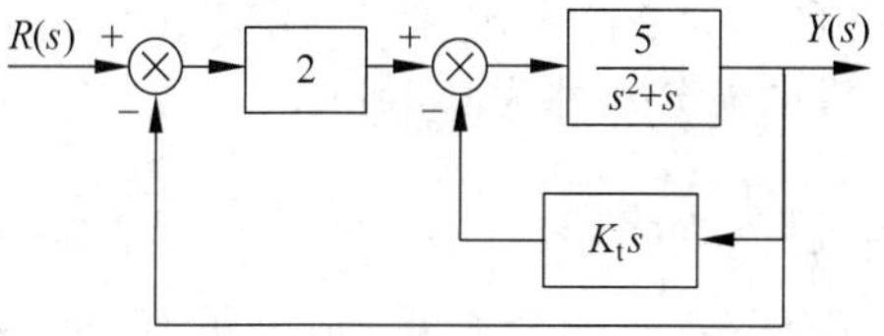

图3-34　习题3-2系统方块图

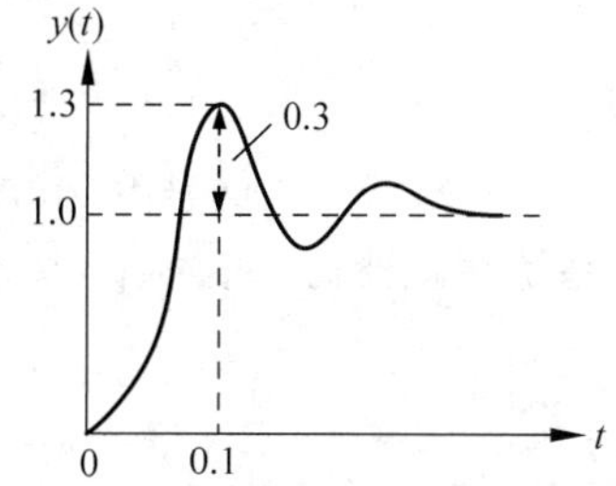

图3-35　习题3-3系统单位阶跃响应

3-4　已知某三阶闭环系统的传递函数为

$$G(s)=\frac{378}{(s+3.56)(s+0.2+0.5\mathrm{j})(s+0.2-0.5\mathrm{j})}$$

试说明该系统是否有主导极点。如有，求出该极点，并简要说明该系统对单位阶跃输入的响应。

3-5　已知闭环系统的方块图如图3-36所示。

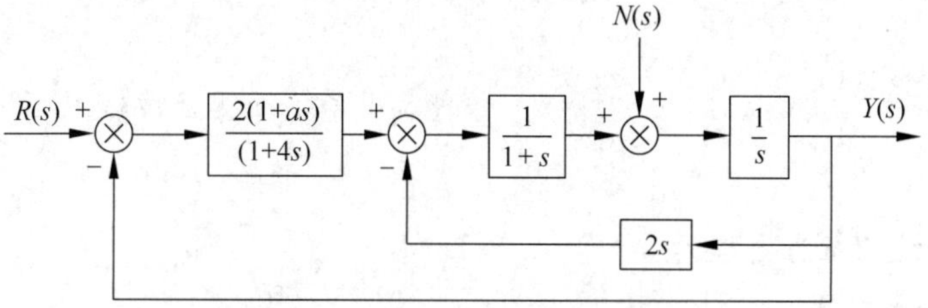

图3-36　习题3-5系统方块图

(1) 试用劳斯判据判断在 a 取何值时,闭环系统才是稳定的;

(2) 若系统的输入和扰动信号都是单位阶跃信号,试求系统的稳态误差。

3-6 系统方块图如图 3-37 所示。设输入信号 $r(t)=1+at$, $K>0$, $T>0$,控制器 $G_c(s)$为比例微分环节,且比例系数为 1。试证明通过适当调节微分时间常数,可使系统输出 $y(t)$相对输入 $r(t)$的稳态误差为 0。

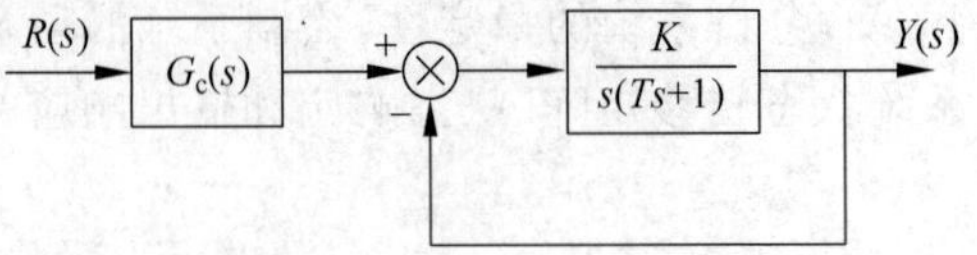

图 3-37 习题 3-6 系统方块图

3-7 已知单位反馈系统的开环传递函数为

(1) $G(s)=\dfrac{50}{(0.1s+1)(2s+1)}$;　　(2) $G(s)=\dfrac{K}{s(s^2+4s+200)}$

(3) $G(s)=\dfrac{10(2s+1)(4s+1)}{s^2(s^2+2s+10)}$;　　(4) $G(s)=\dfrac{s(s+1)(s+2)}{s^4+2s^3-s^2+4s+4}$

试求稳态位置误差系数 K_p、稳态速度误差系数 K_v、稳态加速度误差系数 K_a。

3-8 设稳定闭环系统传递函数的一般形式为

$$G(s)=\frac{Y(s)}{R(s)}=\frac{b_m s^m+b_{m-1}s^{m-1}+\cdots+b_1 s+b_0}{s^n+a_{n-1}s^{n-1}+\cdots+a_1 s+a_0}$$

误差定义取 $e(t)=r(t)-y(t)$。试证:

(1) 系统在阶跃输入信号下,稳态误差为零的充分条件为 $b_0=a_0$, $b_i=0(i=1,2,\cdots,m)$。

(2) 系统在斜坡输入信号下,稳态误差为零的充分条件为 $b_0=a_0$, $b_1=a_1$, $b_i=0(i=1,2,\cdots,m)$。

3-9 设线性定常系统的系统矩阵为 $\boldsymbol{A}=\begin{bmatrix}0&1&0\\0&0&1\\2&-5&4\end{bmatrix}$,试用下列方法求系统的矩阵指数函数 $e^{\boldsymbol{A}t}$。

(1) 按定义求解;

(2) 利用拉普拉斯变换法求解;

(3) 利用特征值规范型求解;

(4) 利用凯莱-哈密顿定理求解。

3-10 已知某二阶系统齐次状态方程 $\dot{\boldsymbol{x}}=\boldsymbol{A}\boldsymbol{x}$,其解为:当 $\boldsymbol{x}(0)=\begin{bmatrix}2\\1\end{bmatrix}$ 时, $\boldsymbol{x}(t)=\begin{bmatrix}2e^{-t}\\e^{-t}\end{bmatrix}$;当 $\boldsymbol{x}(0)=\begin{bmatrix}1\\1\end{bmatrix}$ 时, $\boldsymbol{x}(t)=\begin{bmatrix}e^{-t}+2te^{-t}\\e^{-t}+te^{-t}\end{bmatrix}$。求系统的状态转移矩阵 $\boldsymbol{\Phi}(t)$和系统矩阵 $\boldsymbol{A}$。

3-11 设系统的状态方程为

$$\dot{\boldsymbol{x}}=\begin{bmatrix}-1&1&0\\0&-1&0\\0&0&-2\end{bmatrix}\boldsymbol{x}+\begin{bmatrix}0\\1\\4\end{bmatrix}u$$

求初始状态 $\boldsymbol{x}(0)=[1 \quad 2 \quad 1]^{\mathrm{T}}$，系统在单位阶跃输入作用下的状态响应。

3-12　已知线性连续定常系统的状态空间表达式为

$$\begin{cases}\dot{\boldsymbol{x}}=\begin{bmatrix}0 & a_1\\ -3 & a_2\end{bmatrix}\boldsymbol{x}+\begin{bmatrix}0\\1\end{bmatrix}u\\ y=[1 \quad 1]\boldsymbol{x}\end{cases}$$

其中，a_1 和 a_2 为待定实常数。

(1) 当输入 $u(t)=0$，初始状态 $\boldsymbol{x}(0)=\begin{bmatrix}1\\1\end{bmatrix}$ 时，状态方程的解为 $\boldsymbol{x}(t)=\begin{bmatrix}\mathrm{e}^t\\ \mathrm{e}^t\end{bmatrix}$，试确定系统矩阵中的参数 a_1 和 a_2；

(2) 当 $u(t)=\delta(t)$ 时，系统的输出 $y(t)=3\mathrm{e}^t+2\mathrm{e}^{3t}$，求系统的初始状态 $\boldsymbol{x}(0)$。

3-13　用劳斯判据推导二阶、三阶系统稳定的条件。

3-14　已知系统的特征方程如下。试用劳斯判据确定系统的稳定性，并指出特征根的分布情况。

(1) $s^4+2s^3+8s^2+4s+3=0$

(2) $3s^4+10s^3+5s^2+s+2=0$

(3) $s^4+3s^3+s^2+3s+1=0$

(4) $s^6+4s^5-4s^4+4s^3-7s^2-8s+10=0$

3-15　已知系统方块图如图 3-38 所示，试确定闭环系统的稳定性。

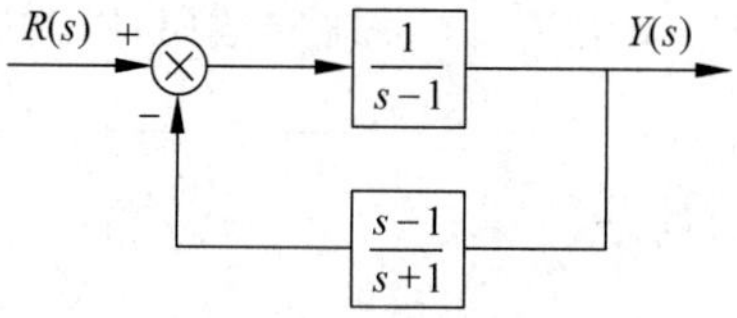

图 3-38　习题 3-15 系统方块图

3-16　设闭环系统的特征方程为 $2s^3+4s^2+6s+1=0$。试用赫尔维茨稳定判据判别系统的稳定性。

3-17　试用李雅普诺夫第一法求系统 $\dot{\boldsymbol{x}}=\begin{bmatrix}a_{11} & a_{12}\\ a_{21} & a_{22}\end{bmatrix}\boldsymbol{x}$ 在平衡状态 $\boldsymbol{x}_{\mathrm{e}}=0$ 稳定的条件。

第 4 章

连续控制系统的根轨迹法

前面介绍了系统闭环特征根在 s 平面上的位置直接决定了闭环系统的稳定性及其动态特性。由此可能产生两个问题：一是如何通过闭环特征根的分布来全面了解闭环系统的动态特性；二是如何由闭环系统的动态特性要求来决定闭环特征根的合理分布，进而确定控制器的结构和参数。1948 年，美国学者伊文思（W. R. Evans）根据控制系统开环、闭环传递函数之间的关系，提出直接由系统的开环传递函数求闭环极点的图解方法，并建立了一套绘制法则，为简化系统闭环极点的求取过程提供了一种有效手段，这种方法就是根轨迹法。根轨迹法给控制系统的分析、设计带来了极大的方便，广泛应用于工程实践中。本章将通过根轨迹法来解决上述两个问题。

本章首先在介绍根轨迹基本概念的基础上，分析根轨迹的性质和绘制常规根轨迹的基本法则，然后将此绘制方法推广到其他参数变化时根轨迹的绘制，随后将根轨迹方法用于分析开环零点、极点、增益变化对控制系统性能的影响，并讨论如何设计控制系统的校正装置。最后介绍应用 MATLAB 进行基于根轨迹的控制系统分析和设计的方法。

4.1 根轨迹的基本概念

4.1.1 根轨迹的概念

根轨迹是指当开环系统某一参数（如开环增益 K）从零变化到无穷时，闭环系统特征方程的根在 s 平面上变化的轨迹。

获得系统根轨迹通常有两种方法：一是对闭环特征方程解析求解，然后将根逐点描图，这种方法精确但工作量大；二是通过一些定性或半定量的规律直接得到根轨迹，不一定完全准确，却简单易行。对于高阶系统来说，这两种方法的差别更为明显。下面通过一个简单的反馈控制系统，具体、直观地说明根轨迹的概念。

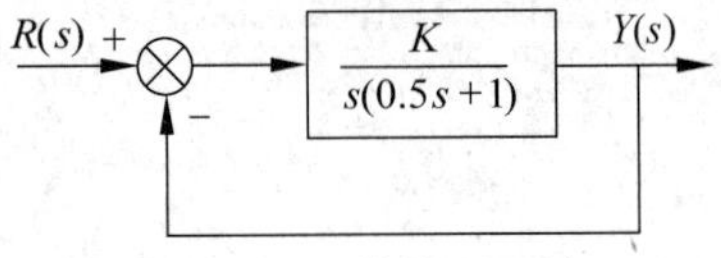

图 4-1 反馈控制系统

反馈控制系统如图 4-1 所示，其开环传递函数为

$$G(s)=\frac{K}{s(0.5s+1)}$$

系统开环增益为 K，开环传递函数的极点为 $p_1=0, p_2=-2$，没有零点。由此可知，系统的闭环传递函数为

$$G_c(s)=\frac{Y(s)}{R(s)}=\frac{2K}{s^2+2s+2K}$$

系统的闭环特征方程为

$$D(s)=s^2+2s+2K=0$$

由二阶方程求根公式，得到特征方程的根为

$$\begin{cases} s_1 = -1 + \sqrt{1-2K} \\ s_2 = -1 - \sqrt{1-2K} \end{cases} \tag{4-1}$$

由表 4-1 可以看到，当开环增益 K 从零变化到无穷时，系统闭环极点也将随着开环增益 K 的变化而发生改变。在$[0, +\infty)$内取不同的 K 值，就可以通过解析法得到相应的闭环极点并用箭头标示当 K 逐渐增加时曲线的变化趋势，就得到如图 4-2 所示闭环系统的根轨迹。

表 4-1　K 与系统特征根的对应值

K	0	0.2	0.5	1	2.5	…	$+\infty$
s_1	0	−0.225	−1	−1+j	−1+2j	…	−1+j∞
s_2	−2	−1.775	−1	−1+j	−1−2j	…	−1−j∞

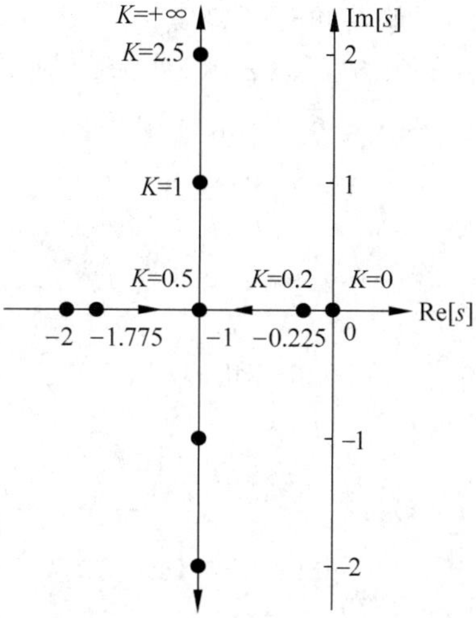

图 4-2　闭环系统的根轨迹

从表 4-1 和图 4-2 中可以看出以下几点：

(1) 系统具有两个特征根，即根轨迹有 2 条分支。

(2) 当 $K=0$ 时，2 条分支起始于 2 个开环极点：0 与 −2。

(3) 随着 K 的增加，在 $0<K<0.5$ 时，2 个根均在实轴上并彼此靠近，当 $K=0.5$ 时，2 个根重合于 −1。

(4) 当 $K>0.5$ 后，K 继续增加的结果是 2 个根从实轴 −1 处分离，产生共轭复根；实部不变，虚部的模逐渐增加，最后趋于无穷。

从控制系统设计的观点看，在这个例子中，通过选取增益 K，可使闭环极点落在根轨迹上的任何位置。换句话说，如果根轨迹上的某一点能够满足对系统动态特性的要求，则可通过计算此点的参数 K 值完成设计；如果在根轨迹上找不到可以满足系统动态特性的点，则必须考虑补偿环节(即设计控制器)，这些内容将在本章后续部分介绍。

4.1.2　根轨迹方程

考虑一般情况，设控制系统如图 4-3 所示，其闭环传递函数为

$$G_c(s) = \frac{G(s)}{1+G(s)H(s)} \tag{4-2}$$

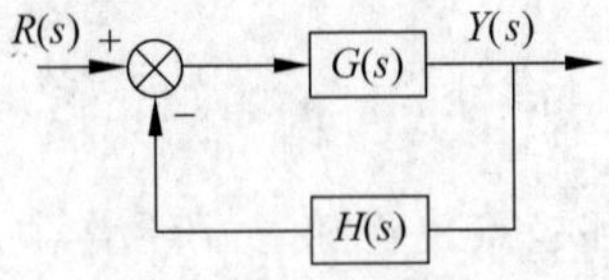

图 4-3 控制系统方框图

闭环系统的特征方程为

$$1+G(s)H(s)=0 \tag{4-3}$$

假设被控对象的开环传递函数 $G(s)H(s)$ 是实有理函数，其分子多项式和分母多项式分别为 $K^*b(s)$ 和 $a(s)$，即

$$G(s)H(s)=\frac{K^*b(s)}{a(s)}=K^*G_{GH}(s) \tag{4-4}$$

其中，K^* 为开环根轨迹增益，$b(s)$ 和 $a(s)$ 分别为 m 阶和 n 阶首一多项式，即

$$b(s)=(s-z_1)(s-z_2)\cdots(s-z_m)=\prod_{j=1}^{m}(s-z_j) \tag{4-5}$$

$$a(s)=(s-p_1)(s-p_2)\cdots(s-p_n)=\prod_{i=1}^{n}(s-p_i) \tag{4-6}$$

其中，z_j 和 p_i 分别为系统的开环零点和开环极点。对于一个物理可实现系统而言，总有 $n\geqslant m$。则闭环系统的特征方程式(4-3)可以表示为以下几种恒等的形式：

$$1+K^*G_{GH}(s)=0 \tag{4-7}$$

$$1+K^*\frac{b(s)}{a(s)}=0 \tag{4-8}$$

$$a(s)+K^*b(s)=0 \tag{4-9}$$

这些方程均具有相同的根轨迹。

当开环系统有 m 个开环零点和 n 个开环极点时，系统开环传递函数可以表示为

$$G(s)H(s)=K^*\frac{\prod_{j=1}^{m}(s-z_j)}{\prod_{i=1}^{n}(s-p_i)} \tag{4-10}$$

式中，z_j 和 p_i 分别为已知的开环零点和开环极点。将式(4-10)代入闭环系统特征方程式(4-3)，得

$$K^*\frac{\prod_{j=1}^{m}(s-z_j)}{\prod_{i=1}^{n}(s-p_i)}=-1 \tag{4-11}$$

称式(4-11)为根轨迹方程。只要闭环特征方程可以化成式(4-11)的形式，就可以绘制根轨迹。式中变化的参数不限定是根轨迹增益 K^*，也可以是系统中的其他可变参数。

从式(4-11)可以看出，根轨迹方程是关于 s 的复数方程，可以表示为

$$K^*\frac{\prod_{j=1}^{m}(s-z_j)}{\prod_{i=1}^{n}(s-p_i)}=1\mathrm{e}^{\mathrm{j}(2k+1)\pi},\quad k=0,\pm1,\pm2,\cdots \tag{4-12}$$

等式两端对应相等，就可以得到绘制根轨迹的相角条件和幅值条件。

相角条件：

$$\sum_{j=1}^{m}\angle(s-z_j)-\sum_{i=1}^{n}\angle(s-p_i)=(2k+1)\pi,\quad k=0,\pm1,\pm2,\cdots \tag{4-13}$$

幅值条件：

$$K^{*}=\frac{\prod_{i=1}^{n}|s-p_i|}{\prod_{j=1}^{m}|s-z_j|} \tag{4-14}$$

从相角条件和幅值条件可以看到，相角条件只与系统的开环零点、极点有关，满足相角条件的点就是系统在某个根轨迹增益下的符合条件的闭环极点，所以相角条件是绘制根轨迹的充分必要条件，即绘制根轨迹时，只需要利用相角条件即可；而幅值条件除了和开环零点、极点有关外，还和系统的根轨迹增益有关，所以幅值条件主要用于求取确定闭环极点下对应的根轨迹增益 K^* 的值，或根据已知的 K^* 值确定闭环极点的具体位置。

4.1.3 闭环零点、极点和开环零点、极点之间的关系

在利用根轨迹方程进行根轨迹绘制之前，首先要了解系统闭环零点、极点和开环零点、极点之间的关系，这有助于理解为什么可以通过根轨迹方程绘制系统的根轨迹。

对于如图 4-3 所示的系统，其前向通道传递函数 $G(s)$ 和反馈通道传递函数 $H(s)$ 可以分别表示为

$$G(s)=\frac{K_G(\tau_1 s+1)(\tau_2^2 s^2+2\xi_2\tau_2 s+1)\cdots}{s^v(T_1 s+1)(T_2^2 s^2+2\zeta_2 T_2 s+1)\cdots}=K_G^*\frac{\prod_{j=1}^{a}(s-z_j)}{\prod_{i=1}^{b}(s-p_i)} \tag{4-15}$$

$$H(s)=\frac{K_H(\tau_{H1} s+1)(\tau_{H2}^2 s^2+2\xi_{H2}\tau_{H2} s+1)\cdots}{s^h(T_{H1} s+1)(T_{H2}^2 s^2+2\zeta_{H2} T_{H2} s+1)\cdots}=K_H^*\frac{\prod_{j=1}^{c}(s-z_j)}{\prod_{i=1}^{d}(s-p_i)} \tag{4-16}$$

其中，K_G 为前向通道增益；K_G^* 为前向通道根轨迹增益；K_H 为反馈通道增益；K_H^* 为反馈通道根轨迹增益。对于有 m 个零点和 n 个极点的开环系统，必有 $a+c=m, b+d=n$，则系统开环传递函数为

$$G(s)H(s)=\frac{K_G K_H(\tau_1 s+1)(\tau_{H1} s+1)(\tau_2^2 s^2+2\xi_2\tau_2 s+1)(\tau_{H2}^2 s^2+2\xi_{H2}\tau_{H2} s+1)\cdots}{s^{v+h}(T_1 s+1)(T_{H1} s+1)(T_2^2 s^2+2\zeta_2 T_2 s+1)(T_{H2}^2 s^2+2\zeta_{H2} T_{H2} s+1)\cdots}$$

$$=K_G^* K_H^*\frac{\prod_{j=1}^{a}(s-z_j)\prod_{j=1}^{c}(s-z_j)}{\prod_{i=1}^{b}(s-p_i)\prod_{i=1}^{d}(s-p_i)}=K^*\frac{\prod_{k=1}^{m}(s-z_k)}{\prod_{l=1}^{n}(s-p_l)} \tag{4-17}$$

令 $K=K_G K_H$ 为系统开环增益，$K^*=K_G^* K_H^*$ 为系统开环根轨迹增益；z_k 和 p_l 分别为系统开环零点和开环极点。将式(4-15)和式(4-17)代入系统闭环传递函数式(4-2)，得

$$G_c(s)=\frac{K_G^*\prod_{j=1}^{a}(s-z_j)\prod_{i=1}^{d}(s-p_i)}{\prod_{i=1}^{b}(s-p_i)\prod_{i=1}^{d}(s-p_i)+K^*\prod_{j=1}^{a}(s-z_j)\prod_{j=1}^{c}(s-z_j)}$$

$$=\frac{K_G^*\prod_{j=1}^{a}(s-z_j)\prod_{i=1}^{d}(s-p_i)}{\prod_{l=1}^{n}(s-p_l)+K^*\prod_{k=1}^{m}(s-z_k)} \tag{4-18}$$

由式(4-17)和式(4-18)可得以下结论：

(1) 系统的闭环根轨迹增益，等于系统前向通道的根轨迹增益。对于单位反馈系统，系统的闭环根轨迹增益就等于系统的开环根轨迹增益。

(2) 系统的闭环零点由系统前向通道的零点和反馈通道的极点组成。对于单位反馈系统，闭环零点等于开环零点。

(3) 闭环极点与开环零点、开环极点以及开环根轨迹增益 K^* 有关。

例 4-1 已知闭环系统的开环传递函数为

$$G(s)H(s)=\frac{K}{s(0.5s+1)}$$

试用相角条件和幅值条件确定 $s_1=-1+\mathrm{j}, s_2=-1-\mathrm{j}$ 是系统的共轭闭环极点，并计算此时系统开环增益 K 的值。

解：因为

$$G(s)H(s)=\frac{K}{s(0.5s+1)}=\frac{2K}{s(s+2)}$$

因此开环传递函数没有零点，只有两个开环极点 $p_1=0, p_2=-2$，标注在复平面中如图 4-4 所示，如果 s_1、s_2 是系统的闭环极点，就要满足相角条件，即

$$0-\angle(s_1-p_1)-\angle(s_1-p_2)=(2k+1)\pi \quad k=0,\pm1,\pm2,\cdots$$

$$0-\angle(s_2-p_1)-\angle(s_2-p_2)=(2k+1)\pi \quad k=0,\pm1,\pm2,\cdots$$

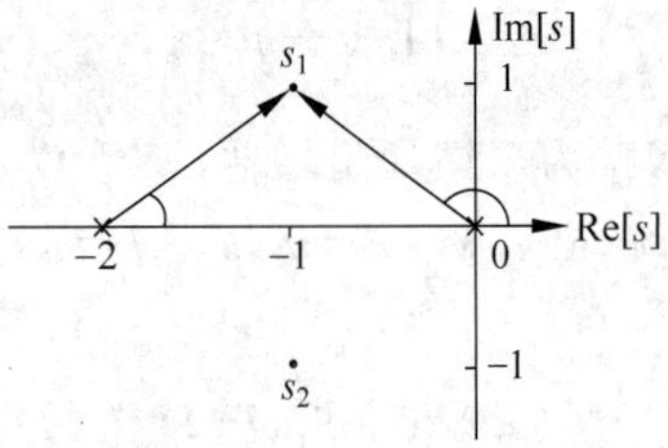

图 4-4 例 4-1 的系统极点分布图

由图 4-4 可得

$$0-135°-45°=-180°=-\pi$$

$$0-225°-315°=540°=3\pi$$

满足相角条件，所以 s_1、s_2 是系统的闭环极点。要计算此时的系统开环增益 K 值，就要知道此时系统根轨迹增益 K^* 值，因为

$$G(s)H(s)=\frac{2K}{s(s+2)}=\frac{K^*}{s(s+2)}$$

且 s_1、s_2 是系统在同一参数 K^* 下得到的共轭闭环极点，所以只需用其中任意闭环极点就可计算出 K^* 值，由幅值条件有

$$K^*=\prod_{i=1}^{2}|s_1-p_i|=|s_1-p_1||s_1-p_2|$$

由图 4-4 可得

$$K^*=|s_1-p_1||s_1-p_2|=\sqrt{2}\times\sqrt{2}=2$$

所以

$$K=\frac{K^*}{2}=1$$

4.2　根轨迹的绘制方法

使用逐点计算再描点连线的方法绘制根轨迹，在遇到复杂场景时明显不适用，而有一些绘制法则可以简化根轨迹的绘制过程，使根轨迹的绘制简便而快捷，并为定性分析系统的动态特性提供依据。

在下面的讨论中，假定所研究的变化参数是开环根轨迹增益 K^*，且 K^* 由零变化到无穷大时，相位遵循 $(2k+1)\pi$，因此称为 180°根轨迹或者常规根轨迹。当可变参数为其他参数时，这些基本法则仍然适用。

法则 1　连续性和对称性。根轨迹是连续的，并且对称于实轴。

证明：由于在根轨迹中闭环极点随着根轨迹增益 K^* 的变化而变化，而 K^* 从零到无穷连续变化，则闭环极点的变化是连续的，所以根轨迹是连续的。又因为系统特征方程的根或是实数，或是共轭复数，所以根轨迹一定是对称于实轴的。

法则 2　根轨迹的分支数。根轨迹的分支数等于开环有限零点数 m 和有限极点数 n 中较大的一个，即等于 $\max(m,n)$。

证明：按照定义，根轨迹是开环系统某一参数从零变到无穷时，闭环特征方程的根在 s 平面上的变化轨迹，因此，根轨迹的分支数必与闭环特征方程根的数目相一致。由闭环系统的特征方程有

$$\prod_{i=1}^{n}(s-p_i)+K^*\prod_{j=1}^{m}(s-z_j)=0 \tag{4-19}$$

可知，闭环特征方程根的数目就等于 m 和 n 中的较大者，所以根轨迹的分支数必与开环有限零点、极点数中较大的一个相等，即等于 $\max(m,n)$。

法则 3　根轨迹的起点和终点。根轨迹起始于系统的开环极点，终止于开环零点。

证明：根轨迹起点是指根轨迹增益 $K^*=0$ 时的根轨迹点，终点是指 $K^*\to\infty$ 时的根轨迹点。根据根轨迹方程幅值条件式(4-14)：

当 $m\leqslant n$ 时，可以得到：

(1) 当 $K^*=0$ 时，则必有 $s=p_i$（p_i 为开环极点）；

(2) 当 $K^*\to\infty$ 时，则有 $s=z_j$（z_j 为开环有限零点），或者 $s=\infty$（无穷远处的零点为开环无限零点）。

当 $m>n$ 时（绘制其他参数变化下的根轨迹可能出现这种情况），可以得到：

(1) 当 $K^*=0$ 时，则有 $s=p_i$（p_i 为开环有限极点），或者 $s=\infty$（无穷远处的极点为开环无限极点）；

(2) 当 $K^*\to\infty$ 时，则必有 $s=z_j$（z_j 为开环零点）。

因此，当 $m\leqslant n$ 时，有 $n-m$ 条根轨迹终止于无穷远处的开环无限零点；当 $m>n$ 时，有 $m-n$ 条根轨迹起始于无穷远处的开环无限极点。综上所述，根轨迹起始于开环极点（包括开环无限极点），终止于开环零点（包括开环无限零点）。

法则 4　实轴上的根轨迹。实轴上的某一区域，如果其右边开环实数零点、极点个数之和为奇数，则该区域必是根轨迹。

证明：设开环零点、极点分布如图 4-5 所示，s_1 是实轴上的某一测试点，若 s_1 是根轨迹

上的点，其必须满足相角条件，可以看出：

(1) s_1 与复平面中开环共轭极点 p_2、p_3 的相角和为 $\theta_1+\theta_2=2\pi$，因此在确定实轴上的根轨迹时，可以不考虑复数开环零点、极点的影响；

(2) s_1 与实轴上其左边的开环零点 z_2、开环极点 p_5 的相角均为 0，因此这些开环零点、开环极点不影响根轨迹方程的成立。

(3) s_1 与实轴上其右边的开环零点 z_1、开环极点 p_1、p_4 的相角均为 π，这些零点、极点影响根轨迹方程中相角的叠加。

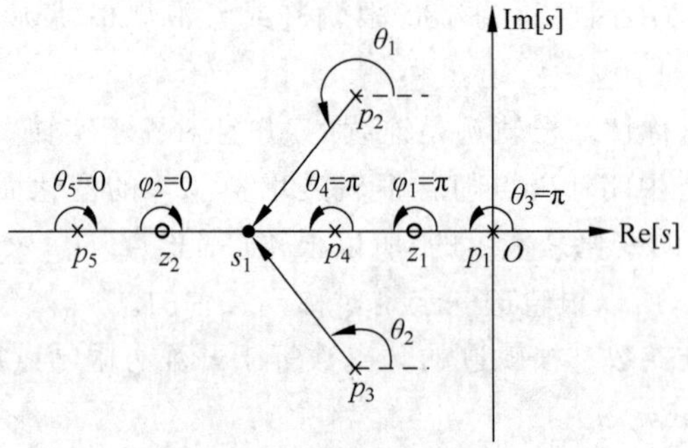

图 4-5 实轴上的根轨迹

如果令 $\sum\varphi_j$ 代表 s_1 点右边所有开环实数零点到 s_1 点的向量相位之和，$\sum\theta_i$ 代表 s_1 点右边所有开环实数极点到 s_1 点的向量相位之和，那么根据相位条件，s_1 点位于根轨迹上的充分必要条件是如下相位条件成立，即

$$\sum\varphi_j-\sum\theta_i=(2k+1)\pi \tag{4-20}$$

由于 s_1 点右边所有开环实数零点、极点到 s_1 点的向量相位均为 π，而 π 与 $-\pi$ 代表相同的角度，因此式(4-20)中减去 π 等价于加上 π，于是 s_1 点位于根轨迹上的等效条件为

$$\sum\varphi_j+\sum\theta_i=(2k+1)\pi \tag{4-21}$$

式中，$(2k+1)$ 为奇数，故本法则得证。

例 4-2 设单位负反馈系统的开环传递函数为

$$G(s)H(s)=\frac{K(s+1)(s+3)}{s(s+2)(s+6)}$$

试绘制系统的根轨迹。

解：系统开环有限零点为 $z_1=-1$，$z_2=-3$，有限零点数为 $m=2$；系统开环有限极点为 $p_1=0$，$p_2=-2$，$p_3=-6$，有限极点数为 $n=3$，则根轨迹有 $\max(m,n)=\max(2,\ 3)=3$ 条分支。实轴上的根轨迹区间为：$(-\infty,-6]$、$[-3,-2]$、$[-1,\ 0]$。根轨迹如图 4-6 所示。

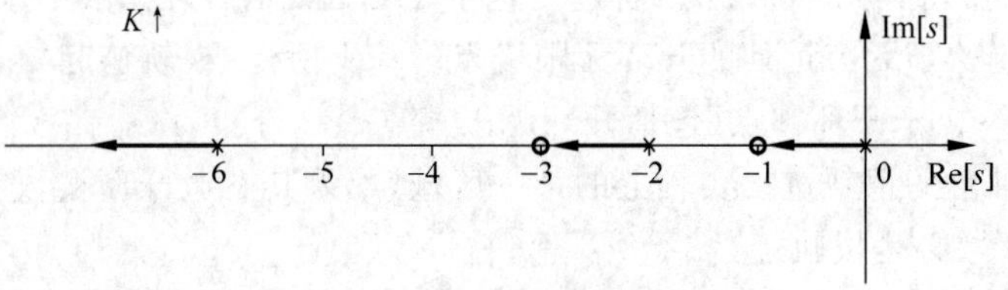

图 4-6 例 4-2 的根轨迹

法则5　根轨迹的渐近线。当开环有限极点数 n 大于有限零点数 m 时，必有 $n-m$ 条根轨迹分支沿着与实轴相交的夹角为 φ_a、交点为 σ_a 的一组渐近线趋向无穷远处。其中

$$\varphi_a=\frac{(2k+1)\pi}{n-m},\quad k=0,\pm1,\pm2,\cdots \tag{4-22}$$

$$\sigma_a=\frac{\sum_{i=1}^{n}p_i-\sum_{j=1}^{m}z_j}{n-m} \tag{4-23}$$

证明：对于有 m 个开环零点和 n 个开环极点的系统(假设 m、n 为奇数，方便后续公式推导，为偶数时结论不变，读者可以自行推导)，其开环传递函数为

$$G(s)H(s)=K\frac{s^m-\sum_{j=1}^{m}z_js^{m-1}-\cdots-\prod_{j=1}^{m}z_j}{s^n-\sum_{i=1}^{n}p_is^{n-1}-\cdots-\prod_{i=1}^{n}p_i}$$

用分母除以分子得

$$G(s)H(s)=\frac{K}{s^{n-m}-\left(\sum_{i=1}^{n}p_i-\sum_{j=1}^{m}z_j\right)s^{n-m-1}-\cdots}$$

代入系统的特征方程式(4-3)得

$$s^{n-m}-\left(\sum_{i=1}^{n}p_i-\sum_{j=1}^{m}z_j\right)s^{n-m-1}-\cdots=-K$$

对于无穷远处的根轨迹渐近线上的点而言，有限开环零点、极点之间的区别是可以忽略的，因此上述系统等效于一个具有 m 个开环零点和 n 个开环极点，并且所有零点和极点都聚集于某一点的系统。当 $K\to\infty$，且同时 $s\to\infty$ 时，可近似只取前两项高次项(由牛顿二项式展开)，可以得到如下等式：

$$\left[s-\frac{\sum_{i=1}^{n}p_i-\sum_{j=1}^{m}z_j}{n-m}\right]^{n-m}=-K$$

这就是 $K\to\infty$ 时的近似特征方程，即渐近线方程。根据相角条件式(4-13)，有

$$\angle\left[s-\frac{\sum_{i=1}^{n}p_i-\sum_{j=1}^{m}z_j}{n-m}\right]^{n-m}=\pm(2k+1)\pi,\quad k=0,\pm1,\pm2,\cdots$$

由此得到渐近线与实轴相交的夹角为

$$\varphi_a=\angle\left[s-\frac{\sum_{i=1}^{n}p_i-\sum_{j=1}^{m}z_j}{n-m}\right]=\pm\frac{(2k+1)\pi}{n-m},\quad k=0,\pm1,\pm2,\cdots$$

渐近线与实轴相交夹角的几何意义是：当 s 很大时，系统各开环零点、开环极点至无穷远 s 点的向量已趋于相同，其角度为 φ_a。

当 $K\to0$ 时，可得到渐近线的起点，即与实轴的交点为

$$\left[s-\frac{\sum_{i=1}^{n}p_i-\sum_{j=1}^{m}z_j}{n-m}\right]^{n-m}=-K\to 0$$

所以可得根轨迹与实轴交点为

$$\sigma_a=\frac{\sum_{i=1}^{n}p_i-\sum_{j=1}^{m}z_j}{n-m}$$

法则 6 根轨迹的分离(会合)点和分离(会合)角。两条或者两条以上根轨迹分支在 s 平面上相遇又分开的点,称为根轨迹的分离(会合)点。系统 $G(s)=\frac{K^*(s+2)}{s(s+1)}$ 和 $G(s)=\frac{K^*}{(s^2+8s+20)(s^2+8s+17)}$ 的根轨迹如图 4-7(a)和图 4-7(b)所示。

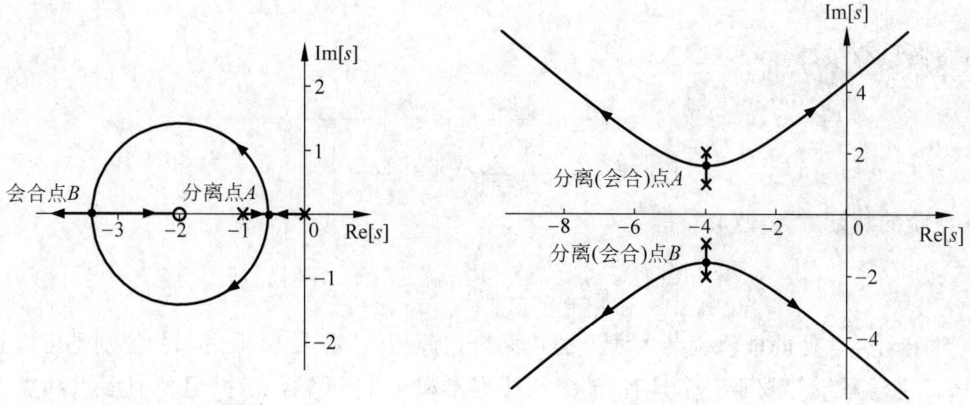

(a) 位于实轴上的分离(会合)点　　(b) 位于复平面上的分离(会合)点

图 4-7　根轨迹的分离(会合)点

在图 4-7(a)中,根轨迹从开环极点 0、−1 处出发,在 A 点相遇分离,到 B 点相遇会合。当 $K^*\to\infty$时,根轨迹一支趋于开环零点 −2,另一支趋于无穷远。当根轨迹分支在实轴上相交后进入复平面时,习惯上称该交点为根轨迹的分离点;反之,当根轨迹分支由复平面进入实轴时,它们在实轴上的交点称为会合点。因此 A 点和 B 点分别称为根轨迹的分离点和会合点。分离(会合)点还可以共轭复数对的形式出现在复平面中,如图 4-7(b)中 A、B 所示。分离(会合)点的坐标 d 是下列方程的解:

$$\sum_{i=1}^{n}\frac{1}{d-p_i}=\sum_{j=1}^{m}\frac{1}{d-z_j}\tag{4-24}$$

证明:由根轨迹方程

$$1+K^*\frac{\prod_{j=1}^{m}(s-z_j)}{\prod_{i=1}^{n}(s-p_i)}=0\tag{4-25}$$

得闭环特征方程为

$$D(s)=\prod_{i=1}^{n}(s-p_i)+K^*\prod_{j=1}^{m}(s-z_j)=0\tag{4-26}$$

根轨迹在 s 平面上相遇说明闭环特征方程有重根。设重根为 d，根据代数中重根条件有

$$\dot{D}(s)=\frac{\mathrm{d}}{\mathrm{d}s}\left[\prod_{i=1}^{n}(s-p_i)+K^*\prod_{j=1}^{m}(s-z_j)\right]=0 \tag{4-27}$$

式(4-26)和式(4-27)又可以分别写成

$$\prod_{i=1}^{n}(s-p_i)=-K^*\prod_{j=1}^{m}(s-z_j) \tag{4-28}$$

$$\frac{\mathrm{d}}{\mathrm{d}s}\prod_{i=1}^{n}(s-p_i)=-K^*\frac{\mathrm{d}}{\mathrm{d}s}\prod_{j=1}^{m}(s-z_j) \tag{4-29}$$

将式(4-28)除以式(4-29)得

$$\frac{\frac{\mathrm{d}}{\mathrm{d}s}\prod_{i=1}^{n}(s-p_i)}{\prod_{i=1}^{n}(s-p_i)}=\frac{\frac{\mathrm{d}}{\mathrm{d}s}\prod_{j=1}^{m}(s-z_j)}{\prod_{j=1}^{m}(s-z_j)}$$

$$\frac{\mathrm{d}\ln\prod_{i=1}^{n}(s-p_i)}{\mathrm{d}s}=\frac{\mathrm{d}\ln\prod_{j=1}^{m}(s-z_j)}{\mathrm{d}s} \tag{4-30}$$

又因为 $\ln\prod_{i=1}^{n}(s-p_i)=\sum_{i=1}^{n}\ln(s-p_i)$ 和 $\ln\prod_{j=1}^{m}(s-z_j)=\sum_{j=1}^{m}\ln(s-z_j)$，故式(4-30)可以重写为

$$\sum_{i=1}^{n}\frac{\mathrm{d}\ln(s-p_i)}{\mathrm{d}s}=\sum_{j=1}^{m}\frac{\mathrm{d}\ln(s-z_j)}{\mathrm{d}s}$$

$$\sum_{i=1}^{n}\frac{1}{s-p_i}=\sum_{j=1}^{m}\frac{1}{s-z_j} \tag{4-31}$$

从上式中解出 s，即为分离点 d。

分离(会合)角定义为根轨迹进入分离(会合)点的切线方向与离开分离(会合)点的切线方向之间的夹角，当 l 条根轨迹分支进入并离开分离(会合)点时，分离角可由下式确定。

$$\frac{(2k+1)\pi}{l},\quad k=0,1,2,\cdots,l-1 \tag{4-32}$$

显然当 $l=2$ 时，分离角必为直角。

例 4-3　设系统的开环传递函数为

$$G(s)H(s)=\frac{K(s+1)}{s(s+2)(s+6)}$$

试绘制系统的根轨迹。

解：(1) 系统开环有限零点为 $z_1=-1$，有限零点数为 $m=1$；系统开环有限极点为 $p_1=0, p_2=-2, p_3=-6$，有限极点数为 $n=3$，则根轨迹有 $\max(m,n)=\max(1,3)=3$ 条分支。实轴上的根轨迹区间为：$[-6,-2]$、$[-1,0]$。

(2) 根轨迹的渐近线有 $n-m=2$ 条，根轨迹渐近线与实轴的交点为

$$\sigma_a=\frac{\sum_{i=1}^{n}p_i-\sum_{j=1}^{m}z_j}{n-m}=\frac{(0-2-6)-(-1)}{3-1}=-3.5$$

(3) 渐近线与实轴的夹角为

$$\varphi_a = \frac{(2k+1)\pi}{n-m} = \frac{(2k+1)\pi}{2} = \pm\frac{\pi}{2}$$

(4) 根轨迹的分离点 d：解分离点方程式(4-25)，即

$$\frac{1}{d} + \frac{1}{d+2} + \frac{1}{d+6} = \frac{1}{d+1}$$

$$2d^3 + 11d^2 + 16d + 12 = 0$$

解得 $d_1 = -3.82, d_{2,3} = -0.84 \pm j0.93$，因为 $d_{2,3}$ 不在根轨迹上，故舍去，因此分离点为 $d_1 = -3.82$。

根轨迹的分离角为

$$\frac{(2k+1)\pi}{l} = \frac{(2k+1)\pi}{2} = \pm\frac{\pi}{2}$$

根轨迹如图 4-8 所示。

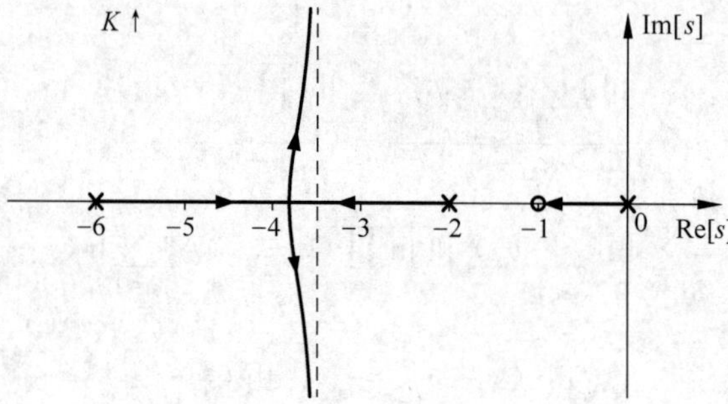

图 4-8　例 4-3 的根轨迹

法则 7　根轨迹的起始角和终止角。根轨迹起始于开环复极点处的切线与正实轴的夹角 θ_{p_i} 称为根轨迹的起始角；根轨迹终止于开环复零点处的切线与正实轴的夹角 θ_{z_i} 称为根轨迹的终止角，这些角度可由以下公式求出。起始角为

$$\theta_{p_i} = (2k+1)\pi + \left(\sum_{j=1}^{m}\varphi_{z_j p_i} - \sum_{\substack{j=1\\(j\neq i)}}^{n}\theta_{p_j p_i}\right); \quad k = 0, \pm 1, \pm 2, \cdots \tag{4-33}$$

终止角为

$$\varphi_{z_i} = (2k+1)\pi - \left(\sum_{\substack{j=1\\(j\neq i)}}^{m}\varphi_{z_j z_i} - \sum_{j=1}^{n}\theta_{p_j z_i}\right); \quad k = 0, \pm 1, \pm 2, \cdots \tag{4-34}$$

证明：设开环系统有 m 个有限零点，n 个有限极点。起始于开环极点 p_i 的根轨迹的起始角为 θ_{p_i}，在起始于开环极点 p_i 的根轨迹上取一点 s_1，使 s_1 与 p_i 十分接近，如图 4-9 所示(图 4-9(b)为图 4-9(a)在 s_1 附近的若干倍放大图)。即可以认为 s_1 刚好位于根轨迹起始点的切线上，又由于 s_1 是根轨迹上的点，根据 s_1 必须满足相角条件，所以应有

$$\sum_{j=1}^{m}\varphi_{z_j p_i} - \sum_{\substack{j=1\\(j\neq i)}}^{n}\theta_{p_j p_i} - \theta_{p_i} = -(2k+1)\pi \tag{4-35}$$

$$\sum_{\substack{j=1\\(j\neq i)}}^{m}\varphi_{z_j z_i} + \varphi_{z_i} - \sum_{j=1}^{n}\theta_{p_j z_i} = (2k+1)\pi \tag{4-36}$$

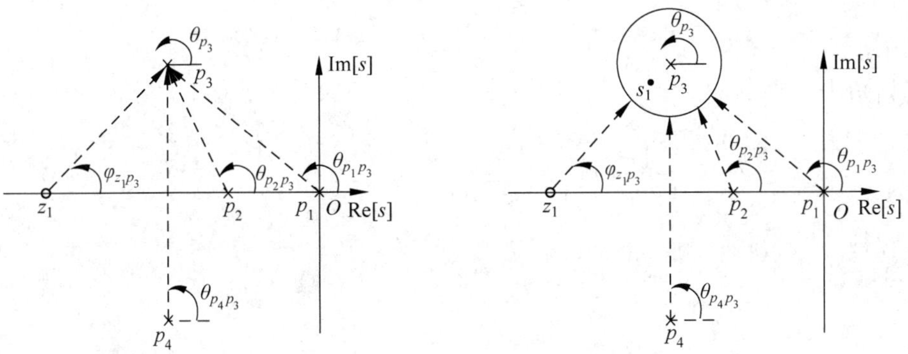

(a) 复数极点的相位示意图　　(b) 图(a)的局部放大

图 4-9　复数极点的相位条件

将式(4-35)和式(4-36)移项后即可得到式(4-33)和式(4-34)。在根轨迹的相位条件中，$\pm(2k+1)\pi$ 是等价的。

当系统开环复数极点为 h 重极点或者复数零点为 l 重零点时，计算根轨迹的起始角和终止角需要分别在式(4-33)和式(4-34)前乘以 $1/h$ 或 $1/l$，即起始角为

$$\theta_{p_i}=\frac{1}{h}\left[(2k+1)\pi+\left(\sum_{j=1}^{m}\varphi_{z_jp_i}-\sum_{\substack{j=1\\(j\neq i)}}^{n}\theta_{p_jp_i}\right)\right],\quad k=0,\pm 1,\pm 2,\cdots$$

终止角为

$$\varphi_{z_i}=\frac{1}{l}\left[(2k+1)\pi-\left(\sum_{\substack{j=1\\(j\neq i)}}^{m}\varphi_{z_jz_i}-\sum_{j=1}^{n}\theta_{p_jz_i}\right)\right],\quad k=0,\pm 1,\pm 2,\cdots$$

例 4-4　设系统的开环传递函数为

$$G(s)H(s)=\frac{K(s+1)(s+2+\mathrm{j})(s+2-\mathrm{j})}{s(s+3)(s+0.5+\mathrm{j}1.5)(s+0.5-\mathrm{j}1.5)}$$

试绘制系统的根轨迹。

解：按照典型步骤绘制根轨迹。

(1) 系统开环有限零点为 $z_1=-1, z_2=-2+\mathrm{j}, z_3=-2-\mathrm{j}$，有限零点数为 $m=3$；系统开环有限极点为 $p_1=0, p_2=-3, p_3=-0.5+\mathrm{j}1.5, p_4=-0.5-\mathrm{j}1.5$，有限极点数为 $n=4$，则根轨迹有 $\max(m,n)=\max(3,4)=4$ 条分支。

(2) 实轴上的根轨迹区间为：$(-\infty,-3]$，$[-1,0]$。

(3) 根轨迹的渐近线有 $n-m=1$ 条，不必再确定渐近线。

(4) 根轨迹的分离点 d：一般地，如果根轨迹位于实轴上的一个开环极点和一个开环零点之间，则在这两个相邻的零点、极点之间，或者不存在任何分离点，或者同时存在离开实轴和进入实轴的两个分离点，本例无分离点。

(5) 根轨迹的起始角和终止角：

$$\varphi_{z_1p_3}=\arctan\frac{1.5}{-0.5-(-1)}=71.6^\circ,\quad \varphi_{z_2p_3}=\arctan\frac{1.5-1}{-0.5-(-2)}=18.4^\circ$$

$$\varphi_{z_3p_3}=\arctan\frac{1.5-(-1)}{-0.5-(-2)}=59.0^\circ,\quad \theta_{p_1p_3}=180^\circ-\arctan\frac{1.5}{0.5}=108.4^\circ$$

$$\theta_{p_2p_3}=\arctan\frac{1.5}{-0.5-(-3)}=31.0^\circ,\quad \theta_{p_4p_3}=90^\circ$$

因此起始角为

$$\theta_{p_3}=(2k+1)\pi+\left(\sum_{j=1}^{3}\varphi_{z_jp_3},-\sum_{\substack{j=1\\j\neq 3}}^{4}\theta_{p_jp_3}\right)=99.6^\circ$$

由对称性得

$$\theta_{p_4}=-99.6^\circ$$

同理，可得终止角为

$$\varphi_{z_2}=(2k+1)\pi-\left(\sum_{\substack{j=1\\j\neq 2}}^{3}\varphi_{z_jz_2}-\sum_{j=1}^{4}\theta_{p_jz_2}\right)=111.44^\circ$$

由对称性得

$$\varphi_{z_3}=-111.44^\circ$$

根轨迹如图 4-10 所示。

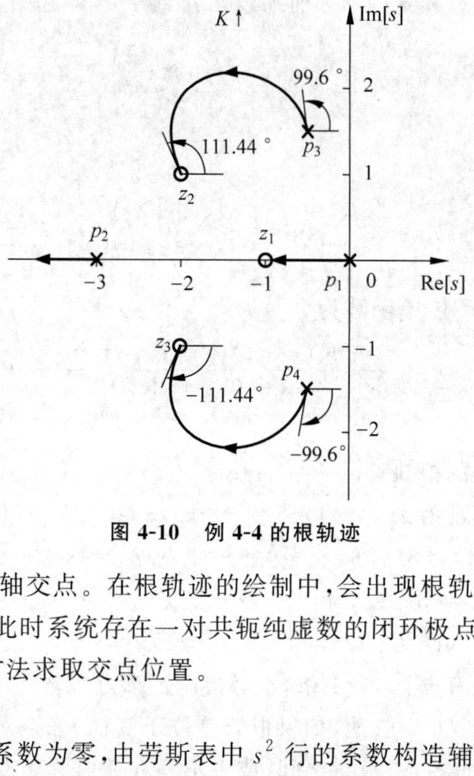

图 4-10　例 4-4 的根轨迹

法则 8　根轨迹与虚轴交点。在根轨迹的绘制中，会出现根轨迹与虚轴相交的情况，当根轨迹与虚轴相交，表明此时系统存在一对共轭纯虚数的闭环极点，即系统处于临界稳定状态。可以通过以下两种方法求取交点位置。

(1) 劳斯判据求取。

令劳斯表中 s^1 行的系数为零，由劳斯表中 s^2 行的系数构造辅助方程，即可解出纯虚根的数值，这一数值就是根轨迹与虚轴交点处的 ω 值。如果根轨迹与虚轴有一个以上交点，则应采用劳斯表中幂大于 2 的 s 偶次方行的系数构造辅助方程。

(2) 特征方程求取。

根轨迹与虚轴相交，说明此时系统的特征方程有纯虚根，因此可以将 $s=\mathrm{j}\omega$ 代入系统的特征方程，得实部方程为

$$\mathrm{Re}[1+G(\mathrm{j}\omega)H(\mathrm{j}\omega)]=0 \tag{4-37}$$

虚部方程为

$$\mathrm{Im}[1+G(\mathrm{j}\omega)H(\mathrm{j}\omega)]=0 \tag{4-38}$$

同时求解这两个方程，便可得到根轨迹与虚轴交点处的 K^* 值和 ω 值。

例 4-5　设系统的开环传递函数为

$$G(s)H(s)=\frac{K^*}{s(s+1)(s+2)}$$

试确定根轨迹与虚轴的交点及此时临界稳定的 K^* 值。

解：(1) 利用劳斯判据求取。

系统的特征方程为

$$s(s+1)(s+2)+K^*=s^3+3s^2+2s+K^*=0$$

根据特征方程列出劳斯表

$$\begin{array}{lcc} s^3 & 1 & 2 \\ s^2 & 3 & K^* \\ s^1 & (6-K^*)/3 & 0 \\ s^0 & K^* & 0 \end{array}$$

令列元素 $(6-K^*)/3=0$，得到临界稳定的 $K^*=6$，再由劳斯表中 s^2 行构造辅助方程

$$3s^2+K^*=0$$

得到根轨迹与虚轴的交点为 $s_{1,2}=\pm\mathrm{j}\sqrt{2}$。

(2) 利用特征方程求取。

将 $s=\mathrm{j}\omega$ 代入系统的特征方程，有

$$(\mathrm{j}\omega)^3+3(\mathrm{j}\omega)^2+2(\mathrm{j}\omega)+K^*=K^*-3\omega^2+\mathrm{j}(2\omega-\omega^3)=0$$

令实部和虚部都为零，得

$$\begin{cases} K^*-3\omega^2=0 \\ (2\omega-\omega^3)=0 \end{cases}$$

解上述方程得 $\omega=0, K^*=0$，或者 $\omega=\pm\sqrt{2}, K^*=6$。第一组解为根轨迹的起始点，第二组解为根轨迹与虚轴的交点及此时临界稳定的 K^* 值。

法则 9　根之和。当系统的开环有限极点数 n 和有限零点数 m 满足 $n-m\geqslant 2$ 时，开环 n 个有限极点 p_i 之和总是等于闭环特征方程 n 个根 λ_j 之和，即

$$\sum_{j=1}^{n}\lambda_j=\sum_{i=1}^{n}p_i \tag{4-39}$$

证明：对于物理可实现系统来说，$n\geqslant m$，因此闭环系统的特征方程可以表示为

$$1+G(s)H(s)=1+\frac{K^*\prod_{j=1}^{m}(s-z_j)}{\prod_{i=1}^{n}(s-p_i)}=\frac{\prod_{j=1}^{n}(s-\lambda_j)}{\prod_{i=1}^{n}(s-p_i)} \tag{4-40}$$

令式(4-40)等式两端分子相等，得

$$\prod_{j=1}^{n}(s-\lambda_j)=\prod_{i=1}^{n}(s-p_i)+K^*\prod_{j=1}^{m}(s-z_j) \tag{4-41}$$

对上式两端展开,有

$$s^n-\sum_{j=1}^{n}\lambda_j s^{n-1}+\cdots=\left(s^n-\sum_{i=1}^{n}p_i s^{n-1}+\cdots\right)+K^*\left(s^m-\sum_{j=1}^{m}z_j s^{m-1}+\cdots\right) \tag{4-42}$$

当 $n-m\geqslant 2$ 时,令式(4-42)等号两端 s^{n-1} 的系数相等,即式(4-39)得证。

该法则表明,在 $n-m\geqslant 2$ 的情况下,当开环根轨迹增益 K^* 从零变化到无穷大时,闭环系统的根之和是一个常数。因此当系统有几条根轨迹趋于无穷远处时,这几条根轨迹的方向必须满足上述法则,即若存在一条根轨迹趋向右(某些闭环根在 s 平面向右移动),则必然存在一条根轨迹趋向左(另外一些闭环根在 s 平面向左移动)。

例 4-6 设系统的开环传递函数为

$$G(s)H(s)=\frac{K^*}{s(s+4)(s^2+2s+2)}$$

试绘制系统的根轨迹。

解:按照典型步骤绘制根轨迹。

(1) 系统无开环有限零点,有限零点数为 $m=0$;系统开环有限极点为 $p_1=0, p_2=-4, p_3=-1+\mathrm{j}, p_4=-1-\mathrm{j}$,有限极点数为 $n=4$,则根轨迹有 $\max(m,n)=\max(0,4)=4$ 条分支。

(2) 实轴上的根轨迹区间为$[-4, 0]$。

(3) 根轨迹的渐近线有 $n-m=4$ 条,渐近线与实轴的交点为

$$\sigma_{\mathrm{a}}=\frac{\sum_{i=1}^{n}p_i-\sum_{j=1}^{m}z_j}{n-m}=\frac{(0-4-1+\mathrm{j}-1-\mathrm{j})-0}{4-0}=-1.5$$

与实轴的交角为

$$\varphi_{\mathrm{a}}=\frac{(2k+1)\pi}{n-m}=\frac{(2k+1)\pi}{4-0}=\pm 45^\circ,\ \pm 135^\circ$$

(4) 根轨迹的分离点。根轨迹分离点方程为

$$\frac{1}{d+0}+\frac{1}{d+4}+\frac{1}{d+1+\mathrm{j}}+\frac{1}{d+1-\mathrm{j}}=0$$

解得分离点 $d=-3.1$,其余解不在根轨迹上,故舍去。

(5) 根轨迹的起始角和终止角。因为系统没有开环零点,所以只有起始角,而无须求取终止角。根据式(4-33)求得起始角为

$$\theta_{p_1}=(2k+1)\pi-0-315^\circ-45^\circ=-180^\circ=180^\circ$$

$$\theta_{p_2}=(2k+1)\pi-180^\circ-14^\circ-346^\circ=-360^\circ=0^\circ$$

$$\theta_{p_3}=(2k+1)\pi-135^\circ-14^\circ-90^\circ=-59^\circ$$

$$\theta_{p_4}=(2k+1)\pi-225^\circ-346^\circ-270^\circ=-661^\circ=59^\circ$$

(6) 根轨迹与虚轴的交点。根据根之和法则,可知有两条根轨迹向左移动,则必然有两条根轨迹向右移动,向右移动的根轨迹会与虚轴相交,系统的特征方程为

$$s(s+4)(s^2+2s+2)+K^*=s^4+6s^3+10s^2+8s+K^*=0$$

将 $s=\mathrm{j}\omega$ 代入系统特征方程,并令实部和虚部为零,得到如下方程:

$$\begin{cases}\omega^4-10\omega^2+K^*=0\\8\omega-6\omega^3=0\end{cases}$$

解得 $\omega_1=0,\omega_2=1.15,\omega_3=-1.15,K^*=11.56$。

因此，根轨迹与虚轴的交点为 $s_{1,2}=\pm \mathrm{j}1.15$。综上绘制系统根轨迹如图 4-11 所示。

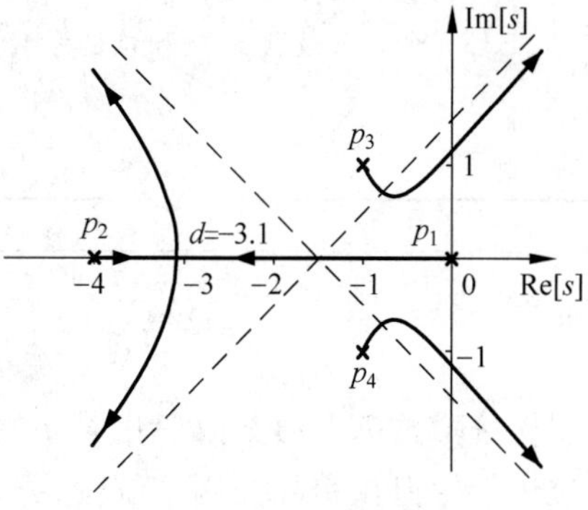

图 4-11　例 4-6 的根轨迹

将上述的所有根轨迹绘制法则归纳在表 4-2 中，便于使用时查阅。

表 4-2　根轨迹绘制法则

序号	内　　容	法　　则
1	连续性和对称性	根轨迹是连续的，并且对称于实轴
2	根轨迹的分支数	设开环有限零点数为 m，有限极点数为 n，则根轨迹分支数等于 $\max(m,n)$
3	根轨迹的起点和终点	根轨迹起始于系统的开环极点，终止于开环零点
4	实轴上的根轨迹	实轴上的某一区域，如果其右边开环实数零点、极点个数之和为奇数，则该区域必是根轨迹所在区域
5	根轨迹的渐近线	$n-m$ 条根轨迹分支沿着与实轴相交的夹角为 $\varphi_a=\dfrac{(2k+1)\pi}{n-m}$、交点为 $\sigma_a=\dfrac{\sum_{i=1}^{n}p_i-\sum_{j=1}^{m}z_j}{n-m}$ 的一组趋向无穷远处的渐近线
6	根轨迹的分离(会合)点和分离(会合)角	分离点的坐标是方程 $\sum_{i=1}^{n}\dfrac{1}{d-p_i}=\sum_{j=1}^{m}\dfrac{1}{d-z_j}$ 的解；或者在特征方程中，若令 $W(s)=-K^*$，则分离点坐标 d 可以由方程 $\left.\dfrac{\mathrm{d}W(s)}{\mathrm{d}s}\right\rvert_{s=d}=0$ 求得
7	根轨迹的起始角和终止角	起始角：$\theta_{p_i}=(2k+1)\pi+\left(\sum_{j=1}^{m}\varphi_{z_jp_i}-\sum_{\substack{j=1\\(j\neq i)}}^{n}\theta_{p_jp_i}\right)$ 终止角：$\varphi_{z_i}=(2k+1)\pi-\left(\sum_{\substack{j=1\\(j\neq i)}}^{m}\varphi_{z_jz_i}-\sum_{j=1}^{n}\theta_{p_jz_i}\right)$

续表

序号	内容	法则
8	根轨迹与虚轴交点	根轨迹与虚轴交点处的 K^* 值和 ω 值可由劳斯判据确定；也可以将 $s=j\omega$ 代入系统的特征方程，再分别令实部和虚部为 0 求得
9	根之和	当系统的开环有限极点数 n 和有限零点数 m 满足 $n-m\geqslant 2$ 时，开环 n 个有限极点 p_i 之和总是等于闭环特征方程 n 个根 λ_i 之和，即 $\sum_{i=1}^{n}\lambda_i=\sum_{i=1}^{n}p_i$

4.3 广义根轨迹绘制

通常将负反馈系统中以根轨迹增益 K^* 为参数变化时绘制的根轨迹称为常规根轨迹，前面的分析均基于常规根轨迹进行。但在实际控制系统中，根轨迹增益 K^* 并不是系统的唯一参数，常常还要研究系统中其他参数变化对闭环特征根的影响，并且在一些系统中会存在正反馈的控制现象，此时根轨迹的绘制方法也有所偏差。因此有必要讨论在系统其他参数变化、正反馈系统等情况下的根轨迹绘制方法，通常将常规根轨迹以外的根轨迹称为广义根轨迹。

4.3.1 参数根轨迹

在负反馈系统中，以非开环增益作为可变参数绘制的根轨迹称为参数根轨迹。参数根轨迹的绘制与常规根轨迹的绘制方法相同，但需要先求出系统的等效开环传递函数。

设以参数 T^*（非根轨迹增益 K^*）为参变量的负反馈控制系统的闭环特征方程为

$$Q(s)+T^*P(s)=0 \tag{4-43}$$

其中，$P(s)$和$Q(s)$是与参数无关的首一多项式，则由式(4-43)可得

$$1+\frac{T^*P(s)}{Q(s)}=1+G(s)H(s)=0 \tag{4-44}$$

其中，$T^*P(s)/Q(s)$为控制系统的等效开环传递函数，则控制系统根轨迹的绘制问题便回归到了常规根轨迹的绘制上，利用常规根轨迹绘制法则就可以完成参数根轨迹绘制。

例 4-7 已知控制系统开环传递函数为

$$G(s)H(s)=\frac{K}{s(s+a)},\quad K\geqslant 0,a\geqslant 0$$

求以 K 和 a 为参变量的根轨迹簇。

解：当 $a=0$ 时，系统的开环传递函数为

$$G(s)H(s)=\frac{K}{s^2}$$

当 K 由 $0\to\infty$ 变化时，常规根轨迹为整个虚轴。这个根轨迹决定了下一步绘制根轨迹簇的起点位置。

下面计算并绘制以 a 为参变量时的根轨迹。

闭环系统特征方程为

$$D(s)=s^2+as+K=0$$

方程两边除以 s^2+K，由此得到以 a 为参变量的等效开环传递函数

$$G'(s)=\frac{as}{s^2+K}$$

由传递函数可得：

（1）系统开环有限零点为 $z_1=0$，有限零点数为 $m=1$；系统开环有限极点为 $p_{1,2}=\pm \mathrm{j}\sqrt{K}$，有限极点数为 $n=2$，则根轨迹有 $\max(m,n)=\max(1,2)=2$ 条分支。

（2）实轴上的根轨迹区间为 $(-\infty,0]$。

（3）根轨迹的渐近线有 $n-m=1$ 条，渐近线与实轴的交点为

$$\sigma_{\mathrm{a}}=\frac{\sum_{i=1}^{n}p_i-\sum_{j=1}^{m}z_j}{n-m}=0$$

渐近线与实轴的夹角为

$$\varphi_{\mathrm{a}}=\frac{(2k+1)\pi}{n-m}=\frac{(2k+1)\pi}{2-1}=180^\circ,\quad k=0$$

（4）根轨迹的分离点。由分离点方程有

$$\frac{1}{d+\mathrm{j}\sqrt{K}}+\frac{1}{d-\mathrm{j}\sqrt{K}}=\frac{1}{d}$$

解得 $d_1=-\sqrt{K}$，$d_2=\sqrt{K}$（舍去）。

（5）根轨迹的起始角和终止角。

$$\theta_{p_i}=(2k+1)\pi+\sum_{j=1}^{m}\angle(p_i-z_j)-\sum_{\substack{j=1\\ j\neq i}}^{n}\angle(p_i-p_j)=180^\circ+90^\circ-90^\circ=180^\circ$$

$$\theta_{p_2}=180^\circ$$

综上分析，取 $K=1,4,9$ 时，可绘出以 a 为参变量时的根轨迹簇（如图 4-12 所示）为以原点为圆心、以 $\sqrt{K}$ 为半径的圆。

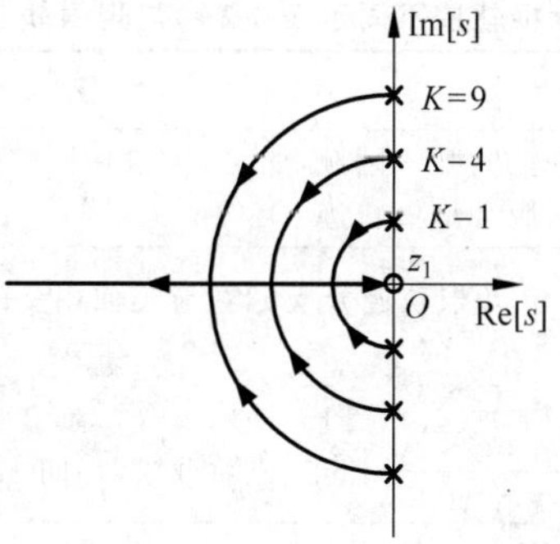

图 4-12　以 a 为参变量时的根轨迹簇

4.3.2　零度根轨迹

如果控制系统的开环零点和极点都在 s 平面的左半平面，则称这种系统为最小相位系统；相反，如果系统有开环零点或极点位于右半 s 平面上，则称这种系统为非最小相位系

统。前面的分析均基于负反馈系统，但在实际的控制系统中，会遇到所研究的控制系统为正反馈系统，或者是非最小相位系统中包含 s 最高次幂的系数为负因子的情况，这时根轨迹的绘制与 4.2 节介绍的法则有所不同，通常称这种根轨迹为零度根轨迹。以如图 4-13 所示的正反馈系统为例，其闭环传递函数为

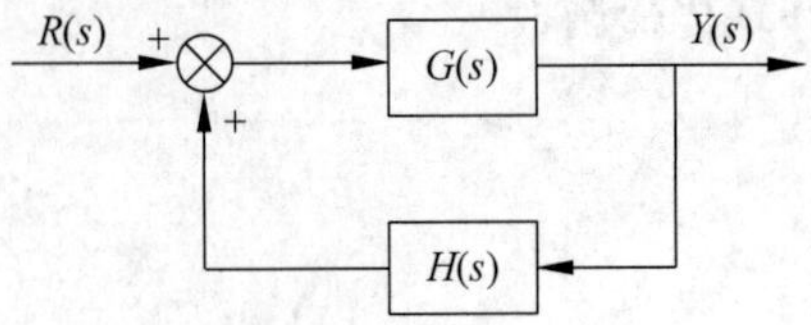

图 4-13　正反馈系统

$$G_c(s)=\frac{G(s)}{1-G(s)H(s)} \tag{4-45}$$

则正反馈回路的特征方程为

$$1-G(s)H(s)=1-K^*\frac{\prod_{j=1}^{m}(s-z_j)}{\prod_{i=1}^{n}(s-p_i)}=0 \tag{4-46}$$

可以得到正反馈系统根轨迹的相角条件和幅值条件如下：

相角条件为

$$\sum_{j=1}^{m}\angle(s-z_j)-\sum_{i=1}^{n}\angle(s-p_i)=2k\pi,\quad k=0,\pm1,\pm2,\cdots \tag{4-47}$$

幅值条件为

$$K^*=\frac{\prod_{i=1}^{n}|s-p_i|}{\prod_{j=1}^{m}|s-z_j|} \tag{4-48}$$

将式(4-47)和式(4-48)与常规根轨迹的相应公式(4-13)和式(4-14)相比较可知，二者幅值条件相同，相角条件不同，因此只需要将常规根轨迹的绘制法则中与相位条件有关的法则适当调整，则可以得到零度根轨迹的绘制法则。需要修正的法则如表 4-3 所示，其他法则与表 4-2 一致。

表 4-3　零度根轨迹不同于表 4-2 中常规根轨迹的绘制法则

序号	内　容	法　则
4	实轴上的根轨迹	实轴上的某一区域，如果其右边开环实数零点、极点个数之和为偶数，则该区域必是根轨迹
5	根轨迹的渐近线	$n-m$ 条根轨迹分支沿着与实轴相交的夹角为 $\varphi_a=\frac{2k\pi}{n-m}$、交点为 $\sigma_a=\frac{\sum_{i=1}^{n}p_i-\sum_{j=1}^{m}z_j}{n-m}$ 的一组渐近线，趋向无穷远处
7	根轨迹的起始角与终止角	起始角：$\theta_{p_i}=2k\pi+\left(\sum_{j=1}^{m}\varphi_{z_jp_i}-\sum_{\substack{j=1\\(j\neq i)}}^{n}\theta_{p_jp_i}\right)$ 终止角：$\varphi_{z_i}=2k\pi-\left(\sum_{\substack{j=1\\(j\neq i)}}^{m}\varphi_{z_jz_i}-\sum_{j=1}^{n}\theta_{p_jz_i}\right)$

对于非最小相位系统中包含 s 最高次幂的系数为负因子的情况，通过例 4-8 说明零度根轨迹的绘制过程。

例 4-8　负反馈系统开环传递函数为

$$G(s)H(s)=\frac{K^*(1-s)}{s(s+2)}$$

试绘制闭环系统的根轨迹图。

解：系统开环传递函数为

$$G(s)H(s)=\frac{K^*(1-s)}{s(s+2)}=-\frac{K^*(s-1)}{s(s+2)}$$

则该系统为非最小相位系统，且当 K^* 由 $0\to+\infty$ 变化时，因其 s 的最高次项系数为负，根轨迹应该按照零度根轨迹法则进行绘制。

(1) 系统开环有限零点为 $z_1=1$，有限零点数为 $m=1$；系统开环有限极点为 $p_1=0$，$p_2=-2$，有限极点数为 $n=2$，则根轨迹有 $\max(m,n)=\max(1,2)=2$ 条分支。

(2) 实轴上的根轨迹区间为：$[-2,0]$，$[1,+\infty)$。

(3) 根轨迹的渐近线有 $n-m=1$ 条，渐近线与实轴的交点为

$$\sigma_a=\frac{\sum_{i=1}^{n}p_i-\sum_{j=1}^{m}z_j}{n-m}=-3$$

渐近线与实轴的夹角为

$$\varphi_a=\frac{2k\pi}{n-m}=0^\circ,\quad k=0$$

(4) 根轨迹的分离点。由分离点方程有

$$\frac{1}{d}+\frac{1}{d+2}=\frac{1}{d-1}$$

解得 $d_1=-0.73$，$d_2=2.73$。

(5) 根轨迹与虚轴的交点。将 $s=j\omega$ 代入系统特征方程

$$s^2+(2-K^*)s+K^*=0$$

得到

$$K^*-\omega^2+j(2-K^*)\omega=0$$

令实部和虚部为 0，得到如下方程：

$$\begin{cases}K^*-\omega^2=0\\(2-K^*)\omega=0\end{cases}$$

解得 $K^*=0,\omega=0$，和 $K^*=2,\omega=\pm\sqrt{2}$。

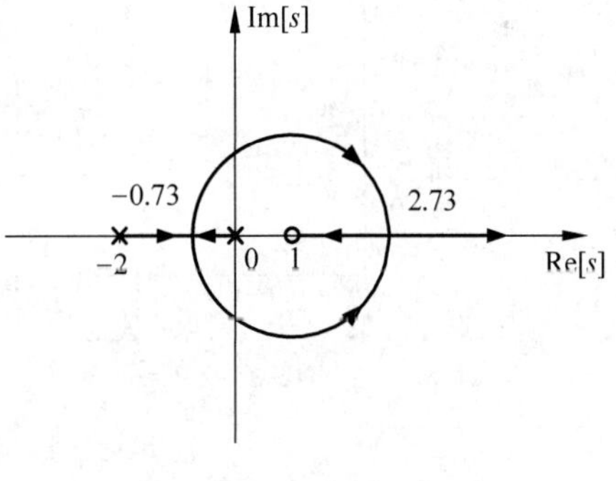

图 4-14　例 4-8 的根轨迹

综上分析，绘制系统根轨迹如图 4-14 所示。

4.4　基于根轨迹的系统性能分析

因为系统的稳定性由系统闭环极点唯一确定，而系统的稳态性能和动态性能又与闭环零点、极点在 s 平面上的位置密切相关，所以根轨迹图不仅可以直接给出闭环系统时间响应

的全部信息，而且可以用于指导开环零点、极点应该怎样变化才能满足给定的闭环系统性能指标的要求。下面分别介绍开环零点、极点对系统控制性能的影响。

4.4.1 开环极点对系统性能的影响

1. 开环极点位置的改变（时间常数的变化）

考虑以下单位负反馈系统的开环传递函数：

$$G(s)=\frac{100K}{(T_1s+1)(T_2s+1)(T_3s+1)} \tag{4-49}$$

其中，$T_1=1, T_2=5, T_3=10$。

以第二个时间常数为例。假设 T_2 从 5 增加至 6（相应的极点由 -0.2 增大到 -0.17），或者由 5 减小至 4（相应的极点由 -0.2 减小到 -0.25），则开环传递函数分别变为

$$G_1(s)=\frac{100K}{(s+1)(6s+1)(10s+1)},\quad G_2(s)=\frac{100K}{(s+1)(4s+1)(10s+1)}$$

T_2 变化前后的闭环系统根轨迹如图 4-15 所示。

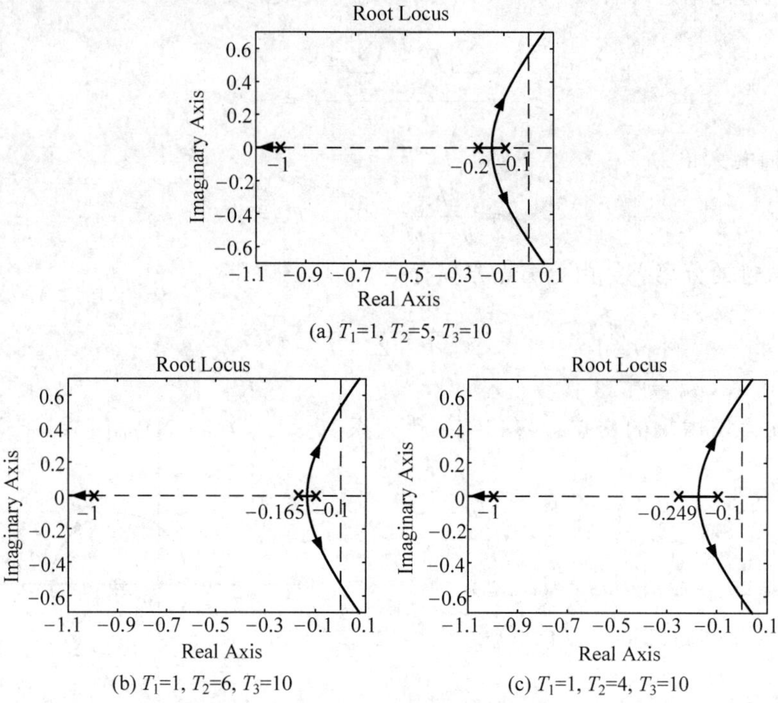

图 4-15　T_2 变化前后的闭环系统根轨迹

由图 4-15 可知，当 T_2 增大时，闭环系统根轨迹向右移动，闭环主导极点也随之向右移动，从而降低系统的稳定性，增加系统响应的调节时间；反之，当 T_2 减小时，闭环系统根轨迹向左移动，闭环主导极点也随之向左移动，调节质量可以相应提高。同样的结果可以推广至其他开环极点变化的情况。

以上结果也可以通过零极点图和根轨迹的相位条件分析得到。式(4-49)的零极点图如图 4-16 所示。假设 s_1 为原闭环系统的根，则满足相位条件

$$\angle(s_1-p_1)+\angle(s_1-p_2)+\angle(s_1-p_3)=\pi \tag{4-50}$$

当 T_2 减小，即 p_2 左移到 p_2' 时，$\angle(s_1-p_2')$ 小于 $\angle(s_1-p_2)$，因此为了满足相位条件，闭环系统根必将在 s_1 左侧，则该系统根轨迹必须向左移动。

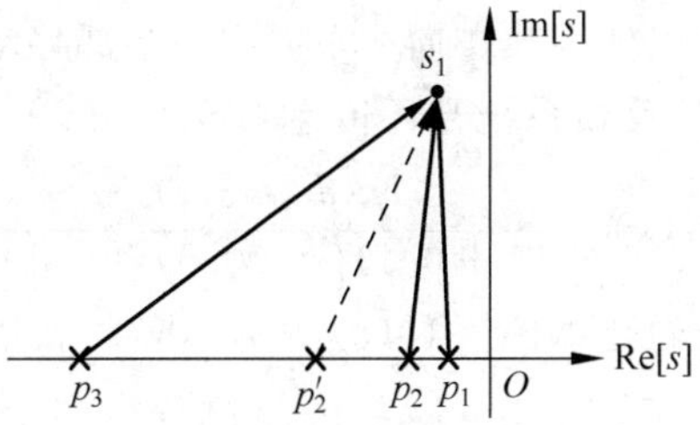

图 4-16　式(4-49)的零极点图

2. 开环极点的增减

对于一个开环稳定的系统，当时间常数减小到 $\varepsilon(\varepsilon\approx 0)$ 时，对应开环系统的极点为无限极点，近似为 $-\infty$，相当于开环系统减少了一个极点。由上述极点位置变化的讨论可知，时间常数减小，闭环系统根轨迹将向左移动，可以提高系统的控制质量，因此减少开环极点，可以提高系统的性能。从根轨迹渐近线的分析也可以得到同样的结论，减少开环极点，则根轨迹渐近线与实轴夹角增大，根轨迹向左移动，系统性能得到改善。

以式(4-49)为例，减少开环极点所得到的系统闭环根轨迹如图 4-17 所示。

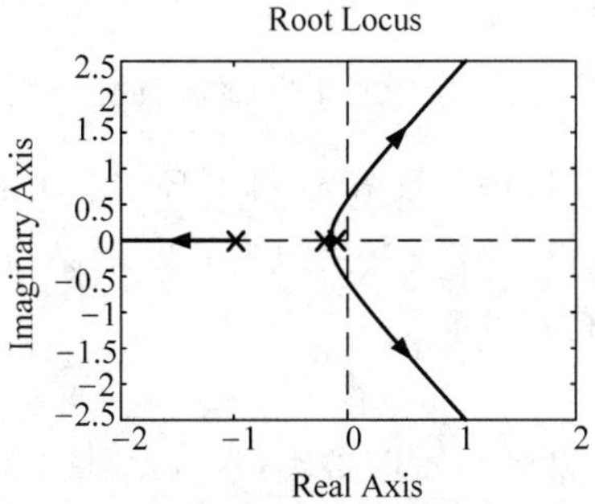

(a) $G(s)=\dfrac{100K}{(s+1)(5s+1)(10s+1)}$

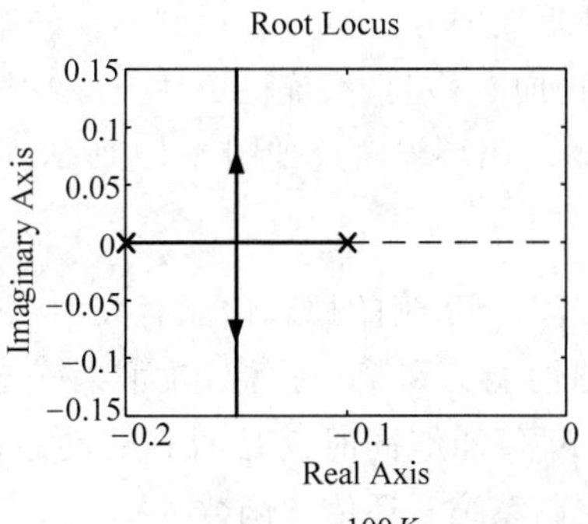

(b) $G(s)=\dfrac{100K}{(5s+1)(10s+1)}$

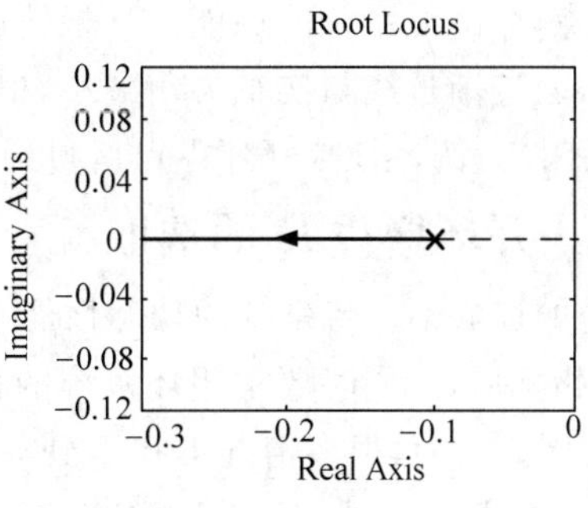

(c) $G(s)=\dfrac{100K}{10s+1}$

图 4-17　开环极点变化时的根轨迹

4.4.2 开环零点对系统性能的影响

1. 开环零点位置的变化

开环零点位置的变化与开环极点位置变化对系统性能的影响情况相反。一般地，如果在系统中增大开环零点，则可以使根轨迹向 s 平面的左半部移动，系统的相对稳定性和动态性能将会得到改善。设单位负反馈系统开环传递函数为

$$G(s)=\frac{K(T_{\mathrm{d}}s+1)}{(s+0.1)(s+0.5)(s+1)} \tag{4-51}$$

若选 $T_{\mathrm{d}}=3$，则相应的闭环根轨迹如图 4-18(a)所示。增大微分时间常数至 $T_{\mathrm{d}}=6$，则相应的闭环根轨迹如图 4-18(b)所示。

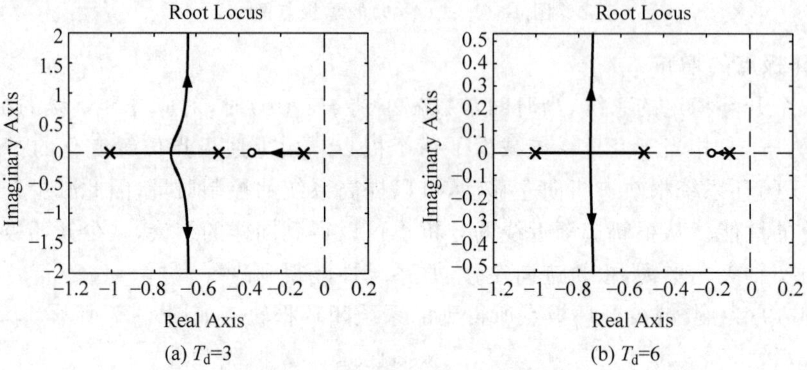

图 4-18 式(4-51)的根轨迹

由图 4-18 可以看出，当微分时间常数增大，即开环零点更靠近虚轴时，一对复数闭环极点会离开虚轴更远，使靠近原点的实数极点变为主导极点，从而使过程的振荡减弱。因此，微分时间增大有助于改善系统稳定性。

2. 开环零点的增减

与开环极点类似，对于一个开环稳定的系统，当微分时间常数 T_{d} 减小到 $\varepsilon(\varepsilon\approx 0)$时，对应开环系统的零点为无限极点，近似为 $-\infty$，相当于开环系统减少了一个零点。由上述零点位置变化的讨论可知，零点位置左移，闭环系统根轨迹则向右移动，系统稳定性下降。因此减少开环零点，会降低系统的性能。从根轨迹渐近线的分析也可以得到同样的结论，减少开环零点，则根轨迹渐近线与实轴夹角减小，根轨迹向右移动，系统稳定性下降。

以式(4-51)为例，增、减开环零点所得到的系统闭环根轨迹如图 4-19 所示。

4.4.3 开环增益 *K* 的选取

增益 K 的选取不仅与系统的动态性能有关，也与系统的稳态性能有关。在确定了系统的动态响应指标后，或同时要求闭环系统的稳态性能达到某个指标，就可以确定增益 K 值或 K 值的范围。然而，很多情况下找不到一个 K 值能够同时满足所有的动态性能指标和稳态性能指标要求，举例如下。设单位负反馈控制系统开环传递函数为

$$G(s)=\frac{K^*}{s(s^2+4.2s+14.4)} \tag{4-52}$$

开环增益为 $K=K^*/14.4$，要求选择增益 K，使得单位阶跃响应满足以下性能指标：

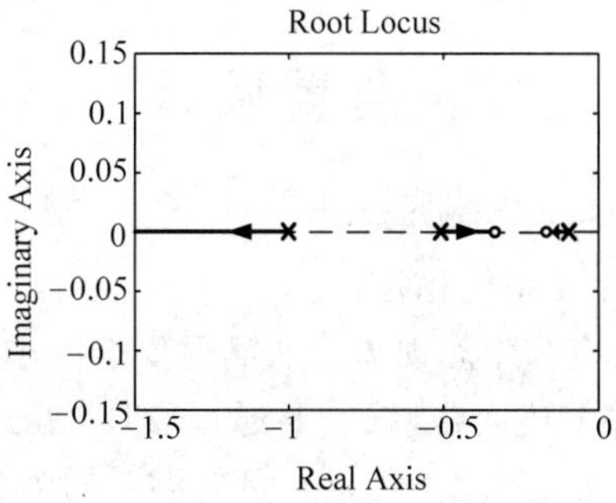

(a) $G(s)=\dfrac{K(6s+1)(3s+1)}{(s+0.1)(s+0.5)(s+1)}$

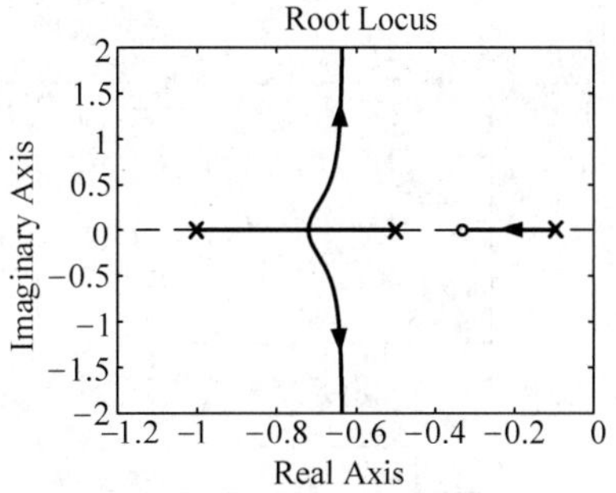

(b) $G(s)=\dfrac{K(3s+1)}{(s+0.1)(s+0.5)(s+1)}$

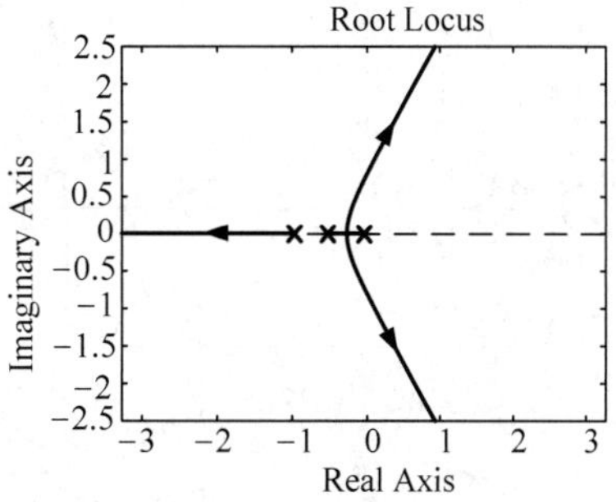

(c) $G(s)=\dfrac{K}{(s+0.1)(s+0.5)(s+1)}$

图 4-19　开环零点变化时的根轨迹

$$\sigma\%=10\%,\quad t_s\leqslant 3,\quad t_p\leqslant 1.6,\quad e_{ss}=0$$

采用主导极点法进行分析，由性能指标可以确定，闭环系统的主导极点为一对共轭复根，再根据动态指标，求出最小阻尼比

$$\mathrm{e}^{-\frac{\zeta\pi}{\sqrt{1-\zeta^2}}}=0.1,\quad \zeta=0.59$$

图 4-20 绘制了闭环系统的根轨迹以及 $\varphi=\arccos\zeta$ 的射线，可以看出，仅靠改变增益 K 已经无法获得需要的主导极点。在这种情况下就必须设计校正装置来使闭环系统满足性能指标要求。

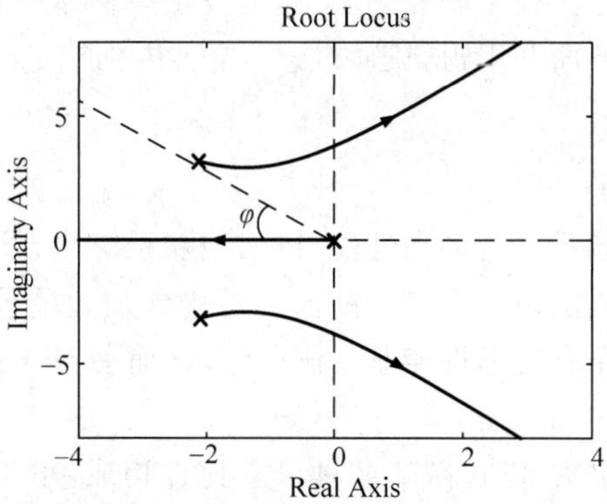

图 4-20　式(4-52)的根轨迹及 $\varphi=\arccos\zeta$ 的射线

4.5 基于根轨迹的系统校正装置设计

系统无法满足性能要求的常见问题有两类：

(1) 无论怎样改变增益都不能使系统稳定；

(2) 系统虽然稳定，但瞬态响应和稳态误差无法满足要求。

从根轨迹的角度来看，要解决上述问题，就需要通过设计校正装置引入零点、极点来调整根轨迹的形状，以实现对系统的校正，使其稳定且具有满意的动态性能与稳态性能。按照校正装置在系统中的连接方式，控制系统的校正方式可以分为串联校正、反馈校正、前馈校正和复合校正 4 种，如图 4-21 所示。

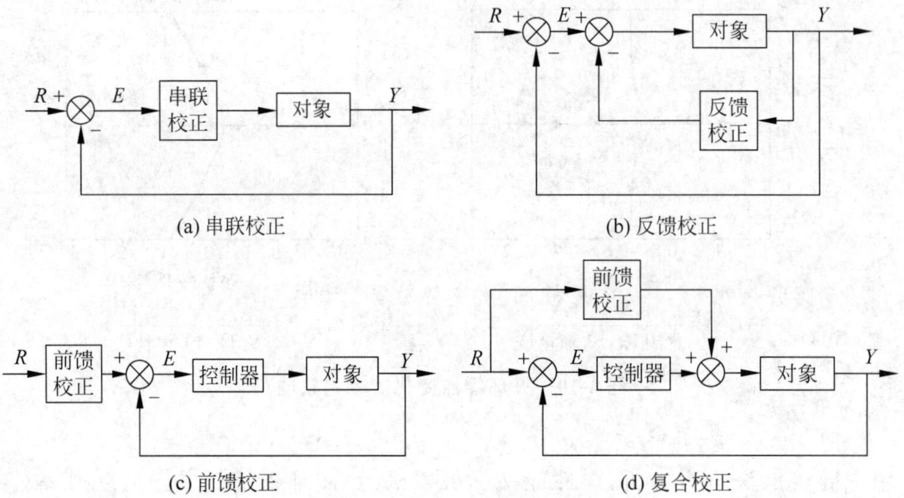

图 4-21 系统校正装置示意图

串联校正装置一般串接于系统前向通道的测量点之后，如图 4-21(a)所示；反馈校正装置多接在系统局部反馈通道之中，如图 4-21(b)所示；前馈校正装置则一般在系统给定值之后及主反馈作用点之前的前向通道上，如图 4-21(c)所示；复合校正装置通常是在反馈回路中加入前馈校正通道构成一个有机整体，如图 4-21(d)所示。在控制系统设计中，常采用串联校正和反馈校正两种方式。在串联校正中，超前校正装置和滞后校正装置因为结构简单、使用效果好而用得更多。下面基于根轨迹方法分别介绍超前校正装置和滞后校正装置以及十分常见的 PID 控制器。

4.5.1 超前校正设计

超前校正的目的是改善系统的动态性能，以实现在系统稳态性能不受损的前提下，提高系统的动态性能。实现的方法是在系统的前向通道中增加超前校正装置。由此可知，超前校正的使用范围主要针对原有稳态性能基本满足要求，而动态性能不满足要求的系统。

1. 超前校正装置

无源校正网络只有电阻 R 和电容 C 两种分立元件构成，不带任何能源，于是这种采用 RC 网络的装置通常被称为无源校正装置。相对地，由集成运算放大器带不同 RC 连接方式的电路构成的校正装置因为带有电源，故通常被称为有源校正装置。图 4-22 给出了无源和有源超前校正装置。

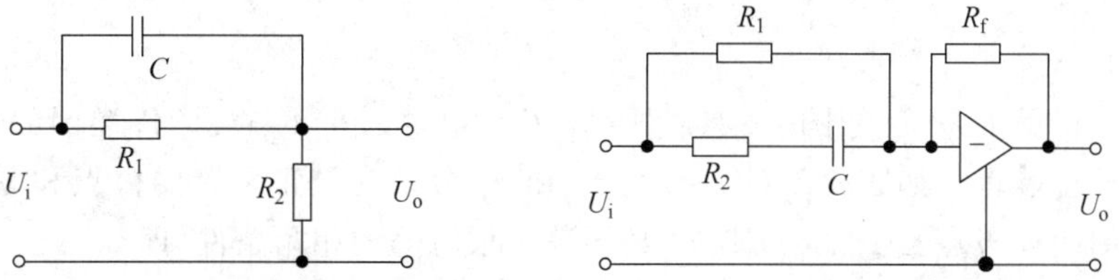

(a) 无源校正装置　　(b) 有源校正装置

图 4-22　超前校正装置

对于无源校正装置(见图 4-22(a)),忽略该网络的输入阻抗和输出阻抗效应,则其传递函数为

$$G_c(s)=\alpha\frac{1+Ts}{1+\alpha Ts}=\frac{s+\dfrac{1}{T}}{s+\dfrac{1}{\alpha T}} \tag{4-53}$$

式中,$\alpha=\dfrac{R_2}{R_1+R_2}<1,T=R_1C$。

对于有源校正装置(见图 4-22(b)),其对应的传递函数为

$$G_c(s)=\frac{U_o(s)}{U_i(s)}=-k\frac{1+(R_1+R_2)Cs}{1+R_2Cs}=-k\frac{1+Ts}{1+\alpha Ts}=-\frac{k}{\alpha}\frac{s+\dfrac{1}{T}}{s+\dfrac{1}{\alpha T}} \tag{4-54}$$

式中,$k=\dfrac{R_f}{R_1},T=(R_1+R_2)C,\alpha=\dfrac{R_2}{R_1+R_2}<1$。负号是因为采用了负反馈的运算放大器,如果再串联一个反相运算放大器即可消除负号。

在式(4-54)中,令 $R_1C=T_1,R_2C=T_2$,则式(4-54)可写成如下形式:

$$G_c(s)=-k\frac{1+(T_1+T_2)s}{1+T_2s}=-k\left(1+\frac{T_1s}{1+T_2s}\right) \tag{4-55}$$

上式即为实际的比例微分(PD)控制器的传递函数。

2. 基于根轨迹的超前校正设计

当反馈控制系统欲改善闭环系统的动态响应时,需要将根轨迹的形状向 s 左半平面弯曲,远离虚轴,使校正后的闭环主导极点位于校正前系统根轨迹的左侧。由 4.4 节的分析可知,在前向通路中附加开环零点可以达到此效果。因此,可以采用超前校正装置来改善系统动态响应。由式(4-53)和式(4-54)可知,在采用超前校正装置时,系统的开环增益会有 α(或 k)倍的衰减,为此可用放大倍数为 $1/\alpha$(或 $1/k$)的附加放大器予以补偿。经补偿后,传递函数为

$$G_c(s)=k_c\alpha\frac{1+Ts}{1+\alpha Ts}=k_c\frac{s+\dfrac{1}{T}}{s+\dfrac{1}{\alpha T}} \tag{4-56}$$

其中,k_c 为附加放大器增益。一般情况下,为了保持超前校正装置的增益为 1,$k_c=\dfrac{1}{\alpha}$,但是

为了保证校正后系统满足期望开环根轨迹增益，可能要求 $k_c > \frac{1}{\alpha}$，具体应根据设计要求确定(见例 4-11)。

设一个单位反馈系统(如图 4-23(a)所示)，$G_0(s)$为原开环系统的传递函数，$G_c(s)$为待设计的超前校正装置。如图 4-23(b)所示，p_c 和 z_c 分别为校正装置的极点和零点，设点 s_d 为系统期望的闭环极点(式 3-34)，则 s_d 必须满足根轨迹的相角条件，即

$$\angle G_c(s_d)G_0(s_d) = \angle G_c(s_d) + \angle G_0(s_d) = -\pi$$

于是得到超前校正装置提供的超前角为

$$\angle G_c(s_d) = \varphi = -\pi - \angle G_0(s_d) \tag{4-57}$$

显然在 s_d 已知的情况下，这样的 $G_c(s)$是存在的，但它的零点和极点的组合并不唯一，这相当于张开一定角度的剪刀，以 s_d 为中心在摆动。确定了 z_c 和 p_c 的位置，也就确定了校正装置的参数。下面介绍 3 种用于确定超前校正装置零点和极点的方法。

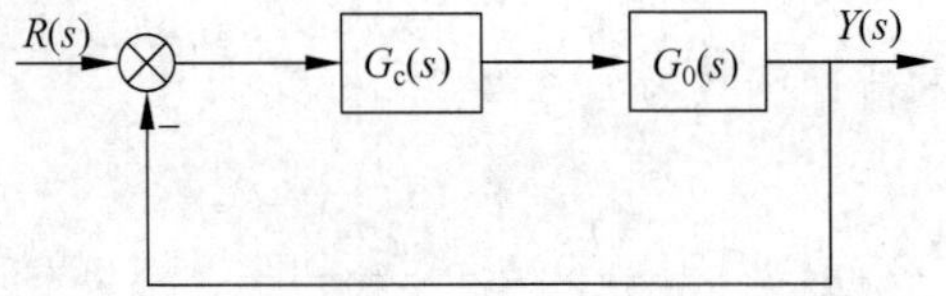

(a) 串联校正结构

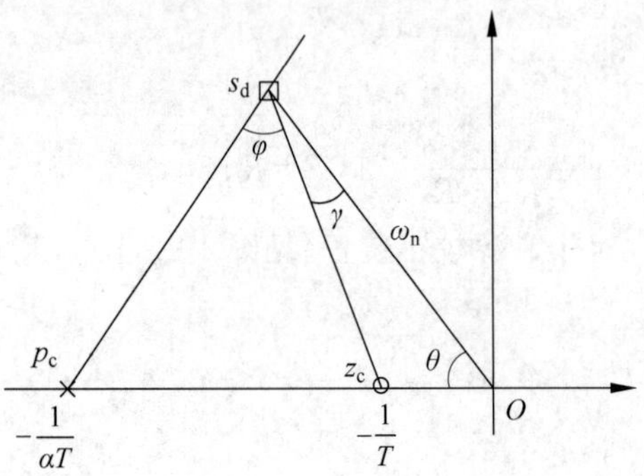

(b) 零极点分布图

图 4-23　串联超前校正

1）零极点抵消法

零极点抵消法是将 $G_c(s)$的零点设置在正对期望闭环极点 s_d 下方的负实轴上，或位于紧靠坐标原点的两个实极点的左方，从而可使校正后系统的期望闭环极点成为主导极点。

2）比值 α 最大化法

比值 α 最大化法是一种能使超前校正网络零点和极点的比值 α 为最大的设计方法。按照该法所设计的 $G_c(s)$零点和极点，能使附加放大器的增益尽可能地小。

例如图 4-23(b)中的点 O 和 s_d，以 s_d 为顶点，线段 Os_d 为边，向左作角 γ，角 γ 的另一边与负实轴的交点为 $z_c = -\frac{1}{T}$，点 z_c 就是所求 $G_c(s)$的一个零点。再以线段 $z_c s_d$ 为边，向左作角$\angle p_c s_d z_c = \varphi$，该角的另一边与负实轴的交点 $p_c = -\frac{1}{\alpha T}$，点 p_c 就是所求 $G_c(s)$的一个极点。根据平面三角形原理，由图 4-23(b)求得

$$z_c = -\frac{\omega_n \sin\gamma}{\sin(\pi - \theta - \gamma)} \tag{4-58}$$

$$p_c = -\frac{\omega_n \sin(\gamma + \varphi)}{\sin(\pi - \theta - \gamma - \varphi)} \tag{4-59}$$

于是有

$$\alpha = \frac{z_c}{p_c} = \frac{\sin\gamma\sin(\pi-\theta-\gamma-\varphi)}{\sin(\pi-\theta-\gamma)\sin(\gamma+\varphi)} \tag{4-60}$$

将夹角 γ 作为自变量，式(4-60)对 γ 求导，并令其等于 0，即

$$\frac{d\alpha}{d\gamma}=0$$

由上式解得对应于最大 α 值时的 γ 角为

$$\gamma = \frac{1}{2}(\pi-\theta-\varphi) \tag{4-61}$$

不难看出，当希望的闭环极点 s_d 被确定后，式(4-61)中的 θ 和 φ 均为已知值，因而由式(4-61)可求得 γ 角，然后由式(4-58)和式(4-59)求得相应的零极点。

3）幅值确定法

设系统的开环传递函数为

$$G_0(s) = \frac{k(s-z_1)(s-z_2)\cdots(s-z_m)}{s^v(s-p_1)(s-p_2)\cdots(s-p_{n-v})} \tag{4-62}$$

且令超前校正装置的传递函数为

$$G_c(s) = k_c\frac{s+\dfrac{1}{T}}{s+\dfrac{1}{\alpha T}} = k_c\frac{s-z_c}{s-p_c} \tag{4-63}$$

若要求校正后系统的稳态误差系数 $K(K_p, K_v, K_a)$，则由式(4-63)可首先确定校正后系统的期望开环根轨迹增益 $k^* = kk_c\alpha$：

$$K = \lim_{s\to 0}s^v G_c(s)G_0(s) = \frac{k^*\prod\limits_{i=1}^{m}(-z_i)}{\prod\limits_{j=1}^{n-v}(-p_j)},\quad v=0,1,2 \tag{4-64}$$

在期望开环根轨迹增益 k^* 确定后，根据根轨迹原理，若 s_d 为校正后的闭环极点，则它除必须满足相角条件外，还应满足幅值条件：

$$\frac{k^*|s_d-z_c|}{d\alpha|s_d-p_c|}=1 \tag{4-65}$$

式中，$d=\dfrac{|s_d^v|\cdot|s_d-p_1|\cdot|s_d-p_2|\cdots|s_d-p_{n-v}|}{|s_d-z_1|\cdot|s_d-z_2|\cdots|s_d-z_m|}$。同样，根据平面三角形原理，对于 $\triangle z_cOs_d$ 有

$$\frac{\sin\gamma}{\sin\theta} = \frac{|z_c|}{|s_d-z_c|} \tag{4-66}$$

而对于 $\triangle p_cOs_d$ 有

$$\frac{\sin(\varphi+\gamma)}{\sin\theta} = \frac{|p_c|}{|s_d-p_c|} \tag{4-67}$$

由式(4-66)和式(4-67)，消去 $\sin\theta$，并由式(4-65)可得

$$\frac{\sin(\varphi+\gamma)}{\sin\gamma}=\frac{|s_{\mathrm{d}}-z_{\mathrm{c}}|}{|s_{\mathrm{d}}-p_{\mathrm{c}}|}\cdot\frac{|p_{\mathrm{c}}|}{|z_{\mathrm{c}}|}=\frac{d}{k^{*}} \tag{4-68}$$

根据三角函数性质，上式可写成如下形式：

$$\frac{\sin\varphi\cos\gamma+\cos\varphi\sin\gamma}{\sin\gamma}=\frac{d}{k^{*}} \tag{4-69}$$

进而有

$$\cot\gamma=\frac{\dfrac{d}{k^{*}}-\cos\varphi}{\sin\varphi} \tag{4-70}$$

由于 k^{*} 可由稳态误差系数 K 确定，d 由开环传递函数 $G_0(s)$ 参数求出，φ 由式(4-57)求出，因此根据式(4-70)求出角 γ，最后可由式(4-58)和式(4-59)确定校正装置的零极点和具体参数。

通过上述分析可知，对于超前校正装置的参数确定，可用 3 种方法进行设计，其中零极点抵消法是工程经验方法；比值 α 最大化法是从抑制高频噪声角度出发进行设计，幅值确定法是先在满足稳态性能指标的条件下设计满足动态性能指标的控制器。但必须指出，上述 3 种方法均适用于对稳态性能要求不高且系统的动态性能需要改善的控制系统，校正后的系统应满足根轨迹的相角条件和幅值条件。

综上所述，根轨迹法进行超前校正的一般步骤可归纳如下：

(1) 根据对系统稳态性能指标和动态性能指标的要求，分别确定期望的开环根轨迹增益 k^{*} 和闭环主导极点 s_{d} 的位置；

(2) 画出校正前系统的根轨迹，判断期望的主导极点是否位于原系统的根轨迹左侧，以确定是否应加超前校正装置；

(3) 根据式(4-57)，解出超前校正网络在 s_{d} 点处应提供的相位超前角 φ；

(4) 选择前面介绍的 3 种方法之一，求 γ，然后用图解法或根据式(4-58)和式(4-59)求得 $G_{\mathrm{c}}(s)$ 的零点和极点，进而求出校正装置的参数；

(5) 画出校正后系统的根轨迹，校验闭环主导极点是否符合设计要求；

(6) 若采用零极点抵消法和比值 α 最大化法，则还需根据根轨迹的幅值条件，确定校正后系统工作在 s_{d} 处的增益和稳态误差系数。如果所求的稳态误差系数与要求的值相差不大，则可通过适当调整 $G_{\mathrm{c}}(s)$ 零点和极点的位置来解决；如果所求的稳态误差系数比要求的值小得多，则需考虑用其他校正方法，例如使用 4.5.3 节中的滞后-超前校正。下面举例分别介绍上述 3 种确定超前校正参数的方法及根轨迹法的校正步骤。

例 4-9 已知一单位负反馈控制系统的开环传递函数为

$$G_0(s)=\frac{4}{s(s+2)}$$

试设计一超前校正装置，使校正后系统的无阻尼自然频率 $\omega_{\mathrm{n}}=4s^{-1}$，阻尼比 $\zeta=0.5$。

解：(1) 开环系统由一个积分环节和惯性环节串联构成，校正前系统的根轨迹如图 4-24 中的粗虚线所示。

(2) 由 $\zeta=0.5$ 和 $\omega_{\mathrm{n}}=4s^{-1}$，求得期望的主导闭环极点为

$$s_{\mathrm{d}}=-2\pm \mathrm{j}2\sqrt{3}$$

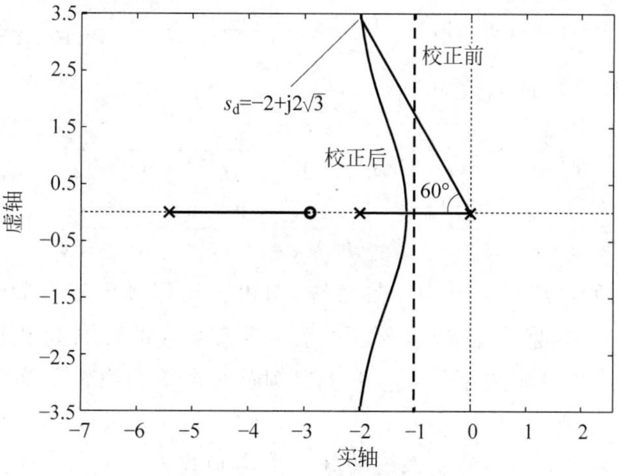

图 4-24　校正前后系统的根轨迹(一)

同时求得 $\theta=\arccos\zeta=60°$。

(3) 由图 4-24 可知,期望的主导闭环极点位于开环系统的根轨迹左侧,因此采用超前校正装置。由式(4-57)计算超前校正装置在 s_d 处需提供的相位超前角:

$$\varphi=-180°-\angle\left(\frac{4}{s(s+2)}\right)\Bigg|_{s=-2+j2\sqrt{3}}=30°$$

(4) 根据根轨迹的相角条件,确定超前校正装置的零点和极点。因为 $\theta=60°,\varphi=30°$,所以按照最大 α 值的设计方法,$\gamma=\frac{1}{2}(180°-60°-30°)=45°$。可由(4-58)和式(4-59)计算得 $z_c=-\frac{1}{T}=-4(\sqrt{3}-1)=-2.9,p_c=-\frac{1}{\alpha T}=-2(\sqrt{3}+1)=-5.4$。这一超前装置的传递函数 $G_c(s)=k_c\cdot\frac{s+2.9}{s+5.4}$,得到校正后系统的开环传递函数为

$$G_c(s)G(s)=\frac{4k_c(s+2.9)}{s(s+2)(s+5.4)}=\frac{\bar{k}(s+2.9)}{s(s+2)(s+5.4)}$$

由上式作出的校正后系统的根轨迹,如图 4-24 中的粗实线所示。

(5) 确定系统工作在期望闭环极点处的增益和稳态速度误差系数。由根轨迹的幅值条件:

$$\left|\frac{\bar{k}(s+2.9)}{s(s+2)(s+5.4)}\right|_{s=s_d}=1$$

解得 $\bar{k}=18.7,k_c=\frac{18.7}{4}=4.68$。因此超前校正装置传递函数为

$$G_c(s)=4.68\cdot\frac{s+2.9}{s+5.4}$$

对应的开环传递函数为

$$G_0(s)G_c(s)=\frac{18.7(s+2.9)}{s(s+2)(s+5.4)}$$

由上式求得校正后系统的稳态速度误差系数为

$$K_v=\lim_{s\to 0}sG_0(s)G_c(s)=\lim_{s\to 0}s\cdot\frac{18.7(s+2.9)}{s(s+2)(s+5.4)}=5.02(\mathrm{s}^{-1})$$

校正后系统的闭环传递函数为

$$\frac{Y(s)}{R(s)}=\frac{18.7(s+2.9)}{s(s+2)(s+5.4)+18.7(s+2.9)}$$

$$=\frac{18.7(s+2.9)}{(s+2-\mathrm{j}2\sqrt{3})(s+2+\mathrm{j}2\sqrt{3})(s+3.4)}$$

由上式可见，校正后的系统虽上升为三阶系统，但由于所增加的一个闭环极点 $s=-3.4$ 与其零点 $s=-2.9$ 靠得很近，因而这个极点对系统瞬态响应的影响就很小，从而说明了 s_d 的确为系统所期望的一对闭环主导极点。由于本例题对系统的稳态误差系数没有提出具体的要求，故上述的设计是成功的。

例 4-10 设一单位负反馈控制系统的开环传递函数为

$$G_0(s)=\frac{K}{s(s+1)(s+4)}$$

试设计一超前校正装置，使校正后的系统具有下列的性能指标：最大超调量 $\sigma_p=20\%$，调整时间 $t_s\leqslant 4.5\mathrm{s}(\Delta=2)$。

解：(1) 作出校正前系统的根轨迹，如图 4-25 所示。

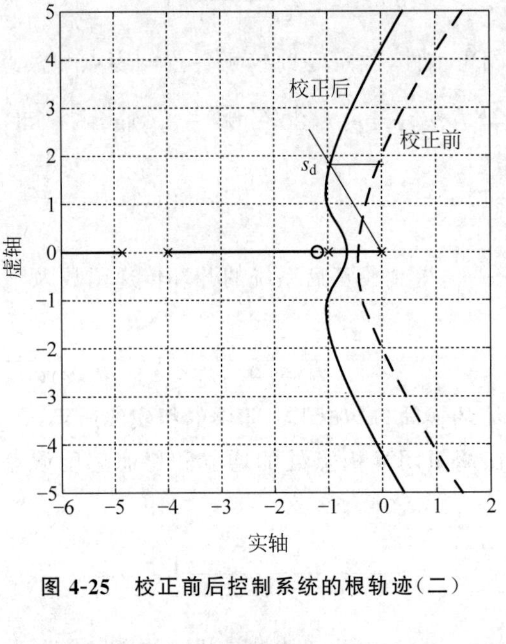

图 4-25 校正前后控制系统的根轨迹(二)

(2) 根据

$$\sigma_p=\mathrm{e}^{-\frac{\zeta\pi}{\sqrt{1-\zeta^2}}}=0.2$$

解得 $\zeta=0.46$，考虑到非主导极点和零点对超调量的影响，取 $\zeta=0.5$。又由 $t_s=\dfrac{4.5}{\zeta\omega_n}=4.5$，求得 $\omega_n=2\mathrm{s}^{-1}$。进而求得系统所期望的一对闭环主导极点 $s_d=-1\pm \mathrm{j}1.73$。

(3) 根据求得的主导极点，计算超前校正装置在 s_d 处应提供的超前角为

$$\varphi=-180^\circ-\angle G_0(s_d)=-180^\circ-(-120^\circ-90^\circ-30^\circ)=60^\circ$$

(4) 由于 $s=-1$ 的开环极点正好落在期望的闭环极点 s_d 下方的负实轴上，因此可采用零极点抵消法进行校正。将 $G_c(s)$ 的零点设置在紧靠 $s=-1$ 这个开环极点的左侧。如设 $z_c=-\dfrac{1}{T}=-1.2$，则 $G_c(s)$ 的极点落在以 s_d 为顶点，向左作角 $\varphi=60°$ 的负实轴交点上，这时 $p_c=-\dfrac{1}{\alpha T}=-4.95$，即为所求 $G_c(s)$ 的极点。

(5) 校正后系统的传递函数为

$$G_c(s)G_0(s)=\frac{Kk_c(s+1.2)}{s(s+1)(s+4)(s+4.95)}$$

由根轨迹的幅值条件，求得系统工作于 s_d 点处的 $K\cdot k_c$ 值为 30.4。这样，超前校正装置的传递函数为

$$G_c(s)=\frac{30.4}{K}\cdot\frac{s+1.2}{s+4.95}$$

对应的开环传递函数为

$$G_c(s)G_0(s)=\frac{30.4(s+1.2)}{s(s+1)(s+4)(s+4.95)}$$

据此，求得校正后系统的稳态速度误差系数

$$K_v=\lim_{s\to 0}sG_c(s)G_0(s)=\frac{30.4\times 1.2}{1\times 4\times 4.95}=1.84$$

如果希望 K_v 值有少量的增大，则可通过适当调整 $G_c(s)$ 零点和极点的位置来实现，但这种调整有可能会破坏 s_d 的主导作用。

(6) 闭环传递函数为

$$\begin{aligned}\frac{Y(s)}{R(s)}&=\frac{30.4(s+1.2)}{s(s+1)(s+4)(s+4.95)+30.4(s+1.2)}\\&=\frac{30.4(s+1.2)}{(s+1-\mathrm{j}1.73)(s+1+\mathrm{j}1.73)(s+1.35)(s+6.65)}\end{aligned}$$

下面检验希望闭环极点 s_d 是否符合主导极点的条件。不难看出，由于闭环系统的一个极点与零点靠得很近，故它对系统瞬态响应的影响很小。同时由于另一极点 $s=-6.65$ 距 s 平面的虚轴较远，因而这个瞬态分量不仅幅值小，而且衰减的速度也快。由此得出，前面设计的超前校正装置能使 s_d 成为系统希望的闭环主导极点。

例 4-11　有一单位负反馈系统，其开环传递函数为

$$G_0(s)=\frac{10}{s(s+2)(s+8)}$$

试设计一超前校正装置，使它满足如下性能指标：稳态速度误差系数 $K_v=5\mathrm{s}^{-1}$，闭环主导极点为 $s_d=-2\pm \mathrm{j}2\sqrt{3}$ 处。

解：(1) 绘制未校正系统的根轨迹图(图 4-26 虚线)，并根据稳态误差系统，确定校正后系统的开环根轨迹增益 k^*

$$K_v=\lim_{s\to 0}sG_0(s)G_c(s)=5,\quad k^*=2\times 8\times 5=80$$

(2) 根据幅值确定法，计算 d

$$d=|s_d|\cdot|s_d+p_1|\cdot|s_d+p_2|$$

$$=|-2+j2\sqrt{3}|\cdot|-2+j2\sqrt{3}+2|\cdot|-2+j2\sqrt{3}+8|$$
$$=4\times2\sqrt{3}\times6.9282\approx96$$

超前校正装置应提供的超前角为

$$\varphi=-180^\circ+120^\circ+90^\circ+30^\circ=60^\circ$$

(3) 根据式(4-70)确定夹角 γ

$$\cot\gamma=\left(\frac{d}{k^*}-\cos\varphi\right)\frac{1}{\sin\varphi}=\left(\frac{96}{80}-0.5\right)\frac{2}{\sqrt{3}}\approx0.8083$$

得到 $\gamma=51^\circ$。

(4) 由设计要求得到 $\zeta=0.5,\theta=60^\circ,\omega_n=4$,这时可由式(4-58)和式(4-59)计算得求出超前校正装置的参数

$$z_c=\frac{-4\sin51^\circ}{\sin(120^\circ-51^\circ)}\approx-3.33$$

$$p_c=-\frac{4\sin(111^\circ)}{\sin(9^\circ)}\approx-24$$

从而得到 $\alpha=0.1387$,因此超前校正装置的传递函数为

$$G_c(s)=k_c\frac{s+3.33}{s+24}=\frac{k^*}{10\alpha}\cdot\frac{s+3.33}{s+24}=57.68\cdot\frac{s+3.33}{s+24}$$

(5) 校正后闭环系统的传递函数为

$$\frac{Y(s)}{R(s)}=\frac{576.8(s+3.33)}{s(s+2)(s+8)(s+24)+576.8(s+3.33)}$$
$$=\frac{576.8(s+3.33)}{(s^2+4.006s+16.03)(s+25.25)(s+4.745)}$$

显然,系统稳态误差系数为 $K_v=\frac{1921}{384}\approx5\text{s}^{-1}$,主导极点为 $s_d=-2\pm j2\sqrt{3}$,设计基本符合要求。设计的系统根轨迹如图 4-26 中的实线所示。值得说明的是,如果性能指标对稳态误差系数有要求,适合采用幅值确定法。

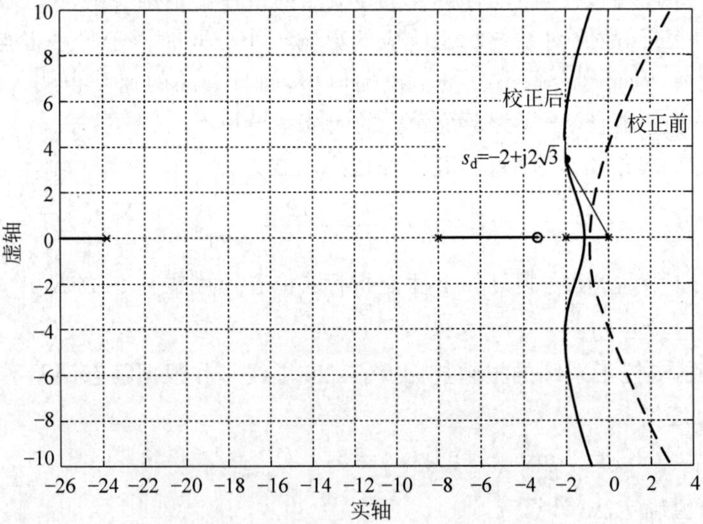

图 4-26 采用幅值法设计的系统根轨迹

下面考查超前校正的相位特性，超前校正装置的传递函数如式(4-63)所示，代入 $s=\mathrm{j}\omega$，得到相位

$$\varphi=\arctan\frac{\omega}{-z_{\mathrm{c}}}-\arctan\frac{\omega}{-p_{\mathrm{c}}}\tag{4-71}$$

若 $z_{\mathrm{c}}>p_{\mathrm{c}}$，则 φ 为正，此时称为相位超前，相应的校正方法称为超前校正，反之，若 $z_{\mathrm{c}}<p_{\mathrm{c}}$，则 φ 为负，此时称为相位滞后，相应的校正方法称为滞后校正，滞后校正将在 4.5.2 节介绍。

4.5.2　滞后校正设计

当使用超前校正获得了较为满意的动态性能后，但是稳态误差系数仍然很低，不能满足要求。为了加大此系数，必须增添一个起积分作用的校正环节，这样的校正装置应有靠近 $s=0$ 的一个极点，通常它还包括一个与此极点邻近的零点，以便减少因补偿而对原系统动态性能的影响，这样的校正装置称为滞后校正装置，在功能上近似于比例积分(PI)控制器。

1. 滞后校正装置

无源的滞后校正装置如图 4-27(a)所示，可得到该校正装置的传递函数为

$$G_{\mathrm{c}}(s)=\frac{U_{\mathrm{o}}(s)}{U_{\mathrm{i}}(s)}=\frac{1+R_2Cs}{1+(R_1+R_2)Cs}=\frac{1+Ts}{1+\beta Ts}=\frac{1}{\beta}\cdot\frac{s+\dfrac{1}{T}}{s+\dfrac{1}{\beta T}}\tag{4-72}$$

式中，$\beta=\dfrac{R_1+R_2}{R_2}>1$，$T=R_2C$。

有源滞后校正装置如图 4-27(b)所示，其传递函数为

$$G_{\mathrm{c}}(s)=\frac{U_{\mathrm{o}}(s)}{U_{\mathrm{i}}(s)}=-k\,\frac{1+R_2Cs}{1+(R_{\mathrm{f}}+R_2)Cs}=-k\,\frac{1+Ts}{1+\beta Ts}=-\frac{k}{\beta}\cdot\frac{s+\dfrac{1}{T}}{s+\dfrac{1}{\beta T}}\tag{4-73}$$

式中，$k=\dfrac{R_{\mathrm{f}}}{R_1}$，$\beta=\dfrac{R_{\mathrm{f}}+R_2}{R_2}>1$，$T=R_2C$，与超前校正相同，等式右边的负号串联一个反相器加以抵消。

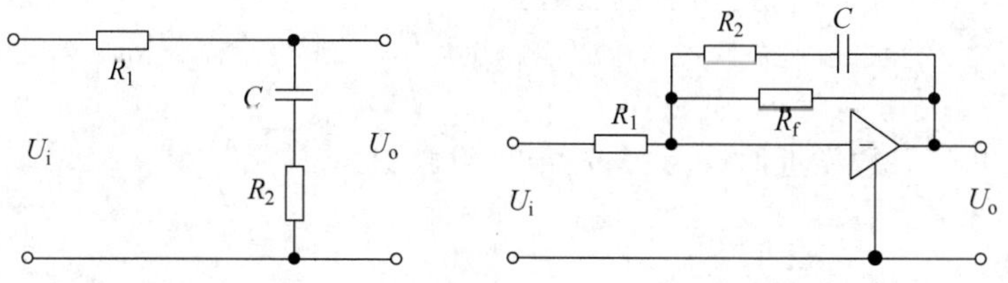

(a) 无源校正装置　　(b) 有源校正装置

图 4-27　滞后校正装置

当图 4-27(b)中 R_{f} 所在的线路为断路，即 $R_{\mathrm{f}}\to\infty$ 时，则式(4-62)可改写为比例积分(PI)控制器的形式：

$$G_{\mathrm{c}}(s)=K_{\mathrm{p}}\left(1+\frac{1}{T_{\mathrm{i}}s}\right)\tag{4-74}$$

其中，$K_p=-\frac{R_2}{R_1}$，$T_i=-R_2C$。

2. 基于根轨迹的滞后校正设计

设滞后校正装置的传递函数为

$$G_c(s)=k_c\beta\frac{1+Ts}{1+\beta Ts}=k_c\frac{s+\frac{1}{T}}{s+\frac{1}{\beta T}} \tag{4-75}$$

其中，$\beta>1$，滞后环节极点 $p_c=-1/\beta T$ 在零点 $z_c=-1/T$ 的右侧。

通过设置校正装置的零极点，使之形成一对在 s 平面上靠近原点的偶极子，这样，在基本保持原系统主导极点不变的情况下，可提高系统的稳态误差系数而又不使系统的动态性能变坏。

考虑一单位反馈系统，若校正前系统的开环传递函数为 $G_0(s)=\frac{K}{s(s+a)(s+b)}$，则稳态速度误差系数 $K_v=\frac{K}{ab}$；因为系统主导极点为 s_d，则

$$\begin{cases}\angle s_d+\angle(s_d+a)+\angle(s_d+b)=\pi\\ K=|s_d|\cdot|s_d+a|\cdot|s_d+b|\end{cases} \tag{4-76}$$

经串联滞后校正装置后，开环传递函数为

$$G_0(s)G_c(s)=\frac{Kk_c\left(s+\frac{1}{T}\right)}{s(s+a)(s+b)\left(s+\frac{1}{\beta T}\right)} \tag{4-77}$$

若要求主导极点 s_d 基本不变，则可使选取的 $-\frac{1}{T}$ 和 $-\frac{1}{\beta T}$ 均靠近原点，即 $\angle\left(s_d+\frac{1}{T}\right)-\angle\left(s_d+\frac{1}{\beta T}\right)\approx 0$，相角条件仍然满足。此时幅值条件为

$$Kk_c=\frac{|s_d|\cdot|s_d+a|\cdot|s_d+b|\cdot\left|s_d+\frac{1}{\beta T}\right|}{\left|s_d+\frac{1}{T}\right|} \tag{4-78}$$

由于选取 $-\frac{1}{T}$ 和 $-\frac{1}{\beta T}$ 均靠近原点，并令 $k_c=1$，因此

$$\frac{\left|s_d+\frac{1}{\beta\tau}\right|}{\left|s_d+\frac{1}{\tau}\right|}\approx 1,\quad K\approx|s_d|\cdot|s_d+a|\cdot|s_d+b|$$

此时 $K_v'=\frac{K\cdot\frac{1}{T}}{a\cdot b\cdot\frac{1}{\beta T}}=\beta K_v$，可见校正后稳态误差系数增大了约 β 倍，而主导极点可保持基本保持不变。

综上所述，可得出滞后校正的根轨迹法步骤如下：

(1) 画出未校正开环系统的根轨迹；

(2) 根据系统设计的时域指标，确定主导极点 s_d，进而计算未校正系统的增益 K 及稳态误差系数 K_v；

(3) 将要求的稳态误差系数与未校正系统的稳态误差系数进行比较，得出滞后校正装置的 β 值；

(4) 确定校正装置的零点和极点。为使选取的零极点均靠近原点，可按如下方法设计：以主导极点 s_d 为顶点，引线为起始边，向左旋转 5°～10°，此边与负实轴的交点即为校正装置的零点 $-\dfrac{1}{T}$，由(3)中 β 值进而确定校正装置极点 $-\dfrac{1}{\beta T}$。

(5) 画出校正后系统的根轨迹。若新的主导极点 s_d' 或稳态误差系数与设计要求相差较大，则宜适当调整 β，直至满足要求。

需要说明的是，上述推导过程中按 K_v 进行说明，但对于 K_p 或 K_a 结论相似。

例 4-12　已知一单位负反馈控制系统的开环传递函数为

$$G_0(s)=\frac{K}{s(s+1)(s+4)}$$

要求校正后的系统能满足下列的性能指标：阻尼比 $\zeta=0.5$，调整时间 $t_s=10\text{s}(\Delta=2)$，稳态速度误差系数 $K_v\geqslant 5\text{s}^{-1}$。

解：(1) 绘制未校正系统的根轨迹，如图 4-28 中的虚线所示。

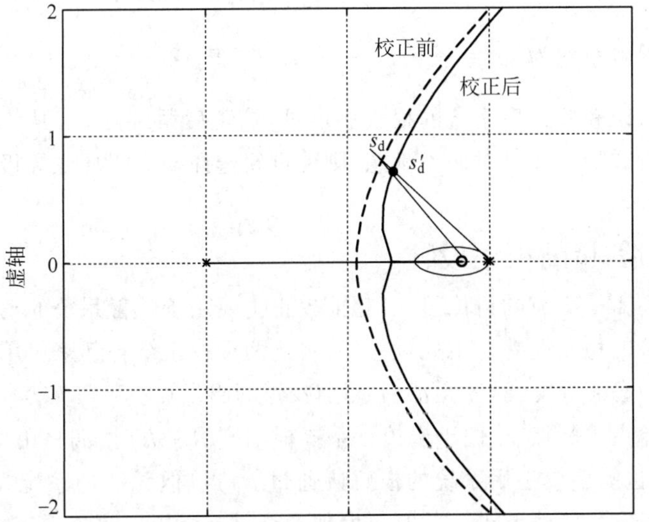

图 4-28　滞后校正前后的系统根轨迹

(2) 根据给定的性能指标，确定系统的无阻尼自然频率为

$$\omega_n=\frac{4.5}{\zeta t_s}=\frac{4.5}{0.5\times 10}=0.9\text{s}^{-1}$$

据此，求得期望的闭环主导极点

$$s_d=-\zeta\omega_n\pm j\omega_n\sqrt{1-\zeta^2}=-0.45\pm j0.78$$

(3) 由根轨迹的幅值条件，确定未校正系统在 s_d 处的增益，即根据 $|G_0(s_d)|=1$，求得 $K=3.12$，相应的稳态速度误差系数为

$$K_{v0}=\lim_{s\to 0} sG_0(s)=\frac{3.12}{4}=0.78$$

(4) 基于校正后的系统要求 $K_v \geqslant 5s^{-1}$，据此算出滞后校正装置的参数 β 值，即

$$\beta=\frac{K_v}{K_{v0}}=\frac{5}{0.78}\approx 6.41$$

考虑到滞后校正装置在 s_d 点处产生滞后角的影响，所选取的 β 值应大于 6.41，现取 $\beta=10$。

(5) 由点 s_d 作一条与线段 Os_d 成 6°角的直线，此直线与负实轴的交点就是校正装置的零点，由图 4-28 可知，零点 $z_c=-0.1$，极点为 $p_c=\dfrac{-z_c}{\beta}=-0.01$。这样，校正装置的传递函数为

$$G_c(s)=\frac{s+0.1}{s+0.01}=\frac{10(1+10s)}{1+100s}$$

校正后系统的根轨迹如图 4-28 中的实线所示。由图 4-28 可见，若要使 $\zeta=0.5$，则校正后系统主导极点的位置略偏离要求值，即由 s_d 点移到 s_d' 点，相应的增益 $K(s_d')=2.2$。

校正后系统的开环传递函数为

$$G(s)=G_c(s)G_0(s)=\frac{2.2(s+0.1)}{s(s+1)(s+4)(s+0.01)}$$

相应的稳态速度误差系数为 $K_v=\dfrac{2.2\times 0.1}{1\times 4\times 0.01}=5.5>5$。

比较未校正系统和校正后系统的根轨迹可见，校正后系统的 ω_n 从 0.9 减到 0.8，这意味着调整时间略有增加。如果对此不满意，则可重新选择期望闭环主导极点的位置，且使其 ω_n 值略高于 0.9。

4.5.3 滞后-超前校正设计

由 4.5.1 节和 4.5.2 节的讨论可知，超前校正主要用于改善系统的动态性能，而滞后校正则可以减少系统的稳态误差。由此设想，若将这两种校正结合起来应用，则必然会同时改善系统的动态和稳态态性能，这就是滞后-超前校正的出发点。

当希望的闭环主导极点 s_d 位于未校正系统根轨迹的左方时，如只用单个超前装置对系统进行校正，虽然也能使校正后系统的根轨迹通过 s_d 点，但无法使系统在该点具有较大的开环增益来满足稳态性能的要求。此时再增加一个滞后装置以改善系统稳态性能是一种理想的选择。上述方法即为滞后-超前校正。

1. 滞后-超前校正装置

图 4-29 给出了滞后-超前的无源和有源校正装置。无源校正装置的传递函数为

$$G_c(s)=\frac{Z_2}{Z_1+Z_2}=\frac{(R_1C_1s+1)(R_2C_2s+1)}{R_1R_2C_1C_2s^2+(R_1C_1+R_2C_2+R_1C_2)s+1} \tag{4-79}$$

式中，令 $T_1=R_1C_1$，$T_2=R_2C_2$，$T_1/\beta+\beta T_2=R_1C_1+R_2C_2+R_1C_2$，$\beta>1$，且令 $T_2>T_1$。此时，式(4-79)也可写成如下形式：

$$G_c(s)=\frac{U_o(s)}{U_i(s)}=\frac{(T_1s+1)(T_2s+1)}{\left(\frac{T_1}{\beta}s+1\right)(\beta T_2s+1)} \tag{4-80}$$

其中,前半部分起超前作用,后半部分起滞后作用。

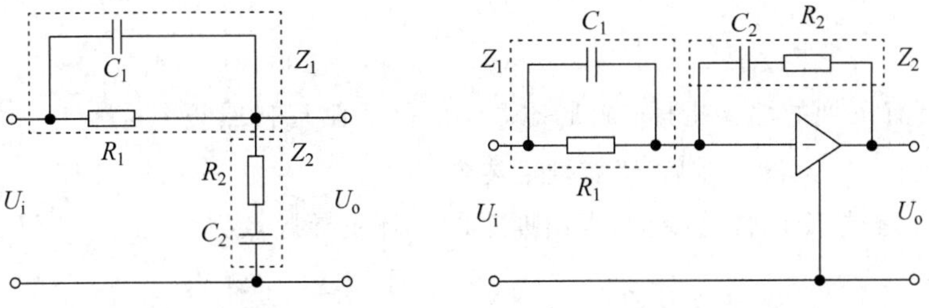

(a) 无源校正装置　　(b) 有源校正装置

图 4-29　滞后-超前校正装置

同理,有源校正装置的传递函数为

$$G_c(s)=\frac{U_o(s)}{U_i(s)}=-\frac{R_2+\frac{1}{C_2s}}{\frac{1}{\frac{1}{R_1}+C_1s}}=-\left(\frac{R_1C_1+R_2C_2}{R_1C_2}+\frac{1}{R_1C_2s}+R_2C_1s\right) \tag{4-81}$$

$$=-K_p\left(1+\frac{1}{T_is}+T_ds\right)$$

由式(4-81)可以看出,有源滞后-超前校正装置的传递函数同时又是一个典型的 PID 控制器。式中,K_p 为比例系数,T_i 为积分时间常数,T_d 为微分时间常数。

式(4-81)所示为理想 PID 控制器表达式,是假设运算放大器为理想运放推导得到的,在实际的有源电路中不存在纯积分和纯微分环节。

2. 基于根轨迹的滞后-超前校正设计

设滞后-超前校正装置的传递函数为

$$G_c(s)=G_{c1}(s)G_{c2}(s)=\frac{\left(s+\frac{1}{T_2}\right)\left(s+\frac{1}{T_1}\right)}{\left(s+\frac{1}{\beta T_2}\right)\left(s+\frac{\beta}{T_1}\right)} \tag{4-82}$$

其中,$G_{c1}(s)$起滞后校正作用,它使系统在 s_d 处的开环增益有较大幅度的增大,以满足稳态性能的需要;$G_{c2}(s)$起超前校正作用,利用它所产生的相位超前角 φ_{c2} 使根轨迹向左倾斜,并通过希望的闭环主导极点 s_d 从而改善系统的动态性能。

用根轨迹法进行滞后-超前校正的一般步骤为:

(1) 根据对系统性能指标的要求,确定希望闭环主导极点 s_d 的位置。

(2) 设计校正装置的超前部分 $G_{c2}(s)$。设计时要兼顾到既使 $G_{c2}(s)$在 s_d 处产生的相位超前角 φ_{c2} 满足 s_d 点的相角条件,又使 $G_{c2}(s)$极点与零点的比值 β 足够大,以满足滞后部分使系统在 s_d 点的开环增益有较大幅度增大的要求。

(3) 根据所确定的 β 值,按滞后校正的设计方法去设计 $G_{c1}(s)$。

(4) 画出校正后系统的根轨迹。由根轨迹的幅值条件,计算系统工作在 s_d 处的稳态误差系数。如果所求的值小于给定值,则需增大 β 值,应从步骤(2)开始重新设计。

下面以实例说明这种校正的具体步骤。

例 4-13 为便于比较,仍以例 4-12 所示的系统为例。校正前该系统的开环传递函数为

$$G_0(s)=\frac{K}{s(s+1)(s+4)}$$

要求校正后具有下列的性能指标:阻尼比 $\zeta=0.5$;无阻尼自然频率 $\omega_n=2s^{-1}$;稳态速度误差系数 $K_v\geqslant 5s^{-1}$。试设计滞后-超前校正装置。

解:(1) 根据给定的性能指标,求出期望的闭环主导极点为

$$s_d=-\zeta\omega_n\pm j\omega_n\sqrt{1-\zeta^2}=-1\pm j1.73$$

(2) 设计校正装置的超前部分 $G_{c2}(s)$在 s_d 处应提供的超前角为

$$\varphi_{c2}=-180^\circ-(-120^\circ-90^\circ-30^\circ)=60^\circ$$

令 $G_{c2}(s)$的零点 $z_{c2}=-1$,以抵消原系统的一个开环极点。对于本题,这样设计不仅能使校正后系统的阶数降低,绘制根轨迹方便,而且一般易于实现期望闭环极点的主导作用。当然也可按照超前校正的另外两种方法进行设计。在图 4-30 所示的 s 平面上,以 s_d 点为顶点,点 s_d 与-1 点的连线为边,向左作角 $\varphi_{c2}=60^\circ$,该角的另一边与负实轴的交点 $s=-4$,这就是所求超前部分的极点。由此可见,$\beta=4$,$G_{c2}(s)=\dfrac{s+1}{s+4}$。

(3) 经过超前部分校正后,系统的传递函数为

$$G_{c2}(s)G_0(s)=\frac{K}{s(s+4)^2}$$

作出相应的根轨迹,如图 4-30 中的实线所示。由根轨迹的幅值条件,求得系统工作在 s_d 点时的增益 $K=23.8$,对应的稳态速度误差系数为

$$K_{v0}=\frac{K}{4\times 4}=\frac{23.8}{16}=1.49$$

显然,K_{v0} 不能满足给定指标的要求,所要增大的倍数$\dfrac{K_v}{K_{v0}}=\dfrac{5}{1.49}=3.35$,应由滞后部分 $G_{c1}(s)$来提供。

(4) 设计校正装置的滞后部分 $G_{c1}(s)$。

由点 s_d 向左作一条与线段 Os_d 成 6.5°角的直线,此直线与负实轴交于 $s=-0.24$,这就是所求 $G_{c1}(s)$的零点,它的极点为$\dfrac{-0.24}{4}=-0.06$。于是求得滞后部分的传递函数为

$$G_{c1}(s)=\frac{s+0.24}{s+0.06}$$

经滞后-超前校正后,系统的开环传递函数为

$$G_c(s)G_0(s)=\frac{K(s+0.24)}{s(s+4)^2(s+0.06)}$$

校正后系统的根轨迹如图 4-30 中的实线所示。由图 4-30 可见,校正后系统的主导极点由 s_d 点移动到 s_d'点,相应的增益 $K_0=23.2$,稳态速度误差系数为

$$K_v=\frac{23.2\times 0.24}{16\times 0.06}=5.8>5$$

经过上述设计后的系统是满足要求的。通过超前校正、滞后校正和滞后-超前校正装置的设计过程可以看出，除超前设计有严格的要求外（指补偿角），另两种方法的设计一般具有相当的不确定性。因此校正装置一般并不是唯一的。

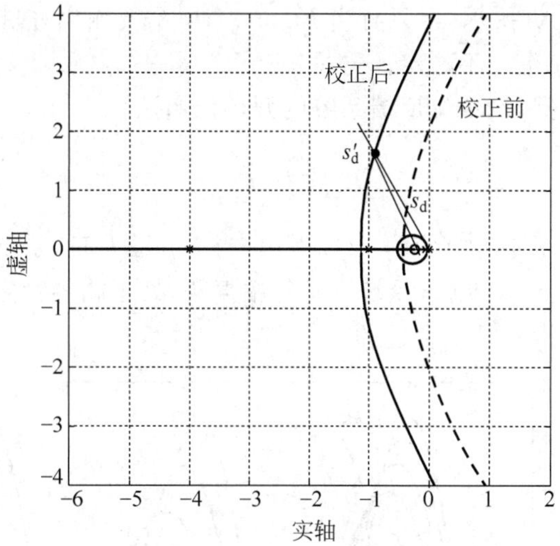

图 4-30　滞后-超前校正前后的根轨迹图

4.5.4 PID 控制器设计

PID 控制器是一种有源的比例＋积分＋微分校正装置，与无源校正装置相比，它具有结构简单、参数易于整定等优点，因此广泛应用于各种工业控制场景。典型的 PID 电路原理图如图 4-29(b)中的有源滞后-超前装置所示，图 4-31 为典型 PID 控制器的结构框图。

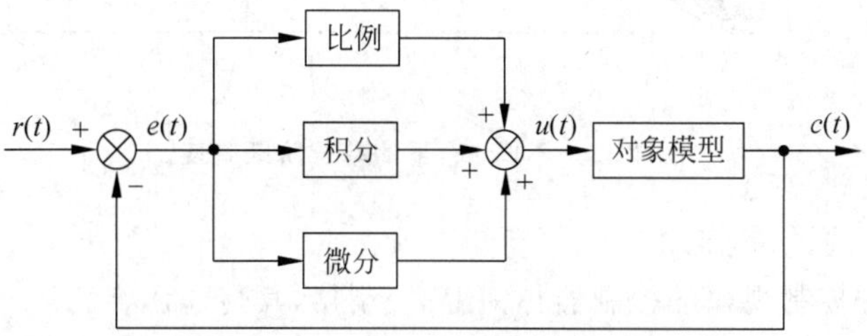

图 4-31　典型 PID 控制器的结构框图

由图 4-31 可见，PID 控制器是通过对误差信号 $e(t)$ 进行比例、积分和微分运算并对其结果进行加权求和，得到控制器的输出 $u(t)$，该值就是控制对象的控制值。PID 控制器的数学描述为

$$u(t)=K_p\left[e(t)+\frac{1}{T_i}\int e(t)\mathrm{d}t+T_d\frac{\mathrm{d}e(t)}{\mathrm{d}t}\right] \tag{4-83}$$

式中，$u(t)$ 为控制器输出，$e(t)=r(t)-c(t)$ 为系统误差信号，$r(t)$ 为系统输入量，$c(t)$ 为系统输出量。下面对 PID 中常用的比例(P)、比例-积分(PI)、比例-微分(PD)、比例-积分-微分(PID)这 4 种调节器作简要分析。

1. PID 控制的作用

1）P 控制——比例的作用

具有比例控制规律的控制器称为 P 控制器，其传递函数为 $G_c(s)=K_p$，即在 PID 控制器中使 $T_i\to\infty, T_d\to 0$。根据前面所学的知识，为了提高系统的稳态性能指标，减少系统的稳态误差，一个可能的办法是提高系统的稳态误差系数，即增加系统的开环增益。因此，若使 K_p 增大，即可满足上诉要求，但只有当 $K_p\to\infty$ 时，系统输出才能跟踪输入，而这必将破坏系统的动态性能，并使系统不稳定。

以一个三阶系统为例，设单位反馈系统的开环传递函数为

$$G(s)=\frac{K_p}{(s+1)^3}$$

绘制其闭环响应曲线如图 4-32 所示。可以看出，当 K_p 增大时，系统稳态输出增大，响应速度和超调量也增大。当 $K_p=8$ 时，系统产生等幅振荡，处于临界稳定状态。可见，单纯采用比例环节改善系统性能指标是不合适的。

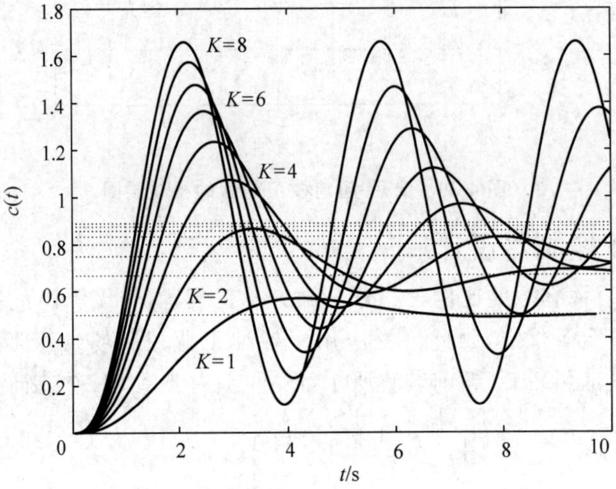

图 4-32　不同 K_p 下的单位阶跃响应

2）PI 控制——积分的作用

具有比例-积分控制规律的控制器称为 PI 控制器，其传递函数为

$$G_c(s)=K_p\left(1+\frac{1}{T_i s}\right) \tag{4-84}$$

针对比例控制中的例子，固定比例系数 K_p，改变积分时间常数 T_i 的值，绘制系统单位阶跃响应如图 4-33 所示。可以看出，采用 PI 控制可使系统的稳态误差为零。当 T_i 减小时，系统上升时间缩短，超调量增大，系统稳定性变差，T_i 减小到一定值时，系统发散；当 T_i 增大时，积分作用减弱，系统响应速度变慢。

3）PD 和 PID 控制——微分的作用

具有比例-微分控制规律的控制器称为 PD 控制器，PD 控制器相当于一个超前校正装置，对系统的响应速度的改善是有利的。但在实际的控制系统中，单纯采用 PD 控制的系统很少，原因有两方面：一是纯微分环节在实际系统中无法实现；二是若采用 PD 控制器，则

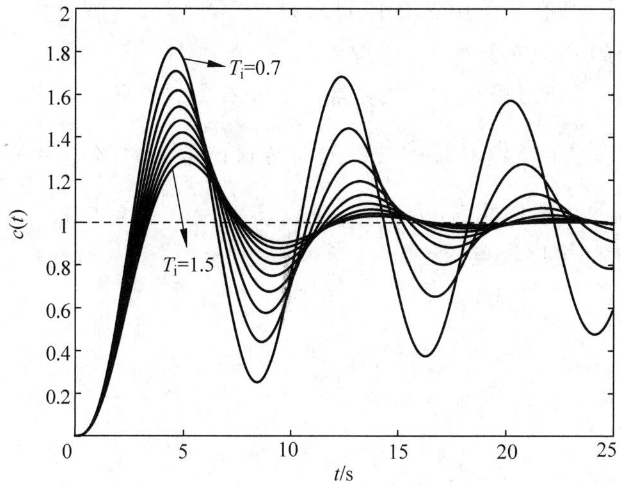

图 4-33　PI 中参数 T_i 变化的控制效果图

系统各环节中的任何扰动均将对系统的输出产生较大的波动，尤其对跳变信号的作用十分严重，因此不利于系统动态性能的真正改善。

理想的 PID 控制器的传递函数为

$$G_c(s)=K_p\left(1+\frac{1}{T_i s}+T_d s\right) \tag{4-85}$$

为考查 PID 控制器中微分环节的作用，针对比例控制中的例子，固定比例系数 K_p 和时间常数 T_i 的值，改变微分时间常数 T_d 的值，绘制系统单位阶跃响应如图 4-34 所示。

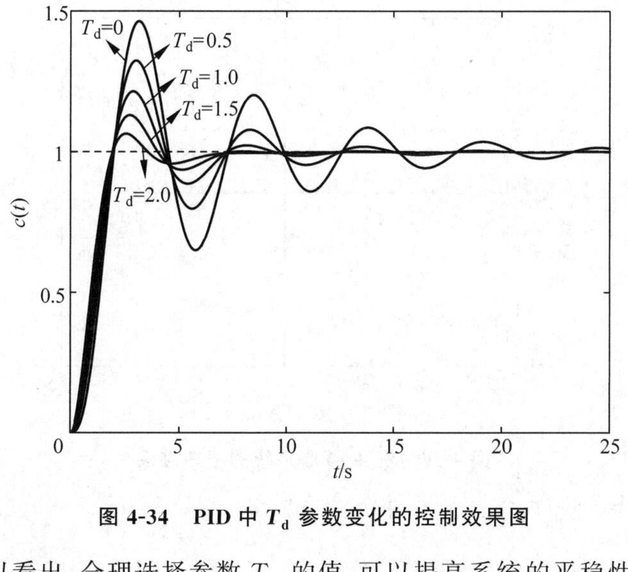

图 4-34　PID 中 T_d 参数变化的控制效果图

由图 4-34 可以看出，合理选择参数 T_d 的值，可以提高系统的平稳性，加快系统的响应速度，与单纯的 PI 控制相比，不仅保持了其稳态性能的提升，同时在提高动态性能方面有更高的优越性。在实际系统控制中，如果通过调节系统增益就能满足指标要求，则首选 P 控制算法；如果系统固有部分存在稳态误差，系统设计指标要求消除稳态误差，则首选 PI 控制算法；如果只对动态性能要求高，则采用 PD 控制算法。如果单独的 PI、PD 控制算法不能满足系统设计要求，则必须采用 PID 控制算法。

2. 基于根轨迹的 PID 校正

下面通过一个例子介绍根轨迹方法在常规 PID 控制系统设计中的应用。

例 4-14 已知单位负反馈系统的被控对象传递函数为 $G_p(s)=\dfrac{10}{s(s+2)}$，试设计一个 PID 控制器，使系统的动态特性满足 $t_s\leqslant 1.5(\Delta=5)$，$\zeta=0.707$ 的指标要求。

解：(1) 确定闭环主导极点的位置。

由二阶系统指标计算公式有

$$t_s\approx\frac{3.5}{\zeta\omega_n}\approx 1.5$$

得

$$\zeta\omega_n=2.33$$

$$\omega_n=\frac{2.33}{\zeta}=\frac{2.33}{0.707}\approx 3.30$$

则

$$\omega_d=\omega_n\sqrt{1-\zeta^2}=3.30\sqrt{1-0.707^2}=2.33$$

所以满足动态性能指标的闭环主导极点为 $s_{1,2}=-2.33\pm j2.33$。

从原系统的根轨迹图（见图 4-35）易知，若不加校正，则闭环系统无法达到所要求的动态响应。因此，需要考虑的是将 PID 控制器作为校正装置与被控对象串联，之后再由系统的闭环主导极点满足所要求的动态性能指标。

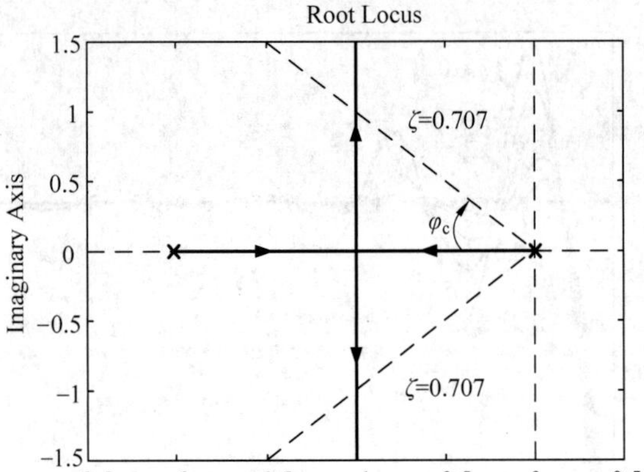

图 4-35 例 4-14 原系统的根轨迹图

(2) 串联 PID 控制器后系统的开环传递函数为

$$G_c(s)G_p(s)=K_p\left(1+\frac{1}{T_i s}+T_d s\right)\frac{10}{s(s+2)}=\frac{10K_p\left(s+\dfrac{1}{T_i}+T_d s^2\right)}{s^2(s+2)}$$

可以看出，当采用 PID 控制器时，系统的阶次为三阶，因此在一对闭环主导极点 $s_{1,2}=-2.33\pm j2.33$ 外，还必须确定另一个非主导闭环极点的位置。由主导极点概念，可选取 $s_{1,2}$ 实部的 5 倍作为第三个闭环极点，即 $s_3=-12$。

（3）系统特征方程为

$$1+G_c(s)G_p(s)=s^2(s+2)+10K_p\left(s+\frac{1}{T_i}+T_d s^2\right)=0$$

或

$$s^3+(2+10K_pT_d)s^2+10K_ps+\frac{10K_p}{T_i}=0$$

另外，指定的闭环节点也应该满足特征方程，即

$$(s+12)(s+2.33+\mathrm{j}2.33)(s+2.33-\mathrm{j}2.33)=0$$

或

$$s^3+16.66s^2+66.78s+130.29=0$$

比较两个特征方程各对应的 s 同次幂项的系数，可求得

$$K_p=6.78,\quad T_i=0.51,\quad T_d=0.22$$

在上述 PID 参数下，校正后闭环系统的阶跃响应如图 4-36 所示，可以看出，校正后系统调节时间为 $t_s=0.68<1.5(\Delta=5)$，满足动态性能指标要求。与校正前的闭环阶跃响应相比，调节时间明显缩短。

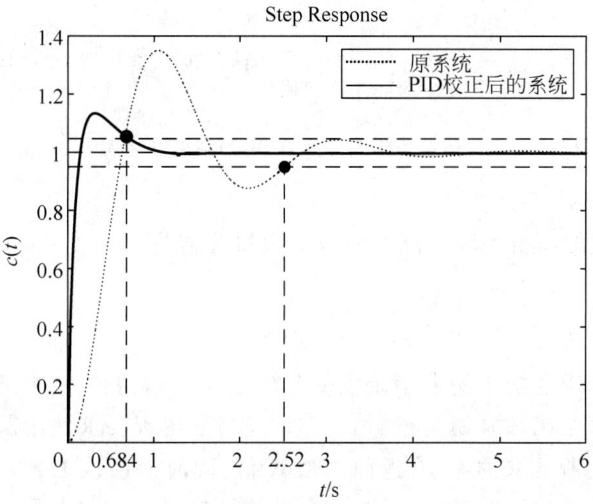

图 4-36　校正前后闭环系统的阶跃响应

实际系统中校正装置的结构和参数设计需要通过试凑法确定，所以设计好的校正装置是否使闭环系统满足性能指标需要进一步验证。

4.6　应用 MATLAB 进行基于根轨迹的控制系统分析和设计

利用根轨迹绘制法则绘制根轨迹在有些情况下是非常烦琐复杂的，并且手工绘制的根轨迹并非精确曲线，MATLAB 为根轨迹绘制提供了一系列的命令，可以在计算机上方便、快速地绘制系统根轨迹精确曲线，并能够给出根轨迹上任意点对应的系统相关信息和性能参数。下面简单介绍使用 MATLAB 进行根轨迹绘制和分析以及系统设计的方法。

4.6.1 用 MATLAB 绘制根轨迹图

下面介绍 MATLAB 中专门提供有关根轨迹绘制的函数命令。

1. pzmap 命令

功能：绘制控制系统的零点、极点图。

格式：

```
pzmap(G)
```

其中，G 为开环传递函数，图中用“x”表示极点，用“o”表示零点。

2. rlocus 命令

功能：绘制根轨迹。

格式：

```
rlocus(G)                  % G 为开环传递函数
pole = rlocus(G, k)        % 得到在给定 k 值下对应的闭环极点并存入数组
```

3. sgrid 命令

功能：在系统根轨迹图和零极点图中绘制出阻尼系数和自然频率栅格。

格式：

```
sgrid ('new')              % 先清除图形屏幕,然后绘制出栅格线,并设置成 hold on,使后续绘图
                             命令能绘制在栅格上
sgrid (ζ , ωn)             % 绘制以输入的 ζ , ωn 值的栅格线
sgrid (ζ , ωn, 'new')      % 先清除图形屏幕,再绘制出以输入的 ζ, ωn 值的栅格线
```

4. rlocfind 命令

功能：找出给定的一组闭环极点所对应的根轨迹增益。

格式：

```
[K, pole] = rlocfind(G)    % G 为开环传递函数
```

本函数可以用来求取根轨迹上指定点的开环根轨迹增益值，并将该增益下所有的闭环极点显示出来。当这个函数开始运行后，在图形窗口上出现要求使用鼠标定位的提示，这时用鼠标单击根轨迹上所要求的点，将返回一个 K 值，同时返回该 K 值下的所有闭环极点的值，最后把这些值存入向量数组[K, pole]中，并将此闭环极点直接在根轨迹曲线上显示出来，其中 K 为选定点处的根轨迹增益，pole 为此点处的闭环特征根。注意，此命令要在 rlocus 命令后执行。

4.6.2 用 MATLAB 对系统根轨迹分析及设计举例

例 4-15 单位负反馈系统的开环传递函数为

$$G(s)H(s)=\frac{K^*}{(s+1)(s+2)(s+4)(s+8)}$$

试用 MATLAB 绘制其根轨迹，图中标记在阻尼比 $\zeta=0.2,0.5,0.707$ 和自然振荡频率 $\omega_n=3,6,10$ 情况下的所有闭环极点，并求取当 $\zeta=0.707$ 时，系统的闭环极点和根轨迹增益 K^* 值。

解：在 MATLAB 窗口输入以下命令

```
>> num = [1] ;
```

```
>> a = conv ([1 1], [1 2]) ;
>> b = conv ([1 4], [1 8]) ;
>> den = conv (a, b) ;
>> G = tf (num, den) ;
>> figure ('color', 'w') ;
>> rlocus (G)
>> hold on
>> sgrid ([0.2 0.707 0.5], [3 6 10])
```

会得到如图 4-37 所示的根轨迹。

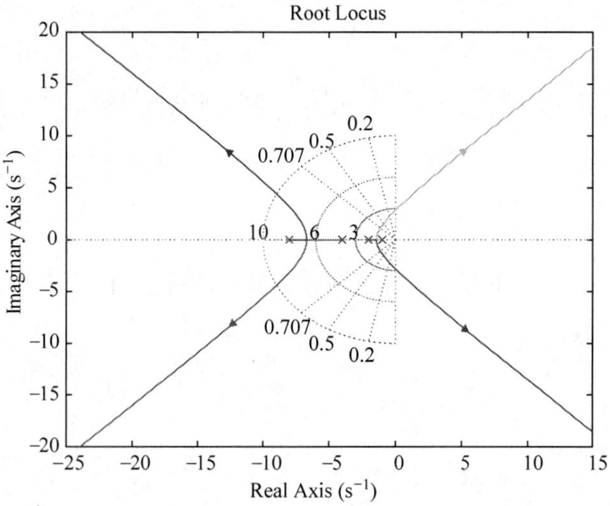

图 4-37　例 4-15 的根轨迹

再输入命令

```
>> [k, pole] = rlocfind (G)
```

在命令行窗口会出现如下提示：

```
Select a point in the graphics window
```

然后在如图 4-37 所示的根轨迹中会出现十字交叉线，可以利用该交叉线在找到阻尼比 $\zeta=0.707$ 的点，用鼠标选定，在命令窗口中就会出现选定点对应的闭环极点和根轨迹增益值，如下：

```
selected_point
     - 1.1967 + 1.1646i
k =
    35.0113
pole =
     - 7.7610
     - 4.9780
     - 1.1305 + 1.1335i
     - 1.1305  - 1.1335i
```

例 4-16　单位负反馈系统的开环传递函数为

$$G_0(s)=\frac{K_0}{s(s+1)(s+4)}$$

基于根轨迹方法设计校正器,要求校正后具有以下性能指标:阻尼比 $\zeta=0.5$,无阻尼自然频率 $\omega_n=2s^{-1}$。

解:(1)写出校正前系统传递函数,并画出根轨迹。

```
>> G0 = tf (1, [conv([1, 1], [1, 4]), 0])
G0 =
        1
  ------------------
  s^3 + 5s^2 + 4s
>> rlocus(G0); hold on;
>> [x, y] = rloc_asymp(G0);
>> plot(x, y, ':')
```

(2)根据设计要求,绘制等 ζ 线和等 ω_n 线,由图确定主导极点。

```
>> zet = [0.5];
>> wn = [2];
>> sgrid(zet, wn)
>> sd = - 1 + 1.732j;
```

(3)编写函数 angle_c,并由此确定超前校正装置的补偿角 φ_c。

```
function ang = angle_c(g, sd)
[p, z] = pzmap(g);
theta_z = 0;
theta_p = 0;
for i = [1:1:length(z)]
  theta_z = theta_z + angle(sd - z(i));
end
for i = [1:1:length(p)]
  theta_p = theta_p + angle(sd - p(i));
end
ang = ( - pi + theta_p - theta_z) * 180/pi;
end
>> fi_c = angle_c(G0, sd)
fi_c =
    60.0000
>> fi_c = fi_c * pi / 180;
```

(4)确定校正器的零极点,先选定零点 $z_c=-1.2$,再计算极点 p_c。

```
function pc = find_pc(wn, zc, theta, fc)
gama = atan(sin(theta) / (wn / abs(zc) - cos(theta)));
pc = wn * sin(gama + fc) / sin(pi - theta - fc - gama)
end
>> zc = - 1.2;
>> theta = acos(0.5);
>> pc = find_pc(wn, zc, theta, fi_c);
pc =
  5.0000
```

(5)得到校正装置传递函数 G_c,并画出 $G_c * G_0$ 的根轨迹。

```
>> Gc = tf ([1, - zc], [1, pc]);
>> hold on; rlocus(Gc * G0)
```

(6)从图中交互确定在主导极点处对象的 K 值,进而得出系统的闭环极点,检验设计效果。

```
>> [K, P] = rlocfind(Gc * G0)
Select a point in the graphics window
selected_point =
   - 1.0000 + 1.7318j
K =
       30.3231
P =
      - 6.6553
      - 0.9967 + 1.7472j
      - 0.9967 - 1.7472j
      - 1.3513
```

完整设计效果见图 4-38。

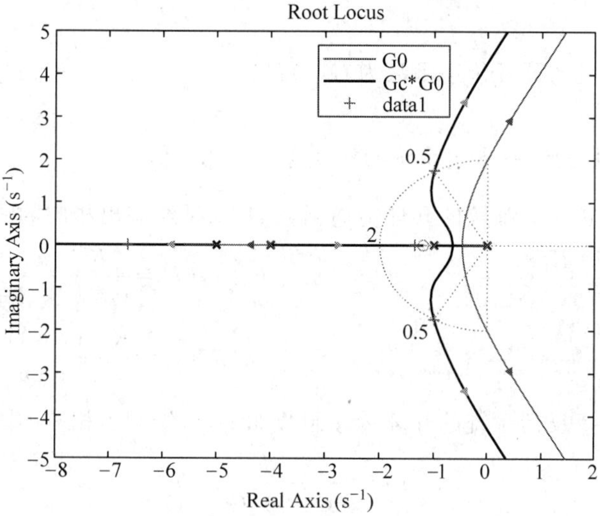

图 4-38 例 4-16 系统校正设计

本章小结

控制系统的性能与其闭环零点、极点在 s 平面的分布位置有密切的关系。对于高阶系统，其闭环极点在 s 平面的位置是难以确认的。根轨迹法提供了一种避免直接求取闭环极点，而通过开环零点、极点作图的方法求取系统闭环极点的简便方法。根轨迹就是指当系统的开环传递函数的某个参数(如开增益 K)从零变化到无穷时，闭环极点(即特征方程的根)在复平面上变化的轨迹。

由根轨迹方程得到的幅值条件和相角条件可以推出一系列绘制根轨迹的法则，利用这些法则就能够比较简单、快速地绘制出系统根轨迹的大致形状，从而可以分析当开环增益变化时，系统闭环极点位置的变化规律及其对系统性能的影响。

根轨迹的绘制除了以开环增益为参数绘制以外，还能够以系统其他参数为变量绘制参数根轨迹。此时，只需要将特征方程转化成与常规根轨迹相同的形式，就可以用常规根轨迹的绘制法则进行绘制。

当系统为正反馈，或者非最小相位系统中包含 s 最高次幂的系数为负因子时，系统的特征方程会与常规根轨迹的特征方程不同，此时相角条件就会发生变化，根轨迹绘制法则中与相角条件有关的法则都需要进行修改，即系统根轨迹的绘制需要按照零度根轨迹的绘制法则绘制。

根轨迹反映了系统闭环极点的信息，进一步分析了开环零点、开环极点以及开环增益对系统性能的影响。基于根轨迹的系统性能分析，设计了超前、滞后以及滞后-超前校正装置(PID 控制器)以改善系统性能指标。

MATLAB 控制系统工具箱为线性系统根轨迹分析提供了功能丰富的函数，可以方便地进行根轨迹的绘制及系统分析。

习题 4

4-1 负反馈系统的开环传递函数为 $G(s)H(s)=\dfrac{K^*}{(s+1.5)(s+2)(s+3)}$，试证明 $s_1=-\dfrac{3}{2}+\mathrm{j}\dfrac{\sqrt{3}}{2}$ 点在根轨迹上，并求出系统的根轨迹增益 K^* 值。

4-2 已知单位负反馈系统的开环传递函数如下，试绘制出相应的闭环根轨迹。

(1) $G(s)=\dfrac{K^*}{s(s+3)(s+6)}$　　(2) $G(s)=\dfrac{K^*(s+4)}{(s^2+1)(s+5)}$

(3) $G(s)=\dfrac{K^*}{s(s^2+2s+2)}$　　(4) $G(s)=\dfrac{K^*(s+3)}{s(s+2)}$

4-3 已知单位负反馈系统的开环传递函数如下，试绘制出相应的闭环根轨迹。

$$G(s)=\frac{K^*}{(s+1)^2(s+4)^2}$$

4-4 已知负反馈系统的前向通道和反馈通道传递函数分别为

$$G(s)=\frac{K^*(s-1)}{s^2+4s+4},\quad H(s)=\frac{5}{s+5}$$

(1) 绘制 K^* 从 $0\to\infty$ 变化时系统的根轨迹，确定使闭环系统稳定的 K^* 值范围；

(2) 若已知系统闭环极点为 $s_1=-1$，试确定系统的闭环传递函数。

4-5 已知单位负反馈系统的开环传递函数为

$$G(s)=\frac{K^*(s+1)}{s(s-1)(s^2+4s+16)}$$

试绘制系统根轨迹，并确定使系统稳定的开环增益范围。

4-6 已知负反馈系统的开环传递函数为

$$G(s)H(s)=\frac{K^*}{s(s+a)(s^2+2s+2)}$$

试绘制 $a=2$ 时系统的根轨迹。确定系统输出无衰减振荡分量时闭环传递函数。

4-7 已知控制系统的结构如图 4-39 所示，试绘制其系统根轨迹。

4-8 已知控制系统的结构如图 4-40 所示，试绘制以 $a(a\geqslant 0)$ 为参变量时的根轨迹。

4-9 设模拟计算机子系统如图 4-41 所示。试确定 K_1 和 K_2，使系统在阶跃输入时的稳态误差为零，调节时间 t_s 小于 1s，超调量 $\sigma\%$ 小于 5%。

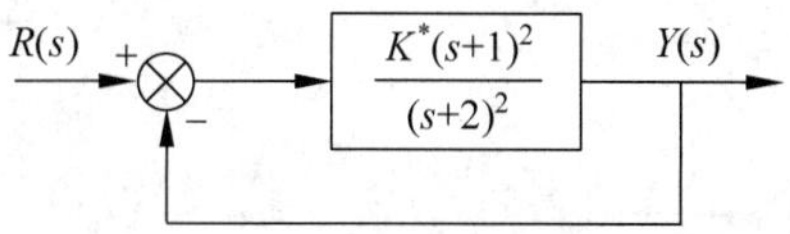

图 4-39　习题 4-7 控制系统结构

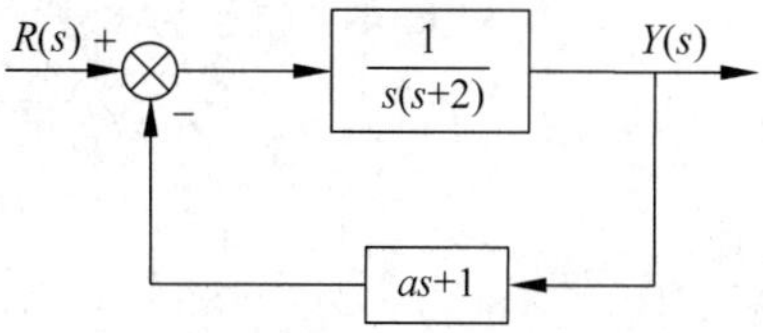

图 4-40　习题 4-8 控制系统结构

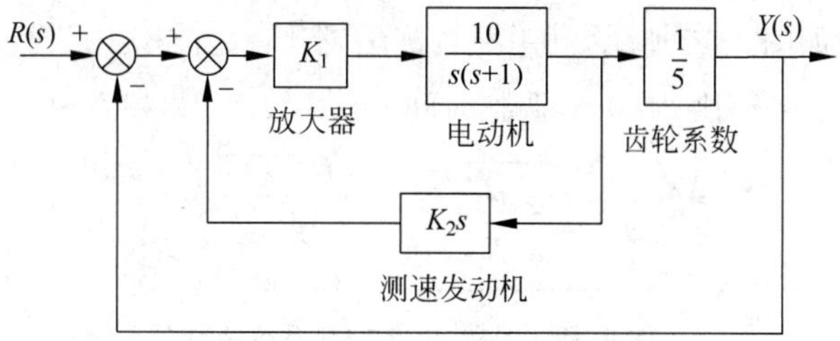

图 4-41　习题 4-9 模拟计算机子系统

4-10　已知某控制系统的结构如图 4-42 所示。

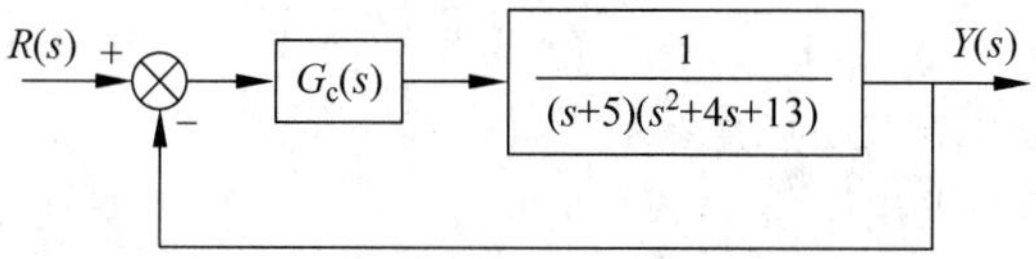

图 4-42　习题 4-10 控制系统结构

设 $G_c(s)=K$ 为比例调节器时，试画出当 K 从 $0\to\infty$ 变化时系统的根轨迹草图，并确定使系统处于稳定边界时的 K 值。

4-11　对于如图 4-42 所示的控制系统，当

$$G_c(s)=K\left(1+\frac{1}{sT_i}\right)$$

为比例积分调节器时，设 $K=25$，试画出当积分时间 T_i 从 $\infty\to 0$ 变化时系统的根轨迹，并定性分析积分时间 T_i 对系统品质的影响。(提示：$s=-6$ 为一开环极点)

4-12　单位负反馈系统的根轨迹如图 4-43 所示。

(1) 写出该系统的闭环传递函数；

(2) 绘制增加一个开环零点 -4 后的根轨迹草图，并简要分析加入该零点对系统性能的影响。

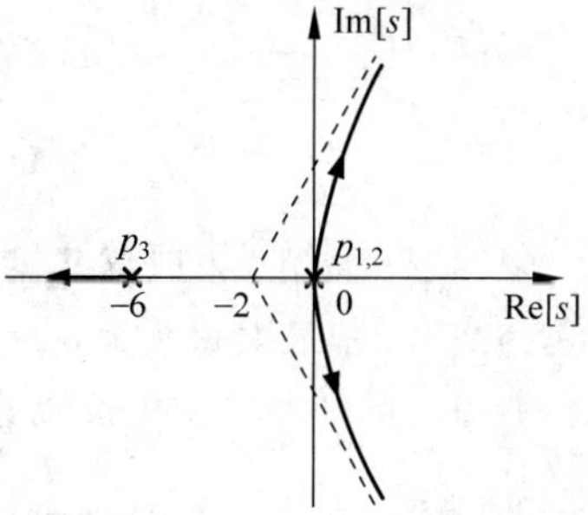

图 4-43　习题 4-12 根轨迹

4-13　已知单位负反馈系统开环传递函数

$$G(s)=\frac{K(0.5s+1)}{s^2(Ts+1)}$$

当 $T=0.05$ 时，画出其根轨迹，并确定使系统阶跃输入响应为无超调时的 K 取值范围。

4-14　已知正反馈系统的结构如图 4-44 所示。

(1) 试绘制 K^* 从 $0\to\infty$ 变化时系统的闭环根轨迹。

(2) 确定使系统稳定且过阻尼状态的开环增益 K 的取值范围。

(3) 确定使系统阻尼 $\zeta=0.707$ 的开环增益 K 值和闭环极点坐标，并计算系统的动态性能[超调量 $\sigma\%$，调节时间 $t_s(\Delta=5)$]。

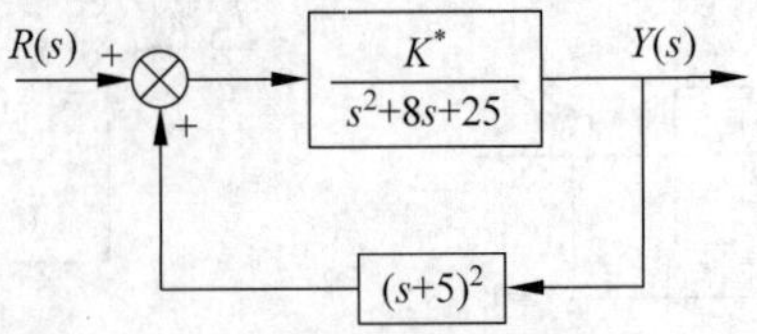

图 4-44　习题 4-14 控制系统结构

4-15　控制系统如图 4-45 所示，利用根轨迹法设计一超前校正装置 $G_c(s)$，使校正后的系统具有下列性能指标：阻尼比 $\zeta=0.5$，调整时间 $t_s\leqslant 2s(\Delta=2)$，稳态速度误差系数 $K_v\geqslant 2s^{-1}$。

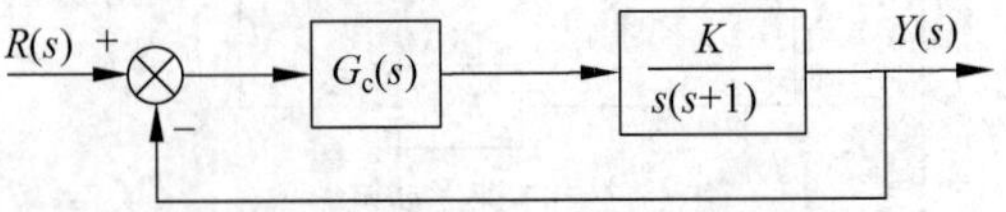

图 4-45　习题 4-15 控制系统结构

4-16　设有一单位负反馈系统，其开环传递函数为

$$G(s)=\frac{K_1}{s(s+3)(s+9)}$$

(1) 确定 K_1 值，使得最大超调量 $\sigma_p=20\%$。

(2) 在上述 K_1 值下，求出系统的调整时间 $t_s(\Delta=2)$ 和稳态速度误差系数 K_v。

(3) 对系统进行超前校正，满足如下性能指标：最大超调量 $\sigma_p=15\%$，调整时间 t_s 降低 2.5 倍($\Delta=2$)，开环增益 $K\geqslant 20$。

4-17　已知一单位负反馈系统，其开环传递函数为

$$G(s)=\frac{K}{s(1+0.2s)(1+0.4s)}$$

(1) 设计一串联滞后校正装置 $G_c(s)$，使校正后的闭环系统具有下列性能指标：阻尼比 $\zeta=0.7$，稳态速度误差系数 $K_v\geqslant 100$。

(2) 求出校正后系统输出的调整时间 $t_s(\Delta=2)$。

(3) 绘制校正前和校正后系统的根轨迹。

4-18　已知一单位负反馈系统，其开环传递函数为

$$G(s)=\frac{K}{s(1+0.1s)(1+0.05s)}$$

试设计一滞后-超前校正装置 $G_c(s)$，使校正后的系统具有下列性能指标：调整时间 $t_s\leqslant 1s(\Delta=2)$，最大超调量 $\sigma_p=20\%$，稳态速度误差系数 $K_v\geqslant 10s^{-1}$。

4-19　已知一单位负反馈系统如图 4-46 所示，为使系统在阶跃输入时无稳态误差存在，选择校正装置 $G_c(s)=\dfrac{s+\alpha}{s}$。若要求校正后系统的最大超调量近似于 5%，调整时间约为 1s($\Delta=2$)，试确定参数 K 和 α。

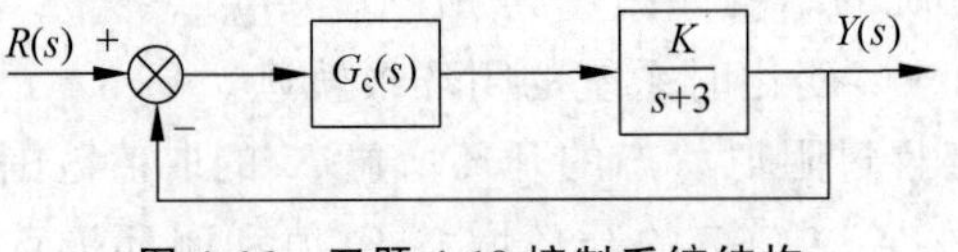

图 4-46　习题 4-19 控制系统结构

第5章

连续控制系统的频率法

系统的动态性能用时域响应描述最直观，但用解析的方法求解高阶系统动态响应相当不易，而且难以确定如何修改系统的结构和(或)参数才能改善系统性能。对控制系统工程研究方法的期望是：数字计算量不太大，且不因系统微分方程阶数的升高而使计算量增加太多；便于分析系统组成部分对总体性能的影响，并能够指出应该如何改变结构参数使系统获得更好的性能。这些要求在时域法中很难甚至无法达到，但若采用频域中的图解方法则能较方便地进行系统的分析和设计，较好地解决时域分析法所遇到的困难。

频域分析法是一种图解方法，它根据系统的频域数学模型频率特性对系统的性能进行研究。频域分析法的特点是不必直接求解系统微分方程，主要是用系统开环频率特性去判断、分析闭环系统的性能，并能较方便地分析系统中的参数对系统动态性能的影响，从而进一步指出改善系统性能的途径。频率特性有明确的物理意义，除了一些超低频控制系统，许多元器件和稳定系统的频率特性都可用实验方法测定。这对难以用机理分析法建立数学模型的复杂系统或元器件更具有重要意义。和根轨迹法一样，频域分析法也是一种间接方法、图解方法。频域分析和设计方法已广泛应用于工程实践中。

本章首先介绍了频率特性的基本概念、奈奎斯特曲线及伯德图的绘制方法，然后在介绍开环系统典型环节的频率特性基础上，重点阐述奈奎斯特稳定判据及系统频域性能的定性分析及定量估算，最后介绍了基于频率响应对系统进行分析和设计校正装置的方法以及如何用 MATLAB 对系统进行频域分析及系统设计。

5.1 频率特性

5.1.1 频率特性的定义

从数学意义上讲，傅里叶变换(下面简称傅氏变换)与拉普拉斯变换是等价的。因此也可以根据傅氏变换建立系统的数学模型。本节介绍工程上广泛应用的频率特性数学模型。与传递函数一样，频率特性仅适用于线性定常系统。

下面给出频率特性的数学定义，并介绍频率特性的物理意义。

定义：线性定常系统的输出量的傅氏变换 $Y(\mathrm{j}\omega)$ 与输入量的傅氏变换 $R(\mathrm{j}\omega)$ 之比，定义为系统的频率特性，记为 $G(\mathrm{j}\omega)$，即

$$G(\mathrm{j}\omega)=\frac{Y(\mathrm{j}\omega)}{R(\mathrm{j}\omega)} \tag{5-1}$$

在数学意义上，频率特性与传递函数存在以下简单关系：

$$G(\mathrm{j}\omega)=G(s)\big|_{s=\mathrm{j}\omega} \tag{5-2}$$

即将传递函数中 s 用 $\mathrm{j}\omega$ 替换后就得到系统的频率特性；反之，将频率特性中的 $\mathrm{j}\omega$ 用 s 替换就得到系统的传递函数。

根据式(5-2)可以容易地由传递函数求取系统的频率特性，这种方法通常称为频率特性的解析求法。

以惯性环节 $G(s)=1/(Ts+1)$ 为例，将 $s=\mathrm{j}\omega$ 代入 $G(s)$ 得到惯性环节的频率特性

$$G(\mathrm{j}\omega)=\frac{1}{\mathrm{j}\omega T+1} \tag{5-3}$$

频率特性一般是复变函数，所以可以表示为指数形式

$$G(\mathrm{j}\omega)=|G(\mathrm{j}\omega)|\mathrm{e}^{\mathrm{j}\angle G(\mathrm{j}\omega)} \tag{5-4}$$

或者表示为幅角形式

$$G(\mathrm{j}\omega)=|G(\mathrm{j}\omega)|\angle G(\mathrm{j}\omega) \tag{5-5}$$

记 $A(\omega)=|G(\mathrm{j}\omega)|$，称为幅频特性；$\varphi(\omega)=\angle G(\mathrm{j}\omega)$，称为相频特性。频率特性也可以表示为如下代数形式：

$$G(\mathrm{j}\omega)=\mathrm{Re}[G(\mathrm{j}\omega)]+\mathrm{j}\mathrm{Im}[G(\mathrm{j}\omega)] \tag{5-6}$$

其中，$\mathrm{Re}[G(\mathrm{j}\omega)]$ 表示取 $G(\mathrm{j}\omega)$ 的实部，$\mathrm{Im}[G(\mathrm{j}\omega)]$ 表示取 $G(\mathrm{j}\omega)$ 的虚部。记 $U(\omega)=\mathrm{Re}[G(\mathrm{j}\omega)]$，称为实频特性；$V(\omega)=\mathrm{Im}[G(\mathrm{j}\omega)]$，称为虚频特性。显然，代数形式和指数形式(或极坐标形式)存在以下关系：

$$A(\omega)=\sqrt{U^2(\omega)+V^2(\omega)} \tag{5-7}$$

$$\varphi(\omega)=\arctan\frac{V(\omega)}{U(\omega)} \tag{5-8}$$

5.1.2 频率响应

正弦输入信号作用下线性定常系统的稳态响应称为系统的频率响应。

设线性定常系统(或环节)的传递函数为

$$G(s)=\frac{Y(s)}{R(s)}=\frac{b_m s^m+b_{m-1}s^{m-1}+\cdots+b_1 s+b_0}{a_n s^n+a_{n-1}s^{n-1}+\cdots+a_1 s+a_0},\quad n\geqslant m \tag{5-9}$$

当系统的输入是 $r(t)=R\sin(\omega t)$ 时，系统输入的拉普拉斯变换式为

$$R(s)=\frac{R\omega}{s^2+\omega^2} \tag{5-10}$$

系统的输出为

$$Y(s)=G(s)R(s)=G(s)\frac{R\omega}{s^2+\omega^2} \tag{5-11}$$

不失一般性，设传递函数 $G(s)$ 具有各不相同的实数极点，记为 $p_i<0(i=1,2,\cdots,n)$，则式(5-11)可以写为

$$Y(s)=\frac{a_1}{s-p_1}+\frac{a_2}{s-p_2}+\cdots+\frac{a_n}{s-p_n}+\frac{b}{s+\mathrm{j}\omega}+\frac{c}{s-\mathrm{j}\omega} \tag{5-12}$$

式中

$$\begin{aligned} a_i&=Y(s)(s-p_i)\big|_{s=p_i},\quad i=1,2,\cdots,n \\ b&=Y(s)(s+\mathrm{j}\omega)\big|_{s=-\mathrm{j}\omega}=-G(-\mathrm{j}\omega)\frac{R}{2\mathrm{j}} \\ c&=Y(s)(s-\mathrm{j}\omega)\big|_{s=\mathrm{j}\omega}=G(\mathrm{j}\omega)\frac{R}{2\mathrm{j}} \end{aligned} \tag{5-13}$$

对式(5-12)进行拉普拉斯逆变换,则有

$$y(t)=\sum_{i=1}^{n}a_i e^{p_i t}+b e^{-j\omega t}+c e^{j\omega t},\quad t\geqslant 0 \tag{5-14}$$

式(5-14)的稳态分量为

$$y(t)=b e^{-j\omega t}+c e^{j\omega t}=-G(-j\omega)\frac{R}{2j}e^{-j\omega t}+G(j\omega)\frac{R}{2j}e^{j\omega t} \tag{5-15}$$

设

$$G(j\omega)=\frac{a(\omega)+jb(\omega)}{c(\omega)+jd(\omega)}=|G(j\omega)|e^{j\angle G(j\omega)} \tag{5-16}$$

因为 $G(s)$ 的分子和分母多项式为实系数,故式(5-16)中的 $a(\omega)$ 和 $c(\omega)$ 为关于 ω 的偶次幂实系数多项式,$b(\omega)$ 和 $d(\omega)$ 为关于 ω 的奇次幂实系数多项式,即 $a(\omega)$ 和 $c(\omega)$ 为 ω 的偶函数,$b(\omega)$ 和 $d(\omega)$ 为 ω 的奇函数,因而

$$G(-j\omega)=\frac{a(\omega)-jb(\omega)}{c(\omega)-jd(\omega)}=|G(j\omega)|e^{-j\angle G(j\omega)} \tag{5-17}$$

其中

$$|G(j\omega)|=\left(\frac{b^2(\omega)+a^2(\omega)}{c^2(\omega)+d^2(\omega)}\right)^{\frac{1}{2}} \tag{5-18}$$

$$\angle G(j\omega)=\arctan\frac{b(\omega)c(\omega)-a(\omega)d(\omega)}{a(\omega)c(\omega)+d(\omega)b(\omega)} \tag{5-19}$$

则式(5-15)可表示为

$$y(t)=R|G(j\omega)|\sin[\omega t+\angle G(j\omega)] \tag{5-20}$$

式(5-20)就是系统在正弦信号作用下的频率响应。该式表示在正弦输入信号的作用下,系统输出稳态响应是与输入同频的正弦信号,$A(\omega)=|G(j\omega)|$ 为输出稳态响应与输入信号的幅值比,$\varphi(\omega)=\angle G(j\omega)$ 为二者的相位差。

频率特性实际上就是将电路理论符号法中所定义的复阻抗和复导纳推广到一般线性定常系统。因此,在控制理论中,常采用下面具有更明显物理意义的频率特性的定义。

定义:线性定常系统在正弦输入信号作用下,输出量的稳态分量的复向量 $\boldsymbol{Y}$ 与输入正弦信号的复向量 $\boldsymbol{R}$ 之比,定义为系统的频率特性,记为 $G(j\omega)$,即

$$G(j\omega)=\frac{\boldsymbol{Y}}{\boldsymbol{R}} \tag{5-21}$$

记 $\boldsymbol{Y}=Ye^{j\varphi_2}$,$\boldsymbol{R}=Re^{j\varphi_1}$,代入式(5-21)有

$$G(j\omega)=\frac{\boldsymbol{Y}}{\boldsymbol{R}}=\frac{Ye^{j\varphi_2}}{Re^{j\varphi_1}}=\frac{Y}{R}e^{j(\varphi_2-\varphi_1)} \tag{5-22}$$

因此

$$|G(j\omega)|=\frac{Y}{R} \tag{5-23}$$

$$\angle G(j\omega)=\varphi_2-\varphi_1 \tag{5-24}$$

式(5-23)和式(5-24)表明,在正弦输入作用下,线性定常系统输出的稳态分量的幅值与输入正弦信号的幅值之比,就是系统的幅频特性。它描述了在稳态情况下,当系统的输入是

正弦信号时,其幅值的衰减或增大特性。稳态分量的正弦信号的相角与正弦输入信号的相角之差就是系统的相频特性。它描述了在稳态情况下,当系统的输入是正弦信号时,其相位产生的超前[$\varphi(\omega)>0$]或滞后[$\varphi(\omega)<0$]的特性。

利用频率特性这一性质,容易求取系统在正弦输入下的信号的稳态解。例如,可以用频率特性求取线性定常系统在正弦输入作用下的稳态误差

$$e_{ss}(t)=R\,|G_e(j\omega)|\sin(\omega t+\angle\Phi_e(j\omega)) \tag{5-25}$$

例 5-1 已知单位负反馈系统的开环传递函数为

$$G(s)=\frac{1}{Ts}$$

当 $r(t)=R\sin(\omega t)$时,求系统的稳态误差。

解:由开环传递函数求得系统误差传递函数为

$$G_e(s)=\frac{Ts}{1+Ts}$$

将 $s=j\omega$ 代入上式得

$$G_e(j\omega)=\frac{j\omega T}{1+j\omega T}$$

则有

$$\begin{aligned}e_{ss}(t)&=R\,|G_e(j\omega)|\sin(\omega t+\angle G_e(j\omega))\\&=R\frac{\omega T}{\sqrt{1+\omega^2T^2}}\sin\left(\omega t+\frac{\pi}{2}-\arctan(\omega T)\right)\\&=\frac{R\omega T}{1+\omega^2T^2}\cos(\omega t)+\frac{R\omega^2T^2}{1+\omega^2T^2}\sin(\omega t)\end{aligned}$$

即可得到系统在 $r(t)=R\sin(\omega t)$输入作用下的稳态误差。

5.1.3 频率特性的几何表示

频率法是一种图解方法,为了便于分析,经常将系统的频率特性绘制成曲线再进行研究。常见的频率特性曲线有两种:一种是以频率为参数将频率特性曲线绘制在复平面上的极坐标图,即奈奎斯特(Nyquist)图(简称奈氏图);另一种是采用频率的对数值作为横坐标、幅频特性和相频特性分别为纵坐标的对数频率特性曲线,称为伯德(Bode)图。

原则上,在两种图上都可以对系统进行分析和设计,但各有优点和缺点。在奈氏图上容易分析系统的稳定性,但由于奈氏图难以精确绘制,因此在奈氏图上分析系统的暂态性能指标和进行系统设计是不合适的;与之相反,由于伯德图能够比较精确地绘制,因此可以在伯德图上进行系统分析与设计,但在伯德图上进行系统稳定性分析不及奈氏图直观,尤其是在 $\omega=0$ 附近处理很不方便,初学者难以掌握。因此,一般在奈氏图上分析系统稳定性,在伯德图上分析系统的相对稳定性并进行系统设计。

1. 奈奎斯特图

在极坐标系中,奈氏图是以 ω 为参变量、$|G(j\omega)|$为极径、$\angle G(j\omega)$为极角的频率特性图,也称为极坐标图或幅相特性曲线图。在直角坐标系中,奈氏图是以 ω 为参变量、$U(\omega)=\mathrm{Re}[G(j\omega)]$为横坐标、$V(\omega)=\mathrm{Im}[G(j\omega)]$为纵坐标的频率特性图。

仍以惯性环节 $G(s)=\dfrac{1}{Ts+1}$ 为例，式(5-3)所示的惯性环节的奈氏图如图 5-1 所示。其中

$$|G(j\omega)|=\frac{1}{\sqrt{1+(\omega T)^2}}$$

$$\angle G(j\omega)=-\arctan(\omega T)$$

$$U(\omega)=\frac{1}{1+(\omega T)^2}$$

$$V(\omega)=\frac{-\omega T}{1+(\omega T)^2}$$

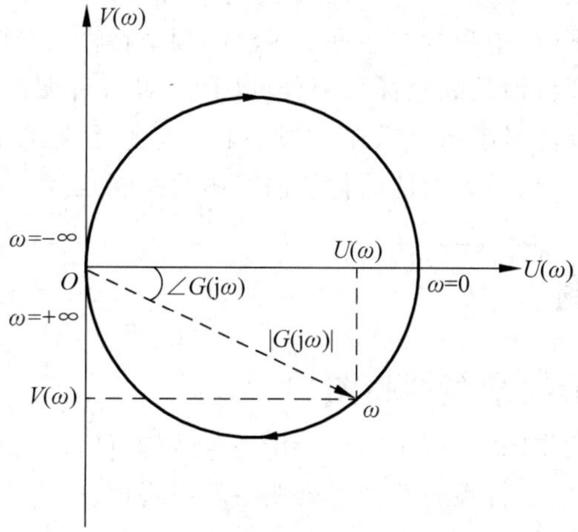

图 5-1　惯性环节的奈氏图

奈氏图的具体绘制方法将在后续章节详细介绍。

2. 伯德图

伯德图的坐标系如图 5-2 所示。伯德图由两幅图组成。一幅是对数幅频特性图，在如图 5-2(a)所示的坐标系中绘制。横坐标是频率 ω，以对数分度；纵坐标是幅频特性的分贝值，按 $L(\omega)=20\lg|G(j\omega)|$ 线性分度，表明了幅频特性与频率的关系。另一幅是对数相频特性图，在如图 5-2(b)所示的坐标系中绘制。横坐标仍然是频率 ω，也是以对数分度；纵坐标是相角 $\angle G(j\omega)$，线性分度，表明了相频特性与频率的关系。

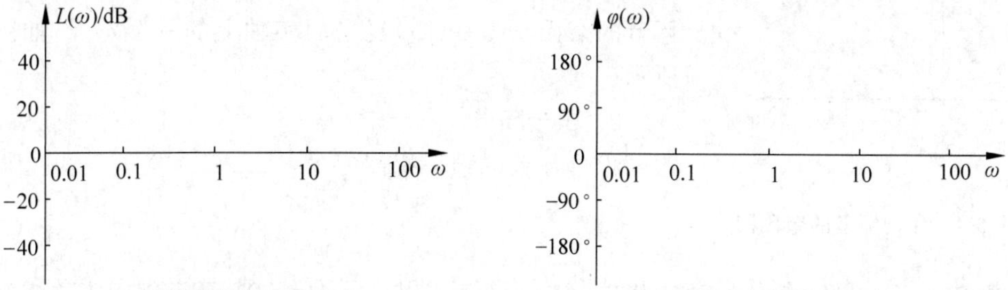

(a) 对数幅频特性图坐标系　　(b) 对数相频特性图坐标系

图 5-2　伯德图坐标系

在横坐标 ω 的对数分度中，频率每变化十倍，横坐标的间隔距离增加一个单位长度，称为一个十倍频。每个十倍频中，ω 与 $\lg\omega$ 的关系见表 5-1，相应的对数坐标刻度如图 5-3 所示。

表 5-1　对数分度表

ω	1	2	3	4	5	6	7	8	9	10
$\lg\omega$	0	0.301	0.477	0.602	0.699	0.778	0.845	0.903	0.954	1

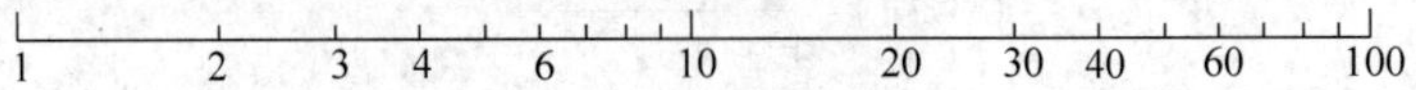

图 5-3　对数坐标刻度

横坐标 ω 以对数分度，能够在 $[0,\infty)$ 范围内将 ω 紧凑地表示在一张图上，这既能够清楚地表明频率特性的低频段、中频段这些重要频段的频率特性，也能够大概地表示高频段部分的频率特性。对数幅频特性的纵坐标采用分贝(dB)，具有鲜明的物理意义而且也能将取值范围为 $[0,\infty)$ 的幅频特性紧凑地表示在一张图上。特别是在采用对数坐标后，幅频特性曲线能够用一些直线近似，从而大大地简化了伯德图的绘制难度。

5.2　奈奎斯特图

5.2.1　典型环节的奈奎斯特图

为了便于对频率特性作图，本章中的开环传递函数均以时间常数形式表示，在控制系统中，具有这种形式的开环频率特性一般由下列典型环节组成。

(1) 比例环节：K；

(2) 微分和积分环节：$s^{\pm 1}$；

(3) 一阶环节(一阶微分环节和惯性环节)：$(Ts+1)^{\pm 1}$；

(4) 二阶环节(二阶微分环节和二阶振荡环节)：$[(s/\omega_n)^2+2\zeta s/\omega_n+1]^{\pm 1}$；

(5) 时滞环节：$e^{-\tau s}$。

1. 比例环节

比例环节的频率特性为

$$G(j\omega)=K+j0=Ke^{j0} \tag{5-26}$$

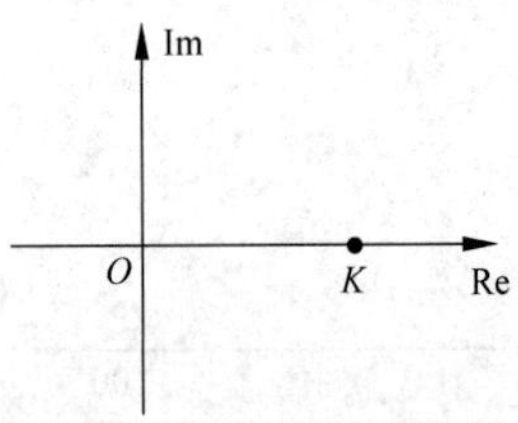

图 5-4　比例环节的奈氏图

由于 K 是一个与 ω 无关的常量，相角为零度，因此比例环节的奈氏图为 $G(j\omega)$ 复平面实轴上的一个定点，如图 5-4 所示。

2. 积分环节

积分环节的频率特性为

$$G(j\omega)=\frac{1}{j\omega}=\frac{1}{\omega}e^{-j90^\circ} \tag{5-27}$$

由式(5-27)可知，积分环节的幅值与 ω 成反比，相角恒为 -90°，其奈氏图为负虚轴，如图 5-5 所示。显然积分环节是一个相位滞后环节，当信号经过一个积分环节后，其相位滞后 90°。

3. 惯性环节

惯性环节的频率特性为

$$G(\mathrm{j}\omega)=\frac{1}{\mathrm{j}T\omega+1}=\frac{1}{\sqrt{T^2\omega^2+1}}\mathrm{e}^{\mathrm{j}\varphi(\omega)} \tag{5-28}$$
$$\varphi(\omega)=-\arctan(T\omega)$$

将上式写成实频特性和虚频特性的形式，有

$$G(\mathrm{j}\omega)=\frac{1}{T^2\omega^2+1}-\mathrm{j}\,\frac{T\omega}{T^2\omega^2+1}=X+\mathrm{j}Y$$

式中

$$X=\frac{1}{T^2\omega^2+1},\quad Y=-\frac{T\omega}{T^2\omega^2+1}$$

于是得到

$$X^2+Y^2=\frac{1}{T^2\omega^2+1}=X$$

即

$$\left(X-\frac{1}{2}\right)^2+Y^2=\frac{1}{4} \tag{5-29}$$

显然式(5-29)是一个圆的方程，其圆心为(1/2, 0)，半径为 1/2，如图 5-6 所示。可见惯性环节是一个相位滞后环节，其最大相位滞后角度为 90°，此时频率无穷大。

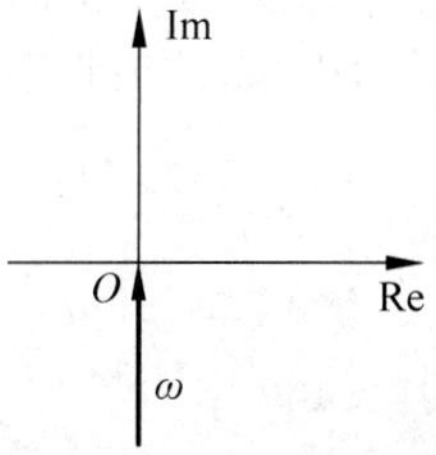

图 5-5　积分环节的奈氏图

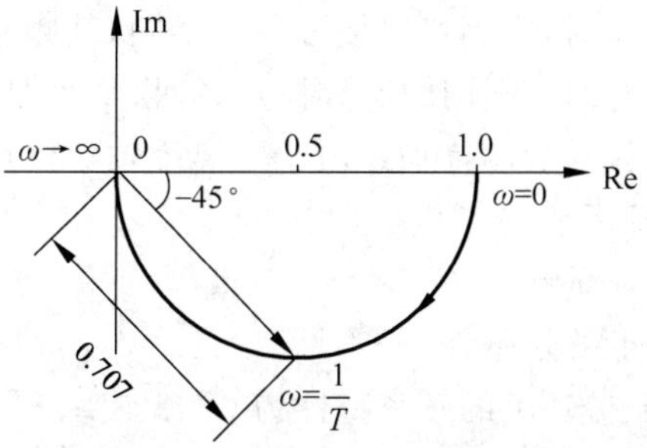

图 5-6　惯性环节的奈氏图

4. 振荡环节

振荡环节的频率特性为

$$G(\mathrm{j}\omega)=\frac{1}{\sqrt{[1-(\omega/\omega_{\mathrm{n}})^2]^2+4\zeta^2(\omega/\omega_{\mathrm{n}})^2}}\mathrm{e}^{\mathrm{j}\varphi(\omega)} \tag{5-30}$$

可得振荡环节的幅频特性和相频特性分别为

$$\begin{cases}A(\omega)=|G(\mathrm{j}\omega)|=\dfrac{1}{\sqrt{[1-(\omega/\omega_{\mathrm{n}})^2]^2+4\zeta^2(\omega/\omega_{\mathrm{n}})^2}}\\ \varphi(\omega)=\angle G(\mathrm{j}\omega)=-\arctan\dfrac{2\zeta\omega/\omega_{\mathrm{n}}}{1-(\omega/\omega_{\mathrm{n}})^2}\end{cases} \tag{5-31}$$

由式(5-30)可知，振荡环节奈氏图的低频段和高频段分别为

$$\lim_{\omega\to 0}G(\mathrm{j}\omega)=1\angle 0^\circ$$

$$\lim_{\omega \to \infty} G(j\omega) = 0\angle -180^\circ$$

当 $\omega = \omega_n$ 时，$G(j\omega) = 1/(j2\zeta)$，其相角为 -90°。

如果 ζ 值已知，则由式(5-31)可求得对应于不同 ω 值时的 $|G(j\omega)|$ 和 $\varphi(\omega)$ 值。图 5-7 给出了式(5-30)在不同 ζ 值下的奈氏图。由图 5-7 可知，在欠阻尼情况下，随着阻尼比 ζ 值的减小，$A(\omega)$ 的变化将越来越大，同时在某一确定的 ζ 值下，当频率 ω 为某一值时，可能存在极大值。奈氏图上距原点最远的点所对应的频率就是振荡环节的谐振频率 ω_r，其谐振峰值为 A_r。

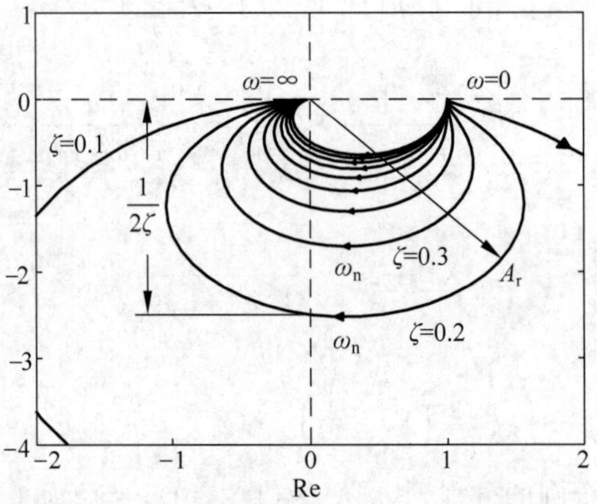

图 5-7　二阶振荡环节不同 ζ 值下的奈氏图

当 $\zeta > 1$ 时，频率特性接近一个半圆，其频率特性与惯性环节近似。事实上，当 $\zeta > 1$ 时，由于 $G(s)$ 有两个不同的实数极点，如果 ζ 值足够大，则其中一个极点靠近 s 平面的坐标原点，另一个极点远离虚轴。由于远离虚轴的极点对瞬态响应的影响很小，此时振荡环节可以近似为惯性环节。

5. 微分环节

1）理想微分环节

理想微分环节的频率特性为

$$G(j\omega) = j\omega = \omega e^{j90^\circ} \tag{5-32}$$

它的奈氏图为正虚轴，如图 5-8(a)所示。可以看出，微分环节是一个相位超前环节，当信号经过一个微分环节后，其相位超前 90°。

与积分环节对比可知，积分环节与微分环节的幅值特性和相位特性均刚好相反。

2）一阶微分环节

一阶微分环节的频率特性为

$$\begin{aligned} G(j\omega) &= j\omega T + 1 = \sqrt{T^2\omega^2 + 1}\, e^{j\varphi(\omega)} \\ \varphi(\omega) &= \arctan(T\omega) \end{aligned} \tag{5-33}$$

当 ω 从 $0 \to \infty$ 变化时，其幅值变化为 $1 \to \infty$，相角变化为 $0^\circ \to 90^\circ$，因此一阶微分环节是一个相位超前环节，对应的奈氏图是一条平行于正虚轴的直线，如图 5-8(b)所示。

3）二阶微分环节

二阶微分环节的频率特性为

$$G(j\omega) = \sqrt{[1-(\omega/\omega_n)^2]^2 + 4\zeta^2(\omega/\omega_n)^2}\, e^{j\varphi(\omega)} \tag{5-34}$$

可得二阶微分环节的幅频特性和相频特性分别为

$$\begin{cases} A(\omega)=|G(j\omega)|=\sqrt{[1-(\omega/\omega_n)^2]^2+4\zeta^2(\omega/\omega_n)^2} \\ \varphi(\omega)=\angle G(j\omega)=\arctan\dfrac{2\zeta\omega/\omega_n}{1-(\omega/\omega_n)^2} \end{cases} \tag{5-35}$$

该环节的奈氏图如图 5-8(c)所示。

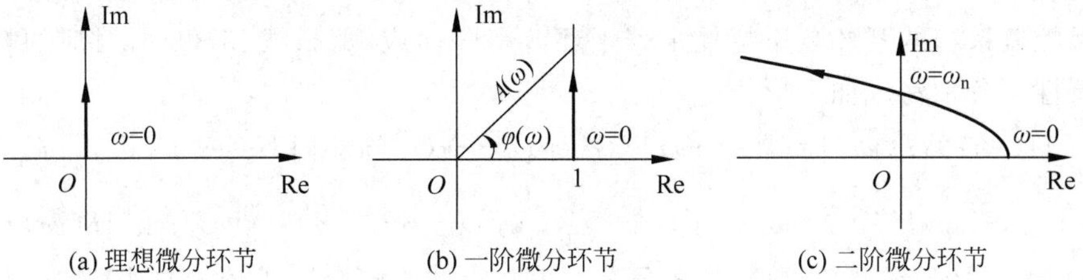

图 5-8　微分环节的奈氏图

6. 时滞环节

时滞环节的频率特性为

$$G(j\omega)=e^{-j\omega\tau}=1\cdot e^{-j\omega\tau} \tag{5-36}$$

由于时滞环节的幅频值恒为 1，而其相位与 ω 成比例变化，因而它的奈氏图是一个单位圆，如图 5-9 所示。在低频区，时滞环节和惯性环节的频率特性很接近，如图 5-10 所示。因为

$$e^{-j\omega\tau}=\frac{1}{e^{j\omega\tau}}=\frac{1}{1+j\omega\tau+\dfrac{1}{2!}(j\omega\tau)^2+\cdots} \tag{5-37}$$

当 $\omega\tau\ll 1$ 时，式(5-37)可以近似为

$$e^{-j\omega\tau}\approx\frac{1}{1+j\omega\tau} \tag{5-38}$$

可见在低频段，当滞后时间较小时，时滞环节可近似地用惯性环节表示。

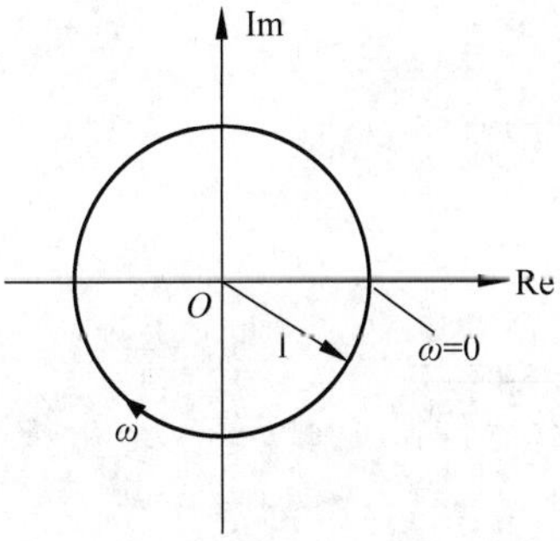

图 5-9　时滞环节的奈氏图

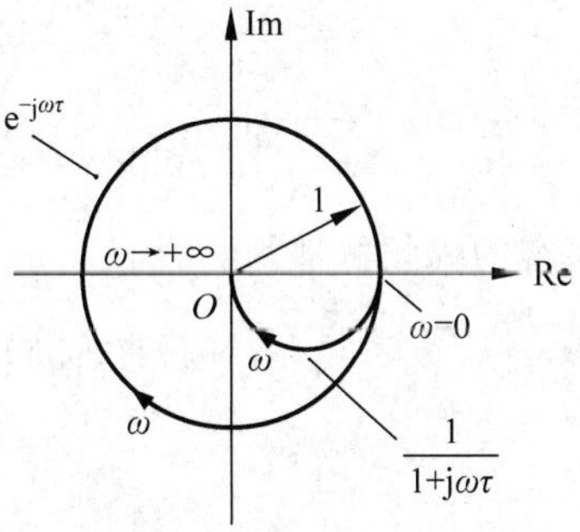

图 5-10　时滞环节与一阶惯性环节在低频段的等效性

5.2.2　开环系统的奈奎斯特图

在采用频率特性法对控制系统进行分析时，一般采用两种方法；一种是直接采用开环频率特性分析闭环系统性能；另一种是根据开环频率特性曲线绘制闭环频率特性，然后用闭环频率特性分析闭环系统性能。无论采用哪种方法，在用极坐标图进行分析时，首先应该绘制极坐标形式的开环幅值特性和开环相位特性曲线。

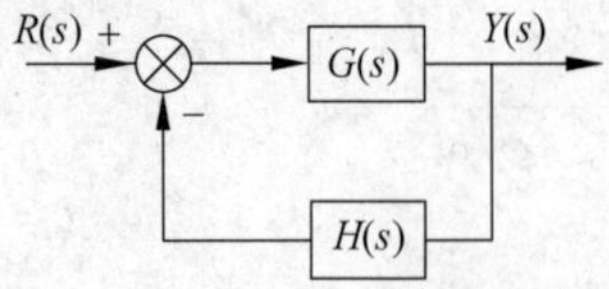

图 5-11　闭环控制系统结构框图

对于如图 5-11 所示的闭环控制系统，其开环传递函数为 $G(s)H(s)$，把开环频率特性写作极坐标形式或直角坐标形式：

$$\begin{aligned}G(\mathrm{j}\omega)H(\mathrm{j}\omega) &= |G(\mathrm{j}\omega)H(\mathrm{j}\omega)|\,\mathrm{e}^{\mathrm{j}\varphi(\omega)} \\ &= X(\omega)+\mathrm{j}Y(\omega)\end{aligned} \tag{5-39}$$

当 ω 从 $0\to\infty$ 变化时，逐点计算相应的 $|G(\mathrm{j}\omega)H(\mathrm{j}\omega)|$ 和 $\varphi(\omega)$ 的值，即可画出开环系统的奈氏图。

如果控制系统的开环频率特性由若干环节串联而成，那么式(5-39)所对应的幅频特性和相频特性可分别写成如下形式

$$\begin{cases}|G(\mathrm{j}\omega)H(\mathrm{j}\omega)| = |G_1(\mathrm{j}\omega)|\,|G_2(\mathrm{j}\omega)|\cdots|G_n(\mathrm{j}\omega)|\,|H(\mathrm{j}\omega)| \\ \angle G(\mathrm{j}\omega)H(\mathrm{j}\omega) = \angle G_1(\mathrm{j}\omega)+\angle G_2(\mathrm{j}\omega)+\cdots+\angle G_n(\mathrm{j}\omega)+\angle H(\mathrm{j}\omega)\end{cases} \tag{5-40}$$

显然，在计算开环系统幅值时，各环节幅值相乘的步骤会造成较大的计算量。如果仅需对系统进行定性分析，一般只需要画出奈氏图的大致形状和几个关键点的位置和变化趋势，即可对控制系统进行分析。其中关键点包括与实轴的交点、与虚轴的交点、曲线的旋转方向等。如果频率特性形式不是十分复杂，也可以写成实频和虚频形式，便于分析当 $\omega=0$ 和 $\omega\to\infty$ 变化时曲线的变化趋势。

例 5-2　系统开环传递函数为

$$G(s)H(s)=\frac{10}{(s+1)(0.5s+1)}$$

试绘制其奈氏图。

解：该开环系统由 3 个典型环节串联而成：一个比例环节 $G_1(s)=K$，两个一阶惯性环节 $G_2(s)=\frac{1}{s+1}$，$G_3(s)=\frac{1}{0.5s+1}$，这 3 个环节的幅相频率特性分别为

$$G_1(\mathrm{j}\omega)=10$$

$$G_2(\mathrm{j}\omega)=\frac{1}{\mathrm{j}\omega+1}=\frac{1}{\sqrt{\omega^2+1}}\mathrm{e}^{-\mathrm{j}\arctan\omega}$$

$$G_3(\mathrm{j}\omega)=\frac{1}{\mathrm{j}0.5\omega+1}=\frac{1}{\sqrt{(0.5\omega)^2+1}}\mathrm{e}^{-\mathrm{j}\arctan 0.5\omega}$$

因而开环系统的幅频特性为

$$|G(\mathrm{j}\omega)H(\mathrm{j}\omega)|=\frac{10}{\sqrt{\omega^2+1}\sqrt{(0.5\omega)^2+1}}$$

相频特性为

$$\varphi(\omega)=-\arctan\omega-\arctan(0.5\omega)$$

取不同频率的 ω 值，可得到对应的幅值和相角，根据这些值可绘制开环系统的奈氏图，如图 5-12 所示。

在实际的控制系统中，开环传递函数常常由若干典型环节串联而成，因此通过对典型系统的奈氏图进行绘制有助于对复杂控制系统进行分析和设计。下面通过对不同类型系统的奈氏图在 $\omega=0$(或 $\omega\to0_+$ 变化)和 $\omega\to+\infty$ 变化时曲线的分析，简要研究典型控制系统的奈氏图变化趋势。

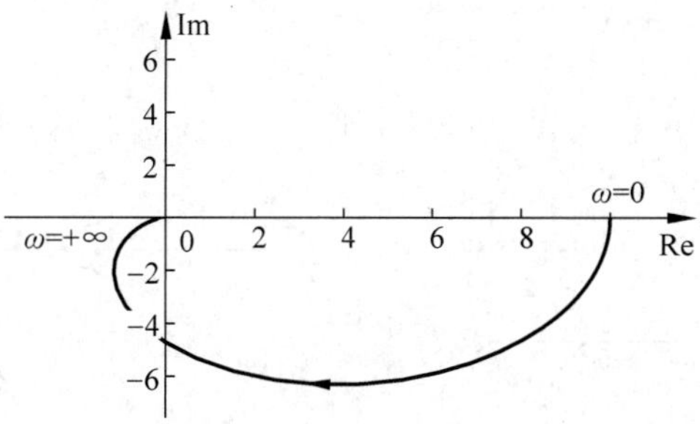

图 5-12　例 5-2 系统的奈氏图

1. 0 型系统

设 0 型系统的开环频率特性为

$$G(\mathrm{j}\omega)=\frac{K\prod_{i=1}^{m}(1+\mathrm{j}\omega\tau_i)}{\prod_{l=1}^{n}(1+\mathrm{j}\omega T_l)},\quad n>m \tag{5-41}$$

当 $\omega=0$ 时，$|G(\mathrm{j}0)|=K$，$\varphi(0)=0°$即为实轴上的一点$(K,0)$，它是 0 型系统奈氏图的起始点，当 $\omega\to+\infty$时，$|G(\mathrm{j}\infty)|=0$，$\varphi(\infty)=-90°(n-m)$，当 $0<\omega<\infty$时，奈氏图的具体形状由开环传递函数所含的具体环节和参数共同确定。

2. Ⅰ型系统

设Ⅰ型系统的开环频率特性为

$$G(\mathrm{j}\omega)=\frac{K\prod_{i=1}^{m}(1+\mathrm{j}\omega\tau_i)}{\mathrm{j}\omega\prod_{l=1}^{n-1}(1+\mathrm{j}\omega T_l)},\quad n>m \tag{5-42}$$

由式(5-42)可以看出，当 $\omega\to0_+$ 时，$G(\mathrm{j}0)=\infty\angle-90°$；当 $\omega\to+\infty$时，$G(\mathrm{j}\infty)=0\angle-90°(n-m)$。

3. Ⅱ型系统

设Ⅱ型系统的开环频率特性为

$$G(\mathrm{j}\omega)=\frac{K\prod_{i=1}^{m}(1+\mathrm{j}\omega\tau_i)}{(\mathrm{j}\omega)^2\prod_{l=1}^{n-2}(1+\mathrm{j}\omega T_l)},\quad n>m \tag{5-43}$$

由式(5-43)可知，当 $\omega\to0_+$ 时，$G(\mathrm{j}0)=\infty\angle-180°$；当 $\omega\to+\infty$时，$G(\mathrm{j}\infty)=0\angle-90°(n-m)$。

综上所述，开环系统极坐标图的低频部分是由因式 $K/(\mathrm{j}\omega)^v$ 确定的。对于 0 型系统，$G(\mathrm{j}0)=K\angle0°$，而对于Ⅰ型系统和Ⅰ型以上的 v 型系统，$G(\mathrm{j}0)=\infty\angle-90°v$。图 5-13 为 0 型、Ⅰ型和Ⅱ型系统低频段的奈氏图。

对于开环系统的高频部分，因 $n>m$，当 $\omega\to+\infty$时，$G(\mathrm{j}\infty)=0\angle-90°(n-m)$，$G(\mathrm{j}\omega)$曲线以顺时针方向按照$-90°(n-m)$的角度趋向于坐标原点。如果$(n-m)$是偶数，则曲线与横轴相切；若$(n-m)$是奇数，则曲线与虚轴相切。图 5-14 为 0 型、Ⅰ型和Ⅱ型系统高频段的奈氏图。

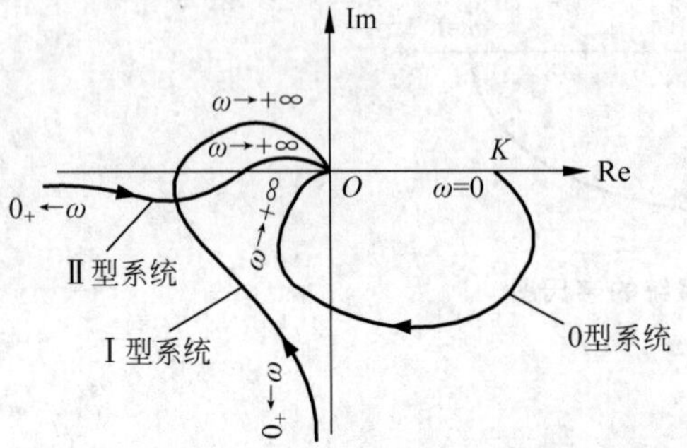

图 5-13　0 型、Ⅰ型和Ⅱ型系统低频段的奈氏图

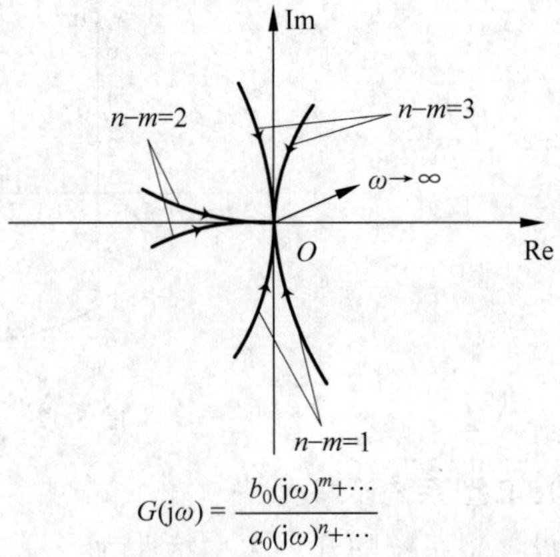

图 5-14　0 型、Ⅰ型和Ⅱ型系统高频段的奈氏图

例 5-3　已知 0 型、Ⅰ型和Ⅱ型系统的开环传递函数分别为

$$G_0(s)=\frac{5}{(s+1)^3}$$

$$G_1(s)=\frac{5}{s(0.5s+1)}$$

$$G_2(s)=\frac{5}{s^2(0.5s+1)}$$

请分别绘制其奈氏图。

解：(1) 0 型系统的频率特性为

$$G(\mathrm{j}\omega)=\frac{5}{(\mathrm{j}\omega+1)^3}=\frac{5}{\left(\sqrt{\omega^2+1}\right)^3}\mathrm{e}^{\mathrm{j}\varphi(\omega)}$$

式中

$$\varphi(\omega)=-3\arctan\omega$$

取不同频率的 ω 值，可得到对应的幅值和相角，得到 0 型系统的奈氏图如图 5-15 所示。

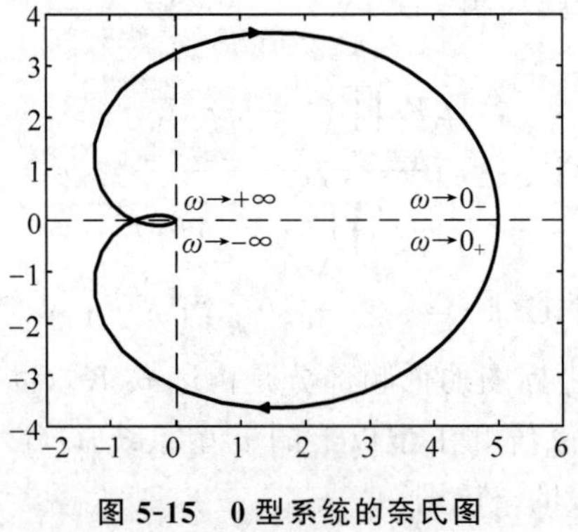

图 5-15　0 型系统的奈氏图

(2) Ⅰ型系统的频率特性为

$$G(\mathrm{j}\omega)=\frac{5}{\mathrm{j}\omega(\mathrm{j}0.5\omega+1)}=\frac{5}{\omega\sqrt{(0.5\omega)^2+1}}\mathrm{e}^{\mathrm{j}\varphi(\omega)}$$

其中

$$\varphi(\omega)=-90^\circ-\arctan(0.5\omega)$$

将上式改写为

$$G(j\omega)=\frac{5}{-0.5\omega^2+j\omega}\times\frac{-0.5\omega^2-j\omega}{-0.5\omega^2-j\omega}=\frac{-2.5}{0.25\omega^2+1}-j\frac{5}{0.25\omega^3+\omega}$$

上式中，当 $\omega=0$ 时，$G(j0)=-2.5-j\infty$，即 $G(j0)=\infty\angle-90^\circ$；当 $\omega\to\infty$ 时，$G(j\infty)=0\angle-180^\circ$，据此画出的奈氏图如图 5-16 所示。

（3）Ⅱ型系统的频率特性为

$$G(j\omega)=\frac{5}{(j\omega)^2(j0.5\omega+1)}=\frac{5}{\omega^2\sqrt{(0.5\omega)^2+1}}e^{j\varphi(\omega)}$$

其中

$$\varphi(\omega)=-180^\circ-\arctan(0.5\omega)$$

将上式改写为

$$G(j\omega)=\frac{5}{-\omega^2}\times\frac{1-j0.5\omega}{0.25\omega^2+1}=\frac{-5}{\omega^2(0.25\omega^2+1)}+j\frac{0.25}{0.25\omega^3+\omega}$$

当 $\omega=0$ 时，$G(j0)=-\infty+j\infty$；当 $\omega\to\infty$ 时，$G(j\infty)=0\angle-270^\circ$，与正虚轴相切，据此画出的奈氏图如图 5-17 所示。

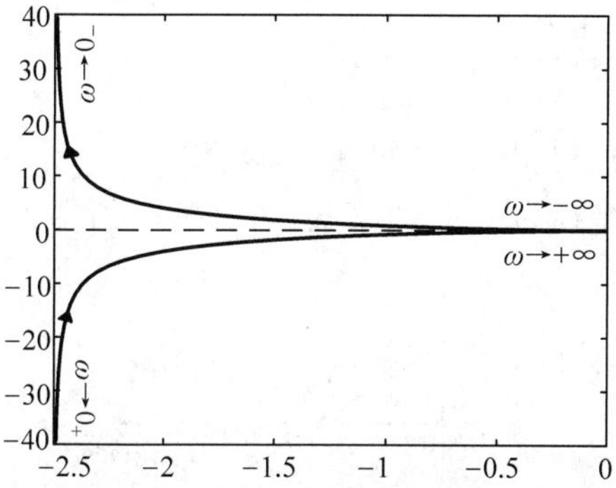

图 5-16 Ⅰ型系统的奈氏图

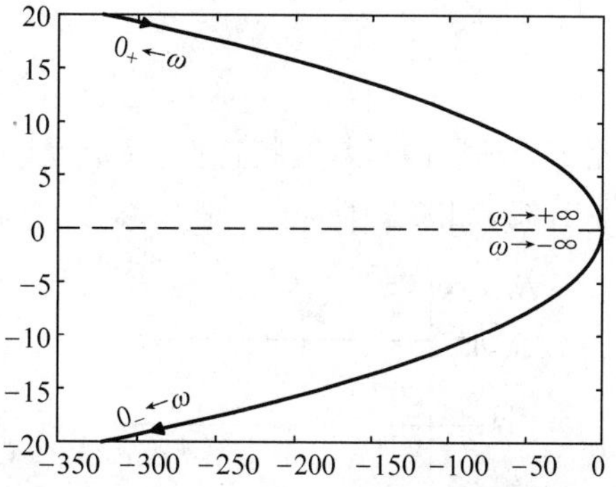

图 5-17 Ⅱ型系统的奈氏图

5.3 伯德图

由 5.2 节对奈氏图的介绍可以发现，如果要较为精确地计算和绘制极坐标图通常来说是比较困难的，因此可以使用频率特性的另外一种图示法：对数频率特性图，也称对数坐标图或伯德图。与极坐标图相比，对数坐标图不仅计算简单，绘制容易，而且能直观地表明开环增益、时间常数等参数变化对系统性能的影响，便于系统分析及综合校正。

对数坐标图由对数幅频特性曲线和对数相频特性曲线两部分组成。绘制对数坐标图时通常把对数幅频特性和对数相频特性这两条曲线画在同一幅图纸上，可共用一个横坐标轴。横坐标采用 $\lg\omega$ 的对数坐标分度，能够更好地体现开环系统各频段的特性，这对于扩展频率特性的低频段、压缩高频段十分有效。在以 $\lg\omega$ 分度的横坐标上，1～10 的距离表示 10～100 的距离，这个距离表示十倍频程，用符号 dec 表示。对数幅频特性的“斜率”一般用分贝/十倍频(dB/dec)表示。

对数幅频特性曲线的纵坐标为 $20\lg|G(j\omega)|$。单位是分贝,用符号 dB 表示,常把 $20\lg|G(j\omega)|$ 用符号 $L(\omega)$ 表示。对数相频特性曲线的纵坐标为 $\varphi(\omega)$,单位是弧度或(°)。两种曲线的纵坐标均按照线性分度,横坐标是角频率 ω,常用 $\lg\omega$ 分度,从而形成了半对数坐标系。

5.3.1 典型环节的伯德图

1. 比例环节

比例环节 K 的对数幅频特性是一根高度为 $20\lg K$ dB 的水平线,其相角为零度,如图 5-18 所示。改变开环频率特性表达式中 K 的大小,会使对数幅频特性升高或降低一个常量,但不影响相角的大小。比例环节的对数幅频、相频特性表达式为

$$\begin{cases} L(\omega) = 20\lg K \\ \varphi(\omega) = 0^\circ \end{cases} \tag{5-44}$$

在图 5-18 中,当 $K>1$ 时,$L(\omega)$ 位于横轴上方;当 $K=1$ 时,$L(\omega)$ 位于横轴上,称为 0dB 线;当 $K<1$ 时,$L(\omega)$ 位于横轴下方。

2. 积分环节

积分环节 $1/j\omega$ 的对数幅频、相频特性表达式为

$$\begin{cases} L(\omega) = -20\lg\omega \\ \varphi(\omega) = -90^\circ \end{cases} \tag{5-45}$$

因此积分环节的对数幅频特性 $L(\omega)$ 是一条斜率为 -20dB/dec 的直线,该直线在 $\omega=1$ 处通过 0dB 线;相频特性 $\varphi(\omega)$ 是一条与 ω 轴平行、纵坐标为 $-90°$ 的直线,如图 5-19 所示。

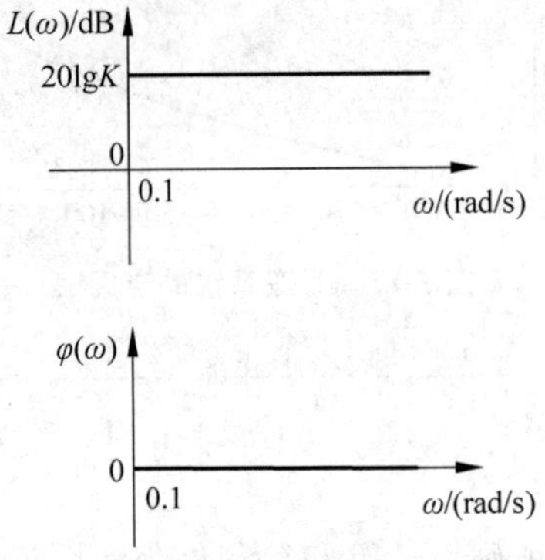

图 5-18 比例环节的对数频率特性

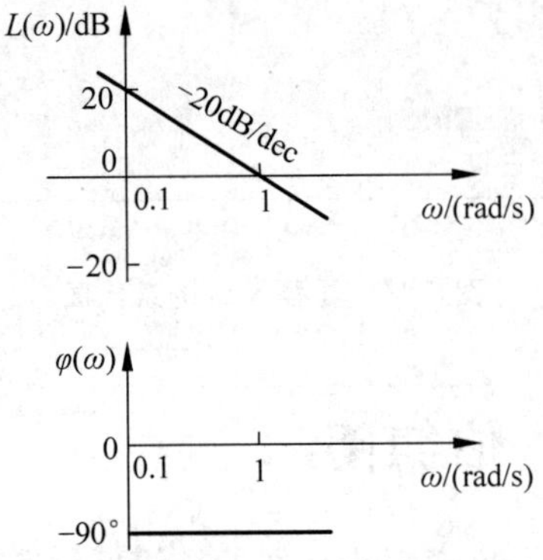

图 5-19 积分环节的对数频率特性

如果传递函数中含有 v 个积分环节,即 $K/(j\omega)^v$,则它的对数幅频和相频表达式可分别写成

$$L(\omega) = 20\lg\left|\frac{K}{(j\omega)^v}\right| = -20v\lg\omega + 20\lg K \tag{5-46}$$

$$\varphi(\omega) = -v90^\circ \tag{5-47}$$

式(5-47)所示的是一簇斜率为 $-20v$ dB/dec 的直线。且在 $\omega=1$ 处,$L(\omega)=20\lg K$。不同斜率的直线通过 0dB 线的交点频率为 $\omega=(K)^{1/v}$。图 5-20 给出了 $v=0,1,2,3$ 时的对数幅

频特性曲线，其中 $K=1000$。

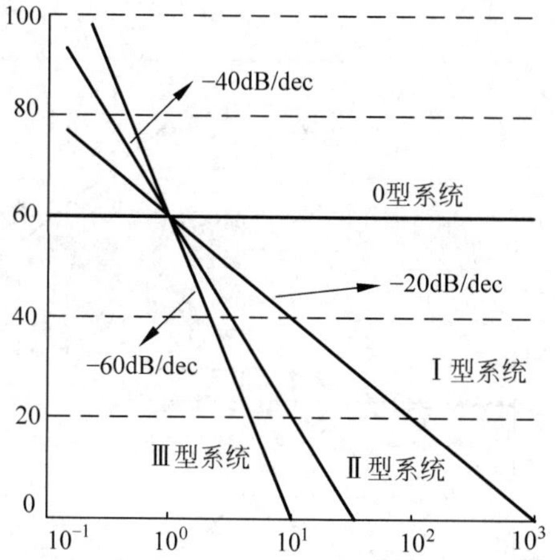

图 5-20　各型开环系统幅频特性比较

3. 惯性环节

惯性环节 $1/(\mathrm{j}\omega T+1)$ 的对数幅频、相频特性表达式为

$$\begin{cases}L(\omega)=-20\lg\sqrt{T^2\omega^2+1}\\ \varphi(\omega)=-\arctan(T\omega)\end{cases} \tag{5-48}$$

根据式(5-48)可以绘制出 $L(\omega)$ 的精确曲线和 $\varphi(\omega)$ 曲线，即精确的对数幅频特性和相频特性曲线，如图 5-21 所示。工程上常采用更简便实用的渐近线法来绘制 $L(\omega)$ 曲线。设对数幅频特性渐近线为 $L_a(\omega)$。

(1) 在低频段，即 $\omega \ll \frac{1}{T}$ 时，可认为 $\omega T\to 0$，式(5-48)中幅频特性表达式可近似为

$$L_a(\omega)\approx -20\lg 1=0\mathrm{dB}$$

(2) 在高频段，即 $\omega \gg \frac{1}{T}$ 时，认为 $\omega T\gg 1$，式(5-48)中幅频特性表达式可近似为

$$L_a(\omega)\approx -20\lg T\omega=-20\lg\omega+20\lg\frac{1}{T}$$

在 $\omega<1/T$ 部分作低频渐近线即 0dB 的水平线，在 $\omega\geqslant 1/T$ 部分作高频渐近线即斜率为 −20dB/dec 的直线，即可得到对数幅频特性的渐近线。绘制对数幅频特性的精确曲线和渐近线以及对数相频特性曲线如图 5-21 所示。

由图 5-21 不难看出，$\omega=\frac{1}{T}$ 是低频段和高频段渐近线的交点频率，称为转折频率，转折频率是绘制惯性环节对数频率特性的重要参数。在转折频率及其附近，渐近线 $L_a(\omega)$ 与精确曲线 $L(\omega)$ 之间存在误差 $\Delta L(\omega)=L(\omega)-L_a(\omega)$，如图 5-22 所示为误差修正曲线。当 $\omega=1/T$ 时，$\Delta L(\omega)=-3\mathrm{dB}$，$L(\omega)$ 的精确值在渐近线下方 3dB 处；当 $\omega=0.5/T$ 及 $\omega=2/T$ 时，$\Delta L(\omega)=-1\mathrm{dB}$，即 $L(\omega)$ 的精确值在渐近线下方 1dB 处；当 $\omega=0.1/T$ 及 $\omega=10/T$ 时，$\Delta L(\omega)$ 仅为 −0.043dB。显然，必要时只需在 $\omega=0.1/T\sim 10/T$ 范围内进行曲线的修正便可简单准确地得到精确曲线 $L(\omega)$。

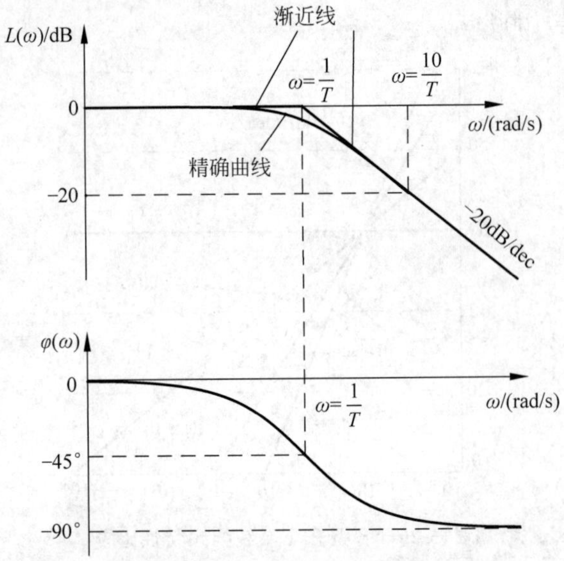

图 5-21 惯性环节的对数频率特性

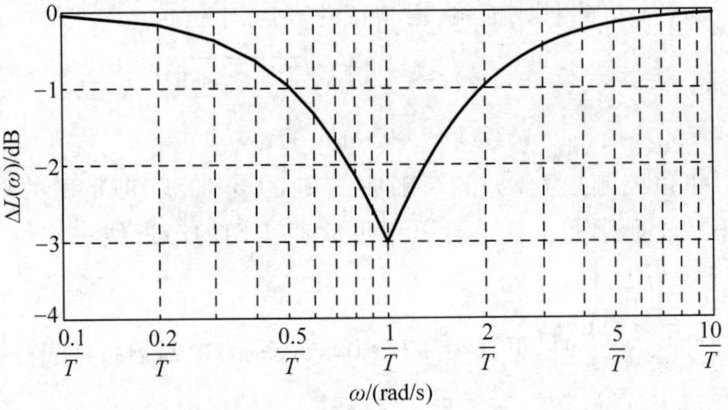

图 5-22 惯性环节对数幅频特性误差修正曲线

相频特性的绘制一般不用近似法，但也可以用一些特殊点进行粗略绘制，如 $0.1/T$，$0.5/T$，$1/T$，$2/T$，$10/T$ 等，然后逐点连接成曲线即可。

如图 5-21 所示的对数幅频特性曲线表明该环节具有低通滤波器特性。如果系统的输入信号中含有多种频率的谐波分量，那么稳态时系统的输出只能复现输入信号中的低频分量，其他高频分量的幅值将受到不同程度的衰减，频率越高的信号幅值衰减越严重。

4. 振荡环节

由式(5-31)可知，振荡环节的幅频特性和相频特性都是角频率 ω 和阻尼比 $\zeta(0<\zeta<1)$ 的二元函数。值得注意的是，在某些 ζ 值范围内，幅频特性 $A(\omega)$将先随 ω 的增加而增大，再随 ω 的增加而减小，直到 $\omega\to\infty$ 时衰减至 0。$A(\omega)$会在某一频率下达到最大值，这一现象称为“谐振”。发生谐振时的频率称为谐振频率 ω_r；$A(\omega)$的最大值称为谐振峰值 A_r。谐振频率 ω_r 及谐振峰值 A_r 可通过 $dA(\omega)/d\omega=0$ 求得，即

$$\omega_r=\frac{1}{T}\sqrt{1-2\zeta^2}=\omega_n\sqrt{1-2\zeta^2} \tag{5-49}$$

$$A_r=\frac{1}{2\zeta\sqrt{1-\zeta^2}} \tag{5-50}$$

由式(5-49)和式(5-50)可知，仅当 $0<\zeta<0.707$ 时才会发生谐振，$A(\omega)$出现的峰值 A_r 的频率 ω_r 随 ζ 的减小而增大，最后趋于 ω_n；当 $\omega>\omega_r$ 时，$A(\omega)$随 ω 的增加而减小，直到 $\omega\to\infty$时衰减至 0。当 $0.707<\zeta<1$ 时，谐振现象不会发生，$A(\omega)$没有谐振峰并随 ω 的增加单调衰减。

振荡环节也是一个相位滞后环节，滞后相角随 ω 的增加而增加，且与阻尼比 ζ 的值有关，最大滞后角为 180°。

振荡环节 $1/[(s/\omega_n)^2+2\zeta s/\omega_n+1]$的对数幅频、相频特性表达式为

$$L(\omega)=-20\lg\sqrt{[1-(\omega/\omega_n)^2]^2+4\zeta^2(\omega/\omega_n)^2} \tag{5-51}$$

$$\varphi(\omega)=-\arctan\frac{2\zeta\omega/\omega_n}{1-(\omega/\omega_n)^2} \tag{5-52}$$

给出不同的角频率 ω 和阻尼比 ζ 值，就可以绘制出振荡环节的对数频率特性曲线簇(伯德图)，如图 5-23 所示。

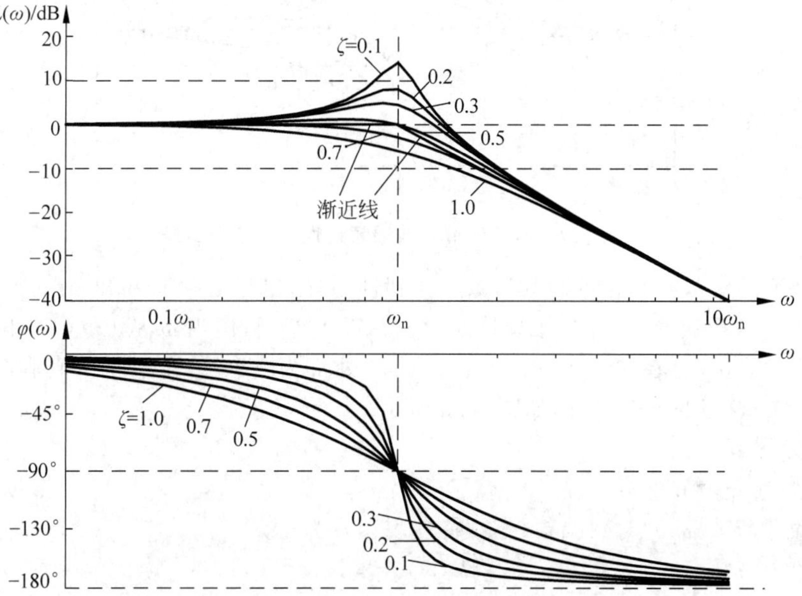

图 5-23　振荡环节的对数频率特性

振荡环节的对数幅频特性也可以根据其渐近线 $L_a(\omega)$近似绘制。

(1) 在低频段，即 $\omega\ll\omega_n$ 时，可略去式(5-51)中的 ω/ω_n，则式(5-51)可近似为

$$L_a(\omega)\approx-20\lg1=0\text{dB}$$

即对数幅频特性渐近线的低频段(低频渐近线)为零分贝线。

(2) 在高频段，即 $\omega\gg\omega_n$ 时，可在式(5-51)中略去 1 和 $2\zeta\omega/\omega_n$，则式(5-51)可近似为

$$L_a(\omega)\approx-20\lg\left(\frac{\omega}{\omega_n}\right)^2=-40\lg\frac{\omega}{\omega_n}$$

即对数幅频特性的渐近线高频段，是斜率为-40dB/dec 的直线。低频和高频的两条渐近线相交于振荡环节的转折频率 ω_n，从而构成了对数幅频特性的渐近线，如图 5-23 所示。

振荡环节的对数幅频特性渐近线 $L_a(\omega)$绘制步骤为：首先确定转折频率 $\omega=1/T=$

ω_n，从转折频率向左画与 0dB 线重合的水平直线段，向右画斜率为 −40dB/dec 的直线段，这两个直线段构成的折线就是振荡环节的对数幅频特性渐近线。在转折频率 ω_n 附近，精确曲线与渐近线之间存在误差，其值不仅与 ω 有关，还取决于阻尼比 ζ，ζ 值越小，则误差越大。与惯性环节相同，渐近幅频特性的修正范围也只限于 $0.1\omega_n \sim 10\omega_n$ 的两个单位长度内。$L(\omega)$的误差修正曲线如图 5-24 所示。

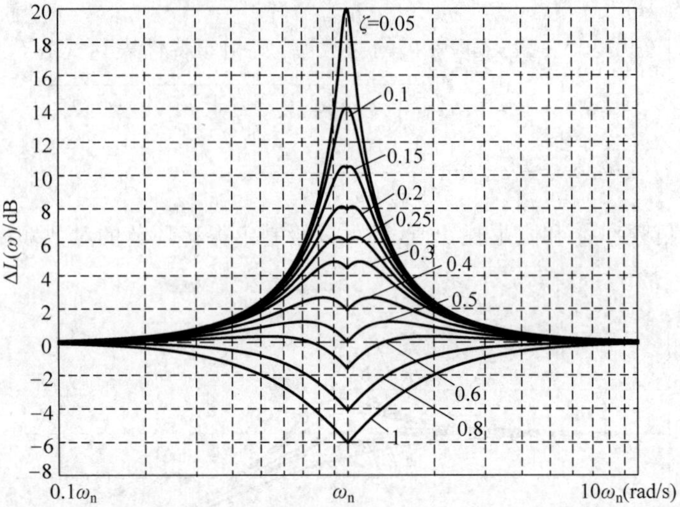

图 5-24　振荡环节对数幅频特性误差修正曲线

振荡环节的对数相频特性与其对数幅频特性一样，也是角频率 ω 和阻尼比 $\zeta(0<\zeta<1)$ 的二元函数。尽管随着 ζ 不同，相频特性曲线有很大差别，但当 ω 从 $0\to\infty$ 变化时，它们都由 0°变化到 −180°，且在转折频率 $\omega = 1/T = \omega_n$ 处都为 −90°。在不同 ζ 值下，相频特性曲线均以 $\omega=\omega_n$ 确定的点斜对称，如图 5-23 所示。

5. 微分环节

1）理想微分环节

理想微分环节 $j\omega$ 的对数幅频、相频特性表达式为

$$\begin{cases} L(\omega) = 20\lg\omega \\ \varphi(\omega) = 90^\circ \end{cases} \tag{5-53}$$

显然，它是一条斜率为 +20dB/dec 的直线，相角恒为 90°。

2）一阶微分环节

一阶微分环节 $1+j\omega T$ 的对数幅频、相频特性表达式为

$$\begin{cases} L(\omega) = 20\lg\sqrt{T^2\omega^2+1} \\ \varphi(\omega) = \arctan(T\omega) \end{cases} \tag{5-54}$$

3）二阶微分环节

二阶微分环节 $s^2+2\omega_n\zeta s+\omega_n^2$ 的对数幅频、相频特性表达式为

$$\begin{cases} L(\omega) = 20\lg\sqrt{[1-(\omega/\omega_n)^2]^2+4\zeta^2(\omega/\omega_n)^2} \\ \varphi(\omega) = \arctan\dfrac{2\zeta\omega/\omega_n}{1-(\omega/\omega_n)^2} \end{cases} \tag{5-55}$$

注意到上述 3 种微分环节的传递函数分别与积分环节、惯性环节、振荡环节的传递函数互为倒数，它们的对数频率特性分别与后者互为相反数，因而它们的对数幅频、相频特性曲线分别与后者以 0dB 线、0°线互为镜像对称，其曲线分别如图 5-25、图 5-26 和图 5-27 所示。

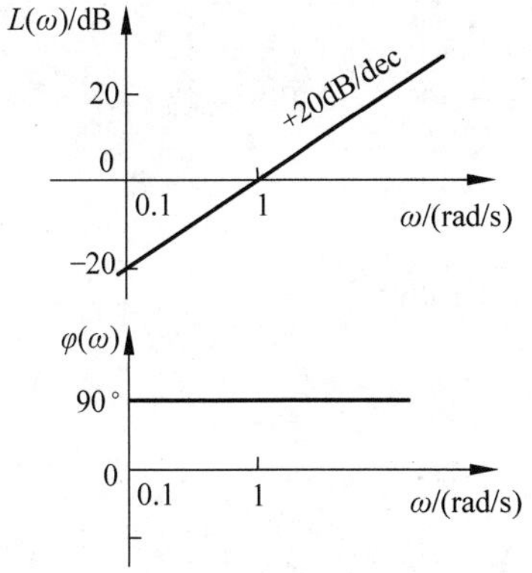

图 5-25　理想微分环节的对数频率特性

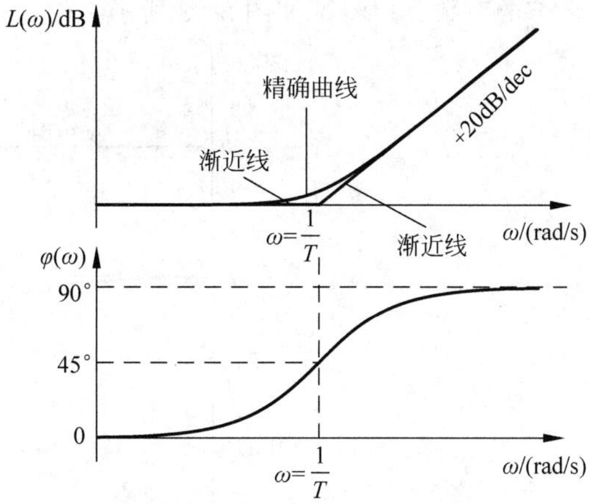

图 5-26　一阶微分环节的对数频率特性

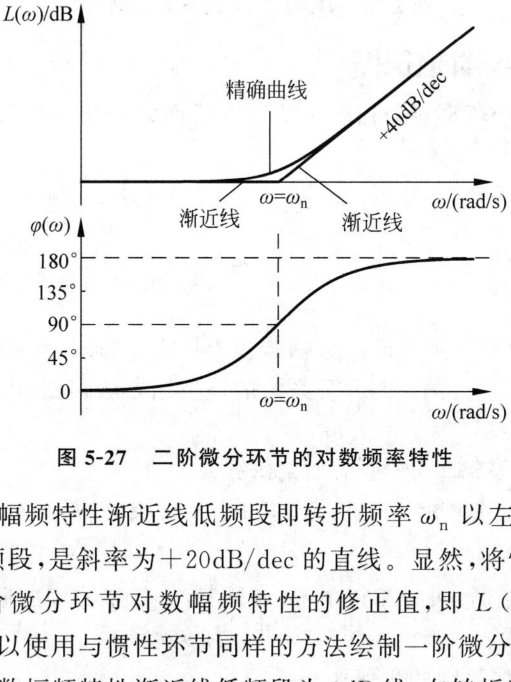

图 5-27　二阶微分环节的对数频率特性

一阶微分环节对数幅频特性渐近线低频段即转折频率 ω_n 以左为 0dB 线，在转折频率 ω_n 以右为渐近线的高频段，是斜率为＋20dB/dec 的直线。显然，将惯性环节对数幅频特性的修正值反号即为一阶微分环节对数幅频特性的修正值，即 $L(\omega)$ 的精确值在渐近线 $L_a(\omega)$ 上方 3dB 处。可以使用与惯性环节同样的方法绘制一阶微分环节的对数幅频和相频曲线。二阶微分环节对数幅频特性渐近线低频段为 0dB 线，在转折频率 ω_n 以右，渐近线高频段的斜率为＋40dB/dec，修正值则与参数 ζ 有关，是振荡环节对数幅频特性修正值的反号，绘制方法与振荡环节类似，此处不再赘述。

6．时滞环节

时滞环节的频率特性如式(5-36)所示，则其幅频特性和相频特性为

$$\begin{cases} A(\omega) = |G(j\omega)| = |1 \cdot e^{-j\tau\omega}| = 1 \\ \varphi(\omega) = \angle G(j\omega) = -\tau\omega \end{cases} \tag{5-56}$$

由式(5-56)可得其对数幅频特性为

$$L(\omega)=20\lg A(\omega)=0\text{dB} \tag{5-57}$$

由此可知,时滞环节的对数幅频特性为一条 0dB 的水平线,其相角 φ 与频率 ω 呈线性关系。时滞环节的对数频率特性如图 5-28 所示。

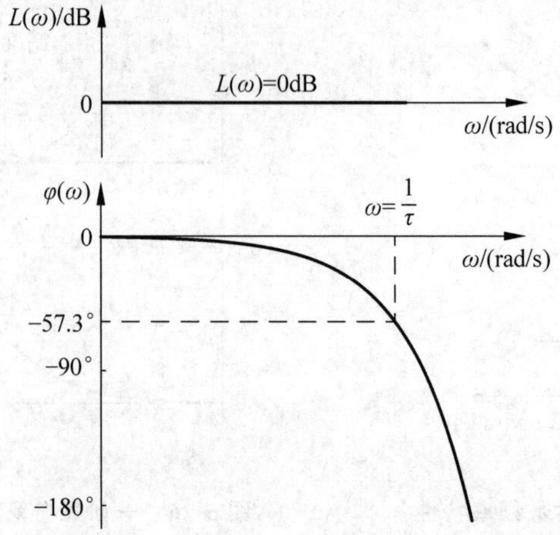

图 5-28　时滞环节的对数频率特性

5.3.2　开环系统的伯德图

如果控制系统的开环传递函数由若干环节串联而成,则其对应的对数幅频特性和相频特性可分别写成如下形式:

$$\begin{cases} L(\omega)=20\lg|G(\mathrm{j}\omega)|=20\lg|G_1(\mathrm{j}\omega)|+20\lg|G_2(\mathrm{j}\omega)|+\cdots+20\lg|G_n(\mathrm{j}\omega)| \\ \varphi(\omega)=\angle G_1(\mathrm{j}\omega)+\angle G_2(\mathrm{j}\omega)+\cdots+\angle G_n(\mathrm{j}\omega) \end{cases} \tag{5-58}$$

因此,只要作出 $G(\mathrm{j}\omega)$ 所含各环节的对数幅频和相频特性曲线,然后对它们分别进行代数相加,就能求得开环系统的伯德图。与开环系统的极坐标方法相比,用伯德图表示的频率特性有如下优点:

(1) 把幅频特性的乘除运算转变为加减运算。

(2) 在对系统作近似分析时,一般只需要画出对数幅频特性曲线的渐近线,从而大幅简化了图形的绘制过程。

(3) 在采用实验方法时,可将测得系统(或环节)的频率响应数据画在半对数坐标系上。根据所作出的曲线,容易估计被测系统(或环节)的传递函数。

一般绘制开环系统伯德图的步骤如下:

(1) 写出开环频率特性的表达式,将其写成典型环节相乘的形式。

(2) 将所含各环节的转折频率由小到大依次排列。如果存在比例环节和积分环节,由于它们没有转折频率,所以可以排在最左边。

(3) 绘制开环对数幅频曲线的渐近线。首先确定低频段上积分环节和比例环节的渐近线,其低频段斜率为 $-20v$ dB/dec,其中,v 是积分环节数。在 $\omega=1$ 处,$L(\omega)=20\lg K$。然后沿着频率增大的方向,每遇到一个转折频率就改变一次分段直线的斜率。如遇到惯性环节的转折频率,分段直线斜率的变化量为 -20dB/dec;如遇到一阶微分环节的转折频率,分段直线斜率的变化量为 $+20\text{dB/dec}$；如遇到二阶振荡环节的转折频率 ω_n，分段直线斜率的变化量为 -40dB/dec，其他环节可以用类似的方法处理。分段直线最后一段是开环对数幅频曲线的高频渐近线，其斜率为 $-20(n-m)\text{dB/dec}$，其中，n 为 $G(s)$ 的极点数，m 为 $G(s)$ 的零点数。如果遇到时滞环节，因其幅值为 0dB，可不予考虑。

(4) 作出以分段直线表示的渐近线后，如有必要，可根据各典型环节的误差曲线对幅频特性渐近线进行修正，可得到精确的对数幅频特性曲线。

(5) 对各典型环节相频代数相加作出相频特性曲线。根据开环相频特性的表达式，在低频、中频以及高频区域中各选择若干频率进行计算，然后连成曲线。

为便于以后的分析，应使幅频特性曲线在穿越 0dB 线、相频特性曲线穿越 $-\pi$ 线时尽可能准确。

例 5-4　已知单位负反馈系统的开环传递函数为

$$G(s)H(s)=\frac{500(s+0.8)}{s(s+0.2)(s^2+30s+200)}$$

试绘制开环系统的伯德图。

解：(1) 将 $G(s)$ 整理成典型环节串联的标准形式，即

$$G(s)=\frac{500(s+0.8)}{s(s+0.2)(s^2+30s+200)}=\frac{10(1.25s+1)}{s(5s+1)(0.1s+1)(0.05s+1)}$$

可见，系统的开环根轨迹增益为 $K^*=500$，开环增益为 $K=10$，系统开环对数幅频渐近特性取决于系统的开环增益 K。

(2) 确定各环节转折频率并依次标注在 ω 轴上。分别如下：

惯性环节 $1/(5s+1)$ 的转折频率 $\omega_1=0.2\text{rad/s}$；

一阶微分环节 $1.25s+1$ 的转折频率 $\omega_2=0.8\text{rad/s}$；

惯性环节 $1/(0.1s+1)$ 的转折频率 $\omega_3=10\text{rad/s}$；

惯性环节 $1/(0.05s+1)$ 的转折频率 $\omega_4=20\text{rad/s}$。

(3) 作开环对数幅频渐近特性的低频段曲线。由 $G(s)$ 可知，本例 $v=1, K=10$，低频段斜率为 -20dB/dec，通过点($\omega=1\text{rad/s}, 20\lg K=20\lg 10=20\text{dB}$)、横轴上的点($\omega=10\text{rad/s}$, 0dB)的连线的斜率即为 -20dB/dec，作出该连线上 $\omega_1=0.2$ 以左的低频段曲线。

(4) 作出 $\omega\geqslant\omega_1$ 频段的渐近特性曲线。

$0.2\leqslant\omega<0.8$ 段：惯性环节使渐近特性 $L_a(\omega)$ 的斜率增加 -20dB/dec，由低频段 -20dB/dec 变为 -40dB/dec。

$0.8\leqslant\omega<10$ 段：一阶微分环节使渐近特性 $L_a(\omega)$ 的斜率增加 20dB/dec，由 -40dB/dec 变为 -20dB/dec，并以其通过 0dB 线的频率作为系统的开环截止频率 ω_c。

$10\leqslant\omega<20$ 段：第二个惯性环节使渐近特性 $L_a(\omega)$ 的斜率增加 -20dB/dec，由 -20dB/dec 变为 -40dB/dec。

$\omega\geqslant20$：第三个惯性环节使渐近特性 $L_a(\omega)$ 的斜率再增加 -20dB/dec，成为 -60dB/dec，在所绘制的 $L_a(\omega)$ 上标注出各段对应的斜率。

至此，系统的开环对数幅频渐近特性已确定，绘制如图 5-29 所示。

(5) 根据本例 $\varphi(\omega)=-90^\circ-\arctan(5\omega)-\arctan(0.1\omega)-\arctan(0.05\omega)+\arctan(1.25\omega)$，采用计算描点的方法作出开环对数相频特性曲线，如图 5-29 所示。

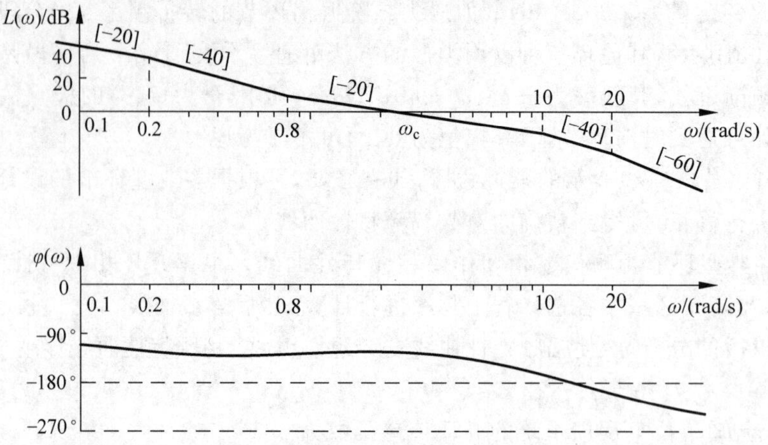

图 5-29　例 5-4 的对数频率特性曲线

5.3.3　由伯德图确定传递函数

1. 最小相位系统和非最小相位系统

线性系统可以分为最小相位系统和非最小相位系统。如果系统的传递函数在 s 的右半平面上没有极点和零点，而且不包含滞后环节，则称之为最小相位系统；否则称之为非最小相位系统。

也就是说，只包含比例、积分、微分、惯性、振荡、一阶微分和二阶微分环节的系统是最小相位系统。而包含不稳定环节或滞后环节的系统则是非最小相位系统。

考虑 3 个系统 a、b 和 c，它们的传递函数分别为

$$G_a(s) = K\frac{1+T_2 s}{1+T_1 s}$$

$$G_b(s) = K\frac{1-T_2 s}{1+T_1 s}$$

$$G_c(s) = K\frac{e^{-T_2 s}}{1+T_1 s}$$

令 $0<T_2<T_1$。显然这 3 个系统的极点完全相同，均位于 s 的左半平面。由于系统 a 的零点、极点均位于 s 的左半平面，因而它是最小相位系统。而系统 b 零点位于 s 的右半平面，因而它是非最小相位系统。它们对应的频率特性分别为

$$G_a(j\omega) = K\frac{1+j\omega T_2}{1+j\omega T_1}$$

$$G_b(j\omega) = K\frac{1-j\omega T_2}{1+j\omega T_1}$$

由于 $|1+j\omega T_2| = |1-j\omega T_2|$，所以两个系统的幅频特性完全相同。而它们的相频特性则有很大区别，系统 a、b 的相频表达式分别为

$$\varphi_a(\omega) = \arctan(\omega T_2) - \arctan(\omega T_1)$$

$$\varphi_b(\omega) = -\arctan(\omega T_2) - \arctan(\omega T_1)$$

可知，当 ω 从 $0\to\infty$ 变化时，系统 a 的相位变化量为 $0°$，系统 b 的相位变化量为 $180°$。由此

可见，最小相位系统的相位变化量总是小于非最小相位系统的变化量。令 $K=100$，$T_1=1$，$T_2=0.1$，系统 a、b 的对数幅频和相频特性曲线如图 5-30 所示。相应单位反馈系统的单位阶跃响应如图 5-31 所示。事实上，最小相位系统的对数幅频特性和相频特性曲线之间存在一定的内在关系。可以证明，如果确定了最小相位系统的对数幅频特性，则其对应的相频特性也就被唯一地确定；反之亦然。因此对于最小相位系统，只要知道它的对数幅频特性曲线，就能估计出系统的传递函数。而对于非最小相位系统，它的对数幅频和相频特性曲线之间不存在唯一的对应关系。因此对于非最小相位系统，只有同时知道了它的对数幅频和相频特性曲线后，才能正确地估计出系统的传递函数。

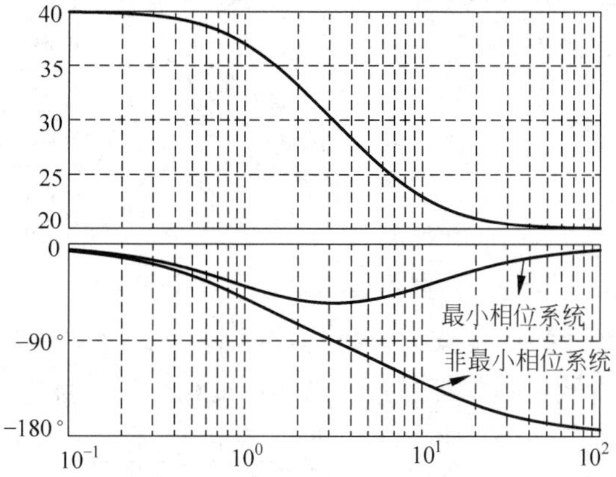

图 5-30　最小相位系统、非最小相位系统频率特性比较

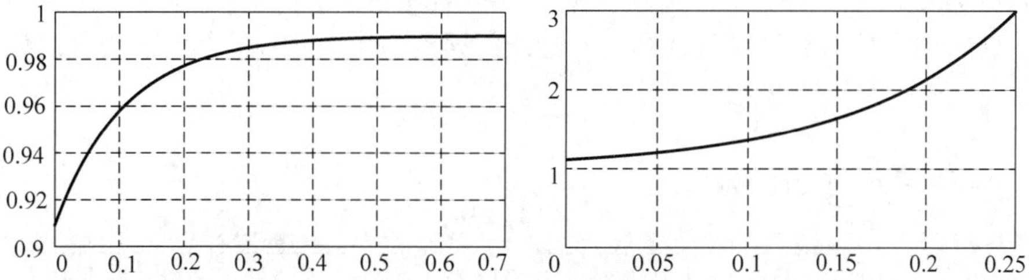

图 5-31　最小相位系统、非最小相位系统单位阶跃响应比较

对于时滞系统 c，在低频段，若用 $(1-T_2s)$ 代替时滞环节，则系统 c 与系统 b 完全相同，也是一个非最小相位系统。若求系统 c 精确的相位变化，则由

$$\varphi_c(\omega)=-\arctan(\omega T_1-\omega T_2) \tag{5-59}$$

有 $\varphi_c(0)=0°$，$\varphi_c(\infty)=-\infty$，其相位变化不满足最小相位系统的特征。可见控制系统中的时滞环节是非最小相位系统。

由图 5-31 可以明显看出，最小相位系统所对应单位反馈系统的稳态误差为零，而非最小相位系统所对应单位反馈系统的稳态误差则是发散的。对于控制系统而言，相位滞后越大，系统的稳定性越差，因此应尽可能减小或避免时滞环节对控制系统的影响。

2. 由伯德图确定传递函数

对于最小相位系统，幅频特性和相频特性是单值对应的。因此，根据系统的对数幅频特性就可以写出系统的传递函数或者频率特性。

例 5-5 某最小相位系统的对数幅频特性的渐近线如图 5-32 所示，试确定该系统的传递函数。

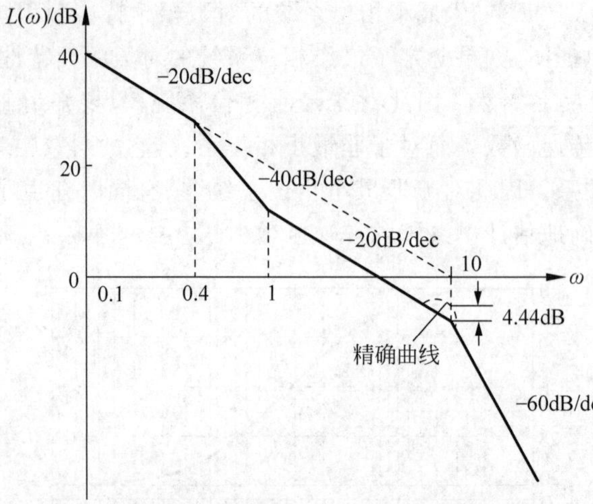

图 5-32 例 5-5 最小相位系统的伯德图

解：由于对数幅频特性的低频段是 -20dB/dec 的直线，所以系统的传递函数有一个积分环节。根据转折点处对数幅频特性渐近线斜率的变化，容易写出系统的传递函数为

$$G(s)=\frac{K(1+s)}{s\left(1+\frac{1}{0.4}s\right)\left[1+2\zeta\frac{1}{10}s+\left(\frac{s}{10}\right)^2\right]}$$

由于低频段的延长线与 0dB 线的交点为 $\omega=10$，因此 $K=10$。

由于转折频率处对数幅频特性和其渐近线的误差为 4.44dB，所以由下式可计算 ζ：

$$20\lg\frac{1}{2\zeta}=4.44\text{dB}$$

得 $\zeta=0.3$，所以系统的传递函数为

$$G(s)=\frac{10(1+s)}{s(1+2.5s)(1+0.06s+0.01s^2)}=\frac{400(s+1)}{s(s+0.4)(s^2+6s+100)}$$

例 5-6 某最小相位系统的对数幅频特性的渐近线如图 5-33 所示，试确定该系统的传递函数。

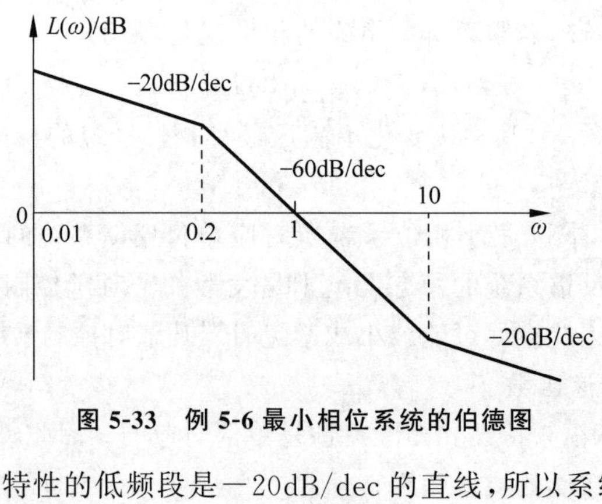

图 5-33 例 5-6 最小相位系统的伯德图

解：由于对数幅频特性的低频段是 -20dB/dec 的直线，所以系统的传递函数有一个积

分环节。根据转折点处对数幅频特性渐近线斜率的变化，容易写出系统的传递函数为

$$G(s)=\frac{K\left(1+\frac{1}{10}s\right)^2}{s\left(1+\frac{1}{0.2}s\right)^2}=\frac{K(1+0.1s)^2}{s(1+5s)^2}$$

在本例中，没有给出低频段的延长线与横轴的交点频率，也没有给出低频段的延长线在 $\omega=1$ 处的值，所以不能用前面介绍的方法绘制伯德图。在本例中，给出了截止频率 $\omega_c=1$，因此可以由 $L(1)=0$ 确定 K。

通常在截止频率附近，转折频率在截止频率左边的惯性环节的对数幅频特性可以认为斜率是 -20dB/dec 的直线，即可以近似为一个积分环节；而转折频率在截止频率右边的惯性环节的幅频特性可以认为是 0dB 的水平线，即可以近似为 1。一阶微分环节、二阶微分环节、振荡环节等可以进行类似处理，从而简化计算。

在本例中，在截止频率 $\omega_c=1$ 附近，可以作下列近似

$$\frac{K\left(\sqrt{1+(0.1\omega)^2}\right)^2}{\omega\left(\sqrt{1+(5\omega)^2}\right)^2}\approx\frac{K}{\omega(5\omega)^2}=\frac{K}{25\omega^3}$$

因为在 $\omega_c=1$ 处，开环对数幅频特性为 0dB，或者幅值为 1，即

$$\left.\frac{K}{25\omega^3}\right|_{\omega=1}=1$$

解得 $K=25$，于是系统的传递函数为

$$G(s)=\frac{25(1+0.1s)^2}{s(1+5s)^2}$$

3. 频率特性的实验确定法

对于稳定的线性系统，可以根据实验得到的频率特性曲线确定系统的传递函数。其基本方法是采用正弦波发生器产生频率可调的正弦波，然后作用于被测系统，测量系统稳态输出的正弦波的幅值和相角。在尽可能宽的频率范围内不断改变输入正弦波的频率，可以测得一组实验数据，然后根据实验数据绘制伯德图。最后在对数幅频特性图上，用一组斜率为 $-20n$ dB/dec($n=0,\pm1,\pm2,\cdots$)的直线逼近系统的对数幅频特性曲线，作为系统对数幅频特性的渐近线。

对于不稳定系统，虽然输出量的稳态分量仍然是正弦信号，但系统输出的暂态分量是发散的，所以不能用实验的方法测量不稳定系统的频率特性曲线。

显然，所选择的逼近对数幅频特性曲线的直线不是唯一的。事实上，如果选择的直线的段数多，则可以比较精确地逼近，但系统数学模型的阶次较高；反之，如果选择的直线的段数少，则不能精确地逼近，但系统数学模型的阶次低，便于控制系统的分析与设计。因此应该在满足建模精度的前提下，选择较低阶的模型。

5.4　奈奎斯特稳定判据

对控制系统进行分析和设计的一个基本要求是：闭环系统是稳定的。在时域分析中，根据闭环特征根在 s 平面的位置可以判断系统的稳定性。如果求解特征方程困难而又不需

要确切地知道闭环特征根的具体位置,则可通过劳斯判据来判断系统的稳定性以及使系统稳定的某参数范围。在根轨迹分析中,可以由开环传递函数绘制出闭环特征根随某参数变化的轨迹从而判断系统的稳定性。类似地,在频域分析中,也可以通过开环系统的频率特性来判断闭环系统的稳定性。

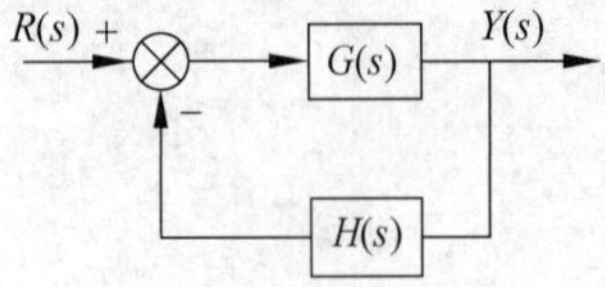

图 5-34　典型反馈控制系统

对于如图 5-34 所示的典型反馈控制系统,闭环特征方程为

$$F(s)=1+G(s)H(s)=0 \tag{5-60}$$

为了推导方便,将开环传递函数写成如下零极点形式:

$$G(s)H(s)=\frac{K(s-z_1)(s-z_2)\cdots(s-z_m)}{(s-p_1)(s-p_2)\cdots(s-p_n)},\quad n\geqslant m \tag{5-61}$$

将式(5-61)代入式(5-60)得

$$\begin{aligned}F(s)&=\frac{(s-p_1)(s-p_2)\cdots(s-p_n)+K(s-z_1)(s-z_2)\cdots(s-z_m)}{(s-p_1)(s-p_2)\cdots(s-p_n)}\\&=\frac{K_1(s-s_1)(s-s_2)\cdots(s-s_n)}{(s-p_1)(s-p_2)\cdots(s-p_n)}\end{aligned} \tag{5-62}$$

式中,$s=s_1,s_2,\cdots,s_n$ 是 $F(s)$的零点,也是闭环特征方程的根;$s=p_1,p_2,\cdots,p_n$ 是 $F(s)$的极点,也是开环传递函数的极点。因此根据闭环系统稳定的充分必要条件,要使闭环系统稳定,特征函数 $F(s)$的全部零点都必须位于 s 的左半平面上。这样,对控制系统稳定性的研究就转化为对复函数 $F(s)$的研究。

为研究 $F(s)$特征根的情况,下面首先引入复变函数理论中的辐角原理。

5.4.1　辐角原理

假设 $F(s)$是 s 的有理分式,则由复变函数理论可知,$F(s)$除了在 s 平面上的有限个奇点以外总是解析的。因而对于 s 平面上的每一解析点,在 $F(s)$平面上必有唯一的一个映射点与之相对应。同理,对 s 平面上任意一条不通过 $F(s)$的极点和零点的闭合曲线 C_s,在 $F(s)$平面上必有唯一的一条闭合曲线 C_F 与之相对应,如图 5-35 所示。若在 s 平面上的闭合曲线 C_s 按顺时针方向运动,则在 $F(s)$平面上有对应的映射曲线 C_F,其运动方向取决于复变函数 $F(s)$的相角变化。从研究系统稳定性出发,我们关心的是映射曲线 C_F 是否包围 $F(s)$平面的坐标原点以及围绕原点的方向和圈数,而非其具体形状。

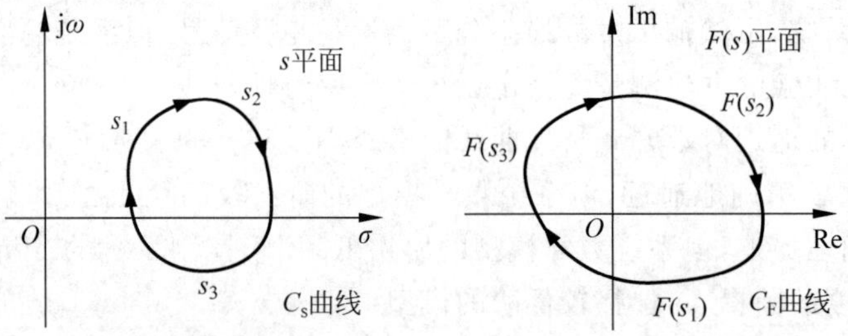

图 5-35　s 平面上的封闭曲线及其在 $F(s)$平面上的映射

由式(5-62)可知,复变函数 $F(s)$的相角为

$$\angle F(s)=\sum_{i=1}^{n}\angle(s-s_i)-\sum_{i=1}^{n}\angle(s-p_i) \tag{5-63}$$

显然,如果 s 平面上的闭合曲线 C_s 围绕 $F(s)$的某一零点 s_1,那么 $F(s)$的其余零点和极点均位于闭合曲线 C_s 之外。当点 s 以顺时针方向沿着闭合曲线 C_s 运动一周,则$(s-s_1)$的相角变化了-2π,其余向量的相角变化为 $0°$;对应地,在 $F(s)$平面上的映射曲线 C_F 按顺时针方向围绕着坐标原点旋转一周,如图 5-36 所示。若 s 平面上的闭合曲线 C_s 包围 $F(s)$的 Z 个零点,并按顺时针方向运动一周,这些向量的相角变化一共为$-2\pi Z$,即在 $F(s)$平面上的映射曲线 C_F 将沿顺时针方向围绕着坐标原点旋转 Z 周。

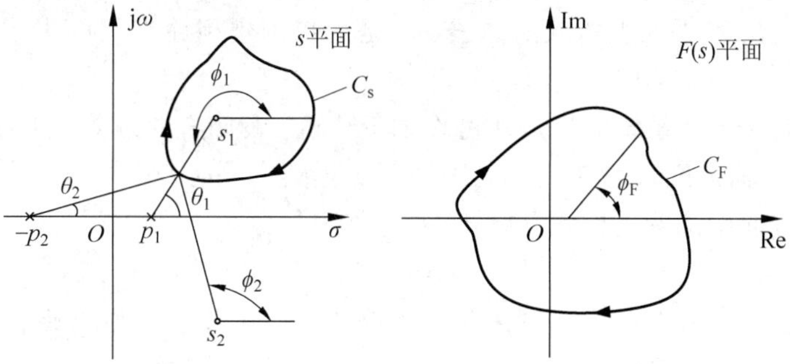

图 5-36　从 s 平面到 F 平面的映射关系

同理,如果 s 平面上闭合曲线 C_s 围绕着 $F(s)$的一个极点 p_1 沿顺时针方向旋转一周,则向量$(s-p_1)$的相角变化了-2π。由式(5-63)可知,$F(s)$的相角变化了$+2\pi$。这表示 $F(s)$平面上的映射曲线 C_F 按逆时针方向围绕着坐标原点旋转一周。若 s 平面上闭合曲线 C_s 围绕着 $F(s)$的 P 个极点,并沿顺时针方向旋转一周,那么这些向量的相角变化一共为$+2\pi P$,即在 $F(s)$平面上的映射曲线 C_F 将逆时针方向围绕着坐标原点旋转 P 周。概括上述性质即可得到如下辐角原理。

辐角原理:对于解析函数 $F(s)$,如果 s 平面上的闭合曲线 C_s 不经过 $F(s)$的任何极点和零点,以顺时针方向包围 $F(s)$的 Z 个零点和 P 个极点,则其在 $F(s)$平面上的映射曲线 C_F 将围绕坐标原点旋转 N 周,其中 $N=Z-P$。当 $N=0$ 时,表示曲线 C_F 不包围坐标原点;当 $N>0$ 时,表示曲线 C_F 以顺时针方向包围坐标原点;当 $N<0$ 时,表示曲线 C_F 以逆时针方向包围坐标原点。

5.4.2　奈奎斯特稳定判据

为了使特征函数 $F(s)$在 s 平面上的零极点分布和在 F 平面上的映射曲线情况与系统的稳定性相联系,在 s 平面上选择合适的封闭曲线很重要。考虑到辐角原理中特征函数 $F(s)$在 s 的右半平面的 P 个开环极点和 Z 个闭环极点,可将 s 平面上闭合曲线 C_s 取为包含 s 的整个右半平面,如图 5-37 所示。这样,如果 $F(s)$有零点或极点在 s 的右半平面上,则一定被此曲线所包围。这一闭合曲线称为奈奎斯特曲线。因此为了判别系统的稳定性,只需要检验 $F(s)$是否有零点在 s 的右半平面上即可。

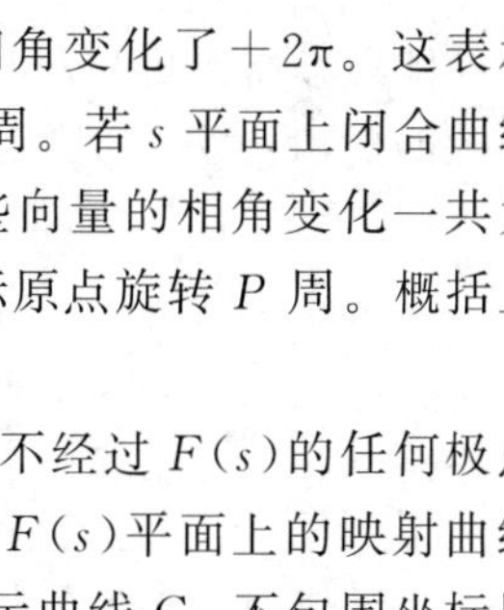

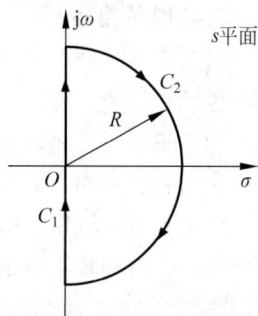

图 5-37　右半平面的封闭曲线

由图 5-37 可知,奈奎斯特曲线由 $j\omega$ 轴表示的 C_1 和半径为无穷大的半圆 C_2 组成,即 s 按顺时针方向沿着 C_1 由$-j\infty$运动到$+j\infty$,随后沿着半径为无穷大的半圆 C_2 由 $s=Re^{j90°}$ 运动到

$s=Re^{-j90^\circ}$，其中 $R\to\infty$。

首先考虑到，在虚轴上当 $\omega\to\infty$ 和 s 沿着无穷大半圆运动时，$s\to\infty$。由于在实际系统中总有 $n\geqslant m$，因此有

$$\lim_{s\to\infty}[1+G(s)H(s)]=\begin{cases}1, & n>m\\ 常数, & n=m\end{cases} \tag{5-64}$$

说明 s 平面半径为无穷大的右半圆，包括虚轴上坐标为 $\pm j\infty$ 的点，在 $F(s)$ 平面上的映射为一固定点。由此，$F(s)$ 平面上的映射曲线 C_F 是否包围坐标原点只取决于奈氏图中 C_1 部分的映射，即由 $j\omega$ 轴的映射曲线表征。

综上所述，对于闭环系统的稳定性可作如下分析：设闭合曲线 C_s 包围 $F(s)$ 的 Z 个零点和 P 个极点，由辐角原理可知，当 ω 从 $-\infty$ 变化到 $+\infty$ 时，在 $F(j\omega)$ 平面上的映射曲线 C_F 将按顺时针方向围绕着坐标原点旋转 N 周，其中

$$N=Z-P \tag{5-65}$$

如果闭环系统稳定，则映射曲线将按逆时针围绕 $F(j\omega)$ 平面上的原点旋转 P 周，即 $Z=0$；否则闭环系统将是不稳定的。

进一步考虑到

$$G(j\omega)H(j\omega)=[1+G(j\omega)H(j\omega)]-1$$

因而映射曲线 $F(j\omega)$ 对其坐标原点的围绕相当于开环频率特性曲线 $G(j\omega)H(j\omega)$ 对 GH 平面上的 $(-1,j0)$ 点的围绕，图 5-38 展示了奈氏图映射在这两个平面上的位置。

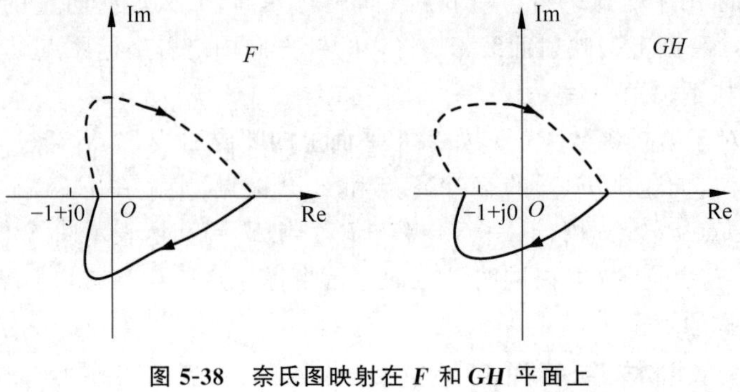

图 5-38　奈氏图映射在 F 和 GH 平面上

通过上述分析可知，闭环系统的稳定性可以通过其开环频率响应 $G(j\omega)H(j\omega)$ 曲线对 $(-1,j0)$ 点的包围情况辨别，由此总结奈奎斯特稳定判据如下。

奈奎斯特稳定判据：

(1) 如果开环系统是稳定的，即 $P=0$，则闭环系统稳定的充要条件是 $G(j\omega)H(j\omega)$ 曲线不包围 $(-1,j0)$ 点。

(2) 如果开环系统不稳定，且已知有 P 个开环极点在 s 的右半平面，则闭环系统稳定性的充要条件是 $G(j\omega)H(j\omega)$ 曲线按逆时针方向围绕 $(-1,j0)$ 点旋转 P 周。

综上所述，应用奈奎斯特稳定判据判别闭环系统稳定性的具体步骤如下：

(1) 作出开环系统的奈氏图 $G(j\omega)H(j\omega)$。具体作图时可先画出 ω 从 $0\to+\infty$ 变化的一段曲线，然后以实轴为对称轴，画出 ω 从 $0\to-\infty$ 变化的另一段曲线，从而得到完整的奈氏图。

(2) 计算奈氏图 $G(\mathrm{j}\omega)H(\mathrm{j}\omega)$ 对点 $(-1,\mathrm{j}0)$ 按顺时针方向的包围圈数 N。

(3) 确定开环系统是否稳定。若不稳定,则确定开环系统在 s 右半平面上的极点数 P。

(4) 根据辐角原理确定是否为零。如果 $Z=0$,则表示闭环系统稳定;如果 $Z\neq 0$,则表示该闭环系统不稳定,Z 的数值反映了闭环特征方程的根在 s 右半平面上的个数。

例 5-7　0 型系统的开环传递函数为

$$G(s)H(s)=\frac{10}{(s+1)(s+2)(s+5)}$$

试用奈奎斯特稳定判据判别闭环系统的稳定性。

解:当 ω 由 $-\infty\to+\infty$ 变化时,开环系统的奈氏图 $G(\mathrm{j}\omega)H(\mathrm{j}\omega)$ 如图 5-39 所示,因为系统的开环极点为 $-1,-2,-5$,在 s 的右半平面上没有任何极点,即 $P=0$。由图 5-39 可知,奈氏图不包围 $(-1,\mathrm{j}0)$,即 $N=0$,则 $Z=N+P=0$。表示该闭环系统是稳定的。

辐角原理只适用于奈奎斯特曲线 C_s 不通过 $F(s)$ 极点的情况,因此若 $G(\mathrm{j}\omega)H(\mathrm{j}\omega)$ 在虚轴上存在极点,那么就不能直接用图 5-37 所示的奈奎斯特曲线。此时,可将图 5-37 所示的奈奎斯特曲线分为两部分,使其沿着半径为 $r\to 0$ 的半圆绕过虚轴上的相关极点。假设开环系统在坐标原点处存在极点,则对应的奈奎斯特曲线修改为如图 5-40 所示的曲线。比较图 5-37 和图 5-40 可以发现,它们经过的路径的区别在于后者多了一个半径为无穷小的半圆 C_2。关于图 5-40 中 C_2 部分在 GH 平面的映射会在 5.4.3 节的例题中具体讨论。

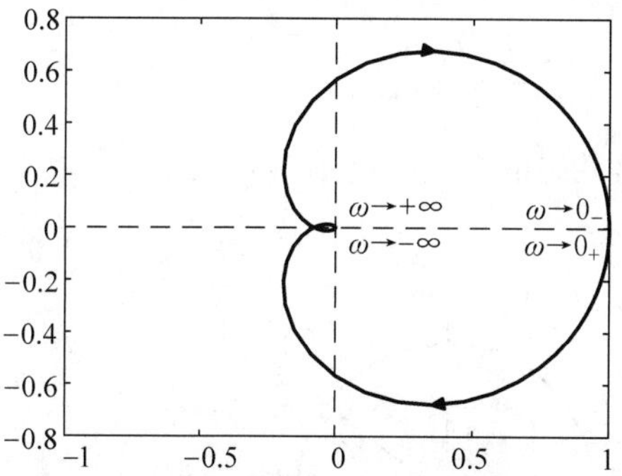

图 5-39　例 5-7 的奈氏图

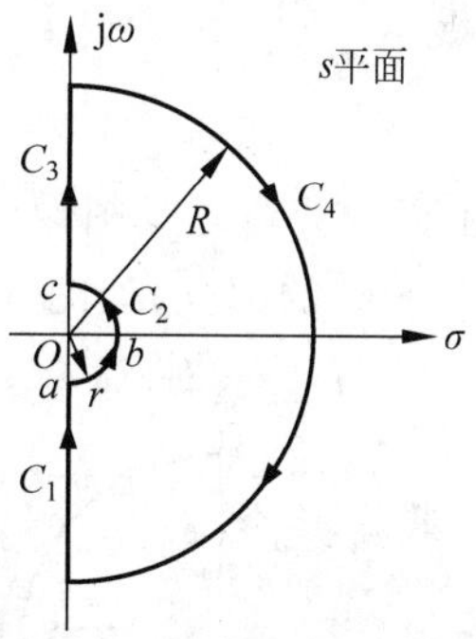

图 5-40　虚轴上存在极点的奈氏图

5.4.3　奈奎斯特稳定判据的应用

下面举例说明Ⅰ型和Ⅱ型系统以及非最小相位系统奈氏图的绘制方法以及奈奎斯特稳定判据的应用。

例 5-8　已知Ⅰ型系统的开环传递函数为

$$G(s)H(s)=\frac{K}{s(T_1s+1)(T_2s+1)}$$

用奈奎斯特稳定判据判别系统的稳定性。

解:由于开环传递函数在 s 平面的原点存在极点,所以选择奈奎斯特曲线如图 5-40 所示。系统的频率特性为

$$G(\mathrm{j}\omega)H(\mathrm{j}\omega)=\frac{K}{\mathrm{j}\omega(\mathrm{j}\omega T_1+1)(\mathrm{j}\omega T_2+1)}$$

则有

$$\lim_{\omega\to 0}|G(\mathrm{j}\omega)H(\mathrm{j}\omega)|=\infty$$

$$\lim_{\omega\to 0_+}\angle G(\mathrm{j}\omega)H(\mathrm{j}\omega)=-\frac{\pi}{2}$$

$$\lim_{\omega\to +\infty}|G(\mathrm{j}\omega)H(\mathrm{j}\omega)|=0$$

$$\lim_{\omega\to +\infty}\angle G(\mathrm{j}\omega)H(\mathrm{j}\omega)=-\frac{3}{2}\pi$$

为求得奈奎斯特曲线与实轴的交点，将频率特性转化为代数形式，即

$$G(\mathrm{j}\omega)H(\mathrm{j}\omega)=\frac{-K(T_1+T_2)}{(1-\omega^2T_1T_2)^2+\omega^2(T_1+T_2)^2}+\mathrm{j}\frac{K(\omega^2T_1T_2-1)}{\omega[(1-\omega^2T_1T_2)^2+\omega^2(T_1+T_2)^2]}$$

令

$$\mathrm{Im}G(\mathrm{j}\omega)H(\mathrm{j}\omega)=V(\omega)=0$$

得到

$$\omega^2T_1T_2-1=0$$

解得奈奎斯特曲线与实轴交点处的频率为

$$\omega=\pm\frac{1}{\sqrt{T_1T_2}}$$

则奈奎斯特曲线与实轴交点坐标为

$$U\left(\pm\frac{1}{\sqrt{T_1T_2}}\right)=-\frac{KT_1T_2}{T_1+T_2}$$

根据上面的分析以及图像对称性，可以画出系统的奈奎斯特曲线中对应 $\omega=0_+\to+\infty$ 和 $\omega=-\infty\to 0_-$ 的部分，如图 5-41 所示。

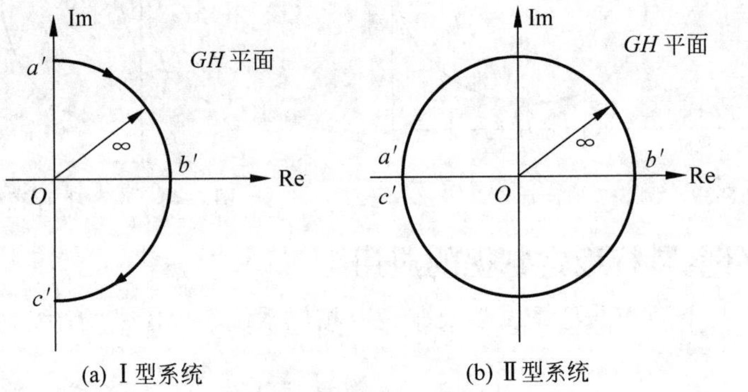

图 5-41　s 平面 C_2 曲线在 GH 平面上的映射

奈奎斯特曲线中小半圆 C_2 部分（见图 5-40）的映射为：由于系统是Ⅰ型系统，所以小半圆的映射是从 $\omega=0_-$ 的映射点开始，顺时针旋转 180°，到 $\omega=0_+$ 的映射点的无穷大半径的圆弧，如图 5-41(a)所示，图中点 a'、b'、c' 分别为 C_2 半圆上点 a、b、c 的映射点。

因为开环传递函数在 s 右半平面没有极点，所以 $P=0$。奈奎斯特曲线围绕$(-1,\mathrm{j}0)$点的圈数与交点坐标有关。

(1) 当$\dfrac{KT_1T_2}{T_1+T_2}<1$时，奈奎斯特曲线不包围$(-1,\mathrm{j}0)$点，如图 5-42(a)所示，因此 $N=$

0，则 $Z=N+P=0$，系统稳定。

(2) 当 $\dfrac{KT_1T_2}{T_1+T_2}>1$ 时，奈奎斯特曲线顺时针包围 $(-1,j0)$ 点两次，如图 5-42(b)所示，因此 $N=2$，则 $Z=N+P=2$，因此系统不稳定且有两个闭环极点在 s 右半平面。

(3) 当 $\dfrac{KT_1T_2}{T_1+T_2}=1$ 时，奈奎斯特曲线穿越 $(-1,j0)$ 点，如图 5-42(c)所示，系统临界稳定。

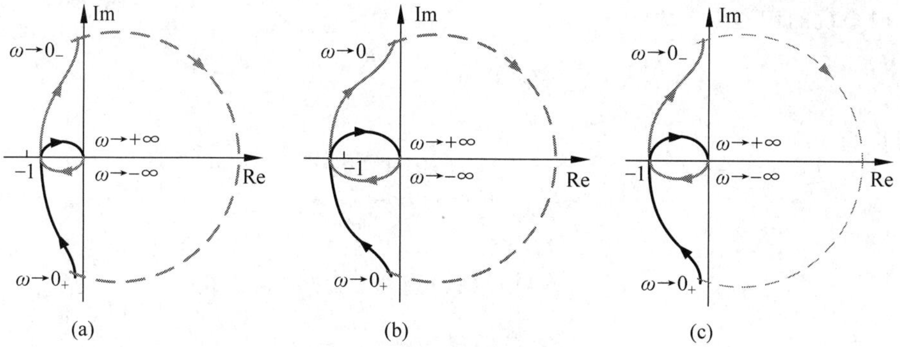

图 5-42　例 5-8 的奈奎斯特曲线

例 5-9　已知Ⅱ型系统的开环传递函数为

$$G(s)H(s)=\frac{K(\tau s+1)}{s^2(Ts+1)}$$

用奈奎斯特稳定判据判别系统的稳定性。

解：由于开环传递函数在 s 平面的原点存在极点，所以选择奈奎斯特曲线如图 5-40 所示。系统的频率特性为

$$G(j\omega)H(j\omega)=\frac{K(j\omega\tau+1)}{(j\omega)^2(j\omega T+1)}$$

下面分几种情况讨论。

(1) $T<\tau$。

$$\lim_{\omega\to 0}|G(j\omega)H(j\omega)|=\infty$$

$$\lim_{\omega\to 0_+}\angle G(j\omega)H(j\omega)=-\pi+\varepsilon$$

$$\lim_{\omega\to +\infty}|G(j\omega)H(j\omega)|=0$$

$$\lim_{\omega\to +\infty}\angle G(j\omega)H(j\omega)=-\pi+\varepsilon$$

其中，$\varepsilon\to 0$ 为一正角度。由于当 ω 由 $0\to+\infty$ 变化时，$\angle G(j\omega)H(j\omega)=0\sim-\pi$，所以这部分为奈奎斯特曲线总在实轴下方，与负实轴不相交($\omega=0$ 和 $\omega=+\infty$ 除外)。根据上述分析以及曲线的对称性质，可以画出系统的奈奎斯特曲线如图 5-43(a)所示。

奈奎斯特曲线中小半圆 C_2 部分(见图 5-40)的映射为：由于系统是Ⅱ型系统，从 $\omega=0_-$ 的映射点开始，顺时针旋转 $2\times180°$，到 $\omega=0_+$ 的映射点的无穷大半径的圆弧，如图 5-41(b)所示，图中点 a'、b'、c' 分别为 C_2 半圆上点 a、b、c 的映射点。

因为开环传递函数在 s 右半平面没有极点，所以 $P=0$。奈奎斯特曲线不包围$(-1,\mathrm{j}0)$点，所以 $N=0$，则 $Z=N+P=0$，系统稳定。

(2) $T>\tau$。

与上面的分析类似，可以画出系统的奈奎斯特曲线如图 5-43(b)所示。可以看出，曲线顺时针包围$(-1,\mathrm{j}0)$点两次，故 $N=2$，则 $Z=N+P=2$，因此系统不稳定且有两个闭环极点在 s 右半平面。

(3) $T=\tau$。

这时系统的传递函数为

$$G(s)H(s)=\frac{K}{s^2}$$

频率特性为

$$G(\mathrm{j}\omega)H(\mathrm{j}\omega)=\frac{K}{(\mathrm{j}\omega)^2}$$

$$|G(\mathrm{j}\omega)H(\mathrm{j}\omega)|=\frac{K}{\omega^2}$$

$$\angle G(\mathrm{j}\omega)H(\mathrm{j}\omega)=-\pi$$

画出系统的奈奎斯特曲线如图 5-43(c)所示。可以看出奈奎斯特曲线穿越$(-1,\mathrm{j}0)$点，此时系统临界稳定。

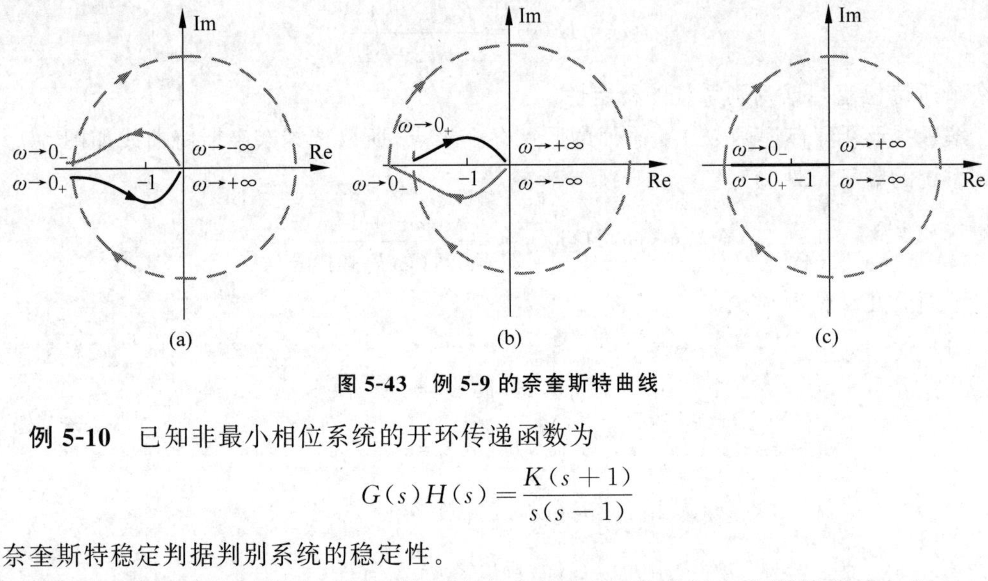

图 5-43 例 5-9 的奈奎斯特曲线

例 5-10 已知非最小相位系统的开环传递函数为

$$G(s)H(s)=\frac{K(s+1)}{s(s-1)}$$

用奈奎斯特稳定判据判别系统的稳定性。

解：由于开环传递函数在 s 平面的原点存在极点，所以选择奈奎斯特曲线如图 5-40 所示。系统的频率特性为

$$G(\mathrm{j}\omega)H(\mathrm{j}\omega)=\frac{K(\mathrm{j}\omega+1)}{\mathrm{j}\omega(\mathrm{j}\omega-1)}=\frac{-2K}{1+\omega^2}+\mathrm{j}\,\frac{K(1-\omega^2)}{\omega(1+\omega^2)}$$

$$\lim_{\omega\to 0}|G(\mathrm{j}\omega)H(\mathrm{j}\omega)|=\infty$$

$$\lim_{\omega\to 0_+}\angle G(\mathrm{j}\omega)H(\mathrm{j}\omega)=-\frac{3}{2}\pi$$

$$\lim_{\omega\to+\infty}|G(\mathrm{j}\omega)H(\mathrm{j}\omega)|=0$$

$$\lim_{\omega\to+\infty}\angle G(\mathrm{j}\omega)H(\mathrm{j}\omega)=-\frac{1}{2}\pi$$

令

$$\mathrm{Im}G(\mathrm{j}\omega)H(\mathrm{j}\omega)=V(\omega)=0$$

得到奈奎斯特曲线与实轴交点处的频率为 $\omega=1$，交点坐标为 $(-K,\ 0)$。画出系统奈奎斯特曲线如图 5-44 所示。

奈奎斯特曲线中小半圆的映射：从 $\omega=0_-$ 的映射点开始，顺时针旋转 180°，到 $\omega=0_+$ 的映射点的无穷大半径的圆弧。

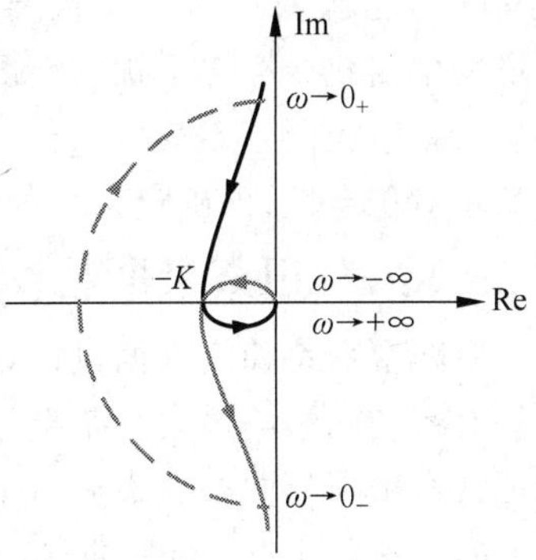

图 5-44　例 5-10 的奈奎斯特曲线

因为开环传递函数在 s 右半平面有一个极点，所以 $P=1$。当 $K>1$ 时，ω 由 $-\infty\to+\infty$ 变化时，奈奎斯特曲线按照逆时针方向围绕 $(-1,\mathrm{j}0)$ 点旋转一周，即 $N=-1$，则 $Z=N+P=0$，系统稳定；当 $K<1$ 时，ω 由 $-\infty\to+\infty$ 变化时，奈奎斯特曲线按照顺时针方向围绕 $(-1,\mathrm{j}0)$ 点旋转一周，即 $N=+1$，则 $Z=N+P=2$，系统不稳定且在 s 右半平面有两个闭环极点；当 $K=1$ 时，奈奎斯特曲线穿越 $(-1,\mathrm{j}0)$ 点，系统临界稳定。

上面讨论的都是假设 $G(s)$ 与 $H(s)$ 没有零点、极点对消的情况。由于奈奎斯特稳定判据是基于系统的开环传递函数来分析系统稳定性的，因此当 $G(s)$ 与 $H(s)$ 存在零点、极点对消的情况时，若直接应用奈奎斯特稳定判据分析系统的稳定性可能会得到错误的结果。下面用一个例子说明 $G(s)$ 与 $H(s)$ 有零点、极点对消时的处理方法。

例 5-11　已知控制系统如图 5-45 所示，用奈奎斯特稳定判据判别系统的稳定性。

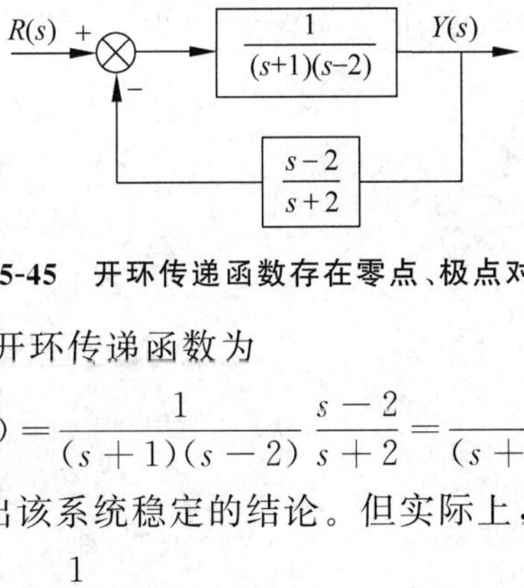

图 5-45　开环传递函数存在零点、极点对消

解：在该系统中，系统的开环传递函数为

$$G(s)H(s)=\frac{1}{(s+1)(s-2)}\,\frac{s-2}{s+2}=\frac{1}{(s+1)(s+2)}$$

由奈奎斯特稳定判据容易得出该系统稳定的结论。但实际上，系统的闭环传递函数为

$$G_{\mathrm{c}}(s)=\frac{\dfrac{1}{(s+1)(s-2)}}{1+\dfrac{1}{(s+1)(s-2)}\,\dfrac{s-2}{s+2}}=\frac{s+2}{(s-2)[(s+1)(s+2)+1]}$$

可见，系统在 s 右半平面的闭环极点一部分由开环传递函数 $G(s)H(s)$ 决定，另一部分由分子分母对消掉的不稳定的开环极点 $s=2$ 决定，所以系统有一个不稳定的闭环极点。

因此，当 $G(s)$ 与 $H(s)$ 存在零点、极点对消的情况时，先根据开环传递函数用奈奎斯特稳定判据得到在 s 右半平面的闭环极点数 Z_1，再加上消掉的不稳定的开环极点数 Z_2，就得

到系统在 s 右半平面的闭环极点总数，即 $Z=Z_1+Z_2$。

5.5 控制系统相对稳定性分析

前面介绍的通过稳定性判据分析系统是否稳定的分析方法，称为绝对稳定性分析。对于实际的控制系统，通常不仅要求其绝对稳定，而且要求具有一定的稳定裕度，以便系统在环境发生变化或存在干扰的情况下仍能正常工作。确定系统的稳定裕度，称为相对稳定性分析。在奈氏图上不仅可以分析系统的绝对稳定性，即判别系统是否稳定；而且能分析系统的相对稳定性，即确定系统的稳定裕度。

5.5.1 用奈奎斯特图表示相位裕度和幅值裕度

由奈奎斯特稳定判据可知，位于临界点(−1,j0)附近的开环幅相特性曲线即奈奎斯特曲线对系统的影响最大。奈奎斯特曲线越接近临界点(−1,j0)，系统的稳定程度越差。因此可将奈奎斯特曲线与临界点的距离作为相对稳定性的度量。通常用相位裕度 γ 和幅值裕度 K_g 来度量奈奎斯特曲线与临界点的距离。

1. 相位裕度

开环频率特性 $G(j\omega)H(j\omega)$ 的奈奎斯特曲线上对应于 $A(\omega)=|G(j\omega)H(j\omega)|=1$ 时的频率，称为开环截止频率或交界频率，用 ω_c 表示。定义在开环截止频率 ω_c 处的相角 $\varphi(\omega_c)$ 与 −180°之差为闭环系统的相位裕度 γ，即

$$\gamma=\varphi(\omega_c)-(-180^\circ)=180^\circ+\varphi(\omega_c) \tag{5-66}$$

相位裕度的含义是：在开环截止频率 ω_c 上，使稳定的闭环系统达到临界稳定状态尚可增加的相角滞后量。对于最小相位系统，如果相位裕度 $\gamma>0$，则系统是稳定的，且 γ 越大，系统的相对稳定性越好，其奈奎斯特曲线如图 5-46(a)所示；如果相位裕度 $\gamma<0$，则系统不稳定，其奈奎斯特曲线如图 5-46(b)所示；当 $\gamma=0$ 时，系统的奈奎斯特曲线穿过(−1,j0)点，系统临界稳定。

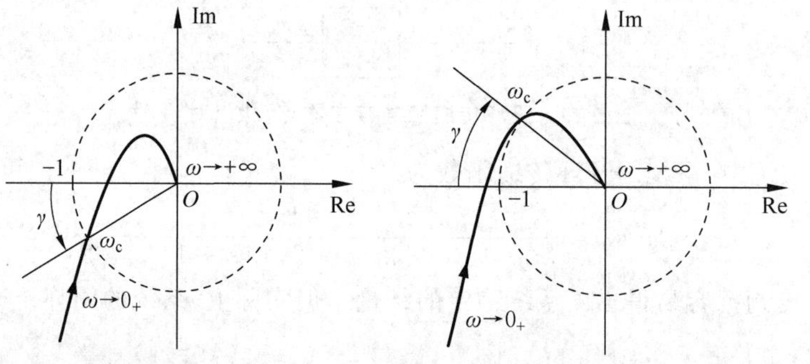

(a) 稳定系统（$\gamma>0$）　(b) 不稳定系统（$\gamma<0$）

图 5-46　最小相位系统的相位裕度

2. 幅值裕度

开环频率特性 $G(j\omega)H(j\omega)$ 的奈奎斯特曲线与负实轴相交时，交点 ω_g 频率称为相角交界频率，在 ω_g 处的相角为 −180°，即

$$\varphi(\omega_g)=\angle G(j\omega_g)H(j\omega_g)=-180^\circ \tag{5-67}$$

定义在相角交界频率 ω_g 处，开环幅频特性幅值 $A(\omega_g)$ 的倒数为闭环系统的幅值裕度 K_g，即

$$K_g=\frac{1}{A(\omega_g)}=\frac{1}{|G(j\omega_g)H(j\omega_g)|} \tag{5-68}$$

幅值裕度的含义是：在相角交界频率 ω_g 上，使稳定的闭环系统达到临界稳定状态时，开环频率特性幅值 $A(\omega_g)$ 尚可增加的倍数 K_g。对于最小相位系统，如果幅值裕度 $K_g>1$，则系统是稳定的，且 K_g 越大，系统的相对稳定性越好，其奈奎斯特曲线如图 5-47(a)所示；如果幅值裕度 $K_g<1$，则系统不稳定，其奈奎斯特曲线如图 5-47(b)所示；当 $K_g=1$ 时，系统的奈奎斯特曲线穿过(−1，j0)点，系统临界稳定。

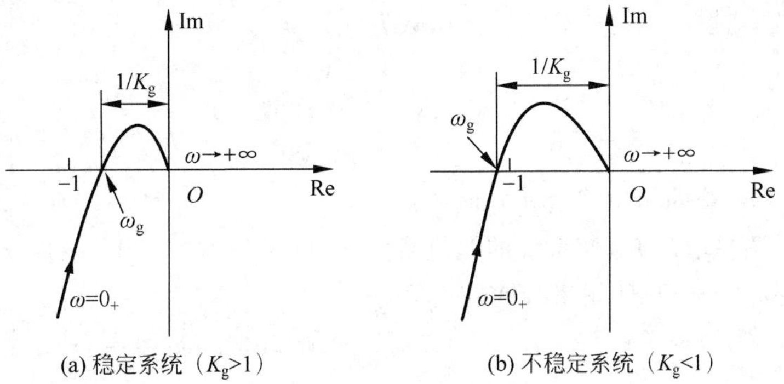

图 5-47　最小相位系统的幅值裕度

5.5.2　用伯德图表示相位裕度和幅值裕度

相位裕度和幅值裕度不仅可以在奈氏图上表示，也可以在伯德图上表示，则有

$$L(\omega_c)=20\lg A(\omega_c)=20\lg|G(j\omega_c)H(j\omega_c)|=0\text{dB} \tag{5-69}$$

对数频率特性图上 $L(\omega)$ 在开环截止频率 ω_c 处通过 0dB 线时，$\varphi(\omega_c)$ 与 −180°之间的距离就是闭环系统的相位裕度 γ。稳定系统和不稳定系统的相位裕度和幅值裕度在对数频率特性图上的表示见图 5-48。在对数频率特性图上幅值裕度用 K_g(dB)表示，K_g 为

$$K_g=20\lg K_g=-20\lg A(\omega_g)=-20\lg|G(j\omega_g)H(j\omega_g)|\text{dB} \tag{5-70}$$

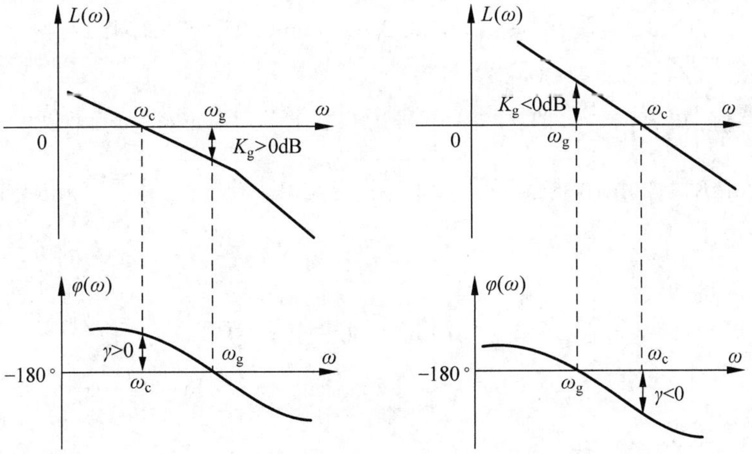

图 5-48　稳定和不稳定系统的相位裕度和幅值裕度

对于稳定的最小相位系统应有 $K_g>0$；若 $K_g=0$，闭环系统处于临界稳定状态；若 $K_g<0$，则闭环系统不稳定。

严格地讲，仅用相位裕度 γ 或仅用幅值裕度 K_g 都不足以说明系统的相对稳定性。相位裕度和幅值裕度实际上表征了系统时域响应的振荡倾向，反映了系统的动态性能，并能反映参数变化对系统性能影响的不灵敏程度。保持适当的稳定裕度是使系统正常工作的必要保证。大的相位裕度和幅值裕度表明控制系统十分稳定，但这种系统往往响应速度较慢；相位裕度和幅值裕度小的系统则往往伴有高度振荡。所以，相位裕度和幅值裕度过大、过小都不好。从工程角度出发，一般控制系统设计时采用如下的裕度范围是比较合适的：γ 为 $30°\sim60°$，$K_g>6\text{dB}$。

例 5-12 已知控制系统的开环传递函数为

$$G(s)=\frac{K}{s(0.2s+1)(0.05s+1)}$$

求：

(1) $K=1$ 时系统的相位裕度和幅值裕度。

(2) 试通过调整增益 K，使系统的幅值裕度 $K_g(\text{dB})=20\text{dB}$，相位裕度 $\gamma>40°$。

解：(1) 在 ω_g 处的开环频率特性的相角为

$$\varphi(\omega_g)=-90°-\arctan(0.2\omega_g)-\arctan(0.05\omega_g)=-180°$$

即

$$\arctan(0.2\omega_g)+\arctan(0.05\omega_g)=90°$$

可得：$\omega_g=10$。

相应地，在 ω_g 处的开环对数幅值为

$$\begin{aligned}L(\omega_g)&=20\lg1-20\lg10-20\lg\sqrt{1+\left(\frac{10}{5}\right)^2}-20\lg\sqrt{1+\left(\frac{10}{20}\right)^2}\\&=-20\lg10-20\lg2.236-20\lg1.118\approx-28(\text{dB})\end{aligned}$$

则

$$20\lg K_g=-L(\omega_g)=28(\text{dB})$$

根据 $K=1$ 时的开环系统传递函数，可知 $\omega_c=1$，从而有

$$\varphi(\omega_c)=-90°-\arctan0.2-\arctan0.05\approx-104.17°$$

$$\gamma=180°+\varphi(\omega_c)\approx76°$$

(2) 由题意可知 $K_g=10$，即 $|G(\mathrm{j}\omega_g)|=0.1$，在 $\omega_g=10$ 处的对数幅值为

$$20\lg K-20\lg10-20\lg\sqrt{1+\left(\frac{10}{5}\right)^2}-20\lg\sqrt{1+\left(\frac{10}{20}\right)^2}=20\lg0.1$$

解得 $K=2.5$。

由 $K=2.5$ 可知

$$\omega_c^2(1+0.04\omega_c^2)(1+0.0025\omega_c^2)=K^2=6.25$$

$$\omega_c^2(1+0.04\omega_c^2)\approx6.25,\quad \omega_c\approx2.265$$

从而得到相频特性：

$$\varphi(\omega_c)=-90°-\arctan(0.2\omega_c)-\arctan(0.05\omega_c)\approx-120.83°$$

$$\gamma = 180^\circ + \varphi(\omega_c) \approx 59^\circ > 40^\circ$$

因此，当 K 取 2.5 就能同时满足 K_g 和 γ 的要求。

在分析控制系统的开环对数的幅相频率特性时，习惯上频率范围分为 3 个频段，如图 5-49 所示的低频段、中频段和高频段。其中，低频段反映系统的稳态性能，高频段反映系统的抗干扰能力，而中频段的宽度和斜率与系统的动态性能有密切的关系。下面对中频段与系统的动态性能的关系进行分析。

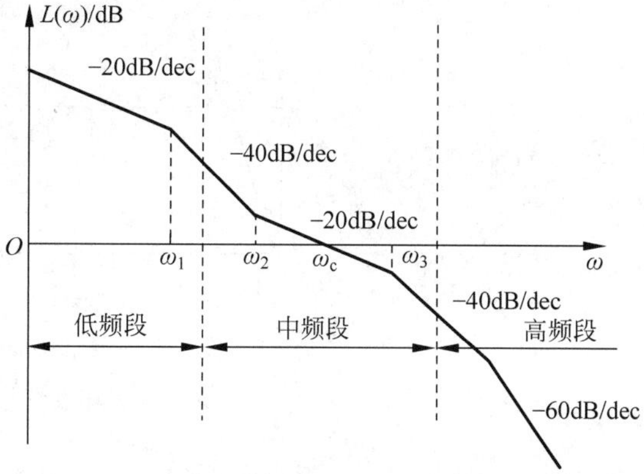

图 5-49　对数幅频特性 3 个频段的划分

中频段的主要参数有开环截止频率 ω_c、相位裕度 γ 和中频宽度 h。对于如图 5-49 所示的系统，中频宽度一般定义在斜率等于 −20dB/dec 且靠近 ω_c 处：

$$h = \frac{\omega_3}{\omega_2} \tag{5-71}$$

一般要求最小相位系统的开环对数幅频特性在 ω_c 处的斜率等于 −20dB/dec，如果该处斜率等于或小于 −40dB/dec，则对应的系统可能不稳定，或者即使系统稳定，其相位裕度较小，系统稳定性较差。下面通过二阶系统对上述结论进行说明。

设标准二阶系统的开环传递函数为

$$G(s) = \frac{K}{s(Ts+1)} = \frac{\omega_n^2}{s^2 + 2s\zeta\omega_n} \tag{5-72}$$

其中，自然振荡频率 $\omega_n = \sqrt{\frac{K}{T}} = \sqrt{K\omega_1}$，阻尼比 $\zeta = \frac{1}{2}\sqrt{\frac{\omega_1}{K}}$，其中 ω_1 为转折频率，则

(1) 当 $\omega_1 < \omega_c < K$ 时，$\zeta < 0.5$，如图 5-50(a)所示，阶跃响应是衰减较慢的振荡过程。

(2) 当 $\omega_1 = \omega_c = K$ 时，$\zeta = 0.5$，如图 5-50(b)所示，阶跃响应是衰减较快的振荡过程。

(3) 当 $K = \omega_c < \omega_1$ 时，$\zeta > 0.5$，如图 5-50(c)所示，阶跃响应是近似无振荡的非周期过程。

可见，对于二阶系统而言，尽管系统总是稳定的，但为使系统的阶跃响应无超调量或超调量很小，应使开环系统的截止频率 ω_c 位于 −20dB/dec 斜率的线上。

根据上述分析，可以得到以下结论：若系统开环对数幅频特性的中频段斜率为 −20dB/dec，并有一定的中频宽度，则系统是稳定的，中频段越宽，则阶跃响应越接近非周期过程，系统越稳定。

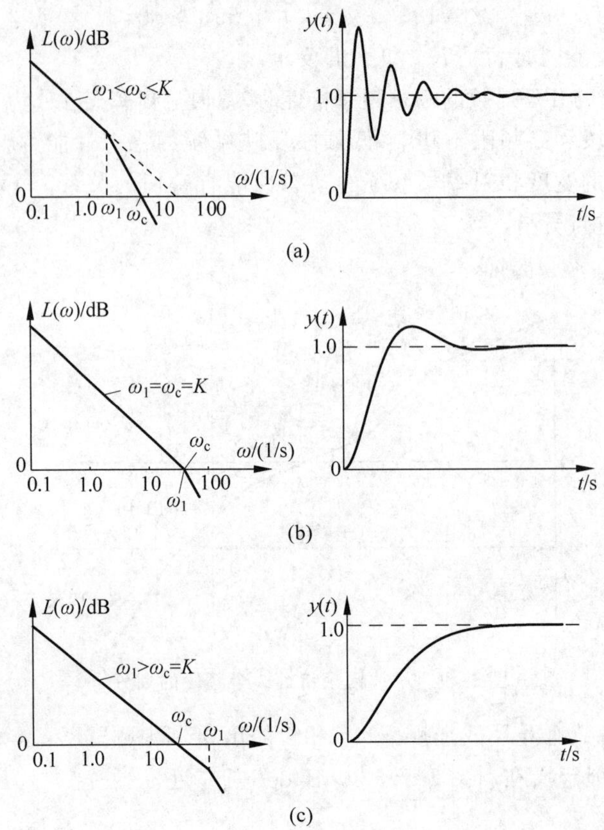

图 5-50　二阶系统的幅频特性和单位阶跃响应

5.6　基于频率响应的校正装置设计

常用的频域性能指标为系统的相位裕度 γ、幅值裕度 K_g、截止频率 ω_c 等。对于一些开环不稳定的系统，或简单地改变系统参数无法达到期望性能指标时，可以考虑设计校正装置来改变系统的频率响应。一般来说，开环频率特性的低频段表征了闭环系统的稳态性能；中频段表征了闭环系统的动态性能；高频段表征了闭环系统的复杂性与噪声抑制性能。因此，用频率法设计控制系统的实质，就是在系统中加入合适的校正装置，使开环系统频率特性变成所期望的动态性能：低频段增益充分大，以保证稳态误差要求；中频段对数幅频特性的斜率大致为－20dB/dec，并有充分的带宽，以保证具有适当的相位裕度；高频段增益尽可能减小，以削弱噪声影响。下面首先分析频域性能指标与时域性能指标之间的关系，然后介绍串联校正法中的超前校正、滞后校正和滞后-超前校正的设计。

5.6.1　频率指标与时域指标的关系

频域中用相位裕度 γ 和幅值裕度 K_g 表征系统的稳定程度，稳定裕度大的系统其过渡过程阻尼就大。对于二阶系统来说，稳定裕度和阻尼比 ζ 之间有严格的数学关系，对于高阶系统，假如有一对复根作为主导极点，则也可以与二阶系统有近似的关系，下面仅以二阶系统为例。

1. 截止频率 ω_c 与阻尼比 ζ、自然振荡频率 ω_n 的关系

典型单位负反馈二阶系统的开环传递函数如式(5-72)所示，由截止频率 ω_c 的定义 $|G(j\omega_c)|=1$，可以得到

$$|G(j\omega_c)|=\frac{\omega_n^2}{\omega_c\sqrt{\omega_c^2+4\zeta^2\omega_n^2}}=1 \tag{5-73}$$

即

$$(\omega_c^2)^2+4\zeta^2\omega_n^2\omega_c^2-\omega_n^4=0$$

得

$$\left(\frac{\omega_c^2}{\omega_n^2}\right)^2+4\zeta^2\left(\frac{\omega_c^2}{\omega_n^2}\right)-1=0$$

将 $\left(\frac{\omega_c}{\omega_n}\right)^2$ 整体作为未知数，利用二次方程的求根公式有 $\left(\frac{\omega_c}{\omega_n}\right)^2=\sqrt{4\zeta^4+1}-2\zeta^2$，可得

$$\frac{\omega_c}{\omega_n}=\left(\sqrt{4\zeta^4+1}-2\zeta^2\right)^{\frac{1}{2}} \tag{5-74}$$

由式(5-74)可以看出，当阻尼比 ζ 一定的情况下，截止频率 ω_c 越大，自然振荡频率 ω_n 也越大，闭环系统的上升时间、峰值时间和调节时间越短，系统响应速度越快。

2. 相位裕度 γ 与阻尼比 ζ 的关系

由相位裕度的定义式 $\gamma=180°+\varphi(\omega_c)$，可计算式(5-72)的相位裕度为

$$\gamma=180°-90°-\arctan\frac{\omega_c}{2\zeta\omega_n} \tag{5-75}$$

将式(5-74)代入式(5-75)，得

$$\gamma=\arctan\frac{2\zeta\omega_n}{\omega_c}=\arctan\left(\frac{2\zeta}{\sqrt{\sqrt{4\zeta^4+1}-2\zeta^2}}\right) \tag{5-76}$$

式(5-76)与图 5-51 给出了欠阻尼二阶系统阻尼比 ζ 和相位裕度 γ 之间的单值关系。可以看出，γ 仅与 ζ 有关，ζ 为 γ 的增函数，且在 $\zeta\leqslant0.7$ 的范围内，可以近似地用一条直线表示它们的关系，即

$$\zeta\approx0.01\gamma \tag{5-77}$$

式(5-77)表明，γ 选择 30°～60°时，对应的阻尼比 ζ 为 0.3～0.6。应指出的是，二阶系统的相位裕度 γ 可以决定系统的阻尼比 ζ，但不能决定系统的自然振荡频率 ω_n。对于具有相同阻尼比 ζ 的系统，当 ω_n 不同时，过渡过程的调节时间相差很大。在标准二阶系统中，假定时间常数 T 固定，放大倍数 K 可调，则可由要求的阻尼比 ζ 值确定出相位裕度 γ，进而得到 K 值：

$$K=\frac{1}{4\zeta^2T}=\frac{1}{4(0.01\gamma)^2T} \tag{5-78}$$

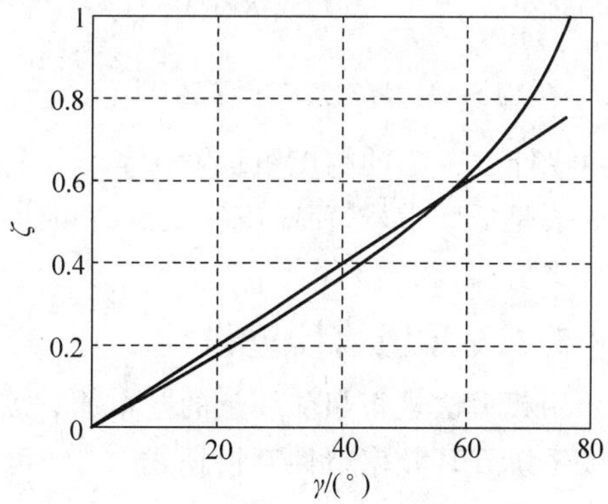

图 5-51　典型二阶系统 γ 与 ζ 的关系曲线

对于二阶及以下的简单系统，幅值裕度 K_g

无意义；对于高阶系统，根据工程经验，较为满意的稳定裕度范围为：$K_g \geqslant 0.5$，$\gamma=30°\sim35°$。

3. 频域指标与时域指标的关系

在控制系统设计中，采用的设计方法一般依据性能指标的形式而定。如果性能指标是以系统单位阶跃响应的峰值时间、调节时间、超调量、阻尼比、稳态误差等时域指标给出时，可采用根轨迹方法进行校正；如果性能指标以系统的相位裕度、幅值裕度、谐振峰值、闭环带宽、稳态误差系数等频域指标给出时，一般就采用频率法校正。通常可以通过两种指标之间的近似公式进行指标的互换。下面直接给出这两种指标之间的常用关系。

下面给出二阶系统频域指标与时域指标的关系。

谐振峰值

$$A_r=\frac{1}{2\zeta\sqrt{1-\zeta^2}},\quad \zeta\leqslant 0.707$$

谐振频率

$$\omega_r=\omega_n\sqrt{1-2\zeta^2},\quad \zeta\leqslant 0.707$$

带宽频率

$$\omega_b=\omega_n\sqrt{1-2\zeta^2+\sqrt{2-4\zeta^2+4\zeta^4}}$$

截止频率

$$\omega_c=\omega_n\sqrt{\sqrt{1+4\zeta^4}-2\zeta^2}$$

相位裕度

$$\gamma=\arctan\left(\frac{2\zeta}{\sqrt{\sqrt{1+4\zeta^4}-2\zeta^2}}\right)$$

调节时间

$$T_s=\frac{3.5}{\zeta\omega_n}\quad 或\quad \omega_n T_s=\frac{7}{\tan\gamma}$$

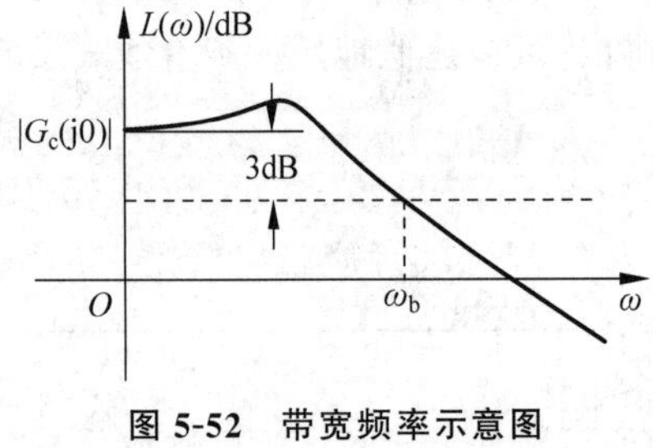

图 5-52　带宽频率示意图

其中，带宽频率 ω_b 是频域性能指标中一项重要的技术指标。设 $G_c(j\omega)$ 为系统闭环频率特性，当闭环幅频特性下降到频率为零时的分贝值以下 3dB 时，对应的频率称为带宽频率，记为 ω_b，如图 5-52 所示，频率范围为 $(0,\omega_b)$，称为系统的带宽。

带宽的定义表明，对高于带宽频率的正弦输入信号，系统输出将呈现较大的衰减。一般希望设计好的系统既能以一定的精度跟踪输入信号，又能抵制噪声干扰信号。在实际系统运行中，输入信号一般是低频信号，而噪声往往是高频信号。因此，合理选择控制系统的带宽在系统设计中十分重要。

5.6.2　超前校正设计

用频率法进行超前校正的基本原理就是通过其相位超前特性来增大系统的相位裕度，改变系统开环频率特性。根据式(4-56)可得超前校正装置的频率特性

$$G_c(j\omega)=k_c\alpha\frac{j\omega T+1}{j\omega\alpha T+1}$$

其中，$\alpha<1$。其新增加的环节产生转折频率较原转折频率 $\omega=1/T$ 高出许多倍，使得相位的超前作用仍然保留下来，而高频放大作用被明显限制。在对数坐标图上，最大相位超前出现在两个转折频率的几何中心点，即 $\omega_{\varphi_{max}}=\sqrt{\frac{1}{T}\cdot\frac{1}{\alpha T}}=\frac{1}{T\sqrt{\alpha}}$。这一结论对任意 α 均成立。图 5-53 给出了超前校正的频率特性。

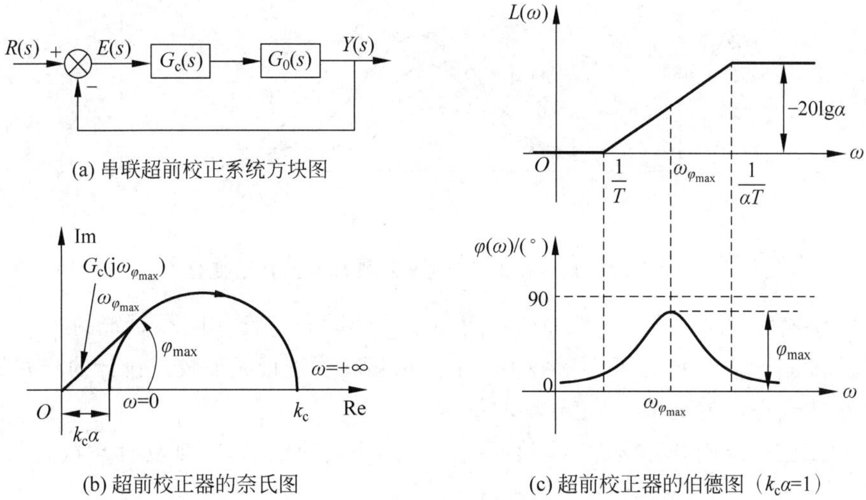

图 5-53　串联超前校正系统

若在超前校正环节中选择 $k_c=1/\alpha$，则可以使串联超前校正系统的稳态特性保持不变，即

$$G_c(j\omega)=\frac{1+j\omega T}{1+j\omega\alpha T},\quad \alpha<1$$

选择超前校正的作用是使得开环频率特性的幅相曲线逆时针旋转，超前校正环节的相角为

$$\varphi_c(\omega)=\arctan(\omega T)-\arctan(\omega\alpha T)=\arctan\frac{(1-\alpha)\omega T}{1+\alpha\omega^2T^2} \tag{5-79}$$

将式(5-79)对 ω 求导并令求导后的结果为零，得最大超前角 φ_{max}、最大超前角频率 $\omega_{\varphi_{max}}$ 和对数幅频特性 $L(\omega_{\varphi_{max}})$，即

$$\varphi_{max}=\angle G_c(j\omega_{\varphi_{max}})=\arcsin\frac{1-\alpha}{1+\alpha} \tag{5-80}$$

$$\omega_{\varphi_{max}}=\frac{1}{T\sqrt{\alpha}} \tag{5-81}$$

$$L(\omega_{\varphi_{max}})=-10\lg\alpha \tag{5-82}$$

可以看出，最大超前角 φ_{max} 仅与参数 α 有关，α 值越大，超前角越小。超前校正环节的伯德图随参数 α 的变化情况如图 5-54 所示。

从上述推导过程可以看出，只要正确地将超前校正环节的转折频率 $1/\alpha T$ 和 $1/T$ 选在待校正系统截止频率 ω_c 的两边，并适当选择参数 α 和 T，就可以使校正系统的截止频率和

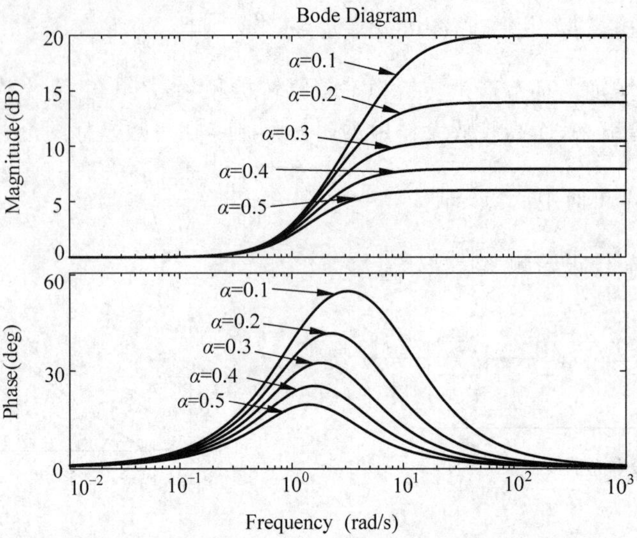

图 5-54　超前校正环节的伯德图随参数 α 的变化

相位裕度满足性能指标的要求，从而改善闭环系统的动态特性。闭环系统的稳态性能要求可以通过选择已校正系统的开环增益来保证。用频域法进行超前校正设计的步骤如下。

(1) 根据稳态误差要求，确定开环增益 K。

(2) 利用已确定的开环增益 K，绘制校正前系统的伯德图，得到其开环截止频率 ω_c 和相位裕度 γ。

(3) 根据期望的相位裕度值 γ'，计算超前校正环节应提供的最大相角 $\varphi_{\max}$，即

$$\varphi_{\max} = \gamma' - \gamma + \varepsilon \tag{5-83}$$

式中 ε 是用于补偿因超前校正环节的引入，使系统的截止频率增大而导致未校正系统相位滞后量的增加。若未校正系统的伯德图在截止频率处的斜率为 -40dB/dec，则一般取 $\varepsilon = 5^\circ \sim 10^\circ$；若频段的斜率为 -60dB/dec，则一般取 $\varepsilon = 15^\circ \sim 20^\circ$。

(4) 根据所确定的最大超前相角 $\varphi_{\max}$，按式(5-80)计算相应的 α 值，即

$$\alpha = \frac{1 - \sin\varphi_{\max}}{1 + \sin\varphi_{\max}} \tag{5-84}$$

(5) 确定校正后系统的开环截止频率 ω'_c。一般选择最大超前角频率 $\omega_{\varphi_{\max}}$ 等于要求的系统截止频率 ω'_c，以在保证系统响应速度的同时充分利用超前校正的相位超前特性。$\omega_{\varphi_{\max}} = \omega'_c$ 成立的条件是

$$-L_{G_0}(\omega'_c) = L_{G_c}(\omega_{\varphi_{\max}}) = -10\lg\alpha \tag{5-85}$$

其中，G_0 为未校正系统的传递函数，由此解出 ω'_c 即为 $\omega_{\varphi_{\max}}$。

(6) 再根据式(5-81)求得超前校正环节的另一个参数 T，即

$$T = \frac{1}{\omega_{\varphi_{\max}}\sqrt{\alpha}} \tag{5-86}$$

(7) 确定校正装置的传递函数，即

$$G_c = \frac{Ts + 1}{\alpha Ts + 1} \tag{5-87}$$

(8) 绘制校正后系统的伯德图,验算相位裕度 γ' 是否满足要求,若验证结果不满足指标要求,则需要重新选择 $\varphi_{\max}$,一般使 $\varphi_{\max}$ 增大,然后重复上述步骤,直到满足要求。

例 5-13　单位负反馈系统开环传递函数为

$$G_0(s)=\frac{4K}{s(s+2)}$$

设计一超前校正装置,使校正后系统的稳态速度误差系数 $K_v=20\mathrm{s}^{-1}$,相位裕度 $\gamma\geqslant 50°$,幅值裕度 $20\lg K_g\geqslant 10\mathrm{dB}$。

解:(1) 由期望的稳态速度误差系数确定系统的开环增益 K:

$$K_v=\lim_{s\to 0}s\cdot\frac{4K}{s(s+2)}=2K=20,\quad K=10$$

因此未校正系统的开环频率特性为

$$G_0(\mathrm{j}\omega)=\frac{40}{\mathrm{j}\omega(\mathrm{j}\omega+2)}=\frac{20}{\mathrm{j}\omega(1+\mathrm{j}\omega/2)}$$

绘制未校正系统的伯德图,如图 5-55 所示,由图可得到未校正系统的幅值裕度为无穷大,相位裕度约为 18°。

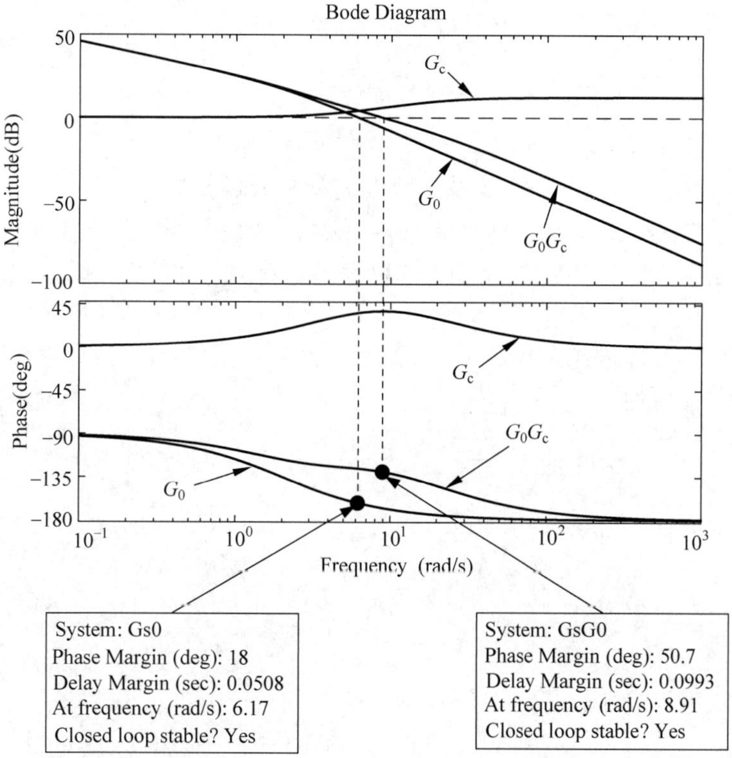

图 5-55　例 5-13 校正前后系统的伯德图

(2) 根据相位裕量的要求,确定超前校正系统应提供相位超前角:

$$\varphi_{\max}=\gamma'-\gamma+\varepsilon=50°-18°+6°=38°$$

(3) 由式(5-84)求得校正装置的参数 α:

$$\alpha=\frac{1-\sin 38°}{1+\sin 38°}=0.24$$

(4) 确定校正后开环系统的截止频率。根据步骤(3)确定的 α 值，可确定超前校正装置在 $\omega_{\varphi_{\max}}$ 处的幅值应为 $L(\omega_{\varphi_{\max}})=-10\lg\alpha=6.2\text{dB}$，为此找出未校正系统开环对数幅值为 -6.2dB 的频率为 $\omega=\omega_{\varphi_{\max}}=9\text{s}^{-1}$，这一频率即为校正后系统的截止频率 ω_c'。

(5) 由式(5-86)确定超前校正装置中的另外一个参数 T，即

$$T=\frac{1}{\omega_{\varphi_{\max}}\sqrt{\alpha}}=\frac{1}{9\sqrt{0.24}}\approx 0.227$$

求得超前装置的传递函数为

$$G_c(s)=\frac{0.227s+1}{0.054s+1}$$

(6) 校正后系统的开环传递函数为

$$G_0(s)G_c(s)=\frac{20(0.227s+1)}{s(0.5s+1)(0.054s+1)}$$

(7) 验证校正后系统的性能指标是否满足要求。

绘制校正后系统的伯德图如图 5-55 所示。由图可知相位裕度为 50.7°，幅值裕度为正无穷，满足设计要求。

例 5-14 单位负反馈系统开环传递函数为

$$G_0(s)=\frac{K}{s(s+1)}$$

要求校正后系统满足：

(1) 相位裕度 $\gamma\geqslant 45°$，开环系统截止频率 $\omega_c'\geqslant 4.3\text{rad/s}$；

(2) 稳态速度误差系数 $K_v=10\text{s}^{-1}$。

解：原被控系统为Ⅰ型系统，由稳态速度误差系数 K_v 的要求，可知原系统的开环放大系数 $K=K_v=10$。

根据原系统的开环传递函数 $G_0(s)$ 以及开环放大系数 $K=10$，计算原系统的相位裕度。

原系统的频率特性为

$$G_0(\text{j}\omega)=\frac{10}{\text{j}\omega(\text{j}\omega+1)}=\frac{10}{\omega\sqrt{1+\omega^2}}\angle(-90°-\arctan\omega)$$

截止频率：由 $|G_0(\text{j}\omega_c)|=1$ 得

$$\frac{10}{\omega_c\sqrt{1+\omega_c^2}}=1$$

从而求得 $\omega_c\approx 3.08\text{rad/s}$。

相位裕度：由下式可求得相位裕度，即

$$\gamma=180°-90°-\arctan 3.1\approx 17.9°$$

可以看出，原系统的截止频率和相位裕度不满足设计要求，因此需要进行超前校正。

$$G_c(\text{j}\omega)=\frac{1+\text{j}\omega T}{1+\text{j}\omega\alpha T},\quad \alpha<1$$

假设校正后开环系统的截止频率 $\omega_c'=4.3$，则利用式(5-85)计算参数 α 如下：

$$-10\lg\alpha=-L(\omega_c')=-20\lg\frac{10}{\omega_c'\sqrt{1+\omega_c'^2}}$$

$$\alpha \approx 0.28$$

由式(5-86)确定参数 T，即

$$T=\frac{1}{\omega_{\varphi_{\max}}\sqrt{\alpha}}=\frac{1}{\omega'_c\sqrt{\alpha}}\approx 0.439$$

则超前校正环节传递函数为

$$G_c(s)=\frac{1+0.439s}{1+0.123s}$$

对以上参数进行验证，得串联超前校正之后系统的截止频率和相位裕度分别为 $\omega'_c\approx 4.28\text{rad/s}$ 和 $\gamma'=47.4°$，已经满足系统设计要求。校正前后系统的伯德图如图 5-56 所示。

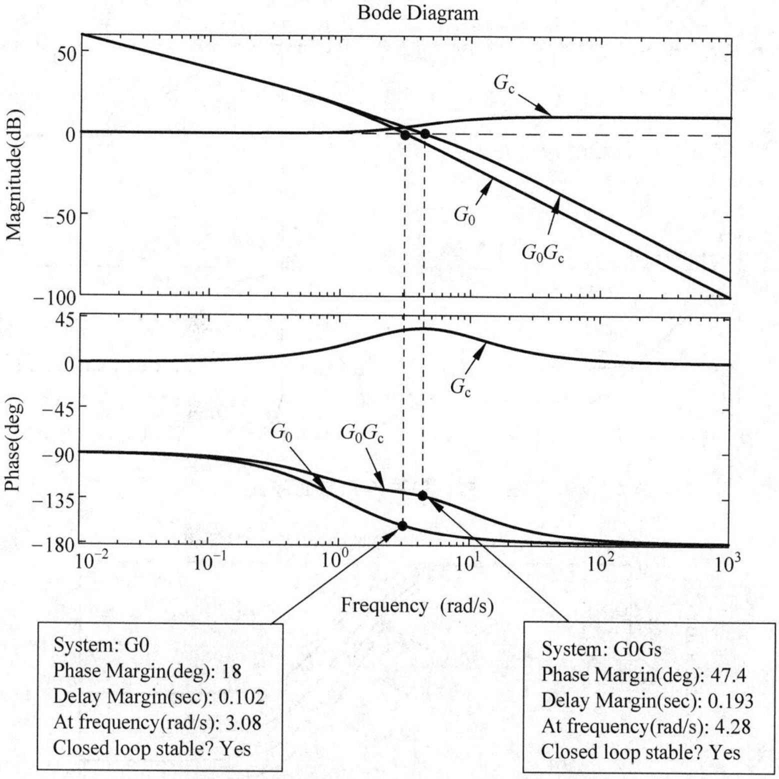

图 5-56　例 5-14 校止前后系统的伯德图

串联超前校正有如下特点：

(1) 增加开环频率特性在截止频率 ω_c 附近的正相角，提高了系统的相位裕度 γ；

(2) 减小对数幅频特性在截止频率 ω_c 上的负斜率，提高了系统的稳定性；

(3) 提高了系统的截止频率 ω_c，从而提高了系统的响应速度。

若原系统不稳定或稳定裕度很小，且开环对数幅频特性曲线在截止频率附近有较大的负斜率，则不宜采用超前校正。因为随着截止频率 ω_c 的增加，原系统负相角增加的速度将超过超前校正环节正相角增加的速度，超前校正则不能满足系统设计要求。这时需要考虑滞后校正。

5.6.3 滞后校正设计

串联校正中采用滞后校正的目的是利用其高频幅值衰减特性，使校正后系统的截止频率下降，从而使系统获得足够的相位裕度。考虑图 5-57 所示的串联滞后校正系统，可以看出：当滞后校正环节（见式（4-75））中选择 $k_c = 1/\beta$，则可以使串联滞后校正系统的稳态特性保持不变，即

$$G_c(j\omega) = \frac{1 + j\omega T}{1 + j\omega\beta T}, \quad \beta > 1$$

且 β 值越大，滞后校正环节的幅值衰减越快。滞后校正环节的伯德图随参数 β 的变化情况如图 5-58 所示。

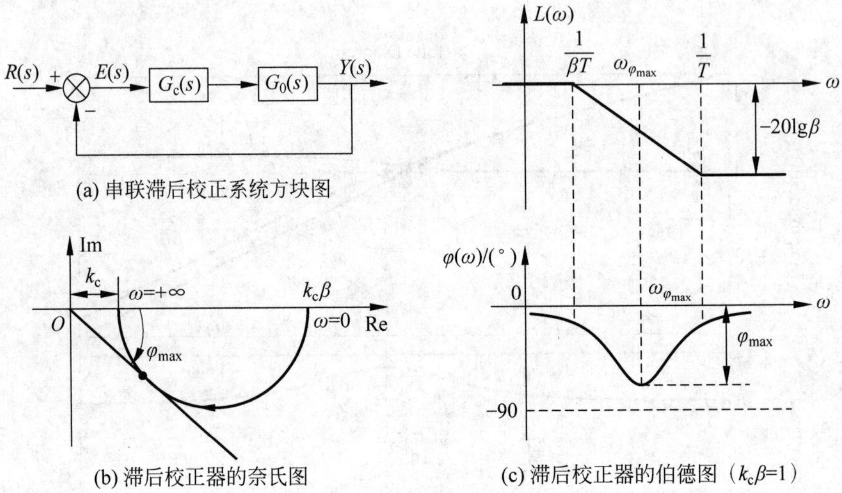

图 5-57 串联滞后校正系统

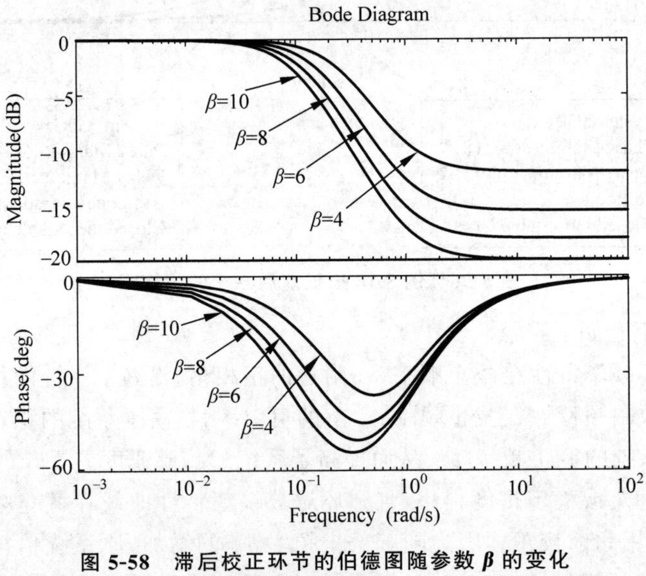

图 5-58 滞后校正环节的伯德图随参数 β 的变化

由滞后校正的目的与原理可知，其最大滞后角应力求避免发生在已校正系统截止频率 ω_c' 附近。选择滞后校正环节参数时，通常使滞后校正的第二个转折频率 $1/T$ 远小于 ω_c'，一般选择

$$\frac{1}{T}=\frac{\omega'_c}{10} \tag{5-88}$$

滞后校正环节在截止频率 ω'_c 的相角为

$$\varphi_c(\omega'_c)=\arctan(\omega'_c T)-\arctan(\beta\omega'_c T) \tag{5-89}$$

$$\tan\varphi_c(\omega'_c)=\frac{(1-\beta)\omega'_c T}{1+\beta(\omega'_c T)^2} \tag{5-90}$$

代入式(5-88)，则式(5-90)可简化为

$$\varphi_c(\omega'_c)\approx\arctan\left(\frac{1-\beta}{10\beta}\right) \tag{5-91}$$

其中 β 与 $\varphi_c(\omega'_c)$ 的关系如图 5-59 所示。

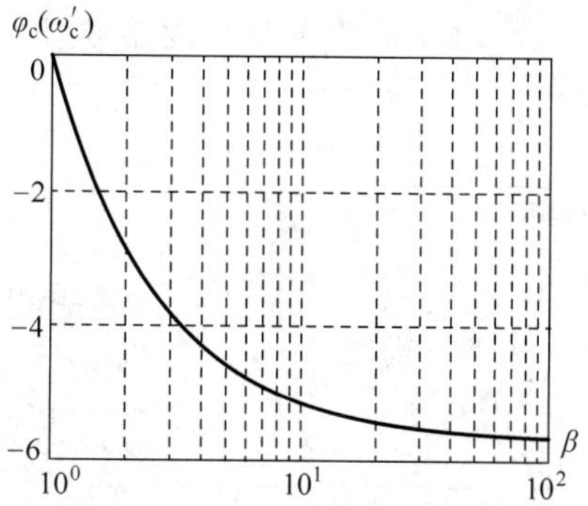

图 5-59　滞后校正装置 β 与 $\varphi_c(\omega'_c)$ 的关系

由图 5-59 可以看出，当 β 在[1, 100]范围内变化时，滞后校正环节最大幅值衰减所对应的相角不超过−6°，对校正后系统的相位裕度影响很小。因此，一般可先将滞后校正环节的相位滞后近似为−6°，然后在滞后校正设计好之后再验证校正后系统的性能指标。

若原系统为单位负反馈最小相位系统，则应用频域法进行串联滞后校正的步骤如下。

(1) 根据稳态误差要求，确定开环增益 K。

(2) 利用已确定的开环增益 K 绘制系统的伯德图，计算待校正系统的截止频率 ω_c 和相位裕度 γ。

(3) 根据期望相位裕度 γ' 的要求，确定校正后系统的截止频率 ω'_c。

$$\varphi_{G_0}(\omega'_c)=-180^\circ+\gamma'+\varepsilon \tag{5-92}$$

ε 是补偿因滞后环节的引入而在截止频率 ω_c 处产生的相位滞后量，一般可先近似为 6°。

(4) 由校正后系统开环截止频率 ω'_c，求滞后校正环节参数 α。为了补偿因滞后校正带来的幅值衰减，原系统在截止频率 ω'_c 处的幅值必须满足

$$L_{G_0}(\omega'_c)=-L_{G_c}(\omega'_c)=20\lg\beta \tag{5-93}$$

由此解得 β。

(5) 为了保证滞后校正在截止频率 ω'_c 处的滞后角度不大于−6°，可令参数 T 满足

$$\frac{1}{T}=\frac{\omega'_c}{10} \tag{5-94}$$

(6) 确定滞后校正网络传递函数如下：

$$G_c=\frac{Ts+1}{\beta Ts+1} \tag{5-95}$$

(7) 验证已校正系统的相位裕度，若验证结果γ'不满足指标要求，则需要重新选择截止频率ω_c'，重复以上步骤。

例 5-15 单位负反馈系统开环传递函数为

$$G_0(s)=\frac{K}{s(0.1s+1)(0.2s+1)}$$

要求校正后系统满足：

(1) 相位裕度$\gamma'\geqslant 40°$，开环系统截止频率$\omega_c'\geqslant 1$；

(2) 稳态速度误差系数$K_v=10\text{s}^{-1}$。

解：原被控系统为Ⅰ型系统，由稳态速度误差系数K_v的要求，可知原系统的开环放大系数$K=K_v=10$。

根据原系统的开环传递函数$G_0(s)$以及开环放大系数$K=10$，计算原系统的相位裕度。

原系统的频率特性为

$$\begin{aligned}G_0(j\omega)&=\frac{10}{j\omega(j0.1\omega+1)(j0.2\omega+1)}\\&=\frac{10}{\omega\sqrt{1+0.01\omega^2}\sqrt{1+0.04\omega^2}}\angle(-90°-\arctan(0.1\omega)-\arctan(0.2\omega))\end{aligned}$$

截止频率：由$|G_0(j\omega_c)|=1$得

$$\frac{10}{\omega_c\sqrt{1+0.01\omega_c^2}\sqrt{1+0.04\omega_c^2}}=1$$

从而求得$\omega_c=5.72$。

相位裕度：由下式可求得相位裕度，即

$$\gamma=180°-90°-\arctan 0.57-\arctan 1.14\approx 11.57°$$

可以看出，原系统的相位裕度不满足设计要求。由相频特性可以看出，在截止频率ω_c附近相位变化较快，采用串联超前校正很难奏效，且截止频率$\omega_c>\omega_c'$，因此需要进行滞后校正。

$$G_c(j\omega)=\frac{1+j\omega T}{1+j\omega\beta T},\quad \beta>1$$

假设滞后环节在新的截止频率处产生的相位滞后为$\varphi_c=-6°$，由相位裕度$\gamma'\geqslant 40°$的要求，得原系统在ω_c'处的相位裕度为

$$\gamma(\omega_c')=\gamma'+6°=46°$$

由系统伯德图或由相位公式有

$$\gamma(\omega_c')=180°-90°-\arctan 0.1\omega_c'-\arctan 0.2\omega_c'$$

计算得截止频率$\omega_c'=2.73$，满足设计要求。

由式(5-93)确定滞后环节参数β如下：

$$20\lg\beta=20\lg|G_0(\omega_c')|$$

$$\beta=\frac{10}{\omega_c'\sqrt{1+0.01\omega_c'^2}\sqrt{1+0.04\omega_c'^2}}\approx 3.1015$$

由式(5-94)确定参数T，即

$$T=\frac{10}{\omega_c'}\approx 3.66$$

则滞后校正环节传递函数为

$$G_c(s)=\frac{1+3.66s}{1+11.35s}$$

对以上参数进行验证，得串联滞后校正之后系统的截止频率和相位裕度分别为 $\omega_c'=2.73$ 和 $\gamma'=42.1°$，已经满足系统设计要求。校正前后系统的伯德图如图 5-60 所示。

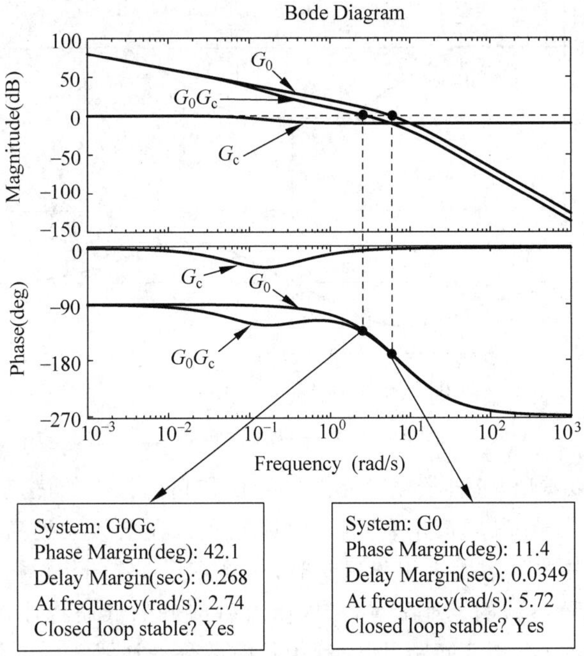

图 5-60　例 5-15 校正前后系统的伯德图

串联滞后校正有如下特点：

(1) 在保持系统开环放大系数 K 不变的情况下，减小截止频率 ω_c 可增加相位裕度 γ，提高系统稳定性；

(2) 由于降低了系统的截止频率 ω_c，使系统的响应速度降低，但系统抗干扰能力增强；

(3) 在保持系统相对稳定性不变的情况下，可以提高系统的开环放大系数，改善系统的稳态性能。

串联超前校正主要是利用超前校正环节的相位超前特性来提高系统的相位裕度或相对稳定性，而串联滞后校正则是利用滞后校正环节在高频段的幅值衰减特性来提高系统的开环放大系数，从而改善系统的稳态性能。在实际系统中，存在单独采用超前校正或滞后校正都不能获得满意的动态和稳态性能的情况，此时可以考虑滞后-超前校正方式。

5.6.4　滞后-超前校正设计

当对校正系统的动态和稳态性能有更高要求时，单独采用上述超前校正或者滞后校正方法难以达到预期要求，这时，可对系统进行滞后-超前校正。考虑如图 5-61(a)所示的无源滞后-超前校正系统，图 5-61(b)为滞后-超前校正装置的伯德图，其传递函数为

$$G_c(s)=\frac{T_2s+1}{\beta T_2s+1}\cdot\frac{T_1s+1}{\alpha T_1s+1}$$

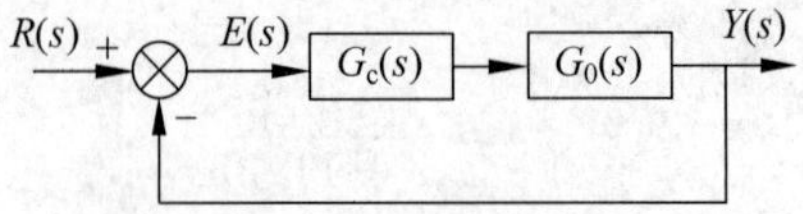

(a) 无源滞后-超前校正系统

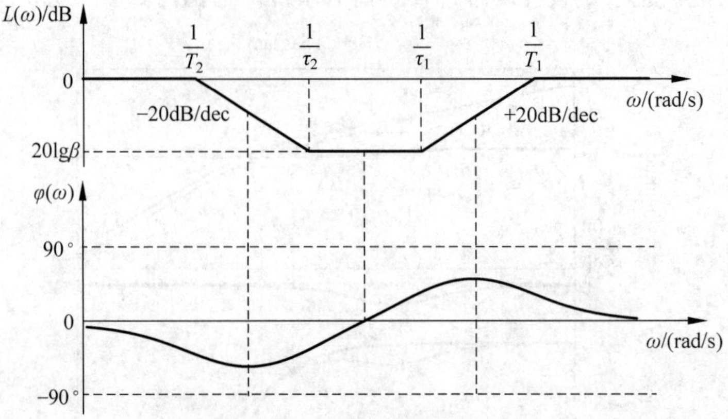

(b) 无源滞后-超前校正网络的伯德图

图 5-61　无源滞后-超前校正

由图 5-61(b)可以看出，这种校正兼有滞后校正和超前校正的优点，频率特性的中低频段为校正装置的滞后部分，其幅值呈衰减特性，因此允许在低频段提高增益，以改善系统的稳态性能；频率特性的中高频段为相角超前部分，增大了系统的相位裕度，改善系统的动态性能。通过对校正装置参数的合理配置，可以使滞后部分的低通特性克服超前部分引起的频带增宽、易受高频噪声影响等问题，同时利用超前部分来补偿滞后部分产生的相位滞后对系统动态性能所产生的不良影响。

基于频率法的无源滞后-超前校正的设计步骤大致如下：

(1) 根据稳态误差要求，确定开环增益 K。

(2) 利用已确定的开环增益 K 和原系统的传递函数，绘制系统的伯德图，计算待校正系统的截止频率 ω_c 和相位裕度 γ。

(3) 根据相位裕度 γ' 的要求，选择校正后系统的截止频率 ω_c'。一般从未校正系统的伯德图中找到相角为 $-180°$ 的频率值，此值即可作为校正后系统的截止频率 ω_c'，因为在此可使超前校正部分提供的最大超前相角就是系统所要求的相位裕度 γ'，既简单又易实现。

(4) 确定超前校正环节的参数 α、T_1 及传递函数 $G_{c1}(s)$。$\varphi_{max}=\gamma'+6°$，增加 $6°$ 是考虑需要抵消后面的滞后环节在 ω_c' 处产生的滞后相角。先求参数 $\alpha=(1-\sin\varphi_{max})/(1+\sin\varphi_{max})$，$T_1=1/(\omega_c'\sqrt{\alpha})$，则超前校正环节的传递函数为

$$G_{c1}(s)=\frac{T_1 s+1}{\alpha T_1 s+1} \tag{5-96}$$

(5) 确定滞后网络的参数及传递函数。绘制开环传递函数为 $G_{c1}(s)G_0(s)$ 的伯德图。由 $20\lg\beta=L_{Gc1G0}(\omega_c')$，解得滞后校正环节的参数 β，再由式(5-94)解出 T_2。则滞后校正环节的传递函数为

$$G_{c2}(s)=\frac{T_2 s+1}{\beta T_2 s+1} \tag{5-97}$$

(6) 确定滞后-超前网络的传递函数

$$G_c(s)=\frac{T_2s+1}{\beta T_2s+1}\frac{T_1s+1}{\alpha T_1s+1} \tag{5-98}$$

(7) 在得到校正后开环系统传递函数后，绘制伯德图，对设计的校正装置性能进行验证。

例 5-16　单位负反馈系统开环传递函数为

$$G_0(s)=\frac{K}{s(s+1)(0.125s+1)}$$

设计滞后-超前校正网络，要求校正后系统满足：

(1) 相位裕度 $\gamma=50°$，调节时间 $t_s\leqslant 4s(\Delta=5)$；

(2) 稳态速度误差系数 $K_v=20s^{-1}$。

解：首先根据稳态指标要求，确定开环增益 K。原被控系统为Ⅰ型系统，由稳态误差系数 K_v 的要求，可知原系统的开环放大系数 $K=K_v=20$，则未校正系统的传递函数为

$$G_0(s)=\frac{20}{s(s+1)(0.125s+1)}$$

绘制未校正系统的伯德图，如图 5-62 所示。由图中信息可知，相位裕度 $\gamma=-13.9°$，开环截止频率 $\omega_c=4.15\text{rad/s}$，未校正系统不稳定，谈不上满足性能指标要求，需要进行校正。由于对校正后系统动态、稳态性能指标要求比较高，故选择滞后-超前校正。

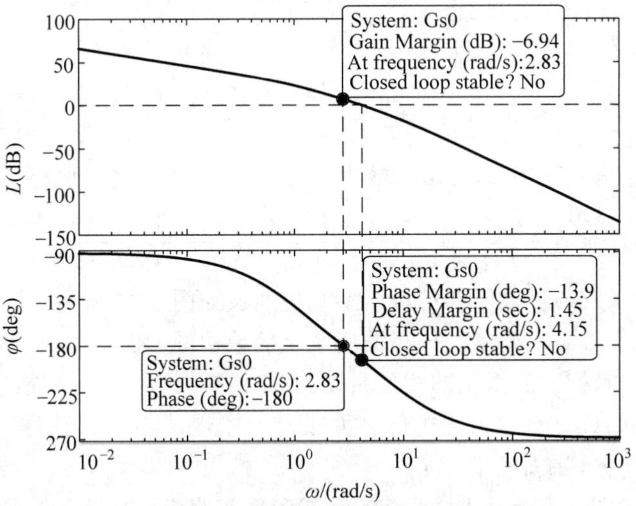

图 5-62　例 5-16 中未校正系统的伯德图

从图 5-62 中找到相角为 $-180°$ 的频率，其值为 $\omega=2.83\text{rad/s}$，即选取校正后系统截止频率 $\omega_c'=2.83\text{rad/s}$，则有 $\varphi_{max}=\gamma'+6°=56°$，

$$\alpha=\frac{1-\sin\varphi_{max}}{1+\sin\varphi_{max}}=\frac{1-\sin 56°}{1+\sin 56°}\approx 0.0935$$

$$T_1=\frac{1}{\omega_c'\sqrt{\alpha}}=\frac{1}{2.8\sqrt{0.0935}}\approx 1.168$$

则超前校正网络的传递函数为

$$G_{c1}(s)=\frac{T_1 s+1}{\alpha T_1 s+1}=\frac{1.168s+1}{0.109s+1}$$

绘制 $G_{c1}(s)\ G_0(s)$ 的伯德图，如图 5-63 中实线所示。

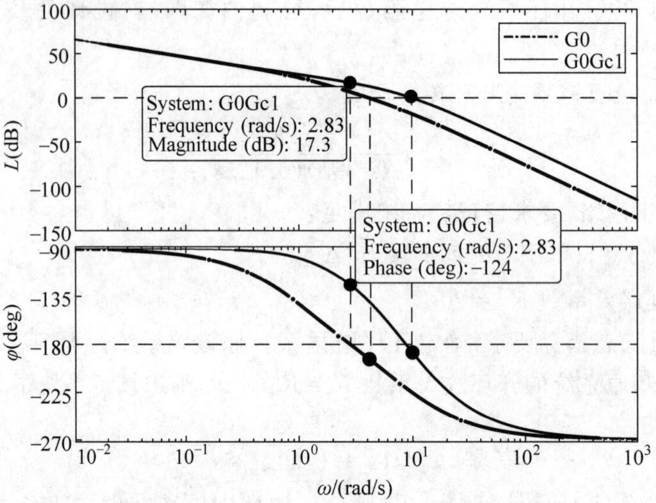

图 5-63　超前校正前后系统的伯德图

由图中信息可知，在期望的截止频率处的 $L_{Gc1G0}(\omega_c')=17.3\text{dB}$，则由 $20\lg\beta=L_{Gc1G0}(\omega_c')$ 解得 $\beta=7.328$，$T_2=10/\omega_c'=3.534$。

滞后校正网络的传递函数为

$$G_{c2}(s)=\frac{T_2 s+1}{\beta T_2 s+1}=\frac{3.534s+1}{25.897s+1}$$

综上，滞后-超前校正网络的传递函数为

$$G_c(s)=\frac{T_2 s+1}{\beta T_2 s+1}\frac{T_1 s+1}{\alpha T_1 s+1}=\frac{1.168s+1}{0.109s+1}\frac{3.534s+1}{25.897s+1}$$

绘制校正前后系统的伯德图和单位阶跃响应曲线如图 5-64 所示，验证校正后系统的相位裕度和调节时间是否满足要求。校正前后系统的伯德图如图 5-64(a)所示，由校正后系统的相频特性信息可知，校正后系统的相位裕度为 $51°>50°$，满足要求；校正后系统的单位阶跃响应曲线如图 5-64(b)所示，由图中信息可知 $t_s=1.53\text{s}<4\text{s}$，满足指标要求。

串联滞后-超前校正有如下特点：

(1) 在未校正系统不稳定，且对系统的动态和稳态性能均有较高的要求时，更适宜采用滞后-超前校正。

(2) 滞后-超前校正的超前环节和滞后环节在校正过程中相辅相成。超前校正环节的相角超前特性可以增大系统的相位裕度，改善系统动态性能；滞后校正环节在中高频段的幅值衰减特性能够将校正后系统的截止频率确定在期望位置。

(3) 滞后-超前校正具有互补性，既保留了超前校正和滞后校正各自的优点，又在共同作用下弥补了各自的缺点。如超前环节弥补了滞后校正以牺牲快速性来获取稳定性的不足，滞后环节又弥补了超前校正抗高频干扰能力减弱的不足。

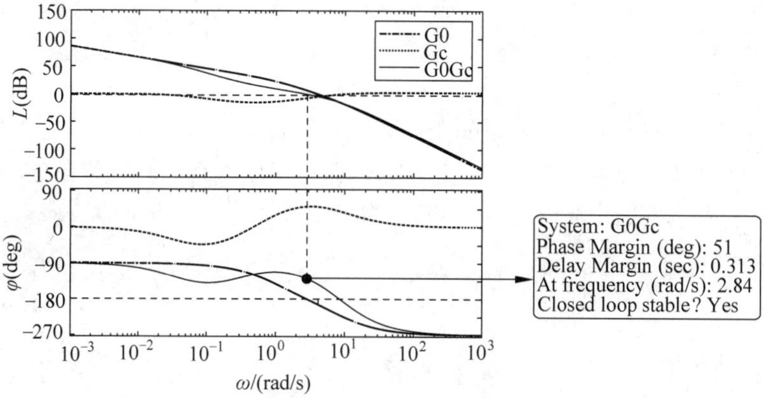

(a) 伯德图

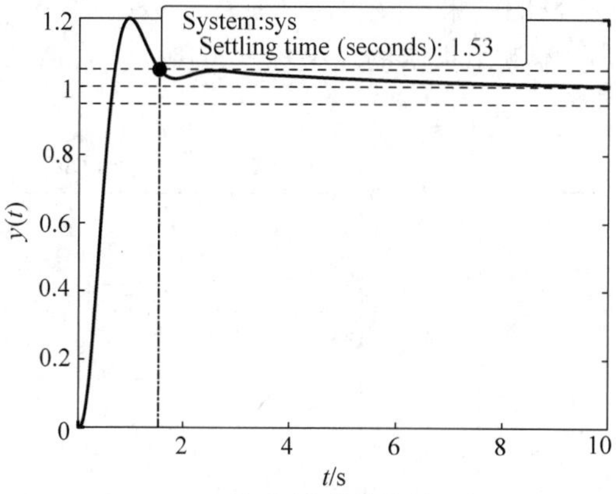

(b) 校正后的单位阶跃响应

图 5-64　滞后-超前校正前后系统的特性曲线

5.7　应用 MATLAB 进行基于频率响应的控制系统分析和设计

MATLAB 的控制系统工具箱对线性定常系统具有丰富的频域分析功能。调用有关函数可以方便地绘制出系统的奈氏图、伯德图，计算系统的相位裕度、幅值裕度，还可以绘制系统的闭环频率特性，进行谐振峰值计算。也可以用 MATLAB 进行基于频率法的串联校正设计，以简化控制系统设计工作。

例 5-17　已知开环传递函数如下：

(1) $G_1(s)=\dfrac{10}{(s+1)(s+2)(s+5)}$

(2) $G_2(s)=\dfrac{1}{s(s+2)}$

利用 MATLAB 绘制系统的奈氏图。

解：(1) 绘制 $G_1(s)$奈氏图的 MATLAB 程序如下。

```
%绘制 G1 的奈氏图
>> num = 10;
>> den = conv(conv([1 1], [1 2]), [1 5]);
>> G1  =  tf(num, den);
```

```
>> nyquist(G1);
>> v = [ - 1.5, 1, - 1, 1];
>> axis(v)
```

MATLAB在作奈氏图时将自动分颜色及线形绘制 ω 从 $-\infty \to +\infty$ 变化的封闭曲线，且临界稳定点自动以"+"出现在图中，图 5-65 是上述程序执行后自动绘制的结果。

(2) 绘制 $G_2(s)$奈氏图的 MATLAB 程序如下。

```
% 绘制 G2 的奈氏图
>> num = 1;
>> den = [1 2 0];
>> nyquist(num, den);
>> v = [ - 1.5, 0.5, - 20, 20];
>> axis(v)
```

图 5-66 是上述程序执行后自动绘制的结果。该程序增加了一条指令 axis()，该指令可以截取指定的横坐标以及纵坐标曲线，本例中指定的横坐标的范围是－1.5～0.5，指定的纵坐标的范围为－20～20。

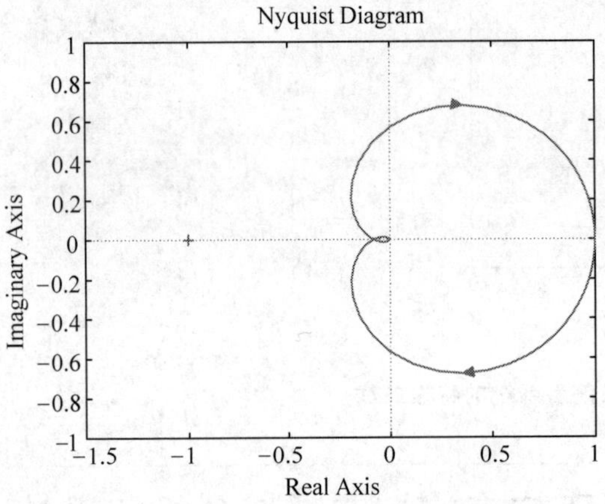

图 5-65　例 5-17(1)$G_1(s)$的奈氏图

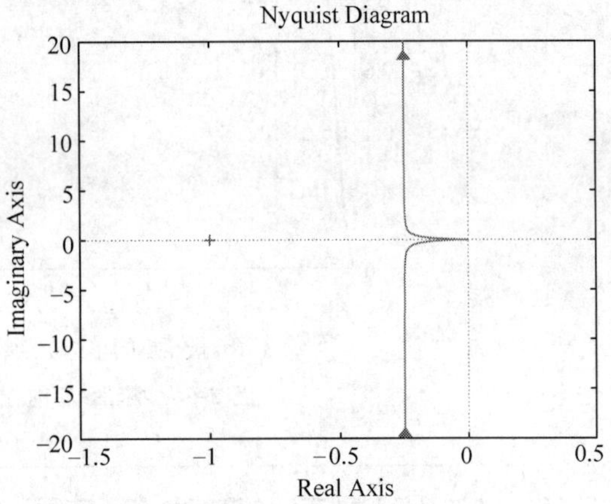

图 5-66　例 5-17(2)$G_2(s)$的奈氏图

例 5-18　已知开环传递函数，作伯德图。

(1) $G(s)=\dfrac{10}{s(s+1)(0.1s+1)}$；

(2) $G_1(s)=\dfrac{5}{s+1}$和 $G_2(s)=\dfrac{5}{s+1}e^{-0.5s}$，并对二者进行比较。

解：(1) 绘制 $G(s)$伯德图的 MATLAB 程序如下。

```
% 绘制 G 的伯德图
>> num = 10;
>> den1 = conv([1 1], [0.1 1]);
>> den = conv([1 0], den1)
>> G = tf(num, den);
>> bode(G);
```

在命令窗口中输入上述命令，命令执行后自动在同一图像中分上下绘制对数幅频曲线及相频曲线，如图 5-67 所示。

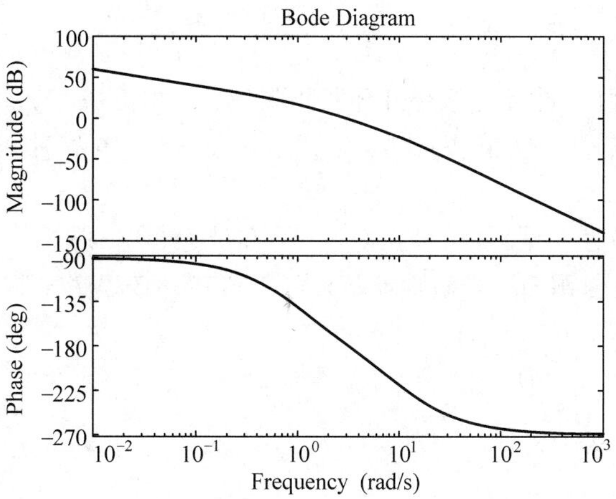

图 5-67　例 5-18(1)$G(s)$的伯德图

(2) 绘制 $G_1(s)$和 $G_2(s)$的伯德图的 MATLAB 程序如下。

```
%绘制 G1 的伯德图
>> G1 = tf(5, [1, 1]);
>> subplot(1, 2, 1);
>> bode(G1);
>> grid
%绘制 G2 的伯德图
>> G2 = tf(5, [1, 1], 'ioDelay', 0.5);
>> subplot(1, 2, 2);
>> bode(G2);
>> grid
```

在命令窗口中输入上述命令,命令执行后得到 $G_1(s)$和 $G_2(s)$的伯德图,如图 5-68 所示。可见,串联了时滞环节后对数幅频特性没有改变,相频特性迅速向$-\infty$方向滑落。

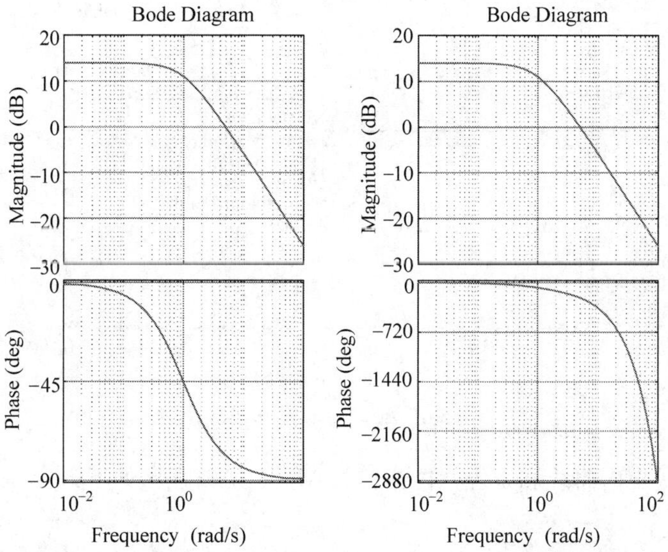

图 5-68　例 5-18(2)$G_1(s)$(左)和 $G_2(s)$(右)的伯德图

例 5-19　已知单位负反馈系统的开环传递函数为

$$G(s)=\frac{10(0.1s+1)}{s(s+1)(0.02s+1)(0.05s+1)}$$

(1) 作系统的伯德图,并计算系统开环截止频率 ω_c、相位裕度 γ 和幅值裕度 K_g;

(2) 作出闭环系统的阶跃响应曲线,计算超调量 $\sigma\%$、调节时间 $t_s(\Delta=5)$ 和峰值时间 t_p;

(3) 作闭环频率特性曲线,并求谐振峰值 A_r 和带宽频率 ω_b。

解:(1) 绘制系统伯德图并求解性能指标的 MATLAB 程序如下。

```
>> num = [1, 10];
>> den1 = conv([1 0], [1 1]);
>> den2 = conv([0.02 1], [0.05 1]);
>> den = conv(den1, den2);
>> G = tf(num, den);
>> bode(G)
>> [Gm, Pm, Wcg, Wcp] = margin(G)
```

MATLAB 命令 bode()不仅可以自动绘制伯德图,而且在得到伯德图后,通过使用鼠标在图上进行点击操作可以轻松获得系统开环频域性能指标,如图 5-69 所示。MATLAB 命令 margin()可以绘制带性能指标的伯德图,也可以不绘图,只在命令窗口显示开环频域性能指标,如本例的结果显示为

```
Gm = 26.3511        % Gm 为幅值裕度 Kg;
Pm = 22.5902        % Pm 为相位裕度 γ;
Wcg = 19.6248       % Wcg 为相角交界频率;
Wcp = 3.1378        % Wcp 为开环截止频率 ωc。
```

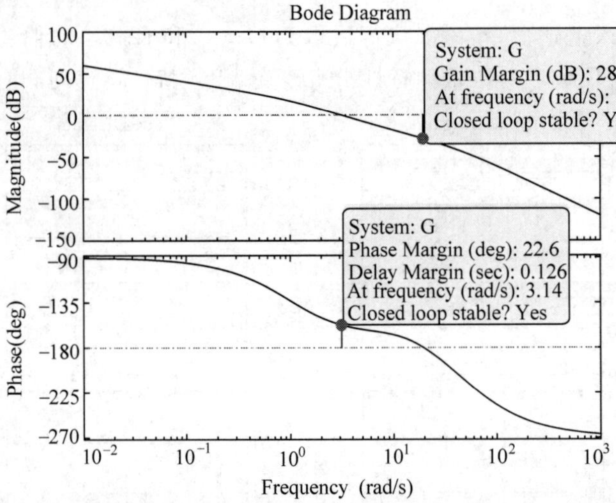

图 5-69　例 5-19 系统的伯德图

(2) 绘制阶跃响应曲线和系统性能指标的 MATLAB 程序如下。

```
>> num = [1, 10];
>> den1 = conv([1 0], [1 1]);
>> den2 = conv([0.02 1], [0.05 1]);
>> den = conv(den1, den2);
>> G = tf(num, den);
```

```
>> sys = feedback(G, 1, -1);
>> step(sys)
```

得到单位阶跃响应曲线如图 5-70 所示。通过鼠标右击操作，可显示闭环频域指标如图 5-70 所示。图中显示的是误差带为 5% 的条件下的性能指标，其中超调量、调节时间和峰值时间分别为 53.6%、4.24s 和 0.975s。

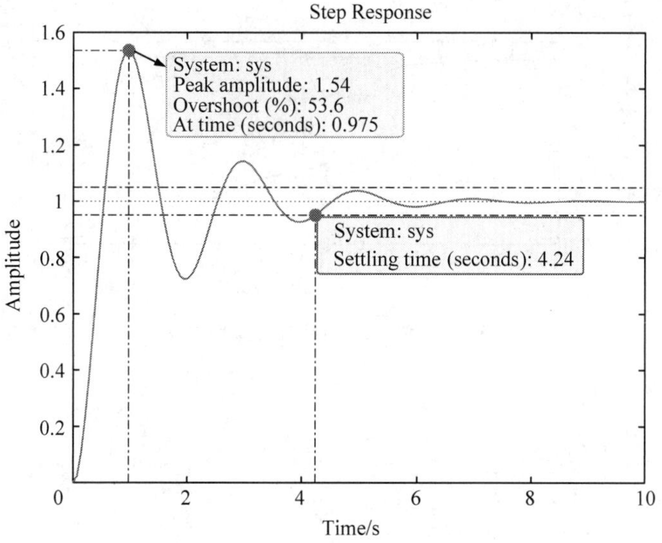

图 5-70　例 5-19 系统的阶跃响应曲线

(3) 绘制闭环频域曲线和系统性能指标的 MATLAB 程序如下。

```
>> num = [1, 10];
>> den1 = conv([1 0], [1 1]);
>> den2 = conv([0.02 1], [0.05 1]);
>> den = conv(den1, den2);
>> G = tf(num, den);
>> sys = feedback(G, 1, -1);
>> bode (sys)
```

闭环频率特性曲线如图 5-71 所示。通过鼠标右击操作，可显示闭环频域指标如图 5-71 所示。可见，谐振峰值及带宽频率分别为 8.17dB 和 3.08rad/s。

用 MATLAB 对系统进行基于频率法的校正设计主要是利用系统的伯德图，基本设计思路是：通过比较校正前后频率特性，选定恰当的校正结构，根据 5.6 节介绍的方法确定校正参数，最后对校正后系统进行校验直至满足校正要求。

例 5-20　已知系统的开环传递函数为

$$G_0(s)=\frac{K}{s(0.05s+1)}$$

设计一个校正装置，使校正后系统的稳态速度误差系数 $K_v \geqslant 100\text{s}^{-1}$，截止频率 $\omega_c \geqslant 55\text{rad/s}$，相位裕度 $\gamma \geqslant 40°$。

解：(1) 根据对稳态误差系数的要求，确定系统开环增益 $K=100$。

(2) 写出系统传递函数 G_0，并计算其幅值裕度和相位裕度：

```
>> G0 = tf(100, conv([1, 0], [0.05, 1]));
```

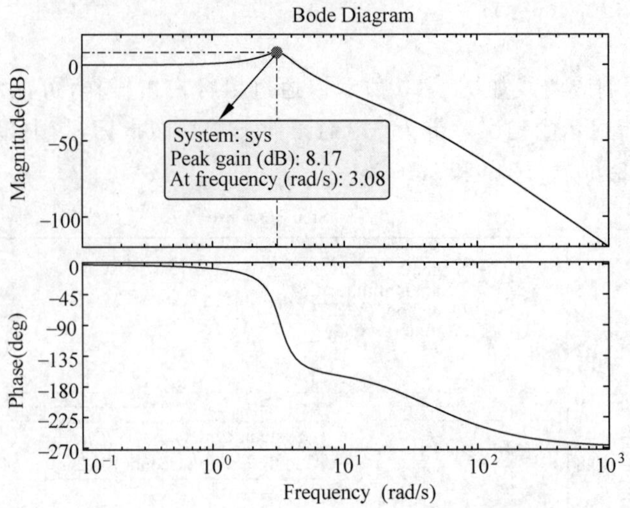

图 5-71　例 5-19 的闭环频率特性曲线

```
>> [Gm, Pm, Wcg, Wcp] = margin(G0);
>> [Gm, Pm, Wcg, Wcp]
ans =
Inf   25.1801       Inf   42.5405
>> w = logspace( - 1, 3);
>> bode(G0, w);
```

得到绘制的伯德图如图 5-72 所示，可以看出，校正前系统的幅值裕度为无穷大，相位裕度 $\gamma=25.2°$，截止频率 $\omega_c=42.5\text{rad/s}$，不满足指标要求。

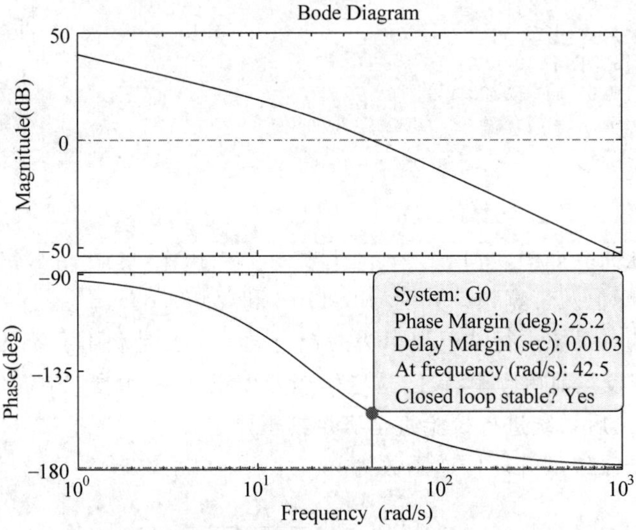

图 5-72　校正前系统的伯德图

(3) 根据对系统动态性能的要求，试探性引入超前校正装置增加相位裕度，为此加入校正装置传递函数为

$$G_c(s)=\frac{0.035s+1}{0.015s+1}$$

通过下列语句获得校正后系统的相位裕度和幅值裕度：

```
>> Gc = tf([0.035, 1], [0.015, 1]);
>> G_o = Gc * G0;
>> [Gm, Pm, Wcg, Wcp] = margin(G_o);
>> [Gm, Pm, Wcg, Wcp]
ans =
   Inf   42.4107    Inf   56.4412
>> bode(G_o, w);
```

得到校正后系统的伯德图如图 5-73 所示。校正后系统的相位裕度增加至 42.4°，截止频率 ω_c 增加至 56.4rad/s，满足指标要求。

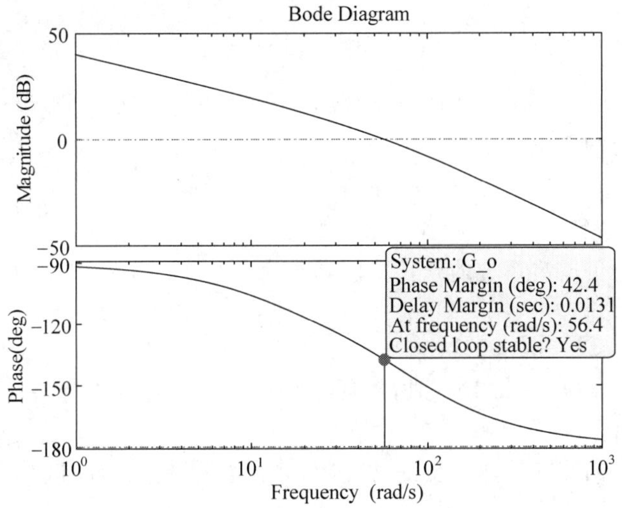

图 5-73　校正后系统的伯德图

本章小结

频域分析法是运用系统频率特性研究闭环系统动态响应的一套完整的图解分析方法，不仅能由系统开环频率特性去判断分析闭环系统稳定性，还能较方便地分析系统参数对时域响应的影响。频率特性是系统的频域数学模型，有明确的物理意义，对一些数学模型未知的元器件可直接用频率响应实验结果参与分析计算。频域分析法由于其方便实用，在工程实践中得到了广泛应用。

控制系统由若干环节组成，熟悉典型环节频率特性后可方便地获得系统开环频率特性。常见的频率特性曲线有两种：一种是以频率为参数将频率特性曲线绘制在复平面上的极坐标图，即奈奎斯特图(简称奈氏图)；另一种是采用频率的对数值作为横坐标、幅频特性和相频特性分别为纵坐标的对数频率特性曲线，称为伯德(Bode)图。

奈奎斯特稳定判据不仅可由系统开环频率特性判断闭环系统稳定性，还给出了定量评价系统的相对稳定性的频域性能指标——相位裕度和幅值裕度，从而获得系统增益范围、环节参数影响等重要信息，是用频率法分析设计控制系统的核心。不仅可以用奈氏图进行系统的绝对稳定性分析，还可以在伯德图上进行相对稳定性分析。

对于不稳定或者不符合稳定指标要求的系统，需要对其进行校正，本章主要介绍了基于频率法的串联超前、滞后、滞后-超前校正方法，可以根据具体性能指标要求进行选择。

MATLAB控制系统工具箱为线性系统频域分析提供了具有丰富功能的函数，调用有关函数可以方便地绘制出系统的奈氏图、伯德图，计算系统的频域性能指标，还可以用MATLAB进行基于频率法的串联校正设计，以简化控制系统设计工作。

习题 5

5-1 已知单位负反馈系统的开环传递函数为

$$G(s)=\frac{1}{s+1}$$

求在输入信号为 $r(t)=\sin(2t)$ 作用下系统的稳态输出 c_{ss} 和稳态误差 e_{ss}。

5-2 已知系统的单位阶跃响应为

$$y(t)=1-1.8e^{-4t}+0.8e^{-9t}, \quad t\geqslant 0$$

试确定系统的频率特性。

5-3 已知单位负反馈系统的开环传递函数为

$$G(s)=\frac{K}{s(Ts+1)}$$

当系统输入信号为 $r(t)=\sin(10t)$ 时，闭环系统的稳态输出为 $C(t)=\sin(10t-90°)$，试计算参数 K 和 T 的值。

5-4 试绘制下列开环传递函数的奈氏图，并判断其负反馈闭环时的稳定性。

(1) $G(s)H(s)=\frac{250}{s(s+5)(s+15)}$ (2) $G(s)H(s)=\frac{250}{s^2(s+5)(s+15)}$

5-5 已知系统的开环传递函数如下所示，试绘制对数幅频特性渐近曲线。

(1) $G(s)=\frac{4(s+0.5)}{s^2(s+0.2)}$ (2) $G(s)=\frac{16(s+0.1)}{s(s^2+2s+1)(s^2+4s+16)}$

5-6 已知系统的开环传递函数为

$$G(s)H(s)=\frac{2}{s^2(s+1)(2s+1)}$$

试画出开环频率特性的奈氏图，并确定 $G(j\omega)H(j\omega)$ 曲线与实轴是否相交，如果相交，试确定交点处的频率和相应的幅值，用奈奎斯特稳定判据判断系统的稳定性。

5-7 已知系统的开环传递函数为

$$G(s)H(s)=\frac{K(s+4)}{s(s-1)}$$

试用奈奎斯特稳定判据判断系统的稳定性，并确定 K 的取值范围。

5-8 已知系统的开环传递函数为

$$G(s)H(s)=\frac{Ke^{-2s}}{s}, \quad K>0$$

试绘制系统开环奈氏图，并求使系统稳定的 K 值的取值范围。

5-9　已知系统的开环传递函数为

$$G(s)H(s)=\frac{K\mathrm{e}^{-0.2s}}{s(s+1)(0.01s+1)}$$

试求当系统截止频率 $\omega_c=5\mathrm{rad/s}$ 时的开环增益 K 值。

5-10　已知最小相位系统的对数幅频特性如图 5-74 所示，试写出对应的开环传递函数。

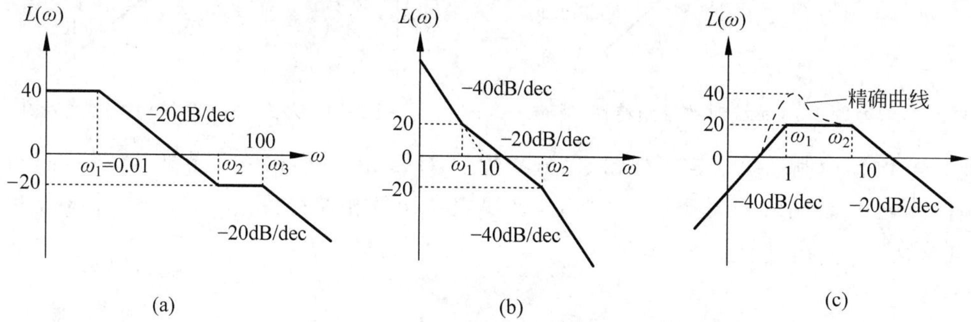

图 5-74　习题 5-10 最小相位系统的对数幅频特性

5-11　已知单位负反馈系统的前向通道的传递函数为

$$G(s)=\frac{16}{s(s+2)}$$

(1) 计算系统的截止频率 ω_c 及相位裕度 γ。

(2) 计算系统闭环幅频特性的谐振峰值 A_r 及谐振频率 ω_r。

5-12　某最小相位系统，开环渐近对数幅频特性如图 5-75 所示。试写出相应的开环传递函数(要求计算全部系数)。

5-13　某控制系统结构如图 5-76 所示。

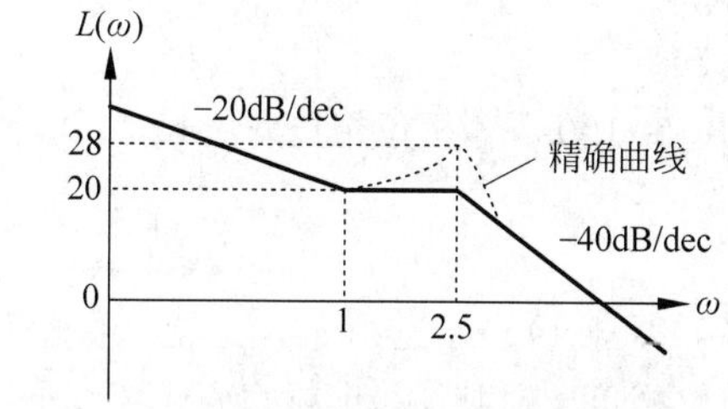

图 5-75　习题 5-12 对数幅频特性

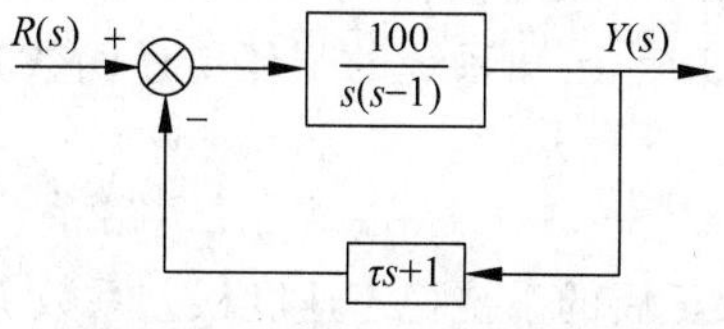

图 5-76　习题 5-13 控制系统结构

(1) 绘出系统稳定时奈奎斯特曲线的大致图形。

(2) 在奈氏图上证明系统临界稳定时的 $\tau=0.01$。

5-14　已知最小相位系统的渐近对数幅频特性如图 5-77 所示。

(1) 求系统开环传递函数。

(2) 利用稳定裕度判断系统稳定性。

(3) 若要求系统具有 30°的稳定裕度，试确定开环放大倍数应改变的倍数。

5-15　已知最小相位系统的渐近对数幅频特性如图 5-78 所示，截止频率 ω_c 位于两个转折频率的几何中心。试估算系统的稳态精度、超调量和调节时间($\Delta=5$)。

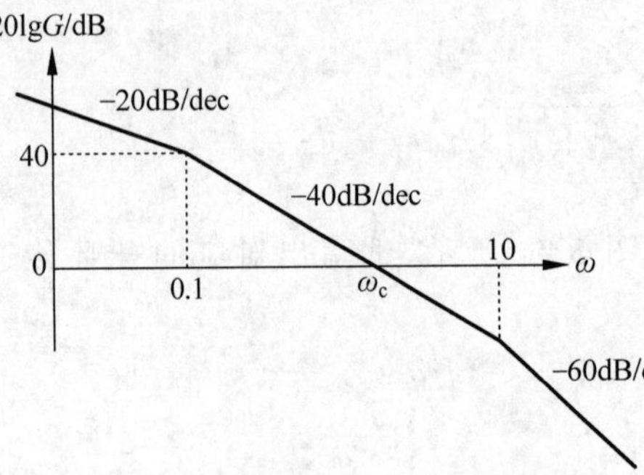

图 5-77　习题 5-14 系统对数幅频特性

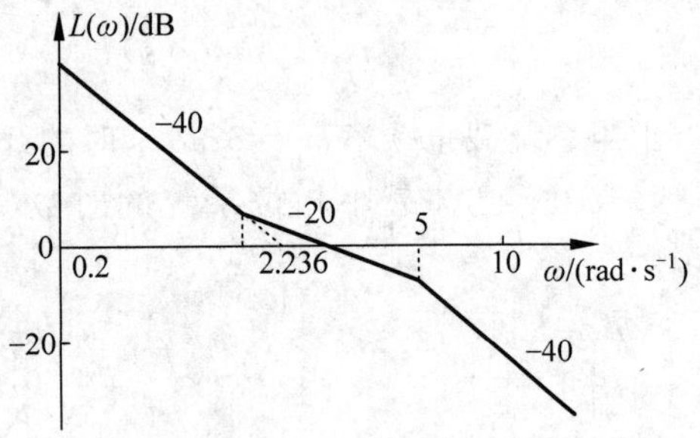

图 5-78　习题 5-15 系统对数幅频特性

5-16　已知控制系统结构图如图 5-79(a)所示，$G(s)$由最小相位环节构成，系统的开环对数幅频特性渐近曲线如图 5-79(b)所示，已知该系统的相位裕度 $\gamma=23.25°$，求系统的闭环传递函数。

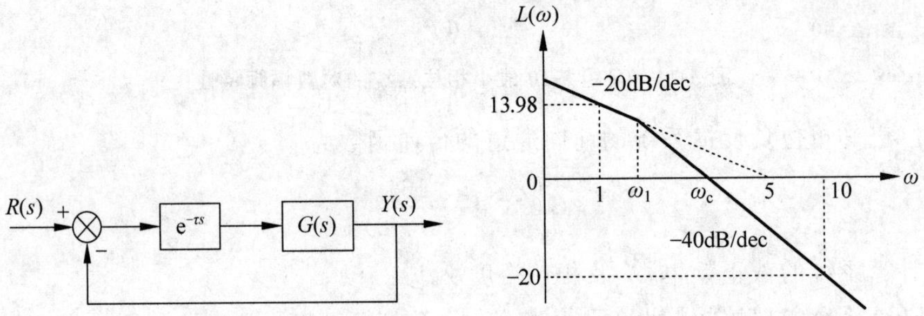

(a) 控制系统结构图　　(b) 系统对数幅频特性渐近曲线

图 5-79　习题 5-16 图

5-17　单位负反馈系统的开环传递函数为

$$G_0(s)=\frac{500K}{s(s+5)}$$

要求采用串联超前校正，使校正后的系统误差系数 $K_v=100\text{s}^{-1}$，相位裕度 $\gamma\geqslant45°$。

5-18　已知系统的开环传递函数为

$$G_0(s)=\frac{K}{s(0.1s+1)(0.2s+1)}$$

要求校正后的系统稳态速度误差系数 $K_v=30\text{s}^{-1}$，相位裕度 $\gamma\geqslant45°$，截止频率 $\omega_c\geqslant2.3\text{rad/s}$，试设计串联滞后校正装置。

5-19　已知系统的开环传递函数为

$$G_0(s)=\frac{K}{s(0.1s+1)(0.01s+1)}$$

试设计串联滞后-超前校正装置，要求校正后的系统稳态误差系数 $K_v=250\text{s}^{-1}$，相位裕度 $\gamma\geqslant45°$，截止频率 $\omega_c\geqslant30\text{rad/s}$。

第6章

连续控制系统的状态空间法

现代控制理论以状态空间法为基础,并以状态空间描述作为数学模型,利用时域法或者频域法研究系统的动态特性。本章将具体讨论连续控制系统的状态空间法,首先分析连续系统的能控性与能观性,然后介绍连续系统的结构分解,给出连续系统的状态反馈控制器、状态观测器的设计方法,使读者能够了解状态空间模型,并使用MATLAB进行分析、设计与验证。

6.1 连续系统的能控性与能观性分析

现代控制理论是建立在状态空间描述的基础上的。在系统的状态空间描述中,引入了表征系统运动信息的状态量,在研究系统时一方面关注控制作用引起状态量的运动过程,另一方面又需测量状态量并用来构成控制量。因此,有两个问题必然会引起人们的注意,其一是系统能否在合适的控制量作用下在有限的时间间隔内从任意的初始状态运动到希望的终止状态;其二是根据有限时间间隔内输出量的测量值能否确定出系统的状态值。这就是系统的能控性和能观性问题。

在现代控制理论中,能控性和能观性是两个重要的概念,是卡尔曼(Kalman)在1960年首先提出来的,它是最优控制和最优估计的设计基础。它们分别揭示了系统的控制量对状态的支配能力和输出量对状态的测辨能力。在经典控制理论中,只关注输入量和输出量,限于讨论一个输入对一个输出量的控制以及输出量作为反馈量参与控制,只要系统的传递函数不为零且系统稳定,系统的输出量总能接受输入量的支配,并且系统输出量作为被控量总是能测量的,所以不必关心能控和能观问题。在现代控制理论中,状态量的引入以及它在系统描述和系统控制中的重要地位,使得能控性和能观性成为系统重要的结构特性,它们是系统分析和综合中非常重要的内容。

6.1.1 系统能控性和能观性的直观示例

为了对系统的能控性和能观性概念有一个初步理解,首先通过几个具体的例子来直观地说明它们。

示例1:考虑线性系统

$$\begin{cases} \dot{x}_1 = -x_1 \\ \dot{x}_2 = -3x_2 + u \end{cases}$$

可知,状态变量 x_2 与控制变量 u 有直接联系,u 有可能支配 x_2 的运动;但是,状态变量 x_1 与 u 没有任何联系,无论直接还是间接,所以 u 不可能支配 x_1 的运动,实际上 x_1 处于自由运动的状态。

当线性系统为

$$\begin{cases}\dot{x}_1 = -x_1 - 2x_2 \\ \dot{x}_2 = -3x_2 + u\end{cases}$$

时，状态变量 x_1 与 x_2 有直接的联系，状态变量 x_2 与控制变量 u 有直接的联系，所以状态变量 x_1 与控制变量 u 建立了间接的联系，控制变量 u 有可能支配状态变量 x_1 的运动。

示例 2：考虑线性系统

$$\begin{cases}\dot{x}_1 = -2x_1 \\ \dot{x}_2 = -3x_2 \\ y = 4x_1\end{cases}$$

可知，输出变量 y 就是状态变量 x_1，所以可以通过 y 来观测 x_1。但是，状态变量 x_2 与 y 没有任何的联系，无论直接还是间接，所以从输出变量 y 得不到任何关于状态变量 x_2 的信息，显然不能通过 y 来观测 x_2。

当线性系统为

$$\begin{cases}\dot{x}_1 = -2x_1 + 2x_2 \\ \dot{x}_2 = -3x_2 \\ y = 4x_1\end{cases}$$

时，状态变量 x_1 是可以通过输出变量 y 来观测的，状态变量 x_2 虽然与 y 没有直接联系，但通过能观的 x_1 与 y 建立了间接的联系，所以有可能通过 y 得到对 x_2 的观测。

值得注意的是，与控制变量 u 有联系的状态变量不一定能控，与输出变量 y 有联系的状态变量也不一定能观。当这种联系存在两条以上通道时，各通道的联系作用有可能相互抵消，使状态变量不能控或不能观。

示例 3：在如图 6-1(a)所示的电路中，选取两个电容上的电压分别为状态变量 x_1、x_2，可以写出系统的状态方程为

$$\begin{cases}\dot{x}_1 = -\dfrac{2}{3RC}x_1 + x_2 + u \\ \dot{x}_2 = -\dfrac{2}{3RC}x_2 + x_1 + u\end{cases}$$

并画出系统的状态变量图，如图 6-1(b)所示。

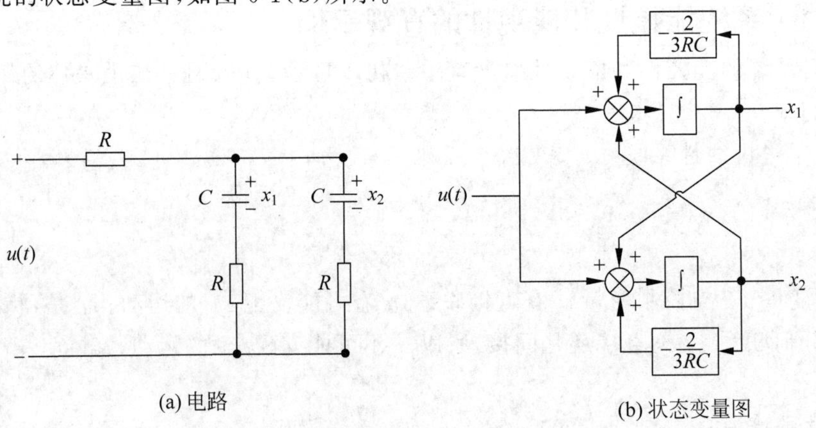

图 6-1　示例 3 的电路及其状态变量图

由系统状态方程及状态变量图可以看到，状态变量 x_1 和 x_2 是完全对称的，必然有解 $x_1(t)=x_2(t)$。当初始状态 $x_1(t_0)=x_2(t_0)$时，总能找到控制作用 $u(t)$使系统的状态在有限的时间区间内运动到任意的 $x_1(t)=x_2(t)$的目标状态，但不可能运动到 $x_1(t)\neq x_2(t)$的目标状态。

在该电路中，虽然每个状态变量都与控制变量有联系，但由于两条通道的联系作用会相互抵消，所以不能达到控制量任意支配状态变量的目的。另外可以看到，特定条件下的状态变量(满足 $x_1(t)=x_2(t)$的状态)是可以受控制变量支配的。

示例 4：在如图 6-2(a)所示的电路中，选取状态变量 x_1、x_2 分别为流过两个电感的电流，输出变量是电阻 R 上的电压，则可写出系统的状态方程和输出方程分别为

$$\begin{cases}\dot{x}_1=-\dfrac{R+R_0}{L}x_1+\dfrac{R_0}{L}x_2+\dfrac{1}{L}u\\[2ex]\dot{x}_2=-\dfrac{R+R_0}{L}x_2+\dfrac{R_0}{L}x_1\end{cases}$$

$$y=R_0x_1-R_0x_2$$

并画出系统的状态变量图，如图 6-2(b)所示。

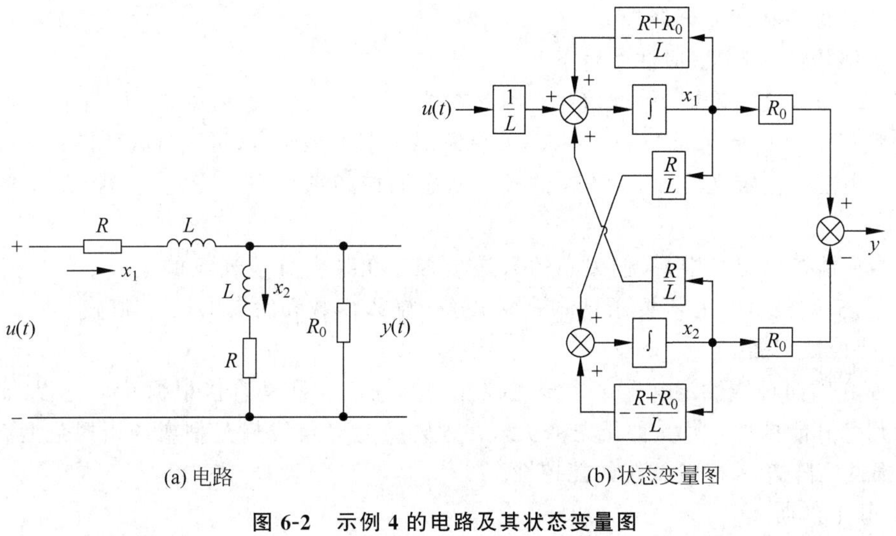

图 6-2　示例 4 的电路及其状态变量图

由系统状态方程以及状态变量图同样可看到，当 $u(t)=0$ 时，状态变量 x_1 和 x_2 也是完全对称的，所以在初始状态 $x_1(t_0)=x_2(t_0)$的特定条件下，输出 $y(t)=0$。这时，虽然每个状态变量都与输出变量有联系，但这种联系都会通过存在的两条通道相互抵消，从而不能达到通过输出变量来观测状态变量的目的。

上述关于系统能控性、能观性的讨论只是在简单的系统中对这两个概念的直观和不严谨的说明。为了揭示它们的本质属性，并用以分析和判断一般系统的能控性和能观性，需要对它们作出比较严格的定义，并推导出可用的判据。

6.1.2　连续系统能控性及其判据

前面已经指出，能控性所考查的只是系统在控制作用 $u(t)$的控制下，状态变量 $x(t)$的转移情况，即系统控制量对状态量的支配能力，与输出变量 $y(t)$无关，所以只需从系统的状

态方程研究出发即可，不必关心输出方程。首先从线性定常连续系统入手来讨论这个问题。

1. 能控性定义

线性定常连续系统的状态方程为

$$\dot{\boldsymbol{x}}=\boldsymbol{A}\boldsymbol{x}+\boldsymbol{B}u \tag{6-1}$$

如果存在一个分段连续的输入 $u(t)$，能在有限的时间区间 $[t_0,t_f]$ 内，使系统由某一初始状态 $\boldsymbol{x}(t_0)$ 转移到指定的任一终端状态 $\boldsymbol{x}(t_f)$，则称此状态 $\boldsymbol{x}(t_0)$ 是能控的。如果系统的所有状态都是能控的，则称此系统是状态完全能控的，或者简称系统是能控的。

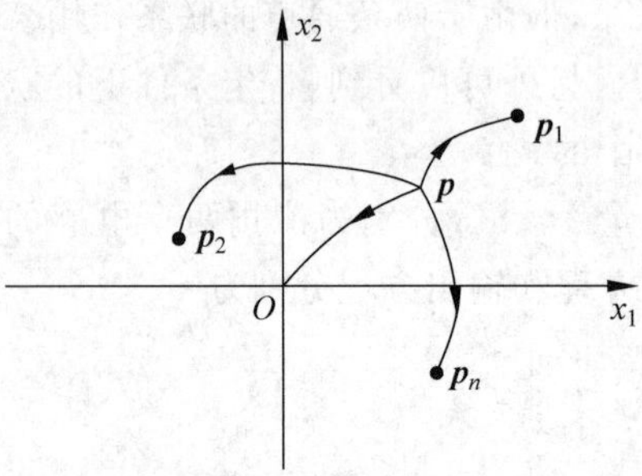

图 6-3　系统能控性说明的示意图

上述定义可以在二阶系统的状态平面上加以说明，如图 6-3 所示。

假定状态平面中的 $\boldsymbol{p}$ 点能在输入的作用下，转移到任一指定的状态 $\boldsymbol{p}_1,\boldsymbol{p}_2,\cdots,\boldsymbol{p}_n$，那么状态 $\boldsymbol{p}$ 是能控的。如果这样的能控状态充满整个状态空间，即对于任意初始状态都能找到相应的控制输入 $u(t)$，使得在有限的时间区间 $[t_0,t_f]$ 内，将状态转移到状态空间的任一指定状态，则该系统被称为状态完全能控。

对于能控性的定义，应注意以下几点：

(1) 因为讨论的系统是线性系统，因此在能控性定义中，为计算方便，假定任意的终端状态为状态空间的原点，即 $\boldsymbol{x}(t_f)=0$。如果终端状态不是原点，可以将其变换到坐标原点。

(2) 由能控性定义可知，系统中的某一状态能控和系统的状态完全能控在含义上是不同的。

(3) 在能控性定义中，人们关心的只是是否存在某个分段连续的输入 $u(t)$，能否把任意初始状态转移到零，并不要求具体计算出这个输入函数和状态的运动轨迹。

2. 能控性判据

下面介绍两种线性定常连续系统能控性的判据。一种是直接根据状态方程的 $\boldsymbol{A}$ 阵和 $\boldsymbol{B}$ 阵来判别其能控性；另一种是先将状态方程转换为对角线规范型或约当规范型 $\Sigma=(\bar{\boldsymbol{A}},\bar{\boldsymbol{B}})$，再根据矩阵 $\bar{\boldsymbol{B}}$ 来确定系统的能控性。

1) 基本判据

定理 6-1　线性定常连续系统由式(6-1)确定，状态完全能控的充分必要条件是能控性矩阵

$$\boldsymbol{Q}_c=[\boldsymbol{B}\quad \boldsymbol{A}\boldsymbol{B}\quad \cdots\quad \boldsymbol{A}^{n-1}\boldsymbol{B}] \tag{6-2}$$

满秩，即 $\operatorname{rank}\boldsymbol{Q}_c=n$。其中，$\boldsymbol{Q}_c$ 是 $n\times nr$ 维的矩阵。下面对单输入系统进行证明。

证明：由状态转移方程可知，单输入系统状态方程 $\dot{\boldsymbol{x}}=\boldsymbol{A}\boldsymbol{x}+\boldsymbol{b}u$ 的解为

$$\boldsymbol{x}(t)=\mathrm{e}^{\boldsymbol{A}(t-t_0)}\boldsymbol{x}(t_0)+\int_{t_0}^{t}\mathrm{e}^{\boldsymbol{A}(t-\tau)}\boldsymbol{b}u(\tau)\mathrm{d}\tau \tag{6-3}$$

由能控性定义知，终端状态

$$\boldsymbol{x}(t_f)=0$$

假设初始时刻 $t_0=0$，则有

$$0=\mathrm{e}^{\boldsymbol{A}t_f}\boldsymbol{x}(0)+\int_{0}^{t_f}\mathrm{e}^{\boldsymbol{A}(t_f-\tau)}\boldsymbol{b}u(\tau)\mathrm{d}\tau$$

即

$$\boldsymbol{x}(0)=-\int_0^{t_f}\mathrm{e}^{-\boldsymbol{A}\tau}\boldsymbol{b}u(\tau)\mathrm{d}\tau \tag{6-4}$$

根据凯莱-哈密顿定理，计算状态转移矩阵，可将 $\mathrm{e}^{-\boldsymbol{A}\tau}$ 写为

$$\mathrm{e}^{-\boldsymbol{A}\tau}=\sum_{k=0}^{n-1}\alpha_k(-\tau)\boldsymbol{A}^k \tag{6-5}$$

将式(6-5)代入式(6-4)，整理后可以得到

$$\boldsymbol{x}(0)=-\sum_{k=0}^{n-1}\boldsymbol{A}^k\boldsymbol{b}\int_0^{t_f}\alpha_k(-\tau)u(\tau)\mathrm{d}\tau \tag{6-6}$$

令

$$\beta_k=\int_0^{t_f}\alpha_k(-\tau)u(\tau)\mathrm{d}\tau \tag{6-7}$$

则有

$$\boldsymbol{x}(0)=-\sum_{k=0}^{n-1}\boldsymbol{A}^k\boldsymbol{b}\beta_k=-\begin{bmatrix}\boldsymbol{b} & \boldsymbol{Ab} & \cdots & \boldsymbol{A}^{n-1}\boldsymbol{b}\end{bmatrix}\begin{bmatrix}\beta_0\\ \beta_1\\ \vdots\\ \beta_{n-1}\end{bmatrix} \tag{6-8}$$

如果系统状态是完全能控的，那么根据能控性定义可知，对任意给定的初始状态 $\boldsymbol{x}(0)$，都能从式(6-8)中求解出 β_k。因此，对于式(6-8)有 $\boldsymbol{Q}_c=\begin{bmatrix}\boldsymbol{b} & \boldsymbol{Ab} & \cdots & \boldsymbol{A}^{n-1}\boldsymbol{b}\end{bmatrix}$ 的逆存在。也即矩阵 $\boldsymbol{Q}_c$ 的秩为 n，此即状态完全能控的必要性；反之，如果矩阵 $\boldsymbol{Q}_c$ 的秩为 n，那么对于任意的初始状态 $\boldsymbol{x}(0)$，由式(6-8)都可以求解出一个对应的输入 $u(t)$，使其终端状态为 0，根据能控性定义可知，此时系统状态完全能控。此即充分性。证毕。

例 6-1　已知线性定常连续系统的状态方程为

$$\dot{\boldsymbol{x}}=\begin{bmatrix}-4 & 5\\ 1 & 0\end{bmatrix}\boldsymbol{x}+\begin{bmatrix}-2\\ 1\end{bmatrix}\boldsymbol{u}$$

试判别其能控性。

解：将 $\boldsymbol{A}=\begin{bmatrix}-4 & 5\\ 1 & 0\end{bmatrix}$ 和 $\boldsymbol{b}=\begin{bmatrix}-2\\ 1\end{bmatrix}$ 代入式(6-2)，得

$$\boldsymbol{Q}_c=[\boldsymbol{b}\quad \boldsymbol{Ab}]=\begin{bmatrix}-2 & 13\\ 1 & -2\end{bmatrix}$$

其秩 $\mathrm{rank}\boldsymbol{Q}_c=2=n$，系统状态完全能控。

例 6-2　判别示例 3 所示电路系统的能控性。

解：示例 3 所示系统的状态方程为

$$\dot{\boldsymbol{x}}=\begin{bmatrix}\dfrac{-2}{3RC} & 1\\ 1 & \dfrac{-2}{3RC}\end{bmatrix}\boldsymbol{x}+\begin{bmatrix}1\\ 1\end{bmatrix}\boldsymbol{u}$$

其能控性矩阵为

$$Q_c=[b \quad Ab]=\begin{bmatrix}1 & \dfrac{-2}{3RC}+1\\ 1 & \dfrac{-2}{3RC}+1\end{bmatrix}$$

其秩 $\text{rank}\boldsymbol{Q}_c=1<n$，系统状态不完全能控，即系统不能控。结果与前面的分析一致。

例 6-3 试判别下列状态方程所表示的线性定常连续系统的能控性：

$$\dot{\boldsymbol{x}}=\begin{bmatrix}-1 & -4 & -2\\ 0 & 6 & -1\\ 1 & 7 & 1\end{bmatrix}\boldsymbol{x}+\begin{bmatrix}2 & 0\\ 0 & 1\\ 1 & 1\end{bmatrix}\boldsymbol{u}$$

解：求得系统的能控性矩阵为

$$\boldsymbol{Q}_c=[\boldsymbol{B} \quad \boldsymbol{AB} \quad \boldsymbol{A}^2\boldsymbol{B}]=\begin{bmatrix}2 & 0 & -4 & & & \\ 0 & 1 & -1 & * & * & *\\ 1 & 1 & 3 & & & \end{bmatrix}$$

由计算得到的前 3 列就可得出 $\text{rank}\boldsymbol{Q}_c=3=n$，判断系统完全能控，这种情况下就不必再计算出后 3 列的具体数值。

另外，在判别一个方矩阵是否满秩时，通过计算它的行列式是否等于零是较方便的方法。由于 $\text{rank}\boldsymbol{Q}_c=\text{rank}(\boldsymbol{Q}_c\boldsymbol{Q}_c^{\mathrm{T}})$，所以，可以计算 $n\times n$ 维方矩阵 $\boldsymbol{Q}_c\boldsymbol{Q}_c^{\mathrm{T}}$ 的行列式来判别能控性矩阵 $\boldsymbol{Q}_c$ 是否满秩，这在计算机辅助分析时会带来很大的方便。

2）特征值规范型判据

线性定常系统能控性的特征值规范型判据建立在系统控制量与状态量之间联系的基础上。由于具有特征值规范形式的系统，控制量与状态量之间的关系是显式的，所以可以直接通过它们之间的关系进行判别。

定理 6-2 （对角线规范型判据）系统矩阵 $\boldsymbol{A}$ 为对角阵，且对角线上元素互异时，系统状态完全能控的充要条件是输入矩阵 $\boldsymbol{B}$ 不存在元素全为 0 的行。

这是由于当系统状态方程具有下面的形式时

$$\dot{\boldsymbol{x}}=\begin{bmatrix}\lambda_1 & 0 & \cdots & 0\\ 0 & \lambda_2 & \cdots & 0\\ \vdots & \vdots & \ddots & \vdots\\ 0 & 0 & \cdots & \lambda_n\end{bmatrix}\boldsymbol{x}+\begin{bmatrix}\boldsymbol{b}_1\\ \boldsymbol{b}_2\\ \vdots\\ \boldsymbol{b}_n\end{bmatrix}\boldsymbol{u} \tag{6-9}$$

式中，$\boldsymbol{b}_i(i=1,2,\cdots,n)$为输入矩阵 $\boldsymbol{B}$ 的行向量。若输入矩阵 $\boldsymbol{B}$ 存在元素全为 0 的行向量，比如 $\boldsymbol{b}_n=0$，则 $0\cdot\boldsymbol{b}_1+0\cdot\boldsymbol{b}_2+\cdots+\lambda_n\cdot\boldsymbol{b}_n=\boldsymbol{0}$，所以能控性矩阵 $\boldsymbol{Q}_c=[\boldsymbol{B} \quad \boldsymbol{AB} \quad \cdots \quad \boldsymbol{A}^{n-1}\boldsymbol{B}]$中，矩阵 $\boldsymbol{B}$ 的最后一个行向量为 $\boldsymbol{0}$，矩阵 $\boldsymbol{AB}$ 的最后一个行向量为 $\boldsymbol{0},\cdots$，矩阵 $\boldsymbol{A}^{n-1}\boldsymbol{B}$ 的最后一个行向量为 $\boldsymbol{0}$。所以能控性矩阵 $\boldsymbol{Q}_c$ 的最后一行元素全为 0，秩不满，根据基本判据，系统不能控。因此，只有当 $\boldsymbol{b}_i\neq\boldsymbol{0}(i=1,2,\cdots,n)$时，才能保证能控性矩阵秩满，系统才能控。

由于非奇异变换不改变系统的能控性，定理 6-2 等价于：具有两两相异特征值的线性定常系统 $\Sigma(\boldsymbol{A},\boldsymbol{B})$，状态完全能控的充要条件是其对角线规范型 $\Sigma(\bar{\boldsymbol{A}},\bar{\boldsymbol{B}})$的输入矩阵 $\bar{\boldsymbol{B}}$ 不存在元素全为 0 的行。

例 6-4 下列系统的能控性可直接应用定理 6-2 得以判别：

(1) $\dot{\boldsymbol{x}}=\begin{bmatrix}-1 & 0\\ 0 & -2\end{bmatrix}\boldsymbol{x}+\begin{bmatrix}1\\ 2\end{bmatrix}\boldsymbol{u}$　系统能控。

(2) $\dot{\boldsymbol{x}}=\begin{bmatrix}-2 & 0\\ 0 & -1\end{bmatrix}\boldsymbol{x}+\begin{bmatrix}1\\ 0\end{bmatrix}\boldsymbol{u}$　系统不能控。

(3) $\dot{\boldsymbol{x}}=\begin{bmatrix}-1 & 0 & 0\\ 0 & -2 & 0\\ 0 & 0 & -6\end{bmatrix}\boldsymbol{x}+\begin{bmatrix}0 & 3\\ 4 & 0\\ 7 & 5\end{bmatrix}\boldsymbol{u}$　系统能控。

(4) $\dot{\boldsymbol{x}}=\begin{bmatrix}-1 & 0 & 0\\ 0 & -2 & 0\\ 0 & 0 & -6\end{bmatrix}\boldsymbol{x}+\begin{bmatrix}0 & 3\\ 0 & 0\\ 7 & 5\end{bmatrix}\boldsymbol{u}$　系统不能控。

(5) $\dot{\boldsymbol{x}}=\begin{bmatrix}-2 & 0\\ 0 & -2\end{bmatrix}\boldsymbol{x}+\begin{bmatrix}1\\ 2\end{bmatrix}\boldsymbol{u}$，系统矩阵虽为对角阵，但由于对角线上元素不互异，所以不可以应用定理 6-2 给出的判据。实际上，该系统的能控性矩阵为

$$\boldsymbol{Q}_{\mathrm{c}}=[\boldsymbol{B}\quad \boldsymbol{AB}]=\begin{bmatrix}1 & -2\\ 2 & -4\end{bmatrix}$$

不是满秩阵，系统不能控。

定理 6-3　(约当规范型判据 1)系统矩阵 $\boldsymbol{A}$ 为约当阵且不同约当块具有不同对角元素时，系统状态完全能控的充要条件是输入矩阵 $\boldsymbol{B}$ 的与每个约当块末行对应的行元素不全为 0。

以只具有一个约当块的情况来说明该定理。这时系统的状态方程为

$$\dot{\boldsymbol{x}}=\begin{bmatrix}\lambda & 1 & & 0\\ & \lambda & \ddots & \\ & & \ddots & 1\\ 0 & & & \lambda\end{bmatrix}\boldsymbol{x}+\begin{bmatrix}\boldsymbol{b}_1\\ \boldsymbol{b}_2\\ \vdots\\ \boldsymbol{b}_n\end{bmatrix}\boldsymbol{u} \tag{6-10}$$

式中，$\boldsymbol{b}_i(i=1,2,\cdots,n)$为输入矩阵 $\boldsymbol{B}$ 的行向量。只有当 $\boldsymbol{b}_n\neq\boldsymbol{0}$ 时，才能使能控性矩阵满秩，系统能控。

同样，定理 6-3 等价于：具有多重特征值的线性定常系统 $\Sigma(\boldsymbol{A},\boldsymbol{B})$，状态完全能控的充要条件是其约当规范型 $\Sigma(\bar{\boldsymbol{A}},\bar{\boldsymbol{B}})$中不同约当块具有不同对角元素时，输入矩阵 $\bar{\boldsymbol{B}}$ 的与每个约当块末行对应的行元素不全为 0。

例 6-5　下列系统的能控性可直接应用定理 6-3 判别：

(1) $\dot{\boldsymbol{x}}=\begin{bmatrix}-4 & 1\\ 0 & -4\end{bmatrix}\boldsymbol{x}+\begin{bmatrix}0\\ 2\end{bmatrix}\boldsymbol{u}$　系统能控。

(2) $\dot{\boldsymbol{x}}=\begin{bmatrix}-2 & 1\\ 0 & -2\end{bmatrix}\boldsymbol{x}+\begin{bmatrix}2\\ 0\end{bmatrix}\boldsymbol{u}$　系统不能控。

(3) $\dot{\boldsymbol{x}}=\begin{bmatrix}-4 & 1 & 0 & 0\\ 0 & -4 & 0 & 0\\ 0 & 0 & -3 & 1\\ 0 & 0 & 0 & -3\end{bmatrix}\boldsymbol{x}+\begin{bmatrix}0 & 0\\ 0 & 1\\ 2 & 0\\ 0 & 2\end{bmatrix}\boldsymbol{u}$　系统能控。

系统矩阵 $\boldsymbol{A}$ 为约当阵但不同约当块具有相同对角元素时，有下面的定理。

定理 6-4 （约当规范型判据 2）系统矩阵 $\boldsymbol{A}$ 为约当阵，但不同约当块具有相同对角元素时，系统状态完全能控的充要条件是输入矩阵 $\boldsymbol{B}$ 的与每个约当块末行对应的那些行彼此线性无关。

以具有两个约当块的情况来说明该定理。设系统的状态方程为

$$\dot{\boldsymbol{x}}=\begin{bmatrix}\lambda & 1 & & & \\ & \lambda & 1 & & \\ & & \lambda & 1 & \\ & & & \lambda & 1 \\ & & & & \lambda\end{bmatrix}\boldsymbol{x}+\begin{bmatrix}\boldsymbol{b}_1\\ \boldsymbol{b}_2\\ \boldsymbol{b}_3\\ \boldsymbol{b}_4\\ \boldsymbol{b}_5\end{bmatrix}\boldsymbol{u} \tag{6-11}$$

式中，$\boldsymbol{b}_i\,(i=1,2,\cdots,5)$为输入矩阵 $\boldsymbol{B}$ 的行向量。

系统矩阵由两个约当块组成，并且约当块具有相同的对角线元素 λ。只有当行向量 $\boldsymbol{b}_2$ 和 $\boldsymbol{b}_5$ 线性无关时，才能使能控性矩阵满秩，使系统能控。

同样，定理 6-4 等价于：具有多重特征值的线性定常系统 $\Sigma(\boldsymbol{A},\boldsymbol{B})$，状态完全能控的充要条件是其约当规范型 $\Sigma(\bar{\boldsymbol{A}},\bar{\boldsymbol{B}})$ 中不同约当块具有相同对角元素时，输入矩阵 $\bar{\boldsymbol{B}}$ 的与每个约当块末行对应的那些行彼此线性无关。

例 6-6 下列系统的能控性可直接应用定理 6-4 判别：

(1) $\dot{\boldsymbol{x}}=\begin{bmatrix}3&1&0&0\\0&3&0&0\\0&0&3&1\\0&0&0&3\end{bmatrix}\boldsymbol{x}+\begin{bmatrix}1&2\\1&1\\1&0\\2&2\end{bmatrix}\boldsymbol{u}$ 系统不能控，因为 $\boldsymbol{B}$ 矩阵的第 2、4 行线性相关。

(2) $\dot{\boldsymbol{x}}=\begin{bmatrix}3&1&0&0\\0&3&0&0\\0&0&3&1\\0&0&0&3\end{bmatrix}\boldsymbol{x}+\begin{bmatrix}2&1\\2&1\\1&0\\0&1\end{bmatrix}\boldsymbol{u}$ 系统能控，因为 $\boldsymbol{B}$ 矩阵的第 2、4 行线性无关。

(3) $\dot{\boldsymbol{x}}=\begin{bmatrix}-1&1&0\\0&-1&0\\0&0&-1\end{bmatrix}\boldsymbol{x}+\begin{bmatrix}0\\1\\2\end{bmatrix}\boldsymbol{u}$ 系统不能控，因为 $\boldsymbol{b}$ 矩阵的第 2、3 行线性相关。

(4) $\dot{\boldsymbol{x}}=\begin{bmatrix}-2&1&&&&&\\0&-2&&&&&\\&&-2&&&&\\&&&-2&&&\\&&&&3&1&\\&&&&0&3&\\&&&&&&3\end{bmatrix}\boldsymbol{x}+\begin{bmatrix}0&0&0\\1&0&0\\0&4&0\\0&0&7\\0&0&0\\1&1&0\\0&4&1\end{bmatrix}\boldsymbol{u}$ 系统能控，因为 $\boldsymbol{B}$ 矩阵的第 2、3、4 行线性无关，第 6、7 行也线性无关。

当系统矩阵 $\boldsymbol{A}$ 既有相异的对角元素，又有约当块时，可依据不同情况联合应用上述 3 个定理对系统能控性进行判别。

例 6-7 下列系统的能控性可通过联合应用定理 6-2、定理 6-3 和定理 6-4 判别：

(1) $\dot{\boldsymbol{x}}=\begin{bmatrix}-3 & 1 & 0\\ 0 & -3 & 0\\ 0 & 0 & 1\end{bmatrix}\boldsymbol{x}+\begin{bmatrix}0 & 0\\ 2 & -1\\ 0 & 3\end{bmatrix}\boldsymbol{u}$ 系统能控，因为 $\boldsymbol{B}$ 矩阵的第 2 行元素不全为 0，第 3 行元素不全为 0。

(2) $\dot{\boldsymbol{x}}=\begin{bmatrix}-4 & 1 & & & & & \\ 0 & -4 & & & & & \\ & & 1 & & & & \\ & & & -2 & & & \\ & & & & 5 & 1 & \\ & & & & 0 & 5 & \\ & & & & & & 5\end{bmatrix}\boldsymbol{x}+\begin{bmatrix}0 & 0 & 0\\ 1 & 0 & 0\\ 0 & 3 & 0\\ 0 & 0 & 7\\ 0 & 0 & 0\\ 2 & 0 & 1\\ 0 & 1 & 2\end{bmatrix}\boldsymbol{u}$ 系统能控，因为 $\boldsymbol{B}$ 矩阵的第 2 行元素不全为 0，第 3、4 行元素不全为 0，第 6、7 行线性无关。

对于一个线性系统来说，经过非奇异线性变换后，其系统的能控性不变。以线性定常连续系统为例，这一结论的证明如下：

证明　设 $\boldsymbol{T}$ 为非奇异线性变换的矩阵，系统变换后能控矩阵的秩为

$$\begin{aligned}\operatorname{rank}\bar{\boldsymbol{Q}}_c&=\operatorname{rank}\left[\boldsymbol{T}^{-1}\boldsymbol{B}\quad(\boldsymbol{T}^{-1}\boldsymbol{A}\boldsymbol{T})\boldsymbol{T}^{-1}\boldsymbol{B}\quad(\boldsymbol{T}^{-1}\boldsymbol{A}\boldsymbol{T})^2\boldsymbol{T}^{-1}\boldsymbol{B}\quad\cdots\quad(\boldsymbol{T}^{-1}\boldsymbol{A}\boldsymbol{T})^{n-1}\boldsymbol{T}^{-1}\boldsymbol{B}\right]\\&=\operatorname{rank}\left[\boldsymbol{T}^{-1}\boldsymbol{B}\quad\boldsymbol{T}^{-1}\boldsymbol{A}\boldsymbol{B}\quad\boldsymbol{T}^{-1}\boldsymbol{A}^2\boldsymbol{B}\quad\cdots\quad\boldsymbol{T}^{-1}\boldsymbol{A}^{n-1}\boldsymbol{B}\right]\\&=\operatorname{rank}\boldsymbol{T}^{-1}\left[\boldsymbol{B}\quad\boldsymbol{A}\boldsymbol{B}\quad\boldsymbol{A}^2\boldsymbol{B}\quad\cdots\quad\boldsymbol{A}^{n-1}\boldsymbol{B}\right]\\&=\operatorname{rank}\left[\boldsymbol{B}\quad\boldsymbol{A}\boldsymbol{B}\quad\boldsymbol{A}^2\boldsymbol{B}\quad\cdots\quad\boldsymbol{A}^{n-1}\boldsymbol{B}\right]=\operatorname{rank}\boldsymbol{Q}_c\end{aligned}$$

上述证明表明，非奇异线性变换前、后的能控矩阵的秩相同，故能控性不会发生变化。

3. 定常系统的输出能控性

在分析和设计控制问题中，经常出现的情况是，系统的被控制量往往不是系统的状态，而是系统的输出，因此有必要研究系统的输出是否能控的问题。

设系统的状态空间表达式为

$$\begin{cases}\dot{\boldsymbol{x}}=\boldsymbol{A}\boldsymbol{x}+\boldsymbol{B}\boldsymbol{u}\\ \boldsymbol{y}=\boldsymbol{C}\boldsymbol{x}\end{cases}\tag{6-12}$$

式中，$\boldsymbol{x}$、$\boldsymbol{u}$、$\boldsymbol{y}$ 分别是 n、r、m 维向量；$\boldsymbol{A}$、$\boldsymbol{B}$、$\boldsymbol{C}$ 是相应维数的矩阵。

系统输出能控：如果在一个有限的区间 $[t_0,t_1]$ 内，存在适当的控制向量 $\boldsymbol{u}(t)$，使系统能从任意的初始输出 $\boldsymbol{y}(t_0)$ 转移到任意指定最终输出 $\boldsymbol{y}(t_1)$，则称系统输出是完全能控的。

系统输出完全能控的充分必要条件是矩阵

$$\left[\boldsymbol{C}\boldsymbol{B}\quad\boldsymbol{C}\boldsymbol{A}\boldsymbol{B}\quad\boldsymbol{C}\boldsymbol{A}^2\boldsymbol{B}\quad\cdots\quad\boldsymbol{C}\boldsymbol{A}^{n-1}\boldsymbol{B}\right]\tag{6-13}$$

的秩为 q。

例 6-8　判断系统

$$\begin{cases}\begin{bmatrix}\dot{x}_1\\ \dot{x}_2\end{bmatrix}=\begin{bmatrix}-4 & 1\\ 2 & -3\end{bmatrix}\begin{bmatrix}x_1\\ x_2\end{bmatrix}+\begin{bmatrix}1\\ 2\end{bmatrix}u\\ y=\begin{bmatrix}1 & 0\end{bmatrix}\begin{bmatrix}x_1\\ x_2\end{bmatrix}\end{cases}$$

是否具有状态能控性和输出能控性。

解：系统的状态能控性矩阵 $[\boldsymbol{b} \quad \boldsymbol{Ab}]=\begin{bmatrix}1 & -2\\ 2 & -4\end{bmatrix}$ 的秩为 1，所以系统是状态不能控的。而矩阵 $[\boldsymbol{cb} \quad \boldsymbol{cAb}]=[1 \quad -2]$ 的秩为 1，等于输出变量的个数，因此系统是输出能控的。

在结束本节内容之前，需要注意：从上边的例子可以看出，状态能控性与输出能控性之间没有必然的联系。

6.1.3 连续系统能观性及其判据

系统的能观性用来表示系统输出量对状态量的反应能力，回答系统是否能够通过输出量的测量值来确定状态值的问题。之所以要讨论这个问题，因为对于一个系统而言，输出量总是可以直接测量的，而状态量的各个分量往往不能全部通过直接测量得到。但是在系统的分析与综合中，又需要状态量的信息，特别是在系统的状态反馈控制中，状态量的获得是反馈控制的前提条件。所以，在不能直接测量状态量的情况下，必须研究从能测量的输出量间接获取不能直接测量的状态量的问题，而首先要研究的是系统是否具备这种能力，即能观性。

能观性涉及系统的状态量和输出量，需要同时考虑系统的状态方程和输出方程。下面从线性定常连续系统入手讨论。

1. 能观性定义

设线性定常连续系统的状态空间表达式为

$$\begin{cases}\dot{\boldsymbol{x}}=\boldsymbol{Ax}\\ \boldsymbol{y}=\boldsymbol{Cx}\end{cases} \tag{6-14}$$

如果对任意给定的输入 u，都存在一有限观测时间 $t_f>t_0$，使得根据 $[t_0,t_f]$ 期间的输出 $\boldsymbol{y}(t)$，能够唯一地确定系统在初始时刻的状态 $\boldsymbol{x}(t_0)$，则称状态 $\boldsymbol{x}(t_0)$ 是能观的。若系统的每一个状态都是能观的，则称系统状态是完全能观的，或简称系统是能观的。

对于能观性的定义，应注意以下几点：

(1) 之所以在能观性定义中把能观性定义为对初始状态的确定，是因为由状态转移方程知

$$\boldsymbol{x}(t)=\mathrm{e}^{\boldsymbol{A}(t-t_0)}\boldsymbol{x}(t_0)+\int_{t_0}^{t}\mathrm{e}^{\boldsymbol{A}(t-\tau)}\boldsymbol{B}u(\tau)\mathrm{d}\tau$$

如果能够确定初始状态 $\boldsymbol{x}(t_0)$，就能够确定所有状态。

(2) 能观和能测量是两个不同的概念。能观是指能够根据系统的输出 $\boldsymbol{y}(t)$ 得到有关状态变量的信息，而能测量是指能够从物理上用仪器或仪表量测到状态变量的信息。例如，系统的输出量总是能测量的，也就是说，能用仪器或仪表测量到该变量。而状态变量不一定都是能测量的物理量。

(3) 系统的能观性是指输出变量对状态变量 $\boldsymbol{x}(t)$ 的反应能力。因此，为方便起见，在研究能观性时，都是令输入 $u(t)$ 为零，只考虑式(6-14)所描述的系统。

2. 能观性判据

和能控性判据类似，这里也介绍两种判别系统能观性的判据。

1) 基本判据

定理 6-5 线性定常连续系统由式(6-14)确定，系统完全能观的充分必要条件是其能观

性矩阵

$$\boldsymbol{Q}_{\mathrm{o}}=\begin{bmatrix}\boldsymbol{C}\\ \boldsymbol{CA}\\ \vdots\\ \boldsymbol{CA}^{n-1}\end{bmatrix} \tag{6-15}$$

满秩，即 $\mathrm{rank}\boldsymbol{Q}_{\mathrm{o}}=n$。$\boldsymbol{Q}_{\mathrm{o}}$ 为 $nm\times n$ 维矩阵。

证明：当输入 $\boldsymbol{u}(t)=0$ 时，由线性定常连续系统的解 $\boldsymbol{x}(t)=\mathrm{e}^{\boldsymbol{A}t}\boldsymbol{x}(0)$知，输出方程为

$$\boldsymbol{y}(t)=\boldsymbol{Cx}(t)=\boldsymbol{C}\mathrm{e}^{\boldsymbol{A}t}\boldsymbol{x}(0) \tag{6-16}$$

根据凯莱-哈密顿定理计算状态转移矩阵，得

$$\mathrm{e}^{\boldsymbol{A}t}=\sum_{k=0}^{n-1}\alpha_k(t)\boldsymbol{A}^k$$

于是，有

$$\boldsymbol{y}(t)=\sum_{k=0}^{n-1}\alpha_k(t)\boldsymbol{CA}^k\boldsymbol{x}(0)=\begin{bmatrix}\alpha_0(t) & \alpha_1(t) & \cdots & \alpha_{n-1}(t)\end{bmatrix}\begin{bmatrix}\boldsymbol{C}\\ \boldsymbol{CA}\\ \vdots\\ \boldsymbol{CA}^{n-1}\end{bmatrix}\boldsymbol{x}(0) \tag{6-17}$$

根据能观性定义，系统状态完全能观是指在有限时间 $0\leqslant t\leqslant t_1$ 内，能根据测量到的输出量 $\boldsymbol{y}(t)$，唯一地确定系统的初始状态 $\boldsymbol{x}(0)$。对于式(6-17)，如果 $\mathrm{rank}\boldsymbol{Q}_{\mathrm{o}}<n$，那么就不能由 $\boldsymbol{y}(t)$确定 $\boldsymbol{x}(0)$。因此，要想根据式(6-17)唯一确定 $\boldsymbol{x}(0)$，矩阵 $\boldsymbol{Q}_{\mathrm{o}}$ 的秩必须等于 n。必要性得证。

关于充分性的证明，需假设 $\mathrm{rank}\boldsymbol{Q}_{\mathrm{o}}=n$。由式(6-14)知

$$\boldsymbol{y}(t)=\boldsymbol{C}\mathrm{e}^{\boldsymbol{A}t}\boldsymbol{x}(0)$$

用 $\mathrm{e}^{\boldsymbol{A}^{\mathrm{T}}t}\boldsymbol{C}^{\mathrm{T}}$ 左乘上式两端，有

$$\mathrm{e}^{\boldsymbol{A}^{\mathrm{T}}t}\boldsymbol{C}^{\mathrm{T}}\boldsymbol{y}(t)=\mathrm{e}^{\boldsymbol{A}^{\mathrm{T}}t}\boldsymbol{C}^{\mathrm{T}}\boldsymbol{C}\mathrm{e}^{\boldsymbol{A}t}\boldsymbol{x}(0)$$

在[0,t]区间内，对上式进行积分，得

$$\int_0^t\mathrm{e}^{\boldsymbol{A}^{\mathrm{T}}\tau}\boldsymbol{C}^{\mathrm{T}}\boldsymbol{y}(\tau)\mathrm{d}\tau=\int_0^t\mathrm{e}^{\boldsymbol{A}^{\mathrm{T}}\tau}\boldsymbol{C}^{\mathrm{T}}\boldsymbol{C}\mathrm{e}^{\boldsymbol{A}\tau}\boldsymbol{x}(0)\mathrm{d}\tau \tag{6-18}$$

因为输出 $\boldsymbol{y}(t)$已知，所以式(6-18)左端为一已知量，记为 $\boldsymbol{z}(t)$，有

$$\boldsymbol{z}(t)=\int_0^t\mathrm{e}^{\boldsymbol{A}^{\mathrm{T}}\tau}\boldsymbol{C}^{\mathrm{T}}\boldsymbol{y}(\tau)\mathrm{d}\tau \tag{6-19}$$

现在令

$$W(t)=\int_0^t\mathrm{e}^{\boldsymbol{A}^{\mathrm{T}}\tau}\boldsymbol{C}^{\mathrm{T}}\boldsymbol{C}\mathrm{e}^{\boldsymbol{A}\tau}\mathrm{d}\tau \tag{6-20}$$

则式(6-18)可写为

$$\boldsymbol{z}(t)=\boldsymbol{W}(t)\boldsymbol{x}(0) \tag{6-21}$$

下面用反证法证明矩阵 $\boldsymbol{W}(t)$是非奇异的。如果 $\boldsymbol{W}(t)$是奇异矩阵，即 $|\boldsymbol{W}(t)|=0$，则有

$$\boldsymbol{x}^{\mathrm{T}}\boldsymbol{W}(t_1)\boldsymbol{x}=\int_0^{t_1}\|\boldsymbol{C}\mathrm{e}^{\boldsymbol{A}t}\boldsymbol{x}\|^2\mathrm{d}t=0$$

这就说明

$$\boldsymbol{C}\mathrm{e}^{\boldsymbol{A}t}\boldsymbol{x}=0,\quad 0\leqslant t\leqslant t_1$$

也即

$$\begin{bmatrix}\alpha_0(t) & \alpha_1(t) & \cdots & \alpha_{n-1}(t)\end{bmatrix}\begin{bmatrix}\boldsymbol{C}\\ \boldsymbol{CA}\\ \vdots\\ \boldsymbol{CA}^{n-1}\end{bmatrix}\boldsymbol{x}=0$$

对于非零的 $\boldsymbol{x}$，意味着 $\mathrm{rank}\boldsymbol{Q}_{\mathrm{o}}<n$，与假设矛盾。因此，这里有 $|\boldsymbol{W}(t)|\neq 0$，也就是说，$\boldsymbol{W}(t)$是非奇异矩阵。于是，由式(6-21)可得

$$\boldsymbol{x}(0)=[\boldsymbol{W}(t)]^{-1}\boldsymbol{z}(t)\tag{6-22}$$

也就是说，如果 $\mathrm{rank}\boldsymbol{Q}_{\mathrm{o}}=n$，则可由输出 $\boldsymbol{y}(t)$唯一地确定初始状态 $\boldsymbol{x}(0)$，系统能观。此即基本判据的充分性证明。证毕。

例 6-9 判断下列系统的能观性。

$$\begin{bmatrix}\dot{x}_1\\ \dot{x}_2\end{bmatrix}=\begin{bmatrix}2 & -1\\ 1 & -3\end{bmatrix}\begin{bmatrix}x_1\\ x_2\end{bmatrix}+\begin{bmatrix}-1\\ 1\end{bmatrix}u$$

$$\begin{bmatrix}y_1\\ y_2\end{bmatrix}=\begin{bmatrix}1 & 0\\ -1 & 0\end{bmatrix}\begin{bmatrix}x_1\\ x_2\end{bmatrix}$$

解：系统能观性矩阵为

$$\begin{bmatrix}\boldsymbol{C}\\ \boldsymbol{CA}\end{bmatrix}=\begin{bmatrix}1 & 0\\ -1 & 0\\ 2 & -1\\ -2 & 1\end{bmatrix}$$

它的秩等于 2，所以系统是能观的。

例 6-10 判别示例 4 所示电路系统的能观性。

解：示例 4 所示系统的状态方程为

$$\begin{cases}\dot{\boldsymbol{x}}=\begin{bmatrix}\dfrac{R+R_0}{-L} & \dfrac{R_0}{L}\\ \dfrac{R_0}{L} & \dfrac{R+R_0}{-L}\end{bmatrix}\boldsymbol{x}+\begin{bmatrix}\dfrac{1}{L}\\ 0\end{bmatrix}u\\ y=\begin{bmatrix}R_0 & -R_0\end{bmatrix}\boldsymbol{x}\end{cases}$$

它的能观性矩阵为

$$\boldsymbol{Q}_{\mathrm{o}}=\begin{bmatrix}\boldsymbol{c}\\ \boldsymbol{cA}\end{bmatrix}=\begin{bmatrix}R_0 & -R_0\\ \dfrac{RR_0+2R_0^2}{-L} & \dfrac{RR_0+2R_0^2}{L}\end{bmatrix}$$

其秩 $\mathrm{rank}\boldsymbol{Q}_{\mathrm{o}}=1<n$，系统不能观，结果与前面分析一致。

2）对偶原理

从上述对系统能控性与能观性的分析中可以看出，两者在概念和形式上都具有很多相似之处，它们之间存在着一种内在的联系，这种联系称为对偶性。

定义：对于线性定常系统 $\Sigma_1=(\boldsymbol{A}_1,\boldsymbol{B}_1,\boldsymbol{C}_1)$ 和 $\Sigma_2=(\boldsymbol{A}_2,\boldsymbol{B}_2,\boldsymbol{C}_2)$，如果满足下列关系：

$$\boldsymbol{A}_2=\boldsymbol{A}_1^{\mathrm{T}} \tag{6-23}$$

$$\boldsymbol{B}_2=\boldsymbol{C}_1^{\mathrm{T}} \tag{6-24}$$

$$\boldsymbol{C}_2=\boldsymbol{B}_1^{\mathrm{T}} \tag{6-25}$$

则把系统 Σ_1 和系统 Σ_2 称为互为对偶的系统。

根据对偶系统的对偶关系式可以得出下列结论：

(1) 假设 $\boldsymbol{G}_1(s)$ 和 $\boldsymbol{G}_2(s)$ 分别为系统 Σ_1 和系统 Σ_2 的传递函数矩阵，则对偶系统的传递函数矩阵之间具有互为转置的关系，即

$$\boldsymbol{G}_1(s)=[\boldsymbol{G}_2(s)]^{\mathrm{T}} \tag{6-26}$$

证明：

$$\begin{aligned}\boldsymbol{G}_1(s)&=\boldsymbol{C}_1[s\boldsymbol{I}-\boldsymbol{A}_1]^{-1}\boldsymbol{B}_1\\&=\boldsymbol{B}_2^{\mathrm{T}}[s\boldsymbol{I}-\boldsymbol{A}_2^{\mathrm{T}}]^{-1}\boldsymbol{C}_2^{\mathrm{T}}\\&=\boldsymbol{B}_2^{\mathrm{T}}[(s\boldsymbol{I}-\boldsymbol{A}_2)^{-1}]^{\mathrm{T}}\boldsymbol{C}_2^{\mathrm{T}}\\&=[\boldsymbol{C}_2(s\boldsymbol{I}-\boldsymbol{A}_2)^{-1}\boldsymbol{B}_2]^{\mathrm{T}}\\&=[\boldsymbol{G}_2(s)]^{\mathrm{T}}\end{aligned} \tag{6-27}$$

证毕。

(2) 互为对偶的两个系统，其特征方程式相同，即

$$|\lambda\boldsymbol{I}-\boldsymbol{A}_1|=|\lambda\boldsymbol{I}-\boldsymbol{A}_2| \tag{6-28}$$

定理 6-6 (对偶原理)设互为对偶的两个系统为 $\Sigma_1=(\boldsymbol{A}_1,\boldsymbol{B}_1,\boldsymbol{C}_1)$ 和 $\Sigma_2=(\boldsymbol{A}_2,\boldsymbol{B}_2,\boldsymbol{C}_2)$，则当系统 Σ_1 状态完全能控(完全能观)时，系统 Σ_2 状态完全能观(完全能控)。

证明：如果系统 Σ_1 状态完全能控，则能控性矩阵满秩，即

$$\operatorname{rank}[\boldsymbol{Q}_{\mathrm{c}}]=\operatorname{rank}\begin{bmatrix}\boldsymbol{B}_1 & \boldsymbol{A}_1\boldsymbol{B}_1 & \cdots & \boldsymbol{A}_1^{n-1}\boldsymbol{B}_1\end{bmatrix}=n$$

而系统 Σ_2 的能观性矩阵 $\boldsymbol{Q}_{\mathrm{o}}$ 为

$$\boldsymbol{Q}_{\mathrm{o}}=\begin{bmatrix}\boldsymbol{B}_1^{\mathrm{T}}\\ \boldsymbol{B}_1^{\mathrm{T}}\boldsymbol{A}_1^{\mathrm{T}}\\ \vdots\\ \boldsymbol{B}_1^{\mathrm{T}}(\boldsymbol{A}_1^{\mathrm{T}})^{n-1}\end{bmatrix}=\begin{bmatrix}\boldsymbol{B}_1 & \boldsymbol{A}_1\boldsymbol{B}_1 & \cdots & \boldsymbol{A}_1^{n-1}\boldsymbol{B}_1\end{bmatrix}^{\mathrm{T}}=\boldsymbol{Q}_{\mathrm{c}}^{\mathrm{T}} \tag{6-29}$$

于是有

$$\operatorname{rank}[\boldsymbol{Q}_{\mathrm{o}}]=\operatorname{rank}[\boldsymbol{Q}_{\mathrm{c}}^{\mathrm{T}}]=\operatorname{rank}[\boldsymbol{Q}_{\mathrm{c}}]=n \tag{6-30}$$

所以系统 Σ_2 状态完全能观。反过来，如果系统 Σ_1 状态完全能观，也可以证明系统 Σ_2 状态完全能控。证毕。

系统 Σ_1 及其对偶系统 Σ_2 的框图分别表示在图 6-4 的(a)、(b)中。

利用对偶原理，可以把对系统能控性的分析转化为对其对偶系统能观性的分析。这对偶原理给系统的能控、能观性研究带来了很大方便。

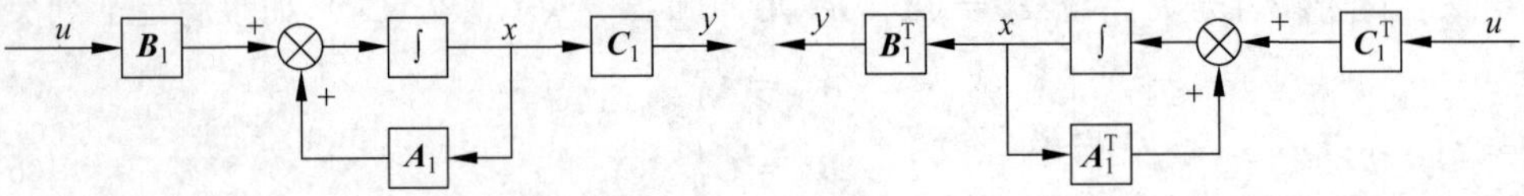

(a) 系统Σ_1　　(b) Σ_1的对偶系统Σ_2

图 6-4　互为对偶系统的框图

3）特征值规范型判据

线性定常系统能观性的特征值规范型判据建立在系统输出量与状态量之间联系的基础上。由于具有特征值规范形式的系统，输出量与状态量之间的关系是显式的，所以可以直接通过它们之间的关系进行判别。

定理 6-7　（对角线规范型判据）系统矩阵 $\boldsymbol{A}$ 为对角阵，且对角线上元素互异时，系统状态完全能观的充要条件是输出矩阵 $\boldsymbol{C}$ 不存在元素全为 0 的列。

可由对偶性原理证明该定理。

由于非奇异变换不改变系统的能观性，定理 6-7 等价于：具有两两相异特征值的线性定常系统 $\Sigma(\boldsymbol{A},\boldsymbol{B},\boldsymbol{C})$ 状态完全能观的充要条件是其对角线规范型 $\Sigma(\bar{\boldsymbol{A}},\bar{\boldsymbol{B}},\bar{\boldsymbol{C}})$ 的输出矩阵 $\bar{\boldsymbol{C}}$ 不存在元素全为 0 的列。

例 6-11　下列系统的能观性可直接应用定理 6-7 判别。

(1) $\begin{cases}\dot{\boldsymbol{x}}=\begin{bmatrix}-1 & 0\\ 0 & -2\end{bmatrix}\boldsymbol{x}\\ y=\begin{bmatrix}1 & 0\end{bmatrix}\boldsymbol{x}\end{cases}$ 系统不能观。

(2) $\begin{cases}\dot{\boldsymbol{x}}=\begin{bmatrix}-7 & 0 & 0\\ 0 & -5 & 0\\ 0 & 0 & -3\end{bmatrix}\boldsymbol{x}+\begin{bmatrix}0 & 2\\ 5 & 0\\ 8 & 5\end{bmatrix}\boldsymbol{u}\\ y=\begin{bmatrix}1 & 2 & 3\\ 1 & 5 & 8\end{bmatrix}\boldsymbol{x}\end{cases}$ 系统能观。

(3) $\begin{cases}\dot{\boldsymbol{x}}=\begin{bmatrix}1 & 0\\ 0 & 1\end{bmatrix}\boldsymbol{x}\\ y=\begin{bmatrix}1 & 1\end{bmatrix}\boldsymbol{x}\end{cases}$ 对角线上元素不互异，用基本判据，能观性矩阵不满秩，系统不能观。

定理 6-8　（约当规范型判据 1）系统矩阵 $\boldsymbol{A}$ 为约当阵且不同约当块具有不同对角元素时，系统状态完全能观的充要条件是输出矩阵 $\boldsymbol{C}$ 的与每个约当块首列对应的列元素不全为 0。

同样，定理 6-8 等价于：具有多重特征值的线性定常系统 $\Sigma(\boldsymbol{A},\boldsymbol{B},\boldsymbol{C})$，状态完全能观的充要条件是其约当规范型 $\Sigma(\bar{\boldsymbol{A}},\bar{\boldsymbol{B}},\bar{\boldsymbol{C}})$ 中不同约当块具有不同对角元素时，输出矩阵 $\bar{\boldsymbol{C}}$ 的与每个约当块首列对应的列元素不全为 0。

例 6-12　下列系统的能观性可直接应用定理 6-8 判别。

(1) $\begin{cases}\dot{\boldsymbol{x}}=\begin{bmatrix}-4 & 1\\ 0 & -4\end{bmatrix}\boldsymbol{x}+\begin{bmatrix}0\\ 2\end{bmatrix}\boldsymbol{u}\\ y=\begin{bmatrix}1 & 0\end{bmatrix}\boldsymbol{x}\end{cases}$ 系统能观。

(2) $\begin{cases} \dot{\boldsymbol{x}} = \begin{bmatrix} -1 & 1 & 0 \\ 0 & -1 & 1 \\ 0 & 0 & -1 \end{bmatrix} \boldsymbol{x} + \begin{bmatrix} 0 & 0 \\ 1 & 0 \\ 0 & 1 \end{bmatrix} \boldsymbol{u} \\ y = \begin{bmatrix} 0 & 1 & -2 \\ 0 & 3 & 0 \end{bmatrix} \boldsymbol{x} \end{cases}$ 系统不能观。

(3) $\begin{cases} \dot{\boldsymbol{x}} = \begin{bmatrix} -4 & 1 & 0 & 0 \\ 0 & -4 & 0 & 0 \\ 0 & 0 & -3 & 1 \\ 0 & 0 & 0 & -3 \end{bmatrix} \boldsymbol{x} \\ y = \begin{bmatrix} 1 & 0 & 2 & 0 \\ 0 & 0 & -1 & 1 \end{bmatrix} \boldsymbol{x} \end{cases}$ 系统能观。

系统矩阵 $\boldsymbol{A}$ 为约当阵但不同约当块具有相同对角元素时，有下面的定理。

定理 6-9　（约当规范型判据 2）系统矩阵 $\boldsymbol{A}$ 为约当阵，但不同约当块具有相同对角元素时，系统状态完全能观的充要条件是输出矩阵 $\boldsymbol{C}$ 的与每个约当块首列对应的那些列彼此线性无关。

例 6-13　下列系统的能观性可直接应用定理 6-9 判别。

(1) $\begin{cases} \dot{\boldsymbol{x}} = \begin{bmatrix} 4 & 1 & 0 & 0 \\ 0 & 4 & 0 & 0 \\ 0 & 0 & 4 & 1 \\ 0 & 0 & 0 & 4 \end{bmatrix} \boldsymbol{x} + \begin{bmatrix} 1 & 2 \\ 1 & 1 \\ 1 & 0 \\ 2 & 2 \end{bmatrix} \boldsymbol{u} \\ y = \begin{bmatrix} 1 & 1 & 1 & 2 \\ 2 & 1 & 0 & 2 \end{bmatrix} \boldsymbol{x} \end{cases}$ 系统能观，因为 $\boldsymbol{C}$ 矩阵的第 1、3 列线性无关。

(2) $\begin{cases} \dot{\boldsymbol{x}} = \begin{bmatrix} 4 & 0 & 0 & 0 \\ 0 & 4 & 0 & 0 \\ 0 & 0 & 4 & 1 \\ 0 & 0 & 0 & 4 \end{bmatrix} \boldsymbol{x} + \begin{bmatrix} 1 & 2 \\ 0 & 0 \\ 1 & 0 \\ 2 & 1 \end{bmatrix} \boldsymbol{u} \\ y = \begin{bmatrix} 1 & 1 & 2 & 1 \\ 1 & 2 & 2 & 0 \end{bmatrix} \boldsymbol{x} \end{cases}$ 系统不能观，因为 $\boldsymbol{C}$ 矩阵的第 1、3 列线性相关。

这里把一个对角元素视为阶次为 1 的约当块。

(3) $\begin{cases} \dot{\boldsymbol{x}} = \begin{bmatrix} -2 & 1 & & & & & 0 \\ 0 & -2 & & & & & \\ & & -2 & & & & \\ & & & -2 & & & \\ & & & & 3 & 1 & \\ & & & & 0 & 3 & \\ 0 & & & & & & 3 \end{bmatrix} \boldsymbol{x} \\ y = \begin{bmatrix} 1 & 0 & 0 & 0 & 1 & 0 & 0 \\ 0 & 0 & 4 & 0 & 1 & 0 & 4 \\ 0 & 0 & 0 & 7 & 0 & 0 & 1 \end{bmatrix} \boldsymbol{x} \end{cases}$ 系统能观，因为 $\boldsymbol{C}$ 矩阵的第 1、3、4 列线

性无关,第 5、7 列也线性无关。这里也把一个对角元素视为阶次为 1 的约当块。

当系统矩阵 $\boldsymbol{A}$ 既有相异的对角元素,又有约当块时,可依据不同情况联合应用上述 3 个定理对系统能观性进行判别。

例 6-14 下列系统的能观性通过联合应用定理 6-7、定理 6-8 和定理 6-9 判别。

(1) $$\begin{cases}\dot{\boldsymbol{x}}=\begin{bmatrix}-3 & 1 & 0\\0 & -3 & 0\\0 & 0 & -1\end{bmatrix}\boldsymbol{x}+\begin{bmatrix}0 & 0\\2 & -1\\0 & 3\end{bmatrix}\boldsymbol{u}\\ y=\begin{bmatrix}1 & 0 & 0\\0 & 0 & 1\end{bmatrix}\boldsymbol{x}\end{cases}$$ 联合应用定理 6-7、定理 6-8 和定理 6-9 可知,系统能观,因为 $\boldsymbol{C}$ 矩阵的第 1 列元素不全为 0,第 3 列元素也不全为 0。

(2) $$\begin{cases}\dot{\boldsymbol{x}}=\begin{bmatrix}-4 & 1 & & & & & 0\\0 & -4 & & & & & \\ & & 1 & & & & \\ & & & -2 & & & \\ & & & & 5 & 1 & \\ & & & & 0 & 5 & \\0 & & & & & & 5\end{bmatrix}\boldsymbol{x}\\ y=\begin{bmatrix}0 & 0 & 1 & 0 & 1 & 0 & 0\\0 & 0 & 2 & 2 & 0 & 0 & 1\\1 & 0 & 0 & 1 & 0 & 0 & 2\end{bmatrix}\boldsymbol{x}\end{cases}$$ 系统能观,因为 $\boldsymbol{C}$ 矩阵的第 1 列元素不全为 0,第 3、4 列元素不全为 0,第 5、7 列线性无关。

对于一个线性系统来说,经过非奇异线性变换后,其系统的能观性不变。以线性定常连续系统为例,这一结论的证明如下。

证明:设 $\boldsymbol{T}$ 为非奇异线性变换的矩阵,系统变换后能观性矩阵的秩为

$$\begin{aligned}\operatorname{rank}\bar{\boldsymbol{Q}}_{\mathrm{o}}&=\operatorname{rank}\left[(\boldsymbol{CT})^{\mathrm{T}}\quad(\boldsymbol{T}^{-1}\boldsymbol{AT})^{\mathrm{T}}(\boldsymbol{CT})^{\mathrm{T}}\quad((\boldsymbol{T}^{-1}\boldsymbol{AT})^{2})^{\mathrm{T}}(\boldsymbol{CT})^{\mathrm{T}}\quad\cdots\right.\\&\qquad\left.((\boldsymbol{T}^{-1}\boldsymbol{AT})^{n-1})^{\mathrm{T}}(\boldsymbol{CT})^{\mathrm{T}}\right]^{\mathrm{T}}\\&=\operatorname{rank}\boldsymbol{T}^{\mathrm{T}}\left[\boldsymbol{C}^{\mathrm{T}}\quad\boldsymbol{A}^{\mathrm{T}}\boldsymbol{C}^{\mathrm{T}}\quad(\boldsymbol{A}^{2})^{\mathrm{T}}\boldsymbol{C}^{\mathrm{T}}\quad\cdots\quad(\boldsymbol{A}^{n-1})^{\mathrm{T}}\boldsymbol{C}^{\mathrm{T}}\right]^{\mathrm{T}}\\&=\operatorname{rank}\left[\boldsymbol{C}^{\mathrm{T}}\quad\boldsymbol{A}^{\mathrm{T}}\boldsymbol{C}^{\mathrm{T}}\quad(\boldsymbol{A}^{2})^{\mathrm{T}}\boldsymbol{C}^{\mathrm{T}}\quad\cdots\quad(\boldsymbol{A}^{n-1})^{\mathrm{T}}\boldsymbol{C}^{\mathrm{T}}\right]^{\mathrm{T}}\\&=\operatorname{rank}\boldsymbol{Q}_{\mathrm{o}}\end{aligned}$$

故非奇异线性变换前、后的能观性矩阵的秩相同,能观性不会发生变化。

6.2 连续系统的结构分解

6.2.1 线性定常系统的能控规范型与能观规范型

1. 化能控系统的状态方程为能控规范型

定理 6-10 当且仅当单输入的系统$(\boldsymbol{A},\boldsymbol{b})$能控时,存在状态变换矩阵 $\boldsymbol{T}_{\mathrm{c}}$ 将$(\boldsymbol{A},\boldsymbol{b})$转化为能控规范型,即

$$\boldsymbol{A}_{\mathrm{c}}=\boldsymbol{T}_{\mathrm{c}}^{-1}\boldsymbol{A}\boldsymbol{T}_{\mathrm{c}}=\begin{bmatrix}0 & 1 & \cdots & 0\\ \vdots & \vdots & \ddots & \vdots\\ 0 & 0 & \cdots & 1\\ -a_0 & -a_1 & \cdots & -a_{n-1}\end{bmatrix},\quad \boldsymbol{b}_{\mathrm{c}}=\boldsymbol{T}_{\mathrm{c}}^{-1}\boldsymbol{b}=\begin{bmatrix}0\\ \vdots\\ 0\\ 1\end{bmatrix} \tag{6-31}$$

其中,$a_0,a_1,\cdots,a_{n-1}$ 是 $\boldsymbol{A}$ 的特征多项式系数,即

$$|s\boldsymbol{I}-\boldsymbol{A}|=s^n+a_{n-1}s^{n-1}+\cdots+a_1s+a_0 \tag{6-32}$$

将能控的$(\boldsymbol{A},\boldsymbol{b})$转化为能控规范型$(\boldsymbol{A}_{\mathrm{c}},\boldsymbol{b}_{\mathrm{c}})$的状态变换的构造公式为

$$\boldsymbol{T}_{\mathrm{c}}=\boldsymbol{Q}_{\mathrm{c}}\boldsymbol{L}=\boldsymbol{Q}_{\mathrm{c}}\bar{\boldsymbol{Q}}_{\mathrm{c}}^{-1}=[\boldsymbol{b}\quad \boldsymbol{A}\boldsymbol{b}\quad \cdots\quad \boldsymbol{A}^{n-2}\boldsymbol{b}\quad \boldsymbol{A}^{n-1}\boldsymbol{b}]\begin{bmatrix}a_1 & a_2 & \cdots & a_{n-1} & 1\\ a_2 & a_3 & \cdots & 1 & 0\\ \vdots & \vdots & \ddots & \vdots & \vdots\\ a_{n-1} & 1 & \cdots & 0 & 0\\ 1 & 0 & \cdots & 0 & 0\end{bmatrix} \tag{6-33}$$

式中,$\boldsymbol{Q}_{\mathrm{c}}$ 为$(\boldsymbol{A},\boldsymbol{b})$的能控性矩阵,$\boldsymbol{L}$ 阵为能控规范型$(\boldsymbol{A}_{\mathrm{c}},\boldsymbol{b}_{\mathrm{c}})$的能控性矩阵的逆 $\bar{\boldsymbol{Q}}_{\mathrm{c}}^{-1}$。容易验证,能控规范型$(\boldsymbol{A}_{\mathrm{c}},\boldsymbol{b}_{\mathrm{c}})$的特征多项式系数与 $\boldsymbol{A}_{\mathrm{c}}$ 最后一行系数有对应关系

$$\left|s\boldsymbol{I}-\begin{bmatrix}0 & 1 & \cdots & 0\\ \vdots & \vdots & \ddots & \vdots\\ 0 & 0 & \cdots & 1\\ -a_0 & -a_1 & \cdots & -a_{n-1}\end{bmatrix}\right|=s^n+a_{n-1}s^{n-1}+\cdots+a_1s+a_0$$

对于单输入线性定常系统的能控规范型,可以得出如下两点结论:

(1) 状态方程为能控规范型的单输入线性定常系统一定是状态完全能控的。

(2) 一个不具能控规范型形式的能控的 n 阶单输入系统,一定可以通过非奇异变换化为能控规范型形式,其中变换矩阵为 $\boldsymbol{T}_{\mathrm{c}}$。

2. 化能观系统的状态方程为能观规范型

定理 6-11　当且仅当单输出系统$(\boldsymbol{A},\boldsymbol{c})$能观时,存在状态变换矩阵 $\boldsymbol{T}_{\mathrm{o}}$ 将$(\boldsymbol{A},\boldsymbol{c})$转化为能观规范型

$$\boldsymbol{A}_{\mathrm{o}}=\boldsymbol{T}_{\mathrm{o}}{}^{1}\boldsymbol{A}\boldsymbol{T}_{\mathrm{o}}=\begin{bmatrix}0 & \cdots & 0 & -a_0\\ 1 & \cdots & 0 & -a_1\\ \vdots & \ddots & \vdots & \vdots\\ 0 & \cdots & 1 & -a_{n-1}\end{bmatrix},\quad \boldsymbol{c}_{\mathrm{o}}=\boldsymbol{c}\boldsymbol{T}_{\mathrm{o}}=[0\quad \cdots\quad 0\quad 1] \tag{6-34}$$

其中,$a_0,a_1,\cdots,a_{n-1}$ 是 $\boldsymbol{A}$ 的特征多项式系数,如式(6-32)所示。

将能观的$(\boldsymbol{A},\boldsymbol{c})$转化为能观规范型的状态变换的构造公式为

$$\boldsymbol{T}_{\mathrm{o}}=(L\boldsymbol{Q}_{\mathrm{o}})^{-1},\boldsymbol{T}_{\mathrm{o}}^{-1}=L\boldsymbol{Q}_{\mathrm{o}}=\bar{\boldsymbol{Q}}_{\mathrm{o}}^{-1}\boldsymbol{Q}_{\mathrm{o}}=\begin{bmatrix}a_1 & a_2 & \cdots & a_{n-1} & 1\\ a_2 & a_3 & \cdots & 1 & 0\\ \vdots & \vdots & \ddots & \vdots & \vdots\\ a_{n-1} & 1 & \cdots & 0 & 0\\ 1 & 0 & \cdots & 0 & 0\end{bmatrix}\begin{bmatrix}c\\ c\boldsymbol{A}\\ \vdots\\ c\boldsymbol{A}^{n-2}\\ c\boldsymbol{A}^{n-1}\end{bmatrix} \tag{6-35}$$

式中，$\bar{Q}_{o}^{-1}$ 阵为能观规范型($\boldsymbol{A}_{o},\boldsymbol{c}_{o}$)的能观性矩阵的逆，$\boldsymbol{Q}_{o}$ 为($\boldsymbol{A},\boldsymbol{c}$)的能观性矩阵。能观规范型($\boldsymbol{A}_{o},\boldsymbol{c}_{o}$)的特征多项式系数与 $\boldsymbol{A}_{o}$ 最后一列系数有对应关系

$$\left|s\boldsymbol{I}-\begin{bmatrix}0 & \cdots & 0 & -a_0\\ 1 & \cdots & 0 & -a_1\\ \vdots & \ddots & \vdots & \vdots\\ 0 & \cdots & 1 & -a_{n-1}\end{bmatrix}\right|=s^n+a_{n-1}s^{n-1}+\cdots+a_1s+a_0$$

对于单输出线性定常系统，应用对偶原理，可以导出以下关于能观规范型的两点结论：

(1) 具有能观规范型的线性定常系统状态一定是完全能观的。

(2) 一个不具能观规范型形式的能观的 n 阶单输出系统，一定可以通过非奇异变换转化为能观规范型形式，其中变换矩阵为 T_{o}。

例 6-15 试分别用状态变换方法将能控能观的单输入单输出线性定常连续系统

$$\begin{cases}\dot{\boldsymbol{x}}(t)=\begin{bmatrix}1 & 2 & 0\\ 3 & -1 & 1\\ 0 & 2 & 0\end{bmatrix}\boldsymbol{x}(t)+\begin{bmatrix}2\\ 1\\ 1\end{bmatrix}u(t)\\ y(t)=\begin{bmatrix}0 & 0 & 1\end{bmatrix}\boldsymbol{x}(t)-4u(t)\end{cases}$$

转化为能控规范型和能观规范型。

解：先给出系统的特征多项式

$$|s\boldsymbol{I}-\boldsymbol{A}|=\begin{vmatrix}s-1 & -2 & 0\\ -3 & s+1 & -1\\ 0 & -2 & s\end{vmatrix}=s^3+a_2s^2+a_1s+a_0=s^3-9s+2$$

即 $a_0=2,a_1=-9,a_2=0$。再计算

$$\boldsymbol{Q}_{c}=\begin{bmatrix}\boldsymbol{b} & \boldsymbol{A}\boldsymbol{b} & \boldsymbol{A}^2\boldsymbol{b}\end{bmatrix}=\begin{bmatrix}2 & 4 & 16\\ 1 & 6 & 8\\ 1 & 2 & 12\end{bmatrix},\quad \boldsymbol{Q}_{o}=\begin{bmatrix}\boldsymbol{c}\\ \boldsymbol{c}\boldsymbol{A}\\ \boldsymbol{c}\boldsymbol{A}^2\end{bmatrix}=\begin{bmatrix}0 & 0 & 1\\ 0 & 2 & 0\\ 6 & -2 & 2\end{bmatrix}$$

(1) 构造化能控规范型的状态变换矩阵

$$\boldsymbol{T}_{c}=\begin{bmatrix}2 & 4 & 16\\ 1 & 6 & 8\\ 1 & 2 & 12\end{bmatrix}\begin{bmatrix}-9 & 0 & 1\\ 0 & 1 & 0\\ 1 & 0 & 0\end{bmatrix}=\begin{bmatrix}-2 & 4 & 2\\ -1 & 6 & 1\\ 3 & 2 & 1\end{bmatrix}$$

相应地

$$\boldsymbol{T}_{c}^{-1}\boldsymbol{A}\boldsymbol{T}_{c}=\begin{bmatrix}0 & 1 & 0\\ 0 & 0 & 1\\ -2 & 9 & 0\end{bmatrix},\quad \boldsymbol{T}_{c}^{-1}\boldsymbol{b}=\begin{bmatrix}0\\ 0\\ 1\end{bmatrix},\quad \boldsymbol{c}\boldsymbol{T}_{c}=\begin{bmatrix}3 & 2 & 1\end{bmatrix}$$

故能控规范型为

$$\begin{cases}\dot{\boldsymbol{x}}_{c}(t)=\begin{bmatrix}0 & 1 & 0\\ 0 & 0 & 1\\ -2 & 9 & 0\end{bmatrix}\boldsymbol{x}_{c}(t)+\begin{bmatrix}0\\ 0\\ 1\end{bmatrix}u(t)\\ y(t)=\begin{bmatrix}3 & 2 & 1\end{bmatrix}\boldsymbol{x}_{c}(t)-4u(t)\end{cases}$$

(2) 构造化能观规范型的状态变换矩阵

$$T_o^{-1}=\begin{bmatrix}-9&0&1\\0&1&0\\1&0&0\end{bmatrix}\begin{bmatrix}0&0&1\\0&2&0\\6&-2&2\end{bmatrix}=\begin{bmatrix}6&-2&-7\\0&2&0\\0&0&1\end{bmatrix}$$

相应地

$$T_o^{-1}AT_o=\begin{bmatrix}0&0&-2\\1&0&9\\0&1&0\end{bmatrix},\quad T_o^{-1}b=\begin{bmatrix}3\\2\\1\end{bmatrix},\quad cT_o=\begin{bmatrix}0&0&1\end{bmatrix}$$

故能观规范型为

$$\begin{cases}\dot{x}_o(t)=\begin{bmatrix}0&0&-2\\1&0&9\\0&1&0\end{bmatrix}x_o(t)+\begin{bmatrix}3\\2\\1\end{bmatrix}u(t)\\ y(t)=\begin{bmatrix}0&0&1\end{bmatrix}x_o(t)-4u(t)\end{cases}$$

6.2.2 系统的结构分解

任何一个系统可能包括有如图 6-5 所示的 4 个子系统，其中，$S_{\bar{c}o}$ 能观不能控；S_{co} 能控能观；$S_{c\bar{o}}$ 能控不能观；$S_{\bar{c}\bar{o}}$ 不能控不能观。从图 6-5 中可以清楚地看到，只有能控能观的子系统 S_{co} 满足传递函数（矩阵）的定义

$$G(s)U(s)=Y(s)$$

由此可见，只有完全能控能观的系统，其系统的状态空间模型与系统的传递函数（矩阵）描述才完全等价，这种情况下的传递函数（矩阵）才包含系统所有动态特性的信息。

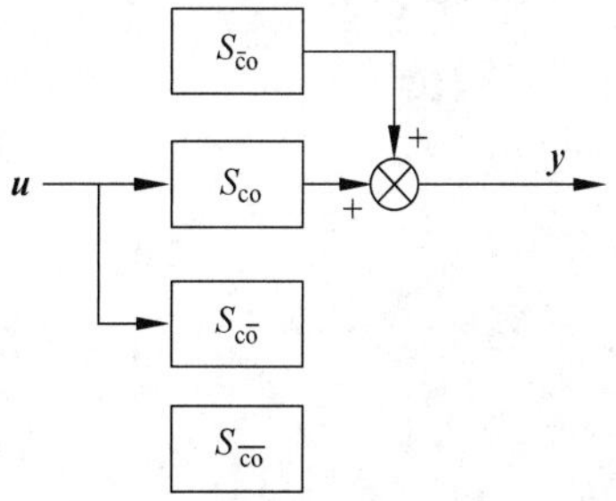

图 6-5　一个系统可能的 4 个子系统

因此若仅依据系统的传递函数关系来设计控制系统，则可能蕴含危险。例如，若系统包含有不稳定的子系统，因为 $S_{\bar{c}o}$ 子系统不能控，无论如何改变控制作用，都无法使之稳定；而且，对于子系统 S_{co} 是必要的输入信息，对子系统 $S_{c\bar{o}}$ 则可能是不合适的，甚至可能导致破坏系统的内部结构，这是因为子系统 $S_{c\bar{o}}$ 不能观，其状态变化无法通过系统输出表现出来。

对于给定系统的状态空间模型，一般不会有如图 6-5 所示的标准的子空间分解形式。为了清晰地展现系统的结构特性和传递特性，简化系统的分析与设计，考虑到非奇异线性变换不改变系统固有特性的性质，可以通过非奇异线性变换把系统分解成 4 个明显的子空间。这个分解就称为系统的结构（规范）分解或不变子空间分解，“不变”的含义是指系统的能控性与能观性以及相应的子空间维数不因线性变换而改变。

1. 能控子空间分解

如果系统不完全能控，可将系统中的状态变量分成能控状态变量 $\bar{x}_c$ 与不能控状态变量 $\bar{x}_{\bar{c}}$；与之对应，系统和状态空间可分成能控子系统和不能控子系统、能控子空间与不能控子空间。设不完全能控系统的状态方程为

$$\begin{cases}\dot{x}(t)=Ax(t)+Bu(t),\quad x(0)=x_0,\quad t\geqslant 0\\ y(t)=Cx(t)\end{cases}\tag{6-36}$$

显然，如果系统矩阵 $\boldsymbol{A}$ 是对角阵，系统是否能控或哪部分子空间能控，只要根据定理 6-2，通过检验输入矩阵 $\boldsymbol{B}$ 是否有全 0 行就可清楚地知道。但对于一般的系统矩阵 $\boldsymbol{A}$ 有必要适当地选择非奇异线性变换 $\boldsymbol{T}$ 将系统分解为能控子空间与不能控子空间。假设系统(6-36)具有如下特性

$$\mathrm{rank}\boldsymbol{Q}_{\mathrm{c}}=\mathrm{rank}(\boldsymbol{B}\quad \boldsymbol{AB}\quad \boldsymbol{A}^2\boldsymbol{B}\quad \cdots\quad \boldsymbol{A}^{n-1}\boldsymbol{B})=p<n \tag{6-37}$$

则可以找到非奇异线性变换 $\boldsymbol{T}$，令

$$\boldsymbol{x}=\boldsymbol{T}\begin{bmatrix}\bar{\boldsymbol{x}}_{\mathrm{c}}\\ \bar{\boldsymbol{x}}_{\bar{\mathrm{c}}}\end{bmatrix},\quad \bar{\boldsymbol{x}}=\begin{bmatrix}\bar{\boldsymbol{x}}_{\mathrm{c}}\\ \bar{\boldsymbol{x}}_{\bar{\mathrm{c}}}\end{bmatrix}=\boldsymbol{T}^{-1}\boldsymbol{x} \tag{6-38}$$

将式(6-38)代入式(6-36)，得

$$\begin{aligned}\begin{bmatrix}\dot{\bar{\boldsymbol{x}}}_{\mathrm{c}}\\ \dot{\bar{\boldsymbol{x}}}_{\bar{\mathrm{c}}}\end{bmatrix}&=\boldsymbol{T}^{-1}\boldsymbol{AT}\begin{bmatrix}\bar{\boldsymbol{x}}_{\mathrm{c}}\\ \bar{\boldsymbol{x}}_{\bar{\mathrm{c}}}\end{bmatrix}+\boldsymbol{T}^{-1}\boldsymbol{Bu}=\bar{\boldsymbol{A}}\bar{\boldsymbol{x}}+\bar{\boldsymbol{B}}\boldsymbol{u}\\ \boldsymbol{y}&=\boldsymbol{CT}\begin{bmatrix}\bar{\boldsymbol{x}}_{\mathrm{c}}\\ \bar{\boldsymbol{x}}_{\bar{\mathrm{c}}}\end{bmatrix}=\bar{\boldsymbol{C}}\bar{\boldsymbol{x}}\end{aligned} \tag{6-39}$$

式中，$\bar{\boldsymbol{A}}$、$\bar{\boldsymbol{B}}$、$\bar{\boldsymbol{C}}$ 具有如下形式

$$\begin{aligned}\bar{\boldsymbol{A}}&=\boldsymbol{T}^{-1}\boldsymbol{AT}=\begin{bmatrix}\bar{\boldsymbol{A}}_{\mathrm{c}} & \bar{\boldsymbol{A}}_{\mathrm{c}\bar{\mathrm{c}}}\\ \boldsymbol{0} & \bar{\boldsymbol{A}}_{\bar{\mathrm{c}}}\end{bmatrix}\\ \bar{\boldsymbol{B}}&=\boldsymbol{T}^{-1}\boldsymbol{B}=\begin{bmatrix}\bar{\boldsymbol{B}}_{\mathrm{c}}\\ \boldsymbol{0}\end{bmatrix}\\ \bar{\boldsymbol{C}}&=\boldsymbol{CT}=\begin{bmatrix}\bar{\boldsymbol{C}}_{\mathrm{c}} & \bar{\boldsymbol{C}}_{\bar{\mathrm{c}}}\end{bmatrix}\end{aligned} \tag{6-40}$$

其中，r 为输入的维数，m 为输出的维数，$\bar{\boldsymbol{A}}_{\mathrm{c}}$ 维数为 $p\times p$，$\bar{\boldsymbol{A}}_{\mathrm{c}\bar{\mathrm{c}}}$ 维数为 $p\times(n-p)$，$\bar{\boldsymbol{A}}_{\bar{\mathrm{c}}}$ 维数为$(n-p)\times(n-p)$，$\bar{\boldsymbol{B}}_{\mathrm{c}}$ 维数为 $p\times r$，$\bar{\boldsymbol{C}}_{\mathrm{c}}$ 维数为 $m\times p$，$\bar{\boldsymbol{C}}_{\bar{\mathrm{c}}}$ 维数为 $m\times(n-p)$(下标“c”表示能控，“$\bar{\mathrm{c}}$”表示“不能控”)。将式(6-40)代入式(6-39)并展开，可得 p 维的能控子系统状态空间表达式

$$\begin{cases}\dot{\bar{\boldsymbol{x}}}_{\mathrm{c}}=\bar{\boldsymbol{A}}_{\mathrm{c}}\bar{\boldsymbol{x}}_{\mathrm{c}}+\bar{\boldsymbol{A}}_{\mathrm{c}\bar{\mathrm{c}}}\bar{\boldsymbol{x}}_{\bar{\mathrm{c}}}+\bar{\boldsymbol{B}}_{\mathrm{c}}\boldsymbol{u}\\ \boldsymbol{y}_{\mathrm{c}}=\bar{\boldsymbol{C}}_{\mathrm{c}}\bar{\boldsymbol{x}}_{\mathrm{c}}\end{cases} \tag{6-41}$$

与 $n-p$ 维不能控子系统的状态空间表达式

$$\begin{cases}\bar{\boldsymbol{x}}_{\bar{\mathrm{c}}}=\bar{\boldsymbol{A}}_{\bar{\mathrm{c}}}\bar{\boldsymbol{x}}_{\bar{\mathrm{c}}}\\ \boldsymbol{y}_{\bar{\mathrm{c}}}=\bar{\boldsymbol{C}}_{\bar{\mathrm{c}}}\bar{\boldsymbol{x}}_{\bar{\mathrm{c}}}\end{cases} \tag{6-42}$$

因此，不能控但非完全不能控的$(\boldsymbol{A},\boldsymbol{B},\boldsymbol{C},\boldsymbol{D})$可以分解为一个 p 维的能控子系统和一个 $n-p$ 维的完全不能控子系统，这种分解便称为能控性分解。

任何进行上述能控性分解的系统具有两个重要的特性：

(1) $p\times p$ 维子系统$(\bar{\boldsymbol{A}}_{\mathrm{c}},\bar{\boldsymbol{B}}_{\mathrm{c}},\bar{\boldsymbol{C}}_{\mathrm{c}})$完全能控；

(2) $\boldsymbol{C}(s\boldsymbol{I}-\boldsymbol{A})^{-1}\boldsymbol{B}=\bar{\boldsymbol{C}}_{\mathrm{c}}(s\boldsymbol{I}-\bar{\boldsymbol{A}}_{\mathrm{c}})^{-1}\bar{\boldsymbol{B}}_{\mathrm{c}}$，即能控子系统与原系统有相同的传递函数

(矩阵)。

图 6-6 给出了能控子空间分解的框图。

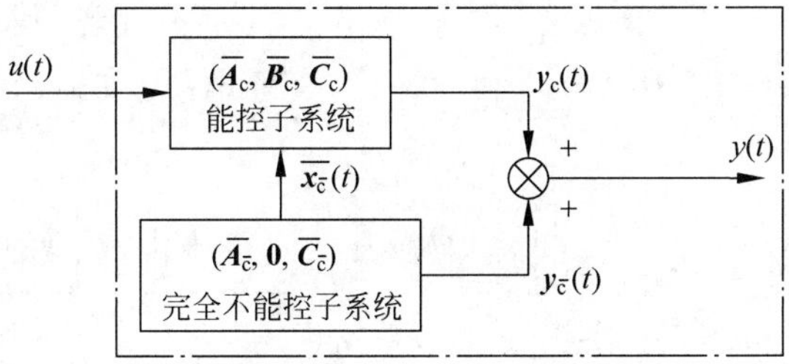

图 6-6　能控性分解示意图

下面以单输入系统为例,不加证明地给出进行能控性分解所需的变换矩阵 $\boldsymbol{T}$。

假定系统能控性矩阵的秩为 $p(p<n)$,设变换矩阵 $\boldsymbol{T}=[\boldsymbol{T}_1 \quad \boldsymbol{T}_2]$,从能控性矩阵 $\boldsymbol{Q}_c$ 中选出 p 列向量,即

$$\boldsymbol{T}_1=[\boldsymbol{b} \quad \boldsymbol{Ab} \quad \boldsymbol{A}^2\boldsymbol{b} \quad \cdots \quad \boldsymbol{A}^{p-1}\boldsymbol{b}] \tag{6-43}$$

显然 $n\times p$ 矩阵 $\boldsymbol{T}_1$ 是列向量独立的。$\boldsymbol{T}_2$ 的选择非常自由,只要使 $\boldsymbol{T}_2$ 的 $n-p$ 个列向量均与 $\boldsymbol{T}_1$ 的 p 个列向量线性无关,确保 $\boldsymbol{T}$ 为非奇异阵即可。当满足上述条件时,一般选择可以使后续运算尽可能简单的 $n-p$ 列向量构成 $\boldsymbol{T}_2$。由此构成便可以看出,实现能控性分解的状态变换 $\boldsymbol{T}$ 不唯一,变换后的输入矩阵 $\bar{\boldsymbol{B}}=\boldsymbol{T}^{-1}\boldsymbol{B}$ 的后 $n-p$ 行成为零行。

前面讨论了不能控但非完全不能控系统的能控性分解,可以将能控系统或完全不能控系统理解是上述能控性分解的特例:能控的$(\boldsymbol{A},\boldsymbol{B},\boldsymbol{C},\boldsymbol{D})$可以分解为一个 n 维的能控子系统和一个 0 维的完全不能控子系统;完全不能控的$(\boldsymbol{A},\boldsymbol{B},\boldsymbol{C},\boldsymbol{D})$可以分解为一个 0 维的能控子系统和一个 n 维的完全不能控子系统。

例 6-16　已知线性定常连续系统如下,请将该系统按能控性分解。

$$\begin{cases}\dot{\boldsymbol{x}}(t)=\begin{bmatrix}0 & 0 & -1\\ 1 & 0 & -3\\ 0 & 1 & -3\end{bmatrix}\boldsymbol{x}(t)+\begin{bmatrix}1\\1\\0\end{bmatrix}u(t)\\ y(t)=[0 \quad 1 \quad -2]\boldsymbol{x}(t)+5u(t)\end{cases}$$

解:首先计算该系统能控矩阵的秩

$$\text{rank}\boldsymbol{Q}_c=\text{rank}\begin{bmatrix}1 & 0 & -1\\ 1 & 1 & -3\\ 0 & 1 & -2\end{bmatrix}=2=p<3=n$$

故系统不能控。从 $\boldsymbol{Q}_c$ 中选择 2 个线性无关列 $\begin{bmatrix}1\\1\\0\end{bmatrix}$ 和 $\begin{bmatrix}0\\1\\1\end{bmatrix}$,将它们作为 $\boldsymbol{T}$ 的前 2 列,再取任意 $n-p=1$ 列与这 2 列线性无关的列构成变换矩阵 $\boldsymbol{T}$。为简单起见,将 $\begin{bmatrix}0\\0\\1\end{bmatrix}$ 作为第 3 列,显然可以保证 $\boldsymbol{T}=\begin{bmatrix}1 & 0 & 0\\ 1 & 1 & 0\\ 0 & 1 & 1\end{bmatrix}$ 非奇异。则按能控性分解后的状态方程与输出方程为

$$\begin{cases}\dot{\bar{\boldsymbol{x}}}(t)=\boldsymbol{T}^{-1}\boldsymbol{A}\boldsymbol{T}\bar{\boldsymbol{x}}(t)+\boldsymbol{T}^{-1}\boldsymbol{b}u(t)=\begin{bmatrix}0 & -1 & -1\\1 & -2 & -2\\0 & 0 & -1\end{bmatrix}\bar{\boldsymbol{x}}(t)+\begin{bmatrix}1\\0\\0\end{bmatrix}u(t)\\ \boldsymbol{y}(t)=\boldsymbol{c}\boldsymbol{T}\bar{\boldsymbol{x}}(t)+\boldsymbol{D}u(t)=\begin{bmatrix}1 & -1 & -2\end{bmatrix}\bar{\boldsymbol{x}}(t)+5u(t)\end{cases}$$

其中，能控子系统为

$$\begin{cases}\dot{\bar{\boldsymbol{x}}}_{\mathrm{c}}(t)=\begin{bmatrix}0 & -1\\1 & -2\end{bmatrix}\bar{\boldsymbol{x}}_{\mathrm{c}}(t)+\begin{bmatrix}1\\0\end{bmatrix}u(t)+\begin{bmatrix}-1\\-2\end{bmatrix}\bar{\boldsymbol{x}}_{\bar{\mathrm{c}}}(t)\\ \boldsymbol{y}_{\mathrm{c}}(t)=\begin{bmatrix}1 & -1\end{bmatrix}\bar{\boldsymbol{x}}_{\mathrm{c}}(t)+5u(t)\end{cases}$$

完全不能控子系统为

$$\begin{cases}\dot{\bar{\boldsymbol{x}}}_{\bar{\mathrm{c}}}(t)=-\bar{\boldsymbol{x}}_{\bar{\mathrm{c}}}(t)\\ \boldsymbol{y}_{\bar{\mathrm{c}}}(t)=-2\bar{\boldsymbol{x}}_{\bar{\mathrm{c}}}(t)\end{cases}$$

2. 能观子空间分解

不完全能观系统的状态变量通过能观性分解可分成能观状态变量 $\bar{\boldsymbol{x}}_{\mathrm{o}}$ 与不能观状态变量 $\bar{\boldsymbol{x}}_{\bar{\mathrm{o}}}$；系统和状态空间可分成能观子系统和不能观子系统、能观子空间与不能观子空间。事实上，按能观性分解与按能控性分解是对偶的。若系统（见式(6-36)）的能观性矩阵的秩 $q<n$，即

$$\operatorname{rank}\begin{bmatrix}\boldsymbol{C}\\\boldsymbol{CA}\\\vdots\\\boldsymbol{CA}^{n-1}\end{bmatrix}=q<n \tag{6-44}$$

则可以找到非奇异线性变换 $\boldsymbol{T}^{-1}$，使得系统具有以下的形式

$$\begin{aligned}&\begin{bmatrix}\dot{\bar{\boldsymbol{x}}}_{\mathrm{o}}\\\dot{\bar{\boldsymbol{x}}}_{\bar{\mathrm{o}}}\end{bmatrix}=\boldsymbol{T}^{-1}\boldsymbol{A}\boldsymbol{T}\begin{bmatrix}\bar{\boldsymbol{x}}_{\mathrm{o}}\\\bar{\boldsymbol{x}}_{\bar{\mathrm{o}}}\end{bmatrix}+\boldsymbol{T}^{-1}\boldsymbol{B}\boldsymbol{u}=\bar{\boldsymbol{A}}\bar{\boldsymbol{x}}+\bar{\boldsymbol{B}}\boldsymbol{u}\\&\boldsymbol{y}=\boldsymbol{C}\boldsymbol{T}\begin{bmatrix}\bar{\boldsymbol{x}}_{\mathrm{o}}\\\bar{\boldsymbol{x}}_{\bar{\mathrm{o}}}\end{bmatrix}=\bar{\boldsymbol{C}}\bar{\boldsymbol{x}}\end{aligned} \tag{6-45}$$

式中，$\bar{\boldsymbol{A}}$、$\bar{\boldsymbol{B}}$、$\bar{\boldsymbol{C}}$ 具有如下形式

$$\begin{aligned}&\bar{\boldsymbol{A}}=\boldsymbol{T}^{-1}\boldsymbol{A}\boldsymbol{T}=\begin{bmatrix}\bar{\boldsymbol{A}}_{\mathrm{o}} & \boldsymbol{0}\\\bar{\boldsymbol{A}}_{\mathrm{o}\bar{\mathrm{o}}} & \bar{\boldsymbol{A}}_{\bar{\mathrm{o}}}\end{bmatrix}\\&\bar{\boldsymbol{B}}=\boldsymbol{T}^{-1}\boldsymbol{B}=\begin{bmatrix}\bar{\boldsymbol{B}}_{\mathrm{o}}\\\bar{\boldsymbol{B}}_{\bar{\mathrm{o}}}\end{bmatrix}\\&\bar{\boldsymbol{C}}=\boldsymbol{C}\boldsymbol{T}=\begin{bmatrix}\bar{\boldsymbol{C}}_{\mathrm{o}} & \boldsymbol{0}\end{bmatrix}\end{aligned} \tag{6-46}$$

其中，r 为输入的维数，m 为输出的维数，$\bar{\boldsymbol{A}}_{\mathrm{o}}$ 维数为 $q\times q$，$\bar{\boldsymbol{A}}_{\mathrm{o}\bar{\mathrm{o}}}$ 维数为$(n-q)\times q$，$\bar{\boldsymbol{A}}_{\bar{\mathrm{o}}}$ 维数为$(n-q)\times(n-q)$，$\bar{\boldsymbol{B}}_{\mathrm{o}}$ 维数为 $q\times r$，$\bar{\boldsymbol{B}}_{\bar{\mathrm{o}}}$ 维数为$(n-q)\times r$，$\bar{\boldsymbol{C}}_{\mathrm{o}}$ 维数为 $m\times q$（下标"o"表示

能观，"$\bar{o}$"表示"不能观"）。将式(6-46)代入式(6-45)并展开，可分别得到 q 维的能观子系统的状态空间表达式

$$\begin{cases}\dot{\boldsymbol{x}}_o=\bar{\boldsymbol{A}}_o\bar{\boldsymbol{x}}_o+\bar{\boldsymbol{B}}_o\boldsymbol{u}\\ \boldsymbol{y}_o=\bar{\boldsymbol{C}}_o\bar{\boldsymbol{x}}_o=\boldsymbol{y}\end{cases}\tag{6-47}$$

与 $n-q$ 维不能观子系统的状态空间表达式

$$\begin{cases}\dot{\boldsymbol{x}}_{\bar{o}}=\bar{\boldsymbol{A}}_{o\bar{o}}\bar{\boldsymbol{x}}_o+\bar{\boldsymbol{A}}_{\bar{o}}\bar{\boldsymbol{x}}_{\bar{o}}+\bar{\boldsymbol{B}}_{\bar{o}}\boldsymbol{u}\\ \boldsymbol{y}_{\bar{o}}=\boldsymbol{0}\end{cases}\tag{6-48}$$

与按能控性分解类似，任何进行上述能观性分解的系统具有两个重要的特性：

(1) $q\times q$ 维子系统$(\bar{\boldsymbol{A}}_o,\bar{\boldsymbol{B}}_o,\bar{\boldsymbol{C}}_o)$完全能观；

(2) $\boldsymbol{C}(s\boldsymbol{I}-\boldsymbol{A})^{-1}\boldsymbol{B}=\bar{\boldsymbol{C}}_o(s\boldsymbol{I}-\bar{\boldsymbol{A}}_o)^{-1}\bar{\boldsymbol{B}}_o$，即能观子系统与原系统有相同的传递函数(矩阵)。

图 6-7 显示了按能观性分解的基本结构。

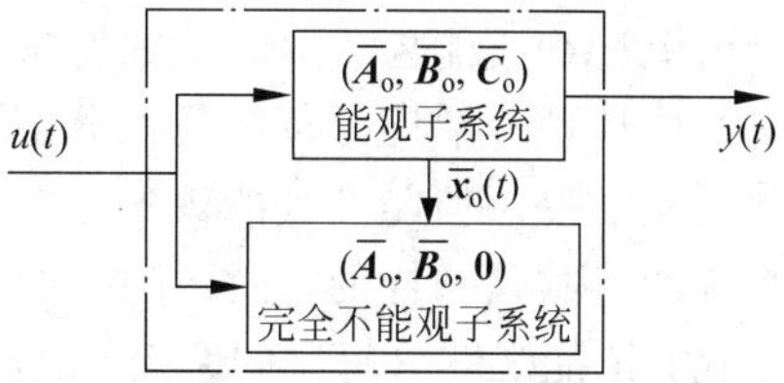

图 6-7　能观性分解示意图

下面以单输出系统为例，不加证明地给出进行能观性分解所需的变换矩阵 $\boldsymbol{T}^{-1}$。

假定能观性矩阵的秩为 $q(q<n)$，设变换矩阵 $\boldsymbol{T}^{-1}=\begin{bmatrix}\boldsymbol{T}_1\\ \boldsymbol{T}_2\end{bmatrix}$，其中，$\boldsymbol{T}_1$ 为从能观性矩阵 $\boldsymbol{Q}_o$ 中选出的 q 行向量，即

$$\boldsymbol{T}_1=\begin{bmatrix}\boldsymbol{c}\\ \boldsymbol{cA}\\ \vdots\\ \boldsymbol{cA}^{q-1}\end{bmatrix}\tag{6-49}$$

$\boldsymbol{T}_2$ 的选择非常自由，只要使 $\boldsymbol{T}_2$ 的 $n-q$ 个行向量均与 $\boldsymbol{T}_1$ 的 q 个行向量线性无关，确保 $\boldsymbol{T}^{-1}$ 为非奇异阵即可。

例 6-17　已知线性定常连续系统如下，请将该系统按能观性分解。

$$\begin{cases}\dot{\boldsymbol{x}}(t)=\begin{bmatrix}1&2&-1\\0&1&0\\1&-4&3\end{bmatrix}\boldsymbol{x}(t)+\begin{bmatrix}0\\0\\1\end{bmatrix}\boldsymbol{u}(t)\\ \boldsymbol{y}(t)=\begin{bmatrix}1&-1&1\end{bmatrix}\boldsymbol{x}(t)\end{cases}$$

解：首先计算该系统能观矩阵的秩

$$\text{rank}\boldsymbol{Q}_o=\text{rank}\begin{bmatrix}\boldsymbol{c}\\ \boldsymbol{cA}\\ \boldsymbol{cA}^2\end{bmatrix}=\text{rank}\begin{bmatrix}1&-1&1\\2&-3&2\\4&-7&4\end{bmatrix}=2=q<3=n$$

故系统不能观。从 $\boldsymbol{Q}_o$ 中选出 2 个线性无关的行作为 $\boldsymbol{T}_1$，再附加任意一行可与 $\boldsymbol{T}_1$ 一起构成非奇异变换矩阵 $\boldsymbol{T}^{-1}$，并计算线性变换后的各矩阵。若取 $\boldsymbol{T}^{-1}=\begin{bmatrix}1&-1&1\\2&-3&2\\0&0&1\end{bmatrix}$，则

$$\boldsymbol{T}=\begin{bmatrix}3 & -1 & -1\\ 2 & -1 & 0\\ 0 & 0 & 1\end{bmatrix},\quad \boldsymbol{T}^{-1}\boldsymbol{A}\boldsymbol{T}=\begin{bmatrix}0 & 1 & 0\\ -2 & 3 & 0\\ -5 & 3 & 2\end{bmatrix},\quad \boldsymbol{T}^{-1}\boldsymbol{b}=\begin{bmatrix}1\\ 2\\ 1\end{bmatrix},\quad \boldsymbol{c}\boldsymbol{T}=\begin{bmatrix}1 & 0 & 0\end{bmatrix}$$

能观子系统为

$$\begin{cases}\dot{\bar{\boldsymbol{x}}}_{\mathrm{o}}(t)=\begin{bmatrix}0 & 1\\ -2 & 3\end{bmatrix}\bar{\boldsymbol{x}}_{\mathrm{o}}(t)+\begin{bmatrix}1\\ 2\end{bmatrix}u(t)\\ y_{\mathrm{o}}(t)=\begin{bmatrix}1 & 0\end{bmatrix}\bar{\boldsymbol{x}}_{\mathrm{o}}(t)=y(t)\end{cases}$$

不能观子系统为

$$\begin{cases}\dot{\bar{\boldsymbol{x}}}_{\bar{\mathrm{o}}}(t)=\begin{bmatrix}-5 & 3\end{bmatrix}\bar{\boldsymbol{x}}_{\mathrm{o}}(t)+2\bar{\boldsymbol{x}}_{\bar{\mathrm{o}}}(t)+u(t)\\ y_{\bar{\mathrm{o}}}(t)=0\end{cases}$$

由上述构成能控分解时的非奇异变换矩阵 $\boldsymbol{T}$ 或能观分解时的 $\boldsymbol{T}^{-1}$ 方法便可以看出，无论是按能控性分解还是按能观性分解，由于变换阵 $\boldsymbol{T}$ 或 $\boldsymbol{T}^{-1}$ 并不唯一，所以分解后的状态空间也不唯一。但能控或能观的子空间维数不会因为线性变换而发生改变；同理，变换后子系统的形式是一样的，即按能控性分解后的系统矩阵 $\boldsymbol{A}$ 与输入矩阵 $\boldsymbol{B}$ 一定具有式(6-40)的形式；按能观性分解后的系统矩阵 $\boldsymbol{A}$ 与输出矩阵 $\boldsymbol{C}$ 一定具有式(6-46)的形式。

3. 能控能观子空间分解

应用上述结构分解的方式可以对一般不完全能控和不完全能观的系统进行分解，将状态变量分解成能控能观 $\boldsymbol{x}_{\mathrm{co}}$、能控不能观 $\boldsymbol{x}_{\mathrm{c}\bar{\mathrm{o}}}$、不能控能观 $\boldsymbol{x}_{\bar{\mathrm{c}}\mathrm{o}}$ 以及不能控不能观 $\boldsymbol{x}_{\overline{\mathrm{co}}}$ 共 4 类，对应于图 6-5 中 4 个子系统 S_{co}、$S_{\mathrm{c}\bar{\mathrm{o}}}$、$S_{\bar{\mathrm{c}}\mathrm{o}}$ 以及 $S_{\overline{\mathrm{co}}}$，经过结构分解的各子空间维数保持不变，它是变换过程中的不变量。具体的分解过程一般是先对系统($\boldsymbol{A},\boldsymbol{B},\boldsymbol{C},\boldsymbol{D}$)进行能控性分解，再继续对已经分解出来的能控与不能控子系统进行能观性分解(亦可先能观分解再能控分解)，最后得到分解后的系统($\bar{\boldsymbol{A}},\bar{\boldsymbol{B}},\bar{\boldsymbol{C}},\bar{\boldsymbol{D}}$)，其中

$$\begin{cases}\bar{\boldsymbol{A}}=\boldsymbol{T}^{-1}\boldsymbol{A}\boldsymbol{T}=\begin{bmatrix}\bar{\boldsymbol{A}}_{\mathrm{co}} & 0 & \bar{\boldsymbol{A}}_{13} & 0\\ \bar{\boldsymbol{A}}_{21} & \bar{\boldsymbol{A}}_{\mathrm{c}\bar{\mathrm{o}}} & \bar{\boldsymbol{A}}_{23} & \bar{\boldsymbol{A}}_{24}\\ 0 & 0 & \bar{\boldsymbol{A}}_{\bar{\mathrm{c}}\mathrm{o}} & 0\\ 0 & 0 & \bar{\boldsymbol{A}}_{43} & \bar{\boldsymbol{A}}_{\overline{\mathrm{co}}}\end{bmatrix}\\ \bar{\boldsymbol{B}}=\boldsymbol{T}^{-1}\boldsymbol{B}=\begin{bmatrix}\bar{\boldsymbol{B}}_{\mathrm{co}}\\ \bar{\boldsymbol{B}}_{\mathrm{c}\bar{\mathrm{o}}}\\ 0\\ 0\end{bmatrix}\\ \bar{\boldsymbol{C}}=\boldsymbol{C}\boldsymbol{T}=\begin{bmatrix}\bar{\boldsymbol{C}}_{\mathrm{co}} & 0 & \bar{\boldsymbol{C}}_{\bar{\mathrm{c}}\mathrm{o}} & 0\end{bmatrix}\end{cases}\tag{6-50}$$

可见，一个状态不完全能控又不完全能观的 n 维线性定常系统，通过结构分解可以分解为 4 个子系统，并可以显式地表示出来，它们分别是能控能观子系统：

$$\begin{cases}\dot{\bar{\boldsymbol{x}}}_{\mathrm{co}}=\bar{\boldsymbol{A}}_{\mathrm{co}}\bar{\boldsymbol{x}}_{\mathrm{co}}+\bar{\boldsymbol{A}}_{13}\bar{\boldsymbol{x}}_{\bar{\mathrm{c}}\mathrm{o}}+\bar{\boldsymbol{B}}_{\mathrm{co}}\boldsymbol{u}\\ \boldsymbol{y}_1=\bar{\boldsymbol{C}}_{\mathrm{co}}\bar{\boldsymbol{x}}_{\mathrm{co}}\end{cases}\tag{6-51}$$

能控不能观子系统：

$$\begin{cases}\dot{\bar{\boldsymbol{x}}}_{c\bar{o}} = \bar{\boldsymbol{A}}_{21}\bar{\boldsymbol{x}}_{co} + \bar{\boldsymbol{A}}_{c\bar{o}}\bar{\boldsymbol{x}}_{c\bar{o}} + \bar{\boldsymbol{A}}_{23}\bar{\boldsymbol{x}}_{\bar{c}o} + \bar{\boldsymbol{A}}_{24}\bar{\boldsymbol{x}}_{\overline{co}} + \bar{\boldsymbol{B}}_{c\bar{o}}\boldsymbol{u} \\ \boldsymbol{y}_2 = \boldsymbol{0}\end{cases} \tag{6-52}$$

不能控能观子系统：

$$\begin{cases}\dot{\bar{\boldsymbol{x}}}_{\bar{c}o} = \bar{\boldsymbol{A}}_{\bar{c}o}\bar{\boldsymbol{x}}_{\bar{c}o} \\ \boldsymbol{y}_3 = \bar{\boldsymbol{C}}_{\bar{c}o}\bar{\boldsymbol{x}}_{\bar{c}o}\end{cases} \tag{6-53}$$

不能控不能观子系统：

$$\begin{cases}\dot{\bar{\boldsymbol{x}}}_{\overline{co}} = \bar{\boldsymbol{A}}_{43}\bar{\boldsymbol{x}}_{\bar{c}o} + \bar{\boldsymbol{A}}_{\overline{co}}\bar{\boldsymbol{x}}_{\overline{co}} \\ \boldsymbol{y}_4 = \boldsymbol{0}\end{cases} \tag{6-54}$$

系统的能控能观性分解如图 6-8 所示，可见，不能控的子系统不受输入 $\boldsymbol{u}$ 的直接或间接影响，不能观的子系统与系统输出 $\boldsymbol{y}$ 既无直接联系，又无间接联系。

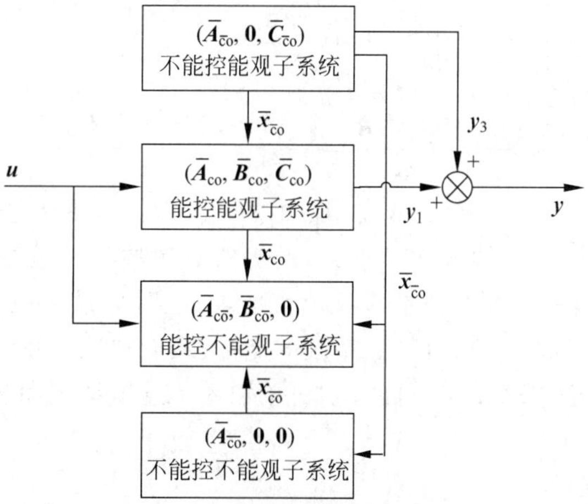

图 6-8　能控能观性分解示意图

系统的结构分解由于变换次序和变换矩阵的不唯一性，分解结果也是不唯一的，但是分解后的形式一定是唯一的。而系统的特征值集合由上述 4 个子系统的特征值集合组成。

也可以得出结论：一个系统既能控又能观的条件是其不能通过非奇异变换化为如式(6-50)所示的结构分解形式。

6.2.3　能控性、能观性与传递函数(矩阵)的关系

现在从系统的结构分解角度考查系统的传递函数(矩阵)。系统的传递函数(矩阵)描述了系统的输入输出特性，即系统关于输入向量 $\boldsymbol{u}$ 到输出向量 $\boldsymbol{y}$ 的传递关系。从图 6-8 可以看到，对于一个既不能控又不能观的系统，只存在唯一的一条由 $\boldsymbol{u}$ 到 $\boldsymbol{y}$ 的传递通道，或者说，4 个子系统中，只有一个子系统(l 维既能控又能观子系统)既与 $\boldsymbol{u}$ 又与 $\boldsymbol{y}$ 建立联系。所以系统的传递函数(矩阵)可以表示为

$$\boldsymbol{G}(s) = \boldsymbol{C}(s\boldsymbol{I} - \boldsymbol{A})^{-1}\boldsymbol{B} = \bar{\boldsymbol{C}}_{co}(s\boldsymbol{I} - \bar{\boldsymbol{A}}_{co})^{-1}\bar{\boldsymbol{B}}_{co} = \boldsymbol{G}_{co}(s) \tag{6-55}$$

即系统的传递函数(矩阵)与能控能观子系统的传递函数(矩阵)是等价的。可见，传递函数(矩阵)只反映了系统中既能控又能观的那部分，它是系统的一种不完全描述；而状态空间

描述不仅反映系统的能控能观部分，还反映出系统能控不能观、不能控能观、不能控不能观的各部分，是系统结构的一种完全描述。

再从系统实现的角度考查系统的传递函数(矩阵)。前面已经提到，系统实现问题是指根据给定的系统传递函数(矩阵)求其相应的状态空间表达式，而所求得的一个状态空间表达式就称为系统传递函数(矩阵)的一个实现。由于可以有无穷多个状态空间表达式对应一个给定的传递函数(矩阵)，而且它们的维数可以是不相同的，这给求解系统实现问题带来困难和复杂性。

从工程的观点来看，寻求维数最小的一种实现具有重要意义，这种实现称为系统的最小实现。显然，系统的最小实现的结构最简单、最经济的。

什么样的实现是最小实现呢？由上面的讨论可以看到，$\boldsymbol{G}(s)$的一个不是既能控又能观的实现一定不是最小实现，因为根据系统结构分解的概念，这个实现可以进行结构分解，其中既能控又能观的那部分的传递函数仍然是$\boldsymbol{G}(s)$，但它的维数更低。一个既能控又能观的实现是不能进行结构分解的，它已具有最小的维数。

因此，对于系统的最小实现问题有如下结论：传递函数矩阵$\boldsymbol{G}(s)$的一个实现$\Sigma(\boldsymbol{A},\boldsymbol{B},\boldsymbol{C})$为最小实现的充要条件是$\Sigma(\boldsymbol{A},\boldsymbol{B},\boldsymbol{C})$既能控又能观。

式(6-55)可重新表示为

$$\frac{\boldsymbol{C}\operatorname{adj}(s\boldsymbol{I}-\boldsymbol{A})\boldsymbol{B}}{\det(s\boldsymbol{I}-\boldsymbol{A})}=\frac{\boldsymbol{C}_{\mathrm{co}}\operatorname{adj}(s\boldsymbol{I}-\boldsymbol{A}_{\mathrm{co}})\boldsymbol{B}_{\mathrm{co}}}{\det(s\boldsymbol{I}-\boldsymbol{A}_{\mathrm{co}})} \tag{6-56}$$

式中，$\Sigma(\boldsymbol{A}_{\mathrm{co}},\boldsymbol{B}_{\mathrm{co}},\boldsymbol{C}_{\mathrm{co}})$是$n$阶系统$\Sigma(\boldsymbol{A},\boldsymbol{B},\boldsymbol{C})$中的$l$阶能控能观子系统。

式(6-56)的左边分母是s的n次多项式，而等式右边的分母是s的l次多项式，且$l\leqslant n$。当$l<n$时，表明系统一定不是既能控又能观的，而这时等式左边必发生分子、分母公因子相消(或称零极点相消)的现象。可见，系统的能控性、能观性与系统传递函数(矩阵)是否存在零极点相消现象有必然联系。下面分别对单输入单输出系统和多输入多输出系统对此问题进行讨论。

1. 单输入单输出系统

对于线性定常单输入单输出系统$\Sigma(\boldsymbol{A},\boldsymbol{b},\boldsymbol{c})$，有如下一些结论。

(1) 单输入单输出系统$\Sigma(\boldsymbol{A},\boldsymbol{b},\boldsymbol{c})$既能控又能观的充要条件是其传递函数$g(s)$不存在零极点相消现象。

由于非奇异变换不改变系统的传递函数，因此，可以仅讨论传递函数的特征值规范型实现。于是，上述结论可以说明如下。

先讨论对角线规范型的情况，这时有

$$\boldsymbol{A}=\begin{bmatrix}\lambda_1 & 0 & \cdots & 0\\ 0 & \lambda_2 & \cdots & 0\\ \vdots & \vdots & \ddots & \vdots\\ 0 & 0 & \cdots & \lambda_n\end{bmatrix},\quad \boldsymbol{b}=\begin{bmatrix}b_1\\ b_2\\ \vdots\\ b_n\end{bmatrix},\quad \boldsymbol{c}=\begin{bmatrix}c_1 & c_2 & \cdots & c_n\end{bmatrix} \tag{6-57}$$

式中，$\lambda_i(i=1,2,\cdots,n)$为系统的互不相同的特征值。

系统对应的传递函数为

$$g(s)=\boldsymbol{c}(s\boldsymbol{I}-\boldsymbol{A})^{-1}\boldsymbol{b}=\sum_{i=1}^{n}\frac{c_i b_i}{s-\lambda_i} \tag{6-58}$$

根据对角线规范型能控、能观性判据，系统既能控又能观的充要条件是 $b_i(i=1,2,\cdots,n)$ 和 $c_i(i=1,2,\cdots,n)$ 都不为 0，这意味着传递函数 $g(s)$ 不存在零极点相消现象，因为当传递函数 $g(s)$ 存在零极点相消现象时，被消极点 λ_i 对应的 $c_i b_i=0$。

再讨论约当规范型的情况。为讨论方便，这里具体地设定 λ 为 3 重特征值，即

$$\boldsymbol{A}=\begin{bmatrix}\lambda & 1 & 0\\ 0 & \lambda & 1\\ 0 & 0 & \lambda\end{bmatrix},\quad \boldsymbol{b}=\begin{bmatrix}b_1\\ b_2\\ b_3\end{bmatrix},\quad \boldsymbol{c}=\begin{bmatrix}c_1 & c_2 & c_3\end{bmatrix} \tag{6-59}$$

它对应的传递函数是

$$g(s)=\boldsymbol{c}(s\boldsymbol{I}-\boldsymbol{A})^{-1}\boldsymbol{b}=\frac{c_1b_1+c_2b_2+c_3b_3}{s-\lambda}+\frac{c_1b_2+c_2b_3}{(s-\lambda)^2}+\frac{c_1b_3}{(s-\lambda)^3} \tag{6-60}$$

由约当规范型能控、能观性判据，系统既能控又能观的充要条件是 $c_1b_3\neq 0$，这同样意味着传递函数 $g(s)$ 不存在零极点相消现象，因为当传递函数 $g(s)$ 存在零极点相消现象时，必有 $c_1b_3=0$。

(2) 单输入系统状态完全能控的充要条件是由控制到状态的传递关系 $(s\boldsymbol{I}-\boldsymbol{A})^{-1}\boldsymbol{b}$ 不存在零极点相消现象。

对于对角线规范型(6-57)的情况，由控制到状态的传递关系是

$$(s\boldsymbol{I}-\boldsymbol{A})^{-1}\boldsymbol{b}=\begin{bmatrix}\dfrac{1}{s-\lambda_1} & & \\ & \ddots & \\ & & \dfrac{1}{s-\lambda_n}\end{bmatrix}\begin{bmatrix}b_1\\ \vdots\\ b_n\end{bmatrix}=\begin{bmatrix}\dfrac{b_1}{s-\lambda_1}\\ \vdots\\ \dfrac{b_n}{s-\lambda_n}\end{bmatrix} \tag{6-61}$$

根据对角线规范型能控性判据，系统状态完全能控的充要条件是 $b_i\neq 0(i=1,2,\cdots,n)$，这意味着由控制到状态的传递关系 $(s\boldsymbol{I}-\boldsymbol{A})^{-1}\boldsymbol{b}$ 不存在零极点相消现象。因为由式(6-61)可知，当传递关系 $(s\boldsymbol{I}-\boldsymbol{A})^{-1}\boldsymbol{b}$ 存在零极点相消现象时，被消极点 λ_i 对应的 $b_i=0$。

对于约当规范型(6-67)的情况，由控制到状态的传递关系是

$$(s\boldsymbol{I}-\boldsymbol{A})^{-1}\boldsymbol{b}=\begin{bmatrix}\dfrac{b_1}{s-\lambda}+\dfrac{b_2}{(s-\lambda)^2}+\dfrac{b_3}{(s-\lambda)^3}\\ \dfrac{b_2}{s-\lambda}+\dfrac{b_3}{(s-\lambda)^2}\\ \dfrac{b_3}{s-\lambda}\end{bmatrix} \tag{6-62}$$

由约当规范型能控性判据，系统状态完全能控的充要条件是 $b_3\neq 0$，这同样意味着由控制到状态的传递关系 $(s\boldsymbol{I}-\boldsymbol{A})^{-1}\boldsymbol{b}$ 不存在零极点相消现象。因为由式(6-62)可知，当 $(s\boldsymbol{I}-\boldsymbol{A})^{-1}\boldsymbol{b}$ 存在零极点相消现象时，必有 $b_3=0$。

(3) 单输出系统状态完全能观的充要条件是由状态到输出的传递关系 $\boldsymbol{c}(s\boldsymbol{I}-\boldsymbol{A})^{-1}$ 不存在零极点相消现象。

这一结论可由结论(2)的对偶关系得出。

(4) 单输入单输出系统 $\Sigma(\boldsymbol{A},\boldsymbol{b},\boldsymbol{c})$ 既不能控又不能观的充分条件是其预解矩阵 $(s\boldsymbol{I}-\boldsymbol{A})^{-1}$

存在零极点相消现象。

该结论也可以用与上面类似的方法给以说明，这里不再详述。

例 6-18 已知系统的传递函数为

$$g(s)=\frac{y(s)}{u(s)}=\frac{(s-1)}{(s+2)(s-1)}$$

试分析系统的能控性和能观性。

解：系统传递函数有零极点相消现象，相消的极点是 $s=1$，所以系统不是既能控又能观的。

将系统表示成如图 6-9(a)所示的系统结构图，并变换成系统状态变量图 6-9(b)，写出系统的状态空间表达式为

$$\begin{cases}\dot{\boldsymbol{x}}=\begin{bmatrix}1 & 1\\0 & -2\end{bmatrix}\boldsymbol{x}+\begin{bmatrix}1\\-3\end{bmatrix}u\\ y=\begin{bmatrix}1 & 0\end{bmatrix}\boldsymbol{x}\end{cases}$$

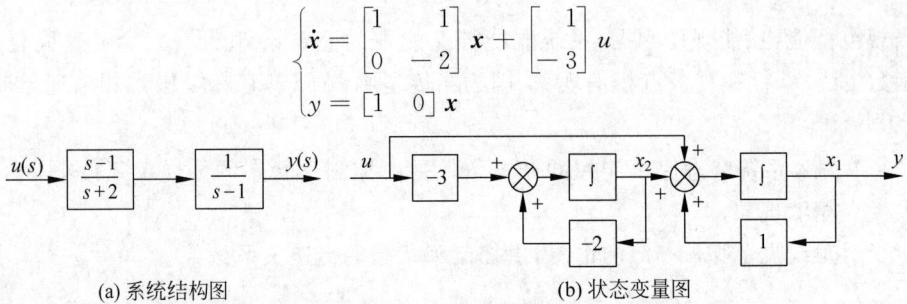

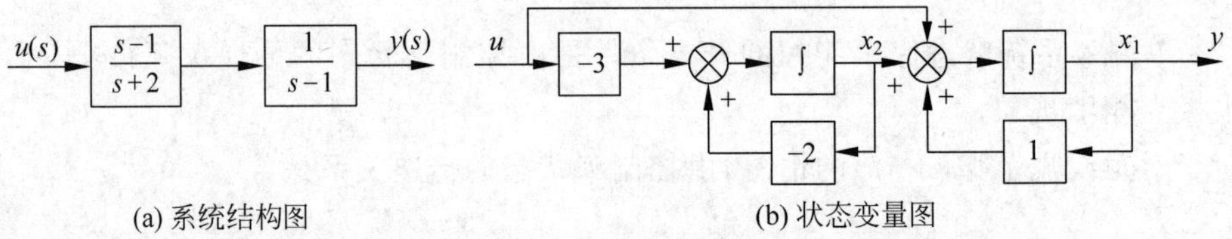

图 6-9 例 6-18 的系统结构图及状态变量图

考查系统从控制到状态的传递关系：

$$(s\boldsymbol{I}-\boldsymbol{A})^{-1}\boldsymbol{b}=\begin{bmatrix}s-1 & -1\\0 & s+2\end{bmatrix}^{-1}\begin{bmatrix}1\\-3\end{bmatrix}=\frac{1}{(s-1)(s+2)}\begin{bmatrix}s+2 & 1\\0 & s-1\end{bmatrix}\begin{bmatrix}1\\-3\end{bmatrix}$$

$$=\frac{1}{(s-1)(s+2)}\begin{bmatrix}s-1\\-3(s-1)\end{bmatrix}$$

存在零极点相消，系统不能控。从图 6-9(a)可看出，相消的零点因子$(s-1)$在前，极点因子$(s-1)$在后，该零点阻断了输入与相消极点所对应的状态变量 x_1 的联系，使系统表现为状态不完全能控。

当然，也可将系统表示成如图 6-10(a)所示的系统结构图，同样将其变换成系统状态变量图 6-10(b)，可写出系统的状态空间表达式为

$$\begin{cases}\dot{\boldsymbol{x}}=\begin{bmatrix}-2 & -3\\0 & 1\end{bmatrix}\boldsymbol{x}+\begin{bmatrix}0\\1\end{bmatrix}u\\ y=\begin{bmatrix}1 & 1\end{bmatrix}\boldsymbol{x}\end{cases}$$

考查系统从状态到输出的传递关系：

$$\boldsymbol{c}(s\boldsymbol{I}-\boldsymbol{A})^{-1}=\begin{bmatrix}1 & 1\end{bmatrix}\begin{bmatrix}s+2 & 3\\0 & s-1\end{bmatrix}^{-1}=\frac{1}{(s-1)(s+2)}\begin{bmatrix}1 & 1\end{bmatrix}\begin{bmatrix}s-1 & -3\\0 & s+2\end{bmatrix}$$

$$=\frac{1}{(s-1)(s+2)}\begin{bmatrix}s-1 & s-1\end{bmatrix}$$

存在零极点相消，系统不能观。从图 6-10(a)可看出，相消的极点因子$(s-1)$在前，零点因子$(s-1)$在后，该零点阻断了相消极点所对应的状态变量 x_2 与输出的联系，使系统表现为状

态不完全能观。

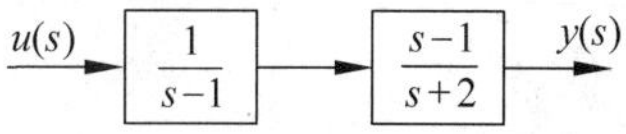

(a) 系统结构图

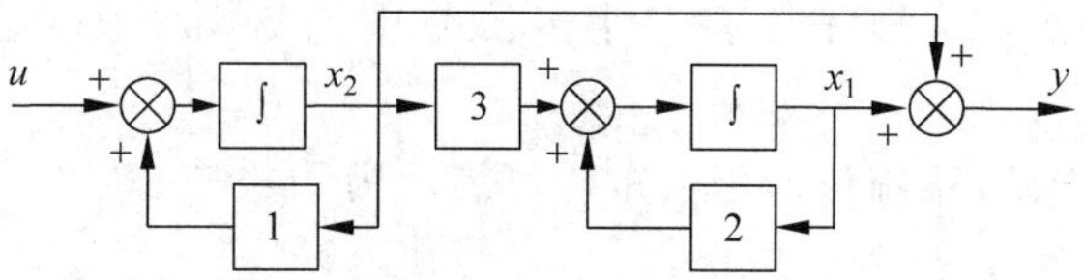

(b) 状态变量图

图 6-10 例 6-18 的系统结构图及状态变量图

通过上面的讨论可以得出值得注意的两点：

(1) 一个系统的传递函数如果存在零极点相消现象，则视状态变量的选取不同，系统可以是不能控或不能观的，还可以是既不能控又不能观的。

(2) 基于传递函数零极点相消的控制系统设计方法破坏了系统状态的能控性、能观性。相消的不能控部分在一些情况下会影响系统的性能指标，甚至引起系统不稳定，而不能观部分会影响系统状态量的重构。所以，不能随意采用这种设计方法。

2. 多输入多输出系统

对于多输入多输出线性定常系统 $\Sigma(\boldsymbol{A},\boldsymbol{B},\boldsymbol{C})$ 传递函数矩阵 $\boldsymbol{G}(s)$，如果将其分母多项式的根称为极点，分子多项式矩阵的最大公因式的根称为零点，那么，通过零极点相消来判断其能控、能观性较复杂，因为传递函数矩阵没有零极点相消现象只是系统最小实现的充分条件而非充要条件。下面结合传递函数矩阵的最小多项式表示形式，不加证明地给出多输入多输出系统能控性、能观性与传递函数矩阵关系的一些结论。

考查多输入多输出线性定常系统 $\Sigma(\boldsymbol{A},\boldsymbol{B},\boldsymbol{C})$ 的传递函数矩阵

$$\boldsymbol{G}(s)=\boldsymbol{C}(s\boldsymbol{I}-\boldsymbol{A})^{-1}\boldsymbol{B} \tag{6-63}$$

其中预解矩阵 $(s\boldsymbol{I}-\boldsymbol{A})^{-1}$ 可表示为

$$(s\boldsymbol{I}-\boldsymbol{A})^{-1}=\frac{\operatorname{adj}(s\boldsymbol{I}-\boldsymbol{A})}{\det(s\boldsymbol{I}-\boldsymbol{A})} \tag{6-64}$$

根据预解矩阵是否存在分子、分母可以相消的公因子，分为两种情况进行讨论。

(1) 不存在可以相消公因子的情况。这时，系统传递函数矩阵可表示为

$$\boldsymbol{G}(s)=\frac{\boldsymbol{C}\operatorname{adj}(s\boldsymbol{I}-\boldsymbol{A})\boldsymbol{B}}{\det(s\boldsymbol{I}-\boldsymbol{A})} \tag{6-65}$$

它已经是传递函数矩阵最小多项式表示形式，分母多项式就是特征多项式，阶次为 n。这种情况下，系统能控性、能观性与传递函数矩阵的关系有如下结论：

① 多输入多输出系统 $\Sigma(\boldsymbol{A},\boldsymbol{B},\boldsymbol{C})$ 既能控又能观的充要条件是其传递函数矩阵 $\boldsymbol{G}(s)$ 不存在零极点相消现象。

② 多输入系统完全能控的充要条件是由控制到状态的传递关系 $(s\boldsymbol{I}-\boldsymbol{A})^{-1}\boldsymbol{B}$ 不存在零极点相消现象。

③ 多输出系统状态完全能观的充要条件是由状态到输出的传递关系 $\boldsymbol{C}(s\boldsymbol{I}-\boldsymbol{A})^{-1}$ 不存在零极点相消现象。

(2) 存在可以相消公因子的情况。这时，预解矩阵 $(s\boldsymbol{I}-\boldsymbol{A})^{-1}$ 表示为

$$(s\boldsymbol{I}-\boldsymbol{A})^{-1}=\frac{\operatorname{adj}(s\boldsymbol{I}-\boldsymbol{A})}{\det(s\boldsymbol{I}-\boldsymbol{A})}=\frac{\boldsymbol{R}(s)}{\boldsymbol{W}(s)} \tag{6-66}$$

式中，l 阶多项式 $\boldsymbol{W}(s)$ 为 n 阶特征多项式 $\det(s\boldsymbol{I}-\boldsymbol{A})$ 与伴随矩阵 $\mathrm{adj}(s\boldsymbol{I}-\boldsymbol{A})$ 消去公因子后的部分，称为矩阵 $\boldsymbol{A}$ 的最小多项式，且有 $l<n$；$\boldsymbol{R}(s)$ 为伴随矩阵 $\mathrm{adj}(s\boldsymbol{I}-\boldsymbol{A})$ 消去公因子后的 $n\times n$ 阶多项式矩阵。

于是，系统传递函数矩阵可表示为

$$\boldsymbol{G}(s)=\boldsymbol{C}(s\boldsymbol{I}-\boldsymbol{A})^{-1}\boldsymbol{B}=\frac{\boldsymbol{C}\boldsymbol{R}(s)\boldsymbol{B}}{\boldsymbol{W}(s)} \tag{6-67}$$

它是传递函数矩阵的最小多项式表示形式，分母多项式阶次为 $l<n$。在这种情况下，系统能控性、能观性与传递函数矩阵的关系有如下结论：

① 多输入多输出系统 $\Sigma(\boldsymbol{A},\boldsymbol{B},\boldsymbol{C})$ 既能控又能观的必要条件是其传递函数矩阵最小多项式表示形式 $\dfrac{\boldsymbol{C}\boldsymbol{R}(s)\boldsymbol{B}}{\boldsymbol{W}(s)}$ 不存在零极点相消现象。

② 多输入系统状态完全能控的必要条件是由控制到状态的传递关系最小多项式表示形式 $\dfrac{\boldsymbol{R}(s)\boldsymbol{B}}{\boldsymbol{W}(s)}$ 不存在零极点相消现象。

③ 多输出系统状态完全能观的必要条件是由状态到输出的传递关系最小多项式表示形式 $\dfrac{\boldsymbol{C}\boldsymbol{R}(s)}{\boldsymbol{W}(s)}$ 不存在零极点相消现象。

这些结论只能在有零极点相消时判定系统的不能控或(和)不能观，而不能因为不存在零极点相消现象就判定系统的能控或(和)能观。这是预解矩阵存在可以相消公因子情况时通过零极点相消现象判别系统能控性、能观性的局限性。

例 6-19 已知线性定常系统

$$\begin{cases}\dot{\boldsymbol{x}}=\begin{bmatrix}-2 & 0\\ 0 & -1\end{bmatrix}\boldsymbol{x}+\begin{bmatrix}1 & 0\\ 0 & 1\end{bmatrix}\boldsymbol{u}\\ \boldsymbol{y}=\begin{bmatrix}1 & 0\\ 0 & 1\end{bmatrix}\boldsymbol{x}\end{cases}$$

试分析该系统的能控、能观性。

解：先求出预解矩阵为

$$(s\boldsymbol{I}-\boldsymbol{A})^{-1}=\frac{\mathrm{adj}(s\boldsymbol{I}-\boldsymbol{A})}{\det(s\boldsymbol{I}-\boldsymbol{A})}=\frac{1}{(s+2)(s+1)}\begin{bmatrix}s+1 & 0\\ 0 & s+2\end{bmatrix}$$

预解矩阵为不存在可以相消公因子的情况。

这时由于 $\boldsymbol{C}$ 矩阵、$\boldsymbol{B}$ 矩阵都是单位阵，系统传递函数矩阵 $\boldsymbol{G}(s)$、由控制到状态的传递关系 $(s\boldsymbol{I}-\boldsymbol{A})^{-1}\boldsymbol{B}$、由状态到输出的传递关系 $\boldsymbol{C}(s\boldsymbol{I}-\boldsymbol{A})^{-1}$ 都等于预解矩阵 $(s\boldsymbol{I}-\boldsymbol{A})^{-1}$，不存在零极点相消现象，根据上面结论，系统应是既能控又能观的。

实际上，该系统由对角线规范型的能控性、能观性判据马上就能判定系统是既能控又能观的。

3. 能控、能观系统外部稳定性与内部稳定性的等价

前边提到系统的外部稳定性和内部稳定性在一定的条件下是等价的，对于线性定常系统，这个条件就是系统必须既能控又能观。下面仅就单输入单输出系统来解释这一结论。由李雅普诺夫第一法知道，线性定常连续系统平衡状态 $\boldsymbol{x}_{\mathrm{e}}=\boldsymbol{0}$ 为渐近稳定的充要条件是系统矩阵 $\boldsymbol{A}$ 的所有特征值都具有负实部，而系统外部稳定性又可等价地由系统传递函数的极

点是否全部位于左半 s 开平面来判定。由上面的讨论可知，线性定常系统传递函数的全部极点都包含在 $\boldsymbol{A}$ 的特征值中，所以系统的内部稳定性包含了系统的外部稳定性，即如果一个线性定常系统在平衡状态是渐近稳定的，则它也必是外部稳定的。

由于传递函数会出现零极点相消现象，因此传递函数的全部极点有时并不等价于系统矩阵 $\boldsymbol{A}$ 的所有特征值，这时，系统的外部稳定性也就有可能不等价于系统的内部稳定性了。因为这时传递函数只反映了既能控又能观子系统，系统的外部稳定性也只反映了既能控又能观子系统的稳定性，即如果一个线性定常系统是外部稳定的，那么只能保证既能控又能观子系统在平衡状态是渐近稳定的，而不能保证系统中其他部分在平衡状态的渐近稳定性。所以，系统的外部稳定不能保证系统的内部稳定。

当线性定常系统既能控又能观时，传递函数不会出现零极点相消现象，传递函数的全部极点等价于系统矩阵 $\boldsymbol{A}$ 的所有特征值。这时，如果系统在平衡状态是渐近稳定的，则它也必是外部稳定的；反之，如果系统是外部稳定的，则它在平衡状态也必是渐近稳定的。系统的外部稳定性完全等价于系统的内部稳定性。

6.3　连续系统的状态反馈控制器设计

状态反馈是以系统的状态量为反馈量的一种反馈控制形式，这种控制形式具有一系列优点，例如，以状态作为反馈源，可拥有更多的自由度来设计控制器；可以很容易地将单变量系统的控制器设计方法推广到多变量系统等。

6.3.1　状态反馈控制系统组成

考虑被控对象(或开环系统)$\Sigma_0(\boldsymbol{A},\boldsymbol{B},\boldsymbol{C})$为

$$\begin{cases}\dot{\boldsymbol{x}}=\boldsymbol{A}\boldsymbol{x}+\boldsymbol{B}\boldsymbol{u}\\ \boldsymbol{y}=\boldsymbol{C}\boldsymbol{x}\end{cases}\tag{6-68}$$

式中，$\boldsymbol{x}$ 为 n 维状态向量；$\boldsymbol{u}$ 为 r 维输入(控制)向量；$\boldsymbol{y}$ 为 m 维输出向量；$\boldsymbol{A}$ 为 $n\times n$ 维系统矩阵；$\boldsymbol{B}$ 为 $n\times r$ 维输入矩阵；$\boldsymbol{C}$ 为 $m\times n$ 维输出矩阵。

取系统的控制量为

$$\boldsymbol{u}=-\boldsymbol{K}\boldsymbol{x}+\boldsymbol{v}\tag{6-69}$$

式中，$\boldsymbol{K}$ 为 $r\times n$ 维状态反馈矩阵，它将 n 维状态向量 $\boldsymbol{x}$ 负反馈至 r 维输入向量 $\boldsymbol{u}$ 处；$\boldsymbol{v}$ 是 r 维参考输入向量。

当 $\boldsymbol{v}=\boldsymbol{0}$ 时，系统属克服初始状态影响的调节问题；当 $\boldsymbol{v}$ 为常值向量时，系统属恒值控制问题；当 $\boldsymbol{v}$ 为时间函数向量时，系统属跟踪问题。状态反馈控制系统的结构如图 6-11 所示。

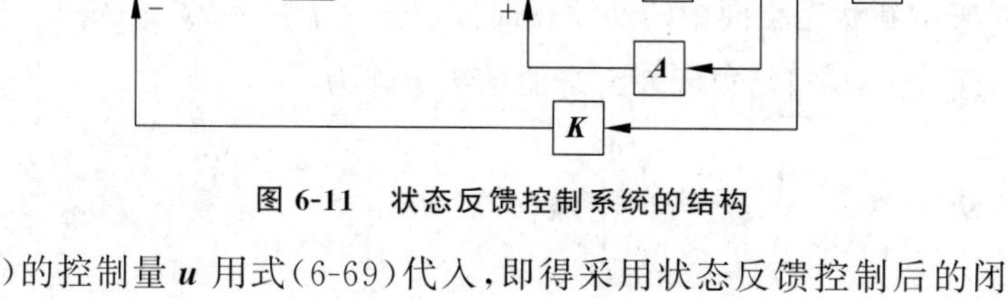

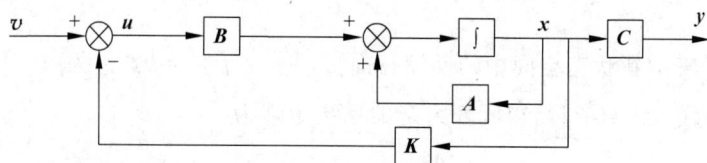

图 6-11　状态反馈控制系统的结构

将式(6-68)的控制量 $\boldsymbol{u}$ 用式(6-69)代入，即得采用状态反馈控制后的闭环系统的状态空间表达式为

$$\begin{cases}\dot{\boldsymbol{x}}=(\boldsymbol{A}-\boldsymbol{BK})\boldsymbol{x}+\boldsymbol{B}\boldsymbol{v}\\ \boldsymbol{y}=\boldsymbol{C}\boldsymbol{x}\end{cases} \tag{6-70}$$

其中,系统矩阵由开环系统的 $\boldsymbol{A}$ 变为$(\boldsymbol{A}-\boldsymbol{BK})$,状态反馈控制不改变系统的阶次,状态变量个数不变,闭环系统记作 $\Sigma_k(\boldsymbol{A}-\boldsymbol{BK},\boldsymbol{B},\boldsymbol{C})$。根据之前关于状态响应分析,系统状态的运动形式(进而通过输出方程得出的系统输出量的运动形式)是由系统的极点位置决定的,当系统矩阵由开环系统的 $\boldsymbol{A}$ 变为闭环系统的$(\boldsymbol{A}-\boldsymbol{BK})$时,反馈矩阵 $\boldsymbol{K}$ 的选取将影响系统极点的分布,从而影响系统状态的运动形式,这就是状态反馈控制的基本原理。

一个控制性能优良的闭环系统的所有极点都应该是可以任意配置的,因为这样才能使系统的状态变化按设计者的意愿进行。为此,需要研究如下两个问题:

(1) 满足什么样条件的系统才能通过状态反馈控制实现系统极点的任意配置?

(2) 怎样实现系统极点的配置?

6.3.2 状态反馈控制系统极点任意配置的条件

对于线性定常系统 $\Sigma_0(\boldsymbol{A},\boldsymbol{B},\boldsymbol{C})$,可通过状态反馈控制实现极点任意配置的条件有如下结论:

定理 6-12 (极点配置定理)线性定常系统可通过状态反馈控制实现全部 n 个极点任意配置的充要条件是被控系统 $\Sigma_0(\boldsymbol{A},\boldsymbol{B},\boldsymbol{C})$状态完全能控。

为简化该结论的证明过程,下面仅就单输入单输出的情况进行讨论,多输入多输出情况下的证明过程也类似。

对于单输入单输出线性定常系统 $\Sigma_0(\boldsymbol{A},\boldsymbol{b},\boldsymbol{c})$,$r\times n$ 维状态反馈矩阵退化为 $1\times n$ 维行向量。上述结论的必要性可采用反证法证明。反设系统 $\Sigma_0(\boldsymbol{A},\boldsymbol{b},\boldsymbol{c})$不能控,则由关于系统分解的论述,该系统必能通过非奇异变换 $\boldsymbol{x}=\boldsymbol{T}\bar{\boldsymbol{x}}$ 进行能控性分解,新状态空间中的状态空间表达式为

$$\begin{cases}\dot{\bar{\boldsymbol{x}}}=\begin{bmatrix}\dot{\bar{\boldsymbol{x}}}_{c}\\ \dot{\bar{\boldsymbol{x}}}_{\bar{c}}\end{bmatrix}=\begin{bmatrix}\bar{\boldsymbol{A}}_{c} & \bar{\boldsymbol{A}}_{12}\\ 0 & \bar{\boldsymbol{A}}_{\bar{c}}\end{bmatrix}\begin{bmatrix}\bar{\boldsymbol{x}}_{c}\\ \bar{\boldsymbol{x}}_{\bar{c}}\end{bmatrix}+\begin{bmatrix}\bar{\boldsymbol{b}}_{c}\\ 0\end{bmatrix}u\\ y=\begin{bmatrix}\bar{\boldsymbol{c}}_{c} & \bar{\boldsymbol{c}}_{\bar{c}}\end{bmatrix}\begin{bmatrix}\bar{\boldsymbol{x}}_{c}\\ \bar{\boldsymbol{x}}_{\bar{c}}\end{bmatrix}\end{cases} \tag{6-71}$$

引入状态反馈

$$u=-\boldsymbol{kx}+v=-\boldsymbol{kT}\bar{\boldsymbol{x}}+v=-\begin{bmatrix}\bar{\boldsymbol{k}}_{1} & \bar{\boldsymbol{k}}_{2}\end{bmatrix}\begin{bmatrix}\bar{\boldsymbol{x}}_{c}\\ \bar{\boldsymbol{x}}_{\bar{c}}\end{bmatrix}+v \tag{6-72}$$

式中,$\begin{bmatrix}\bar{\boldsymbol{k}}_{1} & \bar{\boldsymbol{k}}_{2}\end{bmatrix}$表示新状态空间中的反馈行向量,$\begin{bmatrix}\bar{\boldsymbol{k}}_{1} & \bar{\boldsymbol{k}}_{2}\end{bmatrix}=\boldsymbol{kT}=\begin{bmatrix}\boldsymbol{k}_{1}\boldsymbol{T} & \boldsymbol{k}_{2}\boldsymbol{T}\end{bmatrix}$。

将式(6-72)代入式(6-71),得闭环系统的系统矩阵为

$$\bar{\boldsymbol{A}}-\bar{\boldsymbol{b}}\bar{\boldsymbol{k}}=\begin{bmatrix}\bar{\boldsymbol{A}}_{c} & \bar{\boldsymbol{A}}_{12}\\ 0 & \bar{\boldsymbol{A}}_{\bar{c}}\end{bmatrix}-\begin{bmatrix}\bar{\boldsymbol{b}}_{c}\\ 0\end{bmatrix}\begin{bmatrix}\bar{\boldsymbol{k}}_{1} & \bar{\boldsymbol{k}}_{2}\end{bmatrix}=\begin{bmatrix}\bar{\boldsymbol{A}}_{c}-\bar{\boldsymbol{b}}_{c}\bar{\boldsymbol{k}}_{1} & \bar{\boldsymbol{A}}_{12}-\bar{\boldsymbol{b}}_{c}\bar{\boldsymbol{k}}_{2}\\ 0 & \bar{\boldsymbol{A}}_{\bar{c}}\end{bmatrix} \tag{6-73}$$

相应的系统特征多项式为

$$\det[s\boldsymbol{I}-(\boldsymbol{A}-\boldsymbol{bk})]=\det[s\boldsymbol{I}-(\bar{\boldsymbol{A}}-\overline{\boldsymbol{b}\boldsymbol{k}})]$$

$$=\det\begin{bmatrix} s\boldsymbol{I}-\bar{\boldsymbol{A}}_{c}+\bar{\boldsymbol{b}}_{c}\bar{\boldsymbol{k}}_{1} & -\bar{\boldsymbol{A}}_{12}+\bar{\boldsymbol{b}}_{c}\bar{\boldsymbol{k}}_{2} \\ 0 & s\boldsymbol{I}-\bar{\boldsymbol{A}}_{\bar{c}} \end{bmatrix} \tag{6-74}$$

$$=\det(s\boldsymbol{I}-\bar{\boldsymbol{A}}_{c}+\bar{\boldsymbol{b}}_{c}\bar{\boldsymbol{k}}_{1})\cdot\det(s\boldsymbol{I}-\bar{\boldsymbol{A}}_{\bar{c}})$$

表明状态反馈不能改变系统不能控部分的极点，即不能控的系统不能通过状态反馈任意配置它的全部极点。或者说，系统要通过状态反馈配置其全部极点，它必须是状态完全能控的。

要证明结论的充分性，需要证明一个状态完全能控的系统一定能通过状态反馈控制实现其极点的任意配置。为此设系统 $\Sigma_0(\boldsymbol{A},\boldsymbol{b},\boldsymbol{c})$ 能控，并且对于 n 个任意指定的期望极点 $\lambda_i^*(i=1,2,\cdots,n)$，可以得到对应的闭环系统特征多项式

$$\varphi^*(s)=\prod_{i=1}^{n}(s-\lambda_i^*)=s^n+a_{n-1}^*s^{n-1}+\cdots+a_1^*s+a_0^* \tag{6-75}$$

而由前面关于能控规范型的描述，该系统一定可通过非奇异变换 $\boldsymbol{x}=\boldsymbol{T}\bar{\boldsymbol{x}}$ 转化为能控规范型，即在新状态空间中系统的状态方程为

$$\dot{\bar{\boldsymbol{x}}}=\bar{\boldsymbol{A}}\bar{\boldsymbol{x}}+\bar{\boldsymbol{b}}u=\begin{bmatrix} 0 & 1 & & \\ & \ddots & \ddots & \\ & & \ddots & 1 \\ -a_0 & -a_1 & \cdots & -a_{n-1} \end{bmatrix}\bar{\boldsymbol{x}}+\begin{bmatrix} 0 \\ \vdots \\ 0 \\ 1 \end{bmatrix}u \tag{6-76}$$

引入状态反馈

$$u=-\boldsymbol{kx}+v=-\boldsymbol{kT}\bar{\boldsymbol{x}}+v=-\bar{\boldsymbol{k}}\bar{\boldsymbol{x}}+v \tag{6-77}$$

设状态反馈行向量取值为

$$\bar{\boldsymbol{k}}=\boldsymbol{kT}=\begin{bmatrix}\bar{k}_0 & \bar{k}_1 & \cdots & \bar{k}_{n-1}\end{bmatrix}=\begin{bmatrix}a_0^*-a_0 & a_1^*-a_1 & \cdots & a_{n-1}^*-a_{n-1}\end{bmatrix} \tag{6-78}$$

得闭环系统的状态方程为

$$\dot{\bar{\boldsymbol{x}}}=(\bar{\boldsymbol{A}}-\overline{\boldsymbol{b}\boldsymbol{k}})\bar{\boldsymbol{x}}+\bar{\boldsymbol{b}}u$$

$$=\left(\begin{bmatrix} 0 & 1 & & \\ & \ddots & \ddots & \\ & & \ddots & 1 \\ -a_0 & -a_1 & \cdots & -a_{n-1} \end{bmatrix}-\begin{bmatrix} 0 \\ \vdots \\ 0 \\ 1 \end{bmatrix}\begin{bmatrix}a_0^*-a_0 & a_1^*-a_1 & \cdots & a_{n-1}^*-a_{n-1}\end{bmatrix}\right)\bar{\boldsymbol{x}}+\begin{bmatrix} 0 \\ \vdots \\ 0 \\ 1 \end{bmatrix}u$$

$$=\begin{bmatrix} 0 & 1 & & \\ & \ddots & \ddots & \\ & & \ddots & 1 \\ -a_0^* & -a_1^* & \cdots & -a_{n-1}^* \end{bmatrix}\bar{\boldsymbol{x}}+\begin{bmatrix} 0 \\ \vdots \\ 0 \\ 1 \end{bmatrix}u \tag{6-79}$$

对应的闭环系统特征多项式为

$$\det[s\boldsymbol{I}-(\boldsymbol{A}-\boldsymbol{bk})]=\det[s\boldsymbol{I}-(\bar{\boldsymbol{A}}-\overline{\boldsymbol{bk}})]$$
$$=s^n+a_{n-1}^*s^{n-1}+\cdots+a_1^*s+a_0^*=\varphi^*(s) \tag{6-80}$$

与任意指定的 n 个期望极点 λ_i^* $(i=1,2,\cdots,n)$所对应的闭环系统特征多项式(6-75)一致，即按式(6-78)取状态反馈行向量，总能使闭环系统的 n 个极点位于任意指定的位置上。所以，只要开环系统 $\Sigma_0(\boldsymbol{A},\boldsymbol{b},\boldsymbol{c})$能控，总存在状态反馈可以任意配置闭环系统的全部极点。

6.3.3 单输入系统极点配置算法

单输入系统极点配置算法就是在给定被控对象 $\Sigma_0(\boldsymbol{A},\boldsymbol{b},\boldsymbol{c})$和一组任意期望极点 λ_i^* $(i=1,2,\cdots,n)$的情况下，求解使系统在状态反馈 $u=-\boldsymbol{kx}+v$ 作用下系统闭环极点位于期望极点的状态反馈行向量 $\boldsymbol{k}$。通常有多种方法可以求得 $\boldsymbol{k}$。

方法一：这是通过解联立方程求状态反馈矩阵各元素的方法，该方法比较直观，适用于被控对象 $\Sigma_0(\boldsymbol{A},\boldsymbol{b},\boldsymbol{c})$阶次较低的情况。其具体步骤是：

(1) 判断被控对象 $\Sigma_0(\boldsymbol{A},\boldsymbol{b},\boldsymbol{c})$的能控性，若能控，则往下进行，否则结束计算，因为不符合极点任意配置的条件。

(2) 由给定的一组期望极点 λ_i^* $(i=1,2,\cdots,n)$，求得期望的特征多项式

$$\varphi^*(s)=\prod_{i=1}^{n}(s-\lambda_i^*)=s^n+a_{n-1}^*s^{n-1}+\cdots+a_1^*s+a_0^*$$

(3) 由闭环系统动态方程写出闭环系统的特征多项式

$$\varphi(s)=\det[s\boldsymbol{I}-(\boldsymbol{A}-\boldsymbol{bk})]=\varphi(s,k_0,k_1,\cdots,k_{n-1})$$

由于状态反馈行向量 $\boldsymbol{k}=[k_0\quad k_1\quad\cdots\quad k_{n-1}]$是待求量，所以 $\varphi(s)$中包含了 $\boldsymbol{k}$ 的各元素。

(4) 由 $\varphi(s)=\varphi^*(s)$，利用两个多项式对应系数相等，可以得到 n 个联立的代数方程，并解得 n 个待定量 $k_0,k_1,\cdots,k_{n-1}$，即求得状态反馈行向量 $\boldsymbol{k}=[k_0\quad k_1\quad\cdots\quad k_{n-1}]$。

例 6-20 已知被控对象状态方程为

$$\dot{\boldsymbol{x}}=\begin{bmatrix}0&0&0\\1&-6&0\\0&1&-12\end{bmatrix}\boldsymbol{x}+\begin{bmatrix}1\\0\\0\end{bmatrix}u$$

求出使系统极点位于 $\lambda_1^*=-2,\lambda_{2,3}^*=-1\pm\mathrm{j}$ 的状态反馈行向量 $\boldsymbol{k}$。

解：(1) 由系统的能控性矩阵

$$\operatorname{rank}\boldsymbol{Q}_{\mathrm{c}}=\operatorname{rank}[\boldsymbol{b}\quad \boldsymbol{Ab}\quad \boldsymbol{A}^2\boldsymbol{b}]=\operatorname{rank}\begin{bmatrix}1&0&0\\0&1&-6\\0&0&1\end{bmatrix}=3$$

可判定被控对象能控，可以通过状态反馈控制实现极点任意配置。

(2) 由给定的期望极点求得期望的特征多项式为

$$\varphi^*(s)=\prod_{i=1}^{3}(s-\lambda_i^*)=(s+2)(s+1-\mathrm{j})(s+1+\mathrm{j})=s^3+4s^2+6s+4$$

(3) 闭环系统的特征多项式为

$$\varphi(s)=\det[s\boldsymbol{I}-(\boldsymbol{A}-\boldsymbol{bk})]=\det\left(\begin{bmatrix}s&0&0\\0&s&0\\0&0&s\end{bmatrix}-\begin{bmatrix}0&0&0\\1&-6&0\\0&1&-12\end{bmatrix}+\begin{bmatrix}1\\0\\0\end{bmatrix}[k_0\quad k_1\quad k_2]\right)$$

$$
=\det\begin{bmatrix} s+k_0 & k_1 & k_2 \\ -1 & s+6 & 0 \\ 0 & -1 & s+12 \end{bmatrix}
$$

$$
=s^3+(18+k_0)s^2+(72+18k_0+k_1)s+(72k_0+12k_1+k_2)
$$

(4) 由 $\varphi(s)=\varphi^*(s)$,有

$$
s^3+(18+k_0)s^2+(72+18k_0+k_1)s+(72k_0+12k_1+k_2)=s^3+4s^2+6s+4
$$

得联立方程

$$
\begin{cases} 18+k_0=4 \\ 72+18k_0+k_1=6 \\ 72k_0+12k_1+k_2=4 \end{cases}
$$

解联立方程,得 $k_0=-14$,$k_1=186$,$k_2=-1220$,即状态反馈行向量

$$
\boldsymbol{k}=[-14 \quad 186 \quad -1220]
$$

可画出闭环系统的状态变量图如图 6-12 所示。

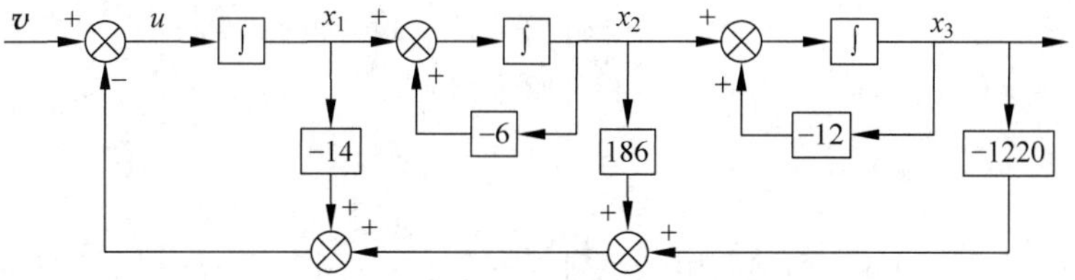

图 6-12 例 6-20 闭环系统的状态变量图

方法二:由极点配置定理充分性的证明过程可知,对于单输入系统,先变换为能控规范型可以为求解状态反馈行向量 $\boldsymbol{k}$ 带来方便,其具体步骤是:

(1) 同样要先判断被控对象 $\Sigma_0(\boldsymbol{A},\boldsymbol{b},\boldsymbol{c})$ 的能控性,若能控,则往下进行,否则结束计算。

(2) 求得开环系统的特征多项式

$$
\det[s\boldsymbol{I}-\boldsymbol{A}]=s^n+a_{n-1}s^{n-1}+\cdots+a_1s+a_0
$$

(3) 由给定的一组期望极点 λ_i^* $(i=1,2,\cdots,n)$,求得期望的特征多项式

$$
\varphi^*(s)=\prod_{i=1}^{n}(s-\lambda_i^*)=s^n+a_{n-1}^*s^{n-1}+\cdots+a_1^*s+a_0^*
$$

(4) 按式(6-78)求得被控对象具有能控规范形式的状态空间中的状态反馈行向量

$$
\bar{\boldsymbol{k}}=[\bar{k}_0 \quad \bar{k}_1 \quad \cdots \quad \bar{k}_{n-1}]=[a_0^*-a_0 \quad a_1^*-a_1 \quad \cdots \quad a_{n-1}^*-a_{n-1}]
$$

(5) 求取将被控对象 $\Sigma_0(\boldsymbol{A},\boldsymbol{b},\boldsymbol{c})$ 转化为能控规范型 $\Sigma_0(\bar{\boldsymbol{A}},\bar{\boldsymbol{b}},\bar{\boldsymbol{c}})$ 的变换矩阵 $\boldsymbol{T}$,再求得其逆 $\boldsymbol{T}^{-1}$。

(6) 由 $\boldsymbol{k}=\bar{\boldsymbol{k}}\boldsymbol{T}^{-1}$ 求得状态反馈行向量 $\boldsymbol{k}$。

对于例 6-20,用方法二求解的过程是:

(1) 判别能控性。

(2) 求得开环系统的特征多项式

$$\det(s\boldsymbol{I}-\boldsymbol{A})=\det\begin{bmatrix} s & 0 & 0 \\ -1 & s+6 & 0 \\ 0 & -1 & s+12 \end{bmatrix}=s^3+18s^2+72s$$

(3) 期望的特征多项式已求,为

$$\varphi^*(s)=s^3+4s^2+6s+4$$

(4) 求得新状态空间中的状态反馈行向量为

$$\bar{\boldsymbol{k}}=[\bar{k}_0 \quad \bar{k}_1 \quad \bar{k}_2]=[a_0^*-a_0 \quad a_1^*-a_1 \quad a_2^*-a_2]$$

$$=[4-0 \quad 6-72 \quad 4-18]=[4 \quad -66 \quad -14]$$

(5) 变换矩阵为

$$\boldsymbol{T}=[\boldsymbol{b} \quad \boldsymbol{A}\boldsymbol{b} \quad \boldsymbol{A}^2\boldsymbol{b}]\begin{bmatrix} a_1 & a_2 & 1 \\ a_2 & 1 & 0 \\ 1 & 0 & 0 \end{bmatrix}=\begin{bmatrix} 1 & 0 & 0 \\ 0 & 1 & -6 \\ 0 & 0 & 1 \end{bmatrix}\begin{bmatrix} 72 & 18 & 1 \\ 18 & 1 & 0 \\ 1 & 0 & 0 \end{bmatrix}=\begin{bmatrix} 72 & 18 & 1 \\ 12 & 1 & 0 \\ 1 & 0 & 0 \end{bmatrix}$$

(6) 求得状态反馈行向量为

$$\boldsymbol{k}=\bar{\boldsymbol{k}}\boldsymbol{T}^{-1}=[4 \quad -66 \quad -14]\begin{bmatrix} 72 & 18 & 1 \\ 12 & 1 & 0 \\ 1 & 0 & 0 \end{bmatrix}^{-1}$$

$$=[4 \quad -66 \quad -14]\begin{bmatrix} 0 & 0 & 1 \\ 0 & 1 & -12 \\ 1 & -18 & 144 \end{bmatrix}=[-14 \quad 186 \quad -1220]$$

显然,与方法一求得的结果一样。

例 6-21 已知系统方块图如图 6-13 所示,试设计状态反馈矩阵 $\boldsymbol{K}$,使得闭环系统满足下列性能指标:超调量 $\sigma_p \leqslant 4.3\%$,调节时间 $t_s \leqslant 0.5s(\Delta=5)$。

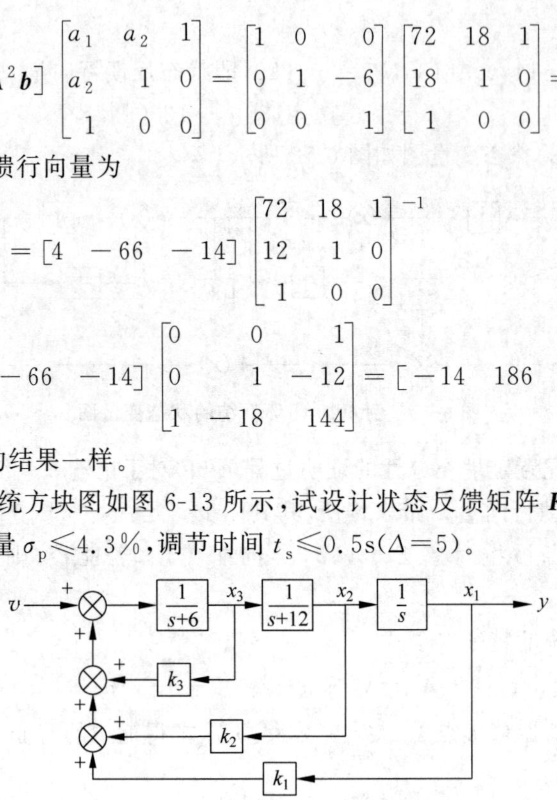

图 6-13 例 6-21 的系统方块图

解:(1) 由题目给出的期望的性能指标确定系统的期望的特征多项式,根据第 3 章给出的表达式,有超调量公式

$$\sigma_p=e^{-\frac{\zeta\pi}{\sqrt{1-\zeta^2}}}\leqslant 0.043$$

得 $\zeta \geqslant 0.707$,取 $\zeta=0.707$。

有调节时间公式

$$t_s=\frac{3.5}{\zeta\omega_n}\leqslant 0.5$$

得 $\omega_n \geqslant 9.9$,取 $\omega_n=10$。

期望的闭环主导极点为：$\lambda_{1,2}=-7.07\pm j7.07$，极点 λ_3 应选择远离主导极点(或原点)，这里取 $\lambda_3=-100$。因此期望的闭环特征多项式为

$$\begin{aligned}\varphi^*(s)&=\prod_{i=1}^{3}(s-\lambda_i^*)\\&=(s+100)(s+7.07-7.07j)(s+7.07+7.07j)\\&=s^3+114.1s^2+1510s+10000\end{aligned}$$

(2) 建立系统的状态空间表达式：

$$\boldsymbol{A}=\begin{bmatrix}0&1&0\\0&-12&1\\0&0&-6\end{bmatrix},\quad \boldsymbol{b}=\begin{bmatrix}0\\0\\1\end{bmatrix},\quad \boldsymbol{c}=\begin{bmatrix}1&0&0\end{bmatrix}$$

(3) 可以用以上两种方法求解 $\boldsymbol{K}$，下面以方法一为例求解。

系统的能控性矩阵为

$$\boldsymbol{Q}_c=\begin{bmatrix}\boldsymbol{b}&\boldsymbol{Ab}&\boldsymbol{A}^2\boldsymbol{b}\end{bmatrix}=\begin{bmatrix}0&0&1\\0&1&-18\\1&-6&36\end{bmatrix},\quad \mathrm{rank}\boldsymbol{Q}_c=3$$

因此系统完全能控。

(4) 期望的特征多项式为

$$\varphi^*(s)=s^3+114.1s^2+1510s+10000$$

(5) 由闭环系统动态方程写出闭环系统的特征多项式

$$\varphi(s)=\det[s\boldsymbol{I}-(\boldsymbol{A}-\boldsymbol{bK})]=\det\left(\begin{bmatrix}s&0&0\\0&s&0\\0&0&s\end{bmatrix}-\begin{bmatrix}0&1&0\\0&-12&1\\0&0&-6\end{bmatrix}+\begin{bmatrix}0\\0\\1\end{bmatrix}\begin{bmatrix}k_0&k_1&k_2\end{bmatrix}\right)$$

$$=\det\begin{bmatrix}s&-1&0\\0&s+12&-1\\k_0&k_1&s+6+k_2\end{bmatrix}=s^3+(18+k_2)s^2+(72+12k_2+k_1)s+k_0$$

(6) 由 $\varphi(s)=\varphi^*(s)$，利用两个多项式对应系数相等，可以得到 3 个联立的代数方程，

$$\begin{cases}18+k_2=114.1\\72+12k_2+k_1=1510\\k_0=10000\end{cases}$$

求得状态反馈矩阵 $\boldsymbol{K}=\begin{bmatrix}k_0&k_1&k_2\end{bmatrix}=\begin{bmatrix}10000&284.8&96.1\end{bmatrix}$ 满足以上性能指标。

事实上，现在已有多种方法计算状态反馈矩阵 $\boldsymbol{K}$。例如，阿克曼(Ackermann)算法、梅内-默多克(Mayne-Murdock)算法等，这里不作具体介绍，有兴趣的读者可自行查阅有关文献。

关于通过状态反馈控制实现系统闭环极点的配置问题，需要说明的是，单输入单输出系统通过状态反馈实现系统极点配置的同时，一般不改变系统的零点，除非故意配置极点与零点相消。

6.3.4 状态反馈对系统能控性和能观性的影响

关于状态反馈控制的闭环系统的能控性和能观性，有如下结论：

(1) 状态反馈不改变系统的能控性。即闭环系统 $\Sigma_K(\boldsymbol{A}-\boldsymbol{BK},\boldsymbol{B},\boldsymbol{C})$ 的能控性与开环系统 $\Sigma_0(\boldsymbol{A},\boldsymbol{B},\boldsymbol{C})$ 的能控性一致。

这是因为,开环系统 $\Sigma_0(\boldsymbol{A},\boldsymbol{B},\boldsymbol{C})$ 和闭环系统 $\Sigma_K(\boldsymbol{A}-\boldsymbol{BK},\boldsymbol{B},\boldsymbol{C})$ 的能控性矩阵可分别表示为

$$\boldsymbol{Q}_{\mathrm{c}}=[\boldsymbol{B}\quad \boldsymbol{AB}\quad \boldsymbol{A}^2\boldsymbol{B}\quad \cdots\quad \boldsymbol{A}^{n-1}\boldsymbol{B}] \tag{6-81}$$

和

$$\boldsymbol{Q}_{\mathrm{c}K}=[\boldsymbol{B}\quad (\boldsymbol{A}-\boldsymbol{BK})\boldsymbol{B}\quad (\boldsymbol{A}-\boldsymbol{BK})^2\boldsymbol{B}\quad \cdots\quad (\boldsymbol{A}-\boldsymbol{BK})^{n-1}\boldsymbol{B}] \tag{6-82}$$

而 $(\boldsymbol{A}-\boldsymbol{BK})\boldsymbol{B}$ 的各列可由 $[\boldsymbol{B}\quad \boldsymbol{AB}]$ 的各列线性组合表示,$(\boldsymbol{A}-\boldsymbol{BK})^2\boldsymbol{B}$ 的各列可由 $[\boldsymbol{B}\quad \boldsymbol{AB}\quad \boldsymbol{A}^2\boldsymbol{B}]$ 的各列线性组合表示。以此类推,$\boldsymbol{Q}_{\mathrm{c}K}$ 的各列都可由 $\boldsymbol{Q}_{\mathrm{c}}$ 的各列线性组合表示。因此,$\boldsymbol{Q}_{\mathrm{c}K}$ 可视为由 $\boldsymbol{Q}_{\mathrm{c}}$ 经初等变换得到,而初等变换不改变矩阵的秩,即

$$\mathrm{rank}\boldsymbol{Q}_{\mathrm{c}K}=\mathrm{rank}\boldsymbol{Q}_{\mathrm{c}} \tag{6-83}$$

(2) 状态反馈有可能改变系统的能观性。以一个既能控又能观的单输入单输出系统为例,在状态反馈控制下,当配置的极点正好与不变的系统零点相消时,闭环系统不再是既能控又能观了,但前面已说明系统的能控性没有改变,所以只有系统的能观性改变了。

例 6-22 线性定常系统

$$\begin{cases}\dot{\boldsymbol{x}}=\begin{bmatrix}1 & 2\\ 0 & 3\end{bmatrix}\boldsymbol{x}+\begin{bmatrix}0\\ 1\end{bmatrix}u\\ y=[1\quad 1]\boldsymbol{x}\end{cases}$$

分析系统在状态反馈控制 $u=-[0\quad 4]\boldsymbol{x}+v$ 下的能控性、能观性。

解:开环系统的能控性、能观性矩阵分别为

$$\boldsymbol{Q}_{\mathrm{c}}=[\boldsymbol{b}\quad \boldsymbol{Ab}]=\begin{bmatrix}0 & 2\\ 1 & 3\end{bmatrix},\quad \boldsymbol{Q}_{\mathrm{o}}=\begin{bmatrix}\boldsymbol{c}\\ \boldsymbol{cA}\end{bmatrix}=\begin{bmatrix}1 & 1\\ 1 & 5\end{bmatrix}$$

它们都是满秩阵,所以开环系统既能控又能观。而闭环系统的能控性、能观性矩阵分别为

$$\boldsymbol{Q}_{ck}=[\boldsymbol{b}\quad (\boldsymbol{A}-\boldsymbol{bk})\boldsymbol{b}]=\begin{bmatrix}0 & 2\\ 1 & -1\end{bmatrix},\quad \boldsymbol{Q}_{\mathrm{o}k}=\begin{bmatrix}\boldsymbol{c}\\ \boldsymbol{c}(\boldsymbol{A}-\boldsymbol{bk})\end{bmatrix}=\begin{bmatrix}1 & 1\\ 1 & 1\end{bmatrix}$$

$\boldsymbol{Q}_{ck}$ 满秩,闭环系统能控;$\boldsymbol{Q}_{\mathrm{o}k}$ 不满秩,闭环系统不能观。实际上,可求得闭环系统的传递函数为

$$g_k(s)=\boldsymbol{c}(s\boldsymbol{I}-\boldsymbol{A}+\boldsymbol{bk})^{-1}\boldsymbol{b}=\frac{s+1}{(s-1)(s+1)}$$

传递函数出现了零极点相消现象,消掉的极点 -1 对应的状态变量不能观。

6.4 连续系统的状态观测器设计

状态反馈控制是系统综合的重要手段,与其他控制方法相比具有明显的优越性。但是状态变量组中的某些量,或者由于不具有明确的物理意义,或者由于量测手段在经济性或适用性上的限制,在工程实际中往往不能直接通过量测获取它们,造成了状态获取的必要性与不可实现性之间的矛盾。通过状态观测器实现对状态的重构,是解决这一矛盾的重要方法。

6.4.1 状态重构与全维状态观测器

1. 状态重构问题

状态重构就是通过间接的手段获取状态量信息。考虑线性定常系统 $\Sigma(\boldsymbol{A},\boldsymbol{B},\boldsymbol{C})$

$$\begin{cases}\dot{\boldsymbol{x}}=\boldsymbol{A}\boldsymbol{x}+\boldsymbol{B}\boldsymbol{u}\\ \boldsymbol{y}=\boldsymbol{C}\boldsymbol{x}\end{cases}\tag{6-84}$$

式中,$\boldsymbol{x}$ 为 n 维状态向量;$\boldsymbol{u}$ 为 r 维输入向量;$\boldsymbol{y}$ 为 m 维输出向量;$\boldsymbol{A}$ 为 $n\times n$ 维系统矩阵;$\boldsymbol{B}$ 为 $n\times r$ 维输入矩阵;$\boldsymbol{C}$ 为 $m\times n$ 维输出矩阵。

通常,输入量 $\boldsymbol{u}$ 和输出量 $\boldsymbol{y}$ 总是可以直接量测的,因此可以考虑能否通过可直接量测的输入量 $\boldsymbol{u}$ 和输出量 $\boldsymbol{y}$ 间接获取状态量的信息。为此,对输出方程进行逐次微分运算,并代之以状态方程,可得

$$\begin{cases}\boldsymbol{y}=\boldsymbol{C}\boldsymbol{x}\\ \dot{\boldsymbol{y}}=\boldsymbol{C}\dot{\boldsymbol{x}}=\boldsymbol{C}\boldsymbol{A}\boldsymbol{x}+\boldsymbol{C}\boldsymbol{B}\boldsymbol{u}\\ \ddot{\boldsymbol{y}}=\boldsymbol{C}\boldsymbol{A}\dot{\boldsymbol{x}}+\boldsymbol{C}\boldsymbol{B}\dot{\boldsymbol{u}}=\boldsymbol{C}\boldsymbol{A}^{2}\boldsymbol{x}+\boldsymbol{C}\boldsymbol{A}\boldsymbol{B}\boldsymbol{u}+\boldsymbol{C}\boldsymbol{B}\dot{\boldsymbol{u}}\\ \vdots\\ \boldsymbol{y}^{(n-1)}=\boldsymbol{C}\boldsymbol{A}^{(n-1)}\boldsymbol{x}+\boldsymbol{C}\boldsymbol{A}^{(n-2)}\boldsymbol{B}\boldsymbol{u}+\boldsymbol{C}\boldsymbol{A}^{(n-3)}\boldsymbol{B}\dot{\boldsymbol{u}}+\cdots+\boldsymbol{C}\boldsymbol{B}\boldsymbol{u}^{(n-2)}\end{cases}\tag{6-85}$$

为了解出状态量 $\boldsymbol{x}$,将上面表达式写成矩阵方程形式,即

$$\begin{bmatrix}\boldsymbol{y}\\ \dot{\boldsymbol{y}}-\boldsymbol{C}\boldsymbol{B}\boldsymbol{u}\\ \vdots\\ \boldsymbol{y}^{(n-1)}-\boldsymbol{C}\boldsymbol{A}^{(n-2)}\boldsymbol{B}\boldsymbol{u}-\boldsymbol{C}\boldsymbol{A}^{(n-3)}\boldsymbol{B}\dot{\boldsymbol{u}}-\cdots-\boldsymbol{C}\boldsymbol{B}\boldsymbol{u}^{(n-2)}\end{bmatrix}=\begin{bmatrix}\boldsymbol{C}\\ \boldsymbol{C}\boldsymbol{A}\\ \vdots\\ \boldsymbol{C}\boldsymbol{A}^{(n-1)}\end{bmatrix}\boldsymbol{x}\tag{6-86}$$

如果$(\boldsymbol{A},\boldsymbol{C})$能观,即矩阵 $\begin{bmatrix}\boldsymbol{C}\\ \boldsymbol{C}\boldsymbol{A}\\ \vdots\\ \boldsymbol{C}\boldsymbol{A}^{(n-1)}\end{bmatrix}$ 满秩,上面方程中的 $\boldsymbol{x}$ 有唯一解。这样,可以由系统的输入量及其各阶导数、系统的输出量及其各阶导数求得状态量 $\boldsymbol{x}$,实现了状态重构。但是,这种理论上可行的状态重构思想在实际应用中不可取,因为它对输入量、输出量采用了大量的微分运算,必将极大地增大输入量、输出量的测量噪声,以致无法正常实行状态重构计算。

但是,从上面的讨论中可以得到启示:如果系统满足一定的条件(如满足能观性要求等),那么可以利用系统能直接量测的输入量 $\boldsymbol{u}(t)$、输出量 $\boldsymbol{y}(t)$,得到原系统 $\Sigma(\boldsymbol{A},\boldsymbol{B},\boldsymbol{C})$ 状态量 $\boldsymbol{x}(t)$ 的间接计算值 $\hat{\boldsymbol{x}}(t)$,它在一定的指标下与 $\boldsymbol{x}(t)$ 等价。通常称 $\hat{\boldsymbol{x}}(t)$ 为状态量 $\boldsymbol{x}(t)$ 的重构值,而将得到重构状态 $\hat{\boldsymbol{x}}(t)$ 的系统称为状态观测器,表示为 $\hat{\Sigma}$。

状态 $\boldsymbol{x}(t)$ 和重构状态 $\hat{\boldsymbol{x}}(t)$ 的等价性指标一般采用渐近等价,即

$$\lim_{t\to\infty}\hat{\boldsymbol{x}}(t)=\lim_{t\to\infty}\boldsymbol{x}(t)\tag{6-87}$$

或者

$$\lim_{t\to\infty}\tilde{\boldsymbol{x}}(t)=\lim_{t\to\infty}[\boldsymbol{x}(t)-\hat{\boldsymbol{x}}(t)]=\boldsymbol{0}\tag{6-88}$$

式中,$\tilde{\boldsymbol{x}}(t)$ 为状态的观测误差,$\tilde{\boldsymbol{x}}(t)=\boldsymbol{x}(t)-\hat{\boldsymbol{x}}(t)$。

如果状态观测器 $\hat{\Sigma}$ 的维数与原系统 $\Sigma(\boldsymbol{A},\boldsymbol{B},\boldsymbol{C})$ 的维数相同，表示原系统的 n 个状态变量都由状态观测器间接得到，把它称为全维状态观测器；如果 $\hat{\Sigma}$ 的维数小于 $\Sigma(\boldsymbol{A},\boldsymbol{B},\boldsymbol{C})$ 的维数，则称为降维状态观测器。此外，还可以有其他不同用途的观测器及不同结构原理的观测器。总之，观测器理论及应用已经是现代控制理论的重要组成部分，本书仅介绍它们的基本结构原理和应用。

2. 全维状态观测器

全维状态观测器是最基本的状态观测器，也是其他观测器设计的基础。

1）全维状态观测器的构成

考虑线性定常系统（见式(6-84)），人为地构造一个结构、参数与原系统 $\Sigma(\boldsymbol{A},\boldsymbol{B},\boldsymbol{C})$ 相同，并与原系统具有相同输入量 $\boldsymbol{u}(t)$ 的系统 $\hat{\Sigma}(\boldsymbol{A},\boldsymbol{B},\boldsymbol{C})$

$$\begin{cases}\dot{\hat{\boldsymbol{x}}}=\boldsymbol{A}\hat{\boldsymbol{x}}+\boldsymbol{B}\boldsymbol{u}\\ \hat{\boldsymbol{y}}=\boldsymbol{C}\hat{\boldsymbol{x}}\end{cases} \tag{6-89}$$

其中，$\hat{\boldsymbol{x}}$ 对应了原系统的 n 维状态向量 $\boldsymbol{x}$，$\hat{\boldsymbol{y}}$ 对应了原系统的 m 维输出向量 $\boldsymbol{y}$。当存在 $\hat{\boldsymbol{x}}(0)=\boldsymbol{x}(0)$ 时，由解的唯一性，必有 $\hat{\boldsymbol{x}}(t)=\boldsymbol{x}(t)$，理论上可以认为 $\hat{\boldsymbol{x}}(t)$ 是 $\boldsymbol{x}(t)$ 的重构值，系统(6-89)是系统(6-84)的全维状态观测器。由于这种全维状态观测器不存在任何反馈，所以称为开环型全维状态观测器。

比较式(6-89)和式(6-84)，可得

$$\dot{\tilde{\boldsymbol{x}}}=\dot{\boldsymbol{x}}-\dot{\hat{\boldsymbol{x}}}=\boldsymbol{A}(\boldsymbol{x}-\hat{\boldsymbol{x}})=\boldsymbol{A}\tilde{\boldsymbol{x}} \tag{6-90}$$

式中，$\tilde{\boldsymbol{x}}$ 为状态观测误差，$\tilde{\boldsymbol{x}}=\boldsymbol{x}-\hat{\boldsymbol{x}}$。

方程(6-90)的解为

$$\tilde{\boldsymbol{x}}(t)=\mathrm{e}^{\boldsymbol{A}t}\tilde{\boldsymbol{x}}(0)=\mathrm{e}^{\boldsymbol{A}t}\left[\boldsymbol{x}(0)-\hat{\boldsymbol{x}}(0)\right] \tag{6-91}$$

由式(6-91)可知，在实际应用中这种开环型全维状态观测器存在如下问题：

(1) $\tilde{\boldsymbol{x}}(t)$ 的动态过程由原系统的系统矩阵 $\boldsymbol{A}$ 决定。当 $\boldsymbol{A}$ 包含有不稳定的特征值时，即使很小的初始偏差 $\tilde{\boldsymbol{x}}(0)$，也会使 $\tilde{\boldsymbol{x}}(t)$ 发散，即 $\hat{\boldsymbol{x}}(t)$ 远离 $\boldsymbol{x}(t)$，不能达到渐近等价目标。当 $\boldsymbol{A}$ 的特征值全部为稳定时，尽管 $\hat{\boldsymbol{x}}(t)$ 与 $\boldsymbol{x}(t)$ 最终达到渐近等价，但其收敛速度完全由系统矩阵 $\boldsymbol{A}$ 决定，而不能进行设计。

(2) 开环型全维状态观测器参数对原系统参数的任何偏离或摄动都会对状态观测产生不利影响。

解决上述问题的办法是利用输出偏差 $\tilde{\boldsymbol{y}}(t)=\boldsymbol{y}(t)-\hat{\boldsymbol{y}}(t)$ 进行反馈，反馈矩阵为 $\boldsymbol{M}$（$n\times m$ 维的常数矩阵）。所构成的闭环型全维状态观测器 $\hat{\Sigma}_M$ 结构如图 6-14 所示。全维状态观测器的状态方程式为

$$\dot{\hat{\boldsymbol{x}}}=\boldsymbol{A}\hat{\boldsymbol{x}}+\boldsymbol{B}\boldsymbol{u}+\boldsymbol{M}\tilde{\boldsymbol{y}}=\boldsymbol{A}\hat{\boldsymbol{x}}+\boldsymbol{B}\boldsymbol{u}+\boldsymbol{M}(\boldsymbol{y}-\boldsymbol{C}\hat{\boldsymbol{x}})=(\boldsymbol{A}-\boldsymbol{M}\boldsymbol{C})\hat{\boldsymbol{x}}+\boldsymbol{B}\boldsymbol{u}+\boldsymbol{M}\boldsymbol{y} \tag{6-92}$$

这时，状态观测误差的方程由式(6-90)变为

$$\tilde{\boldsymbol{x}}=(\boldsymbol{A}-\boldsymbol{M}\boldsymbol{C})\tilde{\boldsymbol{x}} \tag{6-93}$$

方程的解为

$$\tilde{\boldsymbol{x}}(t)=\mathrm{e}^{(\boldsymbol{A}-\boldsymbol{M}\boldsymbol{C})t}\tilde{\boldsymbol{x}}(0) \tag{6-94}$$

显然，有望通过设计合适的偏差反馈矩阵 $\boldsymbol{M}$ 来调整全维状态观测器系统矩阵 $\boldsymbol{A}-\boldsymbol{M}\boldsymbol{C}$ 的特

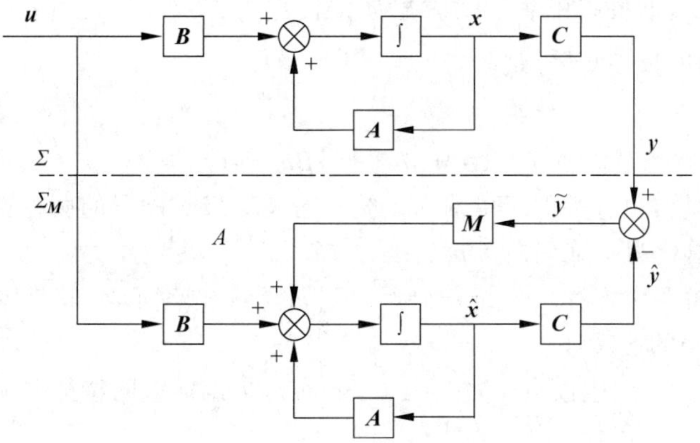

图 6-14　全维状态观测器结构

征值(也称为全维状态观测器的极点),实现渐近等价指标下的状态重构。

全维状态观测器的结构也可等价地表示成图 6-15 的形式。图 6-15 直观地表示出了全维状态观测器具有两个输入量 $\boldsymbol{u}$ 和 $\boldsymbol{y}$,它们是原系统的输入量和输出量,显然是可量测的,全维状态观测器的输出量就是状态重构值 $\hat{\boldsymbol{x}}(t)$。

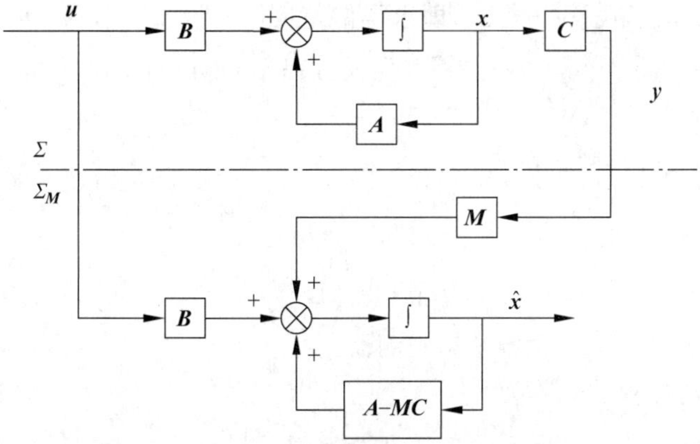

图 6-15　全维状态观测器结构的另一种形式

2) 极点任意配置条件

全维状态观测器极点的位置决定了观测器的输出对原系统状态量渐近等价的可能性及其收敛速度,一个性能优良的全维状态观测器应该是所有极点可以任意配置的。因此,也需要研究满足什么样条件的系统才能构成极点任意配置的全维状态观测器的问题。对此,有如下结论:系统能采用全维状态观测器(见式(6-92))重构其状态,并通过偏差反馈矩阵 $\boldsymbol{M}$ 任意配置全维状态观测器极点的充要条件是原系统完全能观。

3) 极点配置算法

全维状态观测器的极点配置算法就是在给定被观测系统 $\Sigma(\boldsymbol{A},\boldsymbol{B},\boldsymbol{C})$ 和一组任意指定的期望极点 λ_i^* $(i=1,2,\cdots,n)$ 情况下,求解使全维状态观测器 $\dot{\hat{\boldsymbol{x}}}=(\boldsymbol{A}-\boldsymbol{MC})\hat{\boldsymbol{x}}+\boldsymbol{Bu}+\boldsymbol{My}$ 极点为期望极点的偏差反馈矩阵 $\boldsymbol{M}$。根据对偶性原理,其求解步骤为

(1) 判定 $(\boldsymbol{A},\boldsymbol{C})$ 的能观性。

(2) 如能观,写出原系统的对偶系统 $\Sigma(\bar{\boldsymbol{A}},\bar{\boldsymbol{B}},\bar{\boldsymbol{C}})$,其中 $\bar{\boldsymbol{A}}=\boldsymbol{A}^{\mathrm{T}}$,$\bar{\boldsymbol{B}}=\boldsymbol{C}^{\mathrm{T}}$,$\bar{\boldsymbol{C}}=\boldsymbol{B}^{\mathrm{T}}$。

(3) 利用状态反馈极点配置算法求出期望极点为 $\lambda_i^*(i=1,2,\cdots,n)$ 的状态反馈系统 $\Sigma_K(\bar{\boldsymbol{A}}-\bar{\boldsymbol{B}}\bar{\boldsymbol{K}},\bar{\boldsymbol{B}},\bar{\boldsymbol{C}})$ 的反馈矩阵 $\bar{\boldsymbol{K}}$。

(4) 取 $\boldsymbol{M}=\bar{\boldsymbol{K}}^{\mathrm{T}}$。

(5) 得到全维状态观测器 $\dot{\hat{\boldsymbol{x}}}=(\boldsymbol{A}-\boldsymbol{MC})\hat{\boldsymbol{x}}+\boldsymbol{Bu}+\boldsymbol{My}$。

对于单输出系统，也有类似于单输入系统状态反馈极点配置的两种算法，这时 $n\times m$ 维偏差反馈矩阵 $\boldsymbol{M}$ 退化为 n 维列向量 $\boldsymbol{m}$。

方法一，通过解联立方程求 n 维偏差反馈列向量 $\boldsymbol{m}$ 的各元素，其具体步骤是：

(1) 判断 $(\boldsymbol{A},\boldsymbol{c})$ 的能观性。

(2) 由给定的一组期望极点 $\lambda_i^*(i=1,2,\cdots,n)$，求得期望的特征多项式

$$\varphi^*(s)=\prod_{i=1}^{n}(s-\lambda_i^*)=s^n+a_{n-1}^*s^{n-1}+\cdots+a_1^*s+a_0^*$$

(3) 由全维状态观测器方程 $\dot{\hat{\boldsymbol{x}}}=(\boldsymbol{A}-\boldsymbol{mc})\hat{\boldsymbol{x}}+\boldsymbol{Bu}+\boldsymbol{my}$ 写出观测器的特征多项式

$$\varphi(s)=\det[s\boldsymbol{I}-(\boldsymbol{A}-\boldsymbol{mc})]=\varphi(s,m_0,m_1,\cdots,m_{n-1})$$

由于偏差反馈向量 $\boldsymbol{m}=[m_0\quad m_1\quad\cdots\quad m_{n-1}]^{\mathrm{T}}$ 是待求量，所以 $\varphi(s)$ 中包含了 $\boldsymbol{m}$ 的各元素。

(4) 由 $\varphi(s)=\varphi^*(s)$，利用两个多项式对应系数相等，可以得到 n 个联立的代数方程，并解得 n 个待定量 $m_0,m_1,\cdots,m_{n-1}$，即求得偏差反馈向量 $\boldsymbol{m}=[m_0\quad m_1\quad\cdots\quad m_{n-1}]^{\mathrm{T}}$。

(5) 将 $\boldsymbol{m}=[m_0\quad m_1\quad\cdots\quad m_{n-1}]^{\mathrm{T}}$ 代入方程 $\dot{\hat{\boldsymbol{x}}}=(\boldsymbol{A}-\boldsymbol{mc})\hat{\boldsymbol{x}}+\boldsymbol{Bu}+\boldsymbol{my}$，得出全维状态观测器。

例 6-23 已知线性定常系统

$$\begin{cases}\dot{\boldsymbol{x}}=\begin{bmatrix}1 & 3\\0 & -1\end{bmatrix}\boldsymbol{x}+\begin{bmatrix}0\\1\end{bmatrix}u\\ y=\begin{bmatrix}1 & 1\end{bmatrix}\boldsymbol{x}\end{cases}$$

试设计一个极点为 $-2,-2$ 的全维状态观测器。

解：(1) 系统的能观性矩阵为

$$\boldsymbol{Q}_{\mathrm{o}}=\begin{bmatrix}\boldsymbol{c}\\\boldsymbol{cA}\end{bmatrix}=\begin{bmatrix}1 & 1\\1 & 2\end{bmatrix}$$

该矩阵满秩，系统能观，所以能设计极点任意配置的全维状态观测器。

(2) 由给定的期望极点 $\lambda_1^*=-2,\lambda_2^*=-2$，求得期望的特征多项式为

$$\varphi^*(s)=(s-\lambda_1^*)(s-\lambda_2^*)=(s+2)^2=s^2+4s+4$$

(3) 由全维状态观测器方程 $\dot{\hat{\boldsymbol{x}}}=(\boldsymbol{A}-\boldsymbol{mc})\hat{\boldsymbol{x}}+\boldsymbol{Bu}+\boldsymbol{my}$ 写出观测器的特征多项式

$$\varphi(s)=\det[s\boldsymbol{I}-(\boldsymbol{A}-\boldsymbol{mc})]=\det\left\{\begin{bmatrix}s & 0\\0 & s\end{bmatrix}-\left(\begin{bmatrix}1 & 3\\0 & -1\end{bmatrix}-\begin{bmatrix}m_0\\m_1\end{bmatrix}\begin{bmatrix}1 & 1\end{bmatrix}\right)\right\}$$

$$=\det\begin{bmatrix}s-1+m_0 & -3+m_0\\m_1 & s+1+m_1\end{bmatrix}=s^2+(m_0+m_1)s+(m_0+2m_1-1)$$

(4) 由 $\varphi(s)=\varphi^*(s)$，得到联立方程

$$\begin{cases}m_0+m_1=4\\m_0+2m_1-1=4\end{cases}$$

解得：$m_0=3, m_1=1$。

(5) 代入 $\boldsymbol{m}=\begin{bmatrix}3\\1\end{bmatrix}$，得全维状态观测器为

$$\dot{\hat{\boldsymbol{x}}}=(\boldsymbol{A}-\boldsymbol{mc})\hat{\boldsymbol{x}}+\boldsymbol{Bu}+\boldsymbol{my}=\left(\begin{bmatrix}1 & 3\\0 & -1\end{bmatrix}-\begin{bmatrix}3\\1\end{bmatrix}\begin{bmatrix}1 & 1\end{bmatrix}\right)\hat{\boldsymbol{x}}+\begin{bmatrix}0\\1\end{bmatrix}\boldsymbol{u}+\begin{bmatrix}3\\1\end{bmatrix}\boldsymbol{y}$$

即

$$\dot{\hat{\boldsymbol{x}}}=\begin{bmatrix}-2 & 0\\-1 & -2\end{bmatrix}\hat{\boldsymbol{x}}+\begin{bmatrix}0\\1\end{bmatrix}\boldsymbol{u}+\begin{bmatrix}3\\1\end{bmatrix}\boldsymbol{y}$$

可画出被观测系统及全维状态观测器的状态变量图如图 6-16 所示。

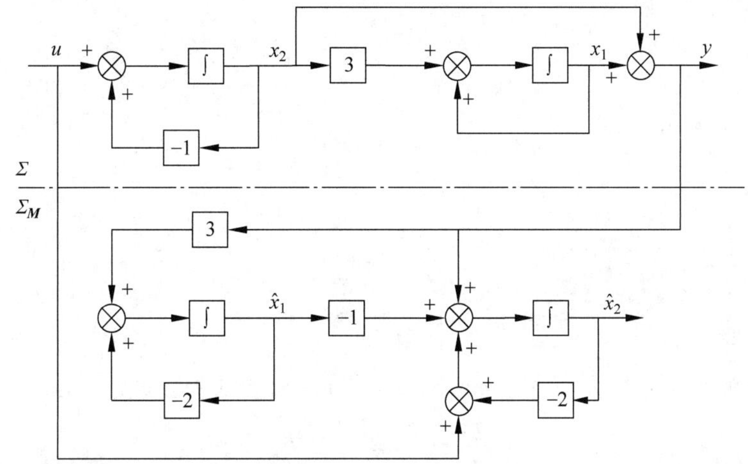

图 6-16　例 6-23 的被观测系统及全维状态观测器状态变量图

方法二，先将单输出系统变换为能观规范型，然后求偏差反馈向量 $\boldsymbol{m}$，其具体步骤是：

(1) 同样要先判断($\boldsymbol{A},\boldsymbol{c}$)的能观性，若能观，则往下进行，否则结束计算。

(2) 求得开环系统的特征多项式

$$\det[s\boldsymbol{I}-\boldsymbol{A}]=s^n+a_{n-1}s^{n-1}+\cdots+a_1s+a_0$$

(3) 由给定的一组期望极点 $\lambda_i^*(i=1,2,\cdots,n)$，求得期望的特征多项式

$$\varphi^*(s)=\prod_{i=1}^{n}(s-\lambda_i^*)=s^n+a_{n-1}^*s^{n-1}+\cdots+a_1^*s+a_0^*$$

(4) 按下式求取被观测对象具有能观规范型形式的状态空间中的偏差反馈向量 $\boldsymbol{m}$

$$\bar{\boldsymbol{m}}=\begin{bmatrix}\bar{m}_0\\\bar{m}_1\\\vdots\\\bar{m}_{n-1}\end{bmatrix}=\begin{bmatrix}a_0^*-a_0\\a_1^*-a_1\\\vdots\\a_{n-1}^*-a_{n-1}\end{bmatrix}$$

(5) 求取将被控对象 $\Sigma(\boldsymbol{A},\boldsymbol{B},\boldsymbol{c})$ 转化为能观规范型 $\Sigma(\bar{\boldsymbol{A}},\bar{\boldsymbol{B}},\bar{\boldsymbol{c}})$ 的变换矩阵 $\boldsymbol{T}$。

(6) 由 $\boldsymbol{m}=\boldsymbol{T}\bar{\boldsymbol{m}}$ 求得偏差反馈向量 $\boldsymbol{m}$，并代入全维状态观测器方程(6-92)。

对于例 6-23，用方法二求解的过程是：

(1) 同上，判别能观性。

(2) 求得开环系统的特征多项式

$$\det(s\boldsymbol{I}-\boldsymbol{A})=\det\begin{bmatrix} s-1 & -3 \\ 0 & s+1 \end{bmatrix}=s^2-1$$

(3) 期望的特征多项式为

$$\varphi^*(s)=s^2+4s+4$$

(4) 求得新状态空间中的偏差反馈矩阵为

$$\bar{\boldsymbol{m}}=\begin{bmatrix} \bar{m}_0 \\ \bar{m}_1 \end{bmatrix}=\begin{bmatrix} a_0^*-a_0 \\ a_1^*-a_1 \end{bmatrix}=\begin{bmatrix} 4-(-1) \\ 4-0 \end{bmatrix}=\begin{bmatrix} 5 \\ 4 \end{bmatrix}$$

(5) 变换矩阵的逆阵为

$$\boldsymbol{T}^{-1}=\begin{bmatrix} a_1 & 1 \\ 1 & 0 \end{bmatrix}\begin{bmatrix} \boldsymbol{c} \\ \boldsymbol{cA} \end{bmatrix}=\begin{bmatrix} 0 & 1 \\ 1 & 0 \end{bmatrix}\begin{bmatrix} 1 & 1 \\ 1 & 2 \end{bmatrix}=\begin{bmatrix} 1 & 2 \\ 1 & 1 \end{bmatrix}$$

并求得变换矩阵 $\boldsymbol{T}$ 为

$$\boldsymbol{T}=\begin{bmatrix} 1 & 2 \\ 1 & 1 \end{bmatrix}^{-1}=\begin{bmatrix} -1 & 2 \\ 1 & -1 \end{bmatrix}$$

(6) 求得状态反馈矩阵为

$$\boldsymbol{m}=\boldsymbol{T}\bar{\boldsymbol{m}}=\begin{bmatrix} -1 & 2 \\ 1 & -1 \end{bmatrix}\begin{bmatrix} 5 \\ 4 \end{bmatrix}=\begin{bmatrix} 3 \\ 1 \end{bmatrix}$$

代入全维状态观测器方程 $\dot{\hat{\boldsymbol{x}}}=(\boldsymbol{A}-\boldsymbol{mc})\hat{\boldsymbol{x}}+\boldsymbol{Bu}+\boldsymbol{my}$，得全维状态观测器为

$$\dot{\hat{\boldsymbol{x}}}=\begin{bmatrix} -2 & 0 \\ -1 & -2 \end{bmatrix}\hat{\boldsymbol{x}}+\begin{bmatrix} 0 \\ 1 \end{bmatrix}\boldsymbol{u}+\begin{bmatrix} 3 \\ 1 \end{bmatrix}\boldsymbol{y}$$

显然，与方法一求得的结果一样。

前面已经提到，全维状态观测器的极点位置决定了 $\hat{\boldsymbol{x}}(t)$ 对 $\boldsymbol{x}(t)$ 的渐近收敛速度，单从这一特性看，显然希望极点尽量远离虚轴。但是，如果极点离虚轴太远，会使全维状态观测器频带过宽，不利于扼制观测器输入量(系统输入量和输出量)的高频干扰。所以，全维状态观测器极点位置的选择需要在快速性与抗干扰性之间根据工程实际折中考虑。

6.4.2 降维状态观测器

实际上，系统的 n 个状态变量一般并不是都不能直接量测，但可以利用能量测的输出量 $\boldsymbol{y}$ 直接得到一部分状态变量。可见，对一个系统而言，完全有可能存在一部分状态变量，它们不需要通过观测器重构的办法得出，从而只需构造维数小于 n 的观测器来得出另一部分状态变量，这就是降维状态观测器的基本思想。观测器维数的减少为其工程实现带来了方便。

对于状态完全能观的系统，如果有 $\mathrm{rank}\boldsymbol{C}=m$，则 m 个输出变量是相互独立的，那么根据输出方程就应当从中得出 m 个状态变量。例如，极端情况 $\boldsymbol{C}=[0 \quad \boldsymbol{I}_m]$，则有 $\boldsymbol{y}=[x_{n-m+1} \quad \cdots \quad x_{n-1} \quad x_n]^{\mathrm{T}}$，后 m 个状态变量可由输出量得到，只需重构前 $n-m$ 个状态变量 $x_1 \sim x_{n-m}$。一般情况下，降维状态观测器的最小维数为 $n-\mathrm{rank}\boldsymbol{C}$。

按此思路，对于一个 $\mathrm{rank}\boldsymbol{C}=m$ 的状态完全能观的系统 $\Sigma(\boldsymbol{A},\boldsymbol{B},\boldsymbol{C})$，引入非奇异变换，使新状态空间的状态量为

$$\bar{\boldsymbol{x}}=\begin{bmatrix}\bar{\boldsymbol{x}}_1\\ \bar{\boldsymbol{x}}_2\end{bmatrix}=\begin{bmatrix}\bar{\boldsymbol{x}}_1\\ \boldsymbol{y}\end{bmatrix}=\begin{bmatrix}\boldsymbol{D}\\ \boldsymbol{C}\end{bmatrix}\boldsymbol{x}=\boldsymbol{Q}\boldsymbol{x} \tag{6-95}$$

非奇异变换矩阵的逆阵 $\boldsymbol{T}^{-1}$(即矩阵 $\boldsymbol{Q}$)中,$\boldsymbol{C}$ 为 $m\times n$ 维系统输出矩阵,$\boldsymbol{D}$ 为$(n-m)\times n$ 维保证$\boldsymbol{Q}$ 非奇异的任意矩阵,实际选取时当然应尽量简单。这样的非奇异变换使新状态空间的输出矩阵为

$$\bar{\boldsymbol{C}}=\boldsymbol{C}\boldsymbol{T}=[\boldsymbol{0}\quad \boldsymbol{I}_m] \tag{6-96}$$

这是因为 $\boldsymbol{C}=\bar{\boldsymbol{C}}\boldsymbol{T}^{-1}=\bar{\boldsymbol{C}}\boldsymbol{Q}=\bar{\boldsymbol{C}}\begin{bmatrix}\boldsymbol{D}\\ \boldsymbol{C}\end{bmatrix}$,而又有 $\boldsymbol{C}=[\boldsymbol{0}\quad \boldsymbol{I}_m]\begin{bmatrix}\boldsymbol{D}\\ \boldsymbol{C}\end{bmatrix}$。

于是得出系统在新状态空间的表达式为

$$\begin{cases}\dot{\bar{\boldsymbol{x}}}=\begin{bmatrix}\dot{\bar{\boldsymbol{x}}}_1\\ \dot{\bar{\boldsymbol{x}}}_2\end{bmatrix}=\begin{bmatrix}\bar{\boldsymbol{A}}_{11} & \bar{\boldsymbol{A}}_{12}\\ \bar{\boldsymbol{A}}_{21} & \bar{\boldsymbol{A}}_{22}\end{bmatrix}\begin{bmatrix}\bar{\boldsymbol{x}}_1\\ \bar{\boldsymbol{x}}_2\end{bmatrix}+\begin{bmatrix}\bar{\boldsymbol{B}}_1\\ \bar{\boldsymbol{B}}_2\end{bmatrix}\boldsymbol{u}\\ \boldsymbol{y}=[\boldsymbol{0}\quad \boldsymbol{I}_m]\begin{bmatrix}\bar{\boldsymbol{x}}_1\\ \bar{\boldsymbol{x}}_2\end{bmatrix}=\bar{\boldsymbol{x}}_2\end{cases} \tag{6-97}$$

在新状态空间中,m 维分状态向量 $\bar{\boldsymbol{x}}_2$ 直接由输出量 $\boldsymbol{y}$ 得出,$(n-m)$维分状态向量 $\bar{\boldsymbol{x}}_1$ 需要通过观测器重构。由 $\bar{\boldsymbol{x}}_2=\boldsymbol{y}$,式(6-97)的第一式又可写为

$$\begin{cases}\dot{\bar{\boldsymbol{x}}}_1=\bar{\boldsymbol{A}}_{11}\bar{\boldsymbol{x}}_1+\bar{\boldsymbol{A}}_{12}\boldsymbol{y}+\bar{\boldsymbol{B}}_1\boldsymbol{u}\\ \dot{\boldsymbol{y}}=\bar{\boldsymbol{A}}_{21}\bar{\boldsymbol{x}}_1+\bar{\boldsymbol{A}}_{22}\boldsymbol{y}+\bar{\boldsymbol{B}}_2\boldsymbol{u}\end{cases} \tag{6-98}$$

式(6-98)可视为以 $\bar{\boldsymbol{x}}_1$ 为状态量的$(n-q)$维子系统的状态空间表达式,子系统的输入量$\boldsymbol{v}$ 、输出量 $\boldsymbol{w}$ 分别是

$$\boldsymbol{v}=\bar{\boldsymbol{A}}_{12}\boldsymbol{y}+\bar{\boldsymbol{B}}_1\boldsymbol{u} \tag{6-99}$$

和

$$\boldsymbol{w}=\dot{\boldsymbol{y}}-\bar{\boldsymbol{A}}_{22}\boldsymbol{y}-\bar{\boldsymbol{B}}_2\boldsymbol{u} \tag{6-100}$$

即子系统表示为

$$\begin{cases}\dot{\bar{\boldsymbol{x}}}_1=\bar{\boldsymbol{A}}_{11}\bar{\boldsymbol{x}}_1+\boldsymbol{v}\\ \boldsymbol{w}=\bar{\boldsymbol{A}}_{21}\bar{\boldsymbol{x}}_1\end{cases} \tag{6-101}$$

为了重构$(n-q)$维分状态向量 $\bar{\boldsymbol{x}}_1$,只需构造子系统(6-101)的全维状态观测器。由于系统 $\Sigma(\boldsymbol{A},\boldsymbol{B},\boldsymbol{C})$状态完全能观,非奇异变换后 $\Sigma(\bar{\boldsymbol{A}},\bar{\boldsymbol{B}},\bar{\boldsymbol{C}})$状态仍完全能观,由其中的部分状态变量构成的子系统当然也是状态完全能观的,所以一定可对子系统(6-101)构造极点可任意配置的全维状态观测器。根据式(6-92),该观测器的方程为

$$\begin{aligned}\dot{\hat{\bar{\boldsymbol{x}}}}_1&=(\bar{\boldsymbol{A}}_{11}-\boldsymbol{M}\bar{\boldsymbol{A}}_{21})\hat{\bar{\boldsymbol{x}}}_1+\boldsymbol{v}+\boldsymbol{M}\boldsymbol{w}\\ &=(\bar{\boldsymbol{A}}_{11}-\boldsymbol{M}\bar{\boldsymbol{A}}_{21})\hat{\bar{\boldsymbol{x}}}_1+(\bar{\boldsymbol{A}}_{12}\boldsymbol{y}+\bar{\boldsymbol{B}}_1\boldsymbol{u})+\boldsymbol{M}(\dot{\boldsymbol{y}}-\bar{\boldsymbol{A}}_{22}\boldsymbol{y}-\bar{\boldsymbol{B}}_2\boldsymbol{u})\\ &=(\bar{\boldsymbol{A}}_{11}-\boldsymbol{M}\bar{\boldsymbol{A}}_{21})\hat{\bar{\boldsymbol{x}}}_1+(\bar{\boldsymbol{B}}_1-\boldsymbol{M}\bar{\boldsymbol{B}}_2)\boldsymbol{u}+(\bar{\boldsymbol{A}}_{12}-\boldsymbol{M}\bar{\boldsymbol{A}}_{22})\boldsymbol{y}+\boldsymbol{M}\dot{\boldsymbol{y}}\end{aligned} \tag{6-102}$$

该观测器由原系统的输入量 $\boldsymbol{u}$ 和输出量 $\boldsymbol{y}$ 及其导数 $\dot{\boldsymbol{y}}$ 作为输入,输出为 $\bar{\boldsymbol{x}}_1$ 的重构值 $\hat{\bar{\boldsymbol{x}}}_1$。考虑到导数 $\dot{\boldsymbol{y}}$ 会增大原系统输出的高频噪声,为此,采用变量替换

$$z = \hat{\bar{x}}_1 - My \tag{6-103}$$

代入式(6-102),得出在新状态空间中降维状态观测器的方程为

$$\dot{z} = (\bar{A}_{11} - M\bar{A}_{21})z + (\bar{B}_1 - M\bar{B}_2)u + [\bar{A}_{12} - M\bar{A}_{22} + (\bar{A}_{11} - M\bar{A}_{21})M]y \tag{6-104}$$

或者写为

$$\dot{z} = (\bar{A}_{11} - M\bar{A}_{21})(z + My) + (\bar{B}_1 - M\bar{B}_2)u + (\bar{A}_{12} - M\bar{A}_{22})y \tag{6-105}$$

在此基础上,可得出新状态空间中状态量 $\bar{x}$ 的重构值为

$$\hat{\bar{x}} = \begin{bmatrix} \hat{\bar{x}}_1 \\ \hat{\bar{x}}_2 \end{bmatrix} = \begin{bmatrix} z + My \\ y \end{bmatrix} \tag{6-106}$$

如将非奇异变换矩阵表示为 $T = Q^{-1} = [T_1 \quad T_2]$(其中,$T_1$ 为 $n\times(n-m)$ 维块矩阵,T_2 为 $n\times m$ 维块矩阵),则在原状态空间中状态量 x 的重构值为

$$\hat{x} = T\hat{\bar{x}} = [T_1 \quad T_2]\begin{bmatrix} z + My \\ y \end{bmatrix} = T_1(z + My) + T_2 y \tag{6-107}$$

于是,得出降维状态观测器的结构如图 6-17 所示。

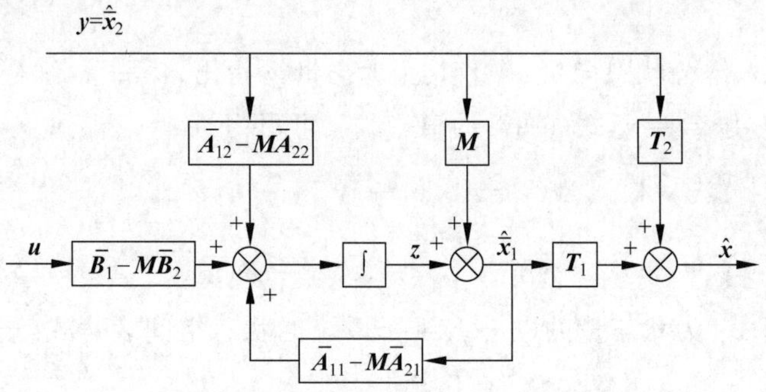

图 6-17 降维状态观测器的结构

总结上面的讨论,可得出降维状态观测器的设计步骤为:

(1) 判别被观测系统 $\Sigma(A,B,C)$ 的能观性,并根据 $\mathrm{rank}C = q$ 确定观测器的维数 $n-q$。

(2) 构造非奇异变换阵的逆阵 $T^{-1} = Q = \begin{bmatrix} D \\ C \end{bmatrix}$(其中,$D$ 为 $(n-m)\times n$ 维用于保证 Q 非奇异的任意矩阵),并求出 $T = Q^{-1} = [T_1 \quad T_2]$。

(3) 对被观测系统 $\Sigma(A,B,C)$ 实施非奇异变换 $x = T\bar{x} = Q^{-1}\bar{x}$,在新状态空间中的各系数矩阵为

$$\bar{A} = T^{-1}AT = \begin{bmatrix} \bar{A}_{11} & \bar{A}_{12} \\ \bar{A}_{21} & \bar{A}_{22} \end{bmatrix}, \quad \bar{B} = T^{-1}B = \begin{bmatrix} \bar{B}_1 \\ \bar{B}_2 \end{bmatrix}, \quad \bar{C} = CT = [0 \quad I_m]$$

式中,$\bar{A}_{11}$ 为 $(n-m)\times(n-m)$ 维块矩阵;$\bar{A}_{12}$ 为 $(n-m)\times m$ 维块矩阵;$\bar{A}_{21}$ 为 $m\times(n-m)$ 维块矩阵;$\bar{A}_{22}$ 为 $m\times m$ 维块矩阵;$\bar{B}_1$ 为 $(n-m)\times r$ 维块矩阵;$\bar{B}_2$ 为 $m\times r$ 维块矩阵。

(4) 对于降维观测器方程式(6-164)或式(6-105),按极点配置算法求出矩阵 M,并得出降维观测器的方程式。

(5) 对于新状态空间中状态量 $\bar{x}$ 的重构值

$$\hat{\hat{\boldsymbol{x}}} = \begin{bmatrix} \hat{\hat{\boldsymbol{x}}}_1 \\ \hat{\hat{\boldsymbol{x}}}_2 \end{bmatrix} = \begin{bmatrix} \boldsymbol{z} + \boldsymbol{My} \\ \boldsymbol{y} \end{bmatrix}$$

代入矩阵 $\boldsymbol{M}$，得出重构值的具体表达式。

(6) 经逆变换得出原状态空间中状态量 $\boldsymbol{x}$ 的重构值

$$\hat{\boldsymbol{x}} = [\boldsymbol{T}_1 \quad \boldsymbol{T}_2] \begin{bmatrix} \boldsymbol{z} + \boldsymbol{My} \\ \boldsymbol{y} \end{bmatrix} = \boldsymbol{T}_1(\boldsymbol{z} + \boldsymbol{My}) + \boldsymbol{T}_2\boldsymbol{y}$$

例 6-24　已知线性定常系统

$$\begin{cases} \dot{\boldsymbol{x}} = \begin{bmatrix} -1 & 0 & 0 \\ 0 & 1 & 1 \\ 0 & 0 & 1 \end{bmatrix} \boldsymbol{x} + \begin{bmatrix} 1 & 0 \\ 0 & 1 \\ 0 & 1 \end{bmatrix} \boldsymbol{u} \\ \boldsymbol{y} = \begin{bmatrix} 1 & 0 & 0 \\ 0 & 1 & 1 \end{bmatrix} \boldsymbol{x} \end{cases}$$

试设计一个期望极点为 -3 的降维状态观测器。

解：(1) 由系统的能观性矩阵满秩可判定其能观，并由 $\text{rank}\boldsymbol{C} = 2$ 可知降维观测器的维数为 1。

(2) 构造非奇异变换矩阵的逆阵为

$$\boldsymbol{T}^{-1} = \boldsymbol{Q} = \begin{bmatrix} \boldsymbol{D} \\ \boldsymbol{C} \end{bmatrix} = \left[\begin{array}{ccc} 0 & 0 & 1 \\ \hdashline 1 & 0 & 0 \\ 0 & 1 & 1 \end{array}\right]$$

并求出

$$\boldsymbol{T} = \boldsymbol{Q}^{-1} = \left[\begin{array}{ccc} 0 & 0 & 1 \\ \hdashline 1 & 0 & 0 \\ 0 & 1 & 1 \end{array}\right]^{-1} = \left[\begin{array}{c:cc} 0 & 1 & 0 \\ -1 & 0 & 1 \\ 1 & 0 & 0 \end{array}\right] = [\boldsymbol{T}_1 \quad \boldsymbol{T}_2]$$

(3) 对系统实施非奇异变换 $\boldsymbol{x} = \boldsymbol{T}\bar{\boldsymbol{x}} = \boldsymbol{Q}^{-1}\bar{\boldsymbol{x}}$，新状态空间中的各系数矩阵分别为

$$\bar{\boldsymbol{A}} = \boldsymbol{T}^{-1}\boldsymbol{AT} = \begin{bmatrix} 0 & 0 & 1 \\ 1 & 0 & 0 \\ 0 & 1 & 1 \end{bmatrix} \begin{bmatrix} -1 & 0 & 0 \\ 0 & 1 & 1 \\ 0 & 0 & 1 \end{bmatrix} \begin{bmatrix} 0 & 1 & 0 \\ -1 & 0 & 1 \\ 1 & 0 & 0 \end{bmatrix} = \begin{bmatrix} 1 & 0 & 0 \\ 0 & -1 & 0 \\ 1 & 0 & 1 \end{bmatrix}$$

$$\bar{\boldsymbol{B}} - \boldsymbol{T}^{-1}\boldsymbol{B} - \begin{bmatrix} 0 & 0 & 1 \\ 1 & 0 & 0 \\ 0 & 1 & 1 \end{bmatrix} \begin{bmatrix} 1 & 0 \\ 0 & 1 \\ 0 & 1 \end{bmatrix} = \begin{bmatrix} 0 & 1 \\ 1 & 0 \\ 0 & 2 \end{bmatrix}$$

$$\bar{\boldsymbol{C}} = \boldsymbol{CT} = \begin{bmatrix} 1 & 0 & 0 \\ 0 & 1 & 1 \end{bmatrix} \begin{bmatrix} 0 & 1 & 0 \\ -1 & 0 & 1 \\ 1 & 0 & 0 \end{bmatrix} = \begin{bmatrix} 0 & 1 & 0 \\ 0 & 0 & 1 \end{bmatrix}$$

其中，$\bar{\boldsymbol{A}}_{11} = 1$，$\bar{\boldsymbol{A}}_{12} = [0 \quad 0]$，$\bar{\boldsymbol{A}}_{21} = \begin{bmatrix} 0 \\ 1 \end{bmatrix}$，$\bar{\boldsymbol{A}}_{22} = \begin{bmatrix} -1 & 0 \\ 0 & 1 \end{bmatrix}$；$\bar{\boldsymbol{B}}_1 = [0 \quad 1]$，$\bar{\boldsymbol{B}}_2 = \begin{bmatrix} 1 & 0 \\ 0 & 2 \end{bmatrix}$。

(4) 降维状态观测器方程为

$$\begin{aligned} \dot{\boldsymbol{z}} &= (\bar{\boldsymbol{A}}_{11} - \boldsymbol{m}\bar{\boldsymbol{A}}_{21})\boldsymbol{z} + (\bar{\boldsymbol{B}}_1 - \boldsymbol{m}\bar{\boldsymbol{B}}_2)\boldsymbol{u} + [\bar{\boldsymbol{A}}_{12} - \boldsymbol{m}\bar{\boldsymbol{A}}_{22} + (\bar{\boldsymbol{A}}_{11} - \boldsymbol{m}\bar{\boldsymbol{A}}_{21})\boldsymbol{m}]\boldsymbol{y} \\ &= \left(1 - [m_0 \quad m_1] \begin{bmatrix} 0 \\ 1 \end{bmatrix}\right)\boldsymbol{z} + \left([0 \quad 1] - [m_0 \quad m_1] \begin{bmatrix} 1 & 0 \\ 0 & 2 \end{bmatrix}\right)\boldsymbol{u} + \end{aligned}$$

$$\left\{[0\quad 0]-[m_0\quad m_1]\begin{bmatrix}-1 & 0\\ 0 & 1\end{bmatrix}+\left(1-[m_0\quad m_1]\begin{bmatrix}0\\1\end{bmatrix}\right)[m_0\quad m_1]\right\}\boldsymbol{y}$$

$$=(1-m_1)z+[-m_0\quad 1-2m_1]\begin{bmatrix}u_1\\u_2\end{bmatrix}+(2m_0-m_0m_1-m_1^2)\begin{bmatrix}y_1\\y_2\end{bmatrix}$$

由 $\varphi(s)=\varphi^*(s)$ 得 $s-1+m_1=s+3$，解得 $m_1=4$，而 m_0 是任取的，如取 $m_0=0$，则可写出降维状态观测器方程为

$$\dot{z}=-3z+[0\quad -7]\begin{bmatrix}u_1\\u_2\end{bmatrix}+[0\quad -16]\begin{bmatrix}y_1\\y_2\end{bmatrix}=-3z-7u_2-16y_2$$

(5) 新状态空间中状态量 $\bar{\boldsymbol{x}}$ 的重构值为

$$\hat{\bar{\boldsymbol{x}}}=\begin{bmatrix}\hat{\bar{\boldsymbol{x}}}_1\\ \hat{\bar{\boldsymbol{x}}}_2\end{bmatrix}=\begin{bmatrix}z+\boldsymbol{my}\\ \boldsymbol{y}\end{bmatrix}=\begin{bmatrix}z+[0\quad 4]\begin{bmatrix}y_1\\y_2\end{bmatrix}\\ \begin{bmatrix}y_1\\y_2\end{bmatrix}\end{bmatrix}=\begin{bmatrix}z+4y_2\\ y_1\\ y_2\end{bmatrix}$$

(6) 原状态空间中状态量 $\boldsymbol{x}$ 的重构值为

$$\hat{\boldsymbol{x}}=\boldsymbol{T}_1(z+\boldsymbol{my})+\boldsymbol{T}_2\boldsymbol{y}=\begin{bmatrix}0\\-1\\1\end{bmatrix}(z+4y_2)+\begin{bmatrix}1 & 0\\0 & 1\\0 & 0\end{bmatrix}\begin{bmatrix}y_1\\y_2\end{bmatrix}=\begin{bmatrix}y_1\\-z-3y_2\\z+4y_2\end{bmatrix}$$

可画出降维状态观测器的状态变量图如图 6-18 所示。

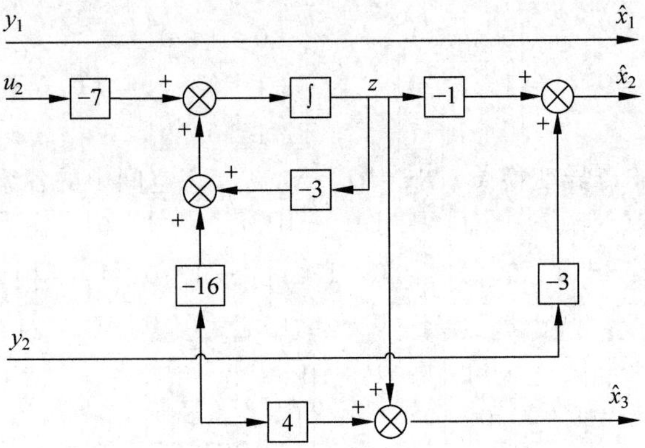

图 6-18　例 6-24 降维状态观测器状态变量图

6.4.3　引入观测器的状态反馈控制系统

观测器的引入解决了系统的状态重构问题，为对不能直接量测的状态变量实施状态反馈控制提供了可能性。但是，采用重构的状态量实现状态反馈控制的系统从结构上、特性上具有哪些特点，它与直接采用状态量实现状态反馈控制的系统有什么区别，则需要进一步讨论。

1. 系统的构成

从结构上看，引入观测器的状态反馈控制系统由 3 部分组成，它们分别是：

(1) 被控对象（或开环系统）$\Sigma_0(\boldsymbol{A},\boldsymbol{B},\boldsymbol{C})$。

$$\begin{cases}\dot{\boldsymbol{x}}=\boldsymbol{A}\boldsymbol{x}+\boldsymbol{B}\boldsymbol{u}\\ \boldsymbol{y}=\boldsymbol{C}\boldsymbol{x}\end{cases} \tag{6-108}$$

式中，$\boldsymbol{x}$ 为 n 维状态向量；$\boldsymbol{u}$ 为 r 维输入(控制)向量；$\boldsymbol{y}$ 为 m 维输出向量；$\boldsymbol{A}$ 为 $n\times n$ 维系统矩阵；$\boldsymbol{B}$ 为 $n\times r$ 维输入矩阵；$\boldsymbol{C}$ 为 $m\times n$ 维输出矩阵。

(2) 观测器。为讨论方便取全维状态观测器 $\hat{\Sigma}_M$，其表达式为

$$\dot{\hat{\boldsymbol{x}}}=(\boldsymbol{A}-\boldsymbol{M}\boldsymbol{C})\hat{\boldsymbol{x}}+\boldsymbol{B}\boldsymbol{u}+\boldsymbol{M}\boldsymbol{y} \tag{6-109}$$

(3) 状态反馈控制作用。这里被反馈的状态量是由全维状态观测器提供的状态量重构值，即

$$\boldsymbol{u}=\boldsymbol{v}-\boldsymbol{K}\hat{\boldsymbol{x}} \tag{6-110}$$

将上述 3 部分组合到一起，得到引入观测器的状态反馈控制系统 Σ_{KM} 的结构如图 6-19 所示。系统的表达式是上面 3 个表达式的组合，即

$$\begin{cases}\begin{bmatrix}\dot{\boldsymbol{x}}\\ \dot{\hat{\boldsymbol{x}}}\end{bmatrix}=\begin{bmatrix}\boldsymbol{A} & -\boldsymbol{B}\boldsymbol{K}\\ \boldsymbol{M}\boldsymbol{C} & \boldsymbol{A}-\boldsymbol{M}\boldsymbol{C}-\boldsymbol{B}\boldsymbol{K}\end{bmatrix}\begin{bmatrix}\boldsymbol{x}\\ \hat{\boldsymbol{x}}\end{bmatrix}+\begin{bmatrix}\boldsymbol{B}\\ \boldsymbol{B}\end{bmatrix}\boldsymbol{v}\\ \boldsymbol{y}=\begin{bmatrix}\boldsymbol{C} & \boldsymbol{0}\end{bmatrix}\begin{bmatrix}\boldsymbol{x}\\ \hat{\boldsymbol{x}}\end{bmatrix}\end{cases} \tag{6-111}$$

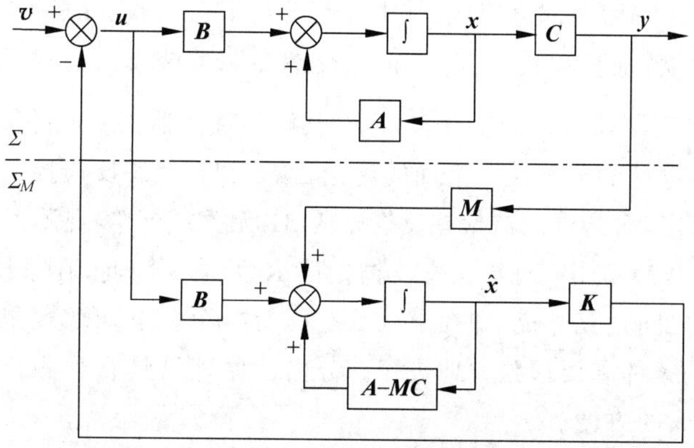

图 6-19　引入观测器的状态反馈控制系统的结构

2. 系统的特性

引入观测器的状态反馈控制系统 Σ_{KM} 具有一系列重要的特性，它们对于认识及设计这类系统具有重要意义。这里仍然以全维状态观测器为基础讨论引入观测器的状态反馈控制系统的特性，可以证明，对于降维状态观测器也可得出同样的结论。

(1) 系统 Σ_{KM} 的维数是原系统 $\Sigma_0(\boldsymbol{A},\boldsymbol{B},\boldsymbol{C})$ 的维数与观测器 $\hat{\Sigma}_M$ 维数的和，并且 Σ_{KM} 的特征值(极点)集合是状态反馈控制系统 Σ_K 与 $\hat{\Sigma}_M$ 的特征值(极点)的集合。

Σ_{KM} 的维数是原系统 $\Sigma_0(\boldsymbol{A},\boldsymbol{B},\boldsymbol{C})$ 的维数与观测器 $\hat{\Sigma}_M$ 维数的和，这一结论只要考查系统(6-119)的状态方程即可得出。可见，引入全维状态观测器的状态反馈控制系统 Σ_{KM} 的维数为 $2n$。

Σ_{KM} 的特征值(极点)集合是 Σ_K 与 $\hat{\Sigma}_M$ 的特征值(极点)的集合，这是因为，由式(6-111)，

系统 Σ_{KM} 的系统矩阵是

$$\boldsymbol{A}_{KM}=\begin{bmatrix}\boldsymbol{A} & -\boldsymbol{BK}\\ \boldsymbol{MC} & \boldsymbol{A}-\boldsymbol{MC}-\boldsymbol{BK}\end{bmatrix} \tag{6-112}$$

引入非奇异变换 $\boldsymbol{T}=\begin{bmatrix}\boldsymbol{I}_n & \boldsymbol{0}\\ \boldsymbol{I}_n & -\boldsymbol{I}_n\end{bmatrix}$，显然其逆为 $\boldsymbol{T}^{-1}=\begin{bmatrix}\boldsymbol{I}_n & \boldsymbol{0}\\ \boldsymbol{I}_n & -\boldsymbol{I}_n\end{bmatrix}$，则新状态空间系统 Σ_{KM} 的系统矩阵为

$$\begin{aligned}\bar{\boldsymbol{A}}_{KM}=\boldsymbol{T}^{-1}\boldsymbol{A}_{KM}\boldsymbol{T}&=\begin{bmatrix}\boldsymbol{I}_n & \boldsymbol{0}\\ \boldsymbol{I}_n & -\boldsymbol{I}_n\end{bmatrix}\begin{bmatrix}\boldsymbol{A} & -\boldsymbol{BK}\\ \boldsymbol{MC} & \boldsymbol{A}-\boldsymbol{MC}-\boldsymbol{BK}\end{bmatrix}\begin{bmatrix}\boldsymbol{I}_n & \boldsymbol{0}\\ \boldsymbol{I}_n & -\boldsymbol{I}_n\end{bmatrix}\\ &=\begin{bmatrix}\boldsymbol{A}-\boldsymbol{BK} & \boldsymbol{BK}\\ \boldsymbol{0} & \boldsymbol{A}-\boldsymbol{MC}\end{bmatrix}\end{aligned} \tag{6-113}$$

非奇异变换不改变系统的特征多项式，则有

$$\begin{aligned}\det(s\boldsymbol{I}-\boldsymbol{A}_{KM})=\det(s\boldsymbol{I}-\bar{\boldsymbol{A}}_{KM})&=\det\begin{bmatrix}s\boldsymbol{I}-\boldsymbol{A}+\boldsymbol{BK} & -\boldsymbol{BK}\\ \boldsymbol{0} & s\boldsymbol{I}-\boldsymbol{A}+\boldsymbol{MC}\end{bmatrix}\\ &=\det(s\boldsymbol{I}-\boldsymbol{A}+\boldsymbol{BK})\det(s\boldsymbol{I}-\boldsymbol{A}+\boldsymbol{MC})\end{aligned} \tag{6-114}$$

式中，$\det(s\boldsymbol{I}-\boldsymbol{A}_{KM})$ 是引入观测器的状态反馈控制系统 Σ_{KM} 的特征多项式，其解为系统 Σ_{KM} 的特征值集合。它由两部分组成，其中一部分 $\det(s\boldsymbol{I}-\boldsymbol{A}+\boldsymbol{BK})$ 是原系统施加状态反馈后闭环系统 Σ_K 的特征多项式，其解为状态反馈控制系统 Σ_K 的特征值集合；另一部分 $\det(s\boldsymbol{I}-\boldsymbol{A}+\boldsymbol{MC})$ 是观测器 $\hat{\Sigma}_M$ 的特征多项式，其解为观测器 $\hat{\Sigma}_M$ 的特征值集合。

(2) 系统 Σ_{KM} 设计的分离性。上面的讨论已经表明，状态反馈控制系统的极点集合由状态反馈矩阵 $\boldsymbol{K}$ 确定，而与观测器偏差反馈矩阵 $\boldsymbol{M}$ 无关；同样，观测器的极点集合完全由观测器偏差反馈矩阵 $\boldsymbol{M}$ 确定，而与状态反馈矩阵 $\boldsymbol{K}$ 无关。因此，在系统设计时，状态反馈设计与观测器设计之间相互分离，即在求取状态反馈矩阵 $\boldsymbol{K}$ 和求取观测器偏差反馈矩阵 $\boldsymbol{M}$ 时，分别依照各自的条件和要求独立地进行。分离性原理给具有观测器的状态反馈控制系统的设计带来了极大的方便。

(3) 观测器的引入不改变原状态反馈控制系统的传递函数矩阵。式(6-113)已经给出系统 Σ_{KM} 在新状态空间的系统矩阵，按非奇异变换计算规则，系统 Σ_{KM} 在新状态空间的输入矩阵和输出矩阵分别为

$$\bar{\boldsymbol{B}}_{KM}=\boldsymbol{T}^{-1}\boldsymbol{B}_{KM}=\begin{bmatrix}\boldsymbol{I}_n & \boldsymbol{0}\\ \boldsymbol{I}_n & -\boldsymbol{I}_n\end{bmatrix}\begin{bmatrix}\boldsymbol{B}\\ \boldsymbol{B}\end{bmatrix}=\begin{bmatrix}\boldsymbol{B}\\ \boldsymbol{0}\end{bmatrix} \tag{6-115}$$

和

$$\bar{\boldsymbol{C}}_{KM}=\boldsymbol{C}_{KM}\boldsymbol{T}=[\boldsymbol{C}\quad \boldsymbol{0}]\begin{bmatrix}\boldsymbol{I}_n & \boldsymbol{0}\\ \boldsymbol{I}_n & -\boldsymbol{I}_n\end{bmatrix}=[\boldsymbol{C}\quad \boldsymbol{0}] \tag{6-116}$$

非奇异变换不改变系统传递函数矩阵，所以有

$$\begin{aligned}\boldsymbol{G}_{KM}(s)=\boldsymbol{C}_{KM}(s\boldsymbol{I}-\boldsymbol{A}_{KM})^{-1}\boldsymbol{B}_{KM}&=\bar{\boldsymbol{C}}_{KM}(s\boldsymbol{I}-\bar{\boldsymbol{A}}_{KM})^{-1}\bar{\boldsymbol{B}}_{KM}\\ &=[\boldsymbol{C}\quad \boldsymbol{0}]\begin{bmatrix}s\boldsymbol{I}-\boldsymbol{A}+\boldsymbol{BK} & -\boldsymbol{BK}\\ \boldsymbol{0} & s\boldsymbol{I}-\boldsymbol{A}+\boldsymbol{MC}\end{bmatrix}^{-1}\begin{bmatrix}\boldsymbol{B}\\ \boldsymbol{0}\end{bmatrix}\end{aligned}$$

$$
= \begin{bmatrix} \boldsymbol{C} & \boldsymbol{0} \end{bmatrix} \begin{bmatrix} (s\boldsymbol{I}-\boldsymbol{A}+\boldsymbol{BK})^{-1} & -(s\boldsymbol{I}-\boldsymbol{A}+\boldsymbol{BK})^{-1}(-\boldsymbol{BK})(s\boldsymbol{I}-\boldsymbol{A}+\boldsymbol{MC})^{-1} \\ \boldsymbol{0} & (s\boldsymbol{I}-\boldsymbol{A}+\boldsymbol{MC})^{-1} \end{bmatrix} \begin{bmatrix} \boldsymbol{B} \\ \boldsymbol{0} \end{bmatrix}
$$

$$
= \boldsymbol{C}(s\boldsymbol{I}-\boldsymbol{A}+\boldsymbol{BK})^{-1}\boldsymbol{B} = \boldsymbol{G}_K(s) \tag{6-117}
$$

上面的推导过程用到了分块矩阵的求逆公式

$$
\begin{bmatrix} \boldsymbol{T} & \boldsymbol{Q} \\ \boldsymbol{0} & \boldsymbol{R} \end{bmatrix}^{-1} = \begin{bmatrix} \boldsymbol{T}^{-1} & -\boldsymbol{T}^{-1}\boldsymbol{Q}\boldsymbol{R}^{-1} \\ \boldsymbol{0} & \boldsymbol{R}^{-1} \end{bmatrix}
$$

式(6-117)表明，$2n$ 维的系统 Σ_{KM} 的传递函数矩阵 $\boldsymbol{G}_{KM}(s)$ 只存在 n 个极点，它必然会发生零极点相消现象，并且相消的 n 个极点是属于观测器 $\hat{\Sigma}_M$ 的。由于观测器设计保证了其极点的渐近稳定性，所以被对消的极点是渐近稳定的，零极点相消不影响闭环系统的正常运行。

进一步分析，在新的状态空间中，$(\bar{\boldsymbol{A}}_{KM},\bar{\boldsymbol{B}}_{KM},\bar{\boldsymbol{C}}_{KM})$ 具有按能控性分解的形式，其能控子系统为 $(\boldsymbol{A}-\boldsymbol{BK},\boldsymbol{B},\boldsymbol{C})$，即为不具有观测器的状态反馈控制系统 Σ_K，而观测器部分是不能控的。所以，观测器的引入使状态反馈控制系统不再保持能控性，即系统 Σ_{KM} 是状态不完全能控的。

(4) 引入观测器的状态反馈与直接状态反馈的等效性讨论。观测器的引入不改变原状态反馈控制系统的传递函数(矩阵)，似乎闭环系统的动态行为不受观测器的影响，其实不然。传递函数矩阵是在初始条件为零的前提下求得的，所以在求取传递函数矩阵时有 $\hat{\boldsymbol{x}}(0)=\boldsymbol{x}(0)=\boldsymbol{0}$，这意味着对所有的 t，都存在 $\hat{\boldsymbol{x}}(t)=\boldsymbol{x}(t)$，表明 $\hat{\boldsymbol{x}}(t)$ 与 $\boldsymbol{x}(t)$ 完全等价，引入观测器的状态反馈与直接状态反馈也完全等价，体现了观测器的引入不改变原状态反馈控制系统的传递函数(矩阵)。实际上，正如前面所述，不可能真正存在 $\hat{\boldsymbol{x}}(0)=\boldsymbol{x}(0)$，所以可以通过设计合适的偏差反馈矩阵 $\boldsymbol{M}$ 来实现 $\hat{\boldsymbol{x}}(t)$ 对 $\boldsymbol{x}(t)$ 的渐近等价。可见，观测器的动态特性势必影响闭环系统的动态特性，而要求观测器的动态过程快于闭环系统的动态过程显然是合理的。在工程中，通常把观测器特征值的负实部取为状态反馈系统特征值的负实部的 2～3 倍。

基于同样的原因，一般地，观测器的引入会使状态反馈控制系统的鲁棒性变差，但可以采用回路传递函数矩阵恢复技术等方法加以改善。

例 6-25　已知连续线性系统的状态空间表达式为

$$
\begin{cases} \dot{\boldsymbol{x}} = \begin{bmatrix} 1 & 0 & 0 \\ 3 & -1 & 1 \\ 0 & 2 & 0 \end{bmatrix} \boldsymbol{x} + \begin{bmatrix} 2 \\ 1 \\ 1 \end{bmatrix} u \\ y = \begin{bmatrix} 0 & 0 & 1 \end{bmatrix} \boldsymbol{x} \end{cases}
$$

(1) 能否通过状态反馈将系统的闭环极点配置在 $s_1=-2$、$s_{2,3}=-1\pm \mathrm{j}3$ 处？若能，则求出状态反馈矩阵。

(2) 能否设计该系统的状态观测器？若能，则设计出一个极点位于 $s_1=-3$、$s_2=-4$、$s_3=-5$ 处的全维状态观测器。

(3) 基于(1)和(2)的结果，求带有全维状态观测器的状态反馈闭环控制系统的状态空间表达式和闭环传递函数 $G_c(s)$。

解：$\boldsymbol{A}=\begin{bmatrix}1 & 0 & 0\\ 3 & -1 & 1\\ 0 & 2 & 0\end{bmatrix}$，$\boldsymbol{b}=\begin{bmatrix}2\\1\\1\end{bmatrix}$，$\boldsymbol{c}=\begin{bmatrix}0 & 0 & 1\end{bmatrix}$

系统的能控性矩阵和能观性矩阵分别为

$$\text{rank}\boldsymbol{Q}_{\text{c}}=\text{rank}\begin{bmatrix}\boldsymbol{b} & \boldsymbol{Ab} & \boldsymbol{A}^2\boldsymbol{b}\end{bmatrix}=\text{rank}\begin{bmatrix}2 & 2 & 2\\ 1 & 6 & 2\\ 1 & 2 & 12\end{bmatrix}=3$$

$$\text{rank}\boldsymbol{Q}_{\text{o}}=\text{rank}\begin{bmatrix}\boldsymbol{c}\\ \boldsymbol{cA}\\ \boldsymbol{cA}^2\end{bmatrix}=\text{rank}\begin{bmatrix}0 & 0 & 1\\ 0 & 2 & 0\\ 6 & -2 & 2\end{bmatrix}=3$$

可知，系统的状态既完全能控又完全能观，因此能够任意配置极点和设计全维状态观测器。

(1) 引入状态反馈阵为 $\boldsymbol{K}=\begin{bmatrix}k_1 & k_2 & k_3\end{bmatrix}$，则有

$$\begin{aligned}\varphi_{\text{c}}(s)&=\det[s\boldsymbol{I}-(\boldsymbol{A}-\boldsymbol{bK})]\\ &=s^3+(k_3+k_2+2k_1)s^2+(2k_3+6k_2+2k_1-3)s+9k_3-k_2-4k_1+2\end{aligned}$$

而期望的特征多项式为

$$\varphi_{\text{c}}^*(s)=(s+2)(s+1-3\text{j})(s+1+3\text{j})=s^3+4s^2+14s+20$$

比较以上两式 s 的同次幂系数，可求得

$$\boldsymbol{K}=\begin{bmatrix}k_1 & k_2 & k_3\end{bmatrix}=\begin{bmatrix}-\frac{1}{6} & \frac{13}{6} & \frac{13}{6}\end{bmatrix}$$

引入状态观测器的状态反馈控制为

$$u(t)=v(t)-\boldsymbol{K}\hat{\boldsymbol{x}}(t)=v(t)-\begin{bmatrix}-\frac{1}{6} & \frac{13}{6} & \frac{13}{6}\end{bmatrix}\hat{\boldsymbol{x}}(t)$$

(2) 设观测器的反馈阵 $\boldsymbol{M}=\begin{bmatrix}m_1\\ m_2\\ m_3\end{bmatrix}$，则有

$$\varphi(s)=\det[s\boldsymbol{I}-(\boldsymbol{A}-\boldsymbol{Mc})]=s^3+m_3s^2+(2m_2-3)s+(6m_1-2m_2-m_3+2)$$

而期望的特征多项式为

$$\varphi^*(s)=(s+3)(s+4)(s+5)=s^3+12s^2+47s+60$$

比较以上两式 s 的同次幂系数，可求得

$$\boldsymbol{M}=\begin{bmatrix}m_1\\ m_2\\ m_3\end{bmatrix}=\begin{bmatrix}20\\ 25\\ 12\end{bmatrix}$$

观测器的状态方程为

$$\dot{\hat{\boldsymbol{x}}}(t)=(\boldsymbol{A}-\boldsymbol{Mc})\hat{\boldsymbol{x}}(t)+\boldsymbol{b}u(t)+\boldsymbol{M}y(t)=\begin{bmatrix}1 & 0 & -20\\ 3 & -1 & -24\\ 0 & 2 & -12\end{bmatrix}\hat{\boldsymbol{x}}(t)+\begin{bmatrix}2\\1\\1\end{bmatrix}u(t)+\begin{bmatrix}20\\25\\12\end{bmatrix}y(t)$$

(3) 闭环系统的状态空间表达式为

$$
\begin{cases}
\begin{bmatrix}\dot{\boldsymbol{x}}(t)\\ \dot{\hat{\boldsymbol{x}}}(t)\end{bmatrix}=\begin{bmatrix}\boldsymbol{A} & -\boldsymbol{bK}\\ \boldsymbol{Mc} & \boldsymbol{A}-\boldsymbol{Mc}-\boldsymbol{bK}\end{bmatrix}\begin{bmatrix}\boldsymbol{x}(t)\\ \hat{\boldsymbol{x}}(t)\end{bmatrix}+\begin{bmatrix}\boldsymbol{b}\\ \boldsymbol{b}\end{bmatrix}v(t)\\
y(t)=[\boldsymbol{c}\quad \boldsymbol{0}]\begin{bmatrix}\boldsymbol{x}(t)\\ \hat{\boldsymbol{x}}(t)\end{bmatrix}
\end{cases}
$$

代入数值为

$$
\begin{cases}
\begin{bmatrix}\dot{\boldsymbol{x}}(t)\\ \dot{\hat{\boldsymbol{x}}}(t)\end{bmatrix}=\begin{bmatrix}
1 & 0 & 0 & \frac{1}{3} & -4\frac{1}{3} & -4\frac{1}{3}\\
3 & -1 & 1 & \frac{1}{6} & -2\frac{1}{6} & -2\frac{1}{6}\\
0 & 2 & 0 & \frac{1}{6} & -2\frac{1}{6} & -2\frac{1}{6}\\
0 & 0 & 20 & 1\frac{1}{3} & -4\frac{1}{3} & -24\frac{1}{3}\\
0 & 0 & 25 & 3\frac{1}{6} & -3\frac{1}{6} & -26\frac{1}{6}\\
0 & 0 & 12 & \frac{1}{6} & -\frac{1}{6} & -14\frac{1}{6}
\end{bmatrix}\begin{bmatrix}\boldsymbol{x}(t)\\ \hat{\boldsymbol{x}}(t)\end{bmatrix}+\begin{bmatrix}2\\1\\1\\2\\1\\1\end{bmatrix}v(t)\\
y(t)=[0\quad 0\quad 1\quad 0\quad 0\quad 0]\begin{bmatrix}\boldsymbol{x}(t)\\ \hat{\boldsymbol{x}}(t)\end{bmatrix}
\end{cases}
$$

系统的闭环传递函数为：$G_{c}(s)=\boldsymbol{c}[s\boldsymbol{I}-(\boldsymbol{A}-\boldsymbol{bK})]^{-1}\boldsymbol{b}=\dfrac{s^{2}+2s+9}{s^{3}+4s^{2}+14s+20}$。其系统的状态变量图如图 6-20 所示。

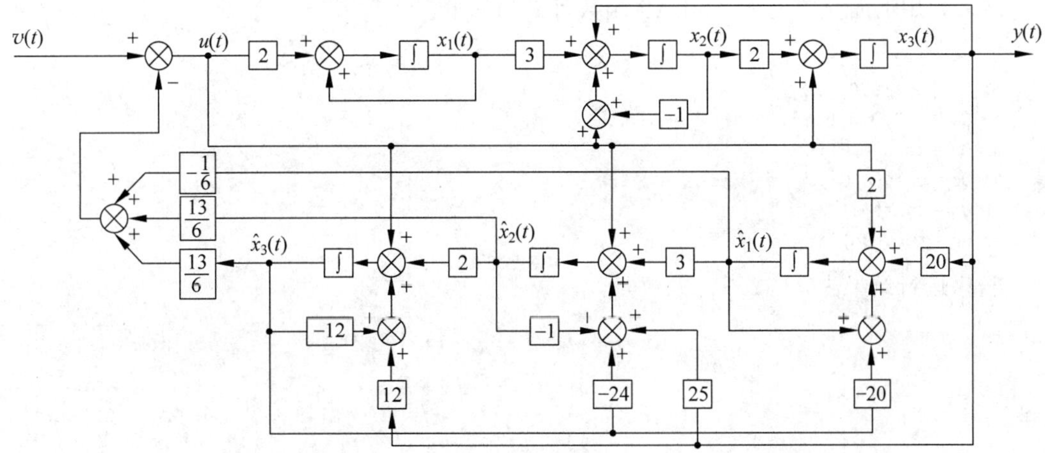

图 6-20　例 6-25 的带有全维状态观测器的状态反馈闭环控制系统的状态变量图

6.5　应用 MATLAB 进行基于状态空间法的连续系统分析与设计

连续系统的能控性、能观性分析主要涉及矩阵的运算及矩阵秩的求解等，状态反馈控制是现代控制理论中的基本控制形式，状态反馈极点配置也是最基本的系统设计方法，在状态反馈控制系统中，有时也需要通过设计状态观测器实现对状态的重构，MATLAB 的控制系统工具箱提供了一系列相关的函数，可方便地进行基于状态空间法的连续系统分析与设计。

6.5.1 系统能控性、能观性判别

线性定常连续系统能控的充要条件是能控性矩阵满秩，能观的充要条件是能观性矩阵满秩。MATLAB 提供了根据系统状态空间表达式直接生成能控性矩阵与能观性矩阵的函数 ctrb()和 obsv()，它们的调用格式分别为

```
Qc = ctrb(A,B)
```

和

```
Qo = obsv(A,C)
```

其中，A、B、C 分别为线性定常连续系统的系统矩阵、输入矩阵和输出矩阵。

MATLAB 还提供了计算矩阵秩的函数 rank()，其调用格式为

```
n = rank(Q)
```

其中，Q 为被要求求秩的矩阵，返回值 n 为矩阵 Q 的秩。

根据以上函数就可方便地应用秩判据实现系统的能控性、能观性分析。

例 6-26 应用 MATLAB 判别如下线性定常连续系统的能控性和能观性。

$$\begin{cases} \dot{\boldsymbol{x}} = \begin{bmatrix} 1 & 3 & 2 \\ 0 & 5 & 2 \\ 0 & 0 & 6 \end{bmatrix} \boldsymbol{x} + \begin{bmatrix} 0 & 1 \\ 0 & 0 \\ 1 & 0 \end{bmatrix} \boldsymbol{u} \\ \boldsymbol{y} = \begin{bmatrix} 1 & 0 & 0 \\ 0 & 0 & 1 \end{bmatrix} \boldsymbol{x} \end{cases}$$

解：利用上面介绍的 MATLAB 函数可编程如下：

```
>> A = [1,3,2;0,5,2;0,0,6];
>> B = [0,1;0,0;1,0];
>> C = [1,0,0;0,0,1];
>> Qc = ctrb(A,B);
>> Qo = obsv(A,C);
>> nc = rank(Qc)
>> no = rank(Qo)
```

程序运行结果为

```
nc =
    3
no =
    3
```

表明系统能控性矩阵和能观性矩阵的秩均为 3(满秩)，所以该线性定常连续系统是既能控又能观的。

6.5.2 状态反馈极点配置

MATLAB 提供了求解单输入线性定常系统极点配置问题的函数 acker()，其调用格式为

```
k = acker(A,b,p)
```

式中，A、b 分别为所讨论系统的系统矩阵和输入矩阵；p 为所给定的一组期望极点，表示为行向量形式。

由于是单输入，函数调用返回求得的状态反馈矩阵 k 实际上也是行向量。值得注意的是，acker()函数不适用于阶次太高的系统，通常系统阶次限制在 10 阶，但它适应多重极点的配置。

MATLAB 提供了求解多输入线性定常系统极点配置问题的函数 place()，其调用格式为

```
K = place(A,B,P)
```

式中，A、B 分别为所讨论系统的系统矩阵和输入矩阵；P 为所给定的一组期望极点，表示为行向量形式；K 为函数调用返回的状态反馈矩阵。

值得注意的是，place()函数不适合解决含有多重期望极点的配置问题。

例 6-27　应用 MATLAB 求解例 6-20 的状态反馈极点配置问题。

解：被控对象状态方程为

$$\dot{\boldsymbol{x}} = \begin{bmatrix} 0 & 0 & 0 \\ 1 & -6 & 0 \\ 0 & 1 & -12 \end{bmatrix} \boldsymbol{x} + \begin{bmatrix} 1 \\ 0 \\ 0 \end{bmatrix} u$$

系统的期望极点为 $\lambda_1^* = -2, \lambda_{2,3}^* = -1 \pm \mathrm{j}$。利用 MATLAB 的 acker()函数可编程如下：

```
>> A = [0,0,0;1, - 6,0;0,1, - 12];
>> B = [1;0;0];
>> P = [ - 2, - 1 + i, - 1 - i];
>> K = acker(A,B,P)
```

程序运行结果为

```
K =
  - 14        186        - 1220
```

得到与例 6-20 一致的结果。

例 6-28　设线性定常系统的状态方程为

$$\dot{\boldsymbol{x}} = \begin{bmatrix} 1 & 1 & 0 \\ 0 & 1 & 0 \\ 0 & 0 & 1 \end{bmatrix} \boldsymbol{x} + \begin{bmatrix} 0 & 1 \\ 1 & 0 \\ 1 & 1 \end{bmatrix} \boldsymbol{u}$$

求状态反馈矩阵 $\boldsymbol{K}$，使闭环系统的极点为 $-2, -1 \pm \mathrm{j}2$。

应用 MATLAB 求解该状态反馈极点配置问题。

解：利用 MATLAB 的 place()函数可编程如下：

```
>> A = [1,1,0;0,1,0;0,0,1];
>> B = [0,1;1,0;1,1];
>> P = [ - 2, - 1 + 2i, - 1 - 2i];
>> K = place(A,B,P)
```

程序运行结果为

```
K =
   8.0000   12.0000   - 8.0000
 - 2.5000   - 5.5000    5.5000
```

可以通过如下编程验证状态反馈矩阵 $\boldsymbol{K}$ 的正确性：

```
>> Ak = A - B * K;
>> eig(Ak)
ans =
  - 1.0000 + 2.0000i
  - 1.0000 - 2.0000i
  - 2.0000 + 0.0000i
```

表明闭环系统的系统矩阵特征值符合预先给定的期望极点。

6.5.3 状态观测器设计

状态观测器的设计是在已知系统状态空间模型和一组期望极点的前提下求解观测器反馈矩阵 $\boldsymbol{M}$，即所谓的观测器极点配置问题。MATLAB 没有提供直接设计状态观测器的函数，但根据对偶原理，状态观测器可以通过设计对偶系统的状态反馈控制器获得。利用 MATLAB 的函数 acker()和 place()实现对状态观测器的极点配置。

例 6-29 应用 MATLAB 设计如下线性定常系统的全维状态观测器，使其具有 -2、-3 与 $-2+\mathrm{j}$、$-2-\mathrm{j}$ 四个极点。

$$\begin{cases}\dot{\boldsymbol{x}}=\begin{bmatrix}0&1&0&0\\0&0&-1&0\\0&0&0&1\\0&0&11&0\end{bmatrix}\boldsymbol{x}+\begin{bmatrix}0\\1\\0\\-1\end{bmatrix}u\\ y=\begin{bmatrix}1&0&0&0\end{bmatrix}\boldsymbol{x}\end{cases}$$

解：(1) 首先判别系统的能观性，编程如下：

```
>> A = [0,1,0,0;0,0, - 1,0;0,0,0,1;0,0,11,0];
>> B = [0;1;0; - 1];
>> C = [1,0,0,0];
>> n = 4;
>> ob = obsv(A,C);
>> roam = rank(ob);
>> if roam == n
>> disp('System is observable')
>> elseif roam~ = n
>> disp('System is no observable')
>> end
```

程序运行结果为

```
System is observable
```

系统能观性矩阵满秩，系统能观，可以设计极点任意配置的状态观测器。

(2) 根据期望极点实现极点配置，可编程如下：

```
>> p1 = [ - 2, - 3, - 2 + i, - 2 - i];
>> a1 = A' ;
>> b1 = C' ;
>> c1 = B' ;
>> K = acker(a1,b1,p1) ;
>> h = (K)' ;
```

程序运行结果为

```
h =
```

```
    9
   42
 - 148
 - 492
```

表明状态观测器的反馈矩阵为

$$M = \begin{bmatrix} 9 \\ 42 \\ -148 \\ -492 \end{bmatrix}$$

(3) 由式(6-92)写出全维状态观测器为

$$\dot{\hat{x}} = \begin{bmatrix} -9 & 1 & 0 & 0 \\ -42 & 0 & -1 & 0 \\ 148 & 0 & 0 & 1 \\ 492 & 0 & 11 & 0 \end{bmatrix} \hat{x} + \begin{bmatrix} 0 \\ 1 \\ 0 \\ -1 \end{bmatrix} u + \begin{bmatrix} 9 \\ 42 \\ -148 \\ -492 \end{bmatrix} y$$

可对观测器的极点进行验证,程序及运行结果为

```
>> ahc = A - h * C
>> eig(ahc)
ahc =
  -9     1      0    0
 - 42    0    - 1    0
  148    0      0    1
  492    0     11    0
ans =
  - 2.0000 + 1.0000i
  - 2.0000 - 1.0000i
  - 2.0000 + 0.0000i
  - 3.0000 + 0.0000i
```

显然,与预先给定的期望极点一致。

本章小结

本章讲述了用状态空间法分析和设计连续控制系统的基本概念、理论和方法,着重讨论了状态空间的基本思想。

系统的能控性和能观性是系统重要的特性,分别揭示了系统的控制量对状态量的支配能力和输出量对状态量的测辨能力,是系统实现状态反馈控制和进行状态观测的前提。本章首先从连续系统的能控性与能观性分析入手,给出了能控性和能观性的直观示例,介绍它们的基础性概念以及判别准则,随后介绍了对偶原理。

线性定常系统有能控规范型和能观规范型,能控系统或者能观系统可通过非奇异变换转换为能控规范型或者能观规范型。线性系统的结构分解(包括能控、能观子空间分解)是通过合适的非奇异变换实现的。连续系统的能控性、能观性与传递函数(矩阵)存在一定的联系。

对于连续系统的状态反馈控制器设计,首先说明了状态反馈控制系统的组成,证明了若

线性定常系统是能控的，则通过引入状态反馈，能够任意配置闭环系统的极点，并给出了实施极点配置的具体算法，分析了状态反馈对系统能控性和能观性的影响，即状态反馈不改变系统的能控性，但有可能改变系统的能观性。

有时候状态变量组中的某些量，由于不具有明确的物理意义或者直接量测有限制，因此不能通过量测手段获取，需要通过状态观测器实现对状态的重构。如果给定系统是能观的，就能构造出具有任意特征值的状态观测器。状态观测器主要有全维状态观测器和降维状态观测器两类，观测器的极点决定了其稳定性及响应速度。引入观测器的状态反馈控制系统与直接采用状态量实现状态反馈控制的系统在系统组成和特性上有一定的区别。

MATLAB的控制系统工具箱提供了一系列相关的函数，可方便读者进行基于状态空间法的连续系统分析、设计与验证。

习题 6

6-1 判断下列系统的状态能控性。

(1) $\dot{\boldsymbol{x}}=\begin{bmatrix}1 & 0\\ -1 & 0\end{bmatrix}\boldsymbol{x}+\begin{bmatrix}1\\0\end{bmatrix}\boldsymbol{u}$

(2) $\dot{\boldsymbol{x}}=\begin{bmatrix}0 & 1 & 0\\ 0 & 0 & 1\\ -2 & -4 & -3\end{bmatrix}\boldsymbol{x}+\begin{bmatrix}1 & 0\\ 0 & 1\\ -1 & 1\end{bmatrix}\boldsymbol{u}$

(3) $\dot{\boldsymbol{x}}=\begin{bmatrix}\lambda_1 & 1 & 0 & 0\\ 0 & \lambda_1 & 0 & 0\\ 0 & 0 & \lambda_1 & 0\\ 0 & 0 & 0 & \lambda_1\end{bmatrix}\boldsymbol{x}+\begin{bmatrix}0\\1\\1\\1\end{bmatrix}\boldsymbol{u}$

6-2 判断下列系统的输出能控性。

(1) $\begin{cases}\dot{\boldsymbol{x}}=\begin{bmatrix}-3 & 1 & 0\\ 0 & -3 & 0\\ 0 & 0 & -1\end{bmatrix}\boldsymbol{x}+\begin{bmatrix}1 & -1\\ 0 & 0\\ 2 & 0\end{bmatrix}\boldsymbol{u}\\ \boldsymbol{y}=\begin{bmatrix}1 & 0 & 1\\ -1 & 1 & 0\end{bmatrix}\boldsymbol{x}\end{cases}$

(2) $\begin{cases}\dot{\boldsymbol{x}}=\begin{bmatrix}0 & 1 & 0\\ 0 & 0 & 1\\ -6 & -11 & -6\end{bmatrix}\boldsymbol{x}+\begin{bmatrix}0\\0\\1\end{bmatrix}\boldsymbol{u}\\ \boldsymbol{y}=\begin{bmatrix}1 & 0 & 0\end{bmatrix}\boldsymbol{x}\end{cases}$

6-3 试求下列系统的能观性。

(1) $\begin{cases}\dot{\boldsymbol{x}}=\begin{bmatrix}0 & 1 & 0\\ 0 & 0 & 1\\ -2 & -4 & -3\end{bmatrix}\boldsymbol{x}\\ \boldsymbol{y}=\begin{bmatrix}0 & 0 & -1\\ 1 & 2 & 1\end{bmatrix}\boldsymbol{x}\end{cases}$

(2) $\begin{cases}\dot{\boldsymbol{x}}=\begin{bmatrix}-4 & 0 & 0\\ 0 & -4 & 0\\ 0 & 0 & 1\end{bmatrix}\boldsymbol{x}\\ \boldsymbol{y}=\begin{bmatrix}1 & 1 & 4\end{bmatrix}\boldsymbol{x}\end{cases}$

6-4　设系统 Σ_1 和系统 Σ_2 的状态表达式为

$$\Sigma_1:\begin{cases}\dot{\boldsymbol{x}}_1=\begin{bmatrix}0 & 1\\ -3 & -4\end{bmatrix}\boldsymbol{x}_1+\begin{bmatrix}0\\ 1\end{bmatrix}u_1\\ \boldsymbol{y}_1=\begin{bmatrix}2 & 1\end{bmatrix}\dot{\boldsymbol{x}}_1\end{cases}$$

$$\Sigma_2:\begin{cases}\dot{x}_2=-2x_2+u_2\\ y_2=x_2\end{cases}$$

(1) 分析系统 Σ_1 和系统 Σ_2 的能控性和能观性，并写出传递函数。

(2) 分析由系统 Σ_1 和系统 Σ_2 所组成的串联系统的能控性和能观性，并写出传递函数。

(3) 分析由系统 Σ_1 和系统 Σ_2 所组成的并联系统的能控性和能观性，并写出传递函数。

6-5　系统结构图如图 6-21 所示，图中 a、b、c、d 均为实常数，试建立系统的状态空间表达式，并分别确定当系统状态既能控又能观时 a、b、c、d 应满足的条件。

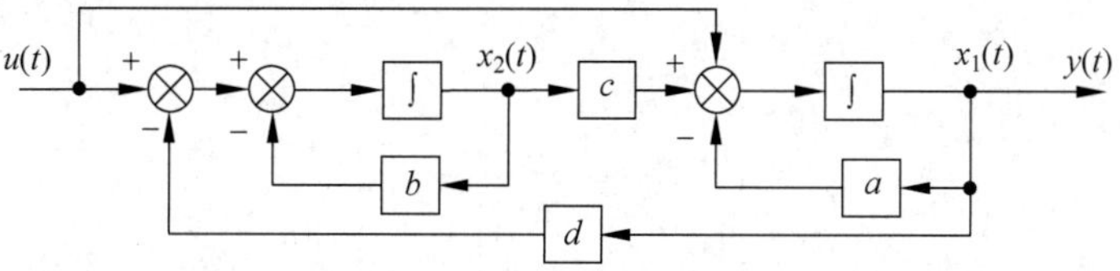

图 6-21　习题 6-5 的系统结构

6-6　设线性定常系统为

$$\dot{\boldsymbol{x}}=\begin{bmatrix}1 & -1\\ 1 & 0\end{bmatrix}\boldsymbol{x}+\begin{bmatrix}1\\ 1\end{bmatrix}u$$

将它化为能控规范型。

6-7　设系统的状态空间表达式为

$$\dot{\boldsymbol{x}}=\begin{bmatrix}1 & -1\\ 0 & 2\end{bmatrix}\boldsymbol{x}$$

$$y=\begin{bmatrix}1 & \frac{1}{2}\end{bmatrix}\boldsymbol{x}$$

将它化为能观规范型。

6-8　试将下列系统分别按能控性和能观性进行结构分解。

(1) $\boldsymbol{A}=\begin{bmatrix}1 & 0 & 0 & 0\\ 2 & -3 & 0 & 0\\ 1 & 0 & -2 & 0\\ 4 & -1 & -2 & 4\end{bmatrix}$，$\boldsymbol{b}=\begin{bmatrix}0\\ 0\\ 1\\ 2\end{bmatrix}$，$\boldsymbol{c}=\begin{bmatrix}3 & 0 & 1 & 0\end{bmatrix}$

(2) $\boldsymbol{A}=\begin{bmatrix}1 & 0 & 0\\ 2 & 2 & 3\\ -2 & 0 & 1\end{bmatrix}$，$\boldsymbol{b}=\begin{bmatrix}1\\ 2\\ 2\end{bmatrix}$，$\boldsymbol{c}=\begin{bmatrix}1 & 1 & 2\end{bmatrix}$

6-9　设系统的状态空间表达式为

$$\begin{cases}\dot{\boldsymbol{x}}=\begin{bmatrix}1 & 2\\3 & 1\end{bmatrix}\boldsymbol{x}+\begin{bmatrix}0\\1\end{bmatrix}\boldsymbol{u}\\ y=\begin{bmatrix}1 & 2\end{bmatrix}\boldsymbol{x}\end{cases}$$

试分析系统引入状态反馈$\boldsymbol{K}=[3\quad 1]$后的能控性与能观性。

6-10　已知系统结构图如图6-22所示。

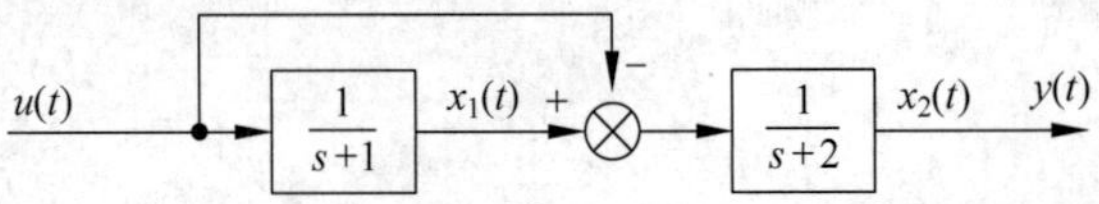

图6-22　习题6-10的系统结构

(1) 写出系统状态空间表达式。

(2) 试设计一个状态反馈矩阵，将闭环系统特征值配置在$-3\pm j5$上。

6-11　已知系统的传递函数为

$$G(s)=\frac{(s+1)}{s^2(s+3)}$$

试设计一个状态反馈矩阵，将闭环系统的极点配置在-2、-2和-1，并说明所得的闭环系统是否能观。

6-12　给定系统的状态空间表达式为

$$\dot{\boldsymbol{x}}=\begin{bmatrix}0 & 0 & 0\\1 & -1 & 0\\0 & 1 & -1\end{bmatrix}\boldsymbol{x}+\begin{bmatrix}1\\0\\0\end{bmatrix}\boldsymbol{u}$$

$$y=\begin{bmatrix}0 & 1 & 1\end{bmatrix}\boldsymbol{x}$$

求状态反馈矩阵$\boldsymbol{K}$，使反馈后闭环特征值为$\lambda_1^*=-2$，$\lambda_{2,3}^*=-1\pm j\sqrt{3}$。

6-13　已知系统状态空间表达式为

$$\begin{cases}\dot{\boldsymbol{x}}=\begin{bmatrix}0 & 1\\0 & 0\end{bmatrix}\boldsymbol{x}+\begin{bmatrix}0\\1\end{bmatrix}\boldsymbol{u}\\ y=\begin{bmatrix}1 & 0\end{bmatrix}\boldsymbol{x}\end{cases}$$

试设计一状态观测器，使观测器的极点为$-r$、$-2r$，且$r>0$。

6-14　已知系统的状态空间表达式为

$$\begin{cases}\dot{\boldsymbol{x}}=\begin{bmatrix}-1 & 1\\0 & -2\end{bmatrix}\boldsymbol{x}+\begin{bmatrix}0\\1\end{bmatrix}\boldsymbol{u}\\ y=\begin{bmatrix}2 & 0\end{bmatrix}\boldsymbol{x}\end{cases}$$

试设计一个状态观测器，使其极点为-10、-10。

6-15　已知系统的状态空间表达式为

$$\begin{cases}\dot{\boldsymbol{x}}=\begin{bmatrix}0 & 1 & 0\\0 & 0 & 1\\0 & 0 & 0\end{bmatrix}\boldsymbol{x}+\begin{bmatrix}0\\0\\1\end{bmatrix}\boldsymbol{u}\\ y=\begin{bmatrix}1 & 0 & 0\end{bmatrix}\boldsymbol{x}\end{cases}$$

(1) 设计一个降维状态观测器，将观测器的极点配置在-4、-5处；

(2) 画出带降维状态观测器的系统状态变量图。

6-16　已知单输入单输出开环系统的传递函数为

$$G(s)=\frac{y(s)}{u(s)}=\frac{s+4}{s^3+6s^2+11s+6}$$

其中，$u(s)$为开环系统的控制输入，$y(s)$为开环系统的输出。

(1) 建立开环系统的能控规范型实现；

(2) 针对开环系统的能控规范型实现，设计状态反馈矩阵，使闭环系统的极点配置在-2、$-1+\mathrm{j}\sqrt{3}$、$-1-\mathrm{j}\sqrt{3}$处；

(3) 针对开环系统的能控规范型实现，能否设计该开环系统的状态观测器？若能，则设计出一个极点位于-3、-4、-5处的全维状态观测器；

(4) 基于(2)和(3)的结果，求带有全维状态观测器的状态反馈闭环控制系统的状态空间表达式和闭环传递函数$G_c(s)$。

6-17　已知带有状态反馈的闭环系统的状态变量图如图 6-23 所示，其中 $x_1(t)$、$x_2(t)$和 $x_3(t)$为系统的状态变量，$v(t)$为参考输入，$u(t)$是开环系统的输入(控制)，$y(t)$为系统输出。

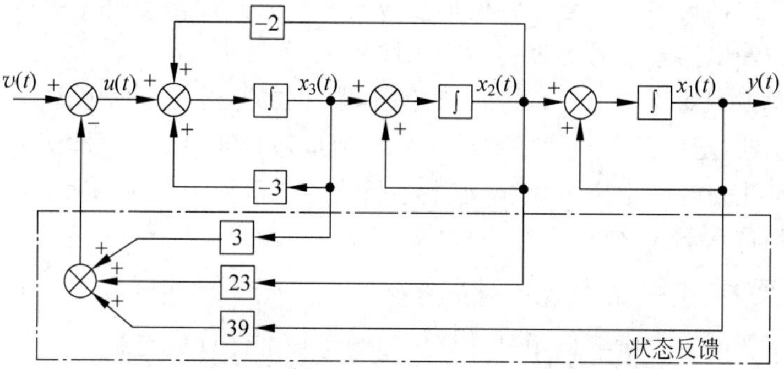

图 6-23　习题 6-17 的带有状态反馈的闭环系统的状态变量

(1) 求闭环系统的状态空间表达式和闭环系统的传递函数 $G(s)=\dfrac{Y(s)}{v(s)}$；

(2) 能否设计该开环系统的状态观测器？若能，则设计出一个极点位于-3、-4、-5处的全维状态观测器；

(3) 将开环系统的状态空间表达式转化为能控规范型。

第 7 章

离散控制系统分析与设计

计算机控制系统的广泛应用,使得离散系统控制理论具有越来越重要的地位。离散系统与连续系统相比,既有本质上的不同,又有分析研究方法方面的相似性。本章介绍离散系统控制理论,首先讲述采样过程与采样定理,介绍 Z 变换理论,然后给出离散控制系统的数学描述及求解方法,对离散控制系统的频域与复频域、状态空间进行分析与设计,最后讨论了连续系统与离散系统的关联与区别。

7.1 采样过程与采样定理

实际系统中存在的绝大多数物理过程或物理量,在时间域和在幅值上都是连续的变量,这些连续变量通常称为模拟信号。将模拟信号按一定时间间隔循环进行取值,从而得到按时间顺序排列的一串离散信号的过程称为采样。

经过采样而得到的离散信号,虽然在时间上是离散的,但在幅值上还是连续的。可进一步通过模数转换器,把幅值上连续的离散信号变换成数码形式的信号,例如二进制码,这个过程就称为整量化。时间上离散化、幅值上整量化的信号称为数字信号。显然,数字信号是离散信号的一种特殊形式,它能由计算机接收、处理和输出。

7.1.1 采样过程及其数学描述

离散控制系统的一个重要应用是计算机控制系统。计算机控制是现代控制理论和控制技术发展的结果,同时其应用又促进了控制理论的发展。图 7-1 是典型计算机控制系统的结构框图,偏差信号 $e(t)$经模数转换(采样)后的信号为 $e^*(t)$,该信号作为计算机的数字输入,经计算机处理并按一定的控制策略输出数字控制信号 $u^*(t)$,然后经数模转换成为执行机构的控制输入(连续信号),并最终作用于对象。在上述结构图中,模数转换器不仅起模拟量到数字量的转换作用,还起了采样开关的作用;同样,数模转换器一方面有从数字量到模拟量的转换作用,同时还起着数字信号保持的作用。

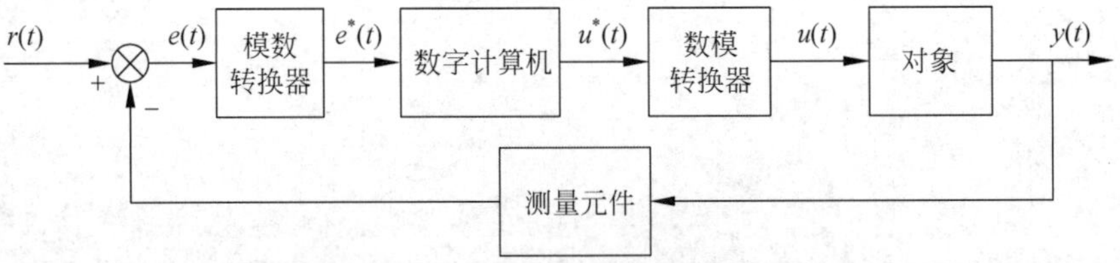

图 7-1 典型的计算机控制系统结构图

在实际控制系统中,把连续信号变换成一串脉冲序列的部件称为采样器;包含采样器的系统称为采样控制系统。这种系统的行为,可用离散系统理论来研究。采样器是以一定周期 T,重复开、关动作的采样开关。采样开关的输出称为采样信号。

在实际的工程中，为保证不损失信息，采样周期 T 不能取得过大，它与对象的最大时间常数相比应是很小的；但取得过小在物理实现上会有困难。后面介绍的采样定理可用于确定 T。

图 7-2(a)是图 7-1 的采样部分的工作原理示意图。若输入的模拟信号为 $f(t)$，则经过采样后的信号表示为 $f^*(t)$，本书之后将一律采用上角标"＊"代表采样信号。为便于数学描述和处理，这一采样过程可以用图 7-2(c)来示意。采样开关的周期性动作相当于产生一串等强度的单位脉冲信号序列，如图 7-2(b)所示，图中用线段的高度代表强度，数学表达式为

$$\delta_T(t) = \sum_{k=-\infty}^{\infty} \delta(t - kT) \tag{7-1}$$

输入的模拟信号 $f(t)$经过采样器的过程相当于对脉冲信号 $\delta_T(t)$的强度进行调制，如图 7-2(c)所示。调制过程在数学上表示为两者相乘，调制后的采样信号可表示为

$$f^*(t) = f(t)\delta_T(t) = \sum_{k=-\infty}^{\infty} f(t)\delta(t - kT) \tag{7-2}$$

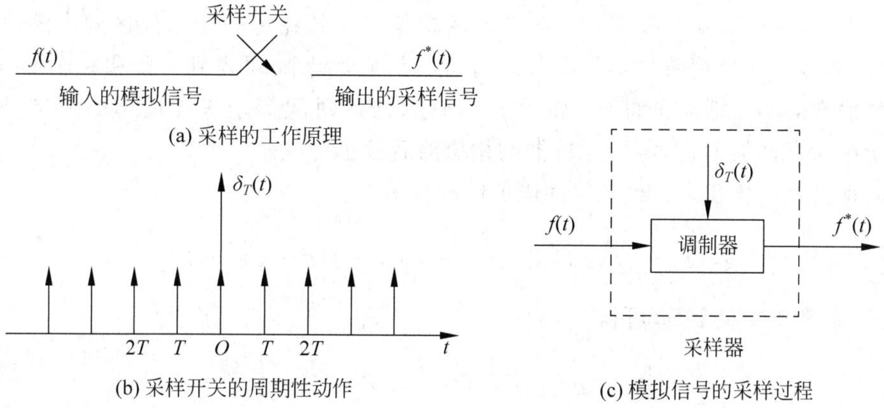

图 7-2　采样开关与采样过程

若无特殊说明，本书所讨论的时间函数，在 $t<0$ 时是等于零的。基于这一点，式(7-2)可写成

$$f^*(t) = \sum_{k=0}^{\infty} f(t)\delta(t - kT) \tag{7-3}$$

或者

$$f^*(t) = \sum_{k=0}^{\infty} f(kT)\delta(t - kT) \tag{7-4}$$

上式即是采样信号的定义式，也就是说，把采样器的输出信号看作一串脉冲，脉冲的强度等于各采样瞬间的采样数值。

7.1.2　保持器

保持器的作用是将离散信号转换为连续信号，此连续信号近似重现了作用在采样器上的信号。最简单的保持器是将采样信号转变成在两个连续采样时刻之间保持常量的信号，如图 7-3 所示。

这种保持器称为零阶保持器，其作用是：使采样信号每一个采样时刻的采样值一直保

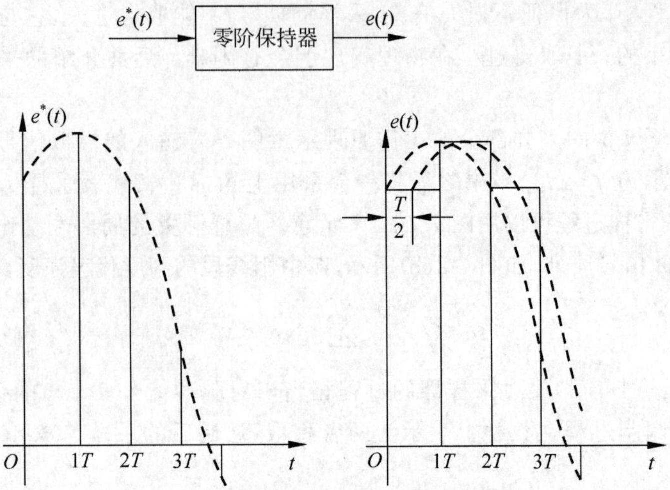

图 7-3 零阶保持器的输入和输出信号

持到下一个采样时刻，从而使采样信号变成阶梯信号。其在每一个采样区间内的值均为常数，且导数为零。如果把阶梯信号在各区间的中点连接起来，可得到一条和原连续信号曲线形状一致而在时间上滞后的曲线，如图 7-3 所示，滞后时间等于采样周期的一半，即 $T/2$。但相对于高阶保持器而言，零阶保持器的相位滞后较小一些。

零阶保持器的输出 $g_h(t)$是等间隔的阶梯信号

$$g_h(t)=\sum_{k=0}^{+\infty}f(kT)\left[1(t-kT)-1(t-kT-T)\right] \tag{7-5}$$

对式(7-5)求拉普拉斯变换，可得

$$\begin{aligned}F_h(s)&=\sum_{k=0}^{+\infty}f(kT)\{\mathcal{L}\left[1(t-kT)-1(t-kT-T)\right]\}\\&=\sum_{k=0}^{+\infty}f(kT)\left[\frac{1}{s}e^{-kTs}-\frac{1}{s}e^{-(k+1)Ts}\right]\\&=\sum_{k=0}^{+\infty}f(kT)e^{-kTs}\ \frac{1-e^{-Ts}}{s}\\&=\frac{1-e^{-Ts}}{s}\sum_{k=0}^{+\infty}f(kT)e^{-kTs}\\&=\frac{1-e^{-Ts}}{s}F^*(s)\end{aligned}$$

因此，零阶保持器的传递函数为

$$G_h(s)=\frac{F_h(s)}{F^*(s)}=\frac{1-e^{-Ts}}{s} \tag{7-6}$$

根据如图 7-3 所示的零阶保持器的输入与输出的信号关系，设零阶保持器输入信号为一单位脉冲信号，如图 7-4 所示，则零阶保持器的脉冲响应函数为

$$g_h(t)=1(t)-1(t-T) \tag{7-7}$$

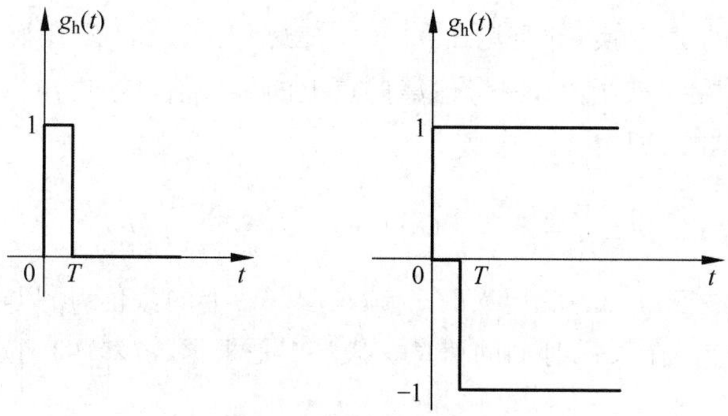

图 7-4　零阶保持器的单位脉冲响应

7.1.3　采样定理

在离散系统的设计中，香农(Shannon)采样定理是一个很重要的定理。因为它给出了从采样信号恢复到原信号所必须满足的最小采样频率。若不满足该频率，则离散信号无法通过保持器进行恢复。

假设连续信号 $f(t)$ 具有如图 7-5 所示的频谱，该信号 $f(t)$ 不包含任何大于 ω_1 弧度/秒的频率分量。采样定理描述如下：

若 $\omega_s=\frac{2\pi}{T}$(式中 T 为采样周期)大于 $2\omega_1$，即 $\omega_s>2\omega_1$，式中 $2\omega_1$ 相当于连续信号 $f(t)$ 的频谱，则信号 $f(t)$ 可以完整地从采样信号 $f^*(t)$ 恢复过来。

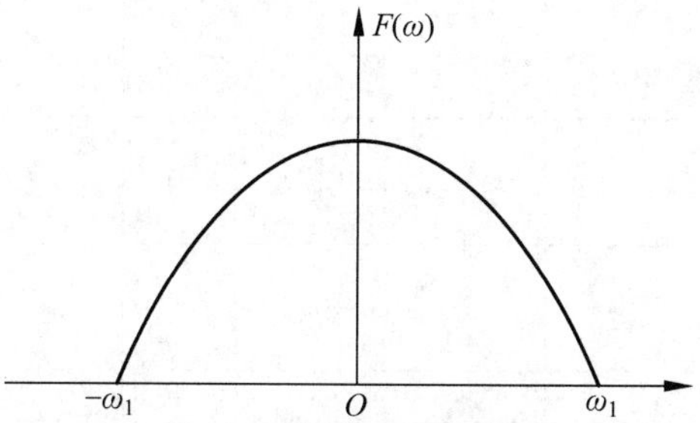

图 7-5　连续信号频谱图

关于采样定理的证明，有兴趣的读者可以查阅有关书籍，这里从略。

7.2　Z 变换基础

7.2.1　Z 变换的定义

Z 变换在离散系统中的作用，与拉普拉斯变换在连续系统中的作用非常相似。对方程式(7-4)进行拉普拉斯变换，得到

$$F^*(s)=\mathcal{L}[f^*(t)]=\sum_{k=0}^{\infty}f(kT)\mathrm{e}^{-kTs} \tag{7-8}$$

在上式中设 $z=\mathrm{e}^{Ts}$，并将 $F^*(s)$ 写成 $F(z)$，则得

$$F(z)=F^*(s)=F^*\left(\frac{1}{T}\ln z\right)=\sum_{k=0}^{\infty}f(kT)z^{-k} \tag{7-9}$$

$F(z)$就叫作 $f^*(t)$的 Z 变换，并且以$\mathcal{Z}[f^*(t)]$表示 $f^*(t)$的 Z 变换。

由式(7-7)可知，在 Z 变换中，只考虑离散点上的信号值，因此 $f(t)$的 Z 变换与 $f^*(t)$的 Z 变换有相同的结果，即

$$\mathcal{Z}[f(t)]=\mathcal{Z}[f^*(t)]=F(z)=\sum_{k=0}^{\infty}f(kT)z^{-k} \tag{7-10}$$

因为 $F(z)$只取决于 $f(t)$在 $t=kT(k=0,1,2,\cdots)$上的数值，所以可以想象，$F(z)$的 Z 逆变换也只能给出 $f(t)$在采样时刻的信息。表 7-1 是根据式(7-10)的定义得出的常用时域函数的 Z 变换。

表 7-1　Z 变换表

序号	拉普拉斯变换 $X(s)$	时间函数 $x(t)$	Z 变换 $X(z)$
1	1	$\delta(t)$	1
2	e^{-kTs}	$\delta(t-kT)$	z^{-k}
3	$\frac{1}{s}$	$1(t)$	$\frac{z}{z-1}$
4	$\frac{1}{s^2}$	t	$\frac{Tz}{(z-1)^2}$
5	$\frac{1}{s+a}$	e^{-at}	$\frac{z}{z-e^{-aT}}$
6	$\frac{a}{s(s+a)}$	$1-e^{-at}$	$\frac{(1-e^{-aT})z}{(z-1)(z-e^{-aT})}$
7	$\frac{\omega}{s^2+\omega^2}$	$\sin(\omega t)$	$\frac{z\sin(\omega T)}{z^2-2z\cos(\omega T)+1}$
8	$\frac{s}{s^2+\omega^2}$	$\cos(\omega t)$	$\frac{z[z-\cos(\omega T)]}{z^2-2z\cos(\omega T)+1}$
9	$\frac{1}{(s+a)^2}$	te^{-at}	$\frac{Tze^{-aT}}{(z-e^{-aT})^2}$
10	$\frac{\omega}{(s+a)^2+\omega^2}$	$e^{-at}\sin(\omega t)$	$\frac{ze^{-aT}\sin(\omega T)}{z^2-2ze^{-aT}\cos(\omega T)+e^{-2aT}}$
11	$\frac{s+a}{(s+a)^2+\omega^2}$	$e^{-at}\cos(\omega t)$	$\frac{z^2-ze^{-aT}\cos(\omega T)}{z^2-2ze^{-aT}\cos(\omega T)+e^{-2aT}}$
12	$\frac{2}{s^3}$	t^2	$\frac{T^2z(z+1)}{(z-1)^3}$
13	$\frac{\omega^2}{s(s^2+\omega^2)}$	$1-\cos(\omega t)$	$\frac{z}{z-1}-\frac{z[z-\cos(\omega T)]}{z^2-2z\cos(\omega T)+1}$
14	$\frac{b-a}{(s+a)(s+b)}$	$e^{-at}-e^{-bt}$	$\frac{z}{z-e^{-aT}}-\frac{z}{z-e^{-bT}}$
15		a^k	$\frac{z}{z-a}$

7.2.2　Z 变换的性质

根据 Z 变换的定义，可得下面比较常用的 Z 变换性质。设连续时间信号 $f(t)$ 的 Z 变换为 $F(z)$。

1. 移位定理

(1) 右移定理(滞后)

$$\mathcal{Z}[f^*(t-kT)]=z^{-k}F(z) \tag{7-11}$$

(2) 左移定理(超前)

$$\mathcal{Z}[f^*(t+kT)]=z^kF(z)-\sum_{i=0}^{k-1}f(iT)z^{k-i} \tag{7-12}$$

2. 终值定理

如果 $(z-1)F(z)$ 的所有极点全部位于 z 平面的单位圆之内，则有

$$f(\infty)=\lim_{k\to\infty}f(kT)=\lim_{z\to1}[(z-1)F(z)] \tag{7-13}$$

3. 初值定理

如果 $\lim\limits_{z\to\infty}F(z)$ 存在，那么

$$f(0)=\lim_{k\to0}f(kT)=\lim_{z\to\infty}F(z) \tag{7-14}$$

有关 Z 变换的更多性质可见表 7-2。

表 7-2　Z 变换的性质

序号	时间函数 $x(t)$	Z 变换 $X(z)$
1	$ax(t)$	$aX(z)$
2	$x_1(t)+x_2(t)$	$X_1(z)+X_2(z)$
3	$x(t+T)$	$zX(z)-zx(0)$
4	$x(t+2T)$	$z^2X(z)-z^2x(0)-zx(T)$
5	$x(t+kT)$	$z^kX(z)-z^kx(0)-z^{k-1}x(T)-\cdots-zx(kT-T)$
6	$tx(t)$	$-Tz\dfrac{\mathrm{d}}{\mathrm{d}z}[X(z)]$
7	$\mathrm{e}^{-at}x(t)$	$X(z\mathrm{e}^{aT})$
8	$x(0)$	$\lim\limits_{z\to\infty}X(z)$ 如果有极限
9	$x(\infty)$	$\lim\limits_{z\to1}[(z-1)X(z)]$ ($(z-1)X(z)$ 的所有极点全部位于 z 平面的单位圆之内)

7.2.3　Z 变换方法

1. 级数求和法

级数求和法是一种直接从 Z 变换的定义出发的 Z 变换方法，下面举例说明此方法。

例 7-1　求单位阶跃函数 $1(t)$ 的 Z 变换。

解：根据 Z 变换的定义，有

$$\mathcal{Z}[1(t)]=\sum_{k=0}^{\infty}1(kt)z^{-k}=1+z^{-1}+z^{-2}+\cdots=\frac{z}{z-1}$$

值得注意的是，当函数 Z 变换的无穷级数 $F(z)$ 在 z 平面某个区域内收敛时，可表示为闭合的解析形式，否则只能表示为级数形式的表达式。

例 7-2 求下列函数的 Z 变换。

$$f(t)=\begin{cases}0, & t<0\\ e^{-at}, & t\geqslant 0\end{cases}$$

解：利用级数求和法，

$$\mathcal{Z}[e^{-at}]=\sum_{k=0}^{\infty}e^{-akT}z^{-k}=1+e^{-aT}z^{-1}+e^{-2aT}z^{-2}+\cdots=\frac{z}{z-e^{-aT}}$$

2. 部分分式法

当给定某连续函数 $f(t)$ 的拉普拉斯变换 $F(s)$ 时，想要求其 Z 变换，可利用部分分式法。许多传递函数 $F(s)$ 可以利用部分分式化成如下形式：

$$F(s)=\sum_{i=1}^{n}\frac{a_i}{s-p_i} \tag{7-15}$$

通过其中的每一项拉普拉斯逆变换得到的原函数 $f(t)$ 为

$$f(t)=\sum_{i=1}^{n}a_i e^{p_i t} \tag{7-16}$$

对上式进行 Z 变换，可以得到

$$F(z)=\sum_{i=1}^{n}\frac{a_i z}{z-e^{p_i T}} \tag{7-17}$$

下面举例说明该方法。

例 7-3 求下列函数的 Z 变换。

$$F(s)=\frac{1}{s(s+1)}$$

解：先将 $F(s)$ 展开成部分分式的形式：

$$F(s)=\frac{1}{s(s+1)}=\frac{1}{s}-\frac{1}{s+1}$$

其中的 $\frac{1}{s}$ 的 Z 变换为 $\frac{z}{z-1}$，$\frac{1}{s+1}$ 的 Z 变换为 $\frac{z}{z-e^{-T}}$，则

$$F(z)=\frac{z}{z-1}-\frac{z}{z-e^{-T}}=\frac{z(1-e^{-T})}{(z-1)(z-e^{-T})}$$

7.2.4 Z 逆变换

与 Z 变换法相似，当已知 $F(z)$ 时，也可以有 3 种方法求 Z 的逆变换 $f(kT)$。在求 Z 逆变换时，假设当 $k<0$ 时，时间序列 $f(kT)$ 等于零。

1. 部分分式法

该方法的基本思想是：将 $\frac{F(z)}{z}$ 展开成部分分式 $\sum_i \frac{a_i}{z-p_i}$ 的形式，然后再乘以 z，化成 $\sum_i \frac{a_i z}{z-p_i}$ 的形式，就可以通过查表求得 $f(kT)$。

例 7-4 设已知 $F(z)=\frac{(1-e^{-2T})z}{(z-1)(z-e^{-2T})}$，试求其 Z 逆变换式。

解：首先得到$\dfrac{F(z)}{z}$的部分分式分解：

$$\frac{F(z)}{z}=\frac{(1-e^{-2T})}{(z-1)(z-e^{-2T})}=\frac{1}{z-1}-\frac{1}{z-e^{-2T}}$$

则有

$$F(z)=\frac{z}{z-1}-\frac{z}{z-e^{-2T}}$$

查表，得到其对应的时间函数为

$$f(t)=1-e^{-2t}$$

或者

$$f(kT)=\sum_{k=0}^{\infty}(1-e^{-2kT})\delta(t-kT)$$

2. 幂级数法——长除法

用 $F(z)$的分母去除分子，可以求出按 z^{-k} 降幂排列的级数展开式，即

$$\begin{aligned}F(z)&=\sum_{k=0}^{\infty}f(kT)z^{-k}\\&=f(0)+f(T)z^{-1}+f(2T)z^{-2}+\cdots+f(kT)z^{-k}+\cdots\end{aligned}\tag{7-18}$$

则 $f(kT)$的值可通过对照 Z 变换的定义的方法予以确定。

如果 $F(z)$以有理函数的形式给出，则可以直接用分母去除分子，将分母和分子写成按 z^{-k} 降幂排列的形式，得到无穷幂级数的展开形式。如果所得到的级数是收敛的，则级数中 z^{-k} 的系数，就是时间序列中的 $f(kT)$的值。

虽然长除法以序列的形式给出了 $f(0),f(T),f(2T),\cdots$的数值，但是从一组值中一般很难求出 $f(kT)$的解析表达式。

例 7-5 设 $F(z)$为

$$F(z)=\frac{5z}{z^2-3z+2}$$

试求当 $k=0,1,2,3,4$ 时的 $f(kT)$值。

解：$F(z)$可以写成

$$F(z)=\frac{5z^{-1}}{1-3z^{-1}+2z^{-2}}$$

长除，用分母多项式去除分子多项式，得到

$$F(z)=5z^{-1}+15z^{-2}+35z^{-3}+75z^{-4}+\cdots$$

对照 Z 变换的定义，得

$$f(0)=0,\quad f(T)=5,\quad f(2T)=15,\quad f(3T)=35,\quad f(4T)=75\cdots$$

3. 留数法

留数法是求 Z 逆变换的一种普遍方法，根据复变函数中的留数理论可以证明：

$$f(kT)=\sum_{i=1}^{n}\mathrm{Res}\left[F(z)z^{k-1}\right]_{z_i}=\sum\left[F(z)z^{k-1}\text{ 在 }F(z)\text{ 的极点上的留数}\right]\tag{7-19}$$

例 7-6 设 $F(z)=\dfrac{5z}{(z-1)(z-2)}$,当采样周期 $T=1$ 时,试用留数法求 $f(kT)$。

解:由式(7-19),可得

$$
\begin{aligned}
f(kT) &= \sum [F(z)z^{k-1} \text{ 在 } F(z) \text{ 的极点上的留数}] \\
&= \left(\frac{5z^k}{(z-1)(z-2)}(z-1)\right)_{z=1} + \left(\frac{5z^k}{(z-1)(z-2)}(z-2)\right)_{z=2} \\
&= -5 + 5 \times 2^k = 5(-1+2^k)
\end{aligned}
$$

需要说明的是,为简单表示,很多时候 $f(kT)$ 被记为 $f(k)$,T 不在各量中出现。

7.3 离散控制系统的数学描述及求解

为了研究离散控制系统的性能,需要建立离散系统的数学模型。常用于描述离散系统的数学模型有差分方程、脉冲传递函数和离散状态空间方程等。与连续系统相似,在一定的条件下,上述模型之间可以相互转换。

7.3.1 差分方程及其求解

在连续系统中,微分方程是基本的时域模型表达形式;在离散系统中,差分方程是基本的时域模型表达形式,描述的是各采样时刻系统输出与输入间的关系,其一般形式为

$$
\begin{aligned}
& a_n y(k+n) + a_{n-1} y(k+n-1) + \cdots + a_1 y(k+1) + a_0 y(k) \\
& = b_m x(k+m) + b_{m-1} x(k+m-1) + \cdots + b_1 x(k+1) + b_0 x(k)
\end{aligned} \tag{7-20}
$$

或者

$$
\begin{aligned}
& a_n y(k) + a_{n-1} y(k-1) + \cdots + a_1 y(k-n+1) + a_0 y(k-n) \\
& = b_m x(k) + b_{m-1} x(k-1) + \cdots + b_1 x(k-m+1) + b_0 x(k-m)
\end{aligned} \tag{7-21}
$$

式(7-20)与式(7-21)分别称为前向差分方程与后向差分方程。式中,系数 a_i 和 b_i 为常数,k 表示第 k 个采样时刻,n 和 m 分别为系统输出与输入的最高阶次,且 $m \leqslant n$,称 n 为差分方程的阶次。不失一般性,为方便起见,可设 $a_n=1$。

差分方程的求解主要有经典法、递推法与 Z 变换法。本节介绍更常用的后两种。

1. 递推法求解

由于差分方程本身就是一种递推关系,若已知系统的差分方程,并且给出输出序列的初值和输入序列值,则可以利用递推关系,逐步计算出输出序列。随着计算机的普及,递推法的应用越来越多,但该方法的最大缺点是没有解析解,必须一步步地递推计算。

例 7-7 已知差分方程 $y(k+2)-5y(k+1)+6y(k)=u(k)$,其输入序列 $u(k)=1$,初始条件为 $y(0)=0$,$y(1)=1$,请用递推法求 $y(k)$。

解:由初始条件及递推关系,可以逐步递推得到 $y(k)$

$$
\begin{aligned}
y(2) &= 5y(1) - 6y(0) + 1 = 6 \\
y(3) &= 5y(2) - 6y(1) + 1 = 25 \\
y(4) &= 5y(3) - 6y(2) + 1 = 90 \\
&\vdots
\end{aligned}
$$

2. Z 变换法求解

与连续系统往往借助拉普拉斯变换求解微分方程类似，离散系统也常利用 Z 变换法求解差分方程，将差分运算转化为以 z 为变量的代数方程进行代数运算。这种变换主要用到 Z 变换法的超前定理和滞后定理。Z 变换法求解差分方程的一般步骤为：

(1) 对差分方程式(7-20)或者方程式(7-21)两边作 Z 变换；

(2) 将已知的初始条件代入 Z 变换式；

(3) 由 Z 变换式求出输出序列 $y(k)$的 Z 变换表达式 $Y(z)$；

(4) 对 $Y(z)$进行 Z 逆变换，求出 $y(k)$。

例 7-8　已知差分方程 $x(k+2)+3x(k+1)+2x(k)=0$，初始条件为 $x(0)=0$，$x(1)=1$，求 $x(k)$。

解：根据超前定理，对已知差分方程求 Z 变换，得

$$z^2X(z)-z^2x(0)-zx(1)+3zX(z)-3zx(0)+2X(z)=0$$

整理后得

$$X(z)=\frac{(z^2+3z)x(0)+zx(1)}{z^2+3z+2}$$

代入初始条件，得

$$X(z)=\frac{z}{z^2+3z+2}=\frac{z}{(z+1)(z+2)}=\frac{z}{z+1}-\frac{z}{z+2}$$

经 Z 逆变换，得

$$\mathscr{Z}^{-1}\left[\frac{z}{z+1}\right]=(-1)^k,\quad \mathscr{Z}^{-1}\left[\frac{z}{z+2}\right]=(-2)^k$$

所以有

$$x(k)=(-1)^k-(-2)^k,\quad k=0,1,2,\cdots$$

7.3.2　脉冲传递函数

连续系统中常用复数域的传递函数 $G(s)$来表示系统的动态特性，将微分方程的运算转化为 s 域的代数运算；同样，为简化问题，离散系统中通过 Z 变换的方式，建立起复数域的数学模型。因为系统接收的是经过采样的脉冲信号，故称为脉冲传递函数，又称为 Z 传递函数。但脉冲传递函数的求法要受采样开关数量与位置的影响。也就是说，即使两个开环离散系统的组成环节完全相同，若采样开关数量与位置不同，则求出的开环脉冲传递函数也会不同。一般的开环采样系统如图 7-6 所示，输出端存在虚拟采样。

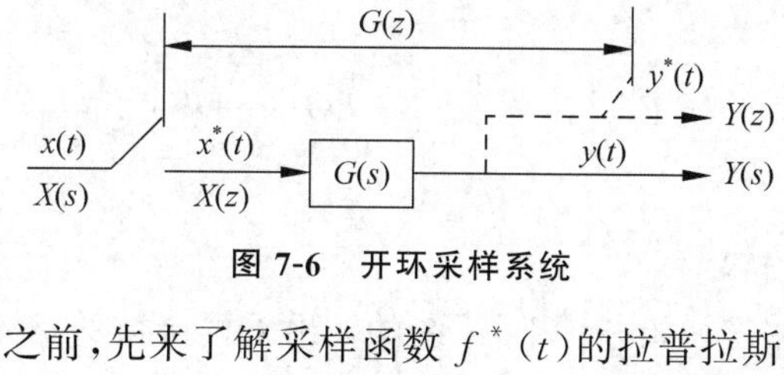

图 7-6　开环采样系统

在求脉冲传递函数之前，先来了解采样函数 $f^*(t)$的拉普拉斯变换 $F^*(s)$的两个重要性质：

(1) $F^*(s)$具有周期性；

(2) 若 $F^*(s)$与连续函数的拉普拉斯变换 $G(s)$相乘后再离散化，则 $F^*(s)$可以从离

散符号中提取出来，即

$$[G(s)F^*(s)]^* = G^*(s)F^*(s)$$

证明：由傅里叶级数定义，周期单位脉冲序列可表示为

$$\delta_T(t) = \sum_{k=-\infty}^{\infty} \delta(t-kT) = \sum_{k=-\infty}^{\infty} C_k e^{jk\omega_s t}$$

式中，T 为采样周期，$\omega_s = \dfrac{2\pi}{T}$是采样角频率。可以求得傅里叶系数

$$C_k = \frac{1}{T}\int_{-T/2}^{T/2} \delta_T(t) e^{-jk\omega_s t} dt = \frac{1}{T}\int_{0^-}^{0^+} \delta(t) dt = \frac{1}{T}$$

可得

$$\delta_T(t) = \sum_{k=-\infty}^{\infty} C_k e^{jk\omega_s t} = \frac{1}{T}\sum_{k=-\infty}^{\infty} e^{jk\omega_s t}$$

由 $f^*(t) = \sum\limits_{k=-\infty}^{\infty} f(t)\delta(t-kT) = f(t)\sum\limits_{k=-\infty}^{\infty} \delta(t-kT)$，得

$$f^*(t) = \frac{1}{T}\sum_{k=-\infty}^{\infty} f(t) \cdot e^{jk\omega_s t}$$

取拉普拉斯变换，并由拉普拉斯变换的位移定理可得离散信号 $f^*(t)$的拉普拉斯变换式

$$F^*(s) = \frac{1}{T}\sum_{k=-\infty}^{\infty} \mathcal{L}\{f(t) \cdot e^{jk\omega_s t}\} = \frac{1}{T}\sum_{k=-\infty}^{\infty} F(s-jk\omega_s)$$

令 $s=j\omega$ 并代入，可得采样后的信号频谱函数

$$F^*(j\omega) = \frac{1}{T}\sum_{k=-\infty}^{\infty} F(j\omega - jk\omega_s)$$

其中，$F(j\omega)$是 $f(t)$的频谱，$F^*(j\omega)$是 $f^*(t)$的频谱，显见，$F^*(j\omega)$是以 ω_s 为周期频率的周期函数。第一个性质得证。

由 $F^*(s) = \dfrac{1}{T}\sum\limits_{k=-\infty}^{\infty} F(s-jk\omega_s)$，有

$$[G(s)F^*(s)]^* = \frac{1}{T}\sum_{k=-\infty}^{\infty} [G(s-jk\omega_s)F^*(s-jk\omega_s)]$$

由 $F^*(s)$的周期性得：$F^*(s-jk\omega_s) = F^*(s)$，于是有

$$\begin{aligned}[G(s)F^*(s)]^* &= \frac{1}{T}\sum_{k=-\infty}^{\infty} [G(s-jk\omega_s)F^*(s)] \\ &= F^*(s) \cdot \frac{1}{T}\sum_{k=-\infty}^{\infty} [G(s-jk\omega_s)] = F^*(s)G^*(s)\end{aligned}$$

第二个性质得证。

1. 脉冲传递函数的定义

脉冲传递函数是指在零初始条件下，系统的输出采样函数的 Z 变换和输入采样函数的 Z 变换之比。图 7-6 为开环采样系统的示意图。图中，输入信号为 $x(t)$，经采样后为 $x^*(t)$，其 Z 变换为 $X(z)$；连续部分输出为 $y(t)$，经过虚拟的、与输入同步理想采样开关后的脉冲序列为 $y^*(t)$，其 Z 变换为 $Y(z)$，开环脉冲传递函数可以表示为

$$G(z)=\frac{Y(z)}{X(z)} \tag{7-22}$$

若已知系统的脉冲传递函数 $G(z)$ 及输入信号的 Z 变换 $X(z)$，则输出信号为

$$y^{*}(t)=\mathcal{Z}^{-1}[Y(z)]=\mathcal{Z}^{-1}[G(z)X(z)] \tag{7-23}$$

需要指出，由于实际系统的输出往往是连续信号 $y(t)$，而非离散信号 $y^{*}(t)$，图 7-6 所示的虚拟采样开关实际上并不存在，只是表明脉冲传递函数作为离散系统的数学模型，与差分方程一样，只描述系统离散信号之间的关系，连续信号 $y(t)$ 采样之后的信号为 $y^{*}(t)$。

2. 脉冲传递函数的代数运算法则

线性离散系统的方块图代数运算法则和线性连续系统有很多相似之处，但必须注意采样开关位置对脉冲传递函数的影响。

1）串联环节

不同的串联环节形式如图 7-7 所示。图 7-7(a)为两个离散的环节串联，总的脉冲传递函数等于两个环节的脉冲传递函数的乘积，即

$$G(z)=G_1(z)G_2(z) \tag{7-24}$$

图 7-7(b)为两个连续环节串联，中间无采样器，其总的脉冲传递函数等于两个环节相乘后再取 Z 变换，即由采样函数拉普拉斯变换的第二个性质

$$Y^{*}(s)=[G_1(s)G_2(s)X^{*}(s)]^{*}=[G_1(s)G_2(s)]^{*}X^{*}(s)$$

所以

$$G(z)=\mathcal{Z}[G_1(s)G_2(s)]=G_1G_2(z) \tag{7-25}$$

(a) 两个离散环节的串联

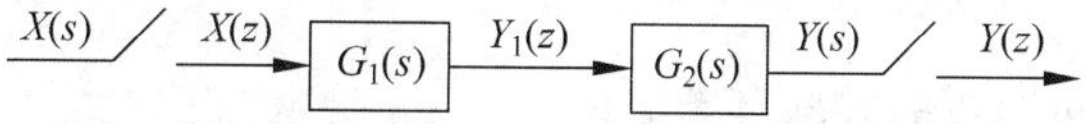

(b) 两个串联环节中间无采样器

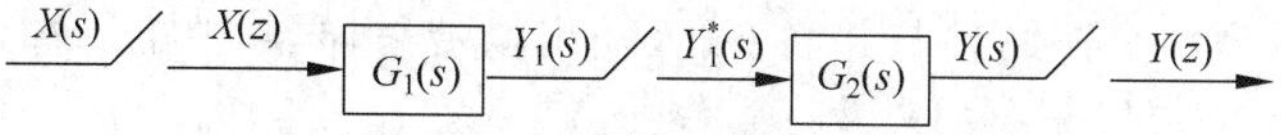

(c) 两个串联环节中间有采样器

图 7-7　环节串联形式

图 7-7(c)为两个连续环节串联，但中间有采样器，其总的脉冲传递函数等于两个环节分别取 Z 变换后再相乘，即

$$Y^{*}(s)=[G_1^{*}(s)G_2^{*}(s)X^{*}(s)]^{*}=G_1^{*}(s)G_2^{*}(s)X^{*}(s)$$

所以

$$G(z)=\mathcal{Z}[G_1(s)]\,\mathcal{Z}[G_2(s)]=G_1(z)G_2(z) \tag{7-26}$$

式(7-24)、式(7-25)、式(7-26)的结论可以推广到有相应的类似 n 个环节串联的情况，请注意区别，并应特别注意：$G_1G_2(z)\neq G_1(z)G_2(z)$。

例 7-9　设开环离散系统分别如图 7-7(b)和图 7-7(c)所示，其中，$G_1(s)=\dfrac{1}{s}$，$G_2(s)=$

$\frac{1}{s+1}$,输入信号 $x(t)=1(t)$。试求这两个系统的脉冲传递函数和输出 Z 变换。

解：查表 7-1,得输入的 Z 变换

$$X(z)=\frac{z}{z-1}$$

(1) 对如图 7-7(b)所示系统,由式(7-25)得脉冲传递函数为

$$G_1G_2(z)=\mathcal{Z}[G_1(s)G_2(s)]=\mathcal{Z}\left[\frac{1}{s}\times\frac{1}{s+1}\right]=\mathcal{Z}\left[\frac{1}{s}-\frac{1}{s+1}\right]$$

$$=\frac{z}{z-1}-\frac{z}{z-\mathrm{e}^{-T}}=\frac{z(1-\mathrm{e}^{-T})}{(z-1)(z-\mathrm{e}^{-T})}$$

输出 Z 变换为

$$Y(z)=G(z)X(z)=\frac{z^2(1-\mathrm{e}^{-T})}{(z-1)^2(z-\mathrm{e}^{-T})}$$

(2) 对如图 7-7(c)所示系统,由式(7-26)得脉冲传递函数为

$$G_1(z)G_2(z)=\mathcal{Z}[G_1(s)]\,\mathcal{Z}[G_2(s)]=\mathcal{Z}\left[\frac{1}{s}\right]\mathcal{Z}\left[\frac{1}{s+1}\right]$$

$$=\frac{z}{z-1}\times\frac{z}{z-\mathrm{e}^{-T}}=\frac{z^2}{(z-1)(z-\mathrm{e}^{-T})}$$

输出 Z 变换为

$$Y(z)=G(z)X(z)=\frac{z^3}{(z-1)^2(z-\mathrm{e}^{-T})}$$

显然,在串联环节之间有无同步采样开关隔离,其串联后总的脉冲传递函数和输出 Z 变换是不同的,但不同处仅表现在其零点,它们的极点仍然是一样的。

2) 并联环节

图 7-8 给出的是不同形式的并联环节。

图 7-8(a)所示为两个离散的环节并联,总的脉冲传递函数为

$$G(z)=G_1(z)+G_2(z) \tag{7-27}$$

图 7-8(b)所示为两个连续环节并联,输入输出均带采样器,总的脉冲传递函数为

$$G(z)=\mathcal{Z}[G_1(s)+G_2(s)]=G_1(z)+G_2(z) \tag{7-28}$$

图 7-8(c)所示为分别带采样器的两个连续环节并联,总的脉冲传递函数为

$$G(z)=\mathcal{Z}[G_1(s)]+\mathcal{Z}[G_2(s)]=G_1(z)+G_2(z) \tag{7-29}$$

特别注意到,图 7-8(d)所示的并联形式,其中一个支路有采样器,一个支路没有采样器,此时输入输出的关系为

$$Y(z)=X(z)\,\mathcal{Z}[G_1(s)]+\mathcal{Z}[X(s)G_2(s)]=G_1(z)X(z)+G_2X(z) \tag{7-30}$$

因为式(7-30)中的第二项是 $X(s)G_2(s)$ 相乘后求 Z 变换,不能将 $X(z)$ 分离出来,所以这种情况下无法求得系统的脉冲传递函数 $G(z)$,只能写出输出的 Z 变换式。注意到,这与连续系统的传递函数一定存在是有区别的。

图 7-8 所示的各种情况也可推广到类似的 n 个环节并联的情况。

3) 反馈回路

连续系统中,闭环传递函数与相应的开环传递函数之间有着确定的关系,可用一种典型

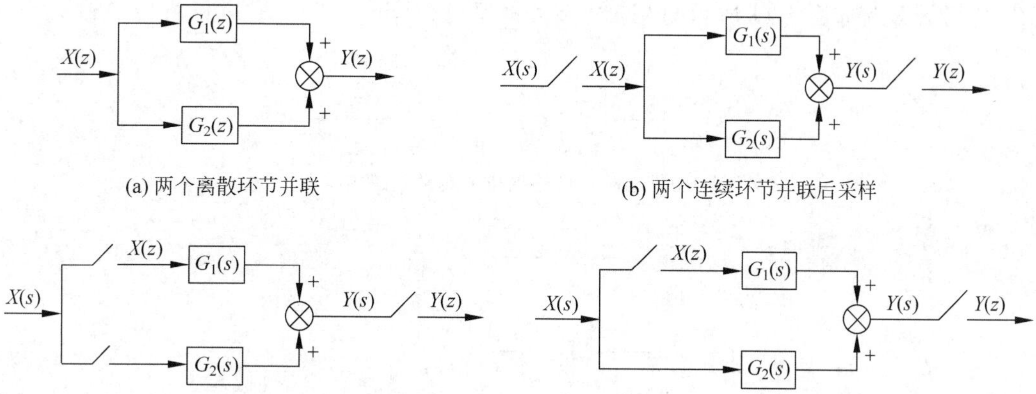

(a) 两个离散环节并联　　(b) 两个连续环节并联后采样

(c) 两个带采样器的连续环节并联　　(d) 带与不带采样器的连续环节并联

图 7-8　环节并联形式

的结构图来描述闭环系统。在离散系统中，由于采样器在闭环系统中的位置存在多种可能性，因此具有反馈回路的离散系统没有唯一的结构图形式，闭环脉冲传递函数或输出 Z 变换式也就各不相同。虽然如此，但仍有一些规律可循。

设一简单采样系统如图 7-9 所示，图中采样器以采样周期 T 同步工作。从图中输入端开始，顺着箭头方向一步步地分析计算如下。

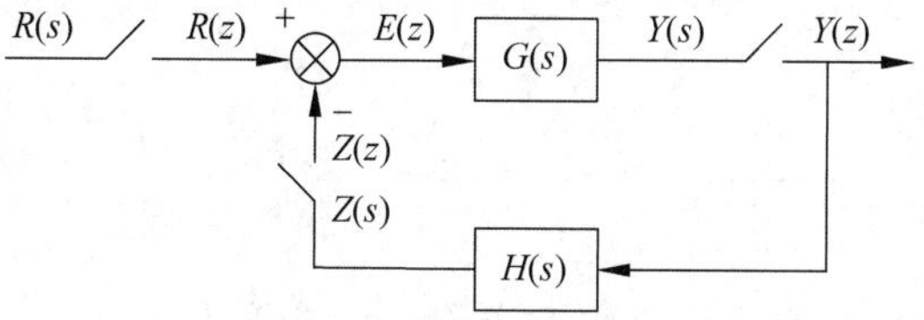

图 7-9　反馈回路

比较器输出端

$$E(z)=R(z)-Z(z)$$

$$Y(s)=G(s)E(z)$$

继续沿箭头方向

$$Z(s)=H(s)Y(z)$$

对上式两端采样

$$Z(z)=[H(s)Y(z)]^{*}=H(z)Y(z)$$

将 $Z(z)$ 代入 $E(z)=R(z)-Z(z)$，得

$$E(z)=R(z)-Z(z)=R(z)-H(z)Y(z)$$

对 $Y(s)=G(s)E(z)$ 两端采样，得

$$Y(z)=[G(s)E(z)]^{*}=G(z)E(z)=G(z)[R(z)-H(z)Y(z)]$$

整理得

$$Y(z)=\frac{G(z)}{1+G(z)H(z)}R(z) \tag{7-31}$$

4）系统中的零阶保持器

（1）零阶保持器的脉冲传递函数。由零阶保持器构成的离散系统结构图如图 7-10 所

示。它可等效为如图 7-11 所示的并联环节离散系统。

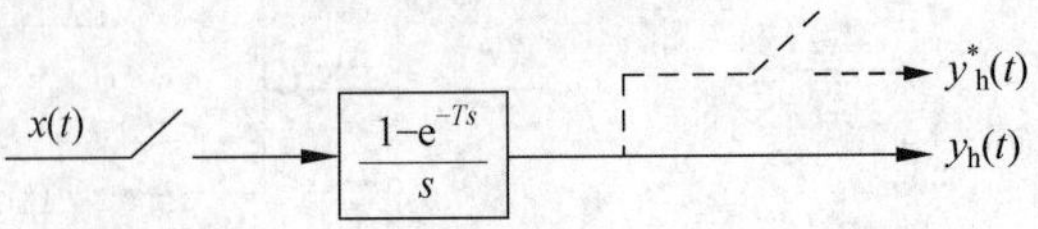

图 7-10　零阶保持器构成的离散系统结构图

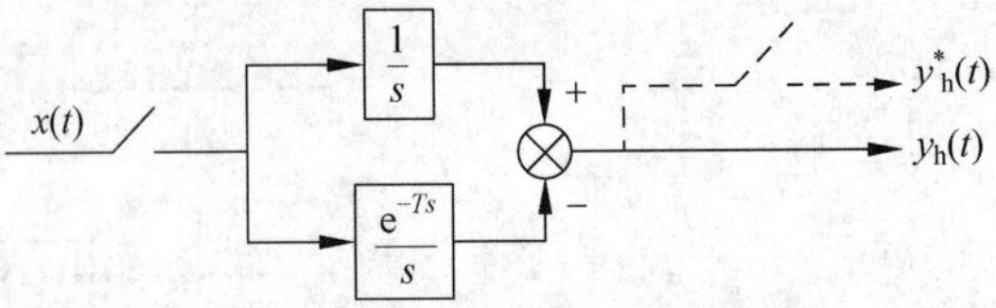

图 7-11　零阶保持器等效结构图

按并联环节的加法法则及滞后环节的概念，可得等效的脉冲传递函数

$$G(z)=\frac{Y_h(z)}{X(z)}=\mathcal{Z}\left[\frac{1}{s}\right]-\mathcal{Z}\left[\frac{1}{s}e^{-Ts}\right]=(1-z^{-1})\,\mathcal{Z}\left[\frac{1}{s}\right]=(1-z^{-1})\,\frac{z}{z-1}=1 \tag{7-32}$$

由式(7-32)，零阶保持器的脉冲传递函数为常数 1，也即其输出信号与输入信号完全一致。还可看到，零阶保持器无零极点，对系统性能没有影响，只起到恢复信号的作用。

(2) 零阶保持器与环节串联。零阶保持器与其他连续环节的串联如图 7-12 所示，用分解法求其开环脉冲传递函数。

$$G_h(s)G_p(s)=\frac{1-e^{-Ts}}{s}G_p(s)=\frac{G_p(s)}{s}-e^{-Ts}\frac{G_p(s)}{s}=G_1(s)-e^{-Ts}G_1(s)$$

式中，$G_1(s)=\dfrac{G_p(s)}{s}$。根据滞后环节和串联环节 Z 变换方法，可得开环脉冲传递函数

$$\begin{aligned}G(z)&=\mathcal{Z}[G_h(s)G_p(s)]=\mathcal{Z}[G_1(s)]-z^{-1}\,\mathcal{Z}[G_1(s)]\\&=(1-z^{-1})\,\mathcal{Z}[G_1(s)]=(1-z^{-1})\,\mathcal{Z}\left[\frac{G_p(s)}{s}\right]\end{aligned} \tag{7-33}$$

式中用到了 $e^{Ts}=z$ 的定义。通常，为简单起见，系统方块图中的零阶保持器经常用简略词 ZOH(Zero-Order-Hold)代替。

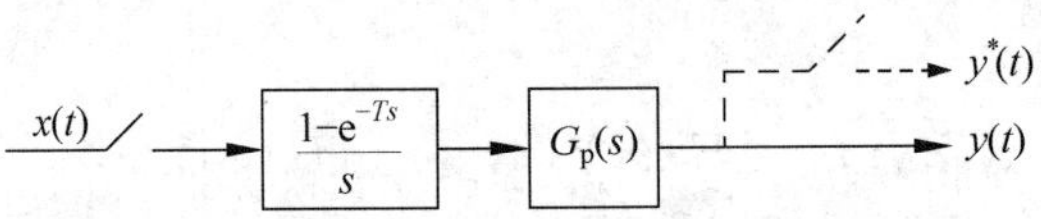

图 7-12　零阶保持器与连续环节串联的开环系统

由上面的推导，可总结出求系统脉冲传递函数的一般步骤如下：

- 确定系统的输入、输出变量；
- 写出各连续部分因果关系式，即根据系统的方块图，将通道在各采样开关处断开，写出采样点之前各连续信号的拉普拉斯变换式；
- 对各表达式采样后取 Z 变换；
- 消去中间变量；
- 按定义写出脉冲传递函数或输出 Z 变换式。

由式(7-30)可知，不是所有的离散系统均具有脉冲传递函数，需要视输入端是否存在采样开关而定，即系统是否具有脉冲传递函数取决于能否单独写出输入端的 Z 变换 $X(z)$。但不管怎样，总是可以假设系统的输出端存在采样开关，因此 Z 变换 $Y(z)$ 存在。表 7-3 列举了一些常见的典型系统(或环节)的输出 Z 变换，凡表中输出 Z 变换式中含有 $X(z)$ 的，则可写出系统的脉冲传递函数 $G(z)$，否则只能写出输出 Z 变换式。

表 7-3　典型系统的输出 Z 变换

系统方块图	输出的 Z 变换 $Y(z)$	系统方块图	输出的 Z 变换 $Y(z)$
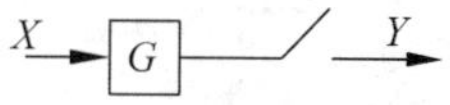	$GX(z)$	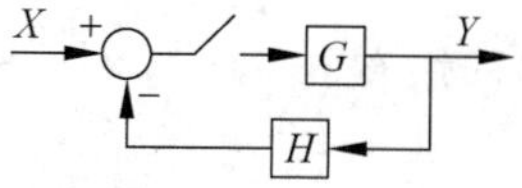	$\dfrac{G(z)X(z)}{1+GH(z)}$
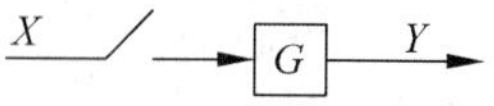	$G(z)X(z)$	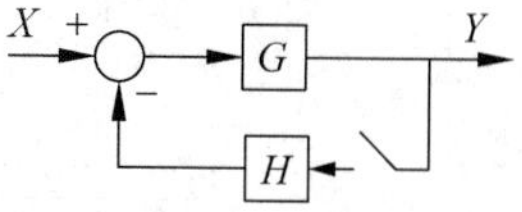	$\dfrac{GX(z)}{1+GH(z)}$
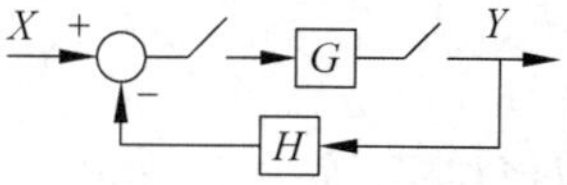	$\dfrac{G(z)X(z)}{1+G(z)H(z)}$	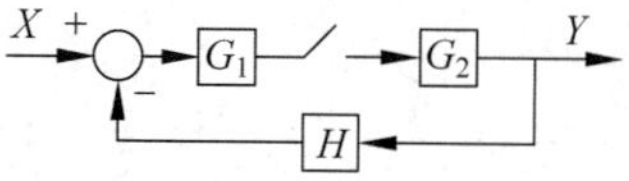	$\dfrac{G_2(z)G_1X(z)}{1+G_2HG_1(z)}$

3. 脉冲传递函数与差分方程

差分方程是离散系统的时域表达形式，脉冲传递函数是离散系统的 Z 域(复频域)表达形式，它们之间可以相互转化。

若 n 阶差分方程为

$$\begin{aligned}&y(k+n)+a_{n-1}y(k+n-1)+\cdots+a_1y(k+1)+a_0y(k)\\&=b_mx(k+m)+b_{m-1}x(k+m-1)+\cdots+b_1x(k+1)+b_0x(k)\end{aligned}\tag{7-34}$$

式中，k 表示第 k 个采样时刻，$y(k)$ 和 $x(k)$ 分别为第 k 个采样时刻的系统输出与输入变量；a_i 和 b_i 是常数；n、m 为整数，且 $m\leqslant n$。对式(7-34)两边作 Z 变换，在零初始条件下，即 $y(0)=y(1)=\cdots=y(n-1)=0$ 及 $x(0)=x(1)=\cdots=x(m-1)=0$，系统脉冲传递函数为

$$G(z)=\frac{Y(z)}{X(z)}=\frac{b_mz^m+b_{m-1}z^{m-1}+\cdots+b_1z+b_0}{z^n+a_{n-1}z^{n-1}+\cdots+a_1z+a_0}\tag{7-35}$$

若已知系统的脉冲传递函数，则可以通过 Z 逆变换得到其差分方程形式。

例 7-10　设一闭环系统如图 7-13 所示，$H(s)=1$，$G_p(s)=\dfrac{1}{s(s+1)}$，试求系统的单位阶跃响应。

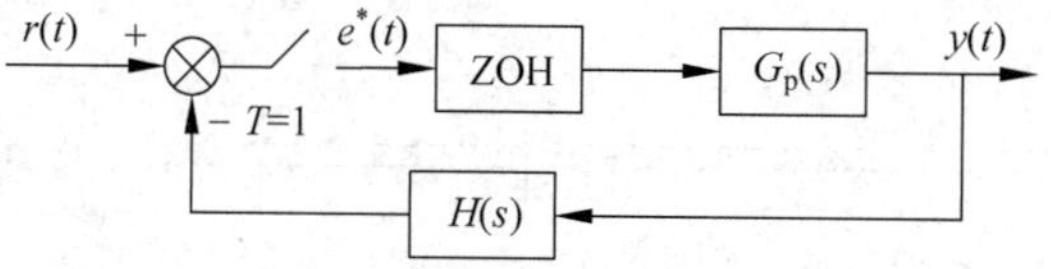

图 7-13　闭环采样系统

解：由图 7-13 可得闭环系统的脉冲传递函数

$$\frac{Y(z)}{R(z)}=\frac{G(z)}{1+GH(z)}=\frac{G(z)}{1+G(z)}$$

式中,$G(z)$为前向通道脉冲传递函数。当 $T=1$ 时,由式(7-33),有

$$G(z)=(1-z^{-1})\ \mathcal{Z}\left[\frac{G_p(s)}{s}\right]=(1-z^{-1})\ \mathcal{Z}\left[\frac{1}{s^2}-\frac{1}{s}+\frac{1}{s+1}\right]$$

$$=(1-z^{-1})\left[\frac{Tz}{(z-1)^2}-\frac{z}{z-1}+\frac{z}{z-e^{-T}}\right]=\frac{0.3678z+0.2644}{z^2-1.3678z+0.3678}$$

代入闭环脉冲传递函数式,有

$$\frac{Y(z)}{R(z)}=\frac{0.3678z+0.2644}{z^2-z+0.6322}$$

当输入为单位阶跃信号时,有

$$R(z)=\frac{z}{z-1}$$

输出 Z 变换为

$$Y(z)=\frac{z}{z-1}\times\frac{0.3678z+0.2644}{z^2-z+0.6322}=\frac{0.3678z^2+0.2644z}{z^3-2z^2+1.6322z-0.6322}$$

对上式作长除法,便可得

$$Y(z)=0.3678z^{-1}+z^{-2}+1.4z^{-3}+1.4z^{-4}+1.147z^{-5}+\cdots$$

作 Z 逆变换,可得系统的单位阶跃响应为

$$y(kT)=0\cdot\delta(t)+0.3678\delta(t-T)+\delta(t-2T)+1.4\delta(t-3T)+1.4\delta(t-4T)+\cdots$$

7.3.3 离散系统的状态空间模型

与连续系统类似,在状态空间模型中,离散系统也有状态变量、状态向量、状态方程和输出方程的概念和表达形式。不同的是,离散系统用一阶向量差分方程作为状态方程。所以,线性定常离散系统的状态空间表达式为

$$\begin{cases}\boldsymbol{x}(k+1)=\boldsymbol{G}\boldsymbol{x}(k)+\boldsymbol{H}\boldsymbol{u}(k)\\ \boldsymbol{y}(k)=\boldsymbol{C}\boldsymbol{x}(k)+\boldsymbol{D}\boldsymbol{u}(k)\end{cases}\tag{7-36}$$

式中,$\boldsymbol{x}(k)$为 n 维状态向量,$\boldsymbol{u}(k)$为 r 维输入向量;$\boldsymbol{y}(k)$为 m 维输出向量;$\boldsymbol{G}$、$\boldsymbol{H}$、$\boldsymbol{C}$、$\boldsymbol{D}$ 分别为相应维数的系统矩阵、输入矩阵、输出矩阵和直接传输矩阵。

以上各量表示了 $t=kT(k=0,1,2,\cdots)$时刻的取值,T 为采样周期,为简单起见,T 不在各量中出现。式(7-36)的第一式是状态方程,描述了$(k+1)T$ 时刻的状态变量与 kT 时刻的状态变量及输入变量之间的关系;第二式是输出方程,描述了 kT 时刻的输出变量与 kT 时刻的状态变量及输入变量之间的关系。

线性定常离散系统也可用如图 7-14 所示的形式表示出来,其中 z^{-1} 表示 1 个单位时间的延迟。

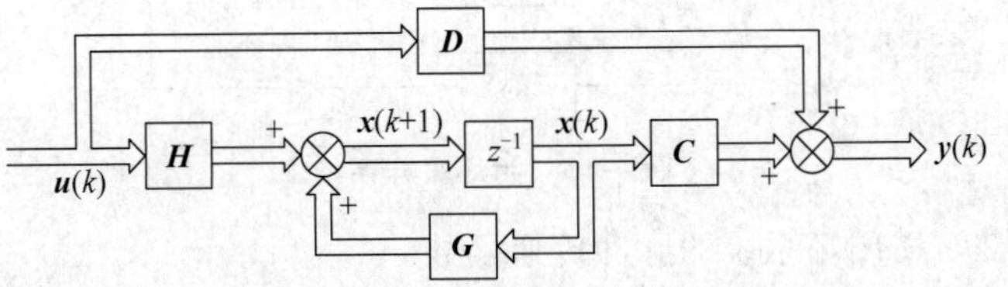

图 7-14 线性定常离散系统框图

在连续系统中应用计算机求解问题或者实现控制时，由于计算机只能处理离散的数字量，因此有必要将连续系统的状态空间表达式化为等价的离散系统状态空间表达式，这就是连续系统的离散化问题。连续系统的离散化是通过按一定时间间隔的采样及一定形式的保持实现的，这里认为采样过程满足香农(Shannon)采样定理且保持方式为零阶保持。常用的离散化方法有近似离散化和由连续系统状态解离散化两种。

1. 近似离散化

给定线性连续定常系统的状态方程为

$$\dot{\boldsymbol{x}}(t)=\boldsymbol{A}\boldsymbol{x}(t)+\boldsymbol{B}\boldsymbol{u}(t) \tag{7-37}$$

在采样周期 T 较小，且对其精度要求不高时，通过近似离散化，可以把它变成线性离散状态方程，以便求出它的近似解，即在采样时刻的近似值。利用近似等式

$$\dot{\boldsymbol{x}}(t)=\frac{1}{T}\{\boldsymbol{x}((k+1)T)-\boldsymbol{x}(kT)\} \tag{7-38}$$

将式(7-38)代入式(7-37)中，并令 $t=kT$，则得

$$\frac{1}{T}\{\boldsymbol{x}((k+1)T)-\boldsymbol{x}(kT)\}=\boldsymbol{A}\boldsymbol{x}(kT)+\boldsymbol{B}\boldsymbol{u}(kT) \tag{7-39}$$

或者写为

$$\boldsymbol{x}((k+1)T)=[\boldsymbol{I}+T\boldsymbol{A}]\boldsymbol{x}(kT)+T\boldsymbol{B}\boldsymbol{u}(kT)=\boldsymbol{G}\boldsymbol{x}(kT)+\boldsymbol{H}\boldsymbol{u}(kT) \tag{7-40}$$

式中

$$\boldsymbol{G}=\boldsymbol{I}+T\boldsymbol{A},\quad \boldsymbol{H}=T\boldsymbol{B} \tag{7-41}$$

方程式(7-40)就是方程式(7-37)的近似离散化，通常当采样周期为系统最小时间常数的 1/10 左右时，其近似度已足够令人满意，所以这种方法可以在实际中采用。

这种离散化方法的优点是比较简单，但终究是近似解。对于线性连续系统的时间离散化，往往用下述离散化方法。

2. 由定常系统状态解离散化

线性连续系统的时间离散化问题的数学实质，就是在一定的采样和保持方式下，由系统的连续时间状态空间描述来导出其对应的离散时间状态空间描述，并建立起两者的系数矩阵间的关系式。

设线性连续系统的状态方程为

$$\dot{\boldsymbol{x}}=\boldsymbol{A}\boldsymbol{x}(t)+\boldsymbol{B}\boldsymbol{u}(t),\quad t\in[t_0,t_f] \tag{7-42}$$

根据状态方程的求解公式，有

$$\boldsymbol{x}(t)=\boldsymbol{\Phi}(t-t_0)\boldsymbol{x}(t_0)+\int_{t_0}^{t}\boldsymbol{\Phi}(t-\tau)\boldsymbol{B}\boldsymbol{u}(\tau)\mathrm{d}\tau,\quad t\in[t_0,t_f] \tag{7-43}$$

为使离散化后的描述具有简单的形式，并保证它是可复原的，引入如下假设：采样方式取为以常数 T 为周期的等间隔采样；采样周期 T 的确定要满足香农采样定理；保持器采用零阶保持器，即把离散信号转换为连续信号是按零阶保持方式来实现的。在这 3 点基本假设的前提下，现在给出线性连续系统的时间离散化问题的基本结论。

考虑 $t_0=kT$、$t=(k+1)T$ 分别对应于第 k 次和第 $k+1$ 次采样时刻，按零阶保持器的约定，有 $\boldsymbol{u}[kT\leqslant t<(k+1)T]=\boldsymbol{u}(kT)$，则式(7-43)可写为

$$\boldsymbol{x}[(k+1)T]=\boldsymbol{\Phi}[(k+1)T-kT]\boldsymbol{x}(kT)+\int_{kT}^{(k+1)T}\boldsymbol{\Phi}[(k+1)T-\tau]\boldsymbol{B}\boldsymbol{u}(\tau)\mathrm{d}\tau$$

$$=\boldsymbol{\Phi}(T)\boldsymbol{x}(kT)+\int_{kT}^{(k+1)T}\boldsymbol{\Phi}[(k+1)T-\tau]\boldsymbol{B}\mathrm{d}\tau\boldsymbol{u}(kT) \tag{7-44}$$

对照线性定常离散系统的状态方程 $\boldsymbol{x}[(k+1)T]=\boldsymbol{G}\boldsymbol{x}(kT)+\boldsymbol{H}\boldsymbol{u}(kT)$，有

$$\boldsymbol{G}=\boldsymbol{\Phi}(T)=\mathrm{e}^{\boldsymbol{A}T} \tag{7-45}$$

$$\boldsymbol{H}=\int_{kT}^{(k+1)T}\boldsymbol{\Phi}[(k+1)T-\tau]\boldsymbol{B}\mathrm{d}\tau \tag{7-46}$$

作变量代换 $t=(k+1)T-\tau$，则原积分区间 $kT\sim(k+1)T$ 变为 $T\sim0$，$\mathrm{d}\tau$ 变为 $-\mathrm{d}t$，则式(7-46)可改写为

$$\boldsymbol{H}=\int_{T}^{0}\boldsymbol{\Phi}(t)\boldsymbol{B}(-\mathrm{d}t)=\left(\int_{0}^{T}\mathrm{e}^{\boldsymbol{A}t}\mathrm{d}t\right)\boldsymbol{B} \tag{7-47}$$

式(7-44)写为线性定常离散系统标准形式

$$\boldsymbol{x}[(k+1)T]=\boldsymbol{G}\boldsymbol{x}(kT)+\boldsymbol{H}\boldsymbol{u}(kT) \tag{7-48}$$

或

$$\boldsymbol{x}[(k+1)]=\boldsymbol{G}\boldsymbol{x}(k)+\boldsymbol{H}\boldsymbol{u}(k) \tag{7-49}$$

其中，系统矩阵 $\boldsymbol{G}$ 和输入矩阵 $\boldsymbol{H}$ 由式(7-45)和式(7-47)确定。

由于连续系统的状态转移矩阵必须是非奇异的，因此不管连续系统矩阵 $\boldsymbol{A}$ 是否为非奇异，离散化系统的矩阵 $\boldsymbol{G}$ 一定是非奇异的。

例 7-11 给定线性连续定常系统

$$\dot{\boldsymbol{x}}=\begin{bmatrix}0 & 1\\ 0 & -2\end{bmatrix}\boldsymbol{x}+\begin{bmatrix}0\\ 1\end{bmatrix}u,\quad t\geqslant 0$$

试列写采样周期 $T=0.1\mathrm{s}$ 的离散化状态方程。

解：采用由连续系统状态解离散化的方法。首先计算给定连续系统的矩阵指数函数 $\mathrm{e}^{\boldsymbol{A}t}$。为此，采用拉普拉斯变换法先定出

$$[s\boldsymbol{I}-\boldsymbol{A}]^{-1}=\begin{bmatrix}s & -1\\ 0 & s+2\end{bmatrix}^{-1}=\begin{bmatrix}\dfrac{1}{s} & \dfrac{1}{s(s+2)}\\ 0 & \dfrac{1}{(s+2)}\end{bmatrix}$$

再将上式取拉普拉斯逆变换，即可得到

$$\mathrm{e}^{\boldsymbol{A}t}=\mathcal{L}^{-1}[s\boldsymbol{I}-\boldsymbol{A}]^{-1}=\begin{bmatrix}1 & 0.5(1-\mathrm{e}^{-2t})\\ 0 & \mathrm{e}^{-2t}\end{bmatrix}$$

然后，根据式(7-45)和式(7-47)即可求出时间离散化系统的系数矩阵

$$\boldsymbol{G}=\mathrm{e}^{\boldsymbol{A}T}=\begin{bmatrix}1 & 0.5(1-\mathrm{e}^{-2T})\\ 0 & \mathrm{e}^{-2T}\end{bmatrix}=\begin{bmatrix}1 & 0.091\\ 0 & 0.819\end{bmatrix}$$

$$\boldsymbol{H}=\left(\int_{0}^{T}\mathrm{e}^{\boldsymbol{A}t}\mathrm{d}t\right)\boldsymbol{B}=\left(\int_{0}^{T}\begin{bmatrix}1 & 0.5(1-\mathrm{e}^{-2t})\\ 0 & \mathrm{e}^{-2t}\end{bmatrix}\mathrm{d}t\right)\begin{bmatrix}0\\ 1\end{bmatrix}$$

$$=\begin{bmatrix}T & 0.5T+0.25\mathrm{e}^{-2T}-0.25\\ 0 & -0.5\mathrm{e}^{-2T}+0.5\end{bmatrix}\begin{bmatrix}0\\ 1\end{bmatrix}$$

$$=\begin{bmatrix}0.5T+0.25\mathrm{e}^{-2T}-0.25\\ -0.5\mathrm{e}^{-2T}+0.5\end{bmatrix}=\begin{bmatrix}0.005\\ 0.091\end{bmatrix}$$

于是时间离散化状态方程为

$$\boldsymbol{x}(k+1)=\begin{bmatrix}1 & 0.091\\0 & 0.819\end{bmatrix}\boldsymbol{x}(k)+\begin{bmatrix}0.005\\0.091\end{bmatrix}\boldsymbol{u}(k)$$

7.3.4 脉冲传递函数与状态空间模型相互转化

1. 由状态空间模型求脉冲传递函数矩阵

已知线性定常离散系统的状态空间表达式如式(7-36)所示,对它实施 Z 变换,可得

$$\begin{cases}z\boldsymbol{x}(z)-z\boldsymbol{x}(0)=\boldsymbol{G}\boldsymbol{x}(z)+\boldsymbol{H}\boldsymbol{u}(z)\\ \boldsymbol{y}(z)=\boldsymbol{C}\boldsymbol{x}(z)+\boldsymbol{D}\boldsymbol{u}(z)\end{cases}\tag{7-50}$$

令系统初始条件为零,则有

$$\boldsymbol{x}(z)=(z\boldsymbol{I}-\boldsymbol{G})^{-1}\boldsymbol{H}\boldsymbol{u}(z)\tag{7-51}$$

以及

$$\boldsymbol{y}(z)=\boldsymbol{C}\boldsymbol{x}(z)+\boldsymbol{D}\boldsymbol{u}(z)=[\boldsymbol{C}(z\boldsymbol{I}-\boldsymbol{G})^{-1}\boldsymbol{H}+\boldsymbol{D}]\boldsymbol{u}(z)=\boldsymbol{G}(z)\boldsymbol{u}(z)\tag{7-52}$$

式中

$$\boldsymbol{G}(z)=\boldsymbol{C}(z\boldsymbol{I}-\boldsymbol{G})^{-1}\boldsymbol{H}+\boldsymbol{D}\tag{7-53}$$

是一个 $m\times r$ 矩阵,表示了离散系统输出向量 $\boldsymbol{y}(z)$对输入向量 $\boldsymbol{u}(z)$的关系,称为离散系统的脉冲传递函数矩阵。对于单输入单输出离散系统,则为脉冲传递函数。

2. 由脉冲传递函数求状态空间模型

设系统的差分方程为

$$\begin{aligned}&y(k+n)+a_{n-1}y(k+n-1)+\cdots+a_1y(k+1)+a_0y(k)\\&=b_nu(k+n)+b_{n-1}u(k+n-1)+\cdots+b_1u(k+1)+b_0u(k)\end{aligned}\tag{7-54}$$

当满足初始条件为零时,有 Z 变换 $Z[y(k+i)]=z^iy(z)$。对式(7-54)实施 Z 变换并整理即可得系统的脉冲传递函数:

$$\begin{aligned}g(z)&=\frac{y(z)}{u(z)}=\frac{b_nz^n+b_{n-1}z^{n-1}+\cdots+b_1z+b_0}{z^n+a_{n-1}z^{n-1}+\cdots+a_1z+a_0}\\&=b_n+\frac{\beta_{n-1}z^{n-1}+\cdots+\beta_1z+\beta_0}{z^n+a_{n-1}z^{n-1}+\cdots+a_1z+a_0}=b_n+g'(z)\end{aligned}\tag{7-55}$$

其中,

$$g'(z)=\frac{\beta_{n-1}z^{n-1}+\cdots+\beta_1z+\beta_0}{z^n+a_{n-1}z^{n-1}+\cdots+a_1z+a_0}\tag{7-56}$$

是 z 的有理分式。引入中间量 $v(z)$,并将式(7-56)写为

$$g'(z)=\frac{N(z)}{D(z)}=\frac{y'(z)}{u(z)}=\frac{y'(z)/v(z)}{u(z)/v(z)}\tag{7-57}$$

其中,$D(z)$、$N(z)$分别是式(7-56)的分母多项式和分子多项式,即有

$$\frac{u(z)}{v(z)}=D(z)=z^n+a_{n-1}z^{n-1}+\cdots+a_1z+a_0\tag{7-58}$$

按如下形式取状态变量

$$\begin{cases} x_1(z)=v(z) \\ x_2(z)=zv(z)=zx_1(z) \\ x_3(z)=z^2v(z)=zx_2(z) \\ \quad\vdots \\ x_n(z)=z^{n-1}v(z)=zx_{n-1}(z) \end{cases} \tag{7-59}$$

将上面各式取 Z 逆变换，可得

$$\begin{cases} x_1(k+1)=x_2(k) \\ x_2(k+1)=x_3(k) \\ \quad\vdots \\ x_{n-1}(k+1)=x_n(k) \\ x_n(k+1)=-a_{n-1}x_n(k)-a_{n-2}x_{n-1}(k)-\cdots-a_0x_1(k)+u(k) \end{cases} \tag{7-60}$$

其中，最后一式由 $z^nv(z)=zx_n(z)$ 及结合式(7-58)得到。将式(7-60)写成向量方程的形式，即

$$\begin{bmatrix} x_1(k+1) \\ x_2(k+1) \\ \vdots \\ x_n(k+1) \end{bmatrix}=\begin{bmatrix} 0 & 1 & 0 & \cdots & 0 \\ 0 & 0 & 1 & & \\ 0 & 0 & 0 & \ddots & \vdots \\ \vdots & \vdots & \vdots & & 1 \\ -a_0 & -a_1 & -a_2 & & -a_{n-1} \end{bmatrix}\begin{bmatrix} x_1(k) \\ x_2(k) \\ \vdots \\ x_n(k) \end{bmatrix}+\begin{bmatrix} 0 \\ 0 \\ \vdots \\ 0 \\ 1 \end{bmatrix}u(k) \tag{7-61}$$

这就是系统的状态方程。又由式(7-57)，有

$$\frac{y'(z)}{v(z)}=N(z)=\beta_{n-1}z^{n-1}+\cdots+\beta_1z+\beta_0 \tag{7-62}$$

即

$$y'(z)=\beta_{n-1}z^{n-1}v(z)+\cdots+\beta_1zv(z)+\beta_0v(z)=\beta_{n-1}x_n(z)+\cdots+\beta_1x_2(z)+\beta_0x_1(z) \tag{7-63}$$

取 Z 逆变换得

$$y'(k)=\beta_{n-1}x_n(k)+\cdots+\beta_1x_2(k)+\beta_0x_1(k) \tag{7-64}$$

根据式(7-55)，应有 $y(k)=y'(k)+b_nu(k)$，所以

$$y(k)=\beta_0x_1(k)+\beta_1x_2(k)+\cdots+\beta_{n-1}x_n(k)+b_nu(k) \tag{7-65}$$

写成向量方程的形式，得

$$y(k)=\begin{bmatrix} \beta_0 & \beta_1 & \cdots & \beta_{n-1} \end{bmatrix}\begin{bmatrix} x_1(k) \\ x_2(k) \\ \vdots \\ x_n(k) \end{bmatrix}+b_nu(k) \tag{7-66}$$

这就是系统的输出方程。式(7-61)和式(7-66)合在一起构成了离散系统的状态空间表达式，这显然具有能控规范型形式。同样，也可通过选取不同的状态变量，得到能观规范型形式或特征值规范型形式。

7.4　离散控制系统的频域与复频域分析与设计

在前面介绍的离散系统数学模型的基础上，本节主要介绍如何进行离散控制系统的分析与设计，包括稳定性条件、判定系统稳定性的劳斯判据、根轨迹与频率特性等分析与设计方法。

7.4.1　离散系统的稳定性分析

1. 从 s 域到 z 域的映射

在连续系统中，通常在 s 域研究线性定常系统的稳定性；而在离散系统中，可从 s 域映射到 z 域的关系入手，在 z 域研究系统的稳定性。

根据 Z 变换的定义有

$$z = e^{sT} \tag{7-67}$$

式中，T 为采样周期，与采样角频率 ω_s 的关系为 $T=2\pi/\omega_s$。将 $s=\sigma+j\omega$ 代入上式，则有

$$z = e^{(\sigma+j\omega)T} = e^{\sigma T} e^{j\omega T} = |z| e^{j\angle z} \tag{7-68}$$

式中，$|z|=e^{\sigma T}$，$\angle z=\omega T$，也就是说，s 的实部只影响 z 的模，s 的虚部只影响 z 的相角。通过式(7-68)，建立了 S 平面和 Z 平面的联系。下面分析不同 σ 值的情况。

(1) $\sigma=0$，S 平面的虚轴，映射到 Z 平面，$|z|=e^{\sigma T}=1$，是以原点为圆心的单位圆；

(2) $\sigma<0$，S 平面的左半平面，映射到 Z 平面，$|z|<1$，是以原点为圆心的单位圆内；

(3) $\sigma>0$，S 平面的右半平面，映射到 Z 平面，$|z|>1$，是以原点为圆心的单位圆外。

图 7-15 给出了 S 平面到 Z 平面的映射关系。可从 S 平面的系统稳定条件很容易地得到线性离散系统在 Z 平面的稳定性条件：若闭环特征方程 $1+G(z)=0$ 的根全部位于 Z 平面的单位圆之内，则闭环系统是稳定的。为更好地理解该结论，进一步分析映射关系，S 平面的虚轴在 Z 平面上映射为 $z=1\times e^{j\omega T}=e^{j2\pi\omega/\omega_s}$，当 s 沿虚轴变化时，可得如下关系：

$$\omega=0, z=e^{j0}=1;\ \omega=\omega_s/4, z=e^{j\frac{\pi}{2}}=j;$$

$$\omega=\omega_s/2, z=e^{j\pi}=-1;\ \omega=3\omega_s/4, z=e^{j\frac{3\pi}{2}}=-j$$

$$\omega=\omega_s, z=e^{j2\pi}=1$$

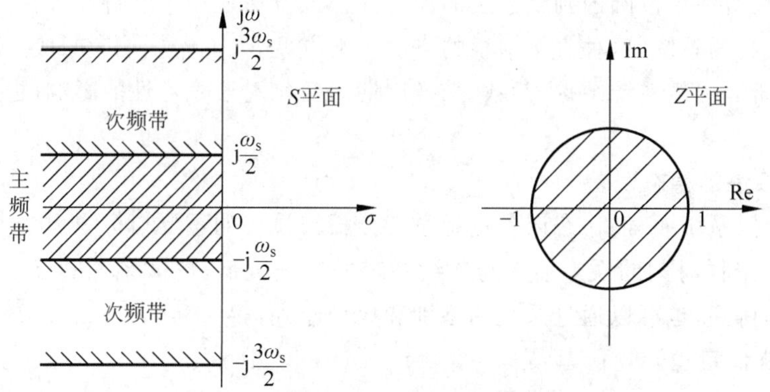

图 7-15　S 平面与 Z 平面的映射关系

这就是说,在 S 平面虚轴上的某个点 s,当它由零增加到 ω_s 时,映射到 Z 平面后所表现出的是逆时针旋转一周的单位圆,并且每增加一个 ω_s 频段,就使 Z 平面上的单位圆旋转一周。根据这个关系,称 $\frac{-\omega_s}{2} \leqslant \omega \leqslant \frac{\omega_s}{2}$ 为主频段,而其他频段为高频段,也称为次频段。根据频域理论,在近似考虑时可以只考虑主频段而忽略次频段,这与线性连续系统根轨迹分析法中在一定条件下只考虑一对主极点的道理是相同的。可见,从 S 平面到 Z 平面的映射是唯一的;反之,从 Z 平面到 S 平面的映射不是唯一的,为多值映射,即在 Z 平面的每个已知点,在 S 平面有无穷个数值与其对应。

2. 离散系统的稳定性条件

线性定常连续系统稳定的充要条件是:系统特征方程的所有特征根都分布在 S 左半平面,即系统所有特征根均具有负实部,虚轴是稳定与否的边界。按照 S 平面与 Z 平面的映射关系,可以推断,线性定常离散系统稳定的充分必要条件是:系统特征方程的所有根,即系统 Z 传递函数的所有极点都分布在单位圆内部。Z 平面的单位圆内部是离散系统特征根分布的稳定域,单位圆周为稳定边界,如图 7-16 所示。

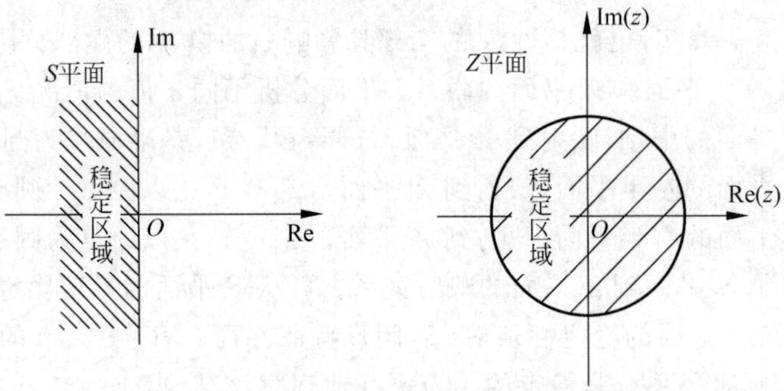

图 7-16 连续系统与离散系统极点分布稳定区域

例 7-12 若闭环离散系统的特征方程为 $z^2+2.3z+3=0$,试问系统是否稳定。

解:系统特征根为 $z_{1,2}=-1.15\pm \mathrm{j}1.1295$,其模 $|z_1|=|z_2|=1.732>1$,特征根位于单位圆外,故系统不稳定。

根据离散系统的稳定性判别充要条件,例 7-12 采取的方法是直接求出系统的特征方程根,再根据其是否在单位圆内判定系统的稳定性。该方法也适用于特征方程有重根的情况,但对于阶次较高的系统,这种直接求根的方法不太方便,人们希望能有间接的稳定判据可利用,这也便于研究离散系统结构、参数、采样周期等变化对于稳定性的影响,进而设计性能更好的控制系统。

3. 离散系统的稳态误差

对稳定离散系统而言,稳态误差也是系统分析与设计的重要指标之一。当然,这里的稳态误差也是指采样时刻的误差值。与连续系统的方法类似,离散系统的稳态误差可以由 z 域的终值定理得到,也可以通过系统的型别和典型输入信号得到。

1) 采用终值定理计算稳态误差

由离散系统稳定条件,只要系统闭环脉冲传递函数 $G_c(z)$ 的全部极点均位于 Z 平面的单位圆以内,则可用 Z 变换的终值定理求出采样时刻的终值误差。

单位负反馈系统如图7-17所示，假设系统是稳定的，则

$$E(z)=R(z)-G(z)E(z)$$

$$E(z)=\frac{1}{1+G(z)}R(z)=G_e(z)R(z)$$

其中，$G_e(z)$是系统误差脉冲传递函数。由于系统是稳定的，则$G_e(z)$的全部极点均位于单位圆以内。由Z变换的终值定理，有

$$e^*(\infty)=\lim_{t\to\infty}e^*(t)=\lim_{z\to1}(z-1)E(z)=\lim_{z\to1}(z-1)\frac{1}{1+G(z)}R(z) \tag{7-69}$$

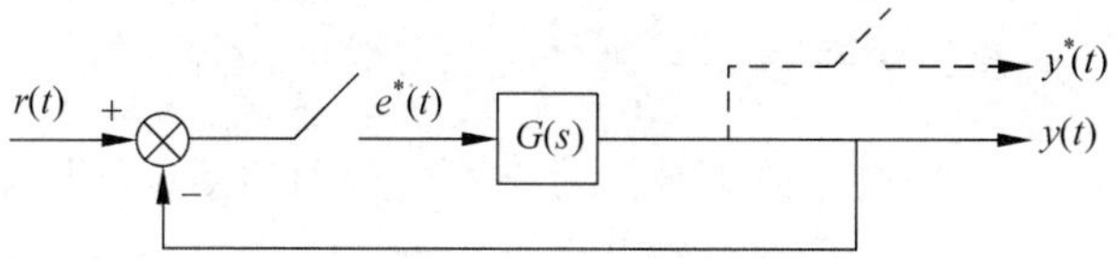

图7-17　闭环离散系统

式(7-69)表明，线性定常离散系统的稳态误差不仅与系统本身的结构参数有关，而且与输入序列的形式和幅值有关。由于$G(z)$与采样器的配置以及采样周期T有关，一些典型输入$R(z)$也与T有关，所以，采样器的采样周期也是影响离散系统稳态误差的因素。

2）采用稳态误差系数求稳态误差

在离散系统中，将开环脉冲传递函数$G(z)$具有$z=1$的极点个数作为划分系统型别的依据。设单位负反馈离散系统如图7-17所示，系统开环脉冲传递函数可写成如下一般形式：

$$G(z)=\frac{K\prod_{i=1}^{m}(z-z_i)}{(z-1)^v\prod_{j=1}^{n-v}(z-p_j)} \tag{7-70}$$

式中，$z_i(i=1,2,\cdots,m)$和$p_j(j=1,2,\cdots,n-v)$分别为开环脉冲传递函数的零点和极点，$z=1$的极点有v重，当$v=0,1,2$时分别称为0型、Ⅰ型和Ⅱ型系统。下面讨论3种输入信号下稳态误差的计算，并定义相应的稳态误差系数。

(1) 单位阶跃输入时的稳态误差。当$r(t)=1(t)$时，$R(z)=\frac{z}{z-1}$，代入式(7-69)，有

$$e^*(\infty)=\lim_{z\to1}(z-1)\frac{1}{1+G(z)}\times\frac{z}{z-1}=\frac{1}{1+\lim\limits_{z\to1}G(z)}=\frac{1}{1+K_p} \tag{7-71}$$

上式中的K_p为稳态位置误差系数，其定义为

$$K_p=\frac{y^*(\infty)}{e^*(\infty)}=\lim_{z\to1}G(z) \tag{7-72}$$

对于不同型别的系统结构，有

$$K_p=\lim_{z\to1}\frac{K\prod_{i=1}^{m}(z-z_i)}{(z-1)^v\prod_{j=1}^{n-v}(z-p_j)}=\begin{cases}K, & v=0\\ \infty, & v\geqslant1\end{cases}$$

可见，当系统为0型时，稳态误差为有限值；当系统为Ⅰ型或以上时，可以零稳态误差地跟踪单位阶跃输入。

(2) 单位斜坡输入时的稳态误差。当输入 $r(t)=t$ 时，$R(z)=\dfrac{Tz}{(z-1)^2}$，由式(7-69)，有

$$e^*(\infty)=\lim_{z\to 1}(z-1)\frac{1}{1+G(z)}\times\frac{Tz}{(z-1)^2}=\frac{1}{\dfrac{1}{T}\lim\limits_{z\to 1}[(z-1)G(z)]}=\frac{1}{K_v} \tag{7-73}$$

其中，K_v 称为稳态速度误差系数，并有定义

$$K_v\equiv\frac{D[y^*(\infty)]}{e^*(\infty)}=\frac{1}{T}\lim_{z\to 1}\left[\frac{z-1}{z}G(z)\right] \tag{7-74}$$

式中，$D[y^*(\infty)]$ 为 $y^*(\infty)$ 的一阶导数。对于不同型别的系统结构，有

$$K_v=\frac{1}{T}\lim_{z\to 1}\frac{K\prod\limits_{i=1}^{m}(z-z_i)}{(z-1)^{v-1}\prod\limits_{j=1}^{n-v}(z-p_j)}=\begin{cases}0, & v=0\\ \dfrac{K_1}{T}, & v=1\\ \infty, & v\geqslant 2\end{cases}$$

可见，当系统为0型时，稳态误差为无穷大，无法跟踪单位斜坡输入；当系统为Ⅰ型时，可以跟踪单位斜坡输入，但存在稳态误差；当系统为Ⅱ型或以上时，稳态误差为零。

(3) 单位抛物线输入时的稳态误差。当输入为 $r(t)=t^2/2$，$R(z)=\dfrac{T^2z(z+1)}{2(z-1)^3}$，由式(7-69)有

$$e^*(\infty)=\lim_{z\to 1}(z-1)\frac{1}{1+G(z)}\times\frac{T^2z(z+1)}{2(z-1)^3}=\frac{1}{\dfrac{1}{T^2}\lim\limits_{z\to 1}[(z-1)^2G(z)]}=\frac{1}{K_a} \tag{7-75}$$

其中，K_a 称为稳态加速度误差系数，并有定义

$$K_a\equiv\frac{D^2[y^*(\infty)]}{e^*(\infty)}=\frac{1}{T^2}\lim_{z\to 1}\left[\frac{(z-1)^2}{z^2}G(z)\right] \tag{7-76}$$

式中，$D^2[y^*(\infty)]$ 为 $y^*(\infty)$ 的二阶导数。对于不同型别的系统结构，有

$$K_a=\frac{1}{T^2}\lim_{z\to 1}\frac{K\prod\limits_{i=1}^{m}(z-z_i)}{(z-1)^{v-2}\prod\limits_{j=1}^{n-v}(z-p_j)}=\begin{cases}0, & v=0,1\\ \dfrac{K_2}{T^2}, & v=2\\ \infty, & v\geqslant 3\end{cases}$$

可见，当系统为0型和Ⅰ型时，稳态误差为无穷大，无法跟踪单位抛物线输入；系统为Ⅱ型时，稳态误差为有限值；当系统为Ⅲ型或以上时，稳态误差为零。

由上面的推导，可以发现：对于离散系统，一个 m 型系统能够以零稳态误差跟踪形式为 t^{m-1} 的输入信号，对于 t^m 形式的输入信号稳态误差为有限常数。

7.4.2 基于 Z 域的分析与设计

1. 劳斯稳定判据

线性定常连续系统的劳斯稳定判据是建立在系统闭环特征根是否全部具有负实部的基

础上的，而离散系统的稳定条件是系统所有特征根全部落在 Z 平面的单位圆内，稳定的边界不是虚轴，因此，离散系统不能直接应用劳斯判据。但是，如果先进行变换，将 Z 平面的单位圆内部映射到另一复平面的左半平面，将 Z 平面的单位圆边界映射为另一复平面的虚轴，就可以利用劳斯判据了。

由复变函数的双线性变换，可将 Z 平面的单位圆内部映射成新复平面的左半平面。令

$$z=\frac{\omega+1}{\omega-1}\quad 或者\quad z=\frac{1+\omega}{1-\omega}$$

即

$$\omega=\frac{z+1}{z-1}\quad 或者\quad \omega=\frac{z-1}{z+1}$$

以上两式称为 ω 变换。复变量 z 和 ω 互为线性变换关系，故又称双线性变换。经过该双线性变换，Z 平面的单位圆内部已经映射到 W 平面的左半平面，Z 平面的单位圆已经映射成 W 平面的虚轴，Z 平面的单位圆外部区域已经映射到 W 平面的右半平面。下面以 $z=\frac{\omega+1}{\omega-1}$ 为例进行证明。

设 $z=\frac{\omega+1}{\omega-1}$，于是有 $\omega=\frac{z+1}{z-1}$，设复变量 z 和 ω 分别为 $z=x+\mathrm{j}y$，$\omega=u+\mathrm{j}v$，于是有

$$\omega=\frac{z+1}{z-1}=\frac{(x^2+y^2)-1}{(x-1)^2+y^2}-\mathrm{j}\frac{2y}{(x-1)^2+y^2}=u+\mathrm{j}v \tag{7-77}$$

由式(7-77)可知，对于 ω 平面上的虚轴，有实部 $u=0$，即 $x^2+y^2-1=0$。该式对应 Z 平面上以坐标原点为圆心的单位圆。对于 Z 平面上以原点为圆心的单位圆内的区域，有 $x^2+y^2<1$，相应的 ω 平面的实部 u 满足 $u<0$，即在 Z 平面上以原点为圆心的单位圆内的区域对应于 ω 平面的左半平面。对于 Z 平面上以原点为圆心的单位圆外的区域，有 $x^2+y^2>1$，相应的 ω 平面的实部 u 满足 $u>0$，即对应于 ω 平面的右半平面。

通过上述双线性变换后，就可以直接应用劳斯判据来判断系统的稳定性。

例 7-13　设闭环离散系统如图 7-18 所示，其中采样周期 $T=0.1\mathrm{s}$，试求系统稳定时 K 的取值。

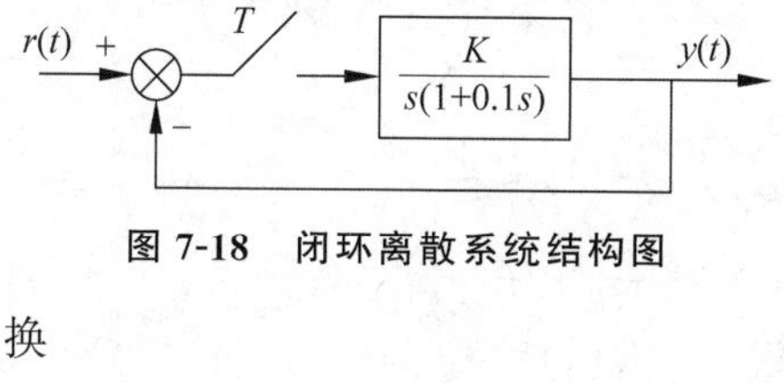

图 7-18　闭环离散系统结构图

解：求出 $G(s)$ 的 z 变换

$$G(z)=\frac{0.632Kz}{z^2-1.368z+0.368}$$

闭环脉冲传递函数为

$$G_c(z)=\frac{G(z)}{1+G(z)}$$

故闭环特征方程为

$$1+G(z)=z^2+(0.632K-1.368)z+0.368=0$$

令 $z=\dfrac{\omega+1}{\omega-1}$,得

$$\left(\frac{\omega+1}{\omega-1}\right)^2+(0.632K-1.368)\left(\frac{\omega+1}{\omega-1}\right)+0.368=0$$

化简后,得 ω 域特征方程为

$$0.632K\omega^2+1.264\omega+(2.736-0.632K)=0$$

列出劳斯判据表

ω^2	$0.632K$	$2.736-0.632K$
ω^1	1.264	0
ω^0	$2.736-0.632K$	0

从劳斯判据表第一列系数可以看出,为保证系统稳定,必须使 $K>0$ 和 $2.736-0.632K>0$,即 $K<4.33$。故当 $0<K<4.33$ 时,系统稳定。

2. 根轨迹法

线性离散系统的特征方程为

$$1+G(z)=0,\quad 即\quad G(z)=-1$$

或可写成

$$|G(z)|=1 \tag{7-78}$$

$$\angle G(z)=(2k+1)\pi,\quad k=0,1,2,\cdots \tag{7-79}$$

这与线性连续负反馈系统根轨迹的幅值和相位条件相同,因而在 Z 平面上可完全按照连续系统中的根轨迹作图规则作出系统的根轨迹。其差异仅是由于稳定边界的不同而对特征根的位置要求不同。同理,正反馈时的条件也是一样的。

下面以如图 7-19 所示的采样控制系统为例来说明根轨迹法的应用。为了能够定量计算,图中有关方块图的内容如下。

被控对象 $\quad G_o(s)=G_f(s)=\dfrac{K_o}{T_o s+1}$

零阶保持器 $\quad H(s)=\dfrac{1-e^{-Ts}}{s}$

比例调节器 $\quad G_c(s)=K_c$

阶跃干扰 $\quad F(s)=\dfrac{1}{s}$

纯滞后时间 $\quad \tau=KT$

给定值不变 $\quad R(s)=0$

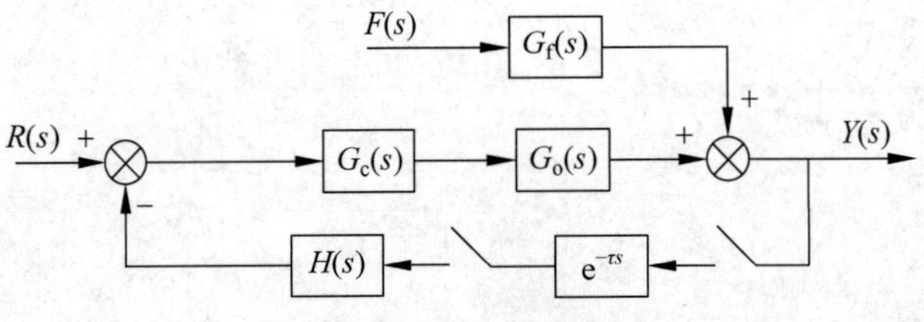

图 7-19 采样控制系统

由 $R(s)=0$，按定值调节考虑，无法写出闭环脉冲传递函数，但可得到输出的 Z 变换

$$Y(z)=\frac{G_fF(z)}{1+G_cG_oH(z)z^{-K}} \tag{7-80}$$

式中

$$G_fF(z)=\mathcal{Z}\left[\frac{K_o}{s(T_os+1)}\right]=\mathcal{Z}\left[K_o\left(\frac{1}{s}-\frac{T_o}{T_os+1}\right)\right]$$

$$=K_o\left[\frac{z}{z-1}-\frac{z}{z-e^{-T/T_o}}\right]=\frac{K_oz(1-b)}{(z-1)(z-b)},\quad b=e^{-T/T_o}$$

$$G_cG_oH(z)=\mathcal{Z}\left[\frac{1-e^{-Ts}}{s}\left(\frac{K_cK_o}{T_os+1}\right)\right]=\mathcal{Z}\left[\frac{K_cK_o}{s(T_os+1)}-\frac{K_cK_o}{s(T_os+1)}e^{-Ts}\right]$$

$$=\frac{K_cK_oz(1-b)}{(z-1)(z-b)}-z^{-1}\frac{K_cK_oz(1-b)}{(z-1)(z-b)}=\frac{K_cK_o(1-b)}{z-b}$$

将上述两个结果代入式(7-80)，有

$$Y(z)=\frac{\dfrac{K_oz(1-b)}{(z-1)(z-b)}}{1+\dfrac{K_cK_o(1-b)}{z-b}z^{-K}}$$

当 $\tau=T$，即 $K=1$ 时，上式可表示为

$$Y(z)=\frac{\dfrac{K_oz(1-b)}{(z-1)(z-b)}}{1+\dfrac{K_cK_o(1-b)}{z(z-b)}}$$

由上式可以看出，系统的闭环特征方程为

$$1+\frac{K_cK_o(1-b)}{z(z-b)}=0$$

系统的开环脉冲传递函数是

$$G(z)=\frac{K_cK_o(1-b)}{z(z-b)}$$

系统没有开环零点，只有两个开环极点，其值是 $z_1=0, z_2=b$。

由闭环特征方程：$z^2-bz+K_cK_o(1-b)=0$ 求得特征根 $z_{1,2}=\frac{1}{2}\left[b\pm\sqrt{b^2-4K_cK_o(1-b)}\right]$。

假设 $K_o=T_o=1, T=0.2$，则 $b=0.819$。当 $K_c=0$ 时，特征根 $z_1=0, z_2=b=0.819$ 就是两个开环极点。当 K_c 逐渐增大时，两个特征根从开环极点在实轴上相向接近，直至 $K_c=b^2/[4K_o(1-b)]=0.93$ 时，两个特征根重合在一点。当 K_c 进一步增大时，两个特征根将从重合点在垂直于实轴的直线上向相反的方向离开，这时特征根的坐标是 $\left(\frac{1}{2}b, \pm j\frac{1}{2}\sqrt{4K_cK_o(1-b)-b^2}\right)$。当 K_c 增大到最大值 $(K_c)_{max}$ 时，特征根与 Z 平面上的单位圆

相交，若 K_c 再增大，则系统将变得不稳定。达到$(K_c)_{max}$ 的条件是：

$$|z|=1 \quad 或者 \quad \sqrt{\left(\frac{b}{2}\right)^2+\left[\frac{\sqrt{4(K_c)_{max}K_o(1-b)-b^2}}{2}\right]^2}=1$$

即

$$\frac{1}{2}\sqrt{4(K_c)_{max}K_o(1-b)}=1$$

$$(K_c)_{max}=\frac{1}{K_o(1-b)}=5.56$$

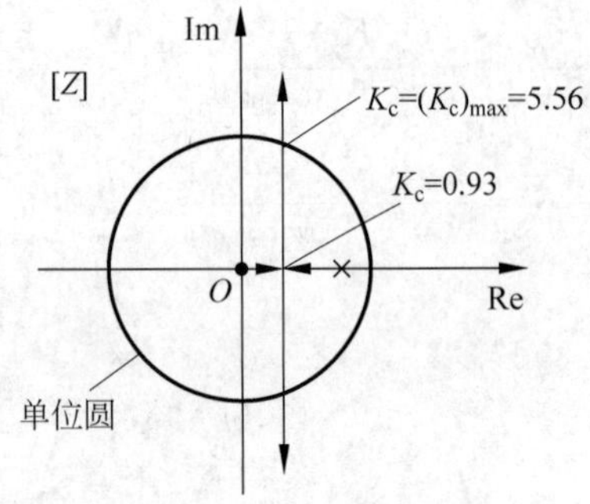

图 7-20　根轨迹示意图

上面所讨论的 K_c 变化对特征根的影响，可以完整地用图 7-20 表示出来。该图还可更加简单地画在 Z 平面上，按照画根轨迹的规则得到，由开环脉冲传递函数可得其根轨迹增益为 $K_c(1-b)$。由根轨迹规则，很容易可得到分离点坐标为 $z=0.41$，此时相应的 K_c 可由幅值条件求得 $K_c=\frac{|0.41|\times|0.41|}{1-b}=0.93$；当 K_c 继续增大时，系统进入欠阻尼振荡区域；继续增加 K_c，一旦根轨迹进入单位圆以外区域，系统将变得不稳定，其临界点为 $K_c=\frac{|1|\times|1|}{1-b}=5.56$。

7.4.3　基于频域特性的分析与设计

与不能直接应用劳斯判据的原因相同，脉冲传递函数的稳定边界不是虚轴，不能直接应用频域法。但相同的是，可以通过复数双线性变换来解决该问题。

设闭环离散系统特征方程为

$$1+G(z)=0$$

将 $z=\frac{\omega+1}{\omega-1}$代入上式，可得

$$1+G(\omega)=0$$

若令 $\omega=\mathrm{j}\omega'$代入上式(称 ω'为伪频率)，可得

$$1+G(\mathrm{j}\omega')=0 \tag{7-81}$$

则与连续系统中应用奈奎斯特稳定判据的条件相符，因此各种频域判据在此都可应用。

例 7-14　设开环脉冲传递函数为 $G(z)=\frac{2.53z}{(z+1)(z+0.3675)}$，试判定闭环系统的稳定性。

解：将 $z=\frac{\omega+1}{\omega-1}$代入 $G(z)$中，得

$$G(\omega)=\frac{2(\omega+1)(\omega-1)}{\omega(1+2.162\omega)}$$

令 $\omega=\mathrm{j}\omega'$代入，可得系统的开环伪频率特性为

$$G(\omega')=\frac{2(1+\mathrm{j}\omega')(-1+\mathrm{j}\omega')}{\mathrm{j}\omega'(1+2.162\mathrm{j}\omega')}$$

作出奈氏图如图 7-21(a)、图 7-21(b)所示，开环伪频率特性函数在复平面的右侧不存在极点，且奈奎斯特曲线不包围(−1,j0)点，由奈奎斯特稳定判据，闭环系统稳定。

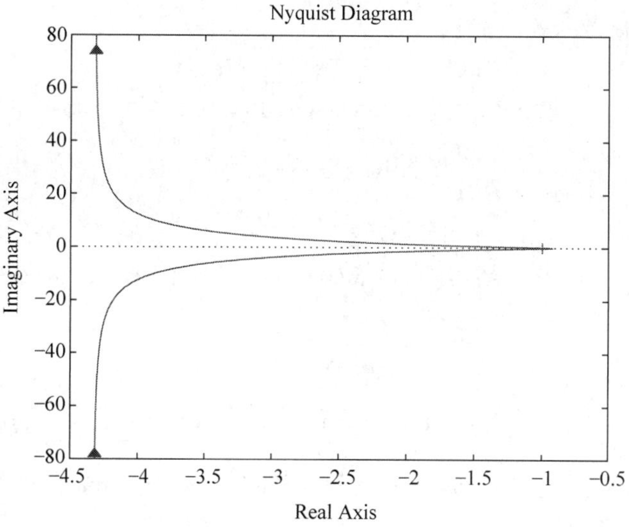

(a) 例7-14的奈奎斯特曲线

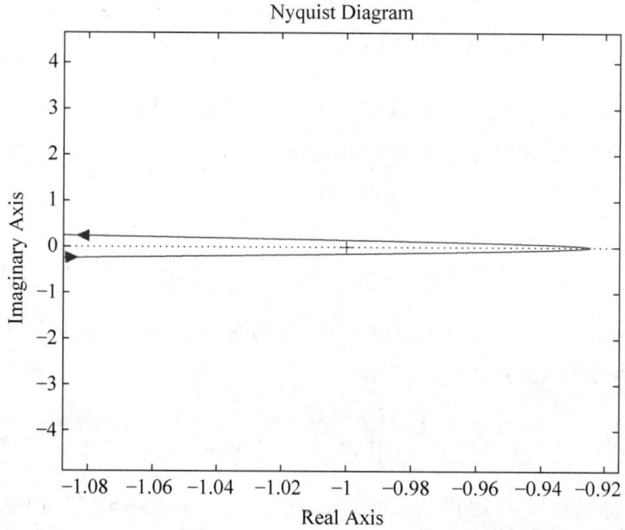

(b) (−1,j0)点附近的奈奎斯特曲线

图 7-21　例 7-14 系统的奈氏图

7.5　离散控制系统的状态空间分析与设计

线性离散系统的状态空间分析包括求解离散系统状态方程、能控性与能观性分析、状态反馈控制等。通常，离散系统的状态方程有递推法和 Z 变换法两种求解方法，前者既适用于定常系统，也适用于时变系统；后者仅适用于定常系统。

7.5.1 离散系统的时域分析

1. 递推法求解

考虑线性定常离散系统

$$\boldsymbol{x}(k+1)=\boldsymbol{G}\boldsymbol{x}(k)+\boldsymbol{H}\boldsymbol{u}(k) \tag{7-82}$$

在给定初始状态 $\boldsymbol{x}(0)$ 和输入信号序列 $\boldsymbol{u}(0),\boldsymbol{u}(1),\boldsymbol{u}(2),\cdots$ 的前提下，分别取 $k=0,1,2,\cdots$，显然有

$k=0$ 时，$\boldsymbol{x}(1)=\boldsymbol{G}\boldsymbol{x}(0)+\boldsymbol{H}\boldsymbol{u}(0)$

$k=1$ 时，$\boldsymbol{x}(2)=\boldsymbol{G}\boldsymbol{x}(1)+\boldsymbol{H}\boldsymbol{u}(1)=\boldsymbol{G}^2\boldsymbol{x}(0)+\boldsymbol{G}\boldsymbol{H}\boldsymbol{u}(0)+\boldsymbol{H}\boldsymbol{u}(1)$

$k=2$ 时，$\boldsymbol{x}(3)=\boldsymbol{G}\boldsymbol{x}(2)+\boldsymbol{H}\boldsymbol{u}(2)=\boldsymbol{G}^3\boldsymbol{x}(0)+\boldsymbol{G}^2\boldsymbol{H}\boldsymbol{u}(0)+\boldsymbol{G}\boldsymbol{H}\boldsymbol{u}(1)+\boldsymbol{H}\boldsymbol{u}(2)$

…

$k=k-1$ 时，有

$$\boldsymbol{x}(k)=\boldsymbol{G}\boldsymbol{x}(k-1)+\boldsymbol{H}\boldsymbol{u}(k-1)=\boldsymbol{G}^k\boldsymbol{x}(0)+\sum_{i=0}^{k-1}\boldsymbol{G}^{k-i-1}\boldsymbol{H}\boldsymbol{u}(i) \tag{7-83}$$

式(7-83)为线性定常离散系统的通解，k 表示了给定问题的末时刻。对于线性定常离散系统的状态解，作下面几点说明：

(1) 式(7-83)是在初始时刻为零的条件下得出的，如果初始时刻设为 k_0，则状态解应为

$$\boldsymbol{x}(k)=\boldsymbol{G}^{k-k_0}\boldsymbol{x}(k_0)+\sum_{i=k_0}^{k-1}\boldsymbol{G}^{k-i-1}\boldsymbol{H}\boldsymbol{u}(i) \tag{7-84}$$

(2) 状态解 $\boldsymbol{x}(k)$ 也是离散值，即只有在 $k=0,1,2,\cdots$ 时有意义。

(3) 输入序列对于状态解有 1 个采样周期的滞后，即第 k 个采样时刻的状态值只取决于此时刻之前的输入采样序列 $\boldsymbol{u}(0),\boldsymbol{u}(1),\boldsymbol{u}(2),\cdots,\boldsymbol{u}(k-1)$。

(4) 离散系统状态解在形式上与连续系统类似，也由两部分组成：一部分是由系统初始状态引起的零输入响应；另一部分是由系统输入变量作用引起的零状态响应。因此，类似地可定义 $\boldsymbol{G}^k$(对应于初始时刻为零)或 $\boldsymbol{G}^{k-k_0}$(对应于初始时刻为 k_0)为线性定常离散系统的状态转移矩阵，分别记为

$$\boldsymbol{\Phi}(k)=\boldsymbol{G}^k \tag{7-85}$$

$$\boldsymbol{\Phi}(k-k_0)=\boldsymbol{G}^{k-k_0} \tag{7-86}$$

(5) 离散系统的状态解是递推式，即 $\boldsymbol{x}(0)\to\boldsymbol{x}(1)\to\boldsymbol{x}(2)\to\cdots\to\boldsymbol{x}(k)$，非常适合计算机计算，缺点是会导致累积误差。

2. Z 变换法求解

对于线性定常离散系统，在初始时刻 $k_0=0$ 情况下可以采用 Z 变换法求解其状态方程。考虑线性定常离散系统状态方程

$$\boldsymbol{x}(k+1)=\boldsymbol{G}\boldsymbol{x}(k)+\boldsymbol{H}\boldsymbol{u}(k) \tag{7-87}$$

具有给定的初始状态 $\boldsymbol{x}(0)$ 和输入信号序列 $\boldsymbol{u}(0),\boldsymbol{u}(1),\boldsymbol{u}(2),\cdots$。对式(7-87)两边作 Z 变换，得

$$z\boldsymbol{x}(z)-z\boldsymbol{x}(0)=\boldsymbol{G}\boldsymbol{x}(z)+\boldsymbol{H}\boldsymbol{u}(z) \tag{7-88}$$

整理后则为

$$\boldsymbol{x}(z)=(z\boldsymbol{I}-\boldsymbol{G})^{-1}z\boldsymbol{x}(0)+(z\boldsymbol{I}-\boldsymbol{G})^{-1}\boldsymbol{H}\boldsymbol{u}(z) \tag{7-89}$$

再取 Z 逆变换，得

$$\boldsymbol{x}(k)=\mathcal{Z}^{-1}\left[(z\boldsymbol{I}-\boldsymbol{G})^{-1}z\right]\boldsymbol{x}(0)+\mathcal{Z}^{-1}\left[(z\boldsymbol{I}-\boldsymbol{G})^{-1}\boldsymbol{H}\boldsymbol{u}(z)\right] \tag{7-90}$$

对比式(7-83)，由解的唯一性应该有

$$\begin{aligned}&\boldsymbol{\Phi}(k)=\boldsymbol{G}^{k}=\mathcal{Z}^{-1}\left[(z\boldsymbol{I}-\boldsymbol{G})^{-1}z\right]\\&\sum_{i=0}^{k-1}\boldsymbol{G}^{k-i-1}\boldsymbol{H}\boldsymbol{u}(i)=\mathcal{Z}^{-1}\left[(z\boldsymbol{I}-\boldsymbol{G})^{-1}\boldsymbol{H}\boldsymbol{u}(z)\right]\end{aligned} \tag{7-91}$$

前一个等式就是基于 Z 变换的线性定常离散系统状态转移矩阵表达式。

从上面的讨论可知，线性离散系统状态解的求取关键也在于求得其状态转移矩阵。

例 7-15　用 Z 变换法求线性定常离散系统状态方程

$$\boldsymbol{x}(k+1)=\begin{bmatrix}0 & 1\\-0.2 & -0.9\end{bmatrix}\boldsymbol{x}(k)+\begin{bmatrix}1\\1\end{bmatrix}\boldsymbol{u}(k)$$

在初始状态 $\boldsymbol{x}(0)=\begin{bmatrix}1\\-1\end{bmatrix}$ 和 $\boldsymbol{u}(k)=1(k)$ 为单位阶跃序列时的解。

解：采用 Z 变换法，先求出

$$(z\boldsymbol{I}-\boldsymbol{G})^{-1}=\begin{bmatrix}z & -1\\0.2 & z+0.9\end{bmatrix}^{-1}=\begin{bmatrix}\dfrac{z+0.9}{(z+0.4)(z+0.5)} & \dfrac{1}{(z+0.4)(z+0.5)}\\\dfrac{-0.2}{(z+0.4)(z+0.5)} & \dfrac{z}{(z+0.4)(z+0.5)}\end{bmatrix}$$

对于单位阶跃序列 $u(k)=1(k)$，有 Z 变换 $u(z)=z/(z-1)$。根据式(7-89)，得

$$\begin{aligned}\boldsymbol{x}(z)&=(z\boldsymbol{I}-\boldsymbol{G})^{-1}z\boldsymbol{x}(0)+(z\boldsymbol{I}-\boldsymbol{G})^{-1}\boldsymbol{H}\boldsymbol{u}(z)\\&=\begin{bmatrix}\dfrac{z+0.9}{(z+0.4)(z+0.5)} & \dfrac{1}{(z+0.4)(z+0.5)}\\\dfrac{-0.2}{(z+0.4)(z+0.5)} & \dfrac{z}{(z+0.4)(z+0.5)}\end{bmatrix}\left(z\begin{bmatrix}1\\-1\end{bmatrix}+\begin{bmatrix}1\\1\end{bmatrix}\dfrac{z}{z-1}\right)\\&=\begin{bmatrix}\dfrac{z+0.9}{(z+0.4)(z+0.5)} & \dfrac{1}{(z+0.4)(z+0.5)}\\\dfrac{-0.2}{(z+0.4)(z+0.5)} & \dfrac{z}{(z+0.4)(z+0.5)}\end{bmatrix}\begin{bmatrix}\dfrac{z^{2}}{z-1}\\\dfrac{-z^{2}+2z}{z-1}\end{bmatrix}\\&=\begin{bmatrix}\dfrac{z^{3}-0.1z^{2}+2z}{(z+0.4)(z+0.5)(z-1)}\\\dfrac{-z^{3}+1.8z^{2}}{(z+0.4)(z+0.5)(z-1)}\end{bmatrix}=\begin{bmatrix}\dfrac{-\frac{110}{7}z}{z+0.4}+\dfrac{\frac{46}{3}z}{z+0.5}+\dfrac{\frac{29}{21}z}{z-1}\\\dfrac{\frac{44}{7}z}{z+0.4}+\dfrac{-\frac{23}{3}z}{z+0.5}+\dfrac{\frac{8}{21}z}{z-1}\end{bmatrix}\end{aligned}$$

取 Z 逆变换，得

$$\boldsymbol{x}(k)=\begin{bmatrix}-\dfrac{110}{7}(-0.4)^{k}+\dfrac{46}{3}(-0.5)^{k}+\dfrac{29}{21}\\\dfrac{44}{7}(-0.4)^{k}-\dfrac{23}{3}(-0.5)^{k}+\dfrac{8}{21}\end{bmatrix}$$

7.5.2 离散系统的能控性与能观性分析

线性离散系统的能控性、能观性在概念和判据上都类似于线性连续系统，本节讨论基于线性定常离散系统的能控性与能观性定义以及能控性与能观性判据。

1. 能控性

考虑线性定常离散系统为

$$\begin{cases} \boldsymbol{x}(k+1)=\boldsymbol{G}\boldsymbol{x}(k)+\boldsymbol{H}\boldsymbol{u}(k) \\ \boldsymbol{y}(k)=\boldsymbol{C}\boldsymbol{x}(k) \end{cases} \tag{7-92}$$

式中，$\boldsymbol{x}$ 为 n 维状态向量，$\boldsymbol{u}$ 为 r 维输入向量，$\boldsymbol{y}$ 为 m 维输出向量，$\boldsymbol{G}$ 为 $n\times n$ 维系统矩阵，$\boldsymbol{H}$ 为 $n\times r$ 维输入矩阵，$\boldsymbol{C}$ 为 $m\times n$ 维输出矩阵。

对于系统(7-92)的任意非零初始状态 $\boldsymbol{x}(h)=\boldsymbol{x}_0$，如果能找到一个无约束的容许控制序列 $\boldsymbol{u}(k)$，使系统状态在有限的时间区间 $[h,l]$ 内运动到原点 $\boldsymbol{x}(l)=0$，则称系统是能控的。

由离散系统状态方程的通解可得

$$\boldsymbol{x}(k)=\boldsymbol{G}^k\boldsymbol{x}(0)+\sum_{i=0}^{k-1}\boldsymbol{G}^{k-i-1}\boldsymbol{H}\boldsymbol{u}(i) \tag{7-93}$$

设通过 l 步能使任意初始状态 $\boldsymbol{x}(0)$ 运动到终止的零状态 $\boldsymbol{x}(l)=\boldsymbol{0}$，上式可写为

$$\boldsymbol{x}(l)=\boldsymbol{G}^l\boldsymbol{x}(0)+\sum_{i=0}^{l-1}\boldsymbol{G}^{l-i-1}\boldsymbol{H}\boldsymbol{u}(i)=\boldsymbol{0} \tag{7-94}$$

即

$$\begin{aligned} -\boldsymbol{G}^l\boldsymbol{x}(0) &= \sum_{i=0}^{l-1}\boldsymbol{G}^{l-i-1}\boldsymbol{H}\boldsymbol{u}(i) \\ &= \boldsymbol{H}\boldsymbol{u}(l-1)+\boldsymbol{G}\boldsymbol{H}\boldsymbol{u}(l-2)+\cdots+\boldsymbol{G}^{l-2}\boldsymbol{H}\boldsymbol{u}(1)+\boldsymbol{G}^{l-1}\boldsymbol{H}\boldsymbol{u}(0) \end{aligned} \tag{7-95}$$

写成向量形式为

$$-\boldsymbol{G}^l\boldsymbol{x}(0)=\begin{bmatrix}\boldsymbol{H} & \boldsymbol{G}\boldsymbol{H} & \cdots & \boldsymbol{G}^{l-1}\boldsymbol{H}\end{bmatrix}\begin{bmatrix}\boldsymbol{u}(l-1)\\ \boldsymbol{u}(l-2)\\ \vdots \\ \boldsymbol{u}(0)\end{bmatrix} \tag{7-96}$$

对于任意的 $\boldsymbol{x}(0)$ 能从上式求得控制序列 $\boldsymbol{u}(0),\boldsymbol{u}(1),\cdots,\boldsymbol{u}(l-1)$，则系统能控。这是一个从 n 个非齐次线性代数方程求解 $l\times r$ 个未知量的问题，根据线性方程解的存在理论，必须满足

$$\operatorname{rank}\begin{bmatrix}\boldsymbol{H} & \boldsymbol{G}\boldsymbol{H} & \cdots & \boldsymbol{G}^{l-1}\boldsymbol{H}\end{bmatrix}=\operatorname{rank}\begin{bmatrix}\boldsymbol{H} & \boldsymbol{G}\boldsymbol{H} & \cdots & \boldsymbol{G}^{l-1}\boldsymbol{H} & \vdots & -\boldsymbol{G}^l\boldsymbol{x}(0)\end{bmatrix}=n \tag{7-97}$$

当系统矩阵 $\boldsymbol{G}$ 非奇异时，$\boldsymbol{G}^l$ 也非奇异，式(7-97)成立对于能从式(7-96)中解出控制序列 $\boldsymbol{u}(0),\boldsymbol{u}(1),\cdots,\boldsymbol{u}(l-1)$ 不仅是充分的，而且是必要的，所以式(7-97)是系统(7-92)能控的充要条件。

当系统矩阵 $\boldsymbol{G}$ 奇异时，$\boldsymbol{G}^l$ 也奇异，这时式(7-97)成立对于能从式(7-96)中解出控制序列 $\boldsymbol{u}(0),\boldsymbol{u}(1),\cdots,\boldsymbol{u}(l-1)$ 只是充分的但不是必要的，因为此时等式(7-96)左边 $-\boldsymbol{G}^l\boldsymbol{x}(0)$ 的 n 个分量不再独立。极端情况 $\boldsymbol{G}^l=\boldsymbol{0}$ 时，$-\boldsymbol{G}^l\boldsymbol{x}(0)=\boldsymbol{0}$，必能找到 $\boldsymbol{u}(0)=\boldsymbol{u}(1)=\cdots=\boldsymbol{u}(n-1)=\boldsymbol{0}$

使式(7-96)成立，而不管矩阵 $[\boldsymbol{H}\quad \boldsymbol{GH}\quad \cdots\quad \boldsymbol{G}^{l-1}\boldsymbol{H}]$ 是否满秩。所以 $\boldsymbol{G}$ 奇异时，式(7-97)是系统(7-92)能控的充分条件。

综合上面的讨论，可以总结出关于线性定常离散系统(7-92)能控性的判据：系统矩阵 $\boldsymbol{G}$ 非奇异时，系统状态完全能控的充要条件是

$$\text{rank}\boldsymbol{Q}_c = \text{rank}[\boldsymbol{H}\quad \boldsymbol{GH}\quad \cdots\quad \boldsymbol{G}^{n-1}\boldsymbol{H}] = n \tag{7-98}$$

在式(7-98)中，$\boldsymbol{Q}_c$ 为线性定常离散系统的能控性矩阵，而系统矩阵 $\boldsymbol{G}$ 奇异时，式(7-98)成立是系统状态完全能控的充分条件。

例 7-16　线性定常离散系统的状态方程为

$$\boldsymbol{x}(k+1) = \begin{bmatrix} 1 & 0 & 0 \\ 0 & 2 & -2 \\ -1 & 1 & 0 \end{bmatrix} \boldsymbol{x}(k) + \begin{bmatrix} 1 \\ 0 \\ 1 \end{bmatrix} u(k)$$

试判断该系统是否能控。

解：由于该系统控制矩阵 $\boldsymbol{H} = \begin{bmatrix} 1 \\ 0 \\ 1 \end{bmatrix}$，系统矩阵 $\boldsymbol{G} = \begin{bmatrix} 1 & 0 & 0 \\ 0 & 2 & -2 \\ -1 & 1 & 0 \end{bmatrix}$ 非奇异，所以

$$\boldsymbol{GH} = \begin{bmatrix} 1 \\ -2 \\ -1 \end{bmatrix},\quad \boldsymbol{G}^2\boldsymbol{H} = \begin{bmatrix} 1 \\ -2 \\ -3 \end{bmatrix}$$

从而 $\text{rank}[\boldsymbol{H}\quad \boldsymbol{GH}\quad \boldsymbol{G}^2\boldsymbol{H}] = \text{rank}\begin{bmatrix} 1 & 1 & 1 \\ 0 & -2 & -2 \\ 1 & -1 & -3 \end{bmatrix} = 3$，满足能控性的充分必要条件，所以该系统能控。

2. 能观性

对于系统(7-92)，在已知输入向量序列 $\boldsymbol{u}(k)$ 的情况下，能够根据有限采样区间 $[h, l]$ 内测量到的输出向量序列 $\boldsymbol{y}(k)$，唯一地确定系统任意的非零初始状态 $\boldsymbol{x}(h) = \boldsymbol{x}_0$，则称系统能观。

考虑线性定常离散系统并令系统的输入 $\boldsymbol{u}(k) = 0$，则系统为

$$\begin{cases} \boldsymbol{x}(k+1) = \boldsymbol{Gx}(k) \\ \boldsymbol{y}(k) = \boldsymbol{Cx}(k) \end{cases} \tag{7-99}$$

式中，$\boldsymbol{G}$、$\boldsymbol{C}$ 分别为常数系统矩阵、输出矩阵。

由离散系统状态方程的通解得到

$$\boldsymbol{y}(k) = \boldsymbol{Cx}(k) = \boldsymbol{CG}^k\boldsymbol{x}(0) \tag{7-100}$$

设通过 n 步能从测量到的输出向量序列 $\boldsymbol{y}(k)(k = 0, 1, 2, \cdots, n-1)$ 唯一地确定出系统任意的非零初始状态 $\boldsymbol{x}(0) = \boldsymbol{x}_0$，由式(7-100)可得

$$\begin{bmatrix} \boldsymbol{y}(0) \\ \boldsymbol{y}(1) \\ \vdots \\ \boldsymbol{y}(n-1) \end{bmatrix} = \begin{bmatrix} \boldsymbol{C} \\ \boldsymbol{CG} \\ \vdots \\ \boldsymbol{CG}^{n-1} \end{bmatrix} \boldsymbol{x}_0 \tag{7-101}$$

这是 mn 个方程求解出 n 维未知量 $\boldsymbol{x}_0$ 的非齐次线性方程组，$\boldsymbol{x}_0$ 有唯一解的充要条件是其 $mn\times n$ 维系数矩阵 $\boldsymbol{Q}_o=\begin{bmatrix}\boldsymbol{C}\\ \boldsymbol{CG}\\ \vdots\\ \boldsymbol{CG}^{n-1}\end{bmatrix}$ 满秩，即秩为 n。则可以得出关于线性定常离散系统(7-99)能观性的判据如下：

线性定常离散系统状态完全能观的充要条件是

$$\mathrm{rank}\boldsymbol{Q}_o=\mathrm{rank}\begin{bmatrix}\boldsymbol{C}\\ \boldsymbol{CG}\\ \vdots\\ \boldsymbol{CG}^{n-1}\end{bmatrix}=n \tag{7-102}$$

式中，$\boldsymbol{Q}_o$ 称为线性定常离散系统的能观性矩阵。与系统能控性不同的是，系统的能观性判据没有关于系统矩阵 $\boldsymbol{G}$ 非奇异性的要求。

例 7-17 判断下列系统的能观性

$$\boldsymbol{x}(k+1)=\begin{bmatrix}1 & 0 & -1\\ 0 & -2 & 1\\ 3 & 0 & 2\end{bmatrix}\boldsymbol{x}(k)+\begin{bmatrix}2\\ -1\\ 1\end{bmatrix}u(k)$$

$$y=\begin{bmatrix}0 & 1 & 0\end{bmatrix}\boldsymbol{x}(k)$$

解：系统的输出矩阵 $\boldsymbol{C}=\begin{bmatrix}0 & 1 & 0\end{bmatrix}$，系统矩阵 $\boldsymbol{G}=\begin{bmatrix}1 & 0 & -1\\ 0 & -2 & 1\\ 3 & 0 & 2\end{bmatrix}$，则有

$$\boldsymbol{CG}=\begin{bmatrix}0 & -2 & 1\end{bmatrix},\quad \boldsymbol{CG}^2=\begin{bmatrix}3 & 4 & 0\end{bmatrix}$$

于是系统的能观性矩阵为

$$\boldsymbol{Q}_o=\begin{bmatrix}\boldsymbol{C}\\ \boldsymbol{CG}\\ \boldsymbol{CG}^2\end{bmatrix}=\begin{bmatrix}0 & 1 & 0\\ 0 & -2 & 1\\ 3 & 4 & 0\end{bmatrix}$$

它的秩为 3，所以系统是能观的。

7.5.3 离散系统的状态反馈控制

离散系统的状态反馈控制涉及极点配置，其结果是将闭环传递函数的极点(即特征方程的根)分配到任何所需位置。为了介绍离散系统的状态反馈控制，考虑伺服电机系统，该系统为二阶模型，示例如图 7-22 所示。

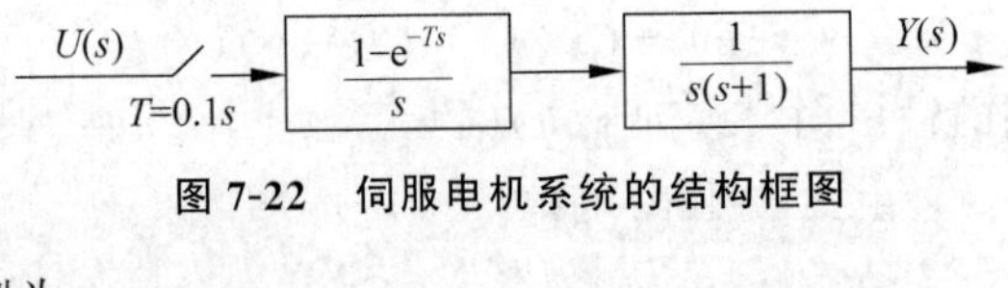

图 7-22 伺服电机系统的结构框图

该系统的状态模型为

$$\begin{cases}\boldsymbol{x}(k+1)=\begin{bmatrix}1 & 0.0952\\ 0 & 0.905\end{bmatrix}\boldsymbol{x}(k)+\begin{bmatrix}0.00484\\ 0.0952\end{bmatrix}u(k)\\ y(k)=\begin{bmatrix}1 & 0\end{bmatrix}\boldsymbol{x}(k)\end{cases} \tag{7-103}$$

在该模型中，$x_1(k)$是电机轴的位置（或角度），可以很容易地测量；状态 $x_2(k)$为轴速度，可以使用转速表或其他合适的传感器测量。因此，对于该系统，可以测量全部的状态变量。首先由系统的能控性矩阵

$$\operatorname{rank}\boldsymbol{Q}_c=\operatorname{rank}[\boldsymbol{H}\quad \boldsymbol{GH}]=\operatorname{rank}\begin{bmatrix}0.00484 & 0.0139\\0.0952 & 0.0862\end{bmatrix}=2 \tag{7-104}$$

可判定被控对象能控，可以通过状态反馈控制实现极点的任意配置。

我们选择控制的输入 $u(k)$为状态的线性组合，即

$$u(k)=-K_1x_1(k)-K_2x_2(k)=-\boldsymbol{Kx}(k) \tag{7-105}$$

其中状态反馈矩阵 $\boldsymbol{K}$ 为

$$\boldsymbol{K}=[K_1\quad K_2] \tag{7-106}$$

式(7-103)可写为

$$\begin{aligned}\boldsymbol{x}(k+1)&=\begin{bmatrix}1 & 0.0952\\0 & 0.905\end{bmatrix}\boldsymbol{x}(k)-\begin{bmatrix}0.00484\\0.0952\end{bmatrix}[K_1x_1(k)+K_2x_2(k)]\\&=\begin{bmatrix}1-0.00484K_1 & 0.0952-0.00484K_2\\-0.0952K_1 & 0.905-0.0952K_2\end{bmatrix}\begin{bmatrix}x_1(k)\\x_2(k)\end{bmatrix}\end{aligned} \tag{7-107}$$

式(7-107)的闭环系统矩阵记为 $\boldsymbol{G}_f$，则闭环系统状态方程可写为

$$\boldsymbol{x}(k+1)=\boldsymbol{G}_f\boldsymbol{x}(k) \tag{7-108}$$

特征方程为

$$|z\boldsymbol{I}-\boldsymbol{G}_f|=0 \tag{7-109}$$

计算，得到特征方程为

$$z^2+(0.00484K_1+0.0952K_2-1.905)z+0.00468K_1-0.0952K_2+0.905=0 \tag{7-110}$$

假设期望的特征方程的根为 λ_1 和 λ_2，则所需的特征多项式为

$$\varphi_c^*(z)=(z-\lambda_1)(z-\lambda_2)=z^2-(\lambda_1+\lambda_2)z+\lambda_1\lambda_2 \tag{7-111}$$

将式(7-110)和式(7-111)中的系数相等，可得

$$\begin{cases}0.00484K_1+0.0952K_2=-(\lambda_1+\lambda_2)+1.905\\0.00468K_1-0.0952K_2=\lambda_1\lambda_2-0.905\end{cases} \tag{7-112}$$

关于 K_1 和 K_2 的方程是线性的，因此求得

$$\begin{cases}K_1=105[\lambda_1\lambda_2-(\lambda_1+\lambda_2)+1.0]\\K_2=14.67-5.34\lambda_1\lambda_2-5.17(\lambda_1+\lambda_2)\end{cases} \tag{7-113}$$

因此，可以找到能实现任何期望特征方程的状态反馈矩阵 $\boldsymbol{K}$。

有以下几点值得注意：通过一些处理，我们选择根的位置，以满足设计标准，如响应速度、暂态响应中的超调等。一旦选择了 λ_1 和 λ_2，式(7-113)将给出实现这些特征方程根所需的状态反馈矩阵。另外，式(7-103)是伺服电机的物理精确模型，我们将在物理系统中实现这些根。显然，不能无限地提高伺服系统的响应速度，尽管式(7-113)似乎表明可以这么做。如果系统响应过快，则会产生大的信号，系统将进入非线性的运行模式，式(7-103)将不再精确地对系统进行建模。因此，在选择 λ_1 和 λ_2 时，必须考虑根的位置是否可以通过物理系统

获得。

现在说明极点配置的一般流程，n 阶系统由以下公式建模：

$$\boldsymbol{x}(k+1)=\boldsymbol{G}\boldsymbol{x}(k)+\boldsymbol{H}u(k) \tag{7-114}$$

控制系统的输入 $u(k)$ 为

$$u(k)=-\boldsymbol{K}\boldsymbol{x}(k) \tag{7-115}$$

其中，

$$\boldsymbol{K}=[K_1 \quad K_2 \quad \cdots \quad K_n] \tag{7-116}$$

式(7-114)可改写为

$$\boldsymbol{x}(k+1)=(\boldsymbol{G}-\boldsymbol{H}\boldsymbol{K})\boldsymbol{x}(k) \tag{7-117}$$

在式(7-108)中，$\boldsymbol{G}_{\mathrm{f}}=\boldsymbol{G}-\boldsymbol{H}\boldsymbol{K}$。选择期望的极点位置为

$$z=\lambda_1,\lambda_2,\cdots,\lambda_n \tag{7-118}$$

则闭环系统的特征多项式为

$$\varphi_{\mathrm{c}}(z)=|z\boldsymbol{I}-\boldsymbol{G}+\boldsymbol{H}\boldsymbol{K}|=(z-\lambda_1)(z-\lambda_2)\cdots(z-\lambda_n) \tag{7-119}$$

在式(7-119)中，多项式右边有 n 个未知数 $K_1,K_2,\cdots,K_n$，左边有 n 个已知系数。可以通过式(7-119)中同类项相等来求解未知增益 $\boldsymbol{K}$，如上面伺服电机的例子所示。

7.6 连续系统与离散系统的关联与区别

7.6.1 连续系统离散化的稳定性

线性定常离散系统的能控(观)性判据与线性定常连续系统的能控(观)性判据在形式上是统一的，借助这种统一的形式，可以把关于连续系统的结论(包括部分证明过程)和算法移植到离散系统上，只是在移植中需要注意连续系统与离散系统的主要差别。

(1) 连续系统的传递函数阵 $\boldsymbol{G}(s)=\boldsymbol{C}(s\boldsymbol{I}-\boldsymbol{A})^{-1}\boldsymbol{B}+\boldsymbol{D}$ 是基于拉普拉斯变换得到的，离散系统的脉冲传递函数阵 $\boldsymbol{G}(z)=\boldsymbol{C}_z(z\boldsymbol{I}-\boldsymbol{G})^{-1}\boldsymbol{H}+\boldsymbol{D}_z$ 则是基于 Z 变换得到的。

(2) 连续系统的稳定性取决于全部极点是否位于复平面的左半开平面内，而离散系统则取决于全部极点是否位于复平面的开单位圆内。

其实将上面的 z 与 s 对应，将开单位圆内与左半开平面对应，这两点差别并不影响离散系统的结果和连续系统的结果在形式上的统一。通过这种移植，不难获得线性定常离散系统关于能控规范型、能观规范型、结构分解、内部稳定性、外部稳定性、极点配置、状态观测器等方面的结论和相关算法，它们与相应连续系统的结果在形式上是统一的。比如，离散系统外部稳定当且仅当 $\boldsymbol{G}(z)$ 的全部极点位于复平面的开单位圆内，离散系统内部稳定当且仅当 $(\boldsymbol{G},\boldsymbol{H},\boldsymbol{C},\boldsymbol{D})$ 的全部极点位于复平面的开单位圆内。

其他的离散系统结果不在此一一列举。

7.6.2 连续系统离散化的能控性和能观性

一个状态完全能控和能观的连续系统离散化后，其对应的离散系统是否仍然保持状态完全能控和能观的结构特性是采样控制系统或计算机控制系统要考虑的重要问题。

考虑线性定常连续系统 $\Sigma(\boldsymbol{A},\boldsymbol{B},\boldsymbol{C})$

$$\begin{cases}\dot{\boldsymbol{x}}(t)=\boldsymbol{A}\boldsymbol{x}(t)+\boldsymbol{B}\boldsymbol{u}(t)\\ \boldsymbol{y}(t)=\boldsymbol{C}\boldsymbol{x}(t)\end{cases} \tag{7-120}$$

设系统的特征值为 $\lambda_1,\lambda_2,\cdots,\lambda_l$，其中 $\lambda_i(i=1,2,\cdots,l)$ 可为实数或共轭复数对，可为单特征值或重特征值，有 $l\leqslant n$。经过采样周期为 T 及采用零阶保持器离散化后的离散系统 $\Sigma_T(\boldsymbol{G},\boldsymbol{H},\boldsymbol{C})$ 为

$$\begin{cases}\boldsymbol{x}(k+1)=\boldsymbol{G}\boldsymbol{x}(k)+\boldsymbol{H}\boldsymbol{u}(k)\\ \boldsymbol{y}(k)=\boldsymbol{C}\boldsymbol{x}(k)\end{cases} \tag{7-121}$$

式中，$\boldsymbol{G}$ 为离散化后系统的系统矩阵，$\boldsymbol{G}=\boldsymbol{\Phi}(T)=\mathrm{e}^{\boldsymbol{A}T}$，$\boldsymbol{H}$ 为离散化后系统的输入矩阵，$\boldsymbol{H}=\left(\int_0^{\mathrm{T}}\mathrm{e}^{\boldsymbol{A}t}\,\mathrm{d}t\right)\boldsymbol{B}$。

先看一个关于连续系统离散化后系统能控性、能观性的示例。

例 7-18　考查下面系统离散化前后的能控性和能观性：

$$\begin{cases}\dot{\boldsymbol{x}}=\begin{bmatrix}0&1\\-1&0\end{bmatrix}\boldsymbol{x}+\begin{bmatrix}1\\0\end{bmatrix}u\\ y=\begin{bmatrix}0&1\end{bmatrix}\boldsymbol{x}\end{cases}$$

解：先判别连续系统的能控性和能观性，连续系统 $\Sigma(\boldsymbol{A},\boldsymbol{b},\boldsymbol{c})$ 的能控性和能观性矩阵分别为

$$\boldsymbol{Q}_{\mathrm{c}}=\begin{bmatrix}\boldsymbol{b}&\boldsymbol{A}\boldsymbol{b}\end{bmatrix}=\begin{bmatrix}1&0\\0&-1\end{bmatrix},\quad \boldsymbol{Q}_{\mathrm{o}}=\begin{bmatrix}\boldsymbol{c}\\ \boldsymbol{c}\boldsymbol{A}\end{bmatrix}=\begin{bmatrix}0&1\\-1&0\end{bmatrix}$$

它们都是满秩阵，所以连续系统状态完全能控、完全能观。另外，系统的状态转移矩阵为

$$\mathrm{e}^{\boldsymbol{A}t}=\mathcal{L}^{-1}\left[(s\boldsymbol{I}-\boldsymbol{A})^{-1}\right]=\mathcal{L}^{-1}\begin{bmatrix}s&-1\\1&s\end{bmatrix}^{-1}=\mathcal{L}^{-1}\begin{bmatrix}\dfrac{s}{s^2+1}&\dfrac{1}{s^2+1}\\ \dfrac{-1}{s^2+1}&\dfrac{s}{s^2+1}\end{bmatrix}=\begin{bmatrix}\cos t&\sin t\\-\sin t&\cos t\end{bmatrix}$$

将连续系统离散化为离散系统 $\Sigma_T(\boldsymbol{G},\boldsymbol{h},\boldsymbol{c})$ 时，系统矩阵和输入矩阵分别为

$$\boldsymbol{G}=\mathrm{e}^{\boldsymbol{A}t}=\begin{bmatrix}\cos T&\sin T\\-\sin T&\cos T\end{bmatrix}$$

$$\boldsymbol{h}=\left(\int_0^T\mathrm{e}^{\boldsymbol{A}t}\,\mathrm{d}t\right)\boldsymbol{b}=\int_0^T\begin{bmatrix}\cos t&\sin t\\-\sin t&\cos t\end{bmatrix}\begin{bmatrix}1\\0\end{bmatrix}\mathrm{d}t=\int_0^T\begin{bmatrix}\cos t\\-\sin t\end{bmatrix}\mathrm{d}t=\begin{bmatrix}\sin T\\ \cos(T-1)\end{bmatrix}$$

离散系统的能控性矩阵和能观性矩阵分别为

$$\boldsymbol{Q}_{\mathrm{c}}=\begin{bmatrix}\boldsymbol{h}&\boldsymbol{G}\boldsymbol{h}\end{bmatrix}=\begin{bmatrix}\sin T&2\sin T\cos T-\sin T\\ \cos(T-1)&\cos^2T-\sin^2T-\cos T\end{bmatrix}$$

$$\boldsymbol{Q}_{\mathrm{o}}=\begin{bmatrix}\boldsymbol{c}\\ \boldsymbol{c}\boldsymbol{G}\end{bmatrix}=\begin{bmatrix}0&1\\-\sin T&\cos T\end{bmatrix}$$

它们的行列式分别为

$$\det\boldsymbol{Q}_{\mathrm{c}}=\det\begin{bmatrix}\sin T&2\sin T\cos T-\sin T\\ \cos(T-1)&\cos^2T-\sin^2T-\cos T\end{bmatrix}=2\sin T\cos(T-1)$$

$$\det\boldsymbol{Q}_{\mathrm{o}}=\det\begin{bmatrix}0&1\\-\sin T&\cos T\end{bmatrix}=\sin T$$

显然，系统的能控性矩阵和能观性矩阵是否满秩，取决于采样周期。当 $T=k\pi(k=1,2,\cdots)$ 时，有 $\det\boldsymbol{Q}_c=\det\boldsymbol{Q}_o=0$，两个判别矩阵均不满秩，离散化后的系统不能控、不能观；$T\neq k\pi(k=1,2,\cdots)$ 时，两个判别矩阵都满秩，离散化后的系统能控、能观。

可见，连续系统经采样离散化为离散系统后，是否保持能控性、能观性是由与采样周期 T 相关的条件决定的。这里不加证明地给出关于连续系统离散化后的系统能控性和能观性的结论：

对于线性定常连续系统(7-120)，其对应的离散系统(7-121)保持能控性和能观性的充要条件是：对满足

$$\mathrm{Re}(\lambda_i-\lambda_j)=0 \quad i,j=1,2,\cdots,l \tag{7-122}$$

的系统矩阵 $\boldsymbol{A}$ 的一切特征值，使采样周期 T 的值满足

$$T\neq\frac{2k\pi}{\mathrm{Im}(\lambda_i-\lambda_j)},\quad k=\pm1,\pm2,\cdots \tag{7-123}$$

该结论表示了系统矩阵 $\boldsymbol{A}$ 的所有实部相等的特征值的虚部与采样周期应满足的关系。当特征值是实数时，不论它们是单特征值还是重特征值，采样周期的值都不受限制。只有当特征值不为实数并且其实部相等时，采样周期取值受式(7-123)的限制。

值得注意的是，系统矩阵 $\boldsymbol{A}$ 的所有实部相等的特征值都要按式(7-123)限制采样周期，而不仅仅是共轭复数特征值之间。例如，某系统有特征值 $\lambda_{1,2}=-3\pm\mathrm{j}$ 和 $\lambda_{3,4}=-3\pm2\mathrm{j}$，则采样周期 T 的取值应受到下列 6 个式子的限制：

$$T\neq\frac{2k\pi}{1-(-1)},\quad T\neq\frac{2k\pi}{1-2},\quad T\neq\frac{2k\pi}{1-(-2)},$$

$$T\neq\frac{2k\pi}{-1-2},\quad T\neq\frac{2k\pi}{-1-(-2)},\quad T\neq\frac{2k\pi}{2-(-2)}$$

其中，$k=\pm1,\pm2,\cdots$。剔除无意义和重复的式子后，采样周期 T 的取值应满足：

$$T\neq k\pi,\quad T\neq\frac{2}{3}k\pi,\quad T\neq\frac{1}{2}k\pi,\quad k=1,2,\cdots$$

这表明，能控能观的连续系统离散化后，若采样周期选择不当，其能控性与能观性得不到保持。必须注意的是，若连续系统不能控或不能观，则无论采样周期如何选择，离散化后的系统一定是不能控或不能观的。

7.6.3 数字控制系统分析与设计

大多数实际的计算机控制系统是由数字计算机与连续被控对象组成的数字信号与连续信号并存的“混合系统”，因此便产生了下述两种分析和设计计算机控制系统的方法。

1. 基于连续控制系统的分析与设计

多年来，连续控制系统的分析与设计已经比较成熟，并在自动化领域为人们熟知。所谓模拟化设计方法，是在建立了连续的被控对象数学模型 $G(s)$ 基础上，按连续控制系统的性能指标进行控制器的分析和设计，得到连续的控制规律 $G_c(s)$，如图 7-23 所示。为使其在计算机系统中能够实现，必须选择合适的采样周期 T 和离散化方法，将控制规律 $G_c(s)$ 转换成计算机能够实现的离散控制规律 $G_c(z)$。常用的离散化方法有直接差分法，匹配 Z 变换法、双线性变换法等。离散后的控制规律应按离散系统检查控制性能，如不满足控制指标，则需要重新选择采样周期，或回到连续控制系统进行重新设计。

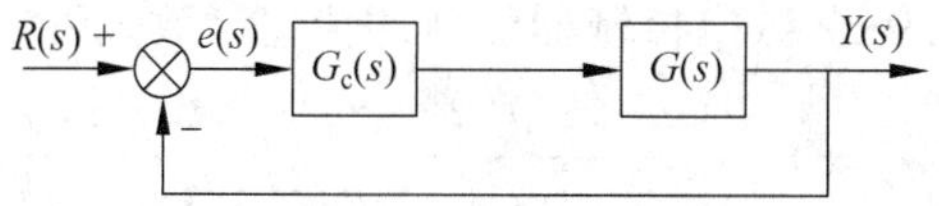

图 7-23　设计好的连续控制系统

控制器的模拟化设计方法对于熟悉连续控制系统设计方法的人来说比较容易接受和掌握，其缺点是对采样周期的选择有较严格的限制，如选择得不好，控制系统往往无法达到设计目标。

以工业控制中广泛应用的 PID 控制器为例，半个多世纪来，它对大多数被控对象都能取得满意的结果，因此，在计算机控制系统中被广泛地运用于底层控制的基本控制器。除基本的 PID 方式外，利用编程方便的特点，计算机控制中还出现了许多改进的算法，例如，积分分离 PID、不完全微分 PID、自适应 PID、模糊 PID 等。下面给出的 PID 数字化方法同样适用于其他模拟控制器的数字化。

连续的 PID 运算表达式为

$$u = K_c \left[e + \frac{1}{T_i}\int_0^t e\,dt + T_d \frac{de}{dt} \right] \tag{7-124}$$

利用求和与积分、差分与微分的近似关系，得到离散 PID 控制算式的 Z 变换表达式为

$$\begin{aligned} G_c(z) &= K_c \left[1 + \frac{Tz}{T_i(z-1)} + \frac{T_d(z-1)}{Tz} \right] \\ &= K_p + K_i \frac{Tz}{z-1} + K_d \frac{z-1}{Tz} \end{aligned} \tag{7-125}$$

式中，$K_p = K_c$，$K_i = \dfrac{K_c}{T_i}$，$K_d = K_c T_d$。

可以得到

$$u(k) = K_p e(k) + [u(k-1) + K_i T e(k)] + \frac{K_d}{T}[e(k) - e(k-1)]$$

对于离散 PID 控制器的设计内容主要是 K_p，K_i，K_d 的参数整定问题，前面所介绍的分析设计方法都可以应用。

2. 基于离散控制系统的分析与设计

1）数字化设计方法

基于离散控制系统进行控制系统直接设计，首先要获取被控对象的离散数学模型。如果已经获取的是被控对象的连续数学模型，则要先选择采样周期 T，然后将描述被控对象的连续数学模型转换为离散数学模型，如差分方程、脉冲传递函数 $G(z)$ 或离散状态方程等，与计算机一起构成纯粹的离散控制系统。根据离散的目标函数，用 Z 变换等工具进行控制系统的分析与设计，得到可在计算机中直接实现的离散控制规律 $G_c(z)$，整个系统如图 7-24 所示。相对于前面按连续控制系统设计的方法，这种按离散控制系统设计的方法称为直接数字化设计方法，实际上它是一种准确的计算机控制系统设计方法，且正逐渐得到人们的重视。

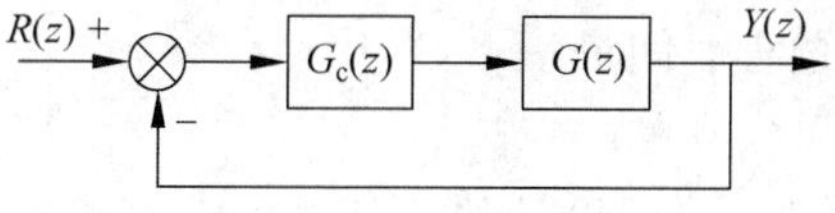

图 7-24　离散控制系统

以数字控制器的设计为例，数字控制器的脉冲传递函数式可以表示为

$$G_c(z)=\frac{(z-z_1)(z-z_2)\cdots(z-z_m)}{(z-p_1)(z-p_2)\cdots(z-p_n)} \tag{7-126}$$

其中，z_i 是零点，p_j 是极点，从控制器物理可实现的角度，需要分子的阶次（或零点数）不高于分母的阶次（或极点数），改变零极点的个数及其数值可获得不同的调节效果。由数字控制器组成的简单离散系统方块图如图 7-25 所示，系统的闭环传递函数为

$$\frac{Y(z)}{R(z)}=\frac{HG_o(z)G_c(z)}{1+HG_o(z)G_c(z)} \tag{7-127}$$

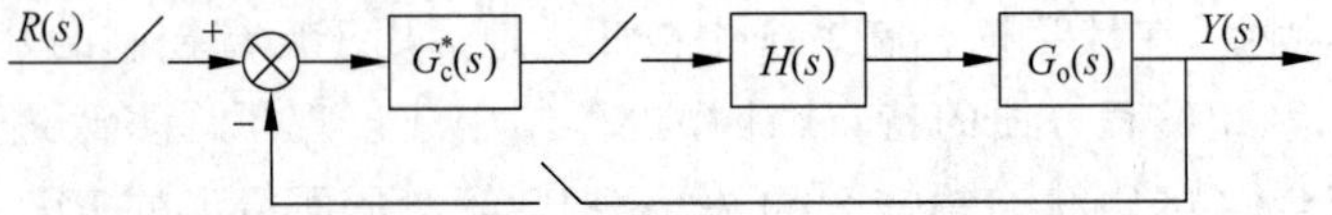

图 7-25　离散控制系统方框图

如果式(7-127)中的输入及输出是事先规定的，被控对象 $G_o(s)$ 及保持器 $H(s)$ 的特性也是知道的，那么可得到求取控制器的公式为

$$G_c(z)=\frac{Y(z)}{HG_o(z)[R(z)-Y(z)]} \tag{7-128}$$

记闭环脉冲传递函数为

$$G_{cl}(z)=\frac{Y(z)}{R(z)}=\frac{HG_o(z)G_c(z)}{1+HG_o(z)G_c(z)} \tag{7-129}$$

以及偏差脉冲传递函数为

$$G_e(z)=\frac{E(z)}{R(z)}=\frac{R(z)-Y(z)}{R(z)}=\frac{1}{1+HG_o(z)G_c(z)} \tag{7-130}$$

显然

$$G_e(z)=1-G_{cl}(z)\quad \text{或}\quad G_{cl}(z)=1-G_e(z) \tag{7-131}$$

改写式(7-128)，得

$$G_c(z)=\frac{Y(z)}{HG_o(z)[R(z)-Y(z)]}=\frac{Y(z)/R(z)}{HG_o(z)[R(z)-Y(z)]/R(z)}=\frac{G_{cl}(z)}{HG_o(z)G_e(z)} \tag{7-132}$$

根据对采样系统性能指标的要求，先确定闭环传递函数 $G_{cl}(z)$ 或误差传递函数 $G_e(z)$，然后利用式(7-132)确定数字控制器的脉冲传递函数 $G_c(z)$。针对不同的采样系统性能指标，有不同的设计方法，如最小拍系统设计、无纹波最小拍系统设计、最小均方偏差系统设计等。

2) 无稳态偏差的最小拍系统设计方法

在采样过程中，通常将一个采样周期称作一拍。所谓最小拍系统，是指在典型输入作用下，过渡过程时间最短的系统，即暂态过程可在有限个 kT 时间内结束。其性能指标为：

(1) 对典型输入信号的稳态误差为零；

(2) 对典型输入的过渡过程时间最短；

(3) 数字控制器是物理可实现的。

最小拍系统是针对典型输入作用设计的。常见的典型输入信号有单位阶跃函数、单位

斜坡函数和单位抛物线函数，其 Z 变换分别为

$$\mathcal{Z}[1(t)]=\frac{1}{1-z^{-1}},\quad \mathcal{Z}[t]=\frac{Tz^{-1}}{(1-z^{-1})^2},\quad \mathcal{Z}\left[\frac{1}{2}t^2\right]=\frac{1}{2}\times\frac{T^2z^{-1}(1+z^{-1})}{(1-z^{-1})^3}$$

可用一个一般的形式 $R(z)$ 表示上述典型输入，即

$$R(z)=\frac{A(z)}{(1-z^{-1})^m}\tag{7-133}$$

式中，$A(z)$ 不含 $(1-z^{-1})$ 因子。

根据 Z 变换的终值定理，由式(7-130)并将式(7-133)代入，可得采样系统稳态偏差为

$$e(\infty)=\lim_{z\to 1}(1-z^{-1})E(z)=\lim_{z\to 1}(1-z^{-1})R(z)G_e(z)=\lim_{z\to 1}(1-z^{-1})\frac{A(z)}{(1-z^{-1})^m}G_e(z)\tag{7-134}$$

上式表明，欲使 $e(\infty)$ 为零的条件是

$$G_e(z)=(1-z^{-1})^m F(z)\tag{7-135}$$

式中，$F(z)$ 是不含 $(1-z^{-1})$ 因子的特定多项式。

因为系统的闭环脉冲传递函数为 $G_{cl}(z)=1-G_e(z)$，并且 $G_{cl}(z)$ 以 z^{-1} 为变量的展开式的项数越少，说明系统的响应速度越快，因此不妨取 $F(z)=1$。

当输入 $r(t)=1(t)$ 时，

$$R(z)=\frac{1}{1-z^{-1}},\quad 即\ m=1, A(z)=1$$

则

$$G_e(z)=1-z^{-1}, G_{cl}(z)=1-G_e(z)=z^{-1}$$

$$G_c(z)=\frac{G_{cl}(z)}{HG_o(z)G_e(z)}=\frac{z^{-1}}{HG_o(z)(1-z^{-1})}$$

$$Y(z)=G_{cl}(z)R(z)=\frac{z^{-1}}{1-z^{-1}}=z^{-1}+z^{-2}+z^{-3}+\cdots$$

$$e(\infty)=\lim_{z\to 1}(1-z^{-1})R(z)G_e(z)=\lim_{z\to 1}(1-z^{-1})(1-z^{-1})\frac{1}{(1-z^{-1})}=0$$

比较输入的 Z 变换 $R(z)=\dfrac{1}{1-z^{-1}}=1+z^{-1}+z^{-2}+\cdots$ 与输出的 Z 变换 $Y(z)$，可见一拍后输出与输入完全相同。

当输入 $r(t)=t$ 时，

$$R(z)=\frac{Tz^{-1}}{(1-z^{-1})^2},\quad 即\ m=2, A(z)=Tz^{-1}$$

则

$$G_e(z)=(1-z^{-1})^2,\quad G_{cl}(z)=1-G_e(z)=2z^{-1}-z^{-2}$$

$$G_c(z)=\frac{G_{cl}(z)}{HG_o(z)G_e(z)}=\frac{z^{-1}(2-z^{-1})}{HG_o(z)(1-z^{-1})^2}$$

$$Y(z)=G_{cl}(z)R(z)=(2z^{-1}-z^{-2})\frac{Tz^{-1}}{(1-z^{-1})^2}=2Tz^{-2}+3Tz^{-3}+4Tz^{-4}+\cdots$$

$$e(\infty)=\lim_{z\to 1}(1-z^{-1})R(z)G_{\mathrm{e}}(z)=\lim_{z\to 1}(1-z^{-1})(1-z^{-1})^2\ \frac{Tz^{-1}}{(1-z^{-1})^2}=0$$

比较输入和输出的 Z 变换，二拍后输出与输入完全相同。

由此可以看出，对于式(7-129)所示的闭环脉冲传递函数，系统对单位阶跃、单位斜坡输入时的调整时间分别为一拍、二拍，分别称这两种系统为一拍系统、二拍系统。

不难推测，可将单位抛物线函数输入时的调整时间为三拍，读者可自行推导。

可以证明，对于无稳态误差的最小拍系统，其最小拍数与输入形式中的 m 有关，如阶跃输入下的过渡过程至少要一拍；速度(斜坡)输入下的过渡过程至少两拍；加速度输入下的过渡过程至少三拍。

由于设计出的数字控制器必须是物理可实现的，这就要求对误差脉冲传递函数 $G_{\mathrm{e}}(z)$ 与闭环脉冲传递函数 $G_{\mathrm{cl}}(z)$ 加以限制。考虑典型输入的一般形式(7-133)和误差脉冲传递函数式(7-135)，可得

$$G_{\mathrm{c}}(z)=\frac{G_{\mathrm{cl}}(z)}{HG_{\mathrm{o}}(z)G_{\mathrm{e}}(z)}=\frac{1-(1-z^{-1})^m}{HG_{\mathrm{o}}(z)(1-z^{-1})^m}=\frac{z^m-(z-1)^m}{HG_{\mathrm{o}}(z)(z-1)^m}$$

$$=\frac{B(z)}{HG_{\mathrm{o}}(z)\left[z^m-B(z)\right]}$$

式中，$B(z)$ 是 $m-1$ 次的 z 的多项式，而 $[z^m-B(z)]$ 是 m 次的 z 的多项式。为使数字控制器是物理可实现的，即分子 z 的多项式的次数小于或等于分母 z 的多项式的次数，前向对象 $HG_{\mathrm{o}}(z)$ 分母的极点数只能比它的零点数多一个，否则数字控制器 $G_{\mathrm{c}}(z)$ 不能实现，需要通过 $F(z)$ 进行调整，$F(z)$ 应取

$$F(z)=\frac{1-G_{\mathrm{cl}}(z)}{(1-z^{-1})^m} \tag{7-136}$$

通常，针对某种典型输入函数设计的控制系统，当用于次数较低的输入时，系统将出现较大的超调；当用于次数较高的输入时，将不能完全跟踪输出，出现稳态误差。另外，在有扰动输入信号时，性能也会受到较大影响。这说明，最小拍系统对输入信号的适应性较差。

再从平衡性来看，系统进入稳态后，在非采样时刻一般存在纹波，即采样点之间的稳态偏差不为零。因此，在控制要求高的场合，可以针对存在纹波的情况设计无纹波最小拍数字控制器。

7.7 应用 MATLAB 进行离散系统分析与设计

7.7.1 Z 变换基础

求函数 $f(t)$ 的 Z 变换 $F(z)$ 可用 F＝ztrans(f)，求 $F(z)$ 的 Z 逆变换 $f(t)$ 可用 f＝iztrans(F)。

例 7-19 试求函数 $F(s)=\dfrac{s+4}{(s+1)(s+2)}$ 的 Z 变换。

解： 这类问题应首先对函数进行拉普拉斯逆变换，然后再求 Z 变换。输入以下 MATLAB 命令：

```
%control_701.m
syms s   %定义符号变量 s
x=ilaplace((s+4)/(s+1)/(s+2)); %求给出函数的拉普拉斯逆变换
y=ztrans(x)
```

程序运行结果为

```
y = (3*z)/(z - exp(-1)) - (2*z)/(z - exp(-2))
```

7.7.2　连续系统的离散化

连续模型转换为离散模型即连续系统的离散化，可以使用函数 c2d()，其格式为 sysd= c2d(sys,T,Method)，其中，采样周期为 T，单位为秒；Method 用来选择离散化方法，类型分别为 zoh(零阶保持器)、foh(一阶保持器)、tustin(双线性变换法)、prewarp(频域法)等，若省略参数 Method，则默认采用零阶保持器。

例 7-20　设控制系统的传递函数为 $G(s)=\dfrac{3}{s(s+1)}$，试采用加入零阶保持器的方法将此系统进行离散化，设采样周期为 1s。

解：在命令窗口输入

```
%control_702.m
num=[3];
den=[1 1 0];
w=tf(num,den);
wd=c2d(w,1,'zoh')   %采用加入零阶保持器的方法进行离散化
```

程序运行结果如下：

```
wd =
   1.104 z + 0.7927
 -----------------------
 z^2 - 1.368 z + 0.3679
Sample time: 1 seconds
Discrete-time transfer function.
```

7.7.3　离散系统的时域分析

MATLAB 中绘制离散系统的单位阶跃响应可以用 dstep()函数实现，具体的调用格式为

```
dstep(num ,den)
```

例 7-21　已知采样系统的闭环传递函数为 $G_c(z)=\dfrac{0.368z+0.264}{z^2-z+0.632}$，设采样周期为 $T=1$s，试求系统的单位阶跃响应。

解：输入以下 MATLAB 命令

```
%control_703.m
num=[0.368 0.264];
den=[1 -1 0.632];
g=tf(num,den,1)
dstep(g.num,g.den)
```

采样系统的传递函数表达式为

```
g =
  0.368 z + 0.264
  ---------------
  z^2 - z + 0.632
Sample time: 1 seconds
Discrete - time transfer function.
```

离散系统的单位阶跃响应曲线如图 7-26 所示。

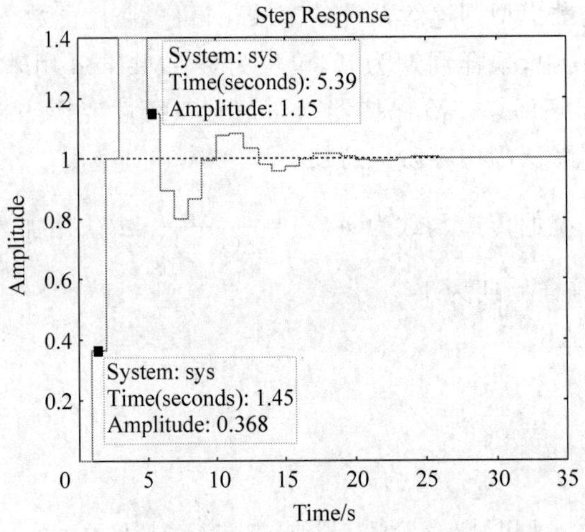

图 7-26　例 7-21 系统的单位阶跃响应图

由图 7-26 可写出系统的单位阶跃响应输出为

$$y(kT)=0.368\delta(t-T)+\delta(t-2T)+1.4\delta(t-3T)+1.4\delta(t-4T)+\cdots$$

设离散系统的闭环 z 传递函数为 $G_c(z)=\dfrac{\mathrm{num}(z)}{\mathrm{den}(z)}$，其输入为 r，则可以用命令 y=filter(num,den,r)，求离散系统的输出响应。

例 7-22　设系统的闭环 z 传递函数为 $G(z)=\dfrac{0.632z}{z^2-0.736z+0.368}$，输入为 $u(k)=1(k=0,1,2,\cdots,30)$，用 MATLAB 求系统的输出响应。

解：在 MATLAB 中，单位阶跃输入表示为 u=ones(1,31)。

求前 30 个采样周期的输出响应值的 MATLAB 程序为

```
%control_704.m
num=[0.632 0];
den=[1 -0.736 0.368];
u=ones(1,31);
k=0:30;
y=filter(num,den,u);
plot(k,y),grid;
xlabel('k');ylabel('y(k)')
```

运行结果如图 7-27 所示。

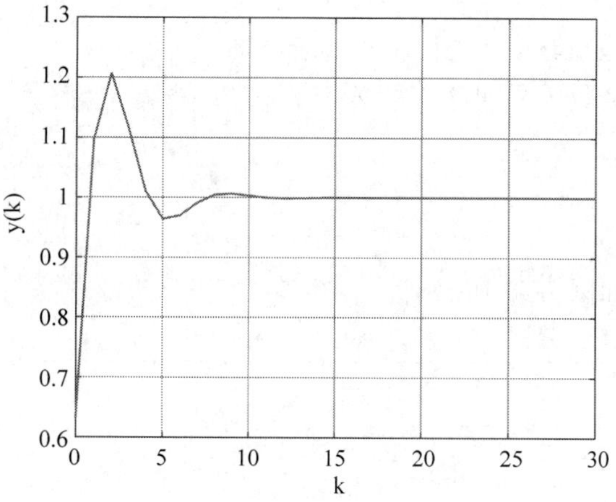

图 7-27　例 7-22 系统的输出响应

7.7.4　离散系统的频域分析

当闭环线性离散系统所有特征方程根的模都小于 1 时，该线性离散系统就是稳定的；只要有一个特征根的模值大于或等于 1，该线性离散系统就是不稳定的。该结论反映在 Z 平面上就是：如果闭环脉冲传递函数的全部极点位于 Z 平面上以原点为圆心的单位圆内，则此闭环系统是稳定的。

例 7-23　判断如图 7-28 所示系统的稳定性，采样时间 $T=1\text{s}$。

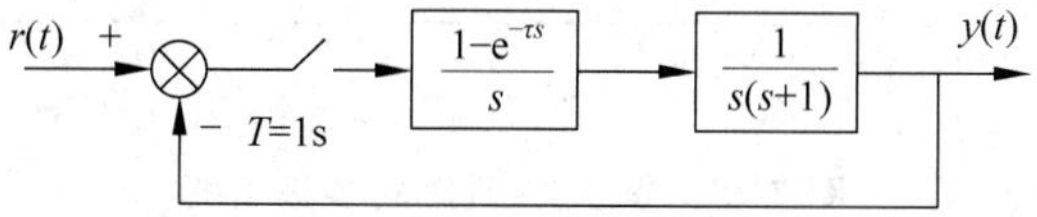

图 7-28　例 7-23 的系统结构图

解：首先求系统的闭环脉冲传递函数，然后利用求解闭环特征根的方法判断闭环系统的稳定性。输入以下 MATLAB 命令：

```
%control_705.m
num=[1];
den=[1 1 0];
w=tf(num,den);
wk=c2d(w,1,'zoh')
syms z                                        %定义符号向量 z
r=solve(1+(0.3679*z + 0.2642)/(z^2-1.368*z+0.3679)==0)    %求解 1+wk=0 的根
wb=feedback(wk,1,-1);                         %求采样系统的闭环脉冲传递函数
pzmap(wb)                                     %绘制系统的零极点图
```

连续系统离散化结果为

```
wk =
    0.3679 z + 0.2642
  ----------------------
  z^2 - 1.368 z + 0.3679
Sample time: 1 seconds
Discrete-time transfer function.
```

求解特征根的结果为

```
r =
 10001/20000 - (152819999^(1/2) * 1i)/20000
 (152819999^(1/2) * 1i)/20000 + 10001/20000
```

将结果约简为

```
yr = 0.500 + 0.618 i
     0.500 - 0.618 i
```

系统的零极点图如图 7-29 所示。

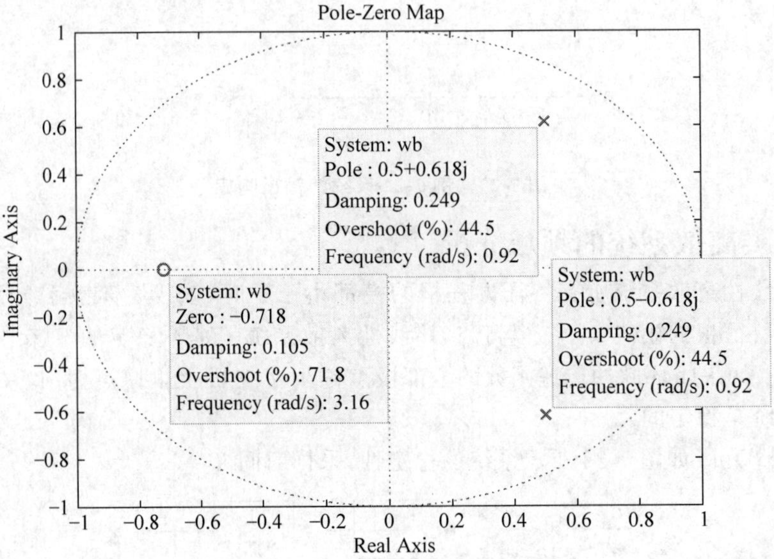

图 7-29　例 7-23 系统的零极点图

由运行结果可以看出，采样时间 $T=1\mathrm{s}$ 时，特征根为 0.500±j0.618，其模小于 1，因此采样系统是稳定的。

采样控制系统也可以用频率法进行分析，例如绘制系统的奈氏图，给出稳定性结论；绘制系统伯德图，比较直观地分析系统的动态性能和稳态性能。通过 MATLAB 提供的 bode()、nyquist()函数，可以绘制出伯德图和奈氏图。

例 7-24　已知一个采样系统如图 7-30 所示，其中采样周期 $T=1\mathrm{s}$，当 $k=3$ 时判断系统的稳定性。

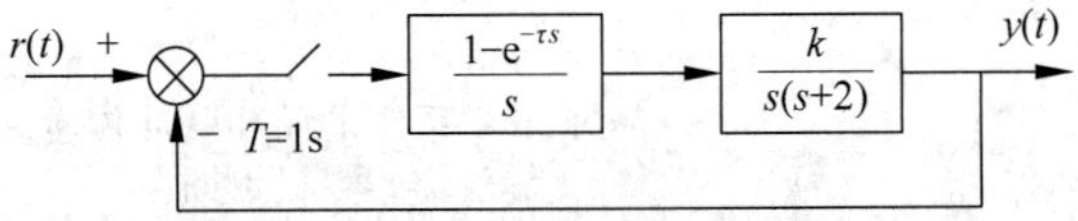

图 7-30　例 7-24 的系统结构图

解：输入以下 MATLAB 命令绘制奈氏图。

```
%control_706.m
num = [3];          %k = 3
den = [1 2 0];
w = tf(num,den);
wd = c2d(w,1)       %加入零阶保持器将上述系统进行离散化
```

得到连续系统离散化结果为

```
wd =
    0.8515 z + 0.4455
  -----------------------
  z^2 - 1.135 z + 0.1353
Sample time: 1 seconds
Discrete - time transfer function.
```

令 $z=\dfrac{\omega+1}{\omega-1}$,经双线性变换得到

$$G(\omega)=\frac{1.297\omega^2-0.891\omega-0.406}{0.0003\omega^2+1.7294\omega+2.2703}$$

输入以下 MATLAB 命令,可绘制伯德图,并输出增益裕度和相位裕度:

```
% control_707.m
num = [1.297 - 0.891 - 0.406];
den = [0.0003 1.7294 2.2703];
margin(num,den)    % 绘制伯德图并计算增益裕度和相位裕度
```

运行结果如图 7-31 所示。

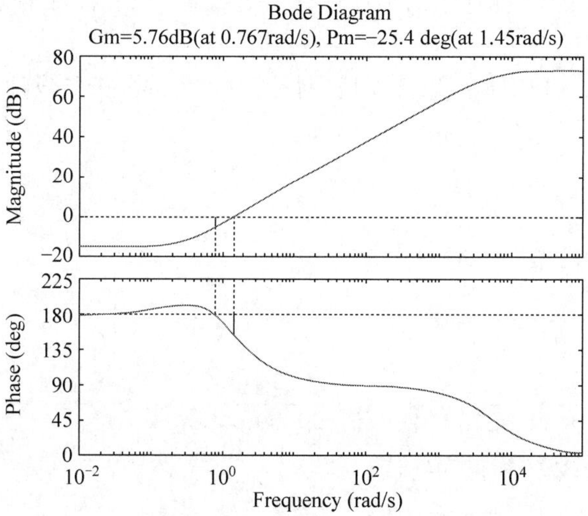

图 7-31　例 7-24 采样系统的伯德图

由如图 7-31 所示的伯德图得出,相位裕度 $\gamma=-25.4°$,系统不稳定。

本章小结

计算机控制系统作为采样控制系统的典型例子,应用领域已经越来越广泛,包括工业过程和各行各业的自动化系统。本章介绍的离散控制系统分析与设计的理论正是分析与设计计算机控制系统的基础。

将模拟信号按一定时间间隔循环进行取值,得到按时间顺序排列的一串离散信号的过程称为采样。保持器的作用是将离散信号转换为连续信号,近似重现作用在采样器上的信号。为能不失真地复现连续信号,采样频率必须满足香农采样定理。

Z 变换是离散控制系统分析与设计的数学基础。针对 Z 变换基础,介绍了 Z 变换的定义、性质、方法以及 Z 逆变换的方法。

为了研究离散控制系统的特性,需要建立离散系统的数学模型。常用于描述离散系统的数学模型有差分方程、脉冲传递函数和离散状态空间方程等,在一定的条件下,上述模型之间可以相互转换。

对于离散控制系统如何在频域和复频域上进行分析设计,首先对离散系统的稳定性进行分析。离散系统存在从 s 域到 z 域的映射,其稳定性条件是系统 Z 传递函数的所有极点都分布在单位圆内部。稳态误差也是离散系统进行分析与设计的重要指标。然后介绍了基于 z 域的分析设计方法,通过双线性变换,可利用劳斯稳定判据判定离散系统的稳定性,并利用根轨迹法进行系统的设计;最后介绍了基于频域特性的方法,可利用奈奎斯特稳定判据和伯德图进行分析与设计。

离散控制系统的状态空间分析包括用递推法和 Z 变换法求解离散系统状态方程、能控性与能观性分析、状态反馈控制等。

连续系统与离散系统存在一定的关联和区别,这体现在连续系统离散化后的稳定性、能控性和能观性上。能控能观的连续系统离散化后,若采样周期选择不当,其能控性与能观性得不到保持。在此基础上,介绍了两种计算机控制系统分析和设计的方法,分别是基于连续系统和基于离散系统的方法。

利用数学工具 MATLAB 可以方便地进行离散系统的分析与设计。

习题 7

7-1 试求下列函数的 Z 变换。

(1) $F(s)=\dfrac{1}{(s+a)(s+b)}$;(2) $f(t)=t$;(3) $F(s)=\dfrac{1-\mathrm{e}^{-s}}{s^2(s+1)}$

(4) $F(s)=\dfrac{s+3}{(s+1)(s+2)}$;(5) $F(s)=\dfrac{1}{(s+a)^2}$

7-2 试求下列函数的初值和终值。

(1) $F(z)=\dfrac{z^2(z^2+z+1)}{(z^2-0.8z+1)(z^2+z+0.8)}$;(2) $F(z)=\dfrac{z^2+0.3z+0.1}{(z-1)(z-1.2)(z-2)}$

7-3 已知 $F(z)$,求其 Z 逆变换 $f^*(t)$。

(1) $F(z)=\dfrac{z^2}{(z-0.8)(z-0.1)}$;(2) $F(z)=\dfrac{z}{(z-1)^2(z-2)}$

7-4 试求解差分方程

$$f(n+2)+3f(n+1)+2f(n)=0$$

已知:$f(0)=0, f(1)=1$。

7-5 用 Z 变换法求解二阶线性差分方程

$$y(n+2)+2y(n+1)+y(n)=r(n)$$

式中,$r(n)=n, n=0,1,2,\cdots$

$$y(0)=y(1)=0$$

7-6　两离散系统结构分别如图 7-32 所示，采样周期为 T，求其脉冲传递函数，并比较其特点。

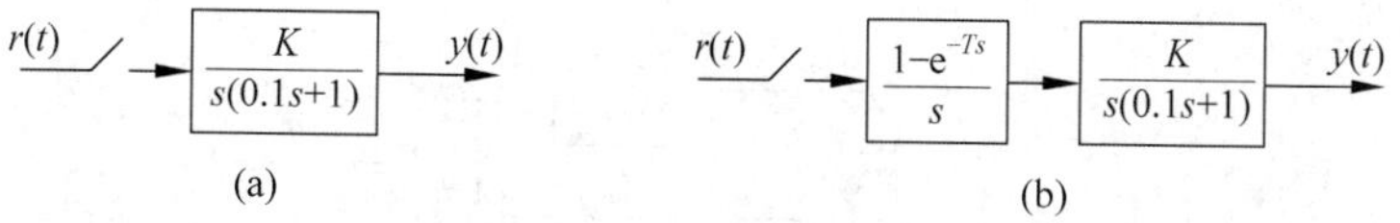

图 7-32　习题 7-6 的系统结构

7-7　采样系统结构如图 7-33 所示，试分别推导闭环脉冲传递函数。

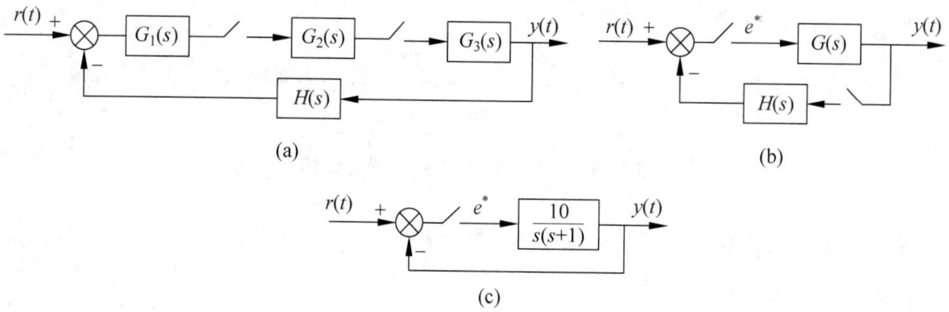

图 7-33　习题 7-7 的采样系统结构

7-8　采样系统结构如图 7-34 所示，试求系统的闭环脉冲传递函数。

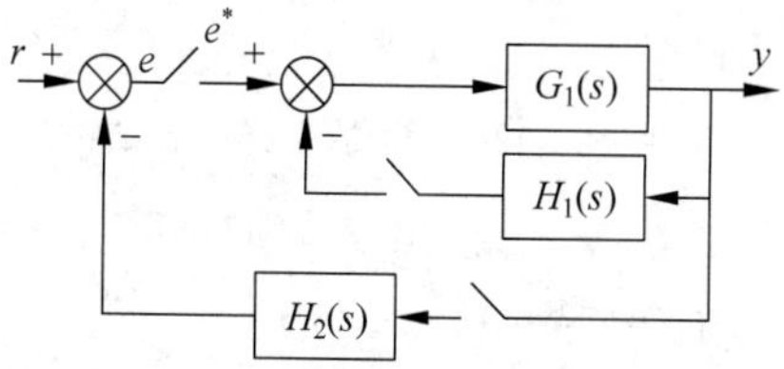

图 7-34　习题 7-8 的采样系统结构

7-9　已知系统的闭环特征方程

$$D(z)=45z^3-117z^2+119z-39=0$$

试判定系统的稳定性。

7-10　设系统如图 7-35 所示，采样周期 $T=1\text{s}$，$K=10$，试分析系统的稳定性，并求出系统的临界放大系数。

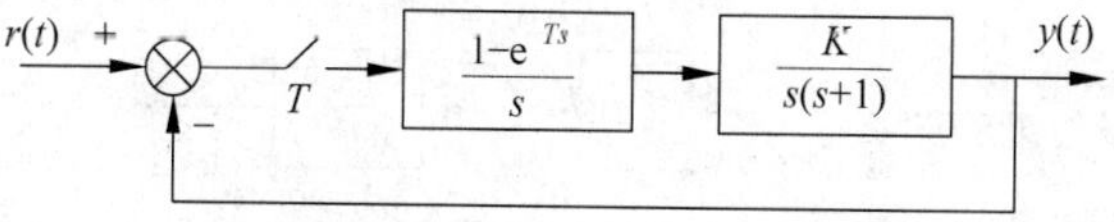

图 7-35　习题 7-10 的系统结构

7-11　采样系统结构如图 7-36 所示，采样周期 $T=1\text{s}$，试确定使系统稳定的 K 值范围及 $K=1$，$r(t)=t$ 时系统的稳态误差。

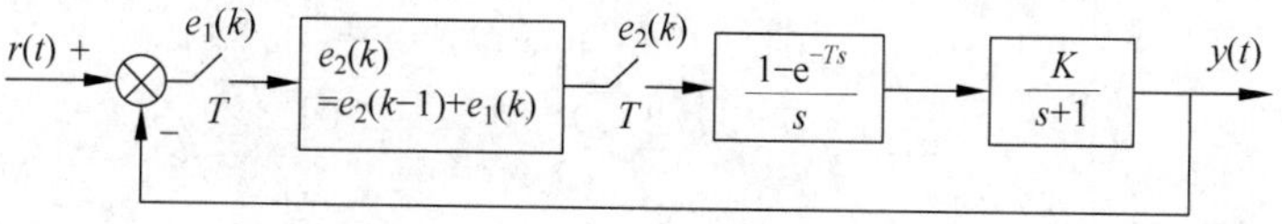

图 7-36　习题 7-11 的采样系统结构

7-12　已知系统结构如图 7-37 所示，试确定使系统稳定的参数 K 与采样周期 T 之间的关系。

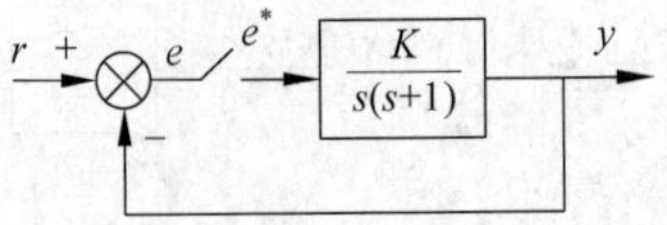

图 7-37　习题 7-12 的采样系统结构

7-13　系统结构如图 7-38 所示，采样周期 $T=0.2\text{s}$。当 $r(t)=2\times 1(t)+t$ 时，要使稳态误差小于 0.25，试确定 K 值。

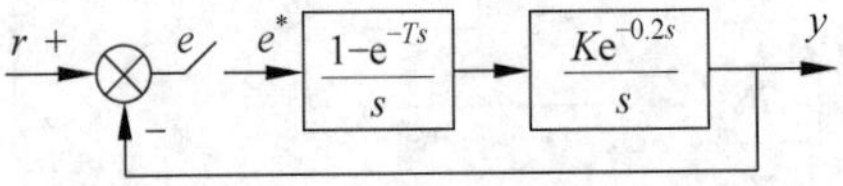

图 7-38　习题 7-13 的采样系统结构

7-14　系统结构如图 7-39 所示，已知 $K=10$，$T=0.2\text{s}$。试求当 $r(t)$ 分别为 $1(t)$、t、$\frac{1}{2}t^2$ 时系统的稳态误差。

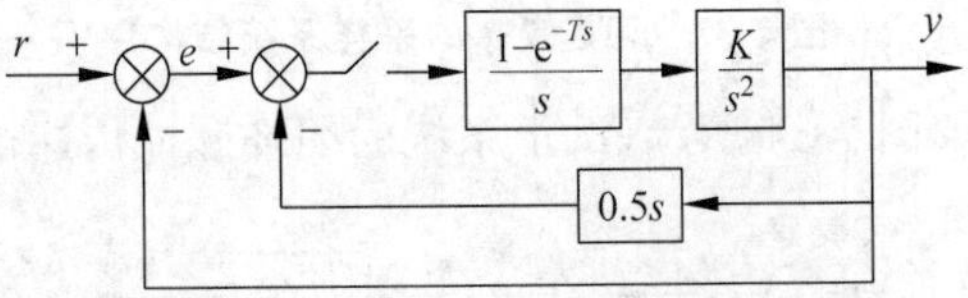

图 7-39　习题 7-14 的采样系统结构

7-15　两系统的结构如图 7-40 所示，试用 Z 域根轨迹法分析当开环增益 $K=0\to\infty$ 时，两系统动态性能的变化趋势。采样周期 $T=1\text{s}$。

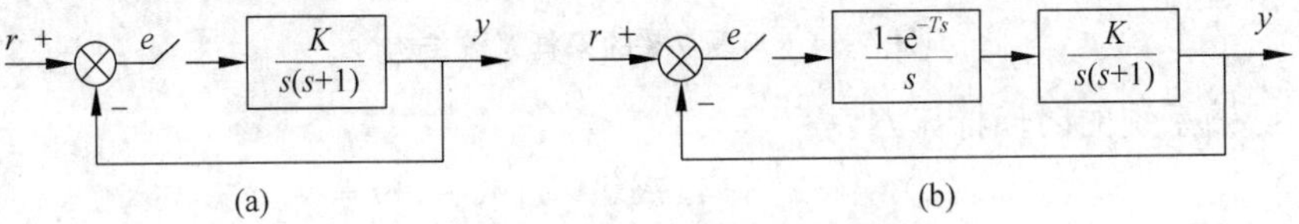

图 7-40　习题 7-15 的采样系统结构

7-16　已知系统结构如图 7-41 所示，采样周期 $T=1\text{s}$。试求 $r(t)=t$ 时最小拍系统控制器的脉冲传递函数 $D(z)$。

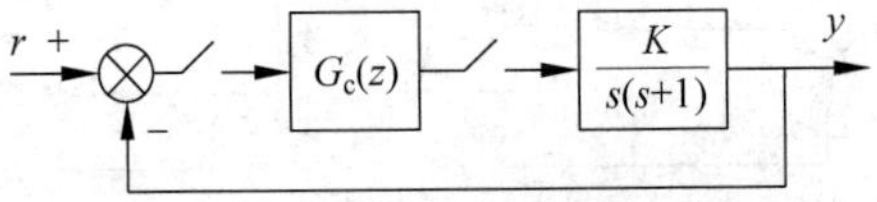

图 7-41　习题 7-16 的采样系统结构

7-17　已知线性离散系统的状态空间表达式为

$$\begin{cases} \boldsymbol{x}(k+1)=\begin{bmatrix}0 & 1 & 0\\ 0 & 0 & 1\\ 0 & m/2 & 0\end{bmatrix}\boldsymbol{x}(k)+\begin{bmatrix}1\\ 3\\ 0\end{bmatrix}u(k) \\ y(k)=\begin{bmatrix}2 & 1 & 1\end{bmatrix}\boldsymbol{x}(k)\end{cases}$$

其中，$m>0$ 为未知整数。

(1) 当 $u(k)=0$ 时,求出使系统稳定的 m 值;

(2) 当系统稳定时,初始状态 $\boldsymbol{x}(0)=[1\quad 1\quad -2]^{\mathrm{T}}$,控制输入 $u(0)=-2$,$u(1)=1$,求 $y(2)$;

(3) 当系统稳定时,求系统的脉冲传递函数 $G(z)=\dfrac{Y(z)}{U(z)}$。

7-18　已知线性离散定常系统的状态变量图如图 7-42 所示,其中,$\boldsymbol{x}_1(k)$和 $\boldsymbol{x}_2(k)$为系统的状态,$u(k)$为控制输入,$y_1(k)$和 $y_2(k)$为系统输出。

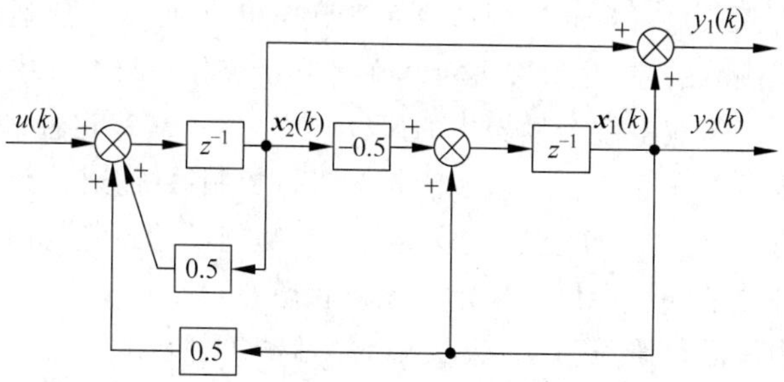

图 7-42　习题 7-18 的线性离散定常系统的状态变量图

(1) 写出离散系统的状态空间表达式和脉冲传递函数矩阵 $\boldsymbol{G}(z)$;

(2) 试判别系统的稳定性;

(3) 能否通过状态反馈将系统的闭环极点配置在 $z_{1,2}=\dfrac{1\pm\sqrt{2}\mathrm{i}}{4}$处?若能,则求出状态反馈矩阵 $\boldsymbol{K}$。

7-19　已知连续线性定常系统的状态方程和输出方程为

$$\begin{cases}\dot{\boldsymbol{x}}(t)=\begin{bmatrix}0 & 1\\ -4 & 0\end{bmatrix}\boldsymbol{x}(t)+\begin{bmatrix}1\\ 0\end{bmatrix}u(t)\\ \boldsymbol{y}(t)=[0\quad 1]\,\boldsymbol{x}(t)\end{cases}$$

(1) 求系统的状态转移矩阵 $\mathrm{e}^{\boldsymbol{A}t}$;

(2) 判断该系统的能控性和能观性;

(3) 若在控制 $u(t)$前加入采样器-零阶保持器,设采样周期为 T,根据 $\mathrm{e}^{\boldsymbol{A}t}$ 求其离散化后状态空间表达式;

(4) 分析系统在各采样时刻,周期 T 对能控性和能观性的影响;

(5) 求离散化系统的脉冲传递函数 $G(z)$,并判断该离散系统的稳定性;

(6) 当采样周期 $T=\dfrac{\pi}{2}\mathrm{s}$,输入为单位阶跃信号,且初始状态为零时,求该离散系统的输出 $y(3)$。

第8章

自动控制理论的应用举例

自动控制理论作为现代科技领域中的关键组成部分，在各种领域的应用中扮演着至关重要的角色。本章将深入探讨自动控制理论在飞行控制、水面无人艇运动控制、全自主双轮平衡车以及倒立摆等领域的应用，旨在展示其在复杂系统分析与设计中的突出作用。

飞行控制系统一直是航空航天领域中的研究热点之一，其稳定性和精确性直接关系到飞行安全和效率。本章首先介绍了根轨迹法作为飞行控制系统分析与设计的重要方法。通过对飞行器的动态特性建模，根轨迹法可以帮助工程师们设计出稳定而高效的控制策略，从而确保飞行器在各种复杂环境中保持稳定的飞行状态。

水面无人艇作为海洋科研、资源勘探以及环境监测等领域的重要工具，其运动控制系统的设计更是关乎任务完成的关键因素之一。本章针对水面无人艇的运动控制系统建模与设计，并将 PID 控制作为一种常用的控制策略。通过对无人艇的运动特性建模，并结合 PID 控制器的设计，使得无人艇能够在不同海况下保持稳定的航行轨迹，从而提高任务执行的准确性和可靠性。

全自主双轮平衡车作为机器人技术领域的典型代表，其在移动机器人、人机交互等领域具有广泛的应用前景。本章将介绍如何对全自主双轮平衡车进行数学建模，并利用状态空间表达式及状态反馈控制方法，实现对平衡车的稳定控制。这一内容不仅涉及控制理论的应用，还融合了机械工程和电子工程等多个学科的知识。

倒立摆作为一个非线性、多变量的系统，其控制问题极具挑战性。本章介绍如何进行倒立摆离散控制系统设计。通过引入离散控制器，可以有效地实现对倒立摆系统的稳定控制，展示了自动控制理论在解决实际问题中的实用性和有效性。

8.1 飞行控制系统的分析与设计

飞行控制系统对控制飞机起到了至关重要的作用。飞行控制系统可用来保证飞行器的稳定性和操纵性，提高完成任务的能力与飞行品质，增强飞行的安全及减轻驾驶员负担。随着飞行器的不断进步，对飞行控制系统的要求也不断提升，各国对飞行控制系统的改进研究也在不断前进。下面基于经典控制理论设计如图 8-1 所示的 F16 飞机的反馈控制系统，并以 MATLAB 进行仿真验证。

图 8-1 F16 飞机

飞机的横航向飞行模态主要有荷兰滚模态、滚转模态和螺旋模态 3 种。这里首先需要说明飞行控制系统设计过程中需要考虑的一个关键模态，即荷兰滚模态（也称为振荡模态），飞机系统中的荷兰滚模态是指飞机在飞行过程中出现的一种稳定性和控制性问题，其中飞机的滚转运动会变得过于稳定，导致飞行员在尝试纠正滚转时可能会面临困难，这种现象可能会对飞行安全和飞行性能产生影响。荷兰滚模态的产生通常与飞机的设计和气动特性有关，为了解决或避免飞机系统中的荷兰滚模态问题，飞机制造商和航空公司会进行严格的飞行测试和模拟，以确保飞机在各种飞行条件下的稳定性和控制性能。如果发现存在荷兰滚模态，就需要对飞机的气动特性、控制系统和飞行手册进行调整，以确保飞机的安全性和可控性。

飞机可以分为两个控制面，即横向控制面和纵向控制面，两个控制面存在耦合和相互作用。但是此次设计仅针对忽略横纵向耦合并且线性化配平过后的开环 F16 飞机系统，力求得到比较理想的动态响应特性，使系统达到超调量小于 5%、调节时间小于 3s 的良好动态特性，并尽量减小荷兰滚模态。荷兰滚模态是横航向动稳定性的 3 种典型模态之一，对应横航向小扰动运动方程的一对复根，是飞机的航向惯性阻尼力矩与静稳定力矩不平衡引起的。由于飞机在不同飞行高度、飞行速度的配平参数不同(即状态矩阵不同)，所以仅就 F16 飞机 3500m、150m/s 的状态配平下进行飞机横向反馈系统设计。

如图 8-2 所示，对于飞机横向系统来说，此系统是二输入、四输出的系统。为了简化问题，这里只研究副翼偏转对应滚转角系统和方向舵偏转对应航向角系统的反馈线路设计。首先进行副翼偏转对应滚转角系统的反馈设计。

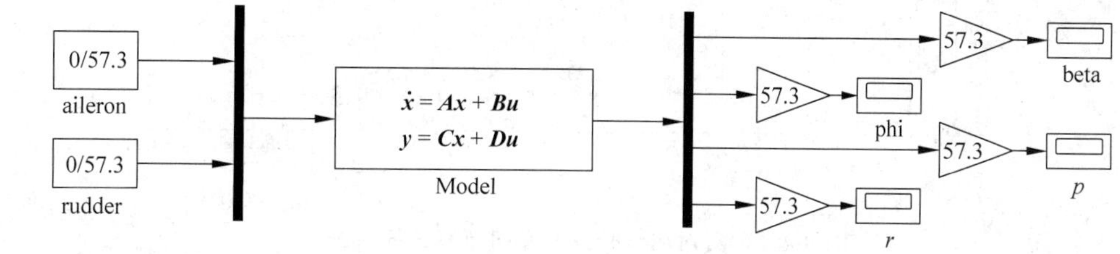

(aileron-副翼偏转角，rudder-方向舵偏转角，r-机体轴偏航角速率，p-机体轴滚转角速率，beta-侧滑角，phi-偏航角)

图 8-2　飞机横向开环系统结构图

8.1.1　副翼偏转对应滚转角系统的反馈设计

与方向舵-俯仰角系统一样，需要先调节好副翼偏转对应滚转角速度系统的动态特性。方案主要包括副翼偏转对应滚转角速率系统的反馈设计和副翼偏转对应滚转角系统的反馈设计两部分。

1. 副翼偏转对应滚转角速率系统的反馈设计

如图 8-3 所示，运用 Simulink 中 Gain 环节构建反馈线路，图中的 K 就是需要确定的反馈参数。

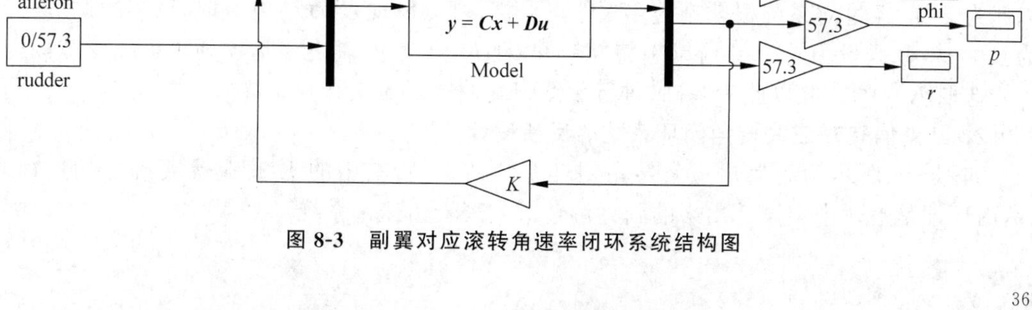

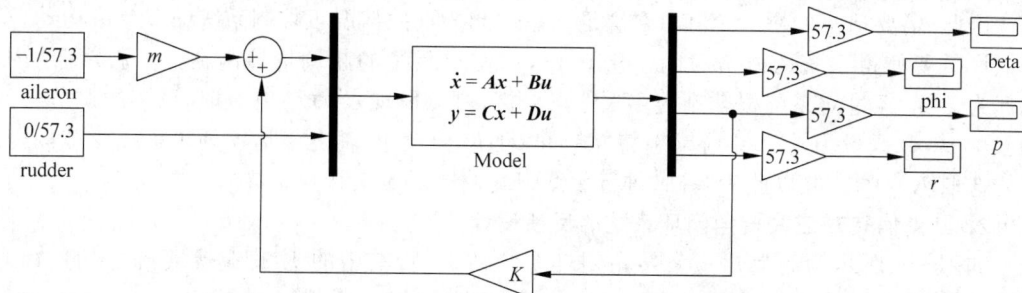

图 8-3　副翼对应滚转角速率闭环系统结构图

因此，首先给出副翼对应滚转角速率系统的开环传递函数：

$$G=\frac{24.33s^3+12.34s^2+116s-0.613}{s^4+2.725s^3+7.737s^2+13.37s+0.2271}$$

根据开环传递函数绘制出如图 8-4 所示的根轨迹。

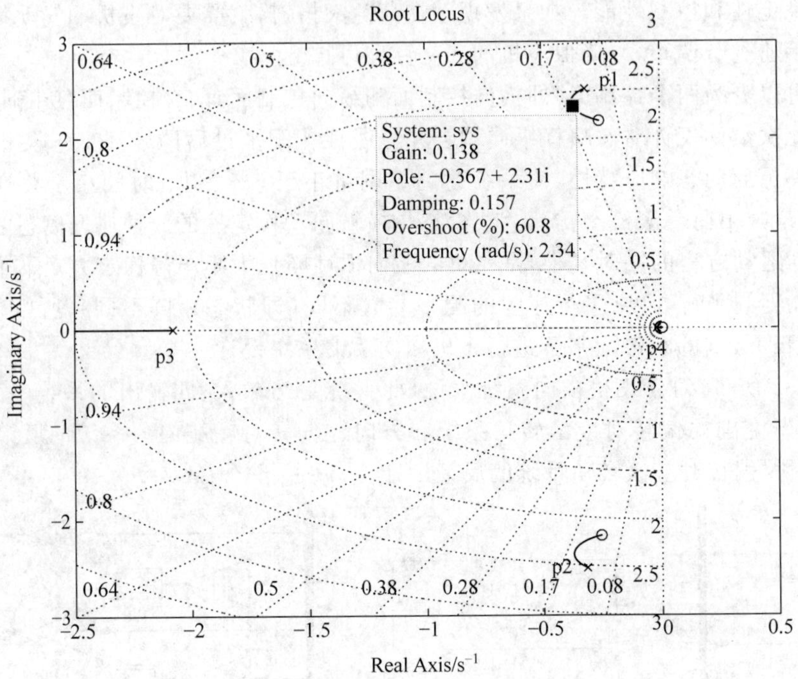

图 8-4　副翼对应滚转角速率闭环系统根轨迹

MATLAB 程序如下：

```
>> num = [24.33 12.34 116 - 0.613];
>> den = [1 2.725 7.737 13.37 0.2271];
>> sys = tf(num,den);
>> [p,z] = pzmap(sys)
>> rlocus(sys);
>> sgrid;
```

从图 8-4 可以看出，传递函数共有 4 个极点：p_1、p_2 对应荷兰滚模态；p_3 对应滚转模态；p_4 对应螺旋模态。随着 K 值的增大，极点 p_3 左移，滚转角速率对应阶跃响应的调节时间减小，系统动态特性更好；但当 $K>0.138$ 时，随着 K 的增大，荷兰滚模态对应的阻尼比减小，荷兰滚运动较剧烈，因此，在满足一定动态性能要求时要使 K 尽量小。

因此，需要适当的增大 K 值，在满足动态性能要求的情况下控制系统的荷兰滚运动，这里假设需要使得系统的调节时间小于 0.2s，并使得系统的超调量控制在 ±5% 范围之内。以此为目标，经过对系统根轨迹的多次选点分析，可以发现，当 $K=0.8$ 时，系统的调节时间为 0.108s，超调量为 5%，系统动态特性较好，且 K 值较小，荷兰滚运动处于可接受范围内。不妨选取 $K=0.8$，并以此为基础，进行后续副翼偏转对应滚转角系统的反馈设计。

2. 副翼偏转对应滚转角闭环系统的反馈设计

如图 8-5 所示为副翼对应滚转角闭环系统结构图，其中的 K 即是需要确定的反馈参数，内环即是上述内容设计出来的副翼偏转对应滚转角速率系统。

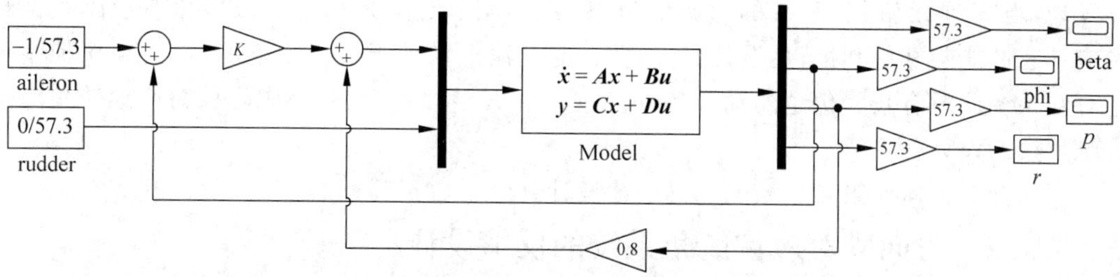

图 8-5　副翼对应滚转角闭环系统结构图

首先给出副翼对应滚转角闭环系统的开环传递函数：

$$G=\frac{24.33s^3+12.34s^2+116s-0.613}{s^5+22.189s^4+17.609s^3+106.17s^2-0.2633s}$$

根据开环传递函数绘制出系统如图 8-6 所示的根轨迹，右上方为局部根轨迹的放大示意。

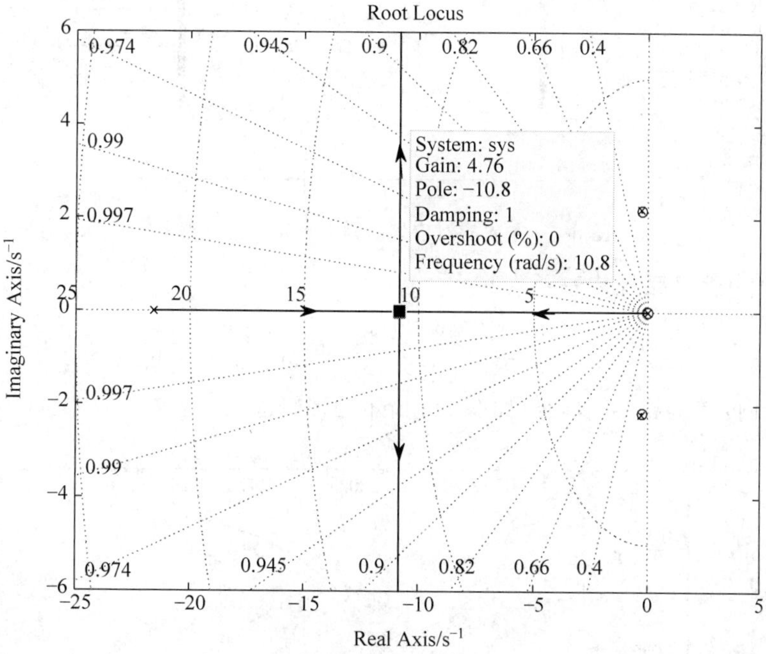

图 8-6　副翼对应滚转角闭环系统根轨迹图

MATLAB 程序如下：

```
>> num = [24.33 12.34 116 - 0.613];
>> den = [1 22.189 17.609 106.17 - 0.2633 0];
>> sys = tf(num,den);
>> [p,z] = pzmap(sys)
>> rlocus(sys);
>> sgrid;
```

从图 8-6 不难发现，这是一个由 3 个零点和 5 个极点构成的根轨迹，其中有 3 对零极点互相抵消，剩下的 2 个极点（p_3 和 p_4）对系统产生重要影响（即振荡环节根轨迹）。这里依然考虑使得系统有较为优越的动态性能，假设需要使得系统的调节时间小于 0.5s，并使得系统的超调量控制在 ±5% 范围之内。以此为标准，经过对系统根轨迹的多次选点分析，可以发现，当 $K=4.75$ 时，系统的超调量为 1.12%，调节时间为 0.49s，滚转角对应副翼偏转响应动态性能较好，同时满足设计指标，并且荷兰滚运动处于可接受范围内，由经典控制理论可知系统此时有较为优越的动态特性。故选取 $K=4.75$，至此完成副翼对应滚转角闭环系统反馈的设计。

下面针对横向面第二个系统进行反馈设计。

8.1.2 方向舵对应偏航角系统的反馈设计

该部分方案主要包括对方向舵对应偏航角速度系统和方向舵对应偏航角系统两部分进行设计和分析。

1. 方向舵对应偏航角速率系统

图 8-7 为方向舵对应偏航角速率系统闭环框图，其中的 K 即是需要确定的反馈参数。

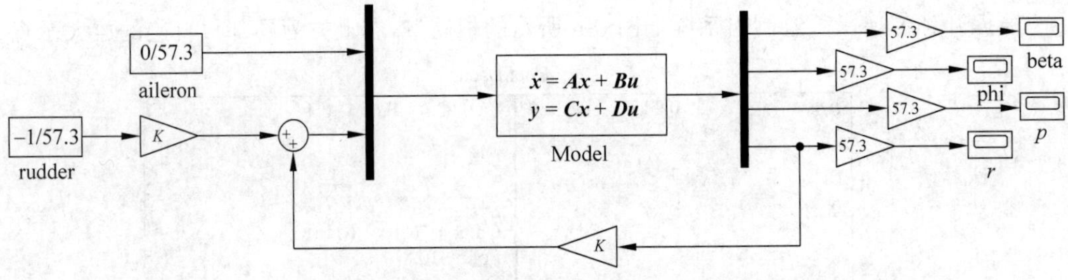

图 8-7 方向舵对应偏航角速率系统闭环框图

首先给出其开环系统传递函数：

$$G=\frac{2.422s^3+6.299s^2+3.229s+2.124}{s^4+2.919s^3+8.185s^2+15.1s+0.2595}$$

通过开环传递函数，可以画出如图 8-8 所示的根轨迹。

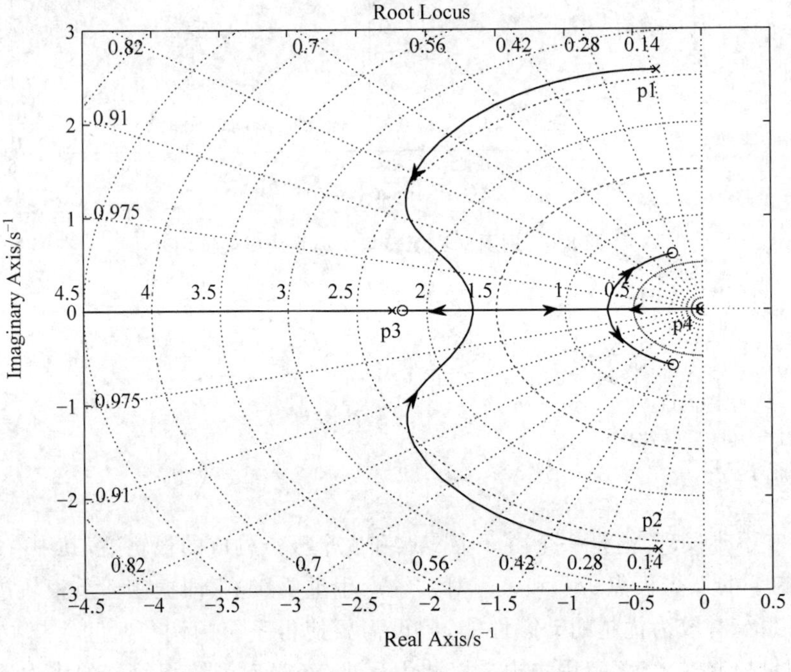

图 8-8 方向舵对应偏航角速率系统根轨迹图

MATLAB 程序如下：

```
>> num = [2.422 6.299 3.229 2.124];
>> den = [1 2.919 8.185 15.1 0.2595];
>> sys = tf(num,den);
>> [p,z] = pzmap(sys)
>> rlocus(sys);
>> sgrid;
```

由图 8-8 可知，系统开环根轨迹由 3 个零点和 4 个极点组成。在根轨迹中，实轴上的主要根轨迹对系统的动态响应产生重要影响，因为它们直接决定了系统的稳定性和响应速度。可以观察到，随着增益 K 的增加，根轨迹的实轴部分向右移动，这意味着系统的响应速度会提高。然而，当 K 变得过大时，根轨迹可能会越过实轴，导致系统不稳定或产生过度振荡。因此，需要在合适的范围内选择 K 值，以平衡系统的动态性能和稳定性。由于荷兰滚是飞行器动力学中的一种不稳定模态，可能引起飞行器的危险滚转运动，因此需要特别关注荷兰滚模态的影响。在选择 K 值时，需要确保系统的设计不会增加荷兰滚的风险。

这里综合考虑动态特性的优化以及荷兰滚的影响，对根轨迹进行多次选点分析，可以发现，增益 K 应该为 1.92～3.17。这个范围内的 K 值可以在保证系统稳定性的前提下，尽可能提升动态响应性能。超调量和调节时间是系统性能的两个关键指标，这里通过设定超调量不超过 5%和调节时间不超过 3 秒，可以保证系统的稳定性和响应速度在合理范围内。综上所述，在选择增益 K 时，需要综合考虑超调量、调节时间以及荷兰滚的影响，这意味着需要权衡不同的性能指标，以满足系统在各种情况下的要求。最终，在综合考虑和调试后，选择 $K=5$ 作为增益值。这个值在保持系统稳定性的同时，满足了超调量和调节时间的设定要求。

2. 方向舵对应偏航角系统

根据上述分析，在偏航角速度的测速反馈系统中，采取 $K_1=5$ 作为反馈系数，在此基础上进行偏航角系统的反馈参数设计。

首先根据图 8-9 所示的系统框图得出系统的传递函数：

$$G=\frac{2.261s^3+5.505s^2+3.104s+1.959}{s^5+14.03s^4+35.26s^3+28.89s^2+10.02s}$$

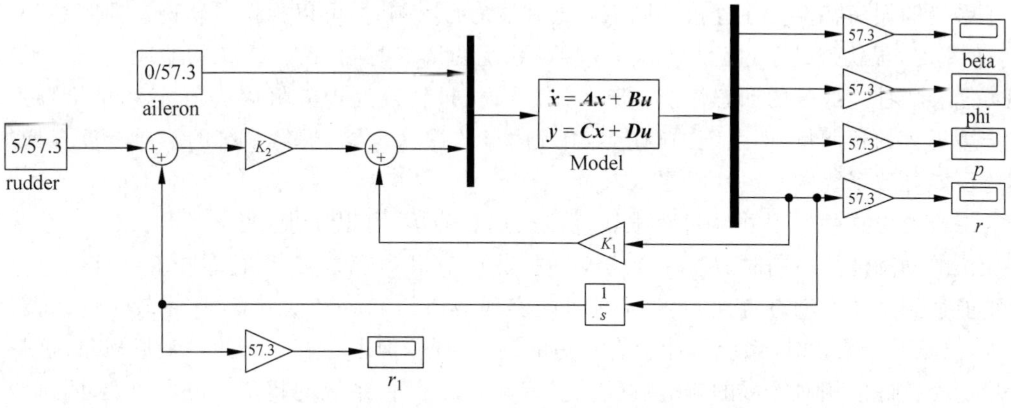

图 8-9　方向舵对应偏航角闭环系统框图

通过传递函数，可以画出如图 8-10 所示的根轨迹。

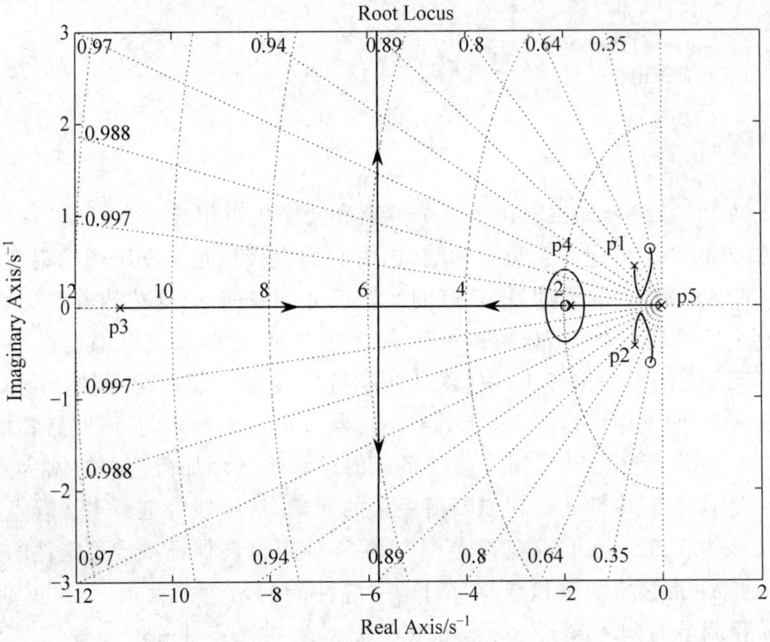

图 8-10　方向舵对应偏航角系统根轨迹图

MATLAB 程序如下：

```
>> num = [2.261 5.505 3.104 1.959];
>> den = [1 14.03 35.26 28.89 10.02 0];
>> sys = tf(num,den);
>> [p,z] = pzmap(sys)
>> rlocus(sys);
>> sgrid;
```

从图 8-10 中不难发现，这是一个由 3 个零点和 5 个极点构成的根轨迹，系统中存在 3 对零极点相互抵消的情况，这可能在一定程度上影响系统的动态响应。然而，剩下的 2 个极点（p_3 和 p_5）对系统产生了重要影响，形成了振荡环节的根轨迹，这意味着这 2 个极点决定了系统的振荡特性。在分析不同 K_2 值对系统的影响时，可以根据根轨迹走向观察到，当 K_2 较小时，根轨迹处于过阻尼状态，这导致系统的调节时间较大，系统的响应会较为平缓，但可能会牺牲一部分的动态性能；当 K_2 较大时，根轨迹处于欠阻尼状态，这可能会导致系统产生更大的超调量，即系统的响应会出现明显的振荡现象，虽然系统的响应速度会增加，但也可能导致系统的稳定性问题。

综合考虑这些原因并经过对根轨迹多次选点分析，可以发现，当 $K_2=12.3$ 时，系统具有较优的动态性能。同时，$K_2=12.3$ 对应振荡环节根轨迹的交点，这意味着系统在这个点上可能达到最佳的动态特性，此时系统可能实现最快的响应速度，同时保持较小的超调量。另外，当 $K_2<12.3$ 时，系统可能会有较短的调节时间，但也会有一定的过阻尼现象，这是一个稳定性良好但相对缓慢的响应过程。当 $K_2>12.3$ 时，系统的超调量可能增大，同时调节时间也可能缩短，但这会伴随着较大的振荡。最终，通过选择 $K_2=12.3$ 作为方向舵对应偏航角系统的反馈参数，可以满足系统动态性能的设计指标。在这个设计中，飞行控制系统在不影响其他系统的前提下，通过特定的反馈网络，满足了超调量小于5%和调节时间小于3s的性能指标，从而实现了对系统动态性能的控制和优化。

以上即是运用根轨迹法对飞行横向控制面反馈系统进行参数设计的过程。作为经典控制理论重要的一部分，根轨迹法在飞行控制中的应用远不止如此。在现代控制理论飞速发展的今天，经典控制理论以其独特的魅力，仍在飞行控制方面发挥着不可忽视的作用。

8.2　水面无人艇运动控制系统的分析与设计

无人艇(见图8-11)的运动数学模型是研究无人艇运动与控制的核心，是描述无人艇系统中系统变量相互关系的运动方程。无人艇的模型分为线性和非线性两种。非线性数学模型不容忽视。许多控制现象，如死区、滞环、饱和特性、继电器特性，都是高度非线性的。实际系统都或多或少存在着非线性成分，不过从控制器设计的角度看，在大多数情况下都可以应用线性模型，因为闭环反馈控制能使系统的各种时间变量对于它们的平衡状态仅有一较小的偏离，在模型中只保留这种偏离的线性项是足够合理的。

图8-11　无人艇

线性系统理论是系统分析领域最成熟、最庞大、最完整的成果，无论是古典控制理论中的频率法、根轨迹法，还是现代控制理论中的最优控制、最优滤波，都是建立在线性系统理论之上的。本书以无人艇模型为研究对象，建立其非线性模型并对其线性化，然后采用Simulink对无人艇运动控制系统的进行仿真分析与设计。

8.2.1　无人艇运动模型的建立

无人艇的运动是一种复杂的六自由度运动。为了研究方便，通常定义两个坐标系，即以地球表面为坐标原点的惯性坐标系 $o_0x_0y_0z_0$ 和以船体重心为坐标原点的附体坐标系 $oxyz$。为了叙述方便，有关无人艇运动和受力的各个变量在表8-1中列出。表8-1中所列的参数、符号均以ITTC(International Towing Tank Conference)推荐的体系为准。

表8-1　无人艇变量定义

编　号	自　由　度	力和力矩	线速度和角速度	位置和欧拉角
1	前进	X	u	x_0
2	横移	Y	v	y_0
3	垂荡	Z	ω	z_0
4	横摇	K	p	φ
5	纵摇	M	q	θ
6	艏摇	N	r	ψ

在表8-1中，u——沿 x 轴方向的前进速度，单位为m/s；

v——沿 y 轴方向的横移速度，单位为m/s；

ω——沿 z 轴方向的垂荡速度，单位为 m/s；

p——绕 x 轴转动的横摇角速度，单位为 rad/s；

q——绕 y 轴转动的纵摇角速度，单位为 rad/s；

r——绕 z 轴转动的艏摇角速度，单位为 rad/s。

上述变量均在附体坐标系中定义，通常为了研究方便，考虑主要的因素，可以令 $\omega=0$、$p=0$、$q=0$，此时无人艇的六自由度运动可以简化为三自由度运动。图 8-12 为无人艇运动参考运动坐标系及运动变量。

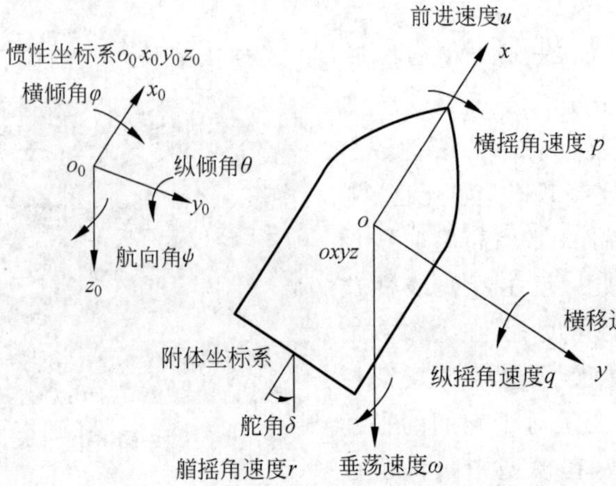

图 8-12　无人艇运动参考运动坐标系及运动变量

该运动在两个坐标系的变换关系为

$$\begin{cases}\dot{x}_0=u\cos\psi-v\sin\psi\\ \dot{y}_0=u\sin\psi-v\cos\psi\\ \dot{\psi}=r\end{cases} \tag{8-1}$$

基于无人艇的运动模型可以建立其非线性模型，忽略无人艇在复杂海面上的横摇、垂荡、纵摇方向对无人艇受力及运动规律的影响，并且考虑到无人艇几何形状以及自身质量的左右对称性，运用运动学原理推理可以得到无人艇的运动方程为

$$\begin{cases}m(\dot{u}-rv-x_G r_2)=X\\ m(\dot{v}+ru+x_G\dot{r})=Y\\ I_z\dot{r}+mx_G(\dot{v}+ru)=N\end{cases} \tag{8-2}$$

式中，m——无人艇质量；

x_G——无人艇重心到所取坐标系的原点 o 之间的距离；

I_z——无人艇在坐标系中关于 ox 轴的惯性矩。

为了简化模型，可以忽略无人艇在水平面所受到干扰力和干扰力矩，舵角变化速度 $\dot{\delta}$ 对无人艇运动过程的影响也可以忽略不计，则式(8-2)中的 X、Y 和 N 可以描述为无人艇与水平面作相对运动时的速度(u,v,r)、加速度$(\dot{u},\dot{v},\dot{r})$、舵角 δ 和主机转速 n 等一系列变量的函数，即

$$\begin{cases} X = X(u, v, r, \dot{u}, \dot{v}, \dot{r}, \delta, n) \\ Y = Y(u, v, r, \dot{u}, \dot{v}, \dot{r}, \delta, n) \\ N = N(u, v, r, \dot{u}, \dot{v}, \dot{r}, \delta, n) \end{cases} \tag{8-3}$$

为求得 X、Y 和 N 的数学表达式，对式(8-3)右端应用泰勒展开式原理进行泰勒级数展开，假设主机转速 n 不变。以 X 为例，有

$$X = X(u_0, v_0, r_0, \dot{u}_0, \dot{v}_0, \dot{r}_0, \delta_0) + \left(\begin{array}{l} \frac{\partial}{\partial u}\Delta u + \frac{\partial}{\partial v}\Delta v + \frac{\partial}{\partial r}\Delta r + \frac{\partial}{\partial \dot{u}}\Delta \dot{u} \\ + \frac{\partial}{\partial \dot{v}}\Delta \dot{v} + \frac{\partial}{\partial \dot{r}}\Delta \dot{r} + \frac{\partial}{\partial \dot{\delta}}\Delta \dot{\delta} \end{array}\right) X + \cdots +$$

$$\frac{1}{n!}\left(\frac{\partial}{\partial u}\Delta u + \frac{\partial}{\partial v}\Delta v + \frac{\partial}{\partial r}\Delta r + \frac{\partial}{\partial \dot{u}}\Delta \dot{u} + \frac{\partial}{\partial \dot{v}}\Delta \dot{v} + \frac{\partial}{\partial \dot{r}}\Delta \dot{r} + \frac{\partial}{\partial \dot{\delta}}\Delta \dot{\delta}\right)^n \tag{8-4}$$

若以匀速直航的平衡态作为初始状态，则有 $\Delta u = u - u_0$，$\Delta v = v$，$\Delta r = r$，$\Delta\delta = \delta$。考虑到无人艇自身的几何形状具有一定的对称性，所受到惯性力与黏性力又相互独立，加速度和角加速度与惯性力成线性关系等多方面因素，根据数学原理，忽略数学表达式中三级以上高阶项，式(8-4)可简化为

$$\begin{aligned} X = {} & X_0 + X_u \Delta \dot{u} + X_u \Delta u + X_{uu} \Delta u^2 + X_{umu} \Delta u^3 + X_{vv} v^2 + (X_{rr} + m x_G) r^2 + \\ & X_{\delta\delta} \delta^2 + (X_{vr} + m) vr + X_{v\delta} v\delta + X_{r\delta} r\delta + X_{vvu} v^2 \Delta u + X_{mu} r^2 \Delta u + \\ & X_{\delta\delta u} \delta^2 \Delta u + X_{vru} vr \Delta u + X_{uv\delta} \Delta u v\delta + X_{r\delta u} r\delta \Delta u \end{aligned} \tag{8-5}$$

对 Y 和 N 的数学表达式也考虑上述情况并作泰勒展开，代入式(8-2)可以化简整理得到无人艇非线性模型

$$\begin{cases} (m - X_{\dot{u}}) \Delta \dot{u} = f_1(u, v, r, \delta) \\ (m - Y_{\dot{v}}) \dot{v} + (m x_G - Y_{\dot{r}}) \dot{r} = f_2(u, v, r, \delta) \\ (m x_G - N_{\dot{v}}) \dot{v} + (I_z - N_r) \dot{r} = f_3(u, v, r, \delta) \end{cases} \tag{8-6}$$

无人艇运动规律的非线性模型如式(8-6)所示，在操纵幅度较小的无人艇运动规律的实验研究中，为了简化过于复杂的非线性模型，可对非线性模型进行线性化，根据数学原理，忽略表达式(8-6)中 f_1、f_2 和 f_3 的二阶以上的高阶项，则复杂的表达式可以简化为

$$\begin{bmatrix} (m - X_u) & 0 & 0 \\ 0 & (m - Y_{\dot{v}}) & (m x_G - Y_{\dot{r}}) \\ 0 & (m x_G - N_v) & (I_{zz} - N_r) \end{bmatrix} \begin{bmatrix} \Delta \dot{u} \\ \dot{v} \\ \dot{r} \end{bmatrix}$$

$$= \begin{bmatrix} X_u & 0 & 0 \\ 0 & Y_v & (Y_v - m u_0) \\ 0 & N_v & (N_r - m x_G u_0) \end{bmatrix} \begin{bmatrix} \Delta u^2 \\ v \\ r \end{bmatrix} + \begin{bmatrix} 0 \\ Y_\delta \\ N_\delta \end{bmatrix} \delta \tag{8-7}$$

研究无人艇航向稳定性，设计无人艇航向保持控制器一个关键考虑因素就是无人艇运动规律中的艏摇运动，航向角与艏摇角速度关系

$$\dot{\psi} = r \tag{8-8}$$

式(8-8)表明，无人艇的前进运动具有相对独立性，其自由度不受其他方向运动的影响，

而无人艇的横移速度 v 和艏摇角速度 r 在无人艇的运动工程中相互制约，存在一定的耦合现象。因此，将无人艇运动的状态变量设为 $\boldsymbol{x}=[v\ r\ \psi]$。

根据式(8-7)和式(8-8)，可以得出以下公式

$$\begin{bmatrix} m-Y_{\dot{v}} & (mx_G-Y_r) & 0 \\ (mx_G-N_{\dot{v}}) & (I_{zz}-N_r) & 0 \\ 0 & 0 & 1 \end{bmatrix}\begin{bmatrix} \dot{v} \\ \dot{r} \\ \dot{\psi} \end{bmatrix}=\begin{bmatrix} Y_v & (Y_r-mu_0) & 0 \\ N_v & (N_r-mx_Gu_0) & 0 \\ 0 & 1 & 0 \end{bmatrix}\begin{bmatrix} u \\ v \\ \psi \end{bmatrix}+\begin{bmatrix} Y_\delta \\ N_\delta \\ 0 \end{bmatrix}\delta \tag{8-9}$$

对式(8-9)中矩阵第一行两端除以 $\frac{1}{2}\rho l^3$，矩阵中的第二行两端除以 $\frac{1}{2}\rho l^4$，并将式子中流体动力导数转换为无量纲，最后将其化成标准的状态空间表达式，得

$$\dot{\boldsymbol{x}}=\boldsymbol{A}\boldsymbol{x}+\boldsymbol{B}\delta \tag{8-10}$$

式中，

$$\boldsymbol{A}=\begin{bmatrix} a_{11} & a_{12} & 0 \\ a_{21} & a_{22} & 0 \\ 0 & 1 & 0 \end{bmatrix},\quad \boldsymbol{B}=\begin{bmatrix} b_{11} \\ b_{12} \\ 0 \end{bmatrix}$$

$$a_{11}=[(I'_{zz}-N'_r)Y'_v-(m'x'_G-Y'_r)N'_{\dot{v}}]V/\boldsymbol{S}_1$$

$$a_{12}=[(I'_{zz}-N'_r)(Y'_r-m')-(m'x'_G-Y'_r)(N'_r-m'x'_G)]LV/\boldsymbol{S}_1$$

$$a_{21}=[-(m'x'_G-N'_{\dot{v}})Y'_v+(m'-Y'_v)N'_v]V/L/\boldsymbol{S}_1$$

$$a_{22}=[-(m'x'_G-N'_{\dot{v}})(Y'_r-m')+(m'-Y'_v)(N'_r-m'x'_G)]V/\boldsymbol{S}_1$$

$$b_{11}=[(I'_{zz}-N'_r)Y'_\delta(m'x'_G-Y'_r)N'_\delta]V^2/\boldsymbol{S}_1$$

$$b_{21}=[-(m'x'_G-N'_v)Y'_\delta+(m'-Y'_{\dot{v}})N'_v]V^2/L/\boldsymbol{S}_1$$

$$\boldsymbol{S}_1=\begin{bmatrix} (I'_{zz}-N'_r)(m'-Y'_v) \\ -(m'x'_G-N'_v)(m'x'_G-Y'_r) \end{bmatrix}/L$$

水面复杂环境对无人艇运动将产生不可忽略的影响，一般可把此种干扰视为白噪声，取 $\boldsymbol{\omega}=[\omega_1\ \omega_2\ \omega_3]$，$\omega_1$、$\omega_2$ 和 ω_3 分别为 v、r 和 ψ 受到的高频噪声，则最后得

$$\dot{\boldsymbol{x}}=\boldsymbol{A}\boldsymbol{x}+\boldsymbol{B}\delta+\boldsymbol{\omega} \tag{8-11}$$

8.2.2 无人艇 PID 运动控制

无人艇的控制方法很多，传统的 PID 是一种经典的方法，调节参数 K_P、K_I、K_D 对 PID 控制系统有着各自非常重要的作用，选择适当的参数至关重要，一般要综合考虑反复试验，才能得到所需的最佳参数。

(1) 比例系数(K_P)：控制系统的比例系数作用是可以调节控制系统的响应速度，进而提升系统的调节精度。K_P 的值要取得合适，越大则控制系统的调节精度、响应速度以及偏差分辨率都会相应提升。但是 K_P 的值取得过大，则可能产生超调，从而导致所控制的系统产生不稳定的现象。若 K_P 的取值过小，则无人艇控制系统的调节精度就会降低，并且使无人艇控制系统的响应速度变慢，导致控制系统的调节时间变长，从而使控制系统的静态特性以及动态特性都变得不理想。

(2) 积分系数(K_I)：积分系数的作用是消除系统的稳态误差，控制系统所取 K_I 值越大，会越快地消除控制系统所产生的静态误差，但是如果 K_I 的取值过大，那么控制系统可能出现积分饱和现象，从而导致控制系统的响应过程产生较大超调；若控制系统的积分系数 K_I 的取值过小，则很难消除系统所产生的静态误差，静态误差过大就会影响控制系统的最后调节精度。

(3) 微分系数(K_D)：控制系统的微分系数 K_D 的作用是其可以有效地改善无人艇控制系统的动态特性。微分作用一般反映控制系统偏差信号的变化率，可以提前预见偏差的变化趋势，从而对控制系统产生超前抑制，在响应过程中对任何方向的偏差向偏差变化的方向进行抑制，从而提前判断系统的变化趋势，提前作用，减小系统所产生的超调。若控制系统所取的 K_D 值过大，则响应过程提前制动，导致调节时间延长，使系统的抗干扰性能变差，微分调节作用对噪声干扰也有放大作用，因此控制系统所取的 K_D 值过大，对系统的抗干扰不利。

这里以无人艇 x 方向的前进速度为例进行 PID 的控制器的设计。为方便起见，简化无人艇前进速度系统为如下二阶系统：

$$G(s)=\frac{K}{(T_1 s)(T_2 s+1)} \tag{8-12}$$

根据实际无人艇的机械设计结构不同可以对其参数取不同的数值，这里取 $K=10$，$T_1=20$，$T_2=58$。基于 Simulink 搭建出无人艇 x 方向前进速度仿真结构如图 8-13 所示，主要对比单位阶跃输入及单位斜坡信号输入下系统的响应情况。

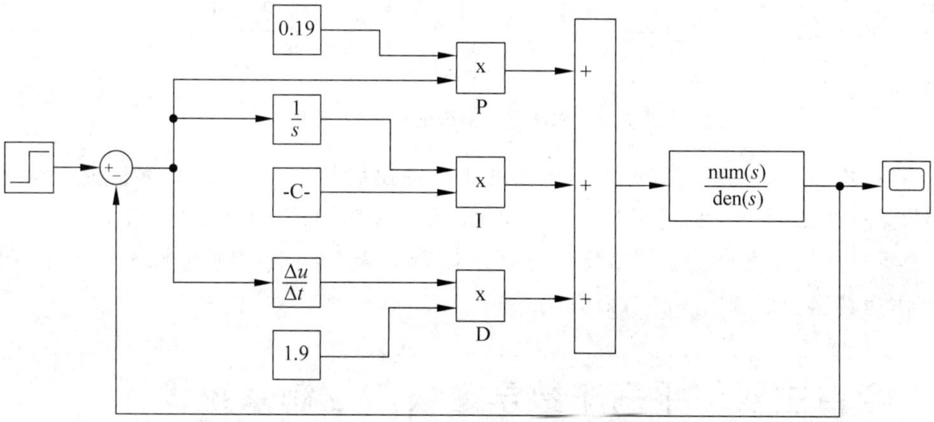

图 8-13　无人艇前进速度系统 PID 控制仿真

PID 控制的重点在于 PID 参数的确定，PID 参数的好坏直接影响到水面无人艇的控制效果。经过国内外控制领域多年的研究，先后提出了多种 PID 参数的整定方法。常见的工程整定方法有临界比例度法、衰减曲线法和经验法等。采用临界比例度法，将调节器的积分时间设定为无穷大、微分时间设定为零(即 $K_I\to\infty$，$K_D=0$)，比例度适当取值，调节系统按纯比例作用。当系统达到稳定后，适当减小比例度，在外界干扰的作用下，观察输出响应的动态变化过程，并寻找使得系统呈现等幅振荡的临界状态，得到临界参数。根据临界比例度 δ_λ 和临界周期 T_λ，结合经验公式即可得到调节参数。基于上述经验反复试验，取得 $K_P=0.19$，$K_I=0.0032$，$K_D=1.9$ 时系统的响应曲线较优。

当输入阶跃信号和单位斜坡信号时系统的响应分别如图 8-14 和图 8-15 所示。

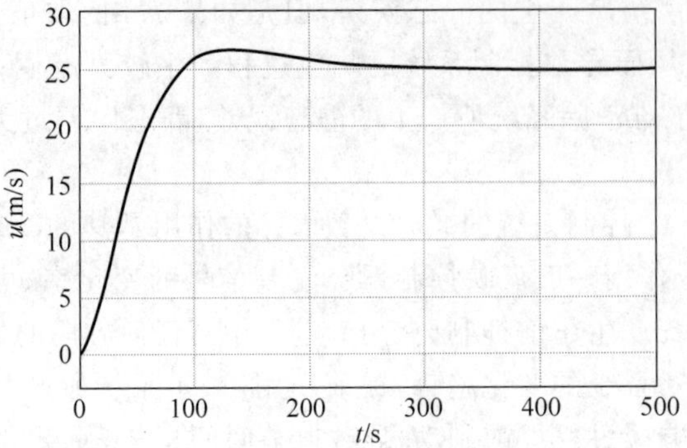

图 8-14　PID 控制系统的单位阶跃响应

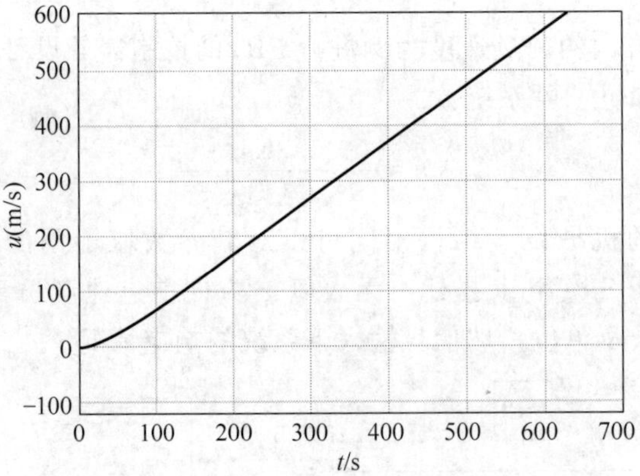

图 8-15　PID 控制系统的单位斜坡响应

本节系统介绍了三自由度无人艇运动的非线性模型的建立方法，并对非线性模型进行线性化处理，在此基础上实现了基于 Simulink 的无人艇模型 PID 控制仿真。仿真结果表明，基于所建立的无人艇运动模型可以方便地进行无人艇运动控制规律的研究，且 PID 控制可以作为其运动控制的一种有效方法。

8.3　全自主双轮平衡车数学建模与控制系统设计

随着科学技术的进步和社会的发展，移动机器人的应用领域越来越广泛。同时人们对机器人的工作环境和工作要求越来越复杂多样。双轮平衡车如图 8-16 所示，其以运动灵活、所需驱动力低、结构简单等优点引起了人们的关注，并逐渐成为移动机器人研究的一个重要领域。全自主双轮平衡车是一种基于先进的传感器、控制系统和动力系统技术的个人交通工具。它通常由两个轮子组成，通过内置的平衡控制系统来实现自动平衡和稳定性。

这种平衡车利用陀螺仪、加速度计和其他传感器来实时检测车辆的倾斜角度和加速度。然后，通过高速计算和反馈控制，控制系统会根据倾斜角度的变化调整电动机的转速和方向，从而保持车辆的平衡。全自主双轮平衡车还配备了先进的导航系统，如全球定位系统(Global Positioning System，GPS)和惯性导航系统，以便在室内和室外环境中进行定位和

图 8-16　双轮平衡车

导航。它可以通过用户的指令、重心转移或遥控器来控制移动和转向。

这种平衡车通常采用电动动力系统，由电池提供能源。电动机通过控制系统实现精确的速度和转向控制。一些平衡车还具有智能功能，例如，自动避障、跟随模式和自动停车等。全自主双轮平衡车在城市出行、短途代步和个人娱乐方面有广泛的应用。它们通常具有紧凑的设计，便于携带和操作。一些平衡车还具备可折叠或可调节的特点，以适应不同的身高和使用场景。

总体而言，全自主双轮平衡车是一种智能化、环保和便捷的交通工具，具有自动平衡、导航和控制功能，为用户提供了全新的出行方式。

8.3.1　双轮平衡车数学模型

可以将双轮平衡车看作一个以倒立摆为基础的移动机器人，在运动过程中其具有动态稳定的能力。在车身保持稳定这一重要前提下，要求其可以完成直行与转向等基本动作。由于全自主移动双轮平衡车两车轮采用同轴对称布置。故其在未加控制的情况下，因车身重心位置的不同会使车身呈现3种不同的状态，分别为静止、前倾和后仰。若重心与竖直轴线位于同一平面内，则全自主移动双轮平衡车处于静止状态，如图8-17(a)所示；重心若靠前则为前倾状态；若靠后则为后仰状态，此时车轮运动方向与车身运动方向相反，如图8-17(b)和图8-17(c)所示。

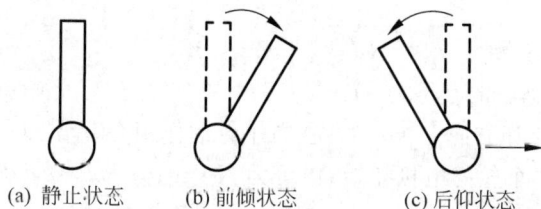

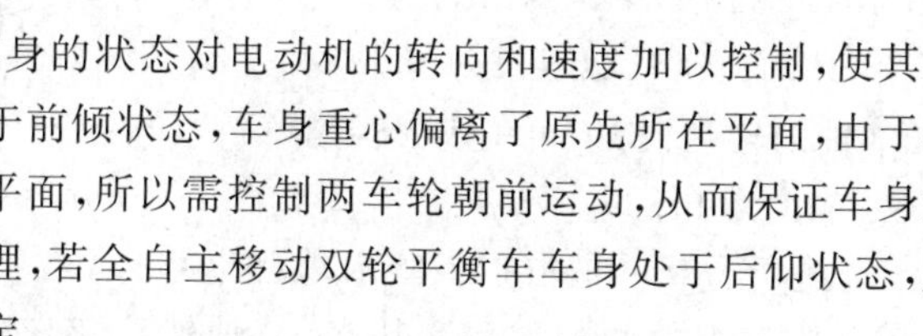

图 8-17　车身3种状态

为此，需要根据车身的状态对电动机的转向和速度加以控制，使其能够保持平衡。现假设双轮平衡车车身处于前倾状态，车身重心偏离了原先所在平面，由于车身稳定状态是车身重心与两车轮轴线共平面，所以需控制两车轮朝前运动，从而保证车身重心相对两车轮轴线位置未发生变化。同理，若全自主移动双轮平衡车车身处于后仰状态，则需要控制两车轮朝后运动以保持车身稳定。

为了使得车身可以维持在竖直位置，则需要车轮运动方向与车身倾倒方向相同，如图8-18(a)和图8-18(b)所示。因此，车体需要姿态检测传感器实时检测其姿态，比如陀螺

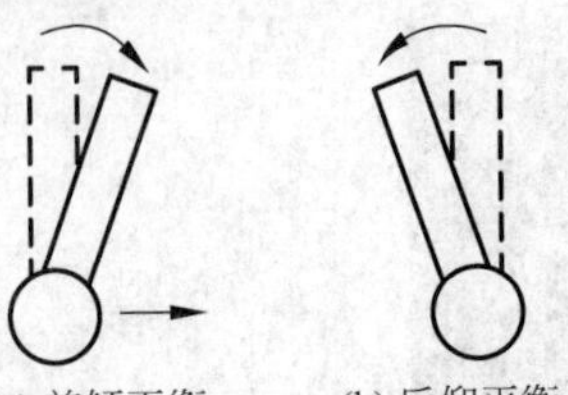

(a) 前倾平衡　(b) 后仰平衡

图 8-18　平衡方法

仪和倾角仪，从而使得该控制系统由开环控制系统变为闭环反馈控制系统。姿态检测传感器将车体姿态信息发送给主控制器，通过控制器来判断车身姿态为前倾或后仰，然后给车轮一个反向运动信号保持车轮与车身运动方向一致，从而保证车身的平衡。

将双轮平衡车分解成车体和车轮两部分，分别采用牛顿力学分析法对系统进行分析，建立其动力学模型。其整体坐标建立如图 8-19 所示。

首先以右车轮为例分析车轮的受力情况，如图 8-20 所示。

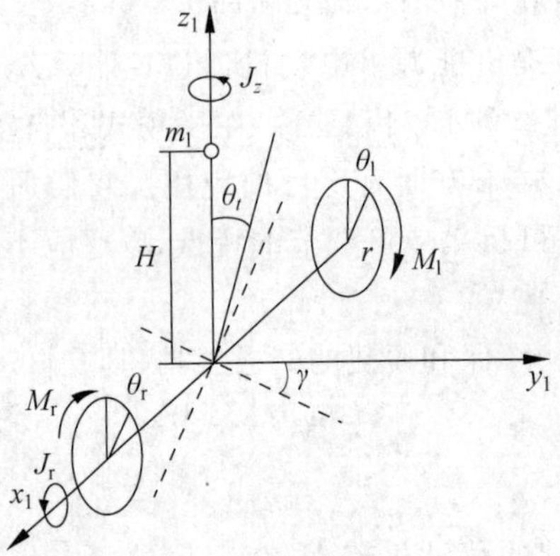

图 8-19　坐标系

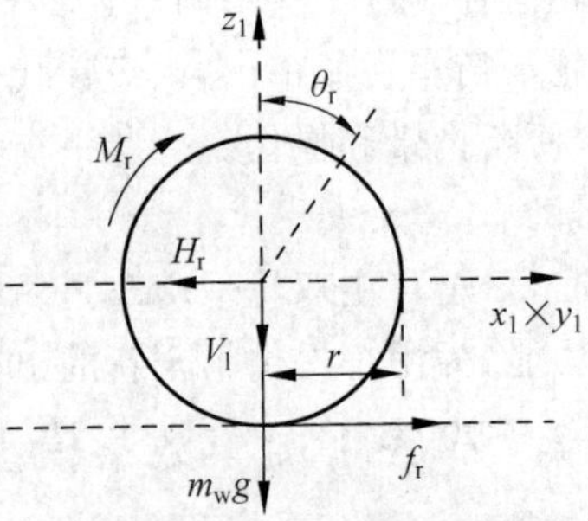

图 8-20　右车轮受力情况分析

根据图 8-20 建立右车轮微分方程：

$$f_r - H_r = m_w \ddot{x}_r \tag{8-13}$$

$$M_r - f_r r = J_w \ddot{\theta}_r \tag{8-14}$$

以相同的方法对左车轮进行分析，得出左车轮微分方程：

$$f_1 - H_1 = m_w \ddot{x}_1 \tag{8-15}$$

$$M_1 - f_1 r = J_w \ddot{\theta}_1 \tag{8-16}$$

式中，f_1、f_r——左、右车轮的摩擦力，单位为 N；

H_1、H_r——在 y_1 轴方向上车体对左、右车轮的作用力，单位为 N；

M_1、M_r——左、右车轮的电机扭矩，单位为 N · m；

m_w——车轮的质量，单位为 kg；

x_1、x_r——左、右车轮的位移，单位为 m；

θ_1、θ_r——左、右车轮的旋转角度，单位为 rad；

J_w——车轮绕 x_1 轴的转动惯量，单位为 kg · m^2；

r——车轮的半径，单位为 m。

然后对车体受力情况进行分析，如图 8-21 所示。由此可以建立在 y_1 轴和 z_1 轴正方向上的微分方程和其绕 x_1 轴转动的扭矩方程。

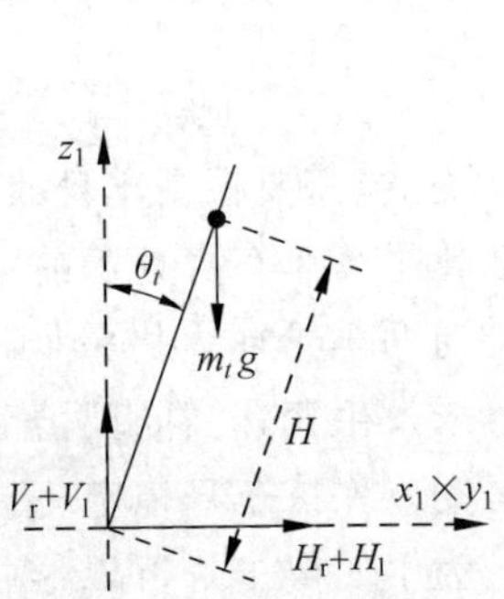

图 8-21　车体受力情况分析

车体的质心在 y_1 轴上的位置为

$$y_{m_t} = \frac{x_r + x_l}{2} \tag{8-17}$$

车体的质心在 y_1 轴正方向上运动的位移为

$$y_d = y_{m_t} + H\sin\theta_t \tag{8-18}$$

式(8-18)左右两边分别对时间 t 求二阶导数可得

$$\ddot{y}_d = \ddot{y}_{m_t} + H\sin\theta_t \cdot \dot{\theta}_t^2 + H\cos\theta_t \cdot \ddot{\theta}_t \tag{8-19}$$

车体的质心在 y_1 轴正方向上的微分方程为

$$m_t\ddot{y}_d = H_r + H_l \tag{8-20}$$

车体的质心在 z_1 轴正方向上运动的位移为

$$z_d = H\cos\theta_t - H \tag{8-21}$$

式(8-21)左右两边分别对时间 t 求二阶导数可得

$$\ddot{z}_d = -H\cos\theta_t \cdot \dot{\theta}_t^2 - H\sin\theta_t \cdot \ddot{\theta}_t \tag{8-22}$$

车体的质心在 z_1 轴正方向上的微分方程为

$$m_t\ddot{z}_d = V_r + \mathbf{V}_l - m_t g \tag{8-23}$$

车体的质心绕 x_1 轴转动的扭矩方程为

$$J_t\ddot{\theta}_t = (V_r + V_l)H\sin\theta_t - (H_r + H_l)H\cos\theta_t \tag{8-24}$$

式中，θ_t——车体绕 z_1 轴的旋转角度，单位为 rad；

H——车体质心与两车轮轴线间的距离，单位为 m；

V_l, V_r——在 z_1 轴方向上车体对左、右车轮的作用力，单位为 N；

m_t——车体的质量，单位为 kg；

J_t——车体绕 x_1 轴的转动惯量，单位为 $kg \cdot m^2$。

至此，基于牛顿力学分析法列出了双轮平衡车的动力学精确数学模型。为了对其进行有效的控制，在车体倾角为 $|\theta_t| \leqslant 10°$ 的范围内进行线性化。令 $\sin\theta_t \approx \theta_t$，$\cos\theta_t \approx 1$，$\theta_t^2 \approx 0$，得到以下的线性化数学模型：

$$\begin{cases} \left(2m_w + \dfrac{2J_w}{r^2} + m_t\right)\ddot{y}_{m_t} + m_t H\ddot{\theta}_t = \dfrac{M_r + M_l}{r} \\ J_t\ddot{\theta}_t + m_t H^2\ddot{\theta}_t - m_t gH\theta_t = -m_t H\ddot{y}_{m_t} \\ \left(Lm_w + \dfrac{J_w L}{r^2} + \dfrac{2J_z}{L}\right)\ddot{\gamma} = \dfrac{M_r - M_l}{r} \end{cases} \tag{8-25}$$

将其转换为状态空间方程：

$$\begin{bmatrix} \dot{y}_{m_t} \\ \dot{\theta}_t \\ \ddot{y}_{m_t} \\ \ddot{\theta}_t \end{bmatrix} = \begin{bmatrix} 0 & 0 & 1 & 0 \\ 0 & 0 & 0 & 1 \\ 0 & c_1 & 0 & 0 \\ 0 & c_2 & 0 & 0 \end{bmatrix} \begin{bmatrix} y_{m_t} \\ \theta_t \\ \dot{y}_{m_t} \\ \dot{\theta}_t \end{bmatrix} + \begin{bmatrix} 0 & 0 \\ 0 & 0 \\ d_1 & d_2 \\ d_3 & d_4 \end{bmatrix} \begin{bmatrix} M_l \\ M_r \end{bmatrix} \tag{8-26}$$

其中的参数 c_1、c_2、d_1、d_2、d_3、d_4 可通过简化后的数学模型及平衡车的实际参数计算得到。

8.3.2 状态反馈控制器的设计

依据表 8-2 中平衡车的实际参数,可以将该系统状态空间方程整理成标准的状态空间方程的形式:

$$\begin{aligned}\dot{\boldsymbol{X}} &= \boldsymbol{AX} + \boldsymbol{BU} \\ \boldsymbol{Y} &= \boldsymbol{CX} + \boldsymbol{DU}\end{aligned} \tag{8-27}$$

式中,$\boldsymbol{A}$、$\boldsymbol{B}$、$\boldsymbol{C}$、$\boldsymbol{D}$ 参数矩阵如下:

$$\boldsymbol{A} = \begin{bmatrix} 0 & 0 & 1 & 0 \\ 0 & 0 & 0 & 1 \\ 0 & -19.49 & 0 & 0 \\ 0 & 50.32 & 0 & 0 \end{bmatrix},\quad \boldsymbol{B} = \begin{bmatrix} 0 & 0 \\ 0 & 0 \\ 2.32 & 2.32 \\ -3.98 & -3.98 \end{bmatrix},\quad \boldsymbol{C} = \begin{bmatrix} 1 & 0 & 0 & 0 \\ 0 & 1 & 0 & 0 \\ 0 & 0 & 1 & 0 \\ 0 & 0 & 0 & 1 \end{bmatrix},\quad \boldsymbol{D} = \begin{bmatrix} 0 & 0 \\ 0 & 0 \\ 0 & 0 \\ 0 & 0 \end{bmatrix}$$

表 8-2 双轮平衡车实际参数值

参数	取值	参数	取值
m_t/kg	8.2	L/m	0.635
m_w/kg	1.36	J_t/(kg·m^2)	6.2×10^{-3}
H/m	0.58	J_z/(kg·m^2)	0.82
g/(m/s^2)	9.8	J_w/(kg·m^2)	7.5×10^{-3}
r/m	0.105		

对于一个连续的时间系统,系统能控的充要条件是系统的能控性矩阵行满秩,即

$$\text{rank}(\boldsymbol{Q}_c) = \text{rank}([\boldsymbol{B} \quad \boldsymbol{AB} \quad \boldsymbol{A}^2\boldsymbol{B} \quad \cdots \quad \boldsymbol{A}^{n-1}\boldsymbol{B}]) = n \tag{8-28}$$

而系统能观的充要条件是系统的能观性矩阵列满秩,即

$$\text{rank}(\boldsymbol{Q}_o) = \text{rank}\left(\begin{bmatrix} \boldsymbol{C} \\ \boldsymbol{CA} \\ \boldsymbol{CA}^2 \\ \boldsymbol{M} \\ \boldsymbol{CA}^{n-1} \end{bmatrix}\right) = n \tag{8-29}$$

根据 MATLAB 软件,可以计算出 $\boldsymbol{T}_c$ 和 $\boldsymbol{T}_o$。

MATLAB 程序如下:

```
>> A = [0 0 1 0;0 0 0 1;0 -19.49 0 0;0 50.32 0 0];
>> B = [0 0;0 0;2.32 2.32;-3.98 -3.98];
>> C = [1 0 0 0;0 1 0 0;0 0 1 0;0 0 0 1];
>> Qc = ctrb(A,B);
>> Qo = obsv(A,C);
>> nc = rank(Qc);
>> no = rank(Qo);
>> nc,no
nc =
     4
no =
     4
```

可见,$\boldsymbol{Q}_c$ 和 $\boldsymbol{Q}_o$ 均满秩,所以系统具有能控能观性。

线性定常系统输出稳定的充要条件是其传递函数 $\boldsymbol{C}(s\boldsymbol{I}-\boldsymbol{A})^{-1}\boldsymbol{B}$ 的所有极点都位于 s 左半平面，即系统的特征方程 $|\boldsymbol{\lambda I}-\boldsymbol{A}|=0$ 都具有负实部。使用 MATLAB 软件的 eig()函数计算得到

$$\boldsymbol{\lambda}=[0\quad 0\quad 7.0937\quad -7.0937]$$

MATLAB 程序如下：

```
>> A = [0 0 1 0;0 0 0 1;0 - 19.49 0 0;0 50.32 0 0];
>> eig(A)
ans =
         0
         0
    7.0937
   - 7.0937
```

由结果可知，系统存在 s 右半平面的特征根，因此系统是不稳定的。所以需要对其进行反馈控制。由上述分析可知，系统 s 右半平面的极点会导致系统不稳定，因此需要设计一个状态反馈控制器，将系统闭环极点全部配置到 s 左半平面。

假设希望将系统的闭环极点配置到 $\boldsymbol{N}=[-2+4\mathrm{j}\quad -2-4\mathrm{j}\quad -10\quad -20]$，通过 MATLAB 软件的 place()函数来计算得到反馈矩阵 $\boldsymbol{K}$，结果如下：

$$\boldsymbol{K}=[-51.0566\ -78.7968\ -17.8698\ -14.6879;-51.0566\ -78.7968\ -17.8698\ -14.6879]$$

MATLAB 程序如下：

```
>> A = [0 0 1 0;0 0 0 1;0 - 19.49 0 0;0 50.32 0 0];
>> B = [0 0;0 0;2.32 2.32;- 3.98 - 3.98];
>> N = [ - 2 + 4j, - 2 - 4j, - 10, - 20];
>> K = place(A,B,N)
K =
   - 51.0566   - 78.7968   - 17.8698   - 14.6879
   - 51.0566   - 78.7968   - 17.8698   - 14.6879
```

为了检验上述极点配置的闭环系统的性能，使用在平衡点线性化的系统配置极点所得到的 $\boldsymbol{K}$ 对非线性系统进行反馈控制，并在 Simulink 中搭建仿真模型如图 8-22 所示，其中的状态空间模块即上述 $\boldsymbol{A}$、$\boldsymbol{B}$、$\boldsymbol{C}$、$\boldsymbol{D}$ 矩阵参数，增益模块中的 $\boldsymbol{K}$ 为反馈矩阵。

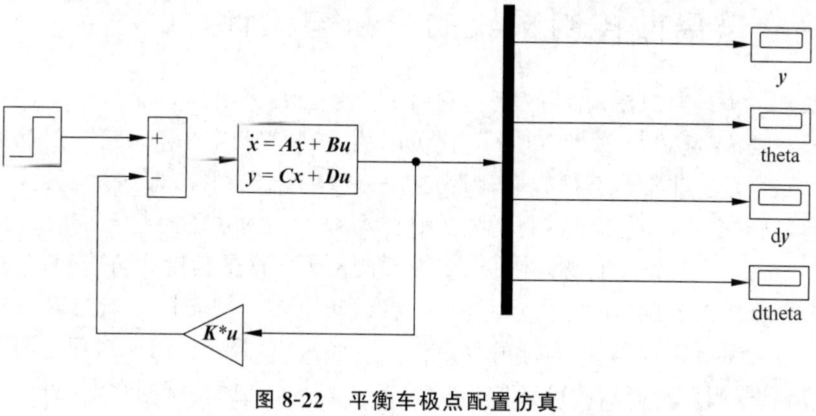

图 8-22　平衡车极点配置仿真

运行 Simulink 仿真模型，得到系统的闭环响应如图 8-23 所示，可见系统在微小扰动的情况下仍然能够保持稳定，说明所设计的状态反馈控制器是有效的。

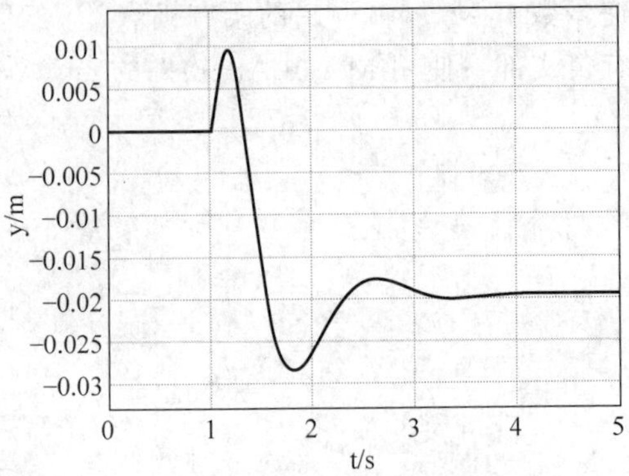

(a) 位移平衡仿真控制

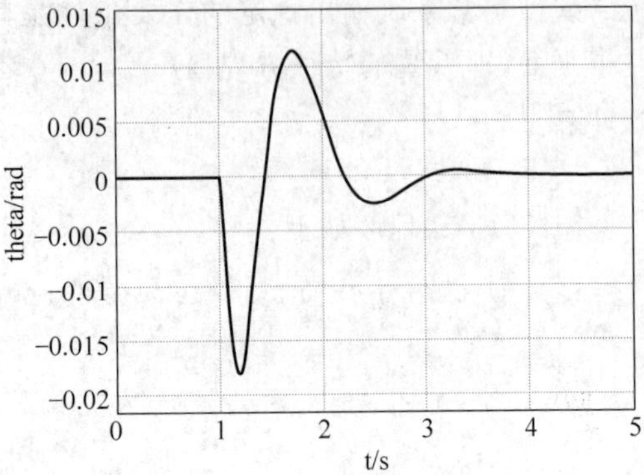

(b) 角度平衡仿真控制

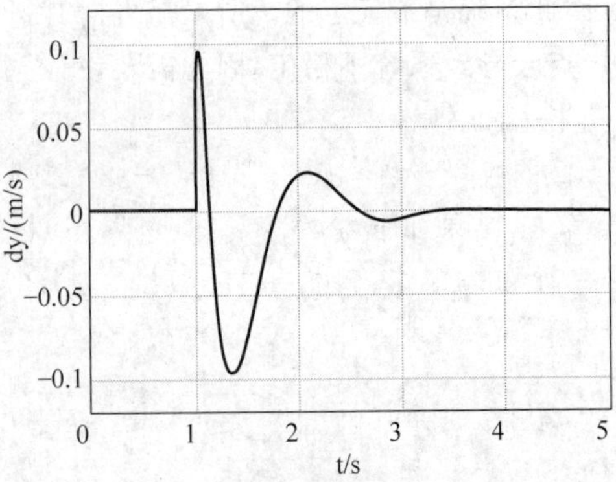

(c) 速度平衡仿真控制

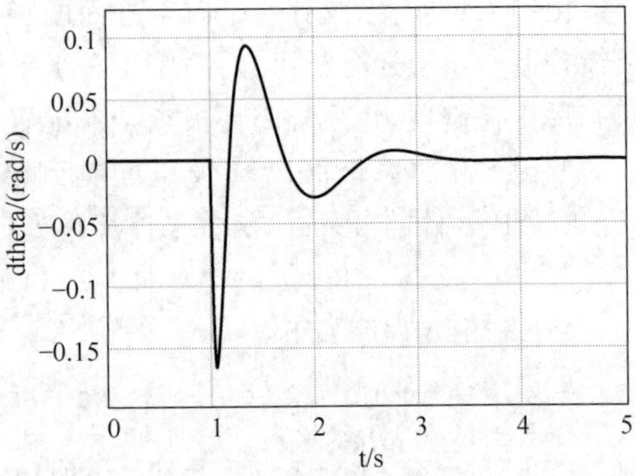

(d) 角速度平衡仿真控制

图 8-23　状态反馈控制仿真图

本节介绍了双轮平衡车数学模型的建立过程，并对数学模型进行线性化处理，在此基础上实现了基于 Simulink 的双轮平衡车的状态反馈控制仿真。仿真结果表明，状态反馈控制能够实现稳定控制。

8.4　倒立摆离散控制系统的分析与设计

倒立摆是一个经典的控制系统案例，它由一个悬挂在一根垂直轴上的杆和一个在杆顶端旋转的质点组成，起源于 20 世纪 50 年代美国的 MIT 实验室中对火箭发射助推器姿态控制的研究。这个系统非常具有挑战性，因为它是一个不稳定系统，即如果不进行控制，它会倒下。因此，倒立摆被广泛用于控制系统的研究和教学。倒立摆控制系统的目标是使倒立摆保持直立。为了实现这个目标，控制系统需要测量倒立摆的角度和角速度，并根据这些测量结果来控制杆的加速度，使得质点始终位于杆的正上方。倒立摆系统的运动方程可以表示为二阶非线性微分方程，具有高度的复杂性。一般来说，需要使用控制理论和数值方法来求解这个方程，并确定控制器的设计参数。本节主要从倒立摆系统的数学建模、状态空间模型、稳定性分析、状态反馈控制器设计等 4 个方面对其进行剖析和阐释。

实际中的倒立摆控制系统可抽象为如图 8-24 所示的模型，其中倒立摆被安装在一个小车上，希望在存在干扰的情况下，保持摆垂直的状态。

在该系统中，设小车的质量为 M，倒立摆杆的质量为 m，摆杆的长度为 $2l$，摆杆的重心位于其中点 O_l 处。其本质上为一个不稳定的系统，若以合适的控制力施加在小车上，则可将倒立摆从倾斜状态返回到垂直状态；若不给小车施加外力以使其做合适的运动，则倒立摆将不能保持倒立状态而向左或者向右倾斜。

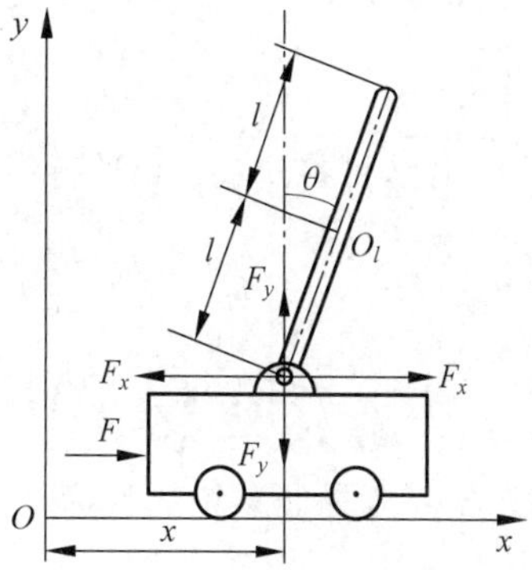

图 8-24　倒立摆运动模型

8.4.1　倒立摆系统的数学模型

基于如图 8-24 所示的运动模型，并根据运动学规律对倒立摆系统进行数学建模。

其中，小车水平方向的运动方程为

$$M \frac{d^2}{dt^2}x(t) + \eta \frac{d}{dt}x(t) = Ku(t) - F_x \tag{8-30}$$

式中，$x(t)$——小车的水平位置；

η——系统与接触面总的摩擦系数；

$u(t)$——小车水平方向控制作用的大小，可通过伺服电机进行调节；

F_x——小车对摆杆的作用力 F 的水平分量。

摆杆水平方向的运动方程为

$$m \frac{d^2}{dt^2}[x(t) + l\sin\theta(t)] = F_x \tag{8-31}$$

式中，$\theta(t)$为摆杆的垂直偏角。

摆杆垂直方向的运动方程为

$$m \frac{d^2}{dt^2}[l\cos\theta(t)] = F_y - mg \tag{8-32}$$

式中，F_y 为小车对摆杆作用力 F 的垂直分量。

摆杆的旋转运动方程为

$$J \frac{d^2}{dt^2}\theta(t) + \xi \frac{d}{dt}\theta(t) = F_y l\sin\theta(t) - F_x l\cos\theta(t) \tag{8-33}$$

式中，J 为摆杆的转动惯量，ξ 为摆杆转动的摩擦系数。

通过简单的运算消去上述各式中的 F_x 和 F_y，得到如下结果：

$$\begin{cases} (M+m) \dfrac{d^2}{dt^2}x(t) + \eta \dfrac{d}{dt}x(t) = Ku(t) - ml \dfrac{d^2}{dt^2}[\sin\theta(t)] \cdot \\ ml\cos\theta(t) \dfrac{d^2}{dt^2}x(t) + J \dfrac{d^2}{dt^2}\theta(t) + \xi \dfrac{d}{dt}\theta(t) - mgl\sin\theta(t) \\ = -ml^2\cos\theta(t) \dfrac{d^2}{dt^2}[\sin\theta(t)] + ml^2\sin\theta(t) \dfrac{d^2}{dt^2}[\cos\theta(t)] \end{cases} \tag{8-34}$$

至此便得到了关于 $x(t)$和 $\theta(t)$的非线性方程组，由于控制的目的是为了让摆杆尽可能保持垂直状态，因此，为了简化模型，此处考虑当 $\theta(t)$不大时，即 $\theta(t)$在平衡点 $\theta_b=0$ 附近运动，在这一假设成立的前提下，有下述近似关系

$$\begin{cases}\sin\theta(t) \approx \theta(t) \\ \cos\theta(t) \approx 1\end{cases} \tag{8-35}$$

因此,可将式(8-34)进行线性化得到

$$\begin{cases}(M+m)\dfrac{\mathrm{d}^2}{\mathrm{d}t^2}x(t) + \eta\dfrac{\mathrm{d}}{\mathrm{d}t}x(t) = Ku(t) - ml\dfrac{\mathrm{d}^2}{\mathrm{d}t^2}\theta(t) \\ ml\dfrac{\mathrm{d}^2}{\mathrm{d}t^2}x(t) = -(J+ml^2)\dfrac{\mathrm{d}^2}{\mathrm{d}t^2}\theta(t) - \xi\dfrac{\mathrm{d}}{\mathrm{d}t}\theta(t) + mgl\theta(t)\end{cases} \tag{8-36}$$

基于倒立摆控制系统的目标及过程中所需要观测的变量,定义该系统的状态变量为

$$\boldsymbol{x} = \begin{bmatrix} x_1 \\ x_2 \\ x_3 \\ x_4 \end{bmatrix} = \begin{bmatrix} \theta \\ \dot{\theta} \\ x \\ \dot{x} \end{bmatrix} \tag{8-37}$$

由此式(8-36)所描述的倒立摆系统的状态空间模型可以表示为

$$\begin{cases}\dot{\boldsymbol{x}} = \begin{bmatrix} 0 & 1 & 0 & 0 \\ 0 & -\dfrac{(J+ml^2)\eta}{\Delta} & -\dfrac{m^2l^2g}{\Delta} & \dfrac{ml\xi}{\Delta} \\ 0 & 0 & 0 & 1 \\ 0 & \dfrac{ml\eta}{\Delta} & \dfrac{(M+m)mgl}{\Delta} & -\dfrac{(M+m)\xi}{\Delta} \end{bmatrix}\boldsymbol{x} + \begin{bmatrix} 0 \\ \dfrac{(J+ml^2)K}{\Delta} \\ 0 \\ -\dfrac{mlK}{\Delta} \end{bmatrix}u \\ \boldsymbol{y} = [0 \quad 0 \quad 1 \quad 0]\,\boldsymbol{x}\end{cases} \tag{8-38}$$

式中,$\Delta=(M+m)J+Mml^2$。

将式(8-38)表示的模型称为系统模型,在该倒立摆控制系统中,控制量为伺服电机的控制电压 $u(t)$,输出量为小车的水平位置 $x(t)$。

为了进一步简化模型,可以忽略摆杆绕轴转动的摩擦以及系统与水平接触面的摩擦,即设 $\xi=\eta=0$,则可以将式(8-38)的状态空间模型简化为

$$\begin{cases}\dot{\boldsymbol{x}} = \begin{bmatrix} 0 & 1 & 0 & 0 \\ 0 & 0 & -\dfrac{m^2l^2g}{\Delta} & 0 \\ 0 & 0 & 0 & 1 \\ 0 & 0 & \dfrac{(M+m)mgl}{\Delta} & 0 \end{bmatrix}\boldsymbol{x} + \begin{bmatrix} 0 \\ \dfrac{(J+ml^2)K}{\Delta} \\ 0 \end{bmatrix}u \\ \boldsymbol{y} = [0 \quad 0 \quad 1 \quad 0]\,\boldsymbol{x}\end{cases} \tag{8-39}$$

将式(8-39)表示的模型称为系统简化模型。至此,便可以对实际工程中的倒立摆系统的参数进行测量计算并赋值到式(8-38)和式(8-39),得到倒立摆的系统模型和系统简化模型分别为

$$\begin{cases}\dot{\boldsymbol{x}} = \begin{bmatrix} 0 & 1 & 0 & 0 \\ 0 & -0.0399 & -0.4905 & 3.3079\times10^{-4} \\ 0 & 0 & 0 & 1 \\ 0 & 0.1323 & 20.601 & -0.0066 \end{bmatrix}\boldsymbol{x} + \begin{bmatrix} 0 \\ 0.5 \\ 0 \\ -1 \end{bmatrix}u \\ \boldsymbol{y} = [0 \quad 0 \quad 1 \quad 0]\,\boldsymbol{x}\end{cases} \tag{8-40}$$

$$\begin{cases}\dot{\boldsymbol{x}}=\begin{bmatrix}0 & 1 & 0 & 0\\0 & 0 & -0.4905 & 0\\0 & 0 & 0 & 1\\0 & 0 & 20.601 & 0\end{bmatrix}\boldsymbol{x}+\begin{bmatrix}0\\0.5\\0\\-1\end{bmatrix}u\\ \boldsymbol{y}=\begin{bmatrix}0 & 0 & 1 & 0\end{bmatrix}\boldsymbol{x}\end{cases}\tag{8-41}$$

对上述倒立摆的简化状态空间模型进行离散化处理，其中采样周期 T_s 为 0.1s，这里借助 MATLAB 的离散化函数 c2d()实现。

MATLAB 程序如下：

```
>> A = [0 1 0 0; 0 0 -0.4905 0;0 0 0 1;0 0 20.601 0];
>> B = [0; 0.5; 0; -1];
>> C = [0 0 1 0];
>> D = 0;
>> sys = ss(A,B,C,D);
>> Ts = 0.1;
>> sysd = c2d(sys,Ts);
>> G = sysd.A;
>> H = sysd.B;
>> Cd = sysd.C;
```

$$\begin{cases}\boldsymbol{x}(k+1)=g\boldsymbol{x}(k)+hu(k)\\ \boldsymbol{y}(k)=c\boldsymbol{x}(k)\end{cases}\tag{8-42}$$

$$\begin{cases}\boldsymbol{x}(k+1)=\begin{bmatrix}1 & 0.1 & -0.0025 & -0.0001\\0 & 1 & -0.0508 & -0.0025\\0 & 0 & 1.1048 & 0.1035\\0 & 0 & 2.1316 & 1.1048\end{bmatrix}\boldsymbol{x}(k)+\begin{bmatrix}0.0025\\0.0501\\-0.0051\\-0.1035\end{bmatrix}u(k)\\ \boldsymbol{y}(k)=\begin{bmatrix}0 & 0 & 1 & 0\end{bmatrix}\boldsymbol{x}(k)\end{cases}\tag{8-43}$$

式(8-42)为离散状态空间模型的通用表达形式，式(8-43)为式(8-41)所描述的简化倒立摆模型的离散化模型，后续将基于该离散化模型对其进行综合分析并实现对系统模型的控制器设计。

8.4.2　系统的特性分析

系统的特性分析主要包括对系统的稳定性、系统的能观性、系统的能控性等方面进行较为深入的解析。

1. 稳定性

系统的稳定性分析基于李雅普诺夫第一方法，并通过调用 MATLAB 中的 eig()函数求取系统矩阵的全部特征值，从而根据系统的特征值的正负来判断系统的稳定性。

MATLAB 程序及运行结果如下：

```
>> A = [0 1 0 0; 0 0 -0.4905 0; 0 0 0 1; 0 0 20.601 0];
>> eig(A)
ans =
         0
         0
    4.5388
   -4.5388
```

由结果可见,倒立摆系统存在非负的特征值,因此系统本身在其平衡点位置是不稳定的,即摆杆垂直状态的偏角 $\theta(t)$ 无法稳定在其平衡点 $\theta_b=0$ 处。

2. 能观性、能控性

对系统能观性、能控性的分析,可以通过求取系统的能观性矩阵 $\boldsymbol{Q}_o$ 及系统的能控性矩阵 $\boldsymbol{Q}_c$,并通过 MATLAB 的相关函数判断两个矩阵是否是满秩的。若 $\boldsymbol{Q}_o$ 和 $\boldsymbol{Q}_c$ 均为满秩,则系统能观且能控;若二者有一个不满秩,则系统为能观不能控或者能控不能观;若二者均不满秩,则系统不能观且不能控。这里通过 MATLAB 判断系统的能观性、能控性。

MATLAB 程序如下:

```
>> A = [0 1 0 0; 0 0 - 0.4905 0;0 0 0 1;0 0 20.601 0];
>> B = [0; 0.5; 0; -1];
>> C = [0 0 1 0];
>> sys = ss(A,B,C,D);
>> Qo = obsv(A,C);
>> Qc = ctrb(A,B);
>> no = rank(Qo);
>> nc = rank(Qc);
no = 4
nc = 4
>> Ts = 0.1;
>> sysd = c2d(sys,Ts);
>> Qcd = ctrb(sysd);
>> disp(rank(Gcd));
    4
>> Qod = obsv(sysd);
>> disp(rank(God));
    4
```

由结果可知,倒立摆系统的能观性矩阵 $\boldsymbol{Q}_o$ 和系统的能控性矩阵 $\boldsymbol{Q}_c$ 的秩均为 4,均为满秩;离散后的状态空间模型能观性矩阵 $\boldsymbol{Q}_{od}$ 和能控性矩阵 $\boldsymbol{Q}_{cd}$ 也均为满秩。因此,系统既能观又能控,系统可以构成状态反馈控制且可以设计状态观测器。

8.4.3 状态反馈控制器设计

由于系统本身不含积分环节,因此控制器中除状态反馈外还引入了一个积分环节,控制系统结构图如图 8-25 所示。

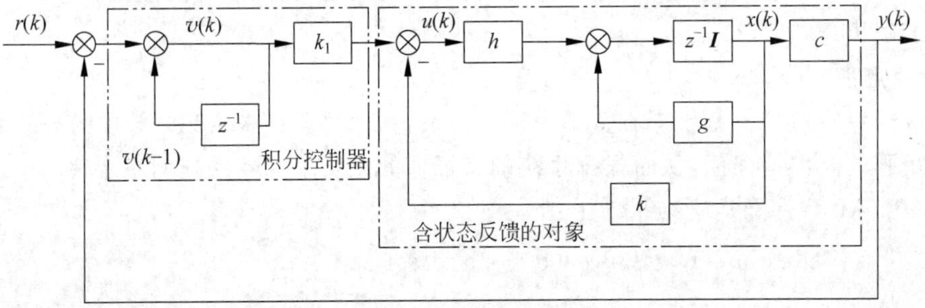

图 8-25　倒立摆状态反馈控制系统结构图

从图 8-25 中可以得到

$$v(k)=v(k-1)+r(k)-y(k) \tag{8-44}$$

$$u(k) = -kx(k) + k_1 v(k) \tag{8-45}$$

令 $x_5(k)=v(k)$，$\boldsymbol{\xi}(k)=[x_1(k),\ x_2(k),\ x_3(k),\ x_4(k),\ x_5(k)]^{\mathrm{T}}$，则可以得到

$$\boldsymbol{\xi}(k+1) = \hat{\boldsymbol{g}}\boldsymbol{\xi}(k) + \hat{\boldsymbol{h}}\boldsymbol{w}(k) \tag{8-46}$$

$$\boldsymbol{w}(k) = -\hat{\boldsymbol{k}}\boldsymbol{\xi}(k) \tag{8-47}$$

式中，

$$\hat{\boldsymbol{g}} = \begin{bmatrix} g & 0 \\ -cg & 1 \end{bmatrix} \qquad \hat{\boldsymbol{h}} = \begin{bmatrix} h \\ -ch \end{bmatrix}$$

$$\hat{\boldsymbol{k}} = [k_1 \quad k_2 \quad k_3 \quad k_4 \quad -k_1]/(k-k_1)$$

对倒立摆离散系统构造状态反馈控制器，使得闭环系统的极点位于0、0、0.9±0.25j，极点的配置保证闭环系统在平衡点渐近稳定，即在状态反馈控制作用下摆杆的垂直偏角 θ 能稳定在平衡点 $\theta_b=0$。应用第6章介绍的状态反馈极点配置算法可以求出状态反馈矩阵 $\boldsymbol{K}$。应用MATLAB也可以方便地求得状态反馈矩阵。

MATLAB程序如下：

```
%模型输入
>> A = [0 1 0 0; 0 0 - 0.4905 0; 0 0 0 1;0 0 20.601 0];
>> B = [0; 0.5; 0; - 1];
>> C = [0 0 1 0];
>> D = 0;
%离散化
>> [G, H] = c2d(A,B,0.1);
>> G1 = [G zeros(4,1); - C * G 1];
>> H1 = [H; - C * H];
%检查能控性
>> rc = rank(ctrb(G1, H1))
rc =
     4
%极点配置
>> p = [0.9 + 0.25 * i 0.9 - 0.25 * i 0 0 0];
>> k = acker(G1,H1,p)
k =
     - 371.1822   - 103.7521   - 236.7336   - 168.5108   72.6484
```

至此，利用MATLAB的acker()函数求得了系统状态反馈控制器的状态反馈矩阵 $\boldsymbol{K}$，进而通过dstep()函数查看倒立摆离散控制系统的阶跃响应，以倒立摆系统小车的水平位移 x 作为输出，其阶跃响应如图8-26所示，倒立摆状态反馈控制系统全部状态的单位阶跃响应曲线如图8-27所示。

由图8-26和图8-27可知，倒立摆摆杆在10s左右保持了垂直倒立，其他状态变量也都趋于平衡点，系统的控制仅限于通过状态反馈控制克服初始状态产生的影响，即为调节作用，可见，倒立摆控制系统离散化后，通过上述状态反馈控制器的控制后，响应曲线较为理想。

```
%阶跃响应及绘图
>> k1 = k(1:4), ki = - k(5)
>> Gc = [g - h * k1 h * ki; - c * g + c * h * k1 1 - c * h * ki];
>> Hc = [0 0 0 0 1]';
```

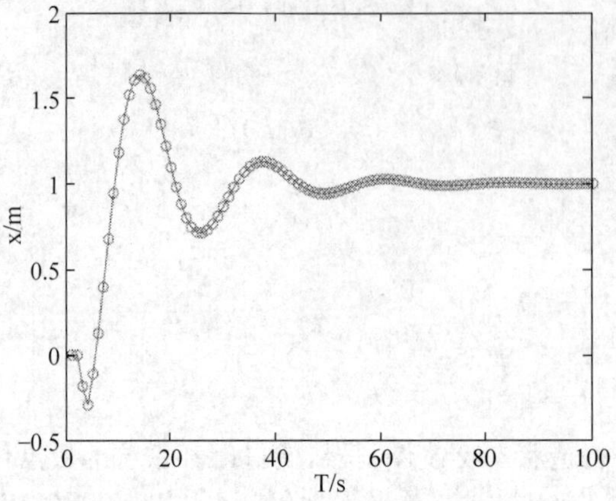

图 8-26　倒立摆小车位置单位阶跃响应

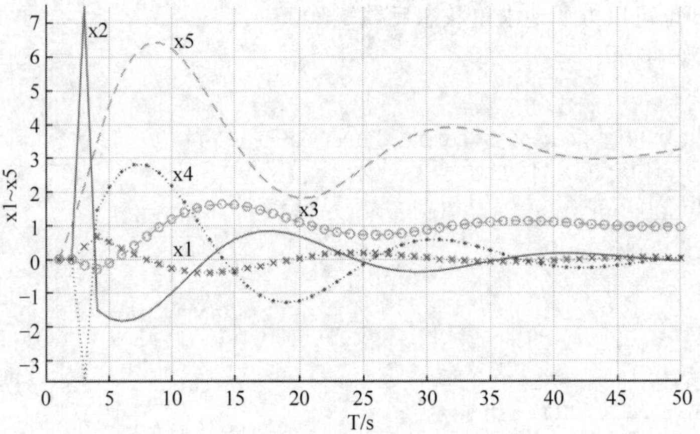

图 8-27　倒立摆状态的单位阶跃响应曲线

```
>> Cc = [c 0];
>> Dc = [0];
>> figure(1)
>> [y,x] = dstep(gc,hc,cc,dc,1,100);
>> kk = 1:length(y);
>> plot(kk,y,'o',kk,y,'-')
>> title('Step Response of inverted pendulum system')
>> xlabel('Position of Cart y = x3')
>> figure(2)
>> hold on
>> for j = 1:5
y1 = x(:,j);
plot(kk,y1)
end
>> grid on
>> title('Step Response Curves for x1,x2,x3,x4,x5')
>> xlabel('Samples')
>> ylabel('x1,x2,x3,x4,x5')
>> text(1,7.5,'x2');text(10,0.3,'x1');text(20,1.5,'x3');text(10,2.5,'x4');text(10,6.5,'x5')
```

本章小结

本章介绍了自动控制理论在不同领域的应用示例，包括飞行控制系统、水面无人艇运动控制系统、全自主双轮平衡车控制系统和倒立摆离散控制系统。

首先通过根轨迹法，对飞行控制系统进行了分析与设计。根轨迹法是一种图形法，通过绘制根轨迹曲线来分析系统的稳定性和性能，并进行控制器的设计，从而实现飞行控制系统的稳定与优化。

对于水面无人艇运动控制系统的建模与控制系统设计使用了PID控制器。通过对水面无人艇的运动进行数学建模，并利用PID控制器进行控制系统的设计，实现对无人艇的运动轨迹和稳定性的控制。

全自主双轮平衡车的数学建模与控制系统设计采用了状态空间表达式和状态反馈控制。通过对全自主双轮平衡车的数学建模，将系统表示为状态空间表达式，并设计状态反馈控制器来实现平衡车的平稳运动和姿态控制。

最后讨论了倒立摆离散控制系统的设计。该部分包括倒立摆离散状态空间模型的建立、系统的稳定性分析以及倒立摆状态反馈控制器的设计。

通过本章的学习，读者可以了解自动控制理论在实际应用中的具体案例。这些案例展示了自动控制理论的实际应用价值，并为读者提供了在具体工程中应用自动控制理论的思路和方法。

参考文献

[1] 罗淇舰.自动控制理论发展及其应用探索[J].中国设备工程，2019(18)：230-232.

[2] 刘伯健.经典控制理论在飞行控制系统中的设计应用[J].价值工程，2016,35(9)：151-154.

[3] 董慧颖,段云波.水面无人艇运动控制系统建模与仿真[J].沈阳理工大学学报,2017,36(1)：77-84.

[4] 彭小丹,刘金溢.二轮自平衡机器人系统设计[J].现代信息科技,2021,5(9)：141-144.

[5] 徐慧,孙宏图.全自主双轮平衡车数学建模与控制系统研究[J].机械设计,2022,39(7)：111-116.

[6] 杨冶杰,邵宁.离散控制系统数字控制器的设计仿真[C]//中国自动化学会系统仿真专业委员会.

[7] 颜文俊,陈素琴,林峰.控制理论CAI教程[M].3版.北京：科学出版社,2011.

[8] 王建辉,顾树生.自动控制原理[M].2版.北京：清华大学出版社,2014.

[9] 赵光宙.现代控制理论[M].北京：机械工业出版社,2010.

[10] 孙优贤,王慧.自动控制原理[M].北京：化学工业出版社,2019.

[11] 张嗣瀛,高立群.现代控制理论[M].2版.北京：清华大学出版社,2017.

[12] 胡寿松.自动控制原理[M].7版.北京：科学出版社,2019.

[13] 王万良.自动控制原理[M].3版.北京：高等教育出版社,2020.

[14] 尤昌德,阙志宏,杜继宏.现代控制理论基础例题与习题[M].成都：电子科技大学出版社,1991.

[15] Phillips C L,Parr J M.Feedback Control Systems[M].5版.北京：清华大学出版社,2017.

[16] 卢京潮,刘慧英.自动控制原理典型题解析及自测试题[M].西安：西北工业大学出版社,2000.